2025

제6판 개정보완

철도운송산업기사

필기시험 + 실기시험 완벽대비

황승순·심치호

박영사

출제적중률이 높고 짧은 시간의 투자로 합격의 기쁨을 누렸다는 성원과 철도 관련 대학의 교재 채택이 늘어나면서 최신 개정판을 출간하게 되었습니다. 특히 실기시험편이 추가되어 완벽한 수험서로 정착하게 되었습니다.

철도운송산업기사 자격 취득의 관문은 1차 필기시험을 통과하는 것입니다.
1차 필기시험의 합격률이 최근 10년간을 분석해 보면 6,459명이 응시하여 2,736명이 합격하여 42.3%의 합격률을 보였으나, 이 책이 출간된 이후 최근에는 60%가 넘는 합격률을 보이고 있습니다.
반면에 2차 실기시험은 2,903명이 응시하여 2,500명이 합격하여 86.1%가 합격하였으나, 실기시험편이 추가된 이후에는 90% 수준의 높은 합격률을 나타내고 있습니다. 1차 시험을 합격하면 2차 시험은 다소 수월하게 합격할 수 있다는 점입니다.

이 책의 앞부분에 최근 10년간의 출제경향을 단원별로 분석하여 게재하였지만 이미 출제되었던 분야에서 계속해서 반복되어 출제되는 비율이 높은 것이 국가기술자격시험의 특징입니다. 이는 국가기술자격시험의 특성상 합격률의 평준화와 시험의 연속성을 위해서 문제은행식 출제를 하기 때문입니다.

이러한 상대평가가 아닌 절대평가의 출제경향을 철저히 파헤쳐 노트식으로 핵심내용만 단원별로 요약정리하고 기출문제를 연계시킴으로써 수험생의 공부 효율성을 높이고자 심혈을 기울였습니다.

아울러, 다양한 국가기술자격 및 국가전문자격 시험에 응시하여 합격했던 경험을 토대로 진정한 수험생을 위한 것이 무엇인가를 고민하고, 또한 대학에서 철도운송산업기사 과목의 필기와 실기 지도를 하면서 느꼈던 경험을 토대로 보다 짧은 시간의 투자로 합격의 기쁨을 누릴 수 있도록 오직 수험생 중심의 교재를 만들었습니다.

앞으로도 매년 최신 수험정보를 보완하여 여러분과 함께할 예정입니다. 아무쪼록 이 책을 접한 수험생 모두가 합격의 영광이 함께 하기를 기원합니다.

끝으로, 출판에 흔쾌히 허락해 주신 박영사 안종만 회장님, 안상준 대표님과 관계자 여러분께 진심으로 감사드립니다.

2025. 1.

저자 황승순·심치호

카페 cafe.daum.net/RAIL 〈철도공기업 취업정보〉

철도취업·자격정보

위 QR코드로 〈카페〉에 가입하면 철도공기업의 취업정보와 자격취득 정보를 볼 수 있습니다.

처음 **입문하는** 수험생을 위하여
　한눈에 들어오는 핵심요약은 초보자도 쉽게 접근이 가능하게 하였습니다.

너무 두꺼운 교재에 **중압감을** 가졌던 수험생
　학교 공부시간에 쫓기는 학생, 직장인 등이 단숨에 마스터할 수 있는 자신감을 갖도록 하였습니다.

핵심요점을 **노트식 정리로** 하여 한눈에 확 들어옵니다.
　학교에서의 강의요약 노트처럼 구성하여 일목요연하게 편집하였습니다.

단일 교재로 합격의 지름길을 제공
　20여 개가 넘는 각종 법령·규정·약관·세칙 등을 별도로 규정을 찾아보지 않고도 공부할 수 있도록 정리
하였습니다.

기출문제의 **완벽한 분석으로** 수험공부의 길잡이 역할
　최근 10년간의 기출문제를 철저히 분석하여 단원별 정리함으로써 수험공부에 최적입니다. 규정이 바뀐 기
출문제는 수정하여 새롭게 하였습니다.

22개 단원별 구분으로 **22일** 단기완성 가능
　여객운송 7단원, 화물운송 7단원, 열차운전 8단원 등 22개 단원으로 분류하여 단기 완성을 꾀하였습니다.
원서를 접수한 후 수험 공부를 시작해도 늦지 않도록 하였습니다.

어려운 문장의 법령을 **쉽고 간결한 문장으로** 정리
　각종 제도, 법령의 딱딱한 표현을 쉽게 이해할 수 있는 용어로 정리하여 단원을 따라서 읽기만 해도 이해
할 수 있도록 하였습니다.

실기시험편을 추가하여 완벽한 수험서로 거듭났습니다.
　그동안 어느 수험서에도 없었던 실기시험의 모든 것을 담았습니다.
　필답형 실기시험과 작업형 실기시험 모두 대비할 수 있도록 하였습니다.

문제집과 기본서를 **하나로**
　기본서 따로, 문제집 따로가 아닌 기출문제를 주제별로 균형 있게 배분하여 단원을 나누고 기출문제와 연
계하여 군더더기 없는 핵심내용만 정리하여 머릿속에 쏙쏙 정리되도록 하였습니다.

100점보다 합격에 초점을 두었습니다.
　불필요하게 출제빈도가 낮은 부분에서 시간낭비가 없도록 합격점수 60점을 거뜬히 넘는 80점 이상을 목
표로 집필하였습니다.

대학 철도운송 관련 과목의 **기본교재로** 활용 가능합니다.

(1) 여객운송

출제범위	15년		16년			17년			18년		19년		20년		21년		22년		23년		24년		계	구성비(%)
	1회	2회	1회	2회	3회	1회	2회	3회	1회	2회	1회	2회	1회	2회	1회	2회	1회	2회	1회	2회	1회	2회		
약관총칙	2	1		1		3	1		1	3	1	2	2	3	2	3	1	2	1	2	2	1	34	7.9
운임요금	3	4	2	2	5	3	2		1	2	1	2	2		1	1	2	1	2	1	1	1	39	9.1
환불배상	3	4	4	3	1	2	2	5	3	2	5	3	3	2	3	4	3	3	3	3	4	5	70	16.3
정기승차권		2		1	1	1	2		1			1	2	1	1	2		1	2	1	2	1	22	5.1
Membership							1							1	1	2	1	1	1	1			9	2.1
Korail-PASS	1	2	1	1								1		1	1	1	1	1	1	1	1	1	15	3.5
자유여행												2		1	1	1	1	1	1	1	1	2	12	2.8
광 역 약 관			1		2	1	1		3	2	2		1	2	1	1	1	1	1	1	1	1	23	5.3
여 객 편 람	2		2	4	4	1	2	2	1	1	1	1	1		1		1		1		1		26	6.1
운임산정기준			1										1							1		1	4	0.9
철도안전법	2		3	3		2	3	3	4	4	3	3	3	2	2	3	2	3	2	2	2	1	56	13.0
철도산업법	1							1						1	1		1	1	1	1	1	1	10	2.3
철도사업법	5	4	1	3	2	6	2	5	5	4	5	3	1	7	3	4	3	3	3	3	3	2	79	18.4
도시철도법	1	1	2	2	2	2	2	2	1	2			3	2	1		1	2	1	1	2	1	31	7.2
계	20	18	17	20	18	18	20	19	20	20	20	20	20	20	20	20	20	20	20	20	20	20	430	100.0
약관 · 편람	11	13	10	12	13	8	13	8	10	10	12	11	11	10	13	13	12	12	12	12	12	12	250	58.1
관련법령	9	5	7	8	5	10	7	11	10	10	8	9	9	10	7	7	8	8	8	8	8	8	180	41.9

≪◆ 출제경향

여객운송 과목은 약관 및 규정의 빈번한 개정으로 관련 기출문제의 일부를 수정하고, 폐지된 규정은 삭제하여 총 390개 문제를 해설하였다. 여객운송약관의 운임요금과 환불·배상은 이론과 계산문제가 출제되므로 약관 중에서 가장 중요하다.
관련 법령의 출제비중이 높아 철도사업법, 철도안전법, 도시철도법 순으로 중요하다. 철도산업발전기본법은 물론 철도운임산정기준에서도 출제되고 있다.
기출문제와 기의 유사하거나 약간 변형되어 출제되는 경우가 많으므로 이론정리와 기출문제의 병행 학습이 필요하다.

≪◆ 2024년 분석

출제범위는 모든 부문에서 고르게 출제되고 있다. 특히 환불·배상, 철도안전법의 비중이 높아지고 있고, 철도사업법·도시철도법도 빠짐없이 출제되고 있다.
계산문제는 기출문제의 범주를 벗어나지 않고 있다. 일부 새로운 문제가 추가되고 있는 추세이니 핵심 이론의 깊이 있는 학습이 필요하다.

(2) 화물운송

출제범위	15년 1회	15년 2회	16년 1회	16년 2회	16년 3회	17년 1회	17년 2회	17년 3회	18년 1회	18년 2회	19년 1회	19년 2회	20년 1회	20년 2회	21년 1회	21년 2회	22년 1회	22년 2회	23년 1회	23년 2회	24년 1회	24년 2회	계	구성비(%)
물류이론	5	11	5	5	3	2	2	1	2	3	7	3	3	3	3	4	4	5	3	4	4	4	86	19.5
화물운송	6	1	3	3	5	3	4	5	5	3	5	6	4	3	3	4	3	3	4	4	3	3	83	18.9
운임요금	2	4	5	3	2	4	3	2	4	4	2	1	6	4	3	4	4	4	3	4	4	4	76	17.3
부대업무	3		1	1	2	2	1		3	2	3	3			3	4	4	2	1	2	1	1	42	9.5
화물수송내규	2	1	2	5	2		2	7	2	3	2	1	2	2	3		3	3	2	1	1	2	50	11.4
철도사업법	1	1	2	1	2	3	3	1	2	1	2		1	2	1		1		2	1	2	2	32	7.3
철도안전법	1	1	1	1	1	2	3	2	1			1	3	1	1	1	1	2	1	2	2	2	32	7.3
물류정책기본법			1	1	2	3	2			1	1	2	1		1	1	1		1		1		19	4.3
철도물류산업법					l	l			1	1									1	1	1	1	8	1.8
위험물철도운송규칙		1						1	1	1			1	1	1		1		1	1	1	1	12	2.7
계	20	20	20	20	20	20	20	20	20	20	20	20	20	20	20	20	20	20	20	20	20	20	440	100.0
화물약관	18	17	16	17	14	11	12	15	16	15	19	14	15	15	16	17	16	18	13	16	13	14	337	76.6
관련법령	2	3	4	3	6	9	8	5	4	5	1	6	5	5	4	3	4	2	7	4	7	6	103	23.4

◀◀ 출제경향

> 화물운송은 출제범위에서 고르게 분포되어 출제되고 있으며, 관련 법령인 물류정책기본법, 철도사업법, 철도안전법에서도 꾸준히 출제되고 있다.
> 철도안전법 시행규칙과 위험물철도운송규칙에서는 다소 난이도 있는 어려운 문제가 출제되고 있다. 다소 어렵게 느껴지는 화물수송내규도 비중 있게 출제되고 있으나 비슷한 문제가 반복 출제되고 있어 핵심요점을 체계적으로 정리한다면 고득점이 어렵지 않은 과목이다.

◀◀ 2024년 분석

> 금년에도 출제범주는 큰 변화없이 모든 부문에서 골고루 출제되고 있다. 계산문제도 할인·할증율이 주어지고 있으니 어려움이 없겠다.
> 물류이론이 점차 심화되고 있으며, 철도운송 부문도 새로운 문제가 추가되고 있으니 기본 이론을 충분히 익혀야 한다. 다른 과목에 비하여 기출문제와 같은 문제가 많은 과목이므로 기출문제를 완벽하게 이해하면서 기초이론을 정립하는 것이 고득점을 받을 수 있는 지름길이다.

(3) 열차운전

출제범위	15년 1회	15년 2회	16년 1회	16년 2회	16년 3회	17년 1회	17년 2회	17년 3회	18년 1회	18년 2회	19년 1회	19년 2회	20년 1회	20년 2회	21년 1회	21년 2회	22년 1회	22년 2회	23년 1회	23년 2회	24년 1회	24년 2회	계	구성비
총 칙	1		1	3		1		1	1	2	3	2		2	2	2	2	2	1	2	2	2	32	7.3
운 전	9	5	6	5	8	4	6	8	5	4	3	6	8	7	4	6	6	4	5	5	5	4	123	28.0
폐 색	2	3	2	2	3	3	2	1	4	2	2	4	1	2	3	3	3	3	2	3	2	3	55	12.5
신 호	2	4	7	4	3	6	5	1	4	4	4	1	3	2	4	5	5	5	3	4	3	3	82	18.6
사 고	3	4	2	2	2	3	3	4	2	3	3			2	2	3	2	1	2	2	2	2	49	11.1
열차운전시행세칙						1		1			1		1										4	1.0
철 도 안 전 법		1		1	1	1	1	1	1		1	3	3	2	1	1	1	2	2	2	2	3	30	6.8
철도차량운전규칙	2	2	2	2	2		2	2	2	2	2	2	2	2	2		1	2	2	1	2	2	38	8.6
도시철도운전규칙	1	1		1	1	1	1	1	1	1	1	2	2	1	2	1	1	1	2	1	2	1	26	5.9
항공철도사고조사법												1											1	0.2
계	20	20	20	20	20	20	20	20	20	20	20	20	20	20	20	20	20	20	20	20	20	20	440	100.0
운전취급규정	17	16	18	16	16	18	16	16	16	16	16	13	13	15	15	18	17	15	14	16	14	14	345	78.4
관 련 법 령	3	4	2	4	4	2	4	4	4	4	4	7	7	5	5	2	3	5	6	4	6	6	95	21.6

◀◆ 출제경향

한국철도공사 사규인 운전취급규정에서 80% 정도 출제되므로 집중 학습이 필요하다. 운전, 신호, 폐색, 사고의 조치 순으로 많이 출제되며, 운전, 신호 관련 〈별표〉도 기출문제를 참고하여 공부하면 고득점이 가능하다. 일반철도운전취급세칙과 열차운전시행세칙에서는 각 1~2문항이 계속 출제되고 있다. 반복적인 문제가 출제되는 경우가 있어 핵심이론과 기출문제 위주로 학습하는 것이 중요하다.

◀◆ 2024년 분석

운전, 폐색, 사고의 조치 등에서 출제비중이 높아지고 있다. 아울러 속도 등 숫자로 표기된 문제의 비중이 높으니 반드시 암기가 필요하다.
사고의 조치에서는 깊이 있는 문제가 출제되고 있다. 아울러 신호·전호·표지 부문에서도 새로운 문제가 추가되고 있으니 기본이론의 확실한 학습이 필요하다.
최근 들어 모든 부분에서 고르게 출제되는 경향을 보이고 있어 특정부분에 편중된 공부보다는 기출문제 중심으로 이론을 깊이있게 정립하는 학습방법이 효과적이다.

Industrial Engineer Railroad Transport

철도운송산업기사 자격시험 개요

◆ 2025년도 시험일정

회별	필기시험			응시자격 서류제출	응시자격 기준일	실기시험		
	원서접수 (휴일제외)	시험 시행	합격자 발표	(필기합격자 결정)		원서접수 (휴일제외)	시험시행	합격자 발표
제1회	1.13.~ 1.16.	2.7. ~3.4.	3.12.	2.7.~3.21	3.4.	3.24~ 3.27	(필답형) 4.20. 09:00 (작업형) 4.19.~5.9.	6.13.
제3회	7.21. ~7.24.	8.9. ~9.1.	9.10.	8.11~9.19	9.1.	9.22~ 9.25	(필답형) 11.8. 13:00 (작업형) 11.1~11.21.	12.24.

- 원서 접수시간 : 원서접수 첫날 10:00부터 마지막 날 18:00까지〈휴일은 제외〉
- 수험원서 접수방법 : 인터넷 접수만 가능(www.Q-net.or.kr)
- 필기시험 최종 합격자 발표시간: 해당 발표일 09:00
- 필기시험의 면제 기간은 필기시험 합격자 발표일로부터 2년간 면제

◆ CBT 필기시험 시험시간

부	입실시간	시험시간	부	입실시간	시험시간
1부	08:40	09:00~제한시간	5부	14:10	14:30~제한시간
2부	09:40	10:00~제한시간	6부	15:10	15:30~제한시간
3부	11:10	11:30~제한시간	7부	16:10	16:30~제한시간
4부	12:40	13:00~제한시간	8부	16:40	17:00~제한시간

* CBT(Computer Based Test) : 컴퓨터를 이용하여 시험 평가
- CBT시험은 문제은행에서 개인별로 상이하게 문제가 출제되므로 비공개로 함
- 입실시간은 시험시작 20분 전임

◆ 필답형 실기시험 시험시간

등 급	부	입실시간	시험시간	비고
산업기사	1부	09:00	09:30~제한시간	입실시간은 시험시작 30분 전임
	2부	13:00	13:30~제한시간	

- 주관식 답안 작성 시 검은색 필기구만 사용가능합니다.
- 주관식 답안 정정 시 수정테이프 사용가능

◆ 관련학과: 대학 및 전문대학의 철도경영학 관련 학과

◆ 시험방법

① 시험과목
- 필기 : 1. 여객운송   2. 화물운송   3. 열차운전
- 실기 : 열차조성실무

② 검정방법
  - 필기 : CBT 객관식 4지 택일형, 과목당 20문항 (과목당 30분)
  - 실기 : 복합형〈필답형 (1시간, 50점)＋작업형 (1시간 정도, 50점)〉
③ 합격기준
  - 필기 : 100점 만점으로 과목당 40점 이상, 전과목 평균 60점 이상.
  - 실기 : 100점 만점으로 하여 60점 이상.

◆ 시험수수료

① 필기 : 19,400원   ② 실기 : 25,000원

◆ 기타 유의사항

① 수험원서 접수방법 (인터넷 접수만 가능)
  - 원서접수홈페이지 www.Q-net.or.kr
  - 접수시간 : 원서접수 첫날 10:00부터 원서접수 마지막 날 18:00까지
② 필기시험 면제기간 산정기준일은 당회 필기시험 합격자 발표일로부터 2년간임.
③ 계산기는 허용된 기종의 공학용계산기만 사용가능 – 직접 초기화가 불가능한 계산기는 사용 불가
④ 개인시계는 아날로그 손목시계만 착용⬜소지가 가능 – 시침, 분침(초침)으로만 구성된 시계를 의미
⑤ 자격증 교부방식 안내
  - 상장형자격증 : 인터넷으로 합격자발표당일부터 본인이 직접 발급·출력 가능
  - 수첩형자격증 : 인터넷 신청 후 우편수령만 가능
⑥ 기타 문의사항은 HRD고객센터(☎1644-8000) 또는 지역 한국산업인력공단

◆ 자격 제정목적

철도분야의 수송수요가 증가함에 따라 열차운행의 안전성을 도모하고 원활한 교통수송을 위해 철도운송에 관한 제반 지식과 특수한 열차운전기능을 갖고 있는 사람으로 하여금 여객 및 화물을 안전하게 수송하는 업무를 수행하도록 하기 위해 자격을 제정

◆ 변천과정

'74.10.16. 대통령령 제7283호	'98.05.09. 대통령령 제15794호	'05.11.11 노동부령 제239호	현 재
열차조작기능사1급	열차조작산업기사	철도운송산업기사	철도운송산업기사

◆ 수행직무

열차조작에 관한 기초적인 기술지식과 숙련기능을 바탕으로 철도 및 지하철을 이용하는 여객과 화물의 안전하고 정확한 시간 내 수송을 위한 제반업무를 수행. 이를 위해 열차운전취급절차, 수송관련 제반절차, 여객운송절차, 화물취급절차에 따라 열차를 운용하거나 환호응답, 입환작업(역구내에서 선로를 변경하는 작업) 및 각종 보안장치를 취급하는 업무 수행 또는 이와 관련한 지도적인 기능업무를 수행.

◆ 진로 및 전망

- 주로 한국철도공사나 도시철도공사, 민자철도(주)의 운전, 역무, 수송관련 분야로 진출한다. 자격증 취득은 채용시 가산점이 부여되며, 근무평정시 가점이 주어지고, 우선 승진기회가 주어지는 등 유리하다.
- 향후 한국철도공사 소속 운전직, 역무직 및 수송직의 고용규모는 점차 증가할 전망이다. 고속철도의 개통, 철도복선화 등 고용상의 증가될 것으로 예상된다. 동시에 중장기적인 경영개선, 기술의 발달로 인한 인원감축도 예상되지만 전체적인 고용수준에는 큰 변화가 없을 전망이다.
- 반면 도시철도공사, 민자철도(주)의 운전직, 역무직 및 수송직의 고용규모는 향후 지하철개통구간이 늘어나고 지방도시에서의 노선 신설도 기대됨에 따라 다소 증가할 것으로 보인다. 반면 무인매표 시설의 증가나 기존 업무의 외주용역증가 등에 의한 다소의 인원감축요인이 있다. 하지만 전체 고용규모에는 크게 영향을 미치지 못할 것이다. 그리고 기존인력의 이·퇴직에 의한 일자리 창출도 꾸준할 전망이다.

국가기술자격의 산업기사 응시자격

1. 기능사 등급 이상의 자격을 취득한 후 응시하려는 종목이 속하는 동일 및 유사 직무분야에 1년 이상 실무에 종사한 사람
2. 응시하려는 종목이 속하는 동일 및 유사 직무분야의 다른 종목의 산업기사 등급 이상의 자격을 취득한 사람
3. 관련학과의 2년제 또는 3년제 전문대학졸업자 등 또는 그 졸업예정자
4. 관련학과의 대학졸업자 등 또는 그 졸업예정자
5. 동일 및 유사 직무분야의 산업기사 수준 기술훈련과정 이수자 또는 그 이수예정자
6. 응시하려는 종목이 속하는 동일 및 유사 직무분야에서 2년 이상 실무에 종사한 사람
7. 고용노동부령으로 정하는 기능경기대회 입상자
8. 외국에서 동일한 종목에 해당하는 자격을 취득한 사람

용어설명

① "졸업자등"이란 「초·중등교육법」 및 「고등교육법」에 따른 학교를 졸업한 사람 및 이와 같은 수준 이상의 학력이 있다고 인정되는 사람을 말한다. 다만, 대학(산업대학 등 수업연한이 4년 이상인 학교를 포함한다. 이하 "대학 등"이라 한다) 및 대학원을 수료한 사람으로서 관련 학위를 취득하지 못한 사람은 "대학졸업자등"으로 보고, 대학 등의 전 과정의 2분의 1 이상을 마친 사람은 "2년제 전문대학졸업자등"으로 본다.
② "졸업예정자"란 국가기술자격 검정의 필기시험일 (필기시험이 없거나 면제되는 경우에는 실기시험의 수험원서 접수마감일을 말한다. 이하 같다) 현재 「초·중등교육법」 및 「고등교육법」에 따라 정해진 학년 중 최종 학년에 재학 중인 사람을 말한다. 다만, 「학점인정 등에 관한 법률」 제7조에 따라 106학점 이상을 인정받은 사람(「학점인정 등에 관한 법률」에 따라 인정받은 학점 중 「고등교육법」 제2조제1호부터 제6호까지의 규정에 따른 대학 재학 중 취득한 학점을 전환하여 인정받은 학점 외의 학점이 18학점 이상 포함되어야 한다)은 대학졸업예정자로 보고, 81학점 이상을 인정받은 사람은 3년제 대학졸업예정자로 보며, 41학점 이상을 인정받은 사람은 2년제 대학졸업예정자로 본다.
③ 「고등교육법」 제50조의2에 따른 전공심화과정의 학사학위를 취득한 사람은 대학졸업자로 보고, 그 졸업예정자는 대학졸업예정자로 본다.
④ "이수자"란 기사 수준 기술훈련과정 또는 산업기사 수준 기술훈련과정을 마친 사람을 말한다.
⑤ "이수예정자"란 국가기술자격 검정의 필기시험일 또는 최초 시험일 현재 기사 수준 기술훈련과정 또는 산업기사 수준 기술훈련과정에서 각 과정의 2분의 1을 초과하여 교육훈련을 받고 있는 사람을 말한다.

연도	필기			실기		
	응시인원	합격인원	합격률(%)	응시인원	합격인원	합격률(%)
계	26,511	11,516	43.4%	14,029	9,800	69.9%
2023	889	579	65.1%	602	546	90.7%
2022	727	398	54.7%	400	339	84.8%
2021	850	481	56.6%	473	444	93.9%
2020	498	251	50.4%	253	241	95.3%
2019	443	146	33.0%	163	138	84.7%
2018	460	108	23.5%	123	94	76.4%
2017	716	238	33.2%	284	234	82.4%
2016	635	191	30.1%	213	167	78.4%
2015	705	213	30.2%	240	179	74.6%
2014	536	131	24.4%	152	118	77.6%
2013	625	67	10.7%	110	80	72.7%
2012	762	257	33.7%	257	206	80.2%
2011	704	263	37.4%	291	238	81.8%
2010	714	135	18.9%	151	121	80.1%
2009	926	138	14.9%	146	120	82.2%
2008	889	110	12.4%	171	125	73.1%
2007	1,279	270	21.1%	428	323	75.5%
2006	1,673	816	48.8%	1,018	783	76.9%
2005	2,661	1,116	41.9%	1,316	1,014	77.1%
2004	2,120	752	35.5%	798	630	78.9%
2003	1,000	554	55.4%	603	545	90.4%
2002	470	196	41.7%	344	222	64.5%
2001	418	255	61.0%	386	162	42.0%
1978~2000	5,811	3,851	66.3%	5,107	2,731	53.5%

* 일자별 수험공부 계획을 세워서 실행에 옮기면 반드시 합격의 영광이 함께할 것입니다.

과목	일차	학업 단원	예정일자	실행일자	메모
여객운송	1일차	제1장 총칙·운임요금·승차권			
	2일차	제2장 환불·배상·책임 등			
	3일차	제3장 여객부속약관·광역약관			
	4일차	제4장 여객업무편람			
	5일차	제5장 철도안전법			
	6일차	제6장 철도사업법			
	7일차	제7장 도시철도법			
화물운송	8일차	제1장 물류개론			
	9일차	제2장 철도화물운송			
	10일차	제3장 화물 운임·요금			
	11일차	제4장 화물운송 부대업무(요금)			
	12일차	제5장 화차 수송			
	13일차	제6장 철도사업법·철도안전법			
	14일차	제7장 철도물류 관련 법령			
열차운전	15일차	제1장 총 칙			
	16일차	제2장 운 전(열차·차량운용)			
	17일차	제3장 운 전(열차운행관리)			
	18일차	제4장 폐 색			
	19일차	제5장 신 호			
	20일차	제6장 사고의 조치			
	21일차	제7장 철도차량운전규칙			
	22일차	제8장 철도안전법·도시철도운전규칙			

참고문헌 및 기출문제 관련규정 표기 <약칭>

과 목	약 칭	규 정 명 칭
여객운송	여객약관	철도여객운송약관
	정기약관	정기승차권이용에 관한 약관
	패스약관	KORAIL-Pass이용에 관한 약관
	자유약관	자유여행패스 이용에 관한 약관
	멤버약관	Korail Membership가입 및 이용에 관한 약관
	여객편람	철도여객영업 업무편람
	광역약관	광역철도 여객운송 약관
	기본법	철도산업발전기본법
	안전법	철도안전법
	사업법	철도사업법
	도시법	도시철도법
	운임기준	철도운임산정기준(국토교통부 훈령)
화물운송	화물약관	철도화물운송약관
	화물세칙	철도화물운송세칙
	화물편람	철도화물영업 업무편람
	수송내규	철도화물수송 내규
	안전법	철도안전법
	사업법	철도사업법
	물류법	물류정책기본법
	철물법	철도물류산업의 지원 및 육성에 관한 법률
	물류이론	화물운송 일반이론
	위험규칙	위험물철도운송규칙
열차운전	운전규정	운전취급규정
	일반운전	일반철도운전취급 세칙
	시행세칙	열차운전 시행세칙
	안전법	철도안전법
	차량규칙	철도차량운전규칙
	도시규칙	도시철도운전규칙
	사고조사법	항공철도사고조사에 관한 법률
실기시험	사고세칙	철도사고조사 및 피해구상 세칙

실기시험 편

철도운송산업기사
필기시험 편

여객운송

1. 여객운송 주요 용어

(1) 여객: 철도를 이용할 목적으로 승차권 등을 소지하고 운임구역(또는 안전 주의 구역) 내로 진입한 사람을 말하며, 다음과 같이 구분한다.

〈 여객의 구분 〉
① 유아 : 6세 미만
② 어린이 : 6세 이상 ~ 13세 미만
③ 어른 : 13세 이상

(2) 역: 여객을 운송하기 위한 설비를 갖추고 열차가 정차하는 장소를 말한다.

* 간이역 ⇨ 여객의 승하차 설비만을 갖추고 승차권 발행 서비스를 제공하지 않는 역을 말한다.

(3) 승차권판매대리점: 철도공사와 승차권 판매에 관한 계약을 체결하고 철도 승차권을 판매하는 우체국, 은행, 여행사 등을 말한다.

(4) 열차: 철도공사에서 운영하는 고속열차, 준고속열차, 일반열차(광역전철 및 도시철도를 제외)를 말한다.

(5) 차실: 일반실, 특실 등 열차의 객실 종류를 말한다.

(6) 철도종사자: 「철도안전법」에서 정하고 있는 승무 및 역무서비스 등의 업무를 수행하는 사람을 말한다.

(7) 운임: 여객운송에 대한 직접적인(열차를 이용하여 장소를 이동한) 대가를 말한다.

* 요금 ⇨ 여객운송과 관련된 설비·용역에 대한 대가로 특실요금 등을 말한다.

(8) 부가운임: 「철도사업법」에 따라 기준운임·요금 이외에 추가로 받는 운임을 말한다.

(9) 위약금: 승차권 유효기간 이내에 운송계약 해지를 청구함에 따라 수수하는 금액을 말한다.

(10) 승차권: 철도공사(철도공사와 위탁계약을 체결한 업체 또는 기관 포함)에서 발행한 운송계약 체결의 증표를 말한다.

(11) 좌석이용권: 지정 좌석의 이용 청구 권리만을 증명할 수 있도록 발행한 증서를 말한다.

(12) 입장권: 역의 타는 곳까지 출입하는 사람에게 발행하는 증표를 말한다.

① 입장권 소지 의무

㉮ 배웅·마중을 목적으로 운임구역(열차 내 제외)에 출입하고자 하는 사람은 입장권을 소지하여야 한다.

㉯ 관광·견학 등을 목적으로 타는 곳에 출입하고자 하는 사람은 방문기념 입장권을 구입(방문기념 입장권 발매역에 한함), 소지하여야 한다.

② 입장권 소지자의 준수사항

㉮ 입장권과 방문기념 입장권을 소지한 사람은 열차 내에 출입할 수 없다.

* 입장권을 소지하고 열차에 승차할 경우, 부정승차로 간주하여 부가운임을 수수한다.

㉯ 입장권에 기재된 발매역에서 지정열차 시간대에 1회에 한하여 타는 곳에 출입할 수 있다.

③ 입장권의 환불 등

㉮ 방문기념 입장권은 환불하지 않는다.

㉯ 입장권과 방문기념 입장권의 유효성, 이용방법 및 요금 등 세부 기준은 철도공사 홈페이지에 따로 게시한다.

(13) 할인승차권·상품: 관계 법령 또는 영업상 필요에 의해 운임·요금을 할인하는 대신에 이용대상·취소·환불을 제한하거나 수수료·위약금 등을 별도로 정하여 운영하는 상품을 말한다.

(14) 운임구역(또는 안전 주의 구역)**:** 승차권 또는 입장권을 소지하고 출입하여야 하는 구역으로 운임 경계선부터 역의 타는 곳 또는 열차 내를 말한다.

(15) 여행시작: 여객이 여행을 시작하는 역에서 운임구역에 들어가는 때를 말한다.

(16) 단체(단체승차권)**:** 승차일시·열차·구간 등 운송조건이 동일한 10명 이상의 사람을 말하며 한 장의 승차권으로 발행한다.

(17) 환승(환승승차권)**:** 도중 역에서 10분~50분(맞이방, 홈페이지 등에 게시한 시간표 기준) 이내에 다른 열차로 갈아타는 것을 말하며, 한 장의 승차권으로 발행한다.
단, 열차 운행 여건 등에 따라 역별 환승 시간은 별도로 지정·운영 가능하다.

(18) 4인동반석승차권: KTX-산천 비즈니스실 및 KTX 일반실 내 좌석 중앙에 테이블을 설치하고 마주보도록 배치된 좌석을 4명 이하의 일행이 함께 승차일시, 승차열차, 승차구간을 동일한 조건으로 이용하는 경우 1매로 발권한 승차권을 말한다.

(19) 병합승차권: 승차구간 중 일부를 좌석(또는 입석·자유석)으로, 나머지 구간은 입석·자유석(또는 좌석)으로 나누어 발행한 승차권을 말한다.

(20) **수익관리시스템**: 과거와 현재의 예약·예매 현황 등을 이용, 수요를 예측하여 승차열차·구간·요일 등에 따라 구간별 좌석 및 할인좌석 등을 배정 및 관리하는 전산시스템이다.

2. 운송계약의 성립

(1) 운송계약의 법적 성질
철도의 운송계약은 낙성·유상·쌍무계약에 속하며 영업성질의 정형성에서 부합계약에 속한다.
① **낙성계약**: 낙성계약이란 계약성립에 있어서 당사자의 합의만으로 성립하는 계약으로 계약당사자 사이에 의사표시가 일치하기만 하면 성립하고 그 밖에 다른 형식이나 절차를 필요로 하지 않는 계약
② **쌍무계약**
  ㉮ 쌍무계약이란 계약당사자 쌍방이 서로 상환으로 이행하여야 할 성질의 채무를 부담하는 계약
  ㉯ 여객운송계약이 체결되면 운송인인 철도사업자가 여객을 운송하여야 할 의무를 부담하고 대신 여객은 이에 대하여 대가적 의의를 갖는 운임 또는 요금을 지불하여야 할 의무를 부담하는 것
③ **유상계약**
  ㉮ 유상계약이라 함은 계약당사자가 대가로서의 의의를 가지며 경제적 부담을 하는 계약
  ㉯ 철도운송에 있어서 운송인인 철도경영자가 설비 및 인력을 투입하여 운송을 하는 대신 여객은 이에 대하여 운임을 지불하므로 유상계약이 된다.
     (유상계약의 범위는 쌍무계약의 범위보다 넓은 개념임)
④ **부합계약**(부종계약)
  ㉮ 부합계약이라 함은 계약 당사자의 일방이 정한 정형적 약관에 대하여 사실상 상대방이 포괄적으로 승인할 수 밖에서 없는 계약을 말하며 부종계약이라고도 한다.
  ㉯ 운송, 수도, 가스, 보험, 전기, 근로자고용 등의 계약은 오늘날 부합계약으로 행하여지고 있다.

(2) 철도여객 운송계약의 성립시기
① 승차권(좌석이용권 포함)을 발행받은 때(결제한 때)
② 운임을 받지 않고 운송하는 유아는 보호자와 함께 여행을 시작한 때
③ 승차권이 없거나 유효하지 않은 승차권을 가지고 열차에 승차한 경우에는 열차에 승차한 때

3. 운송의 거절

(1) 운송을 거절하거나 다음 정차역에서 내리게 할 수 있는 경우

① 「철도안전법」에 규정한 열차에 위해물품 또는 위험물을 휴대한 경우
② 「철도안전법」에 규정하고 있는 열차 내에서의 금지행위〈제5장 5호〉와 철도보호 및 질서유지를 해치는 금지행위〈제5장 6호〉를 한 경우
③ 「철도안전법」에 규정하고 있는 보안검색에 따르지 않는 경우
④ 「철도안전법」에 규정하고 있는 철도종사자의 직무상 지시에 따르지 않는 경우
⑤ 「감염병의 예방 및 관리에 관한 법률」에서 정한 감염병 또는 정부에서 지정한 감염병에 감염된 환자이거나 의심환자로 지정되어 격리 등의 조치를 받은 경우
⑥ 「철도사업법」에 정한 부가운임의 지급을 거부하는 경우
⑦ 질병 등으로 혼자 여행할 수 없는 사람이 보호자 또는 의료진 없이 여행하는 경우
⑧ 유아가 13세 이상의 보호자 없이 여행하는 경우

〈 운송을 거절하거나 다음 정차역에 내리게 한 경우에 운임·요금의 환불방법 〉
　승차하지 않은 구간의 운임 · 요금에서 위약금을 공제한 잔액을 환불한다.

(2) 사람 또는 물품을 역사 밖으로 퇴거 또는 철거할 수 있는 경우

① 위 (1)의 ①~⑥항에 해당하는 경우(⑦,⑧항은 제외)
② 열차를 이용하지 않으면서 물품만 운송하는 경우

4. 운송계약 내용의 제한 또는 조정

(1) 방법(종류)

① 운행시간의 변경　　　　　　② 운행중지
③ 출발·도착역 변경　　　　　　④ 우회·연계수송
⑤ 승차권의 예약·구매·환불과 관련된 사항 등

(2) 다음 사유로 열차의 안전운행에 지장이 발생하였거나 발생할 것으로 예상되는 경우

① 지진·태풍·폭우·폭설 등 천재지변 또는 악천후로 인하여 재해가 발생하였거나 발생할 것으로 예상되는 경우
② 「철도안전법」에 따른 철도사고 및 열차고장, 철도파업, 노사분규 등으로 열차운행에 중대한 장애가 발생하였거나 발생할 것으로 예상되는 경우
③ 신규 철도노선 운행 등으로 예약·구매·환불과 관련된 사항 등의 조정이 필요한 경우
④ 기타 사유로 열차를 정상적으로 운행할 수 없는 경우

(3) 운임·요금의 환불

여객은 운송계약 내용의 제한 또는 조정으로 열차를 이용하지 못하였을 경우 승차권에 기재된 운임·요금의 환불을 청구할 수 있다.

(4) 조정내용 게시

① 철도공사는 조정한 내용을 역 및 홈페이지 등에 공지한다.
② 긴급하거나 일시적인 경우에는 안내방송으로 대신할 수 있다.

(5) 운송계약 내용을 별도로 정할 수 있는 경우

① 대상
   ㉮ 철도공사에서 따로 정한 설·추석·하계 휴가철 특별교통대책기간(명절기간 등)
   ㉯ 토요일·일요일·공휴일
   ㉰ 단체승차권, 할인승차권·상품
② 별도로 정하는 내용
   ㉮ 승차권의 구매와 관련된 사항
   ㉯ 운임·요금 환불, 수수료, 위약금 등 계약내용의 변경 또는 해지와 관련된 사항
   ㉰ 운임·요금할인과 관련된 사항
   ㉱ 승차구간 및 열차의 조정

5. 승차권

(1) 승차권의 기재사항

① 승차일자
② 승차구간, 열차 출발시각 및 도착시각
③ 열차종류 및 열차편명
④ 좌석등급 및 좌석번호(정해진 승차권에 한함)
⑤ 운임·요금 영수금액
⑥ 승차권 발행일
⑦ 고객센터 전화번호

(2) 승차권의 구매 등

① 여객은 여행 시작 전까지 승차권을 발행받아야 하며, 발행받은 승차권의 승차일시·열차·구간 등의 운송조건을 확인하여야 한다.
② 승차권을 발행할 때 정당 대상자 확인을 위하여 신분증 등의 확인을 요구할 수 있다.
③ 2명 이상이 함께 이용하는 조건으로 운임을 할인하고 한 장으로 발행하는 승차권은 이용인원에 따라 낱장으로 나누어 발행하지 않는다.
④ 승차권을 발행하기 전에 이미 열차가 20분 이상 지연되거나, 지연이 예상되는 경우에는 여객이 지연에 대한 배상을 청구하지 않을 것에 동의를 받고 승차권을 발행한다.
⑤ 할인승차권 또는 이용 자격에 제한이 있는 할인상품을 부정사용한 경우에는 해당 할인승차권 또는 할인상품 이용을 1년간 제한할 수 있다.

(3) **승차권의 판매기간**(참고)
① 좌석 승차권: 출발 1개월 전부터 열차출발 5분 전까지 상시 판매
   단, 모바일앱에서는 출발시각 전까지 판매
② ATM 판매: 역의 특성에 따라 출발시각 1~5분 전으로 제한
   단, 결제된 승차권은 출발시각까지 발매 가능
③ 정기승차권: 사용시작일 5일 전부터 판매
④ 병합승차권: 열차·노선·구간별로 별도로 정한 O/D(출발역/도착역) 할당을 해제하는 시점
   부터 판매

(4) **승차권 등의 유효성**
① 운송계약 체결의 증표
   ㉮ 열차를 이용하고자 하는 사람은 운임구역에 진입하기 전에 운송계약 체결의 증표(승차
     권, 좌석이용권 또는 철도공사에서 별도로 발행한 증서, 할인승차권·상품의 대상자 확
     인 필요 시 신분증)를 소지해야 하며, 도착역에 도착하여 운임구역을 벗어날 때까지 해
     당 증표를 소지해야 한다.
   ㉯ 증표의 유효기간은 증표에 기재된 도착역의 도착시각까지(열차가 지연된 경우 지연된
     시간만큼을 추가)로 하며, 도착역의 도착시각이 지난 후에는 무효로 한다.
② 운임할인 대상자 확인 증명서: 운임할인(무임 포함) 대상자의 확인을 위한 각종 증명서는
   증명서의 유효기간 이내에 출발하는 열차에 한하여 사용할
   수 있다.
③ 다수 이용 승차권 변경
   ㉮ 여러 명이 같은 운송조건으로 이용하는 단체승차권, 4인 동반석 승차권 등의 승차일시·
     구간·인원 등을 변경하는 경우에는 해당 승차권을 환불한 후 다시 구입해야 한다.
   ㉯ 다만, 승차권의 변경 조건에 따라 위약금을 감면할 수 있으며, 감면대상 및 범위 등 세
     부사항은 철도공사 홈페이지에 게시한다.

6. 운임·요금의 기준

(1) **운임·요금의 산출방식**
① 거리비례제: 거리에 비례하여 운임이 증가되는 것으로 거리에 임률을 곱하여 계산하며 일
   반열차의 여객운임이 이에 해당한다.
② 지대제: 일정한 지역이나 거리를 기준으로 구분하여 동일한 운임으로 계산하는 방식이다.
③ 균일제: 거리의 장단에 관계없이 동일한 운임을 수수하는 방식으로 정액제라고도 한다.
④ 원거리 체감제: 거리가 멀면 멀수록 운임이 저렴해지도록 운임을 계산하는 방식이다.
⑤ 구역제: 일정거리를 기준으로 구역을 정하여 운임을 계산하는 방식이다.

⑥ **시장가격제:** 거리, 소요시간 등 다른 교통수단과의 경쟁력을 비교하여 운임수준을 결정하는 방식(KTX)이다.

(2) 기준운임(기준요금)

① **기준운임:** 국토교통부장관에게 신고한 운임요금 범위 내에서 승차구간별로 정한 운임이다.

② **현금 이외의 납부 제한:** 철도공사는 영업상 필요한 경우에 수표 수취, 신용·마일리지·포인트·혼용결제 및 계좌이체 등을 제한할 수 있다. (5만원 이상 신용카드 할부결제 가능)

③ **유아의 운임징수:** 13세 이상의 보호자 1명에 좌석을 지정하지 않은 유아 1명은 운임을 받지 않는다. (1명을 초과할 경우에는 따로 정한 운임을 받는다.)

④ **할인:** 관계법령에 운임을 할인하도록 규정하고 있는 경우 또는 철도공사 영업상 필요한 경우에는 기준운임(또는 기준요금)을 할인할 수 있다.

⑤ **연계운송:** 천재지변, 열차고장 및 선로고장 등으로 일부 구간을 다른 교통수단으로 연계 운송하는 경우 전체 구간의 운임·요금을 받는다.

(3) 운임·요금의 구분

① **기준운임 적용:** 공공할인과 영업할인 등 각종 할인을 적용하거나 특실요금을 계산할 때 기준이 되는 운임으로 기준운임에는 입석·자유석 할인운임, 최저운임 포함

② **최저운임:** 운행거리의 장단에 관계없이 열차가 설정되어 운행할 때 소요되는 최소한의 비용. 즉, 수송원가가 반영되어 있는 운임

③ **특실요금:** 일반실과의 객차별 좌석수(KTX 특실 좌석수 25, 32, 35석) 차이에 따른 기회비용과 부가서비스 제공에 대한 대가를 수수

(4) 운임계산거리

① 운임＝거리×1km당 임률(철도거리표는 국토교통부장관이 고시)

② 운임계산거리 ⇨ 여객이 승차한 열차가 실제로 운행하는 경로를 기준으로 계산

(5) 운임·요금의 결제

① **단수처리**

㉮ 기준운임을 할인하거나 위약금 등을 계산할 때에 발생하는 100원 미만의 금액에 대하여 50원까지는 버리고 50원 초과시에는 100원으로 한다.

㉯ 위약금·취급수수료(단, 지연요금은 제외)는 운임에서 위약금·취급 수수료 등을 공제한 잔액에서 단수처리를 한다.

 * 기준운임·요금을 계산할 때에는 50원 미만은 버리고, 50원 이상은 100원으로 한다.

② **결제수단 및 제한**

㉮ **결제방법:** 현금, 수표, 신용·마일리지·포인트·혼용결제, 계좌이체

㉯ 결제제한: 철도공사는 영업상 필요한 경우에 현금결제를 제외한 수표수취, 신용·마일리지·포인트·혼용결제, 계좌이체 등을 제한할 수 있다.

7. 운임·요금의 계산

(1) 특실승차권 운임·요금
① 특실승차권의 운임·요금=좌석승차권의 운임+특실요금

열차종별	특실요금 계산방법	최저 특실요금
KTX 특실	기준운임의 40%	4,800원
KTX-이음 (우등실)	기준운임의 20%	3,000원

② 특실승차권의 운임·요금 계산
㉮ 단체의 특실운임·요금 ⇨ 사용인원을 기준으로 계산
㉯ 전세의 특실운임·요금 ⇨ 좌석정원을 기준으로 계산
㉰ 단체·전세 인원이 특실 좌석정원을 초과하는 경우 초과한 인원에 대하여는 특실요금은 받지 않으며 운임은 입석·자유석 운임을 받는다.
㉱ KTX 전동휠체어이용석, 휠체어이용석을 장애인, 유공자 및 교통사고 등으로 휠체어를 이용하는 사람에게 판매하는 경우 특실요금은 면제한다.

(2) 자유석·입석승차권 운임
① 자유석승차권 운임
㉮ 운영대상: 월~금요일(공휴일 제외)에 운영하는 KTX 및 새마을호 열차
㉯ 운임: 일반실 좌석운임의 5%를 할인
② 입석승차권
㉮ 운영대상: 토·일·공휴일 등 공급좌석수가 부족할 경우 KTX, 새마을호, 무궁화호 (누리로 포함)
㉯ 운임: 일반실 좌석운임의 15%를 할인
③ 자유석·입석 운임계산
㉮ 중복할인, 최저운임 할인 적용: 최저운임 이하로 할인하며, 공공할인·영업할인과 중복 할인이 가능
㉯ 운임계산방법(서울~부산)
ⓐ KTX 자유석승차권: 59,800원(좌석운임)×0.95=56,810원≒56,800원
ⓑ KTX 입석승차권: 59,800원(좌석운임)×0.85=50,830원≒50,800원
ⓒ 새마을호 자유석승차권: 42,600원(좌석운임)×0.95=40,470원≒40,500원
ⓓ 무궁화호입석승차권: 28,600원(좌석운임)×0.85=24,310원≒24,300원

㉓ KTX 자유석 승차권 최저운임
ⓐ 어른: 8,400원(좌석최저운임)×0.95=7,980원≒8,000원
ⓑ 어린이: 8,400원(좌석최저운임)×0.95=7,980원≒8,000원×0.5=4,000원
ⓒ 경로: 8,400원(좌석최저운임)×0.95=7,980원≒8,000원×0.7=5,600원

(3) 단체승차권 운임·요금
① 적용범위: 10명 이상이 함께 여행하는 경우에 발행하는 단체승차권의 운임·요금은 단체구성 인원수에 대한 운임·요금을 합산한 금액을 받는다. (예약과 동시 결제, 좌석 수 한정)
② 할인율: 어른에게는 운임의 10%를 할인하며, 특실요금은 할인하지 않는다.
㉮ 최저운임 이하로 할인하지 않는다.
㉯ 공공할인 대상자에 대하여는 추가로 단체할인을 하지 않는다.
㉰ 영업할인과 중복하여 할인하지 않는다.
③ 단체승차권 운임·요금 계산
* 서울~부산역간 KTX(좌석)로 어른 10명, 어린이 2명, 유공자 1명이 여행
㉮ 서울~부산역간 어른 좌석운임: 59,800원
ⓐ 어른 1인당 단체할인 운임: 59,800원×0.9=53,820원≒53,800원
ⓑ 어른 10명 단체할인 운임: 53,800원×10명=538,000원
㉯ 서울~부산역간
ⓐ 어린이, 유공자(50% 할인) 좌석운임: 59,800원×0.5=29,900원
ⓑ 어린이 2명 운임: 29,900원×2명=59,800원(단체할인 미적용)
ⓒ 유공자 1명: 29,900원
㉰ 538,000원+59,800원+29,900원=627,700원(최종 수수금액)

(4) 정기승차권 운임
① 적용방법
㉮ 사용횟수: 유효기간 중 1일 2회 이용기준
㉯ 토·일·공휴일을 제외한 일수로 계산(토·일·공휴일 사용을 선택한 경우는 포함)
㉰ 정기승차권 1회 운임은 최저운임 이하로 할인
(최저운임에 정기승차권의 할인율을 적용하여 계산)
㉱ 공공할인, 영업할인 등과 중복하여 할인하지 않는다.
㉲ 정기권 1회 운임계산 시 월~목 할인(KTX 7%, 새마을호·무궁화호 4.5%) 적용 중,
(단, KTX 강릉선 및 ITX-청춘의 경우 1회운임 계산시 월~목 할인 제외)

열차종류	할인율 적용 운임	정기승차권 종류		
		청소년	일반인	
		10일~1개월용	10일~20일용	21일~1개월용
KTX	자유석	60% (25세 미만)	45%	50%
새마을호, ITX-새마을	자유석			
무궁화호(누리로)	입 석			

〈정기승차권 운임계산 전제조건〉

(월~목 할인 : KTX 7%, 새마을호·무궁화호 4.5%)

열차종류	승차구간	좌석운임	사용횟수(토·일·공휴일 제외)	
KTX	서울~대전	23,700원	20일 사용	16일 기준
새마을호	서울~천안	9,300원		
무궁화호	서울~수원	2,700원	1개월 사용	22일 기준

② 정기승차권 운임계산

㉮ KTX(20일 사용 일반인, 서울-대전)

ⓐ 1회 운임 산출: $23,700원×0.95=22,515원≒22,500원$(자유석 운임)

ⓑ $22,500원×0.93$(월~목 할인 KTX 7%)$≒20,900원$

ⓒ $20,900원×0.55(1-0.45)=11,495원≒11,500원$(정기권 1회 운임)

ⓓ $11,500원×32회$(1일 2회)$=368,000원$

㉯ 새마을호(1개월 사용 청소년용, 서울-천안)

ⓐ 1회 운임 산출: $9,300원×0.95=8,835원≒8,800원$(자유석 운임)

ⓑ $8,800원×0.955$(월~목 할인 4.5%)$≒8,400$

ⓒ $8,400원×0.4(1-0.6)=3,360≒3,400$(정기권 1회 운임)

ⓓ $3,400원×44회$(1일 2회)$=149,600$(정기승차권 운임)

㉰ 무궁화호(20일 사용 일반인용, 서울-수원)

ⓐ 1회 운임 산출: $2,700원×0.85=2,295원≒2,300원$(입석 운임)

ⓑ $2,300원×0.955$(월~목 할인 4.5%)$=2,197≒2,200$

ⓒ $2,200원×0.55(1-0.45)=1,210≒1,200$(정기권 1회 운임)

ⓓ $1,200원×32회$(1일 2회)$=38,400원$

(5) 운임할인 적용순서 및 중복할인 등

① 운임할인을 적용하는 순서

운임할인을 적용하는 순서에 따라 최종적으로 계산한 금액이 달라지게 되므로 어른 좌석운임 ⇨ 기본할인 ⇨ 공공할인 ⇨ 영업할인 순서로 계산한다.

할인그룹	할인종류
기본할인	자유석, 입석할인, 환승할인
공공할인	유아, 어린이, 노인, 장애인, 유공자, 군장병, 의무경찰할인
영업할인	정기승차권, 단체, 할인쿠폰, 인터넷특가, 청소년드림, 힘내라청춘, 다자녀행복, 맘편한KTX, KTX 4인동반석, 기초생활 수급자 등

② 운임할인의 중복적용

운임할인은 중복하여 할인하지 않으며 중복되는 경우 유리한 할인 1개만 적용하는 것이 원칙이다. 단, 운임할인 목적에 따라 중복 할인하는 경우가 있다.

㉮ 기본할인그룹과 공공할인그룹이 중복되는 경우 중복 할인 가능(단, 환승할인과 공공할인 그룹에 중복되는 경우 유리한 할인율 적용)

㉯ 기본할인그룹과 영업할인그룹이 중복되는 경우 중복 할인 가능

㉰ 동일한 그룹 내에서 운임할인 중복되는 경우 중복 불가(단, 환승할인과는 중복 가능하며, 단체할인과는 유리한 할인율 적용)

㉱ 공공할인그룹과 영업할인그룹이 중복되는 경우 중복 불가(단, 중복되는 경우 유리한 할인율 적용)

ⓐ 군인할인과 영업할인이 중복되는 경우라도 군인할인만 적용

ⓑ 정기승차권, KTX 4인동반석 할인은 다른 할인과 중복 불가

③ 최저운임 적용

㉮ 기본할인그룹과 공공할인그룹은 최저운임 이하로 할인할 수 있다.

㉯ 영업할인은 원칙적으로 최저운임이하로 할인이 불가하나, 예외적으로 할인 목적에 따라 최저운임 이하로 할인(정기승차권 할인)한다.

㉰ 최저운임 적용방법

1) 서울~광명간 어른 20명 KTX 단체 운임계산 시 최저운임 적용

ⓐ 서울~광명간 좌석운임(8,400원)

ⓑ 단체 1인당 할인운임: 8,400원×0.9(10%)=7,560원≒7,600원

KTX 최저운임(8,400원)과 비교, 최저운임 이하므로 단체 1인당 할인 운임은 8,400원으로 계산, 8,400원×20명=168,000원

2) 서울~영등포간 1개월(22일 기준) 어른용 무궁화호 정기승차권 운임

ⓐ 서울~영등포간 좌석운임(2,600원)

ⓑ 서울~영등포간 입석운임: 2,600원×0.85(15%)=2,210원≒2,200원

ⓒ 월~목 할인(4.5%)=2,200원×0.955=2,100원

2,100원×0.5(정기권 할인율)=1,000원(정기권 1회 운임)

ⓓ 1,000원×44회=44,000원(1개월 정기승차권 운임)

(6) 할인그룹별 종류

① **기본할인그룹**(기본할인): 이용 대상자에 관계없이 누구나 동일하게 운임 할인을 적용

  ⑦ 입석·자유석 할인

    ⓐ KTX 및 새마을호의 자유석 운임은 일반실 좌석운임의 5%를 할인

    ⓑ 입석운임은 일반실 좌석운임의 15%를 할인

    ⓒ 최저운임 이하로 할인하며 공공할인, 영업할인과 중복할인 가능

  ⑭ 환승할인

    ⓐ KTX와 ITX-새마을·새마을호·무궁화호 열차를 상호 환승하는 경우 ITX-새마을·새마을호·무궁화호 열차의 운임의 30% 금액을 KTX 운임에서 차감

    ⓑ 최저운임 이하로 할인 가능

    ⓒ 공공할인과 중복되는 경우 유리한 할인율 적용(어린이, 노인, 장애인, 유공자가 환승하는 경우 환승할인을 적용하지 않고 공공할인만 적용)

② **공공할인그룹**

  ⑦ 공공할인의 정의(PSO: Public Service Obligation)

    ⓐ 사회복지 정책 또는 정부 정책에 따라 노인, 장애인, 유공자 등에게 철도운임을 할인하는 것을 말한다.

    ⓑ 관계법령에 운임 할인 대상열차 및 할인율을 규정하고 공사에서 운임을 할인한 경우 철도산업발전기본법에 의하여 이를 보상받도록 규정하고 있다.

  ⑭ 어린이: KTX 이하 모든 열차의 기준운임(최저운임 포함) 및 기본할인운임의 50%를 할인

  ⑭ 유아

    ⓐ 보호자 1명당 유아(만 6세 미만) 1명은 운임을 받지 않는다.

    ⓑ 유아가 승차권을 구매하여야 하는 경우: 기준운임의 75% 할인 적용(인원 제한 없음)

      －유아가 좌석을 지정할 경우

      －어른 1명당 유아 1명을 초과하여 이용하는 경우

    〈유아의 운임적용 기준〉

     1) 유아를 동반하는 경우

      ⓐ 유아 1명: 무임 또는 승차권 구매(75% 할인)

      ⓑ 유아 2명 이상: 최초 유아－무임 또는 승차권 구매(75% 할인)

                          나머지 유아－승차권 구매(75% 할인)

     2) 1명을 초과하는 유아가 입석·자유석을 이용하는 경우

      기본(입석 15%, 자유석 5%) 할인 적용 후 유아(75%) 할인 적용

     3) 정기승차권(패스포함), 4인동반석 승차권 소지 고객의 유아

      ⓐ 유아 1명 무임

      ⓑ 유아가 1명을 넘을 경우 유아할인 승차권 구매

㉨ 노인 운임: 노인복지법에 정한 65세 이상 노인은 열차별 기준운임(최저운임 포함) 및 기본할인 운임을 다음과 같이 할인

열차종별	할인율	비 고
KTX	30%	토·일·공휴일은 제외
새마을호	30%	토·일·공휴일은 제외
무궁화호	30%	–
통근열차	50%	–

㉤ 장애인 운임: 장애인복지법에 정한 장애인(장애정도가 심한 장애인은 보호자 포함)은 기준운임(최저운임 포함) 및 기본할인 운임을 다음과 같이 할인

열차종별	할인율		비 고
	중 증	경 증	
KTX·새마을호	50%	30%	경증은 토·일·공휴일 제외
무궁화호·누리로	50%		–
통근열차	50%		

㉥ 국가유공자: 국가유공자(독립유공자, 상이등급 1~2급 유공자는 보호자 포함)는 KTX 이하 모든 열차에 대하여 연간 6회를 무임 또는 기준운임(최저운임 포함) 및 기본할인의 50%를 할인 받을 수 있다. (무임 및 할인 선택가능)

8. 부가운임

(1) 부가운임 징수

① 징수기준 ⇨ 철도사업법에 따라 승차구간의 기준운임·요금＋그 기준운임의 30배 범위에서 해당 부가운임을(합하여) 받는다.
② 승차한 역을 확인할 수 없는 경우에는 승차한 열차의 처음 출발역부터 적용

(2) 부가운임 징수대상 및 금액

① 승차권을 소지하지 않고 승차한 경우: 0.5배
② 철도종사자의 승차권 확인을 회피 또는 거부하는 경우: 2배
③ 이용자격에 제한이 있는 할인승차권·상품 또는 좌석을 자격이 없는 사람이 이용하는 경우: 10배
④ 단체승차권을 부정사용한 경우: 10배
⑤ 부정승차로 재차 적발된 경우: 10배
⑥ 승차권을 위·변조하여 사용하는 경우: 30배
⑦ 명절기간에는 부가운임 기준을 최고 30배 범위 내에서 수수할 수 있다.

(3) 게시: 철도공사는 부가운임 기준을 홈페이지에 게시

(4) 운임할인 증명을 못하여 지급한 부가운임 환불 청구

① **대상:** 운임할인 신분증 또는 증명서를 제시하지 못하여 부가운임을 지급한 사람

② **청구기한:** 승차한 날로부터 1년 이내

③ **청구장소:** 역(간이역 및 승차권 판매대리점 제외)에 제출하고 부가운임 환불 청구할 수 있다.

④ **환불청구 시 제출서류**

    ㉮ 해당 승차권

    ㉯ 운임할인 대상자임을 확인할 수 있는 신분증 또는 증명서

    ㉰ 부가운임에 대한 영수증

⑤ **환불절차:** 철도공사는 부가운임의 환불 청구를 받은 경우 정당한 할인대상자임을 확인하고 별표에 정한 최저수수료(400원)를 공제한 잔액을 환불

(5) 차내 부가운임 수수 시 취급 방법(여객편람)

① 서울역−오송역간 무표 고객에게 0.5배 수수 후 ⇨ 동대구역 연장 시 0.5배 추가 수수

② 서울역−부산역간 무표 고객에게 부가운임 수수 후 ⇨ 대전역 도중하차 시 대전역−부산역은 원 운임만 반환

9. 승차권의 분실 재발행

(1) 재발행 청구 조건

① **청구자:** 승차권을 분실하는 등 소지하지 않은 사람

② **청구기한:** 여행시작 전

(2) 재발행을 청구할 수 없는 경우

① 좌석번호를 지정하지 않은 승차권

② 분실한 승차권이 사용된 경우

③ 분실한 승차권의 유효기간이 지난 경우

④ 분실한 승차권을 확인할 수 있는 회원번호, 신용카드 번호, 현금영수증 등이 없는 경우

(3) 재발행 받은 분실승차권의 무효

승차권을 재발행 받은 경우 분실 승차권은 무효로 하며 승차권의 사용, 환불청구 등을 할 수 없다.

10. 승차구간 연장·차실변경 취급

(1) 열차내에서 승무원이 취급하는 승차구간 연장, 차실변경

여행시작 후에 도착역을 지나 계속 여행하거나 승차권에 표시된 차실을 변경하는 경우를 말한다.

(2) 운임·요금 계산방법

① 변경 전 후 운임·요금 차액 수수

㉮ 일반승차권을 ⇨ 특실로 연장: 변경 전후 운임 차액 및 연장구간의 특실기준요금
(최저요금 적용) 수수

㉯ 특실승차권을 ⇨ 특실로 연장: 변경 전후 운임 및 요금 차액을 수수

② 연장구간의 할인 적용 여부

㉮ 기본할인그룹: 입석·자유석 할인은 계속 적용(환승할인 제외)

㉯ 공공할인그룹: 계속 적용

㉰ 영업할인(지연할인 포함): 적용하지 않음

③ 사전에 구간연장을 신고하지 않은 경우: 연장구간의 기준운임·요금을 기준으로 부정승차
취급

(3) 운임·요금 계산 사례별 취급 방법

① 서울~대전 KTX 좌석승차권으로 부산역까지 좌석으로 연장

㉮ 서울~대전역간의 KTX좌석운임: 23,700원

㉯ 서울~부산역간의 KTX좌석운임: 59,800원

㉰ 59,800원－23,700원＝36,100원 수수

② 서울~대전 KTX 좌석승차권으로 부산역까지 자유석으로 연장

⇨ 59,800원－23,700원＝36,100원×0.95(자유석 할인)＝34,300원 수수

③ 서울~대전 KTX 좌석승차권으로 부산역까지 입석으로 연장

⇨ 59,800원－23,700원＝36,100원×0.85(입석 할인)＝30,700원 수수

④ 서울~대전 KTX 좌석승차권으로 부산역까지 특실로 연장

(특실요금이 최저특실요금에 해당하는 경우 최저요금 수수)

⇨ 59,800원－23,700원＝36,100원＋14,400원(특실기준요금)＝50,500원 수수

⑤ 서울~대전 KTX 특실승차권으로 부산역까지 특실로 연장

㉮ 서울~대전역간의 KTX좌석운임: 23,700원, 특실요금 9,500원 ⇨ 33,200원

㉯ 서울~부산역간의 KTX좌석운임: 59,800원, 특실요금23,900원 ⇨ 83,700원

㉰ 83,700원－33,200원＝50,500원 수수

01

철도여객운송약관에서 정한 용어에 대한 설명으로 틀린 것은?

① 여행시작이란 여객이 여행을 시작하는 역에서 운임구역에 들어가는 때를 말한다.

② 간이역이란 여객의 승하차 설비만을 갖추고 승차권 발행 서비스를 제공하지 않는 역을 말한다.

③ 단체란 승차일시, 열차, 구간 등 운송조건이 동일한 10명 이상의 사람을 말하며 한 장의 승차권으로 발행한다.

④ 운임구역이란 승차권 또는 입장권을 소지하고 출입하여야 하는 구역으로 운임경계선 바깥쪽을 말한다. 다만, 운임경계선이 설치되지 않은 장소는 열차를 타는 곳 또는 열차 내를 말한다.

⑤ 운임은 「철도사업법」에서 정하고 있는 여객운송에 대한 직접적인(열차를 이용하여 장소를 이동한) 대가를 말한다.

(해설) 여객약관 제2조(정의)

2. "역"이란 여객을 운송하기 위한 설비를 갖추고 열차가 정차하는 장소를 말하며 "간이역"이란 여객의 승하차 설비만을 갖추고 승차권 발행 서비스를 제공하지 않는 역을 말합니다.

7. "운임"이란 「철도사업법」 제9조 제1항에서 정하고 있는 여객운송에 대한 직접적인(열차를 이용하여 장소를 이동한) 대가를 말합니다.

14. "운임구역(또는 안전 주의 구역)"이란 승차권 또는 입장권을 소지하고 출입하여야 하는 구역으로 운임 경계선부터 역의 타는 곳 또는 열차 내를 말합니다.

15. "여행시작"이란 여객이 여행을 시작하는 역에서 운임구역에 들어가는 때를 말합니다.

16. "단체"란 승차일시·열차·구간 등 운송조건이 동일한 10명 이상의 사람을 말하며 한 장의 승차권으로 발행합니다.

정답 ④

02

역의 타는 곳까지 출입하는 사람에게 발행하는 증표는?

① 입장권　　　　② 좌석이용권　　　　③ 승차권　　　　④ 할인승차권

(해설) 여객약관 제2조(정의) 참조

'입장권'이란 역의 타는 곳까지 출입하는 사람에게 발행하는 증표를 말합니다. 정답 ①

03

입장권에 관한 설명으로 틀린 것을 모두 고르시오?

① 입장권에 기재된 발매역에서 시간대에 제한 없이 타는 곳에 출입할 수 있다.
② 관광·견학 등을 목적으로 타는 곳에 출입하고자 하는 사람은 방문기념 입장권을 구입(방문기념 입장권 발매역에 한함), 소지하여야 한다.
③ 입장권과 방문기념 입장권을 소지한 사람은 열차 내에 출입할 수 없다.
④ 입장권은 환불이 가능하다.
⑤ 입장권을 소지하고 열차에 승차하였을 경우 입장권을 무효로 하며, 기준운임을 수수한다.

(해설) 여객약관 제23조(입장권)

① 배웅·마중을 목적으로 운임구역(열차 내 제외)에 출입하고자 하는 사람은 입장권을 소지하여야 하며, 관광·견학 등을 목적으로 타는 곳에 출입하고자 하는 사람은 방문기념 입장권을 구입(방문기념 입장권 발매역에 한함), 소지하여야 합니다.
② 입장권과 방문기념 입장권을 소지한 사람은 열차 내에 출입할 수 없으며, 입장권에 기재된 발매역에서 지정열차 시간대에 1회에 한하여 타는 곳에 출입할 수 있습니다.
  * 입장권을 소지하고 열차에 승차할 경우, 부정승차로 간주하여 부가운임을 수수한다.
③ 입장권은 환불하지 않습니다.　　　　　　**정답** ①, ④, ⑤

04

여객운송약관에 정한 용어의 설명으로 틀린 것은?

① 단체란 승차일시·열차·구간 등 운송조건이 동일한 10명 이상의 사람을 말한다.
② 여행시작이란 여객이 여행을 시작하는 역에서 운임구역에 들어가는 때를 말한다.
③ 환승이란 도중 역에서 10분~60분(철도공사에서 맞이방, 홈페이지 등에 게시한 시간표 기준) 이내에 다른 열차로 갈아타는 것을 말하며, 한 장의 승차권으로 발행한다.
④ 부가운임이란 「철도사업법」 제10조에 따라 기준운임·요금 이외에 추가로 받는 운임·요금을 말한다.

(해설) 여객약관 제2조(정의)

17. "환승"이란 도중 역에서 10분~50분(철도공사에서 맞이방, 홈페이지 등에 게시한 시간표 기준) 이내에 다른 열차로 갈아타는 것을 말하며, 한 장의 승차권으로 발행합니다.
8. "부가운임"이란 「철도사업법」 제10조에 따라 기준운임·요금 이외에 추가로 받는 운임을 말합니다. **정답** ③, ④

철도여객운송약관에서 정한 용어의 설명으로 틀린 것은?

① "차실"이란 일반실, 특실 등 열차의 객실 종류를 말한다.
② "위약금"이란 승차권 유효기간 이내에 운송계약 해지를 청구함에 따라 수수하는 금액을 말한다.
③ "좌석이용권"이란 지정 좌석의 이용 청구 권리만을 증명할 수 있도록 발행한 증서를 말한다.
④ "열차"란 철도공사에서 운영하는 고속열차와 일반열차를 말한다.
⑤ "승차권판매대리점"이란 철도공사와 승차권판매에 관한 계약을 체결하고 철도 승차권을 판매하는 은행, 여행사 등을 말한다.

해설 여객약관 제2조(정의)
4. "열차"란 철도공사에서 운영하는 고속열차, 준고속열차, 일반열차(광역전철 및 도시철도를 제외)를 말하며, 열차 종류별 세부 사항은 철도공사 홈페이지에 게시합니다.
정답 ④

철도여객운송 약관에 정한 여객의 구분으로 틀린 것은?

① 2세는 유아이다.   ② 6세는 유아이다.
③ 12세는 어린이다.   ④ 34세는 어른이다.

해설 여객약관 제2조(정의)
1. "여객"이란 철도를 이용할 목적으로 승차권 등을 소지하고 운임구역(또는 안전 주의 구역) 내로 진입한 사람을 말하며, 다음과 같이 구분합니다.
 가. 유아: 만 6세 미만
 나. 어린이: 만 6세 이상 만 13세 미만
 다. 어른: 만 13세 이상
정답 ②

여객운송약관에서 분류한 열차에 속하지 않는 것은?

① 광역전철   ② 일반열차   ③ 준고속열차   ④ 고속열차

해설 여객약관 제2조(정의)
4. "열차"란 철도공사에서 운영하는 고속열차, 준고속열차, 일반열차(광역전철 및 도시철도를 제외)를 말하며, 열차 종류별 세부 사항은 철도공사 홈페이지에 게시합니다.
정답 ①

철도여객 운송계약의 성립시기로 가장 거리가 먼 것을 모두 고르시오?

① 여객이 열차에 승차한 때
② 인터넷으로 예약한 승차권을 결제한 때
③ 운임을 받지 않고 운송하는 유아는 보호자와 함께 여행을 시작한 때
④ 유효하지 않은 승차권을 가지고 열차에 승차한 경우에는 열차승무원에게 알린 때
⑤ 역원이 배치되지 않은 역에서 유효하지 않은 승차권을 가지고 열차에 승차한 경우에는 열차에 승차한 때

해설 여객약관 제3조(약관의 적용 등)
② 운송계약은 다음 각 호에 정한 때에 성립하며 이때부터 이 약관(또는 별도의 운송계약)을 적용합니다.
  1. 승차권(또는 좌석이용권 포함. 이하 같음)을 발행받은 때(결제한 때)
  2. 운임을 받지 않고 운송하는 유아는 보호자와 함께 여행을 시작한 때
  3. 승차권이 없거나 유효하지 않은 승차권을 가지고 열차에 승차한 경우에는 열차에 승차한 때   정답 ①, ④

KTX 운임·요금의 산출방식으로 가장 적절한 것은?

① 지대법   ② 거리비례법
③ 원거리 체감법   ④ 시장가격제

해설 여객편람 운임·요금 산출방식
가. 거리비례제: 거리에 비례하여 운임이 증가되는 것으로 거리에 임률을 곱하여 계산하며 일반열차의 여객운임이 이에 해당
나. 지대제: 일정한 지역이나 거리를 기준으로 구분하여 동일한 운임으로 계산하는 방식
다. 균일제: 거리의 장단에 관계없이 동일한 운임을 수수하는 방식으로 정액제라고도 함
라. 원거리 체감제: 거리가 멀면 멀수록 운임이 저렴해지도록 운임을 계산하는 방식
마. 구역제: 일정거리를 기준으로 구역을 정하여 운임을 계산하는 방식
바. 시장가격제: 거리, 소요시간 등 다른 교통수단과의 경쟁력을 비교하여 운임수준을 결정하는 방식   정답 ④

여객운송 계약의 법적성질에 해당하지 않는 것은?

① 쌍무계약   ② 요물계약   ③ 유상계약   ④ 부종계약

1. 낙성계약: 계약성립에 있어서 당사자의 합의만으로 성립하는 계약으로 계약 당사자 사이에 의사표시가 일치하기만 하면 성립하고 그 밖에 다른 형식이나 절차를 필요로 하지 않는 계약이다.
2. 쌍무계약: 계약당사자 쌍방이 서로 상환으로 이행하여야 할 성질의 채무를 부담하는 계약이다.
3. 유상계약: 계약당사자가 대가로서의 의의를 가지며 경제적 부담을 하는 계약이다.
4. 부합계약(부종계약): 계약 당사자의 일방이 정한 정형적 약관에 대하여 사실상 상대방이 포괄적으로 승인할 수밖에 없는 계약을 말하며 부종계약이라고도 한다.　　**정답** ②

11

여객운송 계약에 있어서 당사자의 합의만으로 성립하는 계약으로 계약 당사자 사이에 의사표시가 일치하기만 하면 성립하고 그 밖에 다른 형식이나 절차를 필요로 하지 않는 계약은?

① 쌍무계약　　　② 낙성계약　　　③ 유상계약　　　④ 부종계약

해설 여객편람 운송계약의 법적성질　　**정답** ②

12

여객운송약관에 대한 내용 중 맞는 것은?

① 운임을 받지 않고 운송하는 만 6세 미만의 유아는 보호자가 승차권을 결제한 때 운송계약이 성립된다.
② 열차를 이용하고자 하는 사람은 출발시각 3분 전까지 승차권을 발행하지 않는 경우에는 운송을 거절할 수 있다.
③ 열차를 이용하고자 하는 사람은 운임구역에 진입하기 전에 운송계약 체결의 증표를 소지하여야 하며, 도착역에 도착하여 운임구역을 벗어날 때까지 해당 증표를 소지해야 한다.
④ 승차권을 분실하여 재발행 받은 경우 분실 승차권은 무효로 하며 1년 이내에 환불청구 등을 할 수 있다.

해설 여객약관 제3조(약관의 적용 등)
운임을 받지 않고 운송하는 유아는 보호자와 함께 여행을 시작한 때 운송계약 성립
여객편람: 승차권 판매기간(또는 시간): 좌석 승차권은 출발 1개월 전부터 열차출발 5분 전까지 상시 판매한다. 단, 모바일앱에서는 출발시각 전까지 판매한다. – 여객약관상의 운송거절 사유는 아님
제11조(승차권 등의 유효성)
① 열차를 이용하고자 하는 사람은 운임구역에 진입하기 전에 운송계약 체결의 증표(승차권, 좌석이용권 또는 철도공사에서 별도로 발행한 증서, 할인승차권·상품의 대상자 확인 필요 시 신분증)를 소지하여야 하며, 도착역에 도착하여 운임구역을 벗어날 때까지 해당 증표를 소지해야 합니다. 〈개정 2024.7.18.〉

제13조(승차권 분실 재발행 등)

① 승차권을 분실하는 등 소지하지 않은 사람은 여행시작 전에 역에서 재발행을 청구할 수 있습니다. 다만, 다음 각 호에 해당하는 경우는 제외합니다. 〈개정 2024.7.18.〉

  1. 좌석번호를 지정하지 않은 승차권

  2. 분실한 승차권이 사용된 경우

  3. 분실한 승차권의 유효기간이 지난 경우

  4. 분실한 승차권을 확인할 수 있는 회원번호, 신용카드 번호, 현금영수증 등이 없는 경우

⑤ 제1항에 따라 승차권을 재발행 받은 경우 분실 승차권은 무효로 하며 승차권의 사용, 환불청구 등을 할 수 없습니다. 〈개정 2024.7.18.〉

정답 ③

---

13 23년 1회~2회·22년 1회~2회·21년 1회·19년 2회·17년 2회·16년 2회

운송을 거절하거나 다음 정차 역에 하차시킬 수 있는 경우가 아닌 것은?

① 지정된 열차에 승차하지 않은 경우

② 철도사업법에 정한 부가운임의 지급을 거부하는 경우

③ 유아가 13세 이상의 보호자 없이 여행하는 경우

④ 질병 등으로 혼자 여행하기 어려운 여객이 보호자나 의료진과 함께 여행하지 않는 경우

⑤ 열차를 이용하지 않으면서 물품만 운송하는 경우

[해설] 여객약관 제5조(운송의 거절 등)

① 철도종사자는 다음 각 호에 해당하는 경우에는 운송을 거절하거나, 다음 정차 역에서 내리게 할 수 있습니다.

  1. 「철도안전법」 제42조 및 제43조에 규정한 위해물품 또는 위험물을 휴대한 경우

  2. 「철도안전법」 제47조 및 제48조에 규정하고 있는 열차 내에서의 금지행위와 철도보호 및 질서유지를 해치는 금지행위를 한 경우

  3. 「철도안전법」 제48조의2 제1항에 규정하고 있는 보안검색에 따르지 않는 경우

  4. 「철도안전법」 제49조에 규정하고 있는 철도종사자의 직무상 지시에 따르지 않는 경우

  5. 「감염병의 예방 및 관리에 관한 법률」에서 정한 감염병 또는 정부에서 지정한 감염병에 감염된 환자이거나 의심환자로 지정되어 격리 등의 조치를 받은 경우

  6. 「철도사업법」 제10조에 정한 부가운임의 지급을 거부하는 경우

  7. 질병 등으로 혼자 여행할 수 없는 사람이 보호자 또는 의료진 없이 여행하는 경우

  8. <u>유아가 13세 이상의 보호자 없이 여행하는 경우</u>

② 철도종사자는 제1항제1호부터 제6호까지와 열차를 이용하지 않으면서 물품만 운송하는 경우 해당하는 사람 또는 물품을 역사 밖으로 퇴거시키거나 철거할 수 있습니다.

③ 철도공사는 제1항에 따라 운송을 거절하거나, 다음 정차역에 내리게 한 경우 승차하지 않은 구간의 운임·요금(할인한 경우 동일한 할인율로 계산한 금액)에서 제14조에 정한 위약금을 공제한 잔액을 환불합니다.

정답 ①, ⑤

철도종사자가 운송을 거절하거나 다음 정차역에서 하차시킬 수 있는 경우로 옳은 것은?

① 운송거절로 강제하차 시 승차권 잔액은 환불받을 수 없다.

② 어린이가 만 13세 이상의 보호자 없이 여행하는 경우 운송을 거절하거나, 다음 정차역에서 내리게 할 수 있다.

③ 질병으로 치료중인 여객이 보호자와 함께 여행하지 않는 경우 운송을 거절하거나, 다음 정차역에서 내리게 할 수 있다.

④ 철도종사자와 여객 등에게 성적(性的) 수치심을 일으키는 행위를 한 경우 운송을 거절하거나, 다음 정차역에서 내리게 할 수 있다.

(해설) 여객약관 제5조(운송의 거절 등)　　　　　　　　　　　　　정답 ④

철도안전법에서 규정하고 있는 사항으로 운송을 거절하거나 다음 정차역에 하차시킬 수 있는 경우로 틀린 것은?

① 위해물품 및 위험물을 휴대한 경우

② 여객열차 내에서 금지행위를 한 경우

③ 철도종사자의 직무상 지시에 따르지 않는 경우

④ 어린이가 만 13세 이상의 보호자와 함께 여행하지 않는 경우

(해설) 철도안전법 제50조, 여객약관 제5조(운송의 거절 등)　　　　　정답 ④

철도종사자가 사람 또는 물품을 역사 밖으로 퇴거 또는 철거할 수 있는 경우가 아닌 것은?

① 열차에 위해물품 또는 위험물을 휴대한 경우

② 유아가 13세 이상의 보호자 없이 여행하는 경우

③ 열차를 이용하지 않으면서 물품만 운송한 경우

④ 철도종사자와 여객 등에게 성적(性的) 수치심을 일으키는 행위를 한 경우

(해설) 여객약관 제5조(운송의 거절 등)　　　　　　　　　　　　　정답 ②

철도여객운송약관에서 운송의 거절 등에 관한 내용으로 틀린 것은?

① 유아가 13세 이상의 보호자 없이 여행하는 경우에는 운송을 거절하거나, 다음 정차 역에서 내리게 할 수 있다.

② 열차를 이용하지 않으면서 물품만 운송하는 경우 해당하는 사람 또는 물품을 역사 밖으로 퇴거시키거나 철거할 수 있다.

③ 운송을 거절하거나, 다음 정차역에 내리게 한 경우 승차하지 않은 구간의 운임·요금에서 약관에 정한 위약금을 공제한 잔액을 환불한다.

④ 질병 등으로 혼자 여행할 수 없는 사람이 보호자 또는 의료진 없이 여행하는 경우 해당하는 사람을 역사 밖으로 퇴거시키거나 철거할 수 있다.

(해설) 여객약관 제5조(운송의 거절 등)　　　　　　　　　　　　　　　　　　　정답 ④

열차를 정상적으로 운행할 수 없는 경우에 운송계약 내용의 제한 또는 조정사항으로 틀린 것은?

① 운행중지　　　　　　　　　　　② 운행시간의 변경

③ 운임의 변경　　　　　　　　　　④ 출발·도착역 변경

(해설) 여객약관 제6조(운송계약 내용의 조정 등)

① 철도공사는 다음 각 호의 사유로 열차의 안전운행에 지장이 발생하였거나 발생할 것으로 예상되는 경우 운행시간의 변경, 운행중지, 출발·도착역 변경, 우회·연계수송 및 승차권의 예약·구매·환불과 관련된 사항 등을 제한 또는 조정할 수 있습니다. 〈개정 2024.7.18.〉
 1. 지진·태풍·폭우·폭설 등 천재지변(이하 '천재지변'이라 합니다) 또는 악천후로 인하여 재해가 발생하였거나 발생할 것으로 예상되는 경우
 2. 「철도안전법」 제2조에 따른 철도사고 및 열차고장, 철도파업, 노사분규 등으로 열차운행에 중대한 장애가 발생하였거나 발생할 것으로 예상되는 경우
 3. 신규 철도 노선 운행 등으로 예약·구매·환불과 관련된 사항 등의 조정이 필요한 경우
 4. 기타 사유로 열차를 정상적으로 운행할 수 없는 경우
② 철도공사는 철도공사에서 따로 정한 설·추석·하계 휴가철 특별교통대책기간(이하 '명절 기간 등'이라 합니다), 토요일·일요일·공휴일과 단체승차권, 할인승차권·상품에 대하여 다음 각 호의 사항을 별도로 정할 수 있습니다. 〈개정 2024.7.18.〉
 1. 승차권의 구매와 관련된 사항
 2. 운임·요금 환불, 수수료, 위약금 등 계약내용의 변경 또는 해지와 관련된 사항
 3. 운임·요금할인과 관련된 사항
 4. 승차구간 및 열차의 조정
③ 여객은 제1항에 따라 운송계약 내용의 제한 또는 조정으로 열차를 이용하지 못하였을 경우 승차권에 기재된 운임·요금의 환불을 청구할 수 있습니다.
④ 철도공사는 제1항에 따라 조정한 내용을 역 및 홈페이지 등에 공지합니다. 다만, 긴급하거나 일시적인 경우에는 안내방송으로 대신할 수 있습니다.　　　　　　　　　　정답 ③

19

23년 1회~2회·21년 2회·19년 2회·15년 1회

천재지변, 열차고장, 파업 등 열차를 정상적으로 운행할 수 없는 경우 운송계약 내용의 조정에 대한 설명으로 가장 거리가 먼 것은?

① 도중 정차역 변경
② 우회수송, 연계수송
③ 운행중지, 출발역 변경
④ 운행시간 변경, 도착역 변경

(해설) 여객약관 제6조(운송계약 내용의 조정 등)　　　　　정답 ①

20

24년 1회

여객운송 계약내용의 제한 또는 조정을 할 수 있는 사유로 틀린 것은?

① 신규 철도 노선 운행 등으로 예약·구매·환불과 관련된 사항 등의 조정이 필요한 경우
② 철도사고 및 열차고장, 철도파업, 노사분규 등으로 열차운행에 장애가 발생하였거나 발생할 것으로 예상되는 경우
③ 기타 사유로 열차를 정상적으로 운행할 수 없는 경우
④ 천재지변 또는 악천후로 인하여 재해가 발생하였거나 발생할 것으로 예상되는 경우

(해설) 여객약관 제6조(운송계약 내용의 조정 등)　　　　　정답 ②

21

24년 1회~2회

명절기간 등에 여객운송 계약내용을 별도로 정할 수 있는 내용으로 틀린 것은?

① 승차권의 구매와 관련된 사항
② 운임·요금 환불, 수수료, 위약금 등 계약내용의 변경 또는 해지와 관련된 사항
③ 기준운임·기준요금과 관련된 사항
④ 승차구간 및 열차의 조정

(해설) 여객약관 제6조(운송계약 내용의 조정 등)　　　　　정답 ③

승차권의 구매와 관련된 사항 등을 별도로 정할 수 있는 대상으로 틀린 것은?

① 단체승차권, 할인승차권·상품
② 철도공사에서 따로 정한 설·추석·하계 휴가철 특별교통대책기간
③ 정기승차권
④ 토요일·일요일·공휴일

(해설) 여객약관 제6조(운송계약 내용의 조정 등)

정답 ③

철도여객운송약관의 내용 중 맞는 것은?

① 자가발권승차권은 출발시각 이후 인터넷을 이용하여 환불을 청구할 수 있다.
② 여객은 운송계약 내용의 제한 또는 조정으로 열차를 이용하지 못하였을 경우 승차권에 기재된 운임·요금의 환불을 청구할 수 있다.
③ 열차 출발시각 경과 후 20분까지 역에서 단체승차권을 환불하는 경우 40%의 환불위약금을 공제한다.
④ 운임할인 대상자임을 확인할 수 있는 신분증(또는 증명서)을 소지하지 않아 부가운임을 지급한 경우에는 승차일 부터 1개월 이내 부가운임의 환불을 청구할 수 있다.

(해설) 여객약관 제6조(운송계약 내용의 조정 등)

정답 ②

승차권 운임·요금에 대한 설명으로 틀린 것은?

① 철도공사는 영업상 필요한 경우에는 기준운임·요금을 할인할 수 있다.
② 철도공사는 영업상 필요한 경우 신용·포인트·혼용결제 및 계좌이체 등을 제한할 수 있다.
③ 철도공사는 기준운임을 할인하거나 취소·환불위약금 등을 계산할 때 발생하는 100원 미만의 금액에 대하여 49원까지는 버리고, 초과금액은 100원으로 한다.
④ 철도공사는 혼용결제한 승차권의 취소·환불 등으로 발생하는 위약금을 철도이용자가 지급수단을 지정하는 경우를 제외하고 현금결제, 포인트결제, 신용결제, 후급결제의 순서로 받는다.

(해설) 여객약관 제8조(운임·요금의 결제)
－요금은 할인불가
－50원까지 버리고, 50원 초과는 100원으로 올린다.

정답 ①, ③

운임·요금 중 일부를 현금, 수표, 신용카드 및 포인트 등으로 나누어 결제하는 것을 무엇이라고 하는가?

① 분할결제   ② 후급결제   ③ 혼합결제   ④ 혼용결제

해설 여객약관 제8조(운임·요금의 결제)
① 철도공사는 기준운임을 할인하거나 위약금 등을 계산할 때에 발생하는 100원 미만의 금액에 대하여 50원까지는 버리고 50원 초과 시에는 100원으로 합니다.
② 철도공사는 영업상 필요한 경우에 수표 수취, 신용·마일리지·포인트·혼용결제 및 계좌이체 등을 제한할 수 있습니다.

정답 ④

영업상 필요한 경우에 제한할 수 있는 결제가 아닌 것은?

① 혼용결제   ② 포인트결제   ③ 신용결제   ④ 현금결제

해설 여객약관 제8조(운임·요금의 결제)
① 철도공사는 기준운임을 할인하거나 위약금 등을 계산할 때에 발생하는 100원 미만의 금액에 대하여 50원까지는 버리고 50원 초과 시에는 100원으로 합니다.
② 철도공사는 영업상 필요한 경우에 수표 수취, 신용·마일리지·포인트·혼용결제 및 계좌이체 등을 제한할 수 있습니다.

정답 ④

승차권의 구매에 대한 설명으로 가장 거리가 먼 것은? (모두 고르시오)

① 여객은 여행 시작 전까지 승차권을 발행받아야 하며, 발행받은 승차권의 승차일시·정차역·열차·구간 등의 운송조건을 확인하여야 한다.
② 2명 이상이 함께 이용하는 조건으로 운임을 할인하고 한 장으로 발행히는 승차권은 이용인원에 따라 낱장으로 나누어 발행하지 않는다.
③ 할인승차권 또는 이용 자격에 제한이 있는 할인상품을 2회 이상 부정사용한 경우에는 해당 할인승차권 또는 할인상품 이용을 1년간 제한할 수 있다.
④ 승차권을 발행할 때 정당 대상자 확인을 위하여 신분증 등의 확인을 요구할 수 있다.

해설 여객약관 제9조(승차권의 구매 등)
① 여객은 여행시작 전까지 승차권을 발행받아야 하며, 발행받은 승차권의 <u>승차일시·열차·구간</u> 등의 운송조건을 확인하여야 합니다.

② 철도공사는 승차권을 발행할 때 정당 대상자 확인을 위하여 신분증 등의 확인을 요구할 수 있습니다.

③ 철도공사는 2명 이상이 함께 이용하는 조건으로 운임을 할인하고 한 장으로 발행하는 승차권은 이용인원에 따라 낱장으로 나누어 발행하지 않습니다.

④ 철도공사는 승차권을 발행하기 전에 이미 열차가 20분 이상 지연되거나, 지연이 예상되는 경우에는 여객이 지연에 대한 배상을 청구하지 않을 것에 동의를 받고 승차권을 발행합니다. 〈개정 2024.7.18.〉

⑤ 철도공사는 할인승차권 또는 이용 자격에 제한이 있는 할인상품을 부정사용한 경우에는 해당 할인승차권 또는 할인상품 이용을 1년간 제한할 수 있습니다. 〈개정 2024.7.18.〉　　　　　　　　　**정답** ①, ③

28　　　　　　　　　　　　　　　　　　　　　　　　　　22년 2회·15년 2회 수정

철도여객운송약관에 대한 설명으로 맞는 것은?

① 유아가 13세 이상의 보호자와 여행하는 경우 보호자 1명당 좌석을 지정하지 않는 유아 2명까지 운임을 받지 않는다.

② 철도공사는 철도사업법에 따라 기획재정부장관에게 신고한 운임·요금 범위 내에서 출발역과 도착역별로 운임·요금을 정하여 받는다.

③ 철도공사는 영업상 필요한 경우에 수표 수취, 신용·마일리지·포인트·혼용결제 및 계좌이체 등을 제한할 수 있다.

④ 철도공사는 천재지변, 열차고장 및 선로고장 등으로 일부 구간을 다른 교통수단으로 연계 운송하는 경우 열차승차 구간의 운임·요금을 받는다.

해설 여객약관 제7조(기준운임요금), 제8조(운임·요금의 결제), 철도사업법 제9조(여객 운임·요금의 신고 등)

여객약관 제7조(기준운임·요금 등)

① 철도공사는 「철도사업법」 제9조에 따라 국토교통부장관에게 신고한 운임·요금 범위에서 출발역부터 도착역까지의 구간(이하 '승차구간'이라 합니다)별로 운임·요금(이하 '기준운임' 또는 '기준요금'이라 합니다)을 정하여 받습니다.

② 철도공사는 13세 이상의 보호자 1명당 좌석을 지정하지 않은 유아 1명은 운임을 받지 않습니다. 다만, 1명을 초과하는 경우에는 철도공사에서 따로 정한 유아 운임을 받습니다. 〈개정 2024.7.18.〉

③ 철도공사는 관계법령에 운임을 할인하도록 규정하고 있는 경우 또는 철도공사 영업상 필요한 경우에는 제1항에서 정한 기준운임(또는 기준요금)을 할인할 수 있습니다. 〈개정 2024.7.18.〉

④ 철도공사는 천재지변, 열차고장 및 선로고장 등으로 일부 구간을 다른 교통수단으로 연계 운송하는 경우 전체 구간의 운임·요금을 받습니다. 〈개정 2024.7.18.〉

철도사업법 제9조(여객 운임·요금의 신고 등)

① 철도사업자는 여객에 대한 운임(여객운송에 대한 직접적인 대가를 말하며, 여객운송과 관련된 설비·용역에 대한 대가는 제외한다)·요금을 국토교통부장관에게 신고하여야 한다. 이를 변경하려는 경우에도 같다. 　　　　**정답** ③

44 제1편 여객운송

승차권에 대한 설명으로 틀린 것은?

① 승차권을 발행하기 전에 이미 열차가 20분 이상 지연되거나, 지연이 예상되는 경우에는 여객이 지연에 대한 배상을 청구하지 않을 것에 동의를 받고 승차권을 발행한다.

② 할인승차권 또는 이용 자격에 제한이 있는 할인상품을 2회 이상 부정사용한 경우에는 해당 할인승차권 또는 할인상품 이용을 1년간 제한할 수 있다.

③ 2명 이상이 함께 이용하는 조건으로 운임을 할인하고 한 장으로 발행하는 승차권은 이용인원에 따라 낱장으로 나누어 발행하지 않는다.

④ 열차를 이용하고자 하는 사람은 열차에 승차하기 전에 운송계약 체결의 증표(승차권, 좌석이용권 또는 철도공사에서 별도로 발행한 증서)를 소지하여야 하며, 도착역에 도착시각까지 해당 증표를 소지해야 한다.

(해설) 여객약관 제9조(승차권의 구매 등)　　　　　　　　　　　　　　　　정답 ②

승차권의 유효성에 대한 설명으로 틀린 것은?

① 철도공사의 전산시스템에 접속하여 휴대폰으로 운송에 관한 정보를 전송받은 사람의 모바일승차권은 유효하다.

② 월~금요일(공휴일 제외)에 운행하는 KTX 및 새마을호 열차의 자유석 승차권 운임은 일반실 좌석운임의 5%를 할인한다.

③ 철도공사에 승차하는 사람에 관한 정보를 제공하고 철도공사 홈페이지에 접속하여 운송에 관한 정보를 휴대폰으로 전송받은 사람의 휴대폰문자승차권은 유효하다.

④ 여러 명이 같은 운송조건으로 이용하는 단체승차권, 4인 동반석 승차권 등의 승차일시·구간·인원 등을 변경하는 경우에는 구입한 역에서만 환불할 수 있다.

(해설) 여객약관 제11조(승차권 등의 유효성)

① 열차를 이용하고자 하는 사람은 운임구역에 진입하기 전에 운송계약 체결의 증표(승차권, 좌석이용권 또는 철도공사에서 별도로 발행한 증서, 할인승차권·상품의 대상자 확인 필요 시 신분증)를 소지하여야 하며, 도착역에 도착하여 운임구역을 벗어날 때까지 해당 증표를 소지해야 합니다. 〈개정 2024.7.18.〉

② 제1항에 정한 증표의 유효기간은 증표에 기재된 도착역의 도착시각까지(열차가 지연된 경우 지연된 시간 만큼을 추가)로 하며, 도착역의 도착시각이 지난 후에는 무효로 합니다. 〈개정 2024.7.18.〉

③ 운임할인(무임 포함) 대상자의 확인을 위한 각종 증명서는 증명서의 유효기간 이내에 출발하는 열차에 한하여 사용할 수 있습니다.

④ 여러 명이 같은 운송조건으로 이용하는 단체승차권, 4인 동반석 승차권 등의 승차일시·구간·인원 등을 변경하는 경우에는 제14조에 따라 해당 승차권을 환불한 후 다시 구입하여야 합니다. 다만, 승차권의 변경 조건에 따라 위약금을 감면할 수 있으며, 감면대상 및 범위 등 세부사항은 철도공사 홈페이지에 게시합니다.　　　　정답 ④

31

승차권의 유효성에 대한 설명으로 틀린 것은?

① 운송계약 체결 증표의 유효기간은 증표에 기재된 도착역의 도착시각까지(열차가 지연된 경우 지연된 시간 만큼을 추가)로 하며, 도착역의 도착시각이 지난 후에는 무효로 한다.

② 열차를 이용하고자 하는 사람은 운임구역에 진입하기 전에 운송계약 체결의 증표(승차권, 좌석이용권 또는 철도공사에서 별도로 발행한 증서, 할인승차권·상품의 대상자 확인 필요 시 신분증)를 소지하여야 하며, 도착역에 도착하여 운임구역을 벗어날 때까지 해당 증표를 소지해야 한다.

③ 운임할인(무임 포함) 대상자의 확인을 위한 각종 증명서는 증명서의 유효기간 이내에 도착하는 열차에 한하여 사용할 수 있다.

④ 여러 명이 같은 운송조건으로 이용하는 단체승차권, 4인 동반석 승차권 등의 승차일시·구간·인원 등을 변경하는 경우에는 해당 승차권을 환불한 후 다시 구입하여야 한다.

(해설) 여객약관 제11조(승차권 등의 유효성)　　　　　　　　　　정답 ③

32

승차권에 대한 설명으로 가장 거리가 먼 것은?

① 2명 이상이 함께 이용하는 조건으로 운임을 할인하고 한 장으로 발생하는 승차권은 이용인원에 따라 낱장으로 나누어 발행하지 않는다.

② 정기승차권을 유효기간에 따라 10일용, 1개월용으로, 이용열차 종별에 따라 KTX와 ITX로, 이용대상에 따라 청소년용과 일반용으로 구분한다.

③ 승차권에는 승차일자, 승차구간, 열차 출발시각 및 도착시각, 열차종류 및 열차편명, 운임·요금 영수금액, 승차권 발행일, 고객센터 전화번호 등을 기재한다.

④ 열차고장, 철도파업 및 노사분규 등으로 열차를 정상적으로 운행할 수 없는 경우에는 운행시각 변경, 운행중지, 출발·도착역 변경, 우회·연계수송, 승차권의 예약·발권·환불 등을 제한 또는 조정할 수 있다.

(해설) 여객약관 제6조, 제9조~11조 및 정기권 약관 참조
제5조(유효기간) 정기승차권의 유효기간은 승차권에 표시하며, 사용 시작일부터 10일에서 1개월 이내로 구분합니다.
제10조(승차권의 기재사항) 승차권에는 다음 각 호의 사항을 기재합니다.
　1. 승차일자
　2. 승차구간, 열차 출발시각 및 도착시각
　3. 열차종류 및 열차편명
　4. 좌석등급 및 좌석번호(등급 및 번호가 정해진 열차 승차권에 한함)

5. 운임·요금 영수금액

6. 승차권 발행일

7. 고객센터 전화번호

정기약관 제4조(정기승차권의 종류 및 판매금액 등) ① 정기승차권의 종류는 이용열차 종별에 따라 구분하며, 이용 대상에 따라 청소년용과 일반용으로 구분합니다. 〈개정 2024.7.18.〉

② 제1항에 정한 정기승차권의 종류별 할인율 등은 역 및 인터넷 등에 게시합니다.

③ 정기승차권은 사용 시작 5일 전부터 판매(간이역 및 승차권판매대리점 제외)합니다. **정답** ②

여객운송약관에서 부정승차로 취급하여 승차구간의 기준운임·요금과 그 기준운임의 10배 이내에 해당하는 부가운임을 받을 수 있는 경우로 틀린 것은?

① 철도종사자의 승차권 확인을 회피 또는 거부하는 경우

② 이용 자격에 제한이 있는 할인상품 또는 좌석을 자격이 없는 사람이 이용하는 경우

③ 단체승차권을 부정 사용한 경우

④ 부정승차로 재차 적발된 경우

해설 여객약관 제12조(부가운임 등)

① 철도공사는 「철도사업법」 제10조에 따라 다음 각 호에 해당하는 경우 승차구간의 기준운임·요금(승차한 역을 확인할 수 없는 경우에는 승차한 열차의 처음 출발역부터 적용)과 그 기준운임의 30배 범위에서 해당 부가운임을 받습니다. 〈개정 2024.7.18.〉

  1. 제2조 제10호에서 정한 승차권을 소지하지 않고 승차한 경우: 0.5배

  2. 철도종사자의 승차권 확인을 회피 또는 거부하는 경우: 2배

  3. 이용 자격에 제한이 있는 할인승차권·상품 또는 좌석을 자격이 없는 사람이 이용하는 경우: 10배

  4. 단체승차권을 부정사용한 경우: 10배

  5. 부정승차로 재차 적발된 경우: 10배

  6. 승차권을 위·변조하여 사용하는 경우: 30배

② 철도공사는 제1항에 정한 부가운임 기준을 홈페이지에 게시하며 명절 기간 등에는 부가운임 기준을 최고 30배 범위 내에서 수수할 수 있습니다. 〈개정 2024.7.18.〉

③ 운임할인 신분증 또는 증명서를 제시하지 못하여 부가운임을 지급한 사람은 승차한 날로부터 1년 이내에 다음 각 호를 역(간이역 및 승차권판매대리점 제외)에 제출하고 부가운임의 환불을 청구할 수 있습니다.

  1. 해당 승차권

  2. 운임할인 대상자임을 확인할 수 있는 신분증 또는 증명서

  3. 부가운임에 대한 영수증

④ 철도공사는 제3항의 부가운임의 환불 청구를 받은 경우 정당한 할인대상자임을 확인하고 별표에 정한 최저수수료를 공제한 잔액을 환불합니다. **정답** ①

34

KTX 승차권의 부가운임을 받는 경우가 아닌 것은?

① 단체승차권을 부정사용한 경우
② 철도종사자의 승차권 확인을 거부하는 경우
③ 승차권을 소지하지 않고 승차한 경우
④ 13세 미만 어린이가 구입한 승차권을 다른 어린이가 사용하는 경우

(해설) 여객약관 제12조(부가운임 등)   정답 ④

35

부가운임 징수대상 및 부가운임 수준으로 틀린 것은?

① 철도종사자의 승차권 확인을 회피 또는 거부하는 경우: 2배
② 승차권을 위·변조하여 사용하는 경우: 30배
③ 부정승차로 적발된 경우: 10배
④ 승차권을 소지하지 않고 승차한 경우: 0.5배

(해설) 여객약관 제12조(부가운임 등)   정답 ③

36

승차권 분실에 대한 설명으로 가장 거리가 먼 것은?

① 좌석을 지정하지 않은 입석, 자유석 승차권은 재발급 받을 수 없다.
② 승차권을 재발행 받은 경우 분실승차권은 무효로 한다.
③ 승차권을 재발행 받은 경우 분실승차권의 사용, 환불청구 등을 할 수 없다.
④ 현금을 지불하고 구입한 승차권을 분실한 경우에는 해당 운임·요금의 5%를 지불하면, 분실한 승차권을 재발급 받을 수 있다.

(해설) 여객약관 제13조(승차권 분실 재발행)
① 승차권을 분실하는 등 소지하지 않은 사람은 여행시작 전에 역에서 재발행을 청구할 수 있습니다. 다만, 다음 각 호에 해당하는 경우는 제외합니다. 〈개정 2024.7.18.〉
　1. 좌석번호를 지정하지 않은 승차권
　2. 분실한 승차권이 사용된 경우
　3. 분실한 승차권의 유효기간이 지난 경우
　4. 분실한 승차권을 확인할 수 있는 회원번호, 신용카드 번호, 현금영수증 등이 없는 경우
②, ③, ④ 삭제 〈2024.7.18.〉

⑤ 제1항에 따라 승차권을 재발행 받은 경우 분실 승차권은 무효로 하며 승차권의 사용, 환불청구 등을 할 수 없습니다. 〈개정 2024.7.18.〉

정답 ④

37

분실 재발행을 청구할 수 없는 승차권으로 맞는 것은?

① 포인트로 발급받은 스마트폰 승차권
② 신용카드로 결제한 KTX 자유석 승차권
③ 유공자 무임으로 발급받은 KTX와 무궁화호 환승승차권
④ 현금결제 후 현금영수증을 발급받은 ITX – 청춘 정기승차권

해설 여객약관 제13조(승차권 분실 재발행)

정답 ②

38

승차권 분실에 대한 설명으로 틀린 것은?

① 신용카드 또는 포인트로 결제한 승차권은 재발행 청구할 수 있다.
② 좌석번호를 지정하지 않은 승차권을 분실하였을 경우에는 승차권의 재발행을 청구할 수 없다.
③ 여행시작 전에 분실한 승차권을 재발행할 경우에는 분실한 승차권과 동일한 구간의 기준운임·요금과 최저수수료를 수수한다.
④ 승차권을 재발행 받은 경우 분실 승차권은 무효로 하며 승차권의 사용, 환불청구 등을 할 수 없다.

해설 여객약관 제13조(승차권 분실 재발행)

정답 ③

39

KTX 승차권의 분실 재발행에 대한 설명으로 틀린 것은?

① 현금영수증을 발행한 자유석 승차권은 분실 재발행이 가능하다.
② 분실한 승차권을 확인할 수 있는 회원번호, 신용카드 번호, 현금영수증 등이 없는 경우 분실 재발행을 청구할 수 없다.
③ 분실한 승차권의 유효기간이 지난 경우 승차권의 재발행을 청구할 수 없다.
④ 분실한 승차권이 사용된 경우 승차권의 재발행을 청구할 수 없다.

해설 여객약관 제13조(승차권 분실 재발행)

정답 ①

일반열차 승차권을 분실한 사람이 재발행을 청구할 수 있는 경우는?

① 좌석번호를 지정한 승차권

② 분실한 승차권이 사용된 경우

③ 분실한 승차권의 유효기간이 지난 경우

④ 분실한 승차권을 확인할 수 있는 회원번호, 신용카드 번호, 현금영수증 등이 없는 경우

(해설) 여객약관 제13조(승차권 분실 재발행)   정답 ①

KTX 및 일반열차의 공공할인에 대한 설명으로 틀린 것은?

① 노인의 통근열차 할인율은 50%이다.

② 독립유공자는 6회까지 전열차를 무임으로 승차할 수 있다.

③ 장애의 정도가 심한 중증 장애인의 새마을호 할인율은 50%이다.

④ 장애의 정도가 심하지 않은 경증 장애인의 무궁화호 할인율은 30%이다.

(해설) 공공할인그룹 참조   정답 ④

A역에서 B역까지 어른 1명과 어린이 1명이 KTX특실을 A역에서 자동발매기로 구입할 때 운임·요금은 얼마인가? (단, A~B 기준운임은 47,500원이고, 좌석속성은 배제한다.)

① 99,000원   ② 99,500원   ③ 108,500원   ④ 109,200원

(해설) 여객편람 운임·요금의 계산

KTX 특실요금은 어른 기준운임의 40% 적용.

어른 47,500+(47,500×0.4)=66,500원,

어린이 47,500×0.5(어린이 50%할인)=23,750 ≒ 23,700+(47,500×0.4)=42,700원   정답 ④

43

A~B역 간 새마을호열차로 어른 3명, 어린이 1명, 노인 1명이 여행할 때 운임·요금은 얼마인가? (단, A~B역 간 기준운임 11,900원, 승차일 평일, 좌석속성 미적용인 경우이다.)

① 58,900원   ② 49,900원   ③ 68,000원   ④ 71,500원

(해설) 새마을호열차의 운임계산
어른 3명: 11,900×3명=35,700원,
어린이 1명: 11,900 × 0.5(50%할인) = 5,950 ≒ 5,900원
노인 1명: 11,900×0.7(30%할인)=8,330원 ≒ 8,300원
합계 49,900원

정답 ②

44

A역에서 B역간 새마을호열차로 어른 1명, 경로(노인) 1명이 승차권을 구입할 때 운임요금은 얼마인가? (단, A~B역간 기준운임 39,300원, 승차일 수요일, 좌석 속성 미적용)

① 77,200원   ② 77,300원   ③ 66,800원   ④ 84,100원

(해설) 여객편람 운임·요금의 계산
어른 1명: 39,300   노인 1명: 39,300×0.7(30%할인)≒27,500원
합계 66,800원

정답 ③

45

A역에서 B역까지 KTX열차로 어른 12명, 어린이 4명이 단체로 여행할 경우 운임은 얼마인가? (단, A~B 기준운임 19,700원, 좌석속성 배제)

① 248,000원   ② 248,600원   ③ 251,600원   ④ 252,600원

(해설) 여객편람 운임·요금의 계산
어른 19,700×0.9=17,700원, 17,700×12명=212,400원
어린이 19,700×0.5≒9,800원(할인안함)×4명=39,200원
합계 251,600원

정답 ③

46

서울－광주 간 영업거리가 441.1km, 새마을호 임율이 83.29원일 경우 어른 1명, 어린이 1명의 운임으로 맞는 것은?

① 55,200원　　　② 55,100원　　　③ 55,000원　　　④ 49,900원

(해설) 여객편람 운임·요금의 계산

어른 441.1×83.29＝36,739원≒36,700원, 어린이 36,700×0.5＝18,350≒18,300원
합계 36,700원＋18,300원＝55,000원

정답 ③

47

A역에서 B역에서 노인 3명이 KTX열차를 이용하여 여행할 때 운임은 얼마인가? (단, A~B 기준운임 53,500원, 승차일 수요일, 좌석속성 미적용할 경우)

① 106,500원　　　② 112,200원　　　③ 152,400원　　　④ 152,500원

(해설) 여객편람 운임·요금의 계산

노인이 KTX, 새마을호 승차 시 평일은 30% 할인 적용
53,500×0.7＝37,400원, 37,400원×3명＝112,200원

정답 ②

48

A역에서 B역간 무궁화호 열차 일반정기승차권 20일용을 5일간 사용 후 환불할 때 환불금액은 얼마인가? (단, 기준운임 6,300원, 운임계산일수 14일, 최저위약금 400원, 영업거리 104km일 경우이다.)

① 28,800원　　　② 29,200원　　　③ 29,600원　　　④ 30,000원

(해설) 여객편람 운임·요금 계산 참조

구입금액: 6,300×0.85(입석 운임)＝5,400원
　　　　　5,400×0.55(45%할인 적용)＝3,000원 (일반인 20일용 할인율)
　　　　　3,000×14일×2회＝84,000원
환불금액: 84,000－(6,300×0.85)×5일×2회) － 400(최저수수료)＝29,600원

정답 ③

A역에서 B역까지 KTX 특실로 여행하던 여객이 C역까지 특실로 연장할 때 수수액은? (A∼B 역 기준운임 43,500원, A∼C역 기준운임 59,800원, B∼C역 기준운임 17,100원)

① 16,300원   ② 20,400원   ③ 23,900원   ④ 22,800원

(해설) 여객편람 운임·요금 계산 참조

특실승차권을 ⇨ 특실로 연장: 변경 전후 운임 및 요금 차액을 수수한다.
A∼B역 특실운임·요금 43,500+(43,500×0.4)=60,900원
A∼C역 특실운임·요금 59,800+(59,800×0.4) ≒ 83,700원
차액 83,700−60,900=22,800원   정답 ④

제2장 환불·배상·책임 등

1. 운임·요금의 환불

(1) 환불청구

① 운임·요금의 환불 청구방법: 승차권을 역(간이역 제외)에 제출하고 운임·요금의 환불을 청구할 수 있다.

② 인터넷·모바일로 발행받은 승차권의 운임·요금 환불

㉮ 승차권에 기재된 출발역 출발 전까지 인터넷과 모바일로 직접 청구할 수 있다.

㉯ 자가발권승차권은 출발시각 이후에는 역에서만 환불 가능하다.

(2) 위약금·환불금액

운임·요금의 환불 청구를 받은 경우 청구시각, 승차권에 기재된 출발역 출발시각(환승승차권은 승차구간별 각각의 출발역 출발시각) 및 영수금액을 기준으로 다음에 정한 위약금을 공제한 금액을 환불한다.

*위약금을 감면할 수 있으며, 감면대상 및 범위 등 세부사항은 철도공사 홈페이지에 게시합니다.

① 출발 전

㉮ 월~목요일(승차권)

ⓐ 출발 3시간 전까지: 무료

ⓑ 출발 3시간 전 경과 후부터 출발시각 전까지: 5%

㉯ 금~일요일, 공휴일(승차권)

ⓐ 출발 1일 전까지: 최저위약금(승차권 구매일로부터 7일 이내 환불시 감면)

ⓑ 출발 3시간 전까지: 5%

ⓒ 출발 3시간 전 경과 후 부터 출발시각 전까지: 10%

② 출발 후

㉮ 출발시각 경과 후 20분까지: 15%

㉯ 출발시각 20분 경과 후 60분까지: 40%

㉰ 출발시각 60분 경과 후 도착역 도착시각(열차가 지연된 경우 지연된 시간만큼을 추가) 전까지: 70%

㉱ 도착역 도착시각(열차가 지연된 경우 지연된 시간만큼을 추가) 경과 후: 100%

구분	출발 전			출발 후			
	1개월~ 출발 1일 전	당일~ 출발 3시간 전	출발 3시간 전~ 출발 시간 전	20분 까지	21~ 60분	61분~ 도착 시각 전	도착 시각 경과 후
월~목요일	무 료		5%	15%	40%	70%	100%
금~일요일 공휴일	최저위약금 400원	5%	10%				

* 최저위약금(400원)은 승차권 구매일로부터 7일 이내 환불하는 경우 감면

(3) 단체승차권 환불 위약금

환불 인원별로 계산하여 합산한 금액에서 위약금을 공제한 금액을 환불한다. 단, 별도계약에 의한 단체는 별도계약에서 정한 위약금을 공제한다.

① 출발 전

㉮ 출발 2일 전까지: 최저위약금(좌석 당)

㉯ 출발 1일 전부터 출발시각 전까지: 10%

② 출발 후

㉮ 출발시각 경과 후 20분까지: 15%

㉯ 출발시각 20분 경과 후 60분까지: 40%

㉰ 출발시각 60분 경과 후 도착역 도착시각 전까지: 70%

구분	출발 전		출발 후		
	출발 2일 전까지	출발 1일 전~출발시각 전까지	20분까지	21~60분	61분~ 도착시각 전
위약금	최저위약금 (좌석당)400원	10%	15%	40%	70%

(4) 무임승차권 환불

① 대상: 운임·요금을 지급하지 않고 승차권을 발행받은 사람(국가유공자, 교환권, 카드 등)

② 위약금: 승차구간의 기준운임·요금을 기준으로 정한 위약금을 지급(납부)

③ 복구·재사용: 차감한 무임횟수 복구 또는 교환권이나 카드의 재사용을 청구할 수 있다.

(5) 승차하지 않은 승차권의 환불

① 대상

㉮ 일부인원이 승차하지 않은 경우(2명 이상에게 한 장의 승차권으로 발행한 경우 제외)

㉯ 승차권을 이중으로 구입한 경우(좌석번호를 지정하지 않은 승차권은 제외)

② 환불금액: 출발 후 기준에 정한 위약금을 공제한 잔액을 환불받을 수 있다.

③ 현금으로 결제한 승차권의 환불: 승차한 날로부터 1년 이내에 미승차확인증명을 받은 내역을 역(간이역 및 승차권판매대리점 제외)에 제출하고 환불받을 수 있다.

(6) 환불을 청구하지 못한 경우의 환불

① 대상: 천재지변으로 열차 이용 또는 환불을 청구하지 못한 사람

② 환불절차 및 장소: 승차권과 승차하지 못한 사유를 확인할 수 있는 증명서를 역(간이역 및 승차권판매대리점 제외)에 제출하고 환불을 청구할 수 있다.

③ 환불기한: 승차한 날로부터 1년 이내

④ 환불금액: 운임·요금의 50%에 해당하는 금액을 환불한다.

(7) 도중역 여행중지 시 환불

① 대상: 승차구간 내 도중역에서 여행을 중지한 사람

② 환불기한: 승차권에 기재된 도착역 도착시각 전까지

③ 환불대상금액: 승차하지 않은 구간의 운임·요금 환불을 청구할 수 있다.

④ 위약금 및 환불금액: 아래 ㉮+㉯를 공제한 금액을 환불한다.

㉮ 이미 승차한 역까지의 운임·요금

㉯ 이용하지 않은 운임요금의 15%에 해당하는 위약금

2. 열차지연에 따른 환불·배상

(1) 대상 및 기한

① 환불대상: 승차권에 기재된 도착역 도착시각보다 열차가 20분 이상 늦게 도착한 사람

② 환불기한: 승차한 날로부터 1년 이내

③ 환불청구: 해당 승차권을 역(간이역 및 승차권판매대리점 제외)에 제출

④ 청구금액: 운임(요금제외)에 대하여 소비자분쟁해결기준에 정한 금액을 청구 가능

(2) 지연시각 적용

① 여행시작 전: 승차권에 기재된 출발역 출발시각을 기준으로 적용

② 여행시작 후: 도착역 도착시각을 기준으로 적용

(환승승차권은 승차구간별 각각의 도착역 도착시각)

(3) 여행시작 전 지연으로 여행을 포기한 경우의 환불

① 대상: 여행을 시작하기 전에 출발역 출발시각보다 20분 이상 지연되어 여행을 포기한 사람

② 환불금액: 운임·요금 전액을 환불한다.

(4) 지연 확인서 발행

환불·배상 받은 사람은 발생한 날부터 1년 이내에 지연에 대한 확인서의 발행을 청구할 수 있다.

(5) 환불하지 않는 경우

① 천재지변 또는 악천후로 인한 재해

② 열차 내 응급환자 및 사상자 구호 조치

③ 테러위협 등으로 열차안전을 위한 조치를 한 경우

〈 최저위약금·수수료 및 지연배상 기준 〉

(ㄱ) 최저위약금 및 최저수수료: 400원

(ㄴ) 열차지연배상금

* 소비자분쟁해결기준(공정거래위원회고시 제2019－3호)에 정한 지연배상금액 기준

지연시간 \ 종별	고속열차	일반열차
20분 이상 40분 미만	12.5%	12.5%
40분 이상 60분 미만	25%	25%
60분 이상	50%	50%

(a) 승차일로부터 1년 이내에 환급

(b) 승차하지 않은 구간이 철도공사가 정한 최저 운임·요금구간인 경우에는 최저운임·요금(단, 운임을 할인한 경우에는 동일 할인율로 계산한 최저운임요금) 환급

(c) 열차지연 시 일반승차권은 표시된 운임(운임을 할인한 경우에는 할인금액을 공제한 운임)을 기준으로 하고, 정기승차권은 1회 운임을 기준으로 환급하며 요금은 제외

3. 열차운행 중지에 따른 환불·배상

(1) 환불·배상 대상 및 기한

① 환불·배상 대상: 철도공사 책임으로 운행이 중지된 경우

② 환불·배상 기한: 승차하는 날부터 또는 승차한 날부터 1년 이내

③ 청구장소: 역(간이역 및 승차권판매대리점 제외)에 제출

(2) 환불·배상 금액

① 출발 전(운행중지를 역·홈페이지 등에 게시한 시각을 기준으로)

㉮ 1시간 이내에 출발하는 열차: 전액 환불＋영수금액의 10%배상

㉯ 1시간~3시간 사이에 출발하는 열차: 전액 환불＋영수금액의 3%배상

㉰ 3시간 후에 출발하는 열차: 전액 환불

② 출발 후: 이용하지 못한 구간에 대한 운임·요금 환불＋이용하지 못한 구간 운임·요금의 10% 배상

(3) 운행중지 확인서 발행

환불·배상 받은 사람은 발생한 날부터 1년 이내에 운행중지에 대한 확인서 발행을 청구할 수 있다.

(4) 철도공사 책임 없는 운행중지의 환불배상

① 대상: 천재지변 및 악천후로 인하여 재해가 발생한 경우 등 철도공사의 책임이 없는 사유로 운행이 중지된 경우

② 환불 금액

㉮ 출발 전: 영수금액 전액 환불

㉯ 출발 후: 이용하지 못한 구간의 운임·요금 환불(운임·요금을 할인한 경우에는 같은 할인율로 계산한 운임·요금을 환불)

(5) 환불·배상하지 않는 경우

① 철도공사에서 대체 열차를 투입하거나

② 다른 교통수단을 제공하여 연계수송을 완료한 경우

(여객은 대체교통 수단의 이용 여부를 선택할 수 있다)

4. 환불 방법

(1) 운임·요금을 현금으로 납부하지 않는 경우

신용카드·마일리지·포인트로 결제한 승차권의 운임·요금은 현금으로 환불하지 않고 결제내역을 취소한다.

(2) 환불 위약금과 수수료 수수방법

① 현금, 포인트, 마일리지, 신용카드 중에 선택할 수 있다. (후급, 교통카드 가능)

② 따로 선택하지 않는 경우 철도공사에서 정한 순서에 따라 수수한다.

＊혼용결제한 승차권의 위약금 환불 적용순서
현금 ⇨ 마일리지(포인트) ⇨ 신용 ⇨ 후급의 순서로 수수

5. 여객의 의무

(1) 여객의 여객열차에서 금지행위

① 정당한 사유 없이 <u>국토교통부령</u>으로 정하는 여객출입 금지장소에 출입하는 행위

＊여객출입금지장소: 운전실·기관실·발전실 및 방송실 등

② 정당한 사유 없이 열차운행 중에 비상정지버튼을 누르거나 철도차량의 옆면에 있는 승강용 출입문을 여는 등 철도차량의 장치 또는 기구 등을 조작하는 행위

③ 여객열차 밖에 있는 사람을 위험하게 할 우려가 있는 물건을 여객 열차 밖으로 던지는 행위

④ 열차 등 금연구역으로 지정된 장소에서 흡연하는 행위

⑤ 철도종사자 및 여객 등에게 성적(性的) 수치심을 일으키는 행위

⑥ 술을 마시거나 약물을 복용하고 다른 사람에게 위해를 주는 행위

⑦ 다른 사람에게 위해를 끼칠 우려가 있는 동·식물을 안전조치 없이 여객열차에 동승하거나 휴대하는 행위

⑧ 다른 사람에게 감염의 우려가 있는 법정감염병자가 철도종사자의 허락 없이 여객열차에 타는 행위

⑨ 철도종사자의 허락 없이 여객에게 기부를 청하거나 물품을 판매·배부 또는 연설·권유 등을 하여 여객에게 불편을 끼치는 행위

⑩ 그 밖에 공중이나 여객에게 위해를 끼치는 행위로써 국토교통부령으로 정하는 행위

(2) 금지행위를 한 여객에게 조치할 수 있는 내용

① 금지행위의 제지

② 금지행위의 녹음·녹화 또는 촬영

(3) 여객의 준수사항

① 「철도안전법」에 따라 철도의 안전과 보호 및 질서유지를 위하여 철도종사자의 직무상 지시에 따라야 하며, 폭행·협박으로 철도종사자의 직무집행을 방해 금지

② 여객은 출발시각 3분 전까지 타는 곳에 도착하여야 한다.

③ 여객은 「철도안전법」에 따른 여객들의 안전 및 보안을 위한 보안 검색 시 철도종사자의 안내에 협조하여야 한다.

④ 여객이 관련 법령, 약관 및 이와 관련된 규정을 준수하지 않아 철도공사에 손해를 입힌 경우 여객은 해당 손해를 철도공사에 배상하여야 한다.

6. 휴대품

(1) 휴대품의 소지 기준

① 좌석 또는 통로를 차지하지 않는 두 개 이내의 물품을 휴대하고 승차할 수 있다.

② 휴대 허용기준의 세부사항은 철도공사 홈페이지에 게시한다.

(2) 휴대할 수 없는 물품

① 「철도안전법」에 정한 위해물품 및 위험물
  단, 국토교통부장관 또는 시·도지사가 허가한 경우 또는 「철도안전법」에 정한 경우 제외

② 동물: 단, 다른 사람에게 위해나 불편을 끼칠 염려가 없고 필요한 예방접종을 한 애완용 동물을 전용가방 등에 넣은 경우 제외

③ 자전거 등 다른 사람의 통행에 불편을 줄 염려가 있는 물품

단, 접힌 상태의 접이식 자전거, 완전 분해하여 가방에 넣은 경우 제외

④ 불결하거나 좋지 않은 냄새 등으로 다른 사람에게 불편을 줄 수 있는 물품

(3) 휴대품의 보관 및 관리

① 휴대품은 물품을 소지한 여객의 책임으로 보관 및 관리하여야 한다.

철도공사는 휴대품 분실, 파손에 대한 책임을 지지 않는다.

② 철도종사자가 휴대품의 내용물 확인 가능

㉮ 확인대상

ⓐ 「철도안전법」에 정한 위해물품 및 위험물

ⓑ 안전상 또는 그 밖의 사유로 필요한 경우

㉯ 내용물을 함께 확인할 수 있는 사람

물품을 소지한 사람 및 경찰(또는 철도특별사법경찰)

③ 휴대 금지물품 소지 시 처리

휴대금지품 휴대 및 「철도안전법」에 정한 휴대 금지물품으로 확인된 경우에 철도종사자는 가까운 도중역 하차 등 후속조치를 할 수 있다.

7. 정보제공

(1) 역(간이역 제외)에 게시하여야 하는 사항

① 부가운임 등   ② 운임·요금의 환불

③ 지연에 따른 환불·배상   ④ 운행중지에 따른 환불·배상

(2) 홈페이지 및 모바일앱에 게시하여야 하는 사항

① 부가운임 등

② 운임·요금의 환불

③ 지연에 따른 환불·배상

④ 운행중지에 따른 환불·배상

⑤ 장애인 편의제공 내용

⑥ 피해구제 및 분쟁해결 절차와 방법

⑦ 전년도 열차지연 현황

⑧ 철도서비스 품질평가 결과 및 실천과제 이행 결과

(3) 약관의 열람 게시

여객이 이 약관을 열람할 수 있도록 영업구간의 각 역(간이역 제외) 및 홈페이지 등의 보기 쉬운 장소(화면)에 게시한다.

승차권 환불에 대한 설명으로 틀린 것은?

① 청구시각, 승차권에 기재된 출발역 출발시각(환승승차권은 승차구간별 각각의 출발역 출발시각) 및 영수금액을 기준으로 위약금을 공제한 금액을 환불한다.

② 금요일 출발 승차권으로 열차출발 3시간 전 경과 후부터 출발시각 전까지 역에서 환불하는 경우 위약금은 영수액의 10%이다.

③ 도착역 도착시각(열차가 지연된 경우 지연된 시간 만큼을 추가) 경과 후에는 70%의 위약금을 받는다.

④ 출발시각 60분 경과 후 도착역 도착시각 전까지는 70%의 위약금을 받는다.

해설 여객약관 제14조(운임·요금의 환불)

① 운임·요금을 환불받고자 하는 사람은 승차권을 역(간이역 제외)에 제출하고 운임·요금의 환불을 청구할 수 있습니다. 다만, 인터넷·모바일로 발행받은 승차권의 운임·요금 환불은 승차권에 기재된 출발역 출발 전까지 인터넷과 모바일로 직접 청구할 수 있습니다.

② 철도공사는 제1항의 청구를 받은 경우 청구시각, 승차권에 기재된 출발역 출발시각(환승승차권은 승차구간별 각각의 출발역 출발시각) 및 영수금액을 기준으로 다음 각 호에 정한 위약금을 공제한 금액을 환불합니다.

1. 출발 전
   가. 월~목요일
      1) 출발 3시간 전까지: 무료
      2) 출발 3시간 전 경과 후부터 출발시각 전까지: 5%
   나. 금~일요일, 공휴일
      1) 출발 1일 전까지: 최저위약금(승차권 구매일로부터 7일 이내 환불하는 경우 감면)
      2) 출발 3시간 전까지: 5%
      3) 출발 3시간 전 경과 후부터 출발시각 전까지: 10%
2. 출발 후
   가. 출발시각 경과 후 20분까지: 15%
   나. 출발시각 20분 경과 후 60분까지: 40%
   다. 출발시각 60분 경과 후 도착역 도착시각(열차가 지연된 경우 지연된 시간 만큼을 추가) 전까지: 70%
   라. 도착역 도착시각(열차가 지연된 경우 지연된 시간 만큼을 추가) 경과 후: 100%   **정답** ③

승차권의 환불시 공제하는 위약금 적용으로 틀린 것은?

① 수요일 출발 3시간 전까지 환불: 5%

② 금요일 출발 3시간 전까지 환불: 5%

③ 공휴일 출발 3시간 전 경과 후부터 출발시각 전까지: 10%

④ 월요일 출발 3시간 전 경과 후부터 출발시각 전까지: 5%

(해설) 여객약관 제14조(운임·요금의 환불) 정답 ①

월요일에 출발하는 KTX승차권을 열차출발 1시간전에 환불 청구시 위약금은?

① 무료   ② 영수금액의 5%
③ 최저위약금   ④ 결제금액의 10%

(해설) 여객약관 제14조(운임·요금의 환불) 정답 ②

단체승차권 운임·요금의 환불에 대한 설명 중 틀린 것은? (단, 별도계약에 의한 단체는 제외한다)

① 출발 2일 전까지: 최저위약금

② 출발시각 경과 후 30분까지: 15%

③ 출발 1일 전부터 출발시각 전까지: 10%

④ 출발시각 60분 경과 후 도착역 도착시각 전까지: 40%

(해설) 여객약관 제14조(운임·요금의 환불)

③ 제2항에도 불구하고 단체승차권은 다음 각 호에 따라 환불 인원별로 계산하여 합산한 금액에서 위약금을 공제한 금액을 환불합니다. 다만, 별도계약에 의한 단체는 별도계약에서 정한 위약금을 공제합니다.
　1. 출발 전
　　가. 출발 2일 전까지: 최저위약금
　　나. 출발 1일 전부터 출발시각 전까지: 10% 〈개정 2019.7.5.〉
　2. 출발 후
　　가. 출발시각 경과 후 20분까지: 15%
　　나. 출발시각 20분경과 후 60분까지: 40%
　　다. 출발시각 60분경과 후 도착역 도착시각 전까지: 70% 정답 ②, ④

단체승차권의 환불 위약금에 대한 설명으로 틀린 것은?

① 단체승차권을 역에서 출발 3일전에 환불하는 경우: 최저위약금

② 단체승차권을 역에서 출발 2일전에 환불하는 경우: 5%

③ 단체승차권을 인터넷으로 출발 3일전에 환불하는 경우: 최저위약금

④ 단체승차권을 인터넷으로 출발 1일전에 환불하는 경우: 10%

(해설) 여객약관 제14조(운임·요금의 환불) 정답 ②

승차권 환불에 대한 설명 중 틀린 것은?

① 포인트 결제 승차권: 결제 취소

② 신용카드 결제 승차권: 결제 취소

③ 현금 결제 승차권: 현금으로 환불

④ 마일리지 결제 승차권: 현금으로 환불

(해설) 여객약관 제17조(환불 방법 등)

① 철도공사는 제14조 내지 제16조에 따라 운임·요금의 환불을 청구 받은 경우 신용카드·마일리지·포인트로 결제한 승차권의 운임·요금은 현금으로 환불하지 않고 결제내역을 취소합니다.

② 여객은 제14조에 정한 위약금과 수수료를 현금, 포인트, 마일리지, 신용카드 중에 선택할 수 있으며, 따로 선택하지 않는 경우 철도공사에서 정한 순서에 따라 수수합니다. 정답 ④

KTX 승차권에 대한 설명으로 틀린 것은?

① 모바일로 발행받은 자가발권승차권은 출발시각 이후에는 역에서만 환불할 수 있다.

② 승차구간 내 도중역에서 어행을 중지한 사람은 승차권에 기재된 도착역 도착시각 전까지 승차하지 않은 구간의 운임·요금 환불을 청구할 수 있으며, 이 경우 이미 승차한 역까지의 운임·요금 및 15%의 위약금을 공제한 금액을 환불한다.

③ 도착역을 지나 더 여행하는 경우 승차권에 표기된 도착역을 지나기 전 재구매하지 않을 경우 부정승차로 간주되어 정상운임 이외에 부가운임을 지불해야 한다.

④ 천재지변으로 열차 이용 또는 환불을 청구하지 못한 사람은 승차한 날로부터 1년 이내에 승차권과 승차하지 못한 사유를 확인할 수 있는 증명서를 역(간이역 및 승차권판매대리점 제외)에 제출하고 환불을 청구할 수 있다. 이 경우 운임·요금의 50%에 해당하는 금액을 환불한다.

⑥ 제1항에도 불구하고 천재지변으로 열차 이용 또는 환불을 청구하지 못한 사람은 승차한 날로부터 1년 이내에 승차권과 승차하지 못한 사유를 확인할 수 있는 증명서를 역(간이역 및 승차권판매대리점 제외)에 제출하고 환불을 청구할 수 있습니다. 이 경우 철도공사는 운임·요금의 50%에 해당하는 금액을 환불합니다.

⑦ 승차구간 내 도중역에서 여행을 중지한 사람은 승차권에 기재된 도착역 도착시각 전까지 승차하지 않은 구간의 운임·요금 환불을 청구할 수 있으며, 이 경우 철도공사는 이미 승차한 역까지의 운임·요금 및 제14조 제2항 제2호 가목(15%)에 정한 위약금을 공제한 금액을 환불합니다.

정답) ①

08　　　　　　　　　　　　　　　　　　　　　　　　　　　16년 1회 수정

천재지변 등으로 환불하지 못한 승차권의 운임·요금 환불 청구 기간으로 맞는 것은?

① 승차일 부터 1개월 이내　　　　　　② 승차일 부터 1년 이내
③ 승차권 발행일로부터 1년 이내　　　④ 승차권 발행일로부터 1개월 이내

해설) 여객약관 제14조(운임·요금의 환불)

정답) ②

09　　　　　　　　　　　　　　　　　　　　23년 1회·21년 1회·16년 2회 수정

승차권 환불 및 예약승차권 취소에 대한 설명으로 틀린 것은?

① 토요일 출발 승차권을 역에서 환불하는 경우 출발 3시간 전 경과 후부터 출발시각 전까지 환불위약금은 10%이다.

② 자가발권승차권은 출발시각 1시간 이전까지 인터넷을 이용하여 환불을 청구할 수 있다.

③ 역에서 환불하는 경우 출발시각 20분경과 후부터 60분 이전까지 환불위약금은 40%이다.

④ 일요일 출발 승차권을 인터넷으로 취소하는 경우 출발 1시간 전 경과 후부터 출발시각 이전까지의 취소위약금은 10%이다.

해설) 여객약관 제14조(운임·요금의 환불) 및 여객편람 참조

① 운임·요금을 환불받고자 하는 사람은 승차권을 역(간이역 제외)에 제출하고 운임·요금의 환불을 청구할 수 있습니다. 다만, 인터넷·모바일로 발행받은 승차권의 운임·요금 환불은 승차권에 기재된 출발역 출발 전까지 인터넷과 모바일로 직접 청구할 수 있습니다.

＊ 자가발권승차권은 출발시각 전까지 인터넷을 이용하여 환불을 청구할 수 있다.

정답) ②

열차내에서 발행할 수 있는 미승차 확인증명에 대한 설명으로 맞는 것은?

① 승차권을 환불할 때는 도착역에서만 위약금 30%를 공제한 잔액을 환불한다.
② 현금으로 결제한 승차권의 경우 승차한 날로부터 2년 이내에 미승차확인증명을 받은 내역을 역(간이역 및 승차권판매대리점 제외)에 제출하고 환불받을 수 있다.
③ 미승차확인증명은 열차 내에서 좌석번호를 지정한 승차권을 이중으로 구입하였을 경우 발행한다.
④ KTX자유석 승차권을 이중으로 구입한 경우 열차 내에서 미승차확인증명의 발행을 청구할 수 있다.

(해설) 여객약관 제14조(운임·요금의 환불)
⑤ 다음 각 호에 해당하는 사람은 승무원에게 확인(이하 '미승차확인증명'이라 합니다)을 받고 제2항 제2호(출발후)에 정한 위약금을 공제한 잔액을 환불받을 수 있습니다 다만, 현금으로 결제한 승차권이 경우 승차한 날로부터 1년 이내에 미승차확인증명을 받은 내역을 역(간이역 및 승차권판매대리점 제외)에 제출하고 환불 받을 수 있습니다. 〈개정 2024.7.18.〉
　1. 일부 인원(2명 이상에게 한 장의 승차권으로 발행한 경우 제외)이 승차하지 않은 경우
　2. 승차권을 이중으로 구입한 경우
정답 ③

미승차확인증명에 대한 사항으로 가장 거리가 먼 것은?

① 좌석번호를 지정하지 않은 승차권은 미승차확인증명을 청구할 수 없다.
② 승차권을 이중으로 구입한 경우에도 미승차확인증명의 발행을 청구할 수 있다.
③ 미승차확인증명을 받은 승차권의 출발역 출발시간을 기준으로 환불위약금을 공제한다.
④ 일행 중 일부가 승차하지 않았을 경우 열차 내에서 미승차확인증명의 발행을 청구할 수 있다.

(해설) 여객약관 제14조(운임·요금의 환불) '미승차확인증명'
정답 ③

예약 결제한 무궁화호 승차권을 역에서 취소할 때 위약금 적용기준으로 틀린 것은?

① 단체승차권은 출발 2일전까지는 최저위약금을 수수한다.
② 단체승차권은 출발시각 경과 후 20분까지는 15%의 위약금을 수수한다.
③ 단체승차권은 출발 1일전부터 출발시각 전까지는 결제금액의 10%를 수수한다.
④ 단체승차권은 출발시각 20분경과 후 60분까지는 70%의 위약금을 수수한다.

(해설) 여객약관 제14조(운임·요금의 환불)
정답 ④

여객운송약관의 운임·요금의 환불에 대한 설명으로 틀린 것은?

① 운임·요금을 환불받고자 하는 사람은 승차권을 역(간이역 제외)에 제출하고 운임·요금의 환불을 청구할 수 있다.

② 승차구간 내 도중역에서 여행을 중지한 사람은 승차권에 기재된 도착역 도착시간 전까지 승차하지 않은 구간의 운임·요금 환불을 청구할 수 있다.

③ 천재지변으로 열차 이용 또는 환불을 청구하지 못한 사람은 승차한 날로부터 1년 이내에 승차권과 승차하지 못한 사유를 확인할 수 있는 증명서를 역(승차권판매 대리점 포함)에 제출하고 환불을 청구할 수 있다.

④ 운임·요금을 지급하지 않고 승차권을 발행받은 사람(국가유공자, 교환권, 카드 등)은 승차구간의 기준운임·요금을 기준으로 위약금을 지급하고, 차감한 무임횟수 복구 또는 교환권이나 카드의 재사용을 청구할 수 있다.

(해설) 여객약관 제14조(운임·요금의 환불)

④ 운임·요금을 지급하지 않고 승차권을 발행받은 사람(국가유공자, 교환권, 카드 등)은 승차구간의 기준운임·요금을 기준으로 제2항, 제3항 각 호에 정한 위약금을 지급하고, 차감한 무임횟수 복구 또는 교환권이나 카드의 재사용을 청구할 수 있습니다.

정답 ③

승차구간 내 도중역에서 여행을 중지한 사람의 환불에 관한 설명으로 틀린 것은?

① 승차권에 기재된 도착역 도착시각 전까지 환불을 청구할 수 있다.

② 승차하지 않은 구간의 운임·요금 환불을 청구할 수 있다.

③ 환불금액은 이미 승차한 역까지의 운임·요금 및 10%의 위약금을 공제한 금액을 환불한다.

④ 운임·요금의 환불시 위약금은 감면할 수 있다.

(해설) 여객약관 제14조(운임·요금의 환불)

정답 ③

예약한 승차권의 취소위약금에 대한 설명으로 맞는 것은? (단, 단체승차권은 제외한다)

① 금~일요일, 출발 1일 전까지: 무료

② 월~목요일, 출발 3시간 전까지: 무료

③ 공휴일, 출발 3시간 전까지: 최저위약금

④ 월~목요일, 출발 3시간 전 경과 후부터 출발시각 전까지: 최저위약금

(해설) 여객약관 제14조(운임·요금의 환불) 참조

정답 ②

토요일 출발 KTX승차권을 열차출발 1시간 전에 서울역 매표창구에서 환불할 때 위약금으로 맞는 것은?

① 무료　　　　　　　　　　　　　　　② 결제금액의 5%
③ 최저위약금(400원)　　　　　　　　④ 결제금액의 10%

(해설) 여객약관 제14조(운임·요금의 환불)　　　　　　　　　　　　　　정답 ④

일요일에 출발하는 무궁화 승차권을 열차출발 30분 전에 반환할 경우 위약금(반환수수료)은?

① 무료　　　　　　　　　　　　　　　② 영수금액의 5%
③ 최저위약금(400원)　　　　　　　　④ 영수금액의 10%

(해설) 여객약관 제14조(운임·요금의 환불)　　　　　　　　　　　　　　정답 ④

열차의 지연에 따른 환불·배상에 관한 설명으로 틀린 것은?

① 지진·홍수 등 천재지변으로 열차가 지연되었을 경우 지연보상금을 환불하지 않는다.
② 열차사고로 일반열차가 40분 이상 지연되어 여행 시작 전에 여행을 포기하는 경우에는 영수금액 전액을 환불 청구할 수 있다.
③ 지연시각은 여행 시작 전에는 승차권에 표시된 출발역 출발시각을, 여행 시작 후에는 도착역 도착시각을, 환승승차권은 최종역 도착시각을 기준으로 적용한다.
④ 여행을 시작하기 전에 20분 이상이 지연되어 여행을 포기한 사람은 운임·요금 환불을 청구할 수 있으며, 이 경우 운임·요금 전액을 환불한다.

(해설) 여객약관 제15조(지연에 따른 환불·배상)
① 철도공사의 책임으로 승차권에 기재된 도착역 도착시각 보다 열차가 20분 이상 늦게 도착한 사람은 승차한 날로부터 1년 이내에 해당 승차권을 역(간이역 및 승차권판매대리점 제외)에 제출하고 소비자분쟁해결기준에 정한 금액을 청구할 수 있습니다. 다만, 다음 각 호 등에 해당하는 경우는 제외합니다.
　1. 천재지변 또는 악천후로 인한 재해
　2. 열차 내 응급환자 및 사상자 구호 조치
　3. 테러위협 등으로 열차안전을 위한 조치를 한 경우

② 제1항에 정한 지연시각은 여행시작 전에는 승차권에 기재된 출발역 출발시각을, 여행시작 후에는 도착역 도착시각(환승승차권은 승차구간별 각각의 도착역 도착시각)을 기준으로 적용합니다.

③ 여행을 시작하기 전에 제1항에 정한 시간 이상이 지연되어 여행을 포기한 사람은 운임·요금 환불을 청구할 수 있으며, 이 경우 철도공사는 제14조에 불구하고 운임·요금 전액을 환불합니다.　　　　　　　정답 ③

19　　　　　　　　　　　　　　　　　　　

열차가 지연된 경우 소비자분쟁 해결기준에 따라 환불받을 수 있는 경우는?

① 철도공사의 책임으로 승차권에 기재된 도착역 도착시각 보다 열차가 20분 이상 늦게 도착한 경우
② 천재지변 또는 악천후로 인한 재해로 20분이상 지연된 경우
③ 열차 내 응급환자 및 사상자 구호 조치로 20분이상 지연된 경우
④ 테러위협 등으로 열차안전을 위한 조치로 20분이상 지연된 경우

(해설) 여객약관 제15조(지연에 따른 환불·배상)　　　　　　　정답 ①

20　　　　　　　　　　　　　　　　　　　

지연보상에 대한 설명으로 틀린 것은?

① 신용카드로 결제한 승차권의 지연보상은 신용카드 계좌로 환불된다.
② ITX-새마을 열차가 80분 지연도착하였을 때 지연보상은 승차권 운임의 12.5%이다.
③ 지연보상 기준은 KTX, ITX-청춘 열차는 20분 이상 지연하였을 때 보상한다.
④ 지연된 열차의 승차권을 할인증으로 사용하는 경우에는 지연된 날부터 1년 이내에 지연승차권을 제출하고 할인 받을 수 있다.

(해설) 여객약관 제15조 및 별표

최저위약금·수수료 및 지연배상 기준

1. 최저위약금 및 최저수수료: 400원
2. 열차지연배상금

※ 소비자분쟁해결기준(공정거래위원회고시 제2019-3호)에 정한 지연배상금액 기준

지연시간　　　　　종별	고속열차	일반열차
20분 이상 40분 미만	12.5%	12.5%
40분 이상 60분 미만	25%	25%
60분 이상	50%	50%

-승차일로부터 1년 이내에 환급(지연할인증 포함)　　　　　　　정답 ②

여객운송약관에서 일반열차 승차권에 대한 설명으로 틀린 것은?

① 열차지연 시 환승승차권은 최종 도착역 도착시간을 기준으로 지연시각을 적용한다.

② 철도공사는 승차권을 발행할 때 정당 대상자 확인을 위하여 신분증 등의 확인을 요구할 수 있다.

③ 철도공사는 할인승차권 또는 이용 자격에 제한이 있는 할인상품을 부정사용한 경우에는 해당 할인승차권 또는 할인상품 이용을 1년간 제한할 수 있다.

④ 철도공사의 책임으로 승차권에 기재된 도착역 도착시각보다 40분 이상 늦게 도착한 사람은 승차한 날로부터 1년 이내에 해당 승차권을 역에 제출하고 지연배상금을 청구할 수 있다.

(해설) 여객약관 제9조(승차권의 구매 등), 제15조(지연에 따른 환불·배상)
② 철도공사는 승차권을 발행할 때 정당 대상자 확인을 위하여 신분증 등의 확인을 요구할 수 있습니다.
⑤ 철도공사는 할인승차권 또는 이용 자격에 제한이 있는 할인상품을 부정사용한 경우에는 해당 할인승차권 또는 할인상품 이용을 1년간 제한할 수 있습니다. 〈개정 2024.7.18.〉   정답 ①

철도공사의 책임으로 열차가 지연된 경우 소비자분쟁해결기준에 정한 지연보상기준(환불금액)으로 틀린 것은? (단, 승차권은 현금으로 구매한 경우이다.)

① KTX 40분 이상~60분 미만: 운임의 25%

② ITX 청춘 40분 이상~60분 미만: 운임의 25%

③ 무궁화호 40분 이상~60분 미만: 운임의 25%

④ ITX새마을 60분 이상~120분 미만: 운임의 50%

(해설) 여객약관 제15조 및 별표: 60분 이상 지연배상금 모두 같다(120분 제한은 틀림)   정답 ④

철도공사의 책임으로 운행이 중지된 경우에 대한 설명으로 틀린 것은?

① 운행중지를 역·홈페이지 등에 게시한 시각을 기준으로 3시간 후에 출발하는 열차: 전액 환불

② 출발 후: 이용하지 못한 구간에 대한 운임·요금 환불 및 이용하지 못한 구간 운임·요금의 10% 배상

③ 운행중지를 역·홈페이지 등에 게시한 시각을 기준으로 1시간 이내에 출발하는 열차: 전액 환불 및 영수금액의 10% 배상

④ 운행중지를 역 홈페이지 등에 게시한 시각을 기준으로 1시간~3시간 사이에 출발하는 열차: 전액 환불 및 영수금액의 5% 배상

여객약관 제16조(운행중지에 따른 환불·배상)

① 철도공사의 책임으로 운행이 중지된 경우 다음 각 호에 해당하는 사람은 승차하는 날부터 또는 승차한 날부터 1년 이내에 해당 승차권을 역(간이역 및 승차권판매대리점 제외)에 제출하고 운임·요금의 환불·배상금액을 청구할 수 있습니다. 다만, 철도공사에서 대체 열차를 투입하거나 다른 교통수단을 제공하여 연계수송을 완료한 경우에는 제외하며, 대체교통 수단의 이용 여부를 선택할 수 있습니다.

    1. 출발 전
        가. 운행중지를 역·홈페이지 등에 게시한 시각을 기준으로 1시간 이내에 출발하는 열차: 전액 환불 및 영수금액의 10% 배상
        나. 운행중지를 역·홈페이지 등에 게시한 시각을 기준으로 1시간~3시간 사이에 출발하는 열차: 전액 환불 및 영수금액의 <u>3% 배상</u>
        다. 운행중지를 역·홈페이지 등에 게시한 시각을 기준으로 3시간 후에 출발하는 열차: 전액 환불
    2. 출발 후: 이용하지 못한 구간에 대한 운임·요금 환불 및 이용하지 못한 구간 운임·요금의 10% 배상

② 제1항에도 불구하고 천재지변 및 악천후로 인하여 재해가 발생한 경우 등 철도공사의 책임이 없는 사유로 운행이 중지된 경우에는 다음 각 호에 정한 금액의 환불을 청구할 수 있습니다.
    1. 출발 전: 영수금액 전액 환불
    2. 출발 후: 이용하지 못한 구간의 운임·요금 환불, 다만, 운임·요금을 할인한 경우에는 같은 할인율로 계산한 운임·요금을 환불

정답 ④

24

여객열차에서의 금지행위를 한 사람에 대하여 조치할 수 있는 내용이 아닌 것은?

① 금지행위 제지   ② 금지행위의 녹음
③ 금지행위의 녹화   ④ 금지행위의 고발

여객약관 제20조(여객의 의무 등)

① 여객은 「철도안전법」 제47조에 따라 여객열차에서 다음 각호에 해당하는 행위를 하여서는 안 됩니다.
    1. 정당한 사유 없이 국토교통부령으로 정하는(운전실·기관실·발전실 및 방송실 등) 여객출입 금지장소에 출입하는 행위
    2. 정당한 사유 없이 열차운행 중에 비상정지버튼을 누르거나 철도차량의 옆면에 있는 승강용 출입문을 여는 등 철도차량의 장치 또는 기구 등을 조작하는 행위
    3. 여객 열차 밖에 있는 사람을 위험하게 할 우려가 있는 물건을 여객 열차 밖으로 던지는 행위
    4. 열차 등 금연구역으로 지정된 장소에서 흡연하는 행위
    5. 철도종사자 및 여객 등에게 성적(性的) 수치심을 일으키는 행위
    6. 술을 마시거나 약물을 복용하고 다른 사람에게 위해를 주는 행위
    7. 다른 사람에게 위해를 끼칠 우려가 있는 동·식물을 안전조치 없이 여객열차에 동승하거나 휴대하는 행위
    8. 다른 사람에게 감염의 우려가 있는 법정감염병자가 철도종사자의 허락 없이 여객열차에 타는 행위
    9. 철도종사자의 허락 없이 여객에게 기부를 청하거나 물품을 판매·배부 또는 연설·권유 등을 하여 여객에게 불편을 끼치는 행위
    10. 그 밖에 공중이나 여객에게 위해를 끼치는 행위로써 국토교통부령으로 정하는 행위

② 철도종사자는 제1항의 금지행위를 한 사람에 대하여 필요한 경우 다음 각 호의 조치를 할 수 있습니다.
    1. 금지행위의 제지
    2. 금지행위의 녹음·녹화 또는 촬영

정답 ④

철도여객운송약관에서 여객이 지켜야 할 내용으로 틀린 것은?

① 여객의 안전 및 보안을 위한 보안 검색 시 철도종사자의 안내에 협조하여야 한다.

② 여객은 출발시각 5분 전까지 타는 곳에 도착하여야 한다.

③ 여객이 관련 법령, 약관 및 이와 관련된 규정을 준수하지 않아 철도공사에 손해를 입힌 경우 여객은 해당 손해를 철도공사에 배상하여야 한다.

④ 철도의 안전과 보호 및 질서유지를 위하여 철도종사자의 직무상 지시에 따라야 하며, 폭행·협박으로 철도종사자의 직무집행을 방해하여서는 안 된다.

(해설) 여객약관 제20조(여객의 의무 등)

③ 여객은 「철도안전법」 제49조에 따라 철도의 안전과 보호 및 질서유지를 위하여 철도종사자의 직무상 지시에 따라야 하며, 폭행·협박으로 철도종사자의 직무집행을 방해하여서는 안 됩니다.

④ 여객은 출발시각 3분 전까지 타는 곳에 도착하여야 합니다.

⑤ 여객은 「철도안전법」 제48조의2 및 같은 법 시행규칙 제85조의2에 따른 여객들의 안전 및 보안을 위한 보안 검색 시 철도종사자의 안내에 협조하여야 합니다.

⑥ 여객이 관련 법령, 약관 및 이와 관련된 규정을 준수하지 않아 철도공사에 손해를 입힌 경우 여객은 해당 손해를 철도공사에 배상하여야 합니다.

정답 ②

철도여객운송약관에 정한 휴대품에 관한 설명으로 틀린 것은?

① 안전상 또는 그 밖의 사유로 필요한 경우 물품을 소지한 사람 및 경찰(또는 철도특별사법경찰)과 함께 내용물을 확인할 수 있다.

② 휴대품은 물품을 철도공사의 책임으로 보관 및 관리한다.

③ 휴대금지품 휴대로 확인된 경우 철도종사자는 가까운 도중역 하차 등 후속조치를 할 수 있다.

④ 좌석 또는 통로를 차지하지 않는 두 개 이내의 물품을 휴대하고 승차할 수 있다.

(해설) 여객약관 제22조(휴대품)

① 여객은 좌석 또는 통로를 차지하지 않는 두 개 이내의 물품을 휴대하고 승차할 수 있으며, 휴대 허용기준의 세부 사항은 철도공사 홈페이지에 게시합니다. 다만, 다음 각 호에 정한 물품은 휴대할 수 있는 물품에서 제외합니다.

  1. 「철도안전법」 제42조 및 제43조에 정한 위해물품 및 위험물(단, 국토교통부장관 또는 시·도지사가 허가한 경우 또는 「철도안전법 시행규칙」 제77조에 정한 경우 제외)

  2. 동물(다만, 다른 사람에게 위해나 불편을 끼칠 염려가 없고 필요한 예방접종을 한 애완용 동물을 전용가방 등에 넣은 경우 제외)

  3. 자전거(다만, 접힌 상태의 접이식 자전거, 분해하여 전용 가방에 넣은 경우 제외) 등 다른 사람의 통행에 불편을 줄 염려가 있는 물품

  4. 불결하거나 좋지 않은 냄새 등으로 다른 사람에게 불편을 줄 수 있는 물품

② 제1항의 휴대품은 물품을 소지한 여객의 책임으로 보관 및 관리하여야 하고, 철도공사는 휴대품 분실, 파손에 대한 책임을 지지 않습니다. 〈개정 2024.7.18.〉

③ 철도종사자는 제1항 제1호에 해당하거나 안전상 또는 그 밖의 사유로 필요한 경우 물품을 소지한 사람 및 경찰(또는 철도특별사법경찰)과 함께 내용물을 확인할 수 있으며, 제1항의 휴대금지품 휴대 및 「철도안전법」 제50조에서 정한 휴대 금지물품으로 확인된 경우, 철도종사자는 가까운 도중역 하차 등 후속조치를 할 수 있습니다.

정답 ②

27

역(간이역 제외)에 게시하여야 하는 사항 중 틀린 것은?

① 운임·요금의 환불
② 장애인 편의제공 내용
③ 부가운임 등
④ 지연에 따른 환불·배상

해설 여객약관 제24조(정보제공)

① 철도공사는 다음 각 호의 사항을 영업 구간의 각 역(간이역 제외) 및 홈페이지 등 여객이 보기 쉬운 곳에 게시합니다.
  1. 역에 게시하여야 하는 사항
    가. 제12조(부가운임 등)
    나. 제14조(운임·요금의 환불)
    다. 제15조(지연에 따른 환불·배상)
    라. 제16조(운행중지에 따른 환불·배상)
  2. 홈페이지 및 모바일앱에 게시하여야 하는 사항
    가. 제12조(부가운임 등)
    나. 제14조(운임·요금의 환불)
    다. 제15조(지연에 따른 환불·배상)
    라. 제16조(운행중지에 따른 환불·배상)
    마. 장애인 편의제공 내용
    바. 피해구제 및 분쟁해결 절차와 방법
    사. 전년도 열차지연 현황
    아. 철도서비스 품질평가 결과 및 실천과제 이행 결과

② 철도공사는 여객이 이 약관을 열람할 수 있도록 영업구간의 각 역(간이역 제외) 및 홈페이지 등의 보기 쉬운 장소(화면)에 게시합니다.

정답 ②

28

A역에서 B역까지 KTX 특실로 어른 1명, 어린이 1명이 승차권을 구입하여 열차 탑승 10분전에 환불하였을 때 반환금액은 얼마인가? (단, A~B역 간 기준운임은 37,100원, 일요일 승차)

① 85,200원
② 76,700원
③ 76,600원
④ 8,500원

(해설) 여객약관 제14조(운임·요금의 환불) 위약금은 운임과 요금을 합한 영수금액에서 공제
금~일요일, 공휴일에 출발 3시간전 경과후부터 출발시각 전까지: 10% 위약금
어른 37,100+(37,100×0.4)=51,900원
어린이(37,100×0.5)+(37,100×0.4)≒33,300원
환불금액 51,900×0.9(1-0.1)≒46,700 (+) 33,300×0.9≒30,000=76,700원   정답 ②

29
20년 1회 수정

A역에서 B역까지 15:00에 출발하는 무궁화호 열차를 어른 1명, 노인 1명, 어린이 1명이 승차권을 구입하여 열차출발 당일 11:58에 승차권을 반환할 때 반환금액은 얼마인가? (단, A~B 기준운임 27,100원, 승차일 일요일, 예매일별, 좌석속성은 할인 미적용할 경우이다.)

① 56,500원   ② 56,700원   ③ 64,200원   ④ 64,300원

(해설) 여객약관 제14조(운임·요금의 환불)
일요일 승차권으로 당일 열차출발 3시간 전은 위약금 5% 공제
어른 1명: 27,100×0.95=25,745=25,700원
노인 1명: 27,100×0.7(30% 할인)=18,970=19,000×0.95=18,050≒18,000원
어린이 1명: 27,100×0.5=13,550=13,500×0.95=12,825≒12,800원   합계 56,500원   정답 ①

30
23년 1회~2회·22년 1회~2회·21년 1회~2회·18년 1회

A역에서 C역까지 KTX 자유석 이용고객이 B역에 도중하차 하였을 경우 B역에서 환불받을 수 있는 금액은 얼마인가? (단, A역~C역 기준운임은 53,500원, A역~B역 기준운임은 43,500원이다)

① 7,600원   ② 8,100원   ③ 8,500원   ④ 9,000원

(해설) 여객약관 제14조(운임·요금의 환불)
⑦ 승차구간 내 도중역에서 여행을 중지한 사람은 승차권에 기재된 도착역 도착시각 전까지 승차하지 않은 구간의 운임·요금 환불을 청구할 수 있으며, 이 경우 철도공사는 이미 승차한 역까지의 운임·요금 및 제14조 제2항 제2호 가목(15%)에 정한 위약금을 공제한 금액을 환불합니다.
 * 자유석 운임(5%할인): A~C역 53,500×0.95=50,825≒50,800원
                      A~B역 43,500×0.95=41,325≒41,300원
 * 50,800-41,300=9,500원, 9,500×0.85(위약금 15%)=8,100원   정답 ②

A역에서 B역까지 KTX 특실로 어른 3명, 어린이 1명이 승차권을 구입하여 열차 출발 25분 후에 역 창구에서 환불할 때 승차권 구입금액과 환불금액은 각각 얼마인가? (단, A~B 기준운임은 34,300원, 예매일별 할인 및 좌석속성 배제할 경우)

① 구입금액: 174,800원, 환불금액: 148,600원

② 구입금액: 174,900원, 환불금액: 148,700원

③ 구입금액: 174,800원, 환불금액: 104,900원

④ 구입금액: 174,900원, 환불금액: 104,900원

(해설) 여객약관 제14조(운임·요금의 환불) 위약금은 운임과 요금을 합한 영수금액에서 공제
KTX특실은 어른 기준운임의 40%적용, 열차출발 25분 후는 40%의 위약금 발생
어 른 34,300×1.4=48,020 ≒ 48,000×3명=144,000원
어린이 34,300×0.5 ≒ 17,100+(34,300×0.4) ≒ 30,800원   계 174,800원
환불금액 어 른 48,000×0.6(1−0.4)×3명=86,400원
            어린이 30,800×0.6(1−0.4)×1명 ≒ 18,500원   계 104,900원   정답 ③

A~B역까지 12:10분에 출발하는 열차로 여행하려는 여객이 12:00시에 출발하려는 열차에 잘못 승차한 후 열차승무원에게 12:37분에 신고하여 미승차증명을 받았을 경우 환불받을 수 있는 금액은 얼마인가? (단, A~B역의 기준운임은 45,500원이다.)

① 27,300원   ② 38,700원   ③ 40,900원   ④ 43,200원

(해설) 여객약관 제14조(운임·요금의 환불) 참조
출발시각 20분경과 후 60분까지: 40% 위약금 발생.   45,500×0.6(1−0.4)=27,300원   정답 ①

A역에서 10:00시에 출발하여 B역까지 KTX를 이용하는 고객이 다른 열차에 승차하여 오승차 사실을 인지하고 승무원에게 신고하였을 경우 환불받을 수 있는 금액은 얼마인가? (단 , A~B역 기준운임은 43,900원, 승무원 신고시각은 10:15분일 경우이다.)

① 35,100원   ② 37,300원   ③ 39,500원   ④ 41,700원

여객약관 제14조(운임·요금의 환불)

2. 출발 후
　가. 출발시각 경과 후 20분까지: 15%
　나. 출발시각 20분경과 후 60분까지: 40%
　다. 출발시각 60분경과 후 도착역 도착시각 전까지: 70%
　* 43,900×0.85(1−0.15)=37,315 ≒ 37,300원

정답 ②

34

A역에서 B역 간 무궁화호 열차로 어른 1명, 어린이 1명, 노인 2명이 일요일 출발 승차권을 구입하여 열차 출발 1시간 30분 전에 역에서 환불할 경우 환불 위약금은 얼마인가? (단 A~B 기준운임 27,500원, 좌석속성 배제, 최저위약금 400원일 경우이나.)

① 4,100원　　　② 7,900원　　　③ 70,300원　　　④ 70,400원

(해설) 여객약관 제14조(운임·요금의 환불)에 의거 10% 위약금 발생
어른 27,500×0.1=2,750≒2,700원,　어린이 13,700×0.1=1,370≒1,400원
노인 27,500×0.7(30%할인)=19,200×0.1=1,920≒1,900×2명=3,800원
2,700+1,400+3,800=7,900원

정답 ②

35

A~B역 간 새마을호로 어른 10명이 단체로 승차권을 구입하여 열차출발 25분 후에 역 창구에서 환불할 때 환불금액은 얼마인가? (단, A~B역 간 기준운임 36,800원, 승차일 평일, 좌석속성 미적용할 경우이다.)

① 198,600원　　　② 232,000원　　　③ 253,800원　　　④ 254,000원

(해설) 단체승차권은 환불인원별로 계산하여 합산한 금액에서 위약금을 공제
구입금액: 36,800×0.9≒33,100×10명=331,000원
환불금액: 331,000×0.6(40% 위약금)=198,600원

정답 ①

36

A역에서 B역 간 무궁화호 기준운임이 10,500원인 경우 어른 1명, 노인 1명, 어린이 1명이 열차출발시각 15분 후에 환불 청구 시 환불금액은 얼마인가?

① 18,400원　　　② 18,600원　　　③ 19,500원　　　④ 19,700원

(해설) 여객약관 제14조(운임·요금의 환불)에 의거 위약금 15% 발생

어른: 10,500×0.85＝8,925≒8,900원

노인: 10,500×0.7＝7,350≒7,300×0.85＝6,205≒6,200원

어린이 10,500×0.5＝5,250≒5,200×0.85＝4,420≒4,400원 　 합계 19,500원 　 　 정답 ③

37

A역에서 B역 간 새마을호 운임이 30,500원일 경우 어른 2명이 금요일 출발 당일 열차출발 전(출발 1시간 전 경과 후부터 출발시각 전)에 환불 요청 시 환불 위약금은 얼마인가?

① 6,000원 　 　 　 ② 58,000원 　 　 　 ③ 6,100원 　 　 　 ④ 58,100원

(해설) 여객약관 제14조(운임·요금의 환불)에 의거 10% 위약금 적용

30,500×0.1＝3,050≒3,000×2명＝6,000원 　 　 정답 ①

38

A역에서 B역 간 무궁화호 열차로 어른 1명, 어린이 1명, 노인 1명이 토요일 출발 승차권을 구입하여 열차출발 30분 전에 역 창구에서 환불할 때 환불위약금은 얼마인가? (단, A~B역 간 기준운임 18,300원, 좌석속성 미적용 할 경우)

① 2,000원 　 　 　 ② 4,000원 　 　 　 ③ 36,200원 　 　 　 ④ 38,200원

(해설) 여객약관 제14조(운임·요금의 환불)

어른 18,300원, 어린이 9,100원, 노인 12,800원(기준운임의 30% 할인 적용)＝40,200원

출발 3시간 전 경과 후부터 출발시각 전까지 위약금은 10%

환불위약금 어른 18,300×0.1 ≒ 1,800원, 어린이 9,100×0.1 ≒ 900원, 노인 12,800×0.1 ≒ 1,300원

합계 1,800＋900＋1,300＝4,000원

〈환불금액　40,200−4,000＝36,200원〉 　 　 정답 ②

39

A역에서 B역까지 KTX특실로 어른 1명, 어린이 1명이 일요일 출발 승차권을 구입하여 열차출발 25분 전에 역 창구에서 환불할 때 환불금액은 얼마인가? (단, A~B 기준운임 47,500원, 좌석 속성을 배제할 경우이다.)

① 85,500원 　 　 　 ② 85,600원 　 　 　 ③ 98,200원 　 　 　 ④ 98,300원

해설 여객약관 제14조(운임·요금의 환불)에 의거 10% 위약금 발생

어른 47,500+(47,500×0.4)=66,500×0.9=59,850≒59,800원

어린이 47,500×0.5=23,750≒23,700+(47,500×0.4)=42,700×0.9=38,430≒38,400원

환불금액: 59,800+38,400=98,200원

정답 ③

40

A~B역 간 KTX열차로 어른 1명이 Home Ticket으로 승차권을 구입하여 목요일 열차출발 1시간 30분 전에 역 창구에서 환불할 경우 환불금액은 얼마인가? (단, A~B역 간 기준운임 38,700원, 좌석속성 배제일 경우)

① 34,100원　　　② 34,800원　　　③ 36,000원　　　④ 36,800원

해설 여객약관 제14조(운임·요금의 환불)에 의거 5% 위약금 발생

38,700×0.95(수수료5%)=36,765≒36,800원

정답 ④

41

18년 2회 수정

A~B역까지 새마을호 열차로 어른 3명, 어린이 1명, 노인 1명이 B역에 50분 지연 도착하였을 때 승차권 구입금액과 지연보상금액은 각각 얼마인가? (단, A~B역 기준운임 26,700원, 승차일은 토요일, 좌석속성 및 예매일별 할인 미적용 할 경우이다.)

① 승차권 구입금액: 112,100원, 지연보상금액: 14,900원

② 승차권 구입금액: 112,100원, 지연보상금액: 15,000원

③ 승차권 구입금액: 120,100원, 지연보상금액: 30,000원

④ 승차권 구입금액: 120,100원, 지연보상금액: 30,100원

해설 지연배상 기준에 따라 50분 지연시 운임의 25% 배상. 노인은 토요일이므로 할인 없음

구입금액: 어른 26,700×4=106,800　어린이 26,700×0.5=13,350≒13,300　합계 120,100원

지연보상: 어른·노인 26,700×0.25=6,675≒6,700×4명=26,800원

　　　　　어린이 26,700×0.5=13,350≒13,300×0.25=3,325≒3,300원　합계 30,100원

정답 ④

42

A역에서 B역까지 KTX열차 특실로 어른 1명, 어린이 1명, 유아 1명, 노인 2명이 함께 여행하여 B역에 41분 지연도착하였을 경우 수수해야 하는 운임요금과 지연보상금액은 각각 얼마인가? (단, 기준운임 46,600원, 유아는 좌석지정, 승차일 일요일, 좌석속성 배제할 경우이다.)

① 운임요금: 239,700원, 지연보상금액: 43,500원

② 운임요금: 239,700원, 지연보상금액: 43,700원

③ 운임요금: 267,700원, 지연보상금액: 43,500원

④ 운임요금: 267,700원, 지연보상금액: 43,700원

(해설) 여객약관 별표 지연배상 기준

운임요금: 어른 1명 46,600＋(46,600×0.4)＝65,200원,
　　　　　어린이 1명 23,300＋(46,600×0.4)＝41,900원,
　　　　　유아 1명(46,600×0.25)＋(46,600×0.4)＝30,200원,
　　　　　노인 2명 46,600＋(46,600×0.4)＝65,200원×2명＝130,400원　　합계 267,700원

지연보상금액: 운임의 25%를 보상, 각 인원별 계산하여 단수처리한 금액을 합산함(요금은 제외)
　　　　　어른 46,600×0.25＝11,650≒11,600원,
　　　　　어린이 23,300×0.25＝5,825≒5,800원,
　　　　　유아 11,600×0.25＝2,900원,
　　　　　노인 46,600×0.25＝11,650≒11,600×2명＝23,200원　　합계 43,500원　　**정답** ③

43

A~B역까지 KTX 특실로 어른 1명, 어린이 1명이 역 창구에서 승차권을 구입하여 B역에 25분 지연도착하였을 때 승차권 운임·요금과 지연보상금액은 각각 얼마인가? (단, A~B역 간 기준운임 47,500원, 승차일 평일, 좌석속성 미적용할 경우이다.)

① 운임·요금: 95,000원, 지연보상금: 8,900원

② 운임·요금: 95,000원, 지연보상금: 17,800원

③ 운임·요금: 109,200원, 지연보상금: 8,900원

④ 운임·요금: 109,200원, 지연보상금: 17,800원

(해설) 여객약관 별표 지연배상 기준에 의거 12.5% 적용

운임요금: 어른 1명 47,500＋(47,500×0.4)＝66,500원
　　　　　어린이 1명 47,500×0.5≒23,700＋(47,500×0.4)＝42,700원　　합계 109,200원

지연보상금액: 어른 1명 47,500×0.125≒5,900원(요금은 제외)
　　　　　어린이 23,700×0.125≒3,000원　　합계 8,900원　　**정답** ③

A역에서 B역까지 KTX열차 특실로 어른 3명, 어린이 1명이 B역에 45분 늦게 도착하였을 때 승차권 구입금액과 소비자피해보상규정에 정한 지연보상금액은 각각 얼마인가? (단, A~B역 기준운임 27,700원, 좌석속성 배제)

① 141,300원－24,100원
② 141,300원－24,200원
③ 141,400원－24,100원
④ 141,400원－24,200원

(해설) 여객편람과 여객약관 별표를 참조하여 계산
구입금액: 어른 3명 27,700원＋(27,700원×0.4)＝38,800×3명＝116,400원
어린이 1명 27,700×0.5≒13,800원×(27,700원×0.4)＝24,900원　합계 141,300원
지연보상액: 운임의 25%를 계산(요금은 제외)
어른 27,700×0.25≒6,900×3명＝20,700원
어린이 13,800×0.25≒3,400원　합계 24,100원　**정답** ①

A역에서 B역까지 KTX열차 특실로 어른 1명, 노인 1명이 B역에 40분 늦게 도착하였을 때 승차권 구입금액과 소비자피해보상규정에 정한 지연보상금액은 각각 얼마인가? (단, A~B역 기준운임 43,500원, 승차일은 금요일, 좌석속성 배제)

① 108,700원－27,100원
② 91,300원－27,100원
③ 73,900원－18,500원
④ 108,700원－18,500원

(해설) 여객편람과 여객약관 별표를 참조하여 계산
구입금액: 어른 43,500원＋(43,500원×0.4)＝60,900원
노인 43,500×0.7(주중 30%할인)≒30,400＋(43,500원×0.4)≒47,800원　계 108,700원
지연보상액: 운임의 25%를 계산(요금은 제외)
어른 43,500×0.25＝10,875≒10,900원
노인 30,450×0.25＝7,612.5≒7,600원　계 18,500원　**정답** ④

제**3**장 여객부속약관·광역철도약관

1. 정기승차권 약관

(1) 정기승차권 개요

① 정의: 일정기간 동안 지정된 경로의 출발역과 도착역 사이의 구간을 이용 가능한 승차권을 말하며, 정하여진 승차구간을 승차권에 표시된 본인에 한하여 이용할 수 있다.

② 사용횟수: 유효기간 중에서 토·일·공휴일을 제외한 일수를 기준으로 1일 2회로 계산 (토요일·일요일·공휴일 사용을 선택한 경우는 포함)

③ 1회 운임: 기준운임에 정기승차권 할인율을 적용하여 단수 처리한 금액

④ 유효기간: 승차권에 표시한다. ⇨ 사용 시작 일부터 10일에서 1개월 이내로 구분한다.

(2) 정기승차권의 종류 및 판매금액

① 정기승차권의 구분(종류)

㉮ 이용열차 종별에 따른 구분

㉯ 이용대상에 따른 구분

ⓐ 청소년용   ⓑ 일반용

② 정기승차권의 종류별 할인율 등 게시: 역 및 인터넷 등에 게시

③ 정기승차권의 판매시기: 사용 시작 5일 전부터 판매(간이역 및 승차권판매대리점 제외)

(3) 이용방법 및 유효성

① 유효기간 중의 토요일·일요일·공휴일을 제외하고 이용 (토요일·일요일·공휴일 사용 선택한 경우는 포함)

② 정기승차권에 표시된 승차구간(같은 경로) 이용

③ 같은 등급의 열차를 입석 또는 자유석으로 이용할 수 있다

④ 청소년정기승차권은 「청소년기본법」에 정한 만 25세 미만의 청소년만 사용할 수 있다.

*청소년 정기승차권을 이용하는 사람이 유효기간 중에 나이를 초과하는 경우라도 유효기간 종료일까지 사용할 수 있다.

⑤ 정기승차권을 이용하는 사람은 승차구간 내의 도중역에 내릴 경우 운임차액의 반환을 청구할 수 없다.

80 제1편 여객운송

(4) 정기승차권 등의 확인

① 철도종사자가 정기승차권(또는 정기승차권 분실확인서, 정기승차권 발급확인서)의 정당사용자 확인을 요구한 경우 정기승차권을 이용하는 사람은 이에 응해야 한다.

② 정기승차권을 소지하지 않고 열차에 승차하고자 하는 경우 ⇨ 승차할 열차의 출발하기 5분 전까지 출발역에 공공기관에서 발행한 신분증을 제시하고 정기승차권 발급확인서의 발행을 청구할 수 있다.

(5) 정기승차권 변경 및 승차구간 연장

① 정기승차권 변경 청구

㉮ 정의: 유효기간 시작일 전에 역에 제출하고 정기승차권의 변경을 청구할 수 있다.
　　(간이역 및 승차권판매대리점 제외)

㉯ 운임: 변경 전후 정기승차권의 운임 차액과 최저수수료를 받고 정기승자권을 재발행한다.

② 승차구간 연장

㉮ 정의: 정기승차권을 이용하는 사람이 정기승차권에 표시된 승차구간을 지나 계속 여행하기 위해 승무원에게 사전 신고한 경우

㉯ 운임: 승차구간 이외의 구간에 대하여 새로이 운송계약이 체결된 것으로 보아 기준운임·요금을 별도로 받는다.

(6) 정기승차권 환불

① 유효기간 시작일 전까지: 최저수수료를 공제한 잔액을 환불

② 유효기간 시작일 부터: 승차구간의 기준운임과 청구당일까지의 사용횟수를 곱한 금액＋최저수수료를 공제한 잔액을 반환

(7) 정기승차권의 분실

① 정기승차권을 분실 또는 삭제한 경우 분실 또는 삭제한 정기승차권은 무효로 한다.

② 분실·삭제한 경우의 재발행

㉮ 유효기간이 남아 있는 정기승차권을 분실(휴대폰 분실, 변경 포함) 또는 삭제한 사람은 1회에 한정하여 정기승차권의 재발행을 청구할 수 있다.

㉯ 정기승차권의 발행내역을 확인할 수 있는 경우에는 최저수수료를 받고 정기승차권 분실확인서를 재발행 한다.

(8) 정기승차권 운임의 환불 또는 유효기간 연장 청구 가능한 경우

① 안전운행에 지장이 발생하여 운송계약 내용의 조정으로 정기승차권에 표시된 승차구간을 운행하는 열차(같은 열차종별)가 중지되어 정기승차권을 사용하지 못한 기간이 1일 이상인 경우 정기승차권의 유효기간 이내에 사용하지 못한 기간에 대한 운임의 환불 또는 유효기간의 연장을 청구할 수 있다.

② 천재지변·재해 등 불가항력적인 사유와 병원 입원으로 정기승차권을 사용하지 못한 기간이 1일 이상인 경우
  ㉮ 청구기한: 유효기간 종료 후 1년 이내
  ㉯ 제출서류: 정기승차권＋사용하지 못한 사유를 확인할 수 있는 증명서
  ㉰ 청구장소: 역(간이역 및 승차권판매대리점 제외)
③ 환불 또는 유효기간 연장 재발행 방법
  사용하지 못한 횟수(1일 2회 기준)를 기준으로 계산한 정기승차권 운임을 환불하거나 유효기간을 연장하여 재발행한다.

(9) 정기승차권 열차지연 시 처리
① 정기승차권지연확인증 교부: 약관에 정한 시간 이상 지연 도착한 때
② 지연배상금액 청구: 정기승차권지연확인증을 소지한 사람은 지연배상금액을 청구할 수 있다.
  * 지연배상금액: 기준운임에 정기승차권 할인율을 적용(단수처리)한 1회 운임기준 산출

(10) 정기승차권 부가운임을 받는 경우
① 부가운임 기준(㉮＋㉯를 합산하여 받음)
  ㉮ 열차종별에 따른 승차구간의 기준운임과 사용횟수를 곱한 금액
  ㉯ 기준운임과 사용횟수를 곱한 금액의 30배 이내의 범위에서 부가운임
② 부가운임을 받는 경우 및 부가운임 수준
  ㉮ 정기승차권을 위조하거나 기록된 사항을 변조하여 사용한 경우: 30배
  ㉯ 다른 사람의 정기승차권(정기승차권발급확인서, 정기승차권분실확인서)을 사용하거나 어른이 청소년 정기승차권을 사용한 경우: 10배
  ㉰ 유효기간이 종료된 정기승차권을 사용한 경우: 10배
  ㉱ 유효기간 시작 전의 정기승차권을 사용한 경우: 10배
  ㉲ 분실 또는 삭제된 정기승차권을 재발행하여 부정사용한 경우: 10배
  ㉳ 철도종사자가 정당사용자임을 확인하기 위해 신분확인을 요구하였으나 신분증 제시 거부 또는 정당사용자임을 증명하지 못하는 경우: 10배
  ㉴ 정기승차권의 이용구간을 초과하여 사용한 경우: 10배
    (단, 이용구간을 초과하기 전에 승무원에게 신고한 경우는 제외)
  ㉵ 그 밖에 정기승차권을 부정사용한 경우: 10배
③ 부가운임 계산기간(사용횟수) 및 대상
  ㉮ 유효기간 시작일부터 발견한 날까지: ②항의 ㉮, ㉯, ㉲, ㉳
  ㉯ 유효기간 종료한 다음날부터 발견한 날까지: ②항의 ㉰
  ㉰ 발매일부터 발견한 날까지: ②항의 ㉱
  ㉱ 승차한 때부터 발견한 날까지: ②항의 ㉴
④ 정기승차권을 무효로 회수하는 경우: ②항의 ㉮, ㉯, ㉰, ㉲

⑤ 정기승차권 또는 신분증을 소지하지 않아 지불한 부가운임의 환불

    ㉮ 정기승차권 또는 신분증을 소지하지 않아 부가운임을 지불한 사람은 승차한 날로부터 1년 이내에 역(간이역 및 승차권판매대리점 제외)에 제출하고 운임·요금 및 부가운임의 환불을 청구할 수 있다.

    ㉯ 환불 청구할 때 역에 제출해야 하는 것

        ⓐ 해당 정기승차권

        ⓑ 정기승차권 이용자임을 확인할 수 있는 신분증 또는 증명서

        ⓒ 부가운임에 대한 영수증

    ㉰ 환불금액: 부가운임의 환불 청구를 받은 경우, 정기승차권을 이용하는 사람임을 확인할 수 있는 경우에 한해 여객운송약관 별표에 정한 최저수수료를 공제한 잔액을 환불한다.

⑥ 부가운임을 받는 경우에 정기승차권의 판매 제한

    ㉮ 제한대상: 정기승차권을 부정하게 사용하거나 부정사용하도록 한 사람

    ㉯ 제한기간: 부정사용한 정기승차권의 유효기간 종료일부터 6개월간 정기승차권 판매를 제한한다.

2. KORAIL Membership 약관

(1) 용어의 뜻

① 회원: 철도공사가 제공하는 승차권 구매 및 여행사업 등과 관련한 서비스를 제공받기 위하여 KORAIL Membership에 회원으로 가입한 사람을 말한다.

② 휴면회원: 1년 동안 연속하여 승차권을 구매하지 않고 회원정보로 철도공사 홈페이지 및 앱에 접속하지 않아 철도공사가 별도의 계정으로 분리하여 관리하는 회원을 말한다.

③ 제휴사: 코레일이 제휴 사업을 위해 따로 지정한 업체를 말한다.

(2) 회원가입

① 가입방법: 철도공사 홈페이지 또는 모바일앱에 접속하여 필요한 사항을 입력하여야 한다. 단, 철도공사는 회원의 관리 및 운영에 필요한 경우 가입을 제한할 수 있다.

② 회원가입 시 본인여부 확인: 회원가입 시 본인여부를 확인하기 위하여 인터넷을 통한 실명인증(아이핀 인증 포함) 또는 신분증을 확인할 수 있다.

(3) 이용계약의 성립 및 승차권 구매

① 계약의 성립 및 혜택

    ㉮ KORAIL Membership에 가입함으로서 이 약관에 의한 계약이 성립한다.

　　　　㉯ 철도공사는 회원에게 승차권 예약서비스를 제공한다.

　　　　㉰ 서비스의 일부 또는 전부를 조정·제한·중지할 수 있는 경우

　　　　　　ⓐ 철도공사가 정한 설·추석·하계 휴가철 특별교통대책기간

　　　　　　ⓑ 전산시스템의 점검·교체·고장 및 통신장애 등 부득이한 경우

　　② 구매한 승차권을 발권 받을 때 입력내용: 구매한 승차권을 발권 받을 때에는 회원번호 및
　　　　　　　　　　　　　　　　　　　　　　　비밀번호 등을 입력해야 한다.

(4) 회원 서비스 제공

　　① 서비스 제공내역

　　　　㉮ 철도공사는 회원에 대하여 별도의 서비스를 제공할 수 있으며

　　　　㉯ 회원의 철도승차권 구입 실적에 따라 회원의 등급을 분류하고

　　　　㉰ 마일리지 적립 또는 할인쿠폰 등 서비스를 다르게 제공할 수 있다.

　　② 마일리지 적립 운용

　　　　㉮ 유효기간: 적립일을 기준으로 5년간 유효

　　　　㉯ 적립 제외 및 사용처: 적립 제외대상, 사용처 등은 철도공사 홈페이지에 게시

　　　　㉰ 부당 적립·사용: 해당 회원의 서비스 이용을 제한하거나 중지할 수 있다.

　　③ 잘못 누적된 실적: 이를 정정할 수 있다.

　　④ 서비스 변경 또는 중지 가능

　　　　㉮ 철도공사는 회원 서비스 및 회원등급별 서비스를 변경 또는 중지할 수 있다.

　　　　㉯ 이 경우 철도공사는 해당 변경 내용을 철도공사 홈페이지에 1주일 전부터 공지

(5) 회원의 관리

　　① 회원 정보변경: 회원이 변경사항을 알리지 아니하여 발생한 손해에 대한 책임은 지지 않는다.

　　② 회원 탈회

　　　　㉮ 구매한 승차권이 있는 경우: 열차를 이용한 후 또는 승차권을 반환한 후 탈회신청

　　　　㉯ 탈회효과

　　　　　　ⓐ 회원서비스 혜택을 제공하지 않으며 이미 제공한 혜택은 무효로 하고 삭제한다.

　　　　　　ⓑ KORAIL Membership 카드발급 시 지불한 발급비는 반환하지 않는다.

　　③ 회원의 자격 상실

　　　　㉮ 회원의 자격을 상실 시킬 수 있는 경우(탈회조치 또는 회원서비스를 중지시킬 수 있는 경우)

　　　　　　ⓐ 회원의 가입 및 회원정보 변경 시 거짓으로 입력한 경우

　　　　　　ⓑ 부정승차로 적발되어 부가운임 납부를 거부한 경우

　　　　　　ⓒ 다른 사람의 회원번호 및 비밀번호를 도용한 경우

　　　　　　ⓓ 다른 사람에게 회원번호 및 비밀번호를 대여한 경우

　　　　　　ⓔ 승차권을 다량으로 구입하고 취소함으로 다른 고객의 승차권 구매에 지장을 주는
　　　　　　　경우

ⓕ 컴퓨터로 지정된 명령을 자동 반복하고 입력하는 프로그램을 이용해 다른 고객의 승차권 구매에 지장을 주거나 철도공사의 정당 서비스 제공을 방해한 경우

ⓖ 그 밖의 관계법령이나 철도공사가 정한 약관을 위반하거나 철도공사의 서비스 제공을 방해한 경우

㉯ 회원 자격상실자의 재가입 제한

ⓐ 자격상실 3년이 경과한 후부터 재가입을 요청할 수 있다.

ⓑ 재가입 요청 시 심의하여 재가입 여부를 결정한다.

ⓒ 자격상실 사유로 2회 이상 회원자격을 상실한 경우에는 재가입을 제한한다.

④ 휴면회원 정보관리

㉮ 회원의 개인정보 보호를 위해 휴면회원의 개인정보를 별도로 관리하거나 파기할 수 있다.

㉯ 휴면회원 전환 및 딜회 시점 30일 전끼지 전지우편 등의 수단으로 해당회원에게 공지한다.

(6) 개인정보 수집 및 이용

① 회원정보 수집: 철도공사는 회원의 동의를 받아 다음 사항을 수집할 수 있다.

㉮ 이름 및 실명 인증값(또는 아이핀 번호)

㉯ 생년월일 및 성별

㉰ 주소

㉱ 전화번호 및 전자우편 주소

㉲ 비밀번호

㉳ 그 밖의 SNS계정 등

② 회원정보의 제3자 제공

㉮ 원칙: 철도공사는 제공 받은 정보를 제3자에게 제공하는 경우 회원의 동의를 받는다.

㉯ 제3자에게 정보제공시 동의를 받지 않아도 되는 경우

ⓐ 관련 법령에 특별한 규정이 있는 경우

ⓑ 범죄 수사상의 목적으로 정부기관의 요구가 있는 경우

ⓒ 정보통신윤리위원회의 요청이 있는 경우

ⓓ 특정개인을 식별할 수 없는 통계작성, 홍보자료 및 학술연구 등의 목적 사용시

ⓔ 제휴사 포인트의 적립·사용·교환 및 정산이 필요한 경우

ⓕ 그 밖의 회원서비스 제공 등 제휴 사업을 수행하는 경우

③ 회원의 정보 열람·정정 등

㉮ 회원은 제공한 정보의 열람·정정을 요청할 수 있다.

㉯ 회원 정보의 삭제를 원할 경우에는 회원을 탈회 후 요청하여야 한다.

3. KORAIL PASS 약관

(1) KORAIL PASS 용어의 뜻
① KORAIL PASS: 외국인이 국내에서 일정기간 지정된 열차를 이용할 수 있는 상품을 말한다.
② 좌석지정권 등: KORAIL PASS 이용 시 좌석을 지정하여 이용할 수 있는 좌석지정권과 입석·자유석을 이용할 수 있는 이용권 등 별도로 발행하는 승차권을 말한다.

(2) KORAIL PASS의 발행
① 발급대상: 대한민국을 방문하는 외국인 한정(대한민국 국적 소유자는 불가)
② 발급장소: 철도공사 외국어홈페이지 또는 해외여행사에서 직접 구입 가능
   * 외국어홈페이지에서 구입한 경우에는 이용자가 직접 KORAIL PASS를 발급

(3) KORAIL PASS의 종류 및 판매가격
① KORAIL PASS의 종류는 이용 기간, 이용 연령, 이용 조건 등에 따라 구분한다.
② KORAIL PASS의 종류 및 판매가격 등은 판매처나 철도공사 홈페이지 등에 게시하며 이용조건에 동의한 경우에 한하여 판매한다.

(4) KORAIL PASS의 유효성
① KORAIL PASS의 유효기간
   ㉮ 구입 시 본인이 지정한 사용시작일부터 이용종료일까지
   ㉯ 사용기간 종료일 운행하는 열차를 이용한 경우에는 열차 도착 전에 유효기간이 종료되더라도 열차 도착 시간까지는 유효한 것으로 간주한다.
② 이용범위
   ㉮ KORAIL PASS의 종류에 따라 철도공사가 운행하는 열차의 좌석을 지정하여 이용하거나 열차의 입석·자유석을 이용할 수 있다.
   ㉯ 특실을 이용하는 경우에는 특실요금의 50%를 추가로 지급해야 한다.
③ 이용시작일 변경
   ㉮ KORAIL PASS 이용시작일 전일까지는 1회에 한하여 구입처 또는 철도공사 홈페이지에서 이용시작일을 변경할 수 있다.
   ㉯ 좌석지정권 등을 발행한 경우에는 좌석지정권 등을 먼저 반환한 후 변경할 수 있다.
④ 반환 등
   ㉮ 역 또는 철도공사 홈페이지에서 좌석지정권 등을 발행한 이용자가 좌석지정권 등을 반환하고자 하는 경우에는 열차 출발 전에 좌석지정권 등을 반환하여야 한다.
   ㉯ KORAIL PASS는 패스에 표기된 본인에 한하여 이용할 수 있으며, 다른 사람에게 양도할 수 없다.

(5) 신분증 및 KORAIL PASS 소지

① 이용자는 열차이용 시 KORAIL PASS(좌석지정권 등 포함) 및 본인을 증명할 수 있는 신분증으로 여권을 소지하여야 한다.

② 철도종사자가 확인을 요구하는 경우 KORAIL PASS(좌석지정권 등 포함)와 여권을 제시하여야 한다.

(6) KORAIL PASS 부정승차

① 부정승차자의 부가운임

㉮ 철도공사가 정한 승차구간의 기준운임·요금＋기준운임의 30배의 범위에서 부가운임을 받는다.

㉯ 이 경우 승차역을 확인할 수 없는 경우에는 승차한 열차의 처음 출발역(시발역)부터 적용한다.

② KORAIL PASS의 부정승차 대상 및 부가운임 수준

㉮ KORAIL PASS를 위조하거나 기록된 사항을 변조한 경우: 30배

㉯ KORAIL PASS를 훼손, 유효기간이 지난 경우 등 그 유효성을 인정할 수 없을 때: 10배

㉰ 타인의 KORAIL PASS를 이용한 경우: 10배

㉱ KORAIL PASS 또는 신분증(여권)의 확인에 응하지 않는 경우: 10배

㉲ 그 밖에 KORAIL PASS를 부정 사용하였을 때: 10배

③ KORAIL PASS를 무효로 하여 회수하는 경우

㉮ KORAIL PASS를 위조하거나 기록된 사항을 변조한 경우: 30배

㉯ KORAIL PASS를 훼손, 유효기간이 지난 경우 등 그 유효성을 인정할 수 없을 때: 10배

㉰ 타인의 KORAIL PASS를 이용한 경우: 10배

(7) 환불

① 환불가능 시기

㉮ KORAIL PASS는 본인이 지정한 이용시작일 전일까지 전액 환불할 수 있으며, 이용시작일부터는 환불할 수 없다.

㉯ 좌석지정권 등을 발행한 경우에는 좌석지정권 등을 먼저 반환한 후 환불할 수 있다.

② 환불금액: 해외 판매여행사에서 발행한 KORAIL PASS는 철도공사와 판매대행사가 협의하여 정한 위약금을 공제한 잔액을 환불한다.

③ 이용하지 못한 경우의 환불

㉮ 환불사유: KORAIL PASS 이용시작일 이후부터 철도공사의 책임 또는 천재지변으로 열차운행이 전면 중지되어 유효기간 내 KORAIL PASS를 이용하지 못한 경우

      ㉯ 환불기간 및 장소: 이용시작일로부터 1년 이내에 KORAIL PASS 지정 구입처

      ㉰ 환불청구 금액: 영수금액 전액의 환불을 청구할 수 있다.

(8) 책임, 분실 등 처리

    ① KORAIL PASS로 여행시, 도중 여행중지, 열차 지연이나 운행 중지에 대하여 철도공사는 책임지지 않는다.

    ② KORAIL PASS를 분실한 경우에는 유효기간 내에 철도공사 홈페이지에서 재발급 받아 사용할 수 있다.

    ③ 이용자는 철도공사가 따로 정한 부가서비스를 이용하고자 하는 경우 KORAIL PASS를 제시하여야 한다.

4. 자유여행패스 약관

(1) 용어의 뜻

    ① **자유여행패스**: 철도공사가 정한 규정 및 이용 방법에 따라 유효기간 내 지정된 열차를 자유롭게 이용할 수 있는 승차권

    ② **자유여행패스바우처**: 철도공사가 정한 규정 및 이용 방법에 따라 '자유여행패스' 1매 단위로 교환할 수 있는 교환권

(2) 자유여행패스 종류 및 판매가격

    ① 자유여행패스의 종류는 이용 기간, 이용 연령, 이용 조건 등에 따라 구분한다.

    ② 자유여행패스의 종류 및 판매가격 등은 판매처나 철도공사 홈페이지 등에 게시하며 이용 조건에 동의한 경우에 한하여 판매한다.

(3) 유효성

    ① **자유여행패스의 유효기간**: 구입시 본인이 지정한 이용시작일로부터 이용종료일까지로 하며, 유효기간 내에 열차를 이용할 수 있다.

    ② **좌석이용**: 자유여행패스의 종류에 따라 철도공사가 운행하는 열차의 좌석을 지정하여 이용하거나 열차의 입석·자유석을 이용할 수 있다.

    ③ **양도·양수 금지**: 자유여행패스는 패스에 기재된 본인에 한하여 이용할 수 있으며, 양도하거나 타인이 이용하게 할 수 없다.

    ④ **변경불가**: 자유여행패스는 변경할 수 없다.

(4) 신분증 및 자유여행패스 소지

    ① 자유여행패스를 사용하는 사람이 소지하여야 하는 것

      ㉮ 자유여행패스(좌석지정권 포함) 소지

      ㉯ 본인임을 증명할 수 있는 신분증 소지

② 철도종사자의 확인 요구시 제시 의무: 철도종사자가 확인을 요구하는 경우 자유여행패스 (좌석지정권 포함)와 신분증을 제시하여야 한다.

(5) 부정승차 시 부가운임 징수

① 「철도사업법」에 따라 철도공사가 정한 승차구간의 기준운임·요금＋기준운임의 30배 이내 범위에서 부가운임을 받는다.

② 이 경우 승차역을 확인할 수 없는 경우에는 승차한 열차의 처음 출발역(시발역)부터 적용한다.

③ 부가운임 수준

㉮ 자유여행패스를 위조하거나 기록된 사항을 변조한 경우: 30배

㉯ 자유여행패스를 훼손, 유효기간이 지난 경우 등 그 유효성을 인정할 수 없는 경우: 10배

㉰ 타인의 자유여행패스를 이용한 경우: 10배

㉱ 자유여행패스 또는 신분증의 확인에 응하지 않는 경우: 10배

㉲ 그 밖에 자유여행패스를 부정 사용한 경우: 10배

④ 자유여행패스를 무효로 하여 회수하는 경우

㉮ 자유여행패스를 위조하거나 기록된 사항을 변조한 경우(30배)

㉯ 자유여행패스를 훼손, 유효기간이 지난 경우 등 그 유효성을 인정할 수 없는 경우(10배)

㉰ 타인의 자유여행패스를 이용한 경우(10배)

(6) 환불

① 환불기한: 이용종료일 이전까지만 환불을 청구할 수 있다.

다만, 반환가능한 좌석지정권 등이 있는 경우에는 좌석지정권 등을 먼저 반환한 후 자유여행패스를 환불할 수 있다.

② 환불금액

㉮ 좌석지정권 등이 없어도 이용할 수 있는 자유여행패스

ⓐ 패스 구매 후 10분 이내: 전액환불

ⓑ 이용시작일 전일까지: 최저위약금을 공제하고 환불

ⓒ 이용시작일 이후: 환불불가. 다만, 철도공사의 책임 또는 천재지변으로 열차 운행이 전면 중지된 경우 유효기간 내 자유여행패스를 이용하지 못한 일수만큼 이용기간을 연장

㉯ 좌석지정권 등이 있어야 이용할 수 있는 자유여행패스

ⓐ 패스 구매 후 30분 이내: 전액환불

ⓑ 이용시작일 전일까지: 최저위약금을 공제하고 환불

ⓒ 이용시작일 이후부터 좌석지정권 등의 열차출발시각 전까지: 영수금액의 5%를 공제하고 환불

ⓓ 좌석지정권 등의 열차출발시각 이후: 환불불가

ⓔ 철도공사의 책임 또는 천재지변으로 열차 운행이 중지되어 좌석지정권 등을 이용하지 못했을 경우: 이용시작일부터 1년 이내 환불을 청구할 수 있으며 기사용 좌석지정권 등의 기준운임을 공제하고 환불

③ 좌석지정권 등

㉮ 좌석지정권 등은 이용할 열차의 출발시각 전까지 반환(사용횟수 복구)할 수 있다.

㉯ 단, 열차 출발시각 이후라도 철도공사의 책임 또는 천재지변으로 좌석지정권 등을 이용하지 못했을 경우에는 역에서 사용횟수를 복구할 수 있다.

㉰ 자유여행패스로 여행시, 도중 여행중지, 열차 지연이나 운행 중지에 대하여 철도공사는 책임지지 않는다.

(7) 분실한 경우의 처리

① 자유여행패스를 분실하거나 도난당한 경우라도 구입금액에 대한 환불 및 재발행을 하지 않는다.

② 모바일로 발행한 자유여행패스(좌석지정권 등 포함)를 분실한 경우 유효기간 내 1회에 한하여 역에서 재발행을 청구할 수 있다.

(8) 자유여행패스 바우처

① 자유여행패스 바우처는 권면에 기재된 유효기간 내에 자유여행패스로 교환할 수 있다.
단, 훼손, 분실 등 유효한 바우처로 인정할 수 없는 경우, 자유여행패스로 교환하지 않는다.

② 철도공사는 계약을 체결한 구매자에게만 바우처를 판매하며, 부정유통 및 사용에 따라 발생한 손해에 대해서는 책임지지 않는다.

③ 바우처는 권면 금액에 대한 환불청구를 할 수 없으며, 자유여행패스로만 교환할 수 있다.

④ 바우처로 교환된 자유여행패스는 사후 변경이나 취소를 할 수 없다.

5. 광역철도여객운송약관

(1) 적용범위 및 용어의 정의

① **적용범위**: 철도공사의 광역철도 여객운송과 「도시철도법」 제34조의 연락운송 및 연계운송, 버스와 상호 환승하는 업무에 적용

② **광역철도**: 철도공사가 운영하는 광역철도노선(광역철도구간) 및 이에 속한 설비와 그 노선을 운행하는 광역전철과 'ITX-청춘'을 말한다.

③ **연락운송**: 광역철도구간과 도시철도구간을 서로 연속하여 여객을 운송하는 것

④ **연계운송**: 운임체계가 다른 전철기관 간에 해당운임을 배분하는 것을 전제로 각각의 운임을 합산하여 적용한 후, 서로 연속하여 여객을 운송하는 것

⑤ **여행시작**: 여객이 여행을 시작하는 역에서 역무자동화기기 또는 직원에게 승차권 확인을 받았을 때

⑥ **환승**: 광역전철, 도시철도 및 버스 간 서로 갈아타는 것

⑦ **승차권**: 광역철도구간에서 사용할 수 있는 1회용승차권, 교통카드, 단체승차권 및 정기승차권을 말하며, 철도공사와 여객 간의 운송계약에 관한 증표

⑧ **1회용승차권**: 여객이 연락 또는 연계운송하는 구간을 1회 이용할 수 있는 승차권을 말하며, 형태에 따라 다음과 같이 구분

   ㉮ 카드형 1회권: 이용 후 보증금을 환급받는 형태로 운영하는 공용 카드를 말하며, 일반·어린이·우대용으로 구분

   ㉯ 토큰형 1회권: 이용 후 자동개집표기에 투입하는 형태로 운영하는 승차권을 말하며, 일반·청소년·어린이·우대용으로 구분

⑨ **교통카드**: 무선주파수(RF: Radio Frequency) 방식을 이용하여 교통운임을 지급할 수 있는 IC카드(Integrate Circuit card)로서 광역철도구간에서 사용되는 카드로 다음과 같이 구분

   ㉮ 후급교통카드: 운임·요금을 결제할 수 있도록 카드사업자가 발급한 신용카드

   ㉯ 선급교통카드: 카드사업자가 여객으로부터 대금을 미리 받은 후 이에 상응하는 금액을 전자적 방법으로 카드에 입력(충전)하여 그 충전한 금액의 범위 안에서 운임을 자동적으로 결제할 수 있도록 발행한 카드(카드사업자와 제휴한 다른 카드(전자화폐 및 휴대전화 등)를 포함)

   ㉰ 우대용교통카드: 광역철도구간을 무임으로 이용할 수 있는 대상자가 승차할 때마다 발급절차 없이 지속적으로 이용가능 하도록 지방자치단체 등에서 발급하는 카드

⑩ **정기승차권**: 일정기간 동안 정해진 구간을 1매의 승차권으로 이용할 수 있는 승차권으로써 광역전철 및 도시철도구간에서 정해진 기간 또는 횟수를 이용한 후 계속 충전하여 사용할 수 있는 선급교통카드 형태의 승차권

⑪ **단체승차권**: 일정 수 이상의 여객이 같은 구간을 이용하는 조건으로 운임을 할인받은 승차권

⑫ **수도권 내 구간**: 「수도권정비계획법」 제2조에 정한 서울특별시, 인천광역시, 경기도에 있는 광역철도 및 도시철도구간

⑬ **수도권 외 구간**: 수도권 내 구간을 제외한 구간으로 경부선 평택역~천안역, 장항선 천안역~신창역, 경춘선 가평역~춘천역 간

⑭ **경계역**: 수도권 내·외 구간의 경계가 되는 평택역과 가평역을 말한다.

(2) 계약의 성립

① 여객이 정해진 운임을 지급하고 1회권을 구입하였을 때

② 여객이 교통카드를 역무자동화기기에 확인 받았을 때

③ 무임대상자가 우대용 1회권을 발급 받았을 때

④ 여객이 정해진 운임을 지급하고 정기권을 충전하였을 때

⑤ 단체 및 전세여객운임을 지급하고 승차권을 발급 받았을 때

⑥ 보호자와 함께 여행하는 유아는 보호자가 여행을 시작하였을 때

(3) 여객의 구분

① 유아: 6세 미만

② 어린이: 6세 이상~13세 미만 및 13세 이상의 초등학생

③ 청소년: 「청소년복지지원법」에 따라 운임이 감면되는 13세 이상~19세 미만과 「초·중등교육법」에 따라 학교에 재학 중인 19세 이상~25세 미만

④ 어른: 13세 이상 65세 미만

⑤ 노인: 「노인복지법」의 적용을 받는 65세 이상

⑥ 장애인: 「장애인복지법」의 적용을 받는 사람

⑦ 유공자

㉠ 국가유공상이자: 「국가유공자 등 예우 및 지원에 관한 법률」에 정한 전상군경, 공상군경, 4.19혁명부상자, 공상공무원 및 특별공로상이자

㉡ 독립유공자: 「독립유공자 예우에 관한 법률」의 적용을 받는 애국지사

㉢ 5·18민주유공상이자: 「5·18민주유공자 예우 및 단체설립에 관한 법률」에 정한 5·18민주화운동부상자

㉣ 보훈보상대상자: 「보훈보상대상자 지원에 관한 법률」에 정한 재해부상군경, 재해부상공무원, 지원공상군경, 지원공상공무원

⑧ 유아라도 어린이로 보는 경우

㉠ 보호자 1명이 동반하는 유아가 3명을 초과할 때 그 초과된 유아

㉡ 유아가 단체로 여행할 때

(4) 운임의 계산

① 운임의 단수처리: 운임을 받거나 환불할 경우에 발생하는 단수처리 방법

㉠ 1회권 및 단체권: 30원 미만은 버리고, 30원 이상 70원 미만은 50원으로 하며, 70원 이상은 100원으로 한다.

㉡ 교통카드: 5원 미만은 버리고, 5원 이상은 10원으로 한다.

㉢ 정기권: 50원 미만은 버리고, 50원 이상은 100원으로 한다.

② 운임의 계산

㉠ 수도권 내 구간만을 이용하거나, 수도권 외 구간만을 이용하는 경우의 운임은 이용거리를 기준으로 다음과 같이 계산한 금액을 합산하여 단수 처리한 금액

ⓐ 기본운임: 10km까지는 기본운임

ⓑ 추가운임: 10km 초과 50km까지는 5km마다, 50km를 초과하는 구간은 8km마다 추가운임을 가산

    ④ 수도권 내 구간과 수도권 외 구간을 연속하여 이용하는 경우에는 수도권 내 구간의 운임을 먼저 계산한 후 수도권 외 구간의 이용거리 매 4km 마다 추가운임을 합산한 후 단수 처리한 금액

    ⑮ 교통카드를 사용하는 여객이 광역전철 및 도시철도와 버스를 연속하여 이용할 경우에는 총 이용거리에 대하여 통합운임을 적용하거나, 일정금액을 할인 가능

③ 단체운임 계산: 20명당 1명을 인솔자로 무임으로 하고, 운행구간에 따라 다음과 같이 계산

    ㉮ 수도권 내·외 구간: 여객 구분별 교통카드 운임을 기준으로 20% 할인한 운임에 해당 인원수를 곱한 후 단수처리한 금액(다만, 할인율을 적용하여 산출된 1명의 운임이 교통카드 기본운임보다 낮을 때에는 기본운임을 적용)

    ㉯ 동해선 구간: 여객 구분별 교통카드 운임을 기준으로 10% 할인한 운임에 해당 인원수를 곱한 후 단수처리한 금액

④ 무임(100%할인)으로 하는 여객

    ㉮ 유아, 노인, 장애인, 유공자

    ㉯ 아래 사람을 직접 보호하기 위하여 같은 구간을 함께 타는 보호자 1명

        ⓐ 상이등급 1등급에 해당하는 국가유공상이자

        ⓑ 다른 사람의 보호 없이 활동이 어려운 애국지사

        ⓒ 장해등급 1급에 해당하는 5·18민주유공상이자

        ⓓ 상이등급 1급에 해당하는 보훈보상대상자

        ⓔ 장애의 정도가 심한 장애인

⑤ 선·후급 교통카드를 이용하여 영업시작부터 당일 06:30까지 승차하는 경우 ⇨ 기본운임의 20%를 할인하여 단수처리한 금액으로 한다.

  (할인 제외 ⇨ 다른 교통수단을 먼저 이용하고 환승 승차하는 경우 및 동해선 구간은 제외)

(5) 광역전철 승차권의 이용

① 1회권의 이용: 1회권은 발매일과 상관없이 이용할 수 있다.

        단, 우대용은 발매일에 발매한 역에서만 승차할 수 있다.

② 카드형 1회권을 이용할 때: 해당 구간의 운임과 보증금을 합산하여 지급해야 한다. 무임대상자도 우대용 1회권 이용 시 보증금을 지급해야 한다.

(6) 승차권의 유효성

① 승차권의 이용기간

    ㉮ 1회권: 운임 변경 전까지

    ㉯ 교통카드

        ⓐ 선급카드: 카드 내 남은 금액이 소진될 때까지

        ⓑ 후급카드: 카드 유효기간까지

㉘ 우대용 1회권: 발매 당일

　　　㉠ 정기권: 사용시작일부터 30일 이내에 편도 60회까지

　　　㉣ 단체권: 승차권의 발매일부터 열차 승차일까지

　② 승차권의 이용시간: 개표 후 5시간까지 이용 가능(동해선은 3시간)

　③ 승차권 이용기간의 계산: 당일은 영업시작 시간부터 다음 날 02시까지

(7) 신분증명서의 제시 ⇨ 직원의 요구가 있을 경우 신분증명서를 제시

　① 청소년용 1회권 및 청소년용 교통카드: 청소년증, 학생증 등 나이를 확인할 수 있는 신분증
　　　　　　　　　　　　　　　　　　　　　　　　　　명서

　② 우대용 1회권 및 우대용 교통카드

　　　㉮ 노인: 주민등록증, 재외국민주민등록증, 운전면허증

　　　㉯ 유공자: 국가보훈등록증, 국가유공자증, 독립유공자증, 5·18민주유공자증, 보훈보상
　　　　　　　대상자증, 국가보훈대상자등록증

　　　㉰ 장애인: 장애인복지카드

　　　㉱ 그 밖에 신분을 확인할 수 있는 공인된 증명서

(8) 승차권의 사용조건

　① 사용조건

　　　㉮ 승차인원을 기입한 것을 제외하고 승차권 1매로 1명이 승차권에 표시된 사항에 따라서
　　　　만 사용할 수 있다.

　　　㉯ 여객이 교통카드를 사용하기 위해서는 여행을 시작할 때 교통카드시스템에서 사용이
　　　　가능하여야 하며, 선급카드의 경우 기본운임 이상의 잔액이 남아 있어야 한다.

　　　㉰ 청소년 또는 어린이가 청소년카드 또는 어린이카드를 사용하기 위해서는 당사자 또는
　　　　보호자가 직접 카드발급사에 생년월일 등을 등록하여야 하며, 등록하지 않은 경우에는
　　　　최초 사용 후 10일이 지나면 어른운임을 받는다.

　② 예외적으로 승차권을 사용가능한 경우 – 잔여운임은 반환하지 않는다.

　　　㉮ 어린이가 어른 또는 청소년용 승차권을 사용한 경우

　　　㉯ 청소년이 어른용 승차권을 사용한 경우

　　　㉰ 무임대상자가 우대용 1회권 또는 우대용교통카드 이외의 승차권을 사용한 경우

　　　㉱ 승차권에 표시된 운임 구간보다 짧은 운임구간을 사용한 경우

　③ 승차권의 무효

　　　㉮ 무임대상이 아닌 사람이 우대용 1회권 또는 우대용 교통카드를 사용하였을 때

　　　㉯ 어른이 청소년용·어린이용·우대용 1회권, 우대용 교통카드, 청소년카드 및 어린이카
　　　　드를 사용하였을 때

　　　㉰ 청소년이 어린이용 및 우대용 1회권, 우대용 교통카드, 어린이카드를 사용하였을 때

　　　㉱ 승차권의 원형 및 표시사항을 고의로 훼손 또는 변조하였을 때

㉮ 이용기간이 지난 승차권을 사용하였을 때

　　　㉯ 소정의 신분증명서를 제시하지 않을 때

　　　㉰ 할인승차권을 사용할 자격이 없는 사람이 사용하거나 부정승차의 수단으로 사용하였을 때

　④ 승차권의 남은 구간을 무효로 하는 경우

　　　㉮ 1회권을 소지한 여객이 도중역에서 이용을 종료하였을 때

　　　㉯ 열차 내에서 금지행위를 하여 다음 정차역에 하차시킨 경우

　　　㉰ 여객이 휴대금지 대상 또는 휴대품의 제한을 초과한 물품을 휴대하고 승차한 사실을 발견하여 가장 가까운 역에 하차시키고 역 밖으로 나가게 하였을 경우

(9) 부가운임

　① 부가운임 징수원칙

　　　㉮ 승차구간의 1회권 운임과 그 30배의 부가운임을 지급한다.

　　　㉯ 부득이한 사유로 승차권을 구입하지 못하거나 분실한 사실을 미리 직원에게 신고하고 그 사실이 인정되는 경우에는 승차구간의 1회권 운임만 지급 가능

　② 부가운임 징수 대상

　　　㉮ 승차권을 소지하지 아니하고 광역전철을 이용하거나 역구내를 무단입장 하였을 때

　　　㉯ 승차권을 무효로 회수하였을 때

　　　㉰ 승차권을 개표하지 않고 자동개집표기 안쪽으로 입장하였을 때

　　　㉱ 승차권의 확인에 응하지 않을 때

　　　㉲ 단체권에 기록된 인원(어른, 청소년, 어린이)을 초과하여 승차하였을 때 그 초과인원

　　　㉳ 유효하지 않은 교통카드를 사용하였을 때

　　　㉴ 이용 도중 승차권을 분실하였을 때

　③ 승차권 또는 신분증명서를 소지하지 않아 운임과 부가운임을 지급한 경우
　　승차일부터 7일 이내에 승차권과 신분증명서 및 영수증을 함께 역에 제출하고 부가운임의 반환을 청구할 수 있다.

01

23년 1회·22년 1회·19년 2회·17년 2회·15년 1회

정기승차권에 관한 설명으로 틀린 것은?

① 사용시작 5일 전부터 판매한다.

② 이용대상에 따라 청소년용, 일반용, 우대용이 있다.

③ 유효기간은 승차권에 표시하며, 사용 시작일부터 10일에서 1개월 이내로 구분한다.

④ 유효기간이 남아있는 정기승차권을 분실한 경우 1회에 한하여 재발행할 수 있다.

(해설) 정기약관 제4조(정기승차권의 종류 및 판매금액 등), 제5조(유효기간)

제4조(정기승차권의 종류 및 판매금액 등) ① 정기승차권의 종류는 이용열차 종별에 따라 구분하며, 이용대상에 따라 청소년용과 일반용으로 구분합니다. 〈개정 2024.7.18.〉

 ② 제1항에 정한 정기승차권의 종류별 할인율 등은 역 및 인터넷 등에 게시합니다.

 ③ 정기승차권은 사용 시작 5일 전부터 판매(간이역 및 승차권판매대리점 제외)합니다.

제5조(유효기간) 정기승차권의 유효기간은 승차권에 표시하며, 사용 시작일부터 10일에서 1개월 이내로 구분합니다.

정답 ②

02

24년 1회·23년 1회~2회·22년 1회~2회·21년 1회·20년 2회·16년 2회

정기승차권에 대한 설명 중 틀린 것은?

① 부가운임을 받는 경우에 정기승차권을 부정하게 사용하거나 부정사용하도록 한 사람에게는 부정사용한 정기승차권의 유효기간 종료일부터 6개월간 정기승차권 판매를 제한한다.

② 정기승차권의 "사용횟수"란 정기승차권의 유효기간 중에서 토요일·일요일·공휴일을 제외(토요일·일요일·공휴일 사용을 선택한 경우는 포함)한 일수를 기준으로 1일 2회로 계산한 횟수를 말한다.

③ 정기승차권의 변경은 정기승차권 유효기간 시작일 전에 청구할 수 있다.

④ 정기승차권은 사용 시작 3일 전부터 판매한다. (간이역 및 승차권판매대리점 제외)

(해설) 정기약관 제3조, 제4조, 제8조, 제9조

2. "사용횟수"란 정기승차권의 유효기간 중에서 토요일·일요일·공휴일을 제외(토요일·일요일·공휴일 사용을 선택한 경우는 포함)한 일수를 기준으로 1일 2회로 계산한 횟수를 말합니다.

3. "1회 운임"이란 여객운송약관 제7조의 기준운임에 철도공사가 정한 정기승차권 할인율을 적용하여 단수처리한 금액을 말합니다.

제8조(부가운임을 받는 경우) ⑥ 부가운임을 받는 경우에 정기승차권을 부정하게 사용하거나 부정사용하도록 한 사람에게는 부정사용한 정기승차권의 유효기간 종료일부터 6개월간 정기승차권 판매를 제한합니다.

제9조(정기승차권 변경) ① 정기승차권을 구입한 사람은 정기승차권 유효기간 시작일 전에 정기승차권을 역(간이역 및 승차권판매대리점 제외)에 제출하고 정기승차권의 변경을 청구할 수 있습니다.

② 제1항에 따라 정기승차권을 변경하는 경우에 철도공사는 변경 전후 정기승차권의 운임 차액과 여객운송약관 별표에 정한 최저수수료를 받고 정기승차권을 재발행합니다. **정답** ④

03

정기승차권에 대한 설명으로 가장 거리가 먼 것은?

① 모든 청소년 정기승차권은 60% 할인 적용 받는다.

② 기준운임에 정기승차권 할인율을 적용하여 단수 처리한 금액을 1회 운임이라 한다.

③ 유효기간이 남아 있는 정기승차권을 분실한 사람은 1회에 한정하여 정기승차권의 재발행을 청구할 수 있다.

④ 정기승차권의 유효기간 중에서 토요일·일요일을 제외한 일수를 기준으로 1일 2회로 계산한 횟수를 사용횟수라고 한다.

(해설) 정기약관 제3조(정의), 제6조(이용방법 및 유효성), 제12조(정기승차권의 분실)

제6조(이용방법 및 유효성) ① 정기승차권을 이용하는 사람은 제5조에 정한 유효기간 중의 토요일·일요일·공휴일을 제외(토요일·일요일·공휴일 사용을 선택한 경우는 포함)하고 정기승차권에 표시된 승차구간(같은 경로)을 운행하는 같은 등급의 열차를 입석 또는 자유석으로 이용할 수 있습니다. 다만, 청소년 정기승차권은 「청소년 기본법」에 정한 25세 미만의 청소년만 사용할 수 있습니다. 〈개정 2024.7.18.〉

제12조(정기승차권의 분실) ① 정기승차권을 분실 또는 삭제한 경우 분실 또는 삭제한 정기승차권은 무효로 합니다.

② 제1항에도 불구하고, 제5조에 정한 유효기간이 남아 있는 정기승차권을 분실(휴대폰 분실, 변경 포함) 또는 삭제한 사람은 1회에 한정하여 정기승차권의 재발행을 청구할 수 있으며, 철도공사는 정기승차권의 발행내역을 확인할 수 있는 경우에는 여객운송약관 별표에 정한 최저수수료를 받고 정기승차권 분실확인서를 재발행합니다. **정답** ④

04

KTX 정기승차권에 대한 설명으로 옳은 것은? (단, 기간자유형은 제외한다.)

① 일반인 10일용 정기승차권의 할인율은 50%이다.

② 청소년 정기승차권은 20세 미만의 청소년만 사용할 수 있다.

③ 분실 또는 삭제된 정기승차권을 재발행하여 부정사용한 경우 부가운임을 10배 받는다.

④ 유효기간 시작일 부터는 승차구간의 기준운임과 청구당일까지의 사용횟수를 곱한 금액을 공제하고 반환 받을 수 있다.

해설 정기약관 제6조(이용방법 및 유효성)
청소년 정기승차권은 25세 미만의 청소년만 사용

정답 ③

05

22년 1회·18년 1회

KTX 정기승차권에 대한 설명으로 틀린 것은?

① 정기승차권의 유효기간은 승차권에 표시하며, 사용 시작 일부터 10일에서 1개월 이내로 구분한다.

② KTX 정기승차권을 이용하는 사람은 새마을호, 무궁화호, 통근열차를 이용하거나 승차구간 내의 도중 역에서 승차(또는 하차)할 수 있으며 이 경우 운임차액의 환불을 청구할 수 없다.

③ 철도공사는 정기승차권을 위조하거나 기록된 사항을 변조한 경우 이용한 열차종별에 따른 승차구간의 기준운임과 사용횟수를 곱한 금액 및 기준운임과 사용횟수를 곱한 금액의 30배에 해당하는 부가운임을 합산한 금액을 받는다,

④ 정기승차권을 발행받은 사람이 정기승차권을 소지하지 않은 경우에는 승차할 열차가 출발하기 3분 전까지 출발역에 공공기관에서 발행한 신분증을 제시하고 정기승차권 발급확인서의 발행을 청구할 수 있다.

해설 정기약관 제7조(정기승차권 등의 확인)

① 철도종사자가 정기승차권(또는 정기승차권 분실확인서, 정기승차권 발급확인서)의 정당사용자 확인을 요구한 경우 정기승차권을 이용하는 사람은 이에 응해야 합니다.

② 정기승차권을 발행 받은 사람이 정기승차권을 소지하지 않고 열차에 승차하고자 하는 경우에는 승차할 열차의 출발하기 5분 전까지 출발역에 공공기관에서 발행한 신분증을 제시하고 정기승차권 발급확인서의 발행을 청구할 수 있습니다. 이 경우 정기승차권의 이용기간에 따른 발급확인서 발행횟수 등 세부사항은 철도공사 홈페이지에 따로 게시합니다.

정답 ④

06

21년 1회·19년 2회

철도공사에서 발행하는 정기승차권에 대한 설명으로 틀린 것은?

① 청소년정기승차권은 청소년기본법에 정한 만 25세 미만의 청소년만 사용할 수 있다.

② 정기승차권을 소지하지 않는 경우 열차출발시각까지 신분증을 제시하고 정기승차권 발급확인서의 발행을 청구할 수 있다.

③ 정기승차권 또는 신분증을 소지하지 않아 지급한 부가운임은 소정의 자료를 제출하고 승차일부터 1년 이내에 운임·요금 및 부가운임의 환불을 청구할 수 있다.

④ 정기승차권은 이용열차 종별에 따라 KTX(KTX-산천 포함), 새마을호(ITX-새마을호 포함), 무궁화호(누리로 포함) 및 통근열차용으로 구분하며, 이용대상에 따라 청소년과 일반용으로 구분한다.

해설 정기약관 제7조(정기승차권 등의 확인)

정답 ②

정기승차권의 부가운임 징수대상 및 금액이 다른 것은?

① 유효기간 시작 전의 정기승차권을 사용한 경우: 10배
② 정기승차권을 위조하거나 기록된 사항을 변조하여 사용한 경우: 10배
③ 분실 또는 삭제된 정기승차권을 재발행하여 부정사용한 경우: 10배
④ 어른이 청소년 정기승차권을 사용한 경우: 10배

(해설) **정기약관 제8조(부가운임을 받는 경우)**

① 철도공사는 다음 각 호에 해당하는 사람에게는 「철도사업법」 제10조에 따라 이용한 열차종별에 따른 승차구간의 기준운임과 사용횟수를 곱한 금액 및 기준운임과 사용횟수를 곱한 금액의 30배 이내의 범위에서 부가운임을 합산한 금액을 받으며, 부가우위의 세부 징수기준은 철도공사 홈페이지에 게시합니다.

  1. 정기승차권을 위조하거나 기록된 사항을 변조하여 사용한 경우: 30배
  2. 다른 사람의 정기승차권(정기승차권발급확인서, 정기승차권분실확인서)을 사용하거나 어른이 청소년 정기승차권을 사용한 경우: 10배
  3. 유효기간이 종료된 정기승차권을 사용한 경우: 10배
  4. 유효기간 시작 전의 정기승차권을 사용한 경우: 10배
  5. 분실 또는 삭제된 정기승차권을 재발행하여 부정사용한 경우: 10배
  6. 철도종사자가 정당사용자임을 확인하기 위해 신분확인을 요구하였으나, 신분증 제시 거부 또는 정당사용자임을 증명하지 못하는 경우: 10배
  7. 정기승차권의 이용구간을 초과하여 사용한 경우(다만, 이용구간을 초과하기 전에 승무원에게 신고한 경우는 제외): 10배
  8. 그 밖에 정기승차권을 부정사용한 경우:

② 위 제1항에 정한 부가운임은 다음 각 호에 정한 날부터 발견한 날까지의 사용횟수를 기준으로 계산합니다.

  1. 유효기간 시작일부터: 제1항 제1호 및 제2호, 제5호, 제6호
  2. 유효기간 종료한 다음날부터: 제1항 제3호
  3. 발매일부터: 제1항 제4호
  4. 승차한 때: 제1항 제7호

③ 제1항 제1호부터 제3호까지와 제5호에 해당하는 경우에는 정기승차권을 무효로 회수합니다.

④ 정기승차권 또는 신분증을 소지하지 않아 부가운임을 지불한 사람은 승차한 날로부터 1년 이내에 다음 각 호를 함께 역(간이역 및 승차권판매대리점 제외)에 제출하고 운임·요금 및 부가운임의 환불을 청구할 수 있습니다.

  1. 해당 정기승차권
  2. 정기승차권 이용자임을 확인할 수 있는 신분증 또는 증명서
  3. 부가운임에 대한 영수증

⑤ 철도공사는 제4항의 부가운임의 환불 청구를 받은 경우, 정기승차권을 이용하는 사람임을 확인할 수 있는 경우에 한해 여객운송약관 별표에 정한 최저수수료를 공제한 잔액을 환불합니다.

⑥ 제1항에 정한 부가운임을 받는 경우에 정기승차권을 부정하게 사용하거나 부정사용하도록 한 사람에게는 부정사용한 정기승차권의 유효기간 종료일부터 6개월간 정기승차권 판매를 제한합니다.

정답 ②

정기승차권에 대한 설명으로 가장 거리가 먼 것은?

① 유효기간이 남아 있는 정기승차권을 분실한 사람은 1회에 한정하여 정기승차권의 재발행을 청구할 수 있다.

② 정기승차권을 발행 받은 사람이 정기승차권을 소지하지 않고 열차에 승차하고자 하는 경우에는 승차할 열차가 출발하기 10분 전까지 출발역에 공공기관에서 발행한 신분증을 제시하고 정기승차권 발급확인서의 발행을 청구할 수 있다.

③ 열차가 정기승차권에 표시된 도착역(또는 출발역)에 일정 시간 이상 지연 도착한 경우 철도공사는 정기승차권 지연확인증을 교부한다.

④ 정기승차권을 이용하는 사람이 정기승차권에 표시된 승차구간을 지나 계속 여행하는 경우 기준운임·요금을 별도로 받는다.

(해설) 정기약관 제7조, 제10조, 제14조

제10조(승차구간 연장) 정기승차권을 이용하는 사람이 정기승차권에 표시된 승차구간을 지나 계속 여행하기 위해 승무원에게 사전 신고한 경우에는 철도공사는 정기승차권에 표시된 승차구간 이외의 구간에 대하여 새로이 운송계약이 체결된 것으로 보아 여객운송약관 제7조에 정한 기준운임·요금을 별도로 받습니다.

제14조(열차지연) ① 정기승차권을 이용하는 사람이 승차한 열차가 정기승차권에 표시된 도착역(또는 출발역)에 여객운송약관 제15조에 정한 시간 이상 지연 도착한 때에는 철도공사는 정기승차권지연확인증을 교부합니다.

② 제1항의 정기승차권지연확인증을 소지한 사람은 제3조에 정한 1회 운임을 기준으로 여객운송약관 제15조에 정한 지연배상금액을 청구할 수 있습니다.

정답 ②

정기승차권의 반환 및 분실에 관한 설명으로 틀린 것은?

① 유효기간 시작일 전까지는 여객운송약관 별표에 정한 최저수수료를 공제한 잔액을 반환한다.

② 유효기간 시작일부터는 승차구간의 기준운임과 청구당일까지의 사용횟수를 곱한 금액 및 약관에서 정한 최저수수료를 공제한 잔액을 반환한다.

③ 유효기간이 남아 있는 정기승차권을 분실(휴대폰 분실, 변경 포함) 또는 삭제한 사람은 정기승차권의 재발행을 청구할 수 있다.

④ 정기승차권의 발행내역을 확인할 수 있는 경우에는 여객운송약관 별표에 정한 최저수수료를 받고 정기승차권 분실확인서를 재발행한다.

정기약관 제11조(정기승차권 환불), 제12조(정기승차권의 분실)

제11조(정기승차권 환불) 정기승차권을 이용하는 사람이 정기승차권을 역에 제출하고 환불을 청구하는 경우에 철도 공사는 정기승차권 운임에서 유효기간 시작일 전까지는 여객운송약관 별표에 정한 최저수수료를 공제한 잔액을 환불하고, 유효기간 시작일부터는 여객운송약관 제7조에 정한 승차구간의 기준운임과 청구당일까지의 사용횟수를 곱한 금액 및 여객운송약관 별표에 정한 최저수수료를 공제한 잔액을 환불합니다.

제12조(정기승차권의 분실) ① 정기승차권을 분실 또는 삭제한 경우 분실 또는 삭제한 정기승차권은 무효로 합니다.

② 제1항에도 불구하고, 제5조에 정한 유효기간이 남아 있는 정기승차권을 분실(휴대폰 분실, 변경 포함) 또는 삭제한 사람은 <u>1회에 한정하여</u> 정기승차권의 재발행을 청구할 수 있으며, 철도공사는 정기승차권의 발행내역을 확인할 수 있는 경우에는 여객운송약관 별표에 정한 최저수수료를 받고 정기승차권 분실확인서를 재발행합니다.

정답 ③

10

KORAIL Membership 가입 및 이용에 관한 약관에 정한 용어의 뜻으로 틀린 것은?

① "제휴사"란 코레일이 제휴 사업을 위해 따로 지정한 업체를 말한다.

② "KORAIL Membership 카드"란 승차권 구매와 관련한 서비스를 받을 수 있다. 그러나 제휴 된 서비스 등을 제공받을 수 없다.

③ "휴면회원"이란 1년 동안 연속하여 승차권을 구매하지 않고 회원정보로 철도공사 홈페이지 및 앱에 접속하지 않아 철도공사가 별도의 계정으로 분리하여 관리하는 회원을 말한다.

④ "회원"이란 철도공사가 제공하는 승차권 구매 및 여행사업 등과 관련한 서비스를 제공받기 위 하여 KORAIL Membership에 회원으로 가입한 사람을 말한다.

멤버약관 제2조(정의)

이 약관에서 사용하는 용어의 뜻은 다음 각 호와 같습니다.

1. "회원"이란 철도공사가 제공하는 승차권 구매 및 여행사업 등과 관련한 서비스를 제공받기 위하여 KORAIL Membership에 회원으로 가입한 사람을 말합니다.

2. "휴면회원"이란 1년 동안 연속하여 승차권을 구매하지 않고 회원정보로 철도공사 홈페이지 및 앱에 접속하지 않아 철도공사가 별도의 계정으로 분리하여 관리하는 회원을 말합니다.

3. "제휴사"란 코레일이 제휴 사업을 위해 따로 지정한 업체를 말합니다.

정답 ②

KORAIL Membership 카드에 대한 설명으로 틀린 것은?

① 회원이 제공받은 마일리지는 적립일을 기준으로 3년간 유효하다.

② 회원의 철도승차권 구입 실적에 따라 회원의 등급을 분류하고 마일리지를 적립할 수 있다.

③ 회원은 회원가입 시 철도공사에 제공하였던 정보사항이 변경된 경우 인터넷 또는 통신매체를 이용하여 수정하거나 철도공사에 변경사항을 알려야 한다.

④ 회원 서비스 및 회원등급별 서비스를 변경 또는 중지할 수 있으며, 이 경우 철도공사는 해당 변경 내용을 철도공사 홈페이지에 1주일 전부터 공지하여야 한다.

(해설) 멤버약관 제6조(회원서비스 제공), 제9조(회원정보 변경)

제6조(회원서비스 제공) ① 철도공사는 회원에 대하여 별도의 서비스를 제공할 수 있으며, 회원의 철도승차권 구입 실적에 따라 회원의 등급을 분류하고 마일리지 적립 또는 할인쿠폰 등 서비스를 다르게 제공할 수 있습니다.

② 제1항에 따라 회원이 제공받은 마일리지는 적립일을 기준으로 5년간 유효하며, 적립 제외대상, 사용처 등 세부 사항은 철도공사 홈페이지에 게시합니다.

③ 회원이 제1항의 마일리지를 부당한 방법으로 적립·사용하는 경우 철도공사는 해당 회원의 서비스 이용을 제한 하거나 중지할 수 있습니다.

④ 철도공사는 회원의 실적이 잘못 누적된 경우에는 이를 정정할 수 있습니다.

⑤ 철도공사는 제1항에 정한 회원 서비스 및 회원등급별 서비스를 변경 또는 중지할 수 있으며, 이 경우 철도공사 는 해당 변경 내용을 철도공사 홈페이지에 1주일 전부터 공지합니다.

제9조(회원정보 변경) ① 회원은 회원가입 시 철도공사에 제공하였던 정보사항이 변경된 경우 인터넷 또는 통신매체 를 이용하여 수정하거나 철도공사에 변경사항을 알려야 합니다.

② 철도공사는 회원이 변경사항을 알리지 아니하여 발생한 손해에 대해 책임지지 않습니다.

③ 철도공사는 회원이 회원정보(휴대전화번호, 이메일 등)를 변경하지 않아 다른 회원이 서비스에 제한을 받게 되 는 경우, 정당 회원정보 사용자임을 확인한 후, 변경하지 않은 회원의 회원정보를 변경 또는 삭제할 수 있습니다.

④ 회원은 철도공사 홈페이지 회원정보관리화면을 통하여 언제든지 본인의 개인정보를 열람하고 수정할 수 있습 니다.

정답 ①

KORAIL Membership 회원의 자격상실에 관한 설명으로 옳지 않은 것은?

① 회원이 사망하여 사망을 확인할 수 있는 서류를 접수한 경우에는 회원 자격을 상실하거나 탈회 한 것으로 본다.

② 회원 자격을 상실한 경우 회원혜택을 무효로 하고 이를 삭제하며, 탈회 조치하거나 서비스를 중지하여 발생한 회원 또는 제3자의 손해에 대해서 책임지지 않는다.

③ 자격상실 사유로 2회 이상 회원 자격을 상실한 경우에는 재가입을 제한한다.

④ 회원 자격을 상실한 사람은 자격 상실 2년이 경과한 후부터 재가입을 요청할 수 있으며, 이를 심의하여 재가입 여부를 결정한다.

멤버약관 제11조(자격상실 및 서비스 이용제한)

① 철도공사는 회원이 다음 각 호의 어느 하나에 해당하는 경우 탈회 조치하거나 회원 서비스를 중지시킬 수 있습니다. 〈개정 2024.7.18.〉
  1. 제4조 및 제9조에 정한 사항을 거짓으로 입력한 경우
  2. 부정승차로 적발되어 부가운임 납부를 거부한 경우
  3. 다른 사람의 회원번호 및 비밀번호를 도용한 경우
  4. 다른 사람에게 회원번호 및 비밀번호를 대여한 경우
  5. 승차권을 다량으로 구입하고 취소함으로 다른 고객의 승차권 구매에 지장을 주는 경우
  6. 컴퓨터로 지정된 명령을 자동 반복하고 입력하는 프로그램을 이용해 다른 고객의 승차권 구매에 지장을 주거나 철도공사의 정당 서비스 제공을 방해한 경우
  7. 그 밖의 관계법령이나 철도공사가 정한 약관을 위반하거나 철도공사의 서비스 제공을 방해한 경우
② 회원이 사망하여 사망을 확인할 수 있는 서류를 접수한 경우에는 제1항 및 제10조에 정한 절차 없이 회원 자격을 상실하거나 탈회한 것으로 봅니다.
③ 제1항 각 호의 사유로 회원 자격을 상실한 경우 철도공사는 제6조에 정한 회원혜택을 무효로 하고 이를 삭제하며, 탈회 소지하거나 서비스를 중지하여 발생한 회원 또는 제3자의 손해에 대해서 철도공사는 책임지지 않습니다.
④ 제1항에 따라 회원 자격을 상실한 사람은 자격 상실 3년이 경과한 후부터 철도공사에 재가입을 요청할 수 있으며, 철도공사는 이를 심의하여 재가입 여부를 결정합니다. 다만, 개인정보 도용에 따른 피해사실이 명확하게 입증된 경우로서 철도공사의 재가입 승낙을 얻은 경우는 예외로 하며, 제1항에 정한 사유로 2회 이상 회원 자격을 상실한 경우에는 재가입을 제한합니다.

정답 ④

13

KORAIL Membership 회원을 탈회 조치하거나 회원 서비스를 중지시킬 수 있는 경우로 틀린 것은?

① 다른 사람에게 회원번호 및 비밀번호를 대여한 경우
② 승차권을 구입하고 취소함으로 다른 고객의 승차권 구매에 지장을 주는 경우
③ 컴퓨터로 지정된 명령을 자동 반복하고 입력하는 프로그램을 이용해 다른 고객의 승차권 구매에 지장을 준 경우
④ 관계법령이나 철도공사가 정한 약관을 위반하거나 철도공사의 서비스 제공을 방해한 경우

해설 멤버약관 제11조(자격상실 및 서비스 이용제한)

정답 ②

14

KORAIL Membership 회원의 개인정보를 제3자에게 제공할 때 회원의 동의를 받지 않아도 되는 경우로 가장 거리가 먼 것은?

① 관련 법령에 특별한 규정이 있는 경우
② 제휴회원의 운임 및 위약금 정산이 필요한 경우
③ 범죄 수사상의 목적으로 정부기관의 요구가 있는 경우
④ 특정개인을 식별할 수 있는 통계분석, 홍보자료, 학술연구 등의 목적으로 사용하는 경우

멤버약관 제7조(개인정보 수집 및 이용)

① 철도공사는 회원의 동의를 받아 다음 각 호의 사항을 수집할 수 있습니다.
1. 이름 및 실명 인증값(또는 아이핀번호)
2. 생년월일 및 성별
3. 주소
4. 전화번호 및 전자우편 주소
5. 비밀번호
6. 그 밖의 SNS계정 등

② 철도공사는 제1항에 따라 제공 받은 정보를 제3자에게 제공하는 경우 회원의 동의를 받습니다. 다만, 다음 각 호에 정한 사항은 그러하지 아니합니다.
1. 관련 법령에 특별한 규정이 있는 경우
2. 범죄 수사상의 목적으로 정부기관의 요구가 있는 경우
3. 정보통신윤리위원회의 요청이 있는 경우
4. 특정개인을 식별할 수 없는 통계작성, 홍보자료 및 학술연구 등의 목적으로 사용하는 경우
5. 제휴사 포인트의 적립·사용·교환 및 정산이 필요한 경우
6. 그 밖의 회원서비스 제공 등 제휴 사업을 수행하는 경우

③ 회원은 제1항에 따라 제공한 정보의 열람, 정정을 요청할 수 있으며, 삭제를 원할 경우 제10조에 따라 회원을 탈회 후 요청하여야 합니다.

정답 ④

15

KORAIL Membership 카드에 대한 설명으로 틀린 것은?

① KORAIL Membership 카드를 분실한 경우 1회에 한정하여 카드를 재발급 받을 수 있다.
② KORAIL Membership으로 가입하고자 하는 사람은 철도공사 홈페이지 또는 모바일앱에 접속하여 가입절차에 따라 필요한 사항을 입력하여야 한다.
③ 회원은 철도공사 홈페이지 회원정보관리화면을 통하여 언제든지 본인의 개인정보를 열람하고 수정할 수 있다.
④ 철도공사는 회원의 철도승차권 구입 실적에 따라 회원의 등급을 분류하고 마일리지 적립 또는 할인쿠폰 등 서비스를 다르게 제공할 수 있다.

해설 멤버약관 제4조, 제6조, 제9조, 부칙
제4조(회원 가입 등) ① 삭제〈2024.7.18.〉
② KORAIL Membership으로 가입하고자 하는 사람은 철도공사 홈페이지 또는 모바일앱에 접속하여 가입절차에 따라 필요한 사항을 입력하여야 합니다. 다만, 철도공사는 회원의 관리 및 운영에 필요한 경우 가입을 제한할 수 있습니다.〈개정 2024.7.18.〉
③ 철도공사는 회원가입 시 본인여부를 확인하기 위하여 인터넷을 통한 실명인증(아이핀 인증 포함) 또는 신분증을 확인할 수 있습니다.
부칙 ③ KORAIL Membership 카드를 분실한 경우 철도공사는 카드를 재발급하지 않습니다. 다만, 회원번호를 이용한 승차권 구매 등의 서비스는 이용할 수 있습니다.

정답 ①

KORAIL PASS에 대하여 잘못 설명된 것은?

① KORAIL PASS의 종류는 이용 기간, 이용 연령, 이용 조건 등에 따라 구분한다.

② KORAIL PASS는 대한민국을 방문하는 외국인에게만 발급하며, 대한민국 국적을 소유한 사람에게는 발급하지 않는다.

③ KORAIL PASS의 종류 및 판매가격 등은 판매처나 철도공사 홈페이지 등에 게시하며 이용조건에 동의한 경우에 한하여 판매한다.

④ KORAIL PASS는 철도공사 외국어 홈페이지 또는 해외 여행사에서 직접 구입할 수 있으며, 해외 여행사에서 구입한 경우에는 이용자가 직접 KORAIL PASS를 발급받아야 한다.

(해설) 패스약관 제4조, 제5조

제4조(KORAIL PASS의 종류 및 판매가격) ① KORAIL PASS의 종류는 이용 기간, 이용 연령, 이용 조건 등에 따라 구분합니다. 〈개정 2024.7.18.〉

② 제1항에서 정한 KORAIL PASS의 종류 및 판매가격 등은 판매처나 철도공사 홈페이지 등에 게시하며 이용조건에 동의한 경우에 한하여 판매합니다. 〈개정 2024.7.18.〉

제5조(KORAIL PASS의 발행) ① KORAIL PASS는 대한민국을 방문하는 외국인에게만 발급하며, 대한민국 국적을 소유한 사람에게는 발급하지 않습니다. 〈개정 2019.7.5.〉

② KORAIL PASS는 철도공사 외국어 홈페이지 또는 해외 여행사에서 직접 구입할 수 있으며, 철도공사 외국어 홈페이지에서 구입한 경우에는 이용자가 직접 KORAIL PASS를 발급받아야 합니다. 정답 ④

KORAIL PASS의 유효성에 대한 설명으로 맞는 것은?

① KORAIL PASS로 이용자가 특실을 이용하는 경우에는 특실 요금의 50%를 추가로 지급해야 한다.

② KORAIL PASS 이용자는 KORAIL PASS 이용시작일 전일까지는 1회에 한하여 구입처 또는 철도공사 홈페이지에서 이용시작일을 변경할 수 있다.

③ KORAIL PASS는 패스에 표기된 본인에 한하여 이용할 수 있으며, 다른 사람에게 양도할 수 없다.

④ KORAIL PASS의 유효기간은 구입 시 본인이 지정한 이용시작일부터 10일간이다.

(해설) 제6조(유효성)

① KORAIL PASS의 유효기간은 구입 시 본인이 지정한 이용시작일부터 이용종료일까지로 합니다. 다만, 이용종료일에 운행하는 열차를 이용한 경우에는 열차 도착 전에 유효기간이 종료되더라도 열차 도착 시간까지는 유효한 것으로 간주합니다. 〈개정 2024.7.18.〉

② KORAIL PASS를 이용하는 사람(이하 '이용자'라 합니다)은 제4조에서 정한 KORAIL PASS의 종류에 따라 철도공사가 운행하는 열차의 좌석을 지정하여 이용하거나 열차의 입석·자유석을 이용할 수 있습니다. 다만, 특실을 이용하는 경우에는 특실 요금의 50%를 추가로 지급해야 합니다. 〈개정 2024.7.18.〉

③ 이용자는 KORAIL PASS 이용시작일 전일까지는 1회에 한하여 구입처 또는 철도공사 홈페이지에서 이용시작일을 변경할 수 있습니다. 다만, 좌석지정권 등을 발행한 경우에는 좌석지정권 등을 먼저 반환한 후 변경할 수 있습니다. 〈개정 2024.7.18.〉

④ 역 또는 철도공사 홈페이지에서 좌석지정권 등을 발행한 이용자가 좌석지정권 등을 반환하고자 하는 경우에는 열차 출발 전에 좌석지정권 등을 반환하여야 합니다. 〈개정 2024.7.18.〉

⑤ KORAIL PASS는 패스에 표기된 본인에 한하여 이용할 수 있으며, 다른 사람에게 양도할 수 없습니다. 〈개정 2024.7.18.〉

정답 ④

18

23년 1회~2회·22년 2회

KORAIL PASS에 관한 설명으로 틀린 것은?

① KORAIL PASS를 분실한 경우에는 유효기간 내에 철도공사 홈페이지에서 재발급 받아 사용할 수 있다.

② KORAIL PASS 이용자는 철도공사가 따로 정한 부가서비스를 이용하고자 하는 경우 KORAIL PASS를 제시하여야 한다.

③ KORAIL PASS 이용자는 열차이용 시 KORAIL PASS(좌석지정권 등 포함) 및 본인을 증명할 수 있는 신분증으로 여권을 소지하여야 한다.

④ KORAIL PASS 이용자는 철도종사자가 확인을 요구하는 경우 KORAIL PASS(좌석지정권 등 포함)와 신분증을 제시하여야 한다.

해설 KORAIL PASS약관 제8조, 제11조, 제12조

제8조(신분증 및 KORAIL PASS 소지) 이용자는 열차이용 시 KORAIL PASS(좌석지정권 등 포함) 및 본인을 증명할 수 있는 신분증으로 여권을 소지하여야 하며, 철도종사자가 확인을 요구하는 경우 KORAIL PASS(좌석지정권 등 포함)와 여권을 제시하여야 합니다. 〈개정 2024.7.18.〉

제11조(분실) 이용자는 KORAIL PASS를 분실한 경우에는 유효기간 내에 철도공사 홈페이지에서 재발급 받아 사용할 수 있습니다. 〈개정 2024.7.18.〉

제12조(KORAIL PASS의 확인) 이용자는 철도공사가 따로 정한 부가서비스를 이용하고자 하는 경우 KORAIL PASS를 제시하여야 합니다.

정답 ④

KORAIL PASS의 부정승차자로 부가운임을 받는 경우와 부가운임으로 틀린 것은?

① 신분증(여권)의 확인에 응하지 않는 경우: 20배

② KORAIL PASS를 훼손, 유효기간이 지난 경우 등 그 유효성을 인정할 수 없을 때: 10배

③ KORAIL PASS를 위조하거나 기록된 사항을 변조한 경우: 30배

④ 타인의 KORAIL PASS를 이용한 경우: 10배

(해설) KORAIL PASS약관 제9조(부정승차)

① 철도공사는 이용자가 다음 각 호의 어느 하나에 해당하는 경우에는 관계법령에 정한 부정승차자로 규정하여 철도공사가 정한 승차구간의 기준운임·요금과 기준운임의 30배의 범위에서 부가운임을 받습니다. 이 경우 승차역을 확인할 수 없는 경우에는 승차한 열차의 처음 출발역(시발역)부터 적용합니다. 〈개정 2019.7.5, 개정 2024.7.18.〉

　1. KORAIL PASS를 위조하거나 기록된 사항을 변조한 경우: 30배

　2. KORAIL PASS를 훼손, 유효기간이 지난 경우 등 그 유효성을 인정할 수 없을 때: 10배

　3. 타인의 KORAIL PASS를 이용한 경우: 10배

　4. 삭제 〈2024.7.18.〉

　5. KORAIL PASS 또는 신분증(여권)의 확인에 응하지 않는 경우: 10배

　6. 삭제 〈2024.7.18.〉

　7. 삭제 〈2024.7.18.〉

　8. 그 밖에 KORAIL PASS를 부정 사용하였을 때: 10배

② 제1항제1호부터 제3호까지에 해당하는 경우 철도공사는 KORAIL PASS를 무효로 하여 회수합니다.

정답 ①

KORAIL PASS를 무효로 하여 회수하는 경우가 아닌 것은?

① 타인의 KORAIL PASS를 이용한 경우

② KORAIL PASS 또는 신분증(여권)의 확인에 응하지 않는 경우

③ KORAIL PASS를 훼손, 유효기간이 지난 경우 등 그 유효성을 인정할 수 없을 때

④ KORAIL PASS를 위조하거나 기록된 사항을 변조한 경우

(해설) KORAIL PASS약관 제9조(부정승차)

정답 ②

KORAIL PASS의 환불에 관한 설명으로 틀린 것은?

① KORAIL PASS로 여행시, 도중 여행중지, 열차 지연이나 운행 중지에 대하여 철도공사는 책임지지 않는다.
② KORAIL PASS 이용시작일 이후부터 철도공사의 책임 또는 천재지변으로 열차운행이 전면 중지되어 유효기간 내 KORAIL PASS를 이용하지 못한 경우 이용자는 이용시작일로부터 3년 이내에 KORAIL PASS 지정 구입처에 영수금액 전액의 환불을 청구할 수 있다.
③ KORAIL PASS는 본인이 지정한 이용시작일 전일까지 전액 환불할 수 있으며, 이용시작일부터는 환불할 수 없다.
④ 해외 판매여행사에서 발행한 KORAIL PASS는 철도공사와 판매대행사가 협의하여 정한 위약금을 공제한 잔액을 환불한다.

(해설) KORAIL PASS약관 제10조(환불)
① KORAIL PASS는 본인이 지정한 이용시작일 전일까지 전액 환불할 수 있으며, 이용시작일부터는 환불할 수 없습니다. 단, 좌석지정권 등을 발행한 경우에는 좌석지정권 등을 먼저 반환한 후 환불할 수 있습니다.
② 삭제 〈2024.7.18.〉
③ 해외 판매여행사에서 발행한 KORAIL PASS는 철도공사와 판매대행사가 협의하여 정한 위약금을 공제한 잔액을 환불합니다. 〈개정 2024.7.18.〉
④ 제1항, 제3항에도 불구하고 KORAIL PASS 이용시작일 이후부터 철도공사의 책임 또는 천재지변으로 열차운행이 전면 중지되어 유효기간 내 KORAIL PASS를 이용하지 못한 경우 이용자는 이용시작일로부터 1년 이내에 KORAIL PASS 지정 구입처에 영수금액 전액의 환불을 청구할 수 있습니다. 〈개정 2024.7.18.〉
⑤ 삭제 〈2024.7.18.〉
⑥ KORAIL PASS로 여행시, 도중 여행중지, 열차 지연이나 운행 중지에 대하여 철도공사는 책임지지 않습니다.
 정답 ②

22

자유여행패스에 관한 설명으로 틀린 것은?

① 자유여행패스바우처란 철도공사가 정한 규정 및 이용 방법에 따라 자유여행패스 1매 단위로 교환할 수 있는 교환권을 말한다.
② 자유여행패스는 연속권으로 이용 기간, 이용 연령 및 이용 조건 등에 따라 구분한다.
③ 자유여행패스의 종류 및 판매가격 등은 판매처나 철도공사 홈페이지 등에 게시하며 이용 조건에 동의한 경우에 한하여 판매한다.
④ 자유여행패스란 철도공사가 정한 규정 및 이용 방법에 따라 유효기간 내 지정된 열차를 자유롭게 이용할 수 있는 상품을 말한다.

자유약관 제3조, 제4조

제3조(정의) 이 약관에서 사용하는 용어의 뜻은 다음과 같습니다. 〈개정 2024.7.18.〉

1. "자유여행패스"란 철도공사가 정한 규정 및 이용 방법에 따라 유효기간 내 지정된 열차를 자유롭게 이용할 수 있는 상품을 말합니다.
2. 삭제 〈2024.7.18.〉
3. "자유여행패스바우처"란 철도공사가 정한 규정 및 이용 방법에 따라 자유여행패스 1매 단위로 교환할 수 있는 교환권을 말합니다.
4. "좌석지정권 등"이란 자유여행패스 이용 시 좌석을 지정하여 이용할 수 있는 좌석지정권과 입석·자유석을 이용할 수 있는 이용권 등 별도로 발행하는 승차권을 말합니다.

제4조(자유여행패스 종류 및 판매가격) ① 자유여행패스의 종류는 이용 기간, 이용 연령, 이용 조건 등에 따라 구분합니다. 〈개정 2024.7.18.〉

② 삭제 〈2024.7.18.〉

③ 제1항에서 정한 자유여행패스의 종류 및 판매가격 등은 판매처나 철도공사 홈페이지 등에 게시하며 이용 조건에 동의한 경우에 한하여 판매합니다. 〈개정 2024.7.18.〉 정답 ②

23

자유여행패스에 대한 설명 중 틀린 것은?

① 이용자는 철도를 이용할 경우 반드시 자유여행패스(좌석지정권 등 포함) 및 본인임을 증명할 수 있는 신분증을 소지하여야 하며, 철도종사자가 확인을 요구하는 경우 자유여행패스(좌석지정권 등 포함)와 신분증을 제시하여야 한다.

② 자유여행패스는 패스에 기재된 본인에 한하여 이용할 수 있으며, 양도하거나 타인이 이용하게 할 수 없다.

③ 자유여행패스를 이용하는 사람은 자유여행패스의 종류에 따라 철도공사가 운행하는 열차의 입석·자유석만 이용할 수 있다.

④ 자유여행패스의 유효기간은 구입시 본인이 지정한 이용시작일로부터 이용종료일까지로 하며, 유효기간 내에 열차를 이용할 수 있다.

자유약관 제5조, 제6조

제5조(유효성) ① 자유여행패스의 유효기간은 구입시 본인이 지정한 이용시작일로부터 이용종료일까지로 하며, 유효기간 내에 열차를 이용할 수 있습니다. 〈개정 2024.7.18.〉

② 자유여행패스를 이용하는 사람(이하 '이용자'라 합니디)은 제4조에서 정한 자유여행패스의 종류에 따라 철두공사가 운행하는 열차의 좌석을 지정하여 이용하거나 열차의 입석·자유석을 이용할 수 있습니다. 〈개정 2024.7.18.〉

③ 자유여행패스는 패스에 기재된 본인에 한하여 이용할 수 있으며, 양도하거나 타인이 이용하게 할 수 없습니다. 〈개정 2024.7.18.〉

제6조(신분증 및 자유여행패스 소지) 이용자는 철도를 이용할 경우 반드시 자유여행패스(좌석지정권 등 포함) 및 본인임을 증명할 수 있는 신분증을 소지하여야 하며, 철도종사자가 확인을 요구하는 경우 자유여행패스(좌석지정권 등 포함)와 신분증을 제시하여야 합니다. 〈개정 2024.7.18.〉 정답 ③

24

자유여행패스로 부정승차를 한 경우 중 부가운임이 10배에 해당하지 않는 것은?

① 자유여행패스 또는 신분증의 확인에 응하지 않는 경우
② 자유여행패스를 소지하지 않은 경우
③ 타인의 자유여행패스를 이용한 경우
④ 자유여행패스를 훼손, 유효기간이 지난 경우 등 그 유효성을 인정할 수 없는 경우

(해설) 자유약관 제7조(부정승차)
① 철도공사는 이용자가 다음 각 호에 해당하는 경우에는 철도사업법 제10조에 따라 철도공사가 정한 승차구간의 기준운임·요금과 기준운임의 30배 이내 범위에서 부가운임을 받습니다. 이 경우 승차역을 확인할 수 없는 경우에는 승차한 열차의 처음 출발역(시발역)부터 적용합니다. 〈개정 2024.7.18.〉
　1. 자유여행패스를 위조하거나 기록된 사항을 변조한 경우: 30배
　2. 자유여행패스를 훼손, 유효기간이 지난 경우 등 그 유효성을 인정할 수 없는 경우: 10배
　3. 타인의 자유여행패스를 이용한 경우: 10배
　4. 삭제 〈2024.7.18.〉
　5. 자유여행패스 또는 신분증의 확인에 응하지 않는 경우: 10배
　6. 그 밖에 자유여행패스를 부정 사용한 경우: 10배
② 제1항 제1호부터 제3호까지에 해당하는 경우 철도공사는 자유여행패스를 무효로 하여 회수합니다. **정답** ②

25

자유여행패스의 환불 및 변경에 관한 설명으로 틀린 것은?

① 자유여행패스로 여행시, 도중 여행중지, 열차 지연이나 운행 중지에 대하여 철도공사는 책임지지 않는다.
② 철도공사의 책임 또는 천재지변으로 열차 운행이 중지되어 좌석지정권 등을 이용하지 못했을 경우에는 이용시작일부터 3년 이내 환불을 청구할 수 있으며 기사용 좌석지정권 등의 기준운임을 공제하고 환불을 청구할 수 있다.
③ 자유여행패스는 변경할 수 없으며, 이용종료일 이전까지만 환불을 청구할 수 있다.
④ 좌석지정권 등은 이용할 열차의 출발시각 전까지 반환(사용횟수 복구)할 수 있다. 단, 열차 출발시각 이후라도 철도공사의 책임 또는 천재지변으로 좌석지정권 등을 이용하지 못했을 경우에는 역에서 사용횟수를 복구할 수 있다.

(해설) 자유약관 제8조(환불 및 변경)
① 자유여행패스는 변경할 수 없습니다. 〈개정 2024.7.18.〉
② 자유여행패스는 이용종료일 이전까지만 다음 각 호에 따라 환불을 청구할 수 있습니다. 다만, 반환가능한 좌석지정권 등이 있는 경우에는 좌석지정권 등을 먼저 반환한 후 자유여행패스를 환불할 수 있습니다. 〈개정 2024.7.18.〉
　1. 좌석지정권 등이 없어도 이용할 수 있는 자유여행패스

가. 패스 구매 후 10분 이내: 전액환불
나. 이용시작일 전일까지: 최저위약금을 공제하고 환불
다. 이용시작일 이후: 환불불가, 다만, 철도공사의 책임 또는 천재지변으로 열차 운행이 전면 중지된 경우 유효기간 내 자유여행패스를 이용하지 못한 일 수만큼 이용기간을 연장
2. 좌석지정권 등이 있어야 이용할 수 있는 자유여행패스
가. 패스 구매 후 30분 이내: 전액환불
나. 이용시작일 전일까지: 최저위약금을 공제하고 환불
다. 이용시작일 이후부터 좌석지정권 등의 열차출발시각 전까지: 영수금액의 5%를 공제하고 환불
라. 좌석지정권 등의 열차출발시각 이후: 환불불가
마. 철도공사의 책임 또는 천재지변으로 열차 운행이 중지되어 좌석지정권 등을 이용하지 못했을 경우: 이용시작일부터 1년 이내 환불을 청구할 수 있으며 기사용 좌석지정권 등의 기준운임을 공제하고 환불
③ 좌석지정권 등은 이용할 열차의 출발시각 전까지 반환(사용횟수 복구)할 수 있습니다. 단, 열차 출발시각 이후라도 철도공사의 책임 또는 천재지변으로 좌석지정권 등을 이용하지 못했을 경우에는 역에서 사용횟수를 복구할 수 있습니다. 〈개정 2024.7.18.〉
④ 자유여행패스로 여행시, 도중 여행중지, 열차 지연이나 운행 중지에 대하여 철도공사는 책임지지 않습니다.

정답 ②

26

좌석지정권 등이 있어야 이용할 수 있는 자유여행패스의 환불에 관한 설명으로 틀린 것은?

① 패스 구매 후 30분 이내: 전액환불
② 좌석지정권 등의 열차출발시각 이후: 환불불가
③ 이용시작일 전일까지: 전액환불
④ 이용시작일 이후부터 좌석지정권 등의 열차출발시각 전까지: 영수금액의 5%를 공제하고 환불

해설 자유약관 제8조(환불 및 변경)

정답 ③

27

자유여행패스 바우처에 관한 설명으로 틀린 것은?

① 자유여행패스 바우처는 권면 금액에 대한 환불청구를 할 수 없으며, 자유여행패스로만 교환할 수 있다.
② 자유여행패스 바우처로 교환된 자유여행패스는 사후 변경이나 취소를 할 수 없다.
③ 철도공사는 모든 고객에게 자유여행패스 바우처를 판매하며, 부정유통 및 사용에 따라 발생한 손해에 대해서는 책임지지 않는다.
④ 자유여행패스 바우처는 권면에 기재된 유효기간 내에 자유여행패스로 교환할 수 있다. 다만, 훼손, 분실 등 유효한 바우처로 인정할 수 없는 경우, 자유여행패스로 교환하지 않는다.

해설 자유약관 제10조(자유여행패스 바우처)

① 자유여행패스 바우처(이하 '바우처'라 합니다)는 권면에 기재된 유효기간 내에 자유여행패스로 교환할 수 있습니다. 다만, 훼손, 분실 등 유효한 바우처로 인정할 수 없는 경우, 자유여행패스로 교환하지 않습니다.
② 철도공사는 계약을 체결한 구매자에게만 바우처를 판매하며, 부정유통 및 사용에 따라 발생한 손해에 대해서는 책임지지 않습니다.
③ 바우처는 권면 금액에 대한 환불청구를 할 수 없으며, 자유여행패스로만 교환할 수 있습니다. 〈개정 2024.7.18.〉
④ 바우처로 교환된 자유여행패스는 사후 변경이나 취소를 할 수 없습니다.　　**정답** ③

28　　18년 2회

광역철도 여객운송약관에 정한 용어의 설명으로 틀린 것은?

① 환승이란 광역전철, 도시철도 및 버스 간 서로 갈아타는 것을 말한다.
② 수도권 내 구간이란 「수도권정비계획법」 제2조에 정한 서울특별시, 인천광역시, 경기도에 있는 광역철도 및 도시철도구간을 말한다.
③ 1회용승차권이란 여객이 연락 또는 연계운송하는 구간을 1회 이용할 수 있는 승차권을 말하며 카드형 1회권과 토큰형 1회권으로 구분한다.
④ 연락운송이란 운임체계가 다른 전철기관 간에 해당운임을 배분하는 것을 전제로 각각의 운임을 합산 적용한 후, 서로 연속하여 여객을 운송하는 것을 말한다.

해설 광역약관 제3조(정의)
3. "연락운송"이란 「도시철도법」 제34조에 따라 광역철도구간과 도시철도구간을 서로 연속하여 여객을 운송하는 것을 말합니다.
4. "연계운송"이란 운임체계가 다른 전철기관 간에 해당운임을 배분하는 것을 전제로 각각의 운임을 합산하여 적용한 후, 서로 연속하여 여객을 운송하는 것을 말합니다.　　**정답** ④

29　　22년 2회·20년 2회·16년 1회 수정

광역철도 여객운송약관에 정한 용어의 설명 중 틀린 것은?

① "경계역"이란 수도권 내·외 구간의 경계가 되는 평택역과 가평역을 말한다.
② "환승"이란 광역전철, 도시철도 및 버스 간 서로 갈아타는 것을 말한다.
③ "카드형 1회권"이란 이용 후 보증금을 환급받는 형태로 운영하는 공용 카드를 말하며, 일반·청소년·어린이·우대용으로 구분한다.
④ "여행시작"이란 여객이 여행을 시작하는 역에서 역무자동화기기 또는 직원에게 승차권 확인을 받았을 때를 말한다.

해설 광역약관 제3조(정의)
카드형 1회권: 이용 후 보증금을 환급받는 형태로 운영하는 공용 카드를 말하며, <u>일반·어린이·우대용으로 구분합니다.</u>　　**정답** ③

광역전철 승차권의 발매에 대한 설명으로 가장 거리가 먼 것은?

① 단체운송을 청구한 여객이 10명 이상일 경우에만 단체권을 발매할 수 있다.

② 1회권은 발매일과 상관없이 이용할 수 있으며 우대용은 발매일에 발매한 역에서만 승차할 수 있다.

③ 정기권카드는 여객의 비용으로 구매하여야 하며, 이용기간이 만료되면 해당 정기권에 운임을 반복적으로 충전하여 사용할 수 있다.

④ 정기권은 여객이 일정기간 동안 광역철도 및 도시철도 구간을 이용하고자 하는 경우에 정기권 카드에 유효기간과 사용횟수를 입력하여 발매한다.

(해설) 광역약관 제3조(정의)

"단체승차권"은 20명 이상의 여객이 같은 구간과 경로를 동시에 여행하기 위하여 책임이 있는 사람이 인솔하는 조건으로 그 단체의 대표자가 단체운송을 신청한 경우 단체권을 구입하여 이용할 수 있다.   정답 ①

광역전철 승차권의 발매에 대한 설명으로 가장 거리가 먼 것은?

① 동해선 구간에서는 동해선 단체권만 이용할 수 있다.

② 우대용은 발매일에 승차할 수 있으며 별도로 승차역은 지정하지 않는다.

③ 20명 이상의 여객이 같은 구간과 경로를 동시에 여행할 때 단체권을 구입할 수 있다.

④ 카드형 1회권을 이용할 때에는 해당 구간의 운임과 보증금을 합산하여 지급하여야 하고, 무임 대상자는 우대용 1회권 이용 시 보증금을 지급하지 않는다.

(해설) 광역약관 제11조(1회권의 이용)

① 1회권은 발매일과 상관없이 이용할 수 있습니다. 다만, 우대용은 발매일에 발매한 역에서만 승차할 수 있습니다.

② 여객이 광역철도 및 광역철도구간과 연락운송 또는 연계운송하는 구간 내를 1회 승차할 때에 이용할 수 있습니다. 다만, 동해선 1회권은 동해선 구간에서만 이용할 수 있습니다.

③ 카드형 1회권을 이용할 때에는 해당 구간의 운임과 별표 1에 정한 보증금을 합산하여 지급하여야 하고, 제10조 제6항의 무임대상도 우대용 1회권 이용 시 보증금을 지급하여야 합니다.   정답 ②, ④

32

광역철도 여객운송약관에서 규정하고 있는 여객의 구분으로 맞지 않는 것은?

① 유아: 만 6세 미만의 사람
② 어른: 만 13세 이상 만 65세 미만의 사람
③ 노인: 「노인복지법」의 적용을 받는 만 65세 이상의 사람
④ 청소년: 「청소년복지 지원법」에 따라 운임이 감면되는 만 13세 이상 만 20세 미만의 사람과 「초·중등교육법」의 적용을 받는 학교에 재학 중인 만 20세 이상 만 25세 미만의 사람

(해설) 광역약관 제7조(여객의 구분)
① 여객은 다음과 같이 구분합니다.
  1. 유아: 만 6세 미만의 사람
  2. 어린이: 만 6세 이상 만 13세 미만의 사람. 다만, 만 13세 이상의 초등학생은 어린이로 봅니다.
  3. 청소년: 「청소년복지 지원법」에 따라 운임이 감면되는 만 13세 이상 만 19세 미만의 사람과 「초·중등교육법」의 적용을 받는 학교에 재학 중인 만 19세 이상 만 25세 미만의 사람
  4. 어른: 만 13세 이상 만 65세 미만의 사람
  5. 노인: 「노인복지법」의 적용을 받는 만 65세 이상의 사람
  6. 장애인: 「장애인복지법」의 적용을 받는 사람

정답 ④

33

광역철도 여객운송약관에서 정의한 운임을 받거나 환불할 때 발생하는 단수처리의 내용으로 틀린 것은?

① 교통카드는 5원 미만은 버리고, 5원 이상은 10원으로 한다.
② 정기권은 50원 미만은 버리고, 51원 이상은 100원으로 한다.
③ 1회권은 30원 미만은 버리고, 30원 이상 70원 미만은 50원으로 하며, 70원 이상은 100원으로 한다.
④ 단체권은 30원 미만은 버리고, 30원 이상 70원 미만은 50원으로 하며, 70원 이상은 100원으로 한다.

(해설) 광역약관 제8조(운임의 거리계산 및 단수처리)
④ 운임을 받거나 환불할 경우에 발생하는 단수는 다음과 같이 처리합니다.
  1. 1회권 및 단체권은 30원 미만은 버리고, 30원 이상 70원 미만은 50원으로 하며, 70원 이상은 100원으로 합니다.
  2. 교통카드는 5원 미만은 버리고, 5원 이상은 10원으로 합니다.
  3. 정기권은 50원 미만은 버리고, 50원 이상은 100원으로 합니다.

정답 ②

다음은 광역철도 여객운임을 계산할 때 거리에 대한 내용이다. (   ) 안에 들어갈 내용은?

> 광역철도의 여객운임을 계산할 때 거리산정은, 기본운임은 10km까지이고 추가운임은 10km 초과
> (㉠)km까지는 (㉡)km 마다, (㉠)km를 초과하는 구간은 (㉢)km 마다 추가운임을 가산한다.

① ㉠ 20, ㉡ 5, ㉢ 5

② ㉠ 20, ㉡ 5, ㉢ 8

③ ㉠ 50, ㉡ 5, ㉢ 5

④ ㉠ 50, ㉡ 5, ㉢ 8

해설 **광역약관 제9조(운임의 계산)**
① 수도권 내 구간만을 이용하거나, 수도권 외 구간만을 이용하는 경우의 운임은 이용거리를 기준으로 다음과 같이 계산한 금액을 합산하여 단수 처리한 금엑으로 합니다.
1. 기본운임: 10km까지는 별표 1에 정한 기본운임
2. 추가운임: 10km 초과 <u>50km까지는 5km 마다, 50km를 초과하는 구간은 8km 마다</u>
   (다만, 동해선의 경우 10km 초과 시) 별표 1에 정한 추가운임을 가산

정답 ④

광역전철 단체승차권에 대한 설명으로 틀린 것은?

① 20명당 1명을 인솔자로 하여 무임으로 한다.

② 수도권 내·외 구간은 여객 구분별 교통카드 운임을 기준으로 20퍼센트 할인한 운임에 해당 인원수를 곱한 후 단수처리한 금액이다.

③ 할인율을 적용하여 산출된 1명의 운임이 교통카드 기본운임보다 낮을 때에는 기본운임을 적용한다.

④ 동해선 구간은 여객 구분별 교통카드 운임을 기준으로 20퍼센트 할인한 운임에 해당 인원수를 곱한 후 단수처리한 금액이다.

해설 **광역약관 제10조(여객운임)**
④ 단체운임은 20명당 1명을 인솔지로 하여 무임으로 하고, 운행구간에 따라 다음과 같이 계산합니다.
   1. 수도권 내·외 구간: 여객 구분별 교통카드 운임을 기준으로 20퍼센트 할인한 운임에 해당 인원수를 곱한 후 단수처리한 금액(다만, 할인율을 적용하여 산출된 1명의 운임이 교통카드 기본운임보다 낮을 때에는 기본운임을 적용)
   2. 동해선 구간: 여객 구분별 교통카드 운임을 기준으로 10퍼센트 할인한 운임에 해당 인원수를 곱한 후 단수처리한 금액

정답 ④

광역철도 여객운송약관에 정한 할인 또는 무임승차권을 사용하는 여객이 직원의 요구가 있을 경우 제시하여야 하는 신분증명서로 틀린 것은?

① 유공자: 운전면허증 등 신분을 확인할 수 있는 공인된 증명서

② 장애인: 장애인복지카드

③ 청소년용 교통카드: 청소년증, 학생증 등 나이를 확인할 수 있는 신분증명서

④ 노인: 주민등록증, 재외국민주민등록증, 운전면허증

(해설) 광역약관 제18조(신분증명서의 제시)

할인 또는 우대용승차권 등을 사용하는 여객은 직원의 요구가 있을 경우 다음의 신분증명서를 제시하여야 합니다.
1. 청소년용 1회권 및 청소년용 교통카드: 청소년증, 학생증 등 나이를 확인할 수 있는 신분증명서
2. 우대용 1회권 및 우대용 교통카드
   가. 노인: 주민등록증, 재외국민주민등록증, 운전면허증
   나. 유공자: 국가보훈등록증, 국가유공자증, 독립유공자증, 5·18민주유공자증, 보훈보상대상자증, 국가보훈대상
         자등록증
   다. 장애인: 장애인복지카드
   라. 그 밖에 신분을 확인할 수 있는 공인된 증명서　　　　　　　　　　　　　　　　**정답** ①

광역철도 여객운송약관에 정한 승차권의 유효성에 대한 설명으로 가장 거리가 먼 것은?

① 우대용 1회권: 발매 당일

② 선급카드: 카드 내 남은 금액이 소진될 때까지

③ 정기권: 사용시작일부터 1개월 이내에 편도 40회까지

④ 단체권: 승차권의 발매일부터 열차 승차일까지

(해설) 광역약관 제15조(승차권의 유효성)

① 승차권의 이용기간은 다음과 같습니다.
   1. 1회권: 운임 변경 전까지
   2. 교통카드: 가. 선급카드: 카드 충전금액이 소진될 때까지
              나. 후급카드: 카드 유효기간까지
   3. 우대용 1회권: 발급 당일
   4. 정기권: 충전할 때 정한 사용시작일부터 30일 이내에 편도 60회까지
   5. 단체권: 승차권의 발매일부터 열차 승차일까지
② 제1항 각 호의 승차권은 개표 후 5시간까지 이용할 수 있습니다. 다만, 동해선의 경우 개표 후 3시간까지 이용할 수 있습니다.　　　　　　　　　　　　　　　　**정답** ③

38

광역철도 여객운송약관에 정한 여객운임 및 승차권의 사용조건에 대한 설명으로 맞는 것은?

① 1회권은 발매부터 집표할 때까지 5시간 이내를 통용기간으로 한다.

② 오전 06:30분까지 개표하는 모든 고객은 기본운임의 20%를 할인 받을 수 있다.

③ 어린이카드는 생년월일 등을 등록하지 않은 경우에는 최초 사용 후 10일이 지나면 어른운임을 받는다.

④ 단체운임은 여객 구분별 교통카드 운임을 기준으로 30% 할인한 운임에 해당 인원수를 곱한 후 단수처리한 금액이다. (교통카드 기본운임보다 낮을 때에는 기본운임을 적용)

(해설) 광역약관 제10조~제15조

제9조(운임의 계산) ⑦ 선·후급 교통카드를 이용하여 영업시작부터 당일 06:30까지 승차하는 경우 기본운임의 20퍼센트를 할인히여 단수치리한 금액으로 합니다. 다만, 다른 교통수단을 먼저 이용하고 환승 승차하는 경우 및 동해선 구간은 제외합니다.

제10조(여객운임) ①여객운임은 제9조에 따라 산출한 편도운임으로 하고, 여객구분에 따라 별표 1의 운임을 적용합니다.

④ 단체운임은 20명당 1명을 인솔자로 하여 무임으로 하고, 운행구간에 따라 다음과 같이 계산합니다.

   1. 수도권 내·외 구간: 여객 구분별 교통카드 운임을 기준으로 20퍼센트 할인한 운임에 해당 인원수를 곱한 후 단수처리한 금액(다만, 할인율을 적용하여 산출된 1명의 운임이 교통카드 기본운임보다 낮을 때에는 기본운임을 적용)

   2. 동해선 구간: 여객 구분별 교통카드 운임을 기준으로 10퍼센트 할인한 운임에 해당 인원수를 곱한 후 단수처리한 금액

제14조(승차권의 사용조건) ③ 청소년 또는 어린이가 청소년카드 또는 어린이카드를 사용하기 위해서는 당사자 또는 보호자가 직접 카드발급사에 생년월일 등을 등록을 하여야 하며, 등록하지 않은 경우에는 최초 사용 후 10일이 지나면 어른운임을 받습니다.

정답 ③

39

광역전철 및 도시철도구간을 이용하는 여객이 소지한 승차권을 무효로 하는 경우로 틀린 것은?

① 어린이가 청소년 카드를 사용하였을 때

② 이용기간이 지난 승차권을 사용하였을 때

③ 승차권의 원형 및 표시사항을 고의로 훼손 또는 변조하였을 때

④ 무임대상이 아닌 사람이 우대용 1회권 또는 우대용 교통카드를 사용하였을 때

(해설) 광역약관 제19조(승차권의 무효)

① 여객이 소지한 승차권이 다음 각 호의 어느 하나에 해당할 때에는 무효로 한다.

   1. 무임대상이 아닌 사람이 우대용 1회권 또는 우대용 교통카드를 사용하였을 때

   2. 어른이 청소년용·어린이용·우대용 1회권, 우대용 교통카드, 청소년카드 및 어린이카드를 사용하였을 때

   3. 청소년이 어린이용 및 우대용 1회권, 우대용 교통카드, 어린이카드를 사용하였을 때

   4. 승차권의 원형 및 표시사항을 고의로 훼손 또는 변조하였을 때

   5. 이용기간이 지난 승차권을 사용하였을 때

   6. 제18조에 정한 신분증명서를 제시하지 않을 때

   7. 그 밖에 할인승차권을 사용할 자격이 없는 사람이 사용하거나 부정승차의 수단으로 사용하였을 때

정답 ①

제4장 여객업무편람

1. 승차권류의 종류

승차권은 운송계약체결의 증표로 발행 매체 및 형태에 따라 다음과 같이 구분한다.

(1) 종이승차권

열차정보 등 운송에 필요한 사항을 열차승차권 전용용지(특수 감열지)에 인쇄한 승차권

⇨ 역 승차권단말기(WTIM)에서 발행

(2) 자기정보승차권(자성승차권)

앞면에는 운송계약에 관한 사항 및 열차정보 등 운송에 필요한 사항을 인쇄하고 뒷면에는 자기정보(MS: Magnetic Stripe)에 이를 기록한 승차권

⇨ 자동발매기(ATM), 승차권판매대리점 승차권 단말기(WTIM)에서 발행

(3) 모바일티켓(Mobile Ticket)

인터넷 통신과 컴퓨터 지원기능을 갖춘 스마트폰, 태블릿 PC 등으로 철도공사에서 제공 또는 승인한 전용 프로그램(Application)에 열차정보 등 운송에 필요한 사항을 전송받은 승차권

⇨ 모바일 어플리케이션(코레일톡)에서 발행

(4) 홈티켓(Home Ticket)

인터넷 등의 통신매체를 이용하여 철도공사의 홈페이지에 접속한 후 운송계약에 관한 사항 및 열차정보 등 운송에 필요한 사항을 컴퓨터로 연결된 인쇄장치로 출력한 승차권

⇨ 레츠코레일 홈페이지에서 발행

2. 승차권 예약

(1) 승차권 예약의 정의

① 인터넷, 모바일, 전화 등의 통신매체를 이용하여 여객이 미리 승차하고자 하는 열차의 승차권 구입을 신청하는 것

② 예약한 승차권은 예약과 동시에 결제·발권 받아야 하며 결제·발권을 받지 않는 경우 예약사항을 취소

(2) 승차권 예약접수 기한

① 출발 1개월 전 07:00부터 출발 20분 전까지 승차권의 예약을 접수받는다.
(승차일자가 설·추석수송기간 중에 해당하는 승차권은 제외)

② 스마트폰에서는 출발시각 전까지 승차권 구입(발권)이 가능

(3) 예약매수 및 누적 예약횟수

① 1회 예약매수는 9매까지이며, 예약매수는 여객사업본부장이 별도로 정할 수 있다. 이미 예약한 승차권과 중복되는 시간대의 승차권을 추가로 예약하려고 하는 경우에는 안내 메시지를 제공한다.

② 1회당 9매, 최대 20회까지 예약 가능하다(단, 최대 90매 限). 예약대기 신청자에게 좌석을 배정한 경우는 예약매수에 포함되며, 결제한 승차권은 누적 예약횟수에 포함하지 않는다.

(4) 결제기한

① 승차권은 예약과 동시에 결제·발권을 하여야 한다.

② 결제를 하지 않은 예약 접수 승차권의 경우 ➩ 예약일자와 출발시각을 기준으로 다음 표에 정한 기간(Deadline)까지 결제하거나 구입하지 않으면 예약사항을 취소한다.

〈승차권 결제기한〉

매체	예약접수 기한	예약건의 결제기한
홈페이지 예약	출발 1개월 ~ 20분 전까지	예약 후 20분 이내
스마트폰 예약	출발 1개월 ~ 출발시각 전까지	예약 후 20분 이내
예약대기	열차출발 2일 전까지	좌석배정 당일 24시까지
회원 전화예약	출발 1개월 ~ 20분 전까지	예약 후 20분 이내
장바구니	출발 1개월 ~ 20분 전까지	예약 후 20분 이내

* 열차출발이 임박한 20분 전부터는 결제기한이 5분으로 단축되며, 출발시간이 지나도 결제를 하지 않으면 자동 취소된다.

3. 예약대기

(1) 예약대기 접수기간

좌석이 매진된 열차에 대하여는 인터넷으로 출발 2일 전까지 예약대기 접수

(2) 예약대기자의 좌석 배정

① 예약대기를 접수받은 경우 승차권결제기한이 경과하여 취소된 좌석이나 예약변경으로 복구된 좌석을 예약대기 신청자에게 우선 배정

② 복구된 좌석이 예약대기 신청 내용과 맞지 않는 경우 다음 예약대기 신청자에게 순차 배정

(3) 예약대기자 결제기한
① 예약대기 신청자에게 좌석을 배정한 경우 좌석을 배정한 당일 24:00까지 승차권결제기한을 적용
② 승차권결제기한까지 결제하지 않는 경우 구입할 의사가 없는 것으로 보아 배정한 좌석을 취소

4. 예약취소 및 위약금

예약한(결제완료) 승차권을 발권 받기 전에 취소하거나 출발역 출발시각까지 발권 받지 않는 경우 예약을 취소하고 예약한 승차권 1매당 결제금액을 기준으로 운송약관 제14조에 의하여 다음 표와 같이 위약금을 부과

(1) 일반승차권

구 분	출발 전			출발 후		
	1개월 ~ 출발 1일 전	당일 ~ 출발 3시간 전	3시간 전 ~ 출발시간 전	20분까지	20 ~ 60분	60분 ~ 도착
월~목요일	무료		5%	15% (자동취소)	40%	70%
금~일요일 공휴일	400원	5%	10%			

(2) 단체승차권(특별관리단체 제외)

구 분	2일 전까지	1일 전~ 출발시각까지	출발 후		
			20분 이내	60분 이내	도착시각 이전
인터넷, 역	400원 (인원수)	10%	15% (자동취소)	40%	70%

5. 모바일 티켓

(1) 모바일티켓이란?
① 정의

인터넷 통신과 컴퓨터 지원 기능을 갖춘 스마트폰, 태블릿 PC 등으로 코레일에서 제공 또는 승인한 전용 프로그램인 어플리케이션(코레일톡)에 열차정보 등 운송에 필요한 사항을 전송받은 전자 승차권
② 모바일티켓의 기재사항(운송정보)

승차일자, 승차구간, 출발시각 및 도착시각, 열차종류 및 열차편명, 좌석등급 및 좌석번호, 운임·요금 영수액, 승차권 발행일

③ 모바일티켓의 기능
  ㉮ 캡쳐방지 기능(안드로이드)
  ㉯ 정당승차권 동적 이미지 흐름
  ㉰ QR코드(운임·요금)
  ㉱ 승차권 정보 일정공유, 전달하기 기능
  ㉲ 열차정보(타는곳 번호: 15분 전 표출)
  ㉳ 부가정보 및 서비스: 제휴상품 판매, 날씨정보, 광명역 리무진, 카카오택시 링크

(2) 모바일티켓의 유효성

① 유효기간
  ㉮ 모바일티켓의 유효기간: 일반 승차권과 동일하게 모바일티켓에 인쇄된 도착역 도착시각
  ㉯ 발권 받은 승차권의 인터넷 및 스마트폰을 이용한 반환은 출발시각 선까지 가능

② 사용제한
  ㉮ 모바일티켓은 전용프로그램(어플)을 통해 발권 받은 본인에 한하여 사용 가능
  ㉯ 캡쳐, 사진촬영한 승차권을 이용하다 적발이 된 경우 운송약관 제12조에 정한 부가운
    임(정당한 승차권 미소지: 0.5배)을 받는다.

(3) 모바일티켓의 재발매

① 모바일티켓의 재발매는 역 창구에 한하여 가능(승차권판매대리점 제외)
② 스마트폰 등 모바일기기를 분실(또는 교체)하거나 열차출발시각 전 승차권 구입자로 확인된
  경우는 철도 고객센터 또는 여객상황부에 문의하여 스마트폰을 초기화 가능(변경된 휴대폰
  에서 승차권 확인 가능)
③ 모바일티켓으로 발권하였으나, 전산 오류 또는 개인의 기기 환경 등으로 인해 '승차권확인'
  메뉴에서 발권된 승차권이 확인이 안 되는 경우 역에서 재발행을 받아야 한다.

기출예상문제

01

승차권 예약대기에 관한 사항으로 틀린 것은?

① 좌석이 매진된 열차에 대하여는 인터넷으로 출발 3일 전까지 예약대기를 접수받는다.

② 예약대기를 접수받은 경우 승차권결제기한이 경과하여 취소된 좌석이나 예약변경으로 복구된 좌석을 예약대기 신청자에게 우선 배정한다.

③ 다만, 복구된 좌석이 예약대기 신청 내용과 맞지 않는 경우 다음 예약대기 신청자에게 순차 배정한다.

④ 예약대기 신청자에게 좌석을 배정한 경우 좌석을 배정한 당일 24:00까지 승차권결제기한을 적용하며 승차권결제기한까지 결제하지 않는 경우 구입할 의사가 없는 것으로 보아 배정한 좌석을 취소한다.

(해설) 여객편람 5. 예약대기

가. 좌석이 매진된 열차에 대하여는 인터넷으로 출발 2일전까지 예약대기를 접수받는다.

나. 예약대기를 접수받은 경우 승차권결제기한이 경과하여 취소된 좌석이나 예약변경으로 복구된 좌석을 예약대기 신청자에게 우선 배정한다. 다만, 복구된 좌석이 예약대기 신청 내용과 맞지 않는 경우 다음 예약대기 신청자에게 순차 배정한다.

다. 예약대기 신청자에게 좌석을 배정한 경우 좌석을 배정한 당일 24:00까지 승차권결제기한을 적용하며 승차권결제기한까지 결제하지 않는 경우 구입할 의사가 없는 것으로 보아 배정한 좌석을 취소한다. **정답** ①

02

KTX 및 일반열차의 할인에 대한 설명으로 틀린 것은?

① KTX열차의 1개월용 일반인 정기승차권 할인율은 입석운임에서 50%를 할인한 금액으로 계산한다.

② 국가유공자는 모든 열차를 6회까지 무임으로 이용할 수 있으며 초과 시부터 50%를 할인하여 준다.

③ 입석승차권은 KTX, 일반열차 모두 일반실 좌석운임의 15%를 할인한다.

④ KTX 및 새마을호의 자유석 승차권 운임은 일반실 좌석운임의 5%를 할인한다.

(해설) 여객편람 종합

KTX열차의 정기승차권 할인율은 자유석운임에서 할인 금액을 계산한다. **정답** ①

KTX승차권 구매에 관한 설명으로 맞는 것은?

① 출발시각 이후에 어플(코레일톡)에서 환불신청이 가능하다.
② 결제금액이 5만 원 이상이면 신용카드 할부결제가 가능하다.
③ 어플(코레일톡) 승차권 구매는 열차출발 3분전까지 가능하다.
④ 출발 1개월전 07:00부터 출발 10분전까지 승차권을 예약할 수 있다.

(해설) 여객편람 참조 정답 ②

모바일티켓에 대한 설명으로 틀린 것은?

① 스마트폰 어플 코레일톡에서 승차권을 구매한 후 발권한 승차권이다.
② 캡처한 모바일티켓은 유효하지 않은 승차권으로 부정승차로 간주되어 부가운임을 징수한다.
③ 모바일티켓을 분실한 경우 사용 기간 중 1회에 한하여 스마트폰 어플 코레일톡에서 재발행을 청구할 수 있다.
④ 통근열차승차권, 단체승차권, 각종 할인증·무임증을 제출해야 하는 승차권을 제외한 좌석을 지정하는 모든 열차의 승차권을 모바일티켓으로 발권할 수 있다.

(해설) 여객편람 6. 모바일티켓의 재발매
가. 모바일티켓의 재발매는 역 창구에 한하여 가능(승차권판매대리점 제외)
나. 스마트폰 등 모바일기기를 분실(또는 교체) 하거나 열차출발시각 전 승차권 구입자로 확인된 경우는 철도고객센터 또는 여객상황부에 문의하여 스마트폰을 초기화 받을 수 있다. (변경된 휴대폰에서 승차권 확인 가능)
다. 모바일티켓으로 발권하였으나, 전산 오류 또는 개인의 기기 환경 등으로 인해 '승차권확인' 메뉴에서 발권된 승차권이 확인이 안되는 경우 역에서 재발행을 받아야 한다. *(단말기 취급) 발매－재발매－215. 훼손재발매
정답 ③

철도공사와 정부기관, 지방자치단체, 기업체 등과의 계약에 의하여 운임·요금 및 위약금 등을 따로 정산하는 결제방식을 무엇이라고 하는가?

① 신용결제　　　② 후급결제　　　③ 혼용결제　　　④ 포인트결제

(해설) 여객편람 제15장 결제수단 정답 ②

모바일 티켓으로 발행할 수 있는 승차권은?

① 통근열차승차권   ② 단체승차권
③ 할인증을 제출해야 하는 승차권   ④ 정기승차권
⑤ 유공자승차권

(해설) 여객편람 Ⅵ. 모바일티켓 구매 및 취급방법
통근열차승차권, 단체승차권, 각종 할인증·무임증을 제출해야 하는 승차권을 제외한 좌석을 지정하는 모든 열차의
승차권을 모바일티켓으로 발권할 수 있다.   정답 ④

승차권 결제·환불에 대한 설명으로 틀린 것은?

① 전화환불 신청은 역 창구 위약금 기준이 적용된다.
② 열차 출발시각 이후에는 역 창구에서 환불하여야 한다.
③ 결제금액이 3만 원 이상이면 신용카드 할부 결제가 가능하다.
④ 승차권에 표기된 출발시각 이전까지 홈페이지(홈티켓, SMS티켓, 스마트폰승차권)에서 환불할
   수 있다.

(해설) 여객편람 결제금액 5만 원 이상이면 할부 결제 가능   정답 ③

**승차권의 운임·요금을 환불할 때, 철도공사가 현금으로 환불하지 않는 경우의 승차권이 아닌
것은?**

① 혼용결제 승차권   ② 신용결제 승차권
③ 후급결제 승차권   ④ 포인트결제 승차권

(해설) 여객편람 환불
가. 신용결제한 승차권의 환불금액은 신용카드 계좌로 입금된다.
나. 마일리지(포인트)로 결제한 승차권의 반환금액은 마일리지(포인트)로 재적립된다.
다. 후급으로 결제한 승차권의 반환금액은 해당 기관에 청구하지 않는다.
라. 기념카드·교환권(운임할인권은 제외)으로 교환받은 승차권의 반환금액은 승차권에 표시된 승차구간의 기준운
   임을 기준으로 계산한 금액을 반환한다.
마. 유공자 무임승차권은 차감한 사용횟수를 복구한다.   정답 ①

승차권 반환시 현금으로 환불하지 않고 결재내역을 취소하는 경우가 아닌 것은?

① 현금결제 승차권   ② 포인트결제 승차권
③ 마일리지로 결제한 승차권   ④ 신용카드로 결제한 승차권

(해설) 여객편람 환불 참조   정답 ①

무궁화호 열차 단체승차권 구입에 대한 설명으로 틀린 것은?

① 최저운임구간을 여행하는 경우 단체할인을 받을 수 없다.
② 단체할인 승차권은 예약과 동시에 결제를 완료하여야 한다.
③ 10명 이상이 동일한 여행조건으로 함께 여행하면 단체할인을 받을 수 있다.
④ 노인 10명이 단체로 여행하는 경우 경로할인과 단체할인을 중복하여 받을 수 있다.

(해설) 여객편람 운임요금계산

7. 단체승차권 운임·요금
  가. 10명 이상이 함께 여행하는 경우에 발행하는 단체승차권의 운임·요금은 단체구성 인원수에 대한 운임·요금을 합산한 금액을 받는다.
  나. 어른에게는 운임의 10%를 할인하며, 특실요금은 할인하지 않는다.
    • 최저운임 이하로 할인하지 않는다.
    • 공공할인 대상자에 대하여는 추가로 단체할인을 적용하지 않는다.
    • 영업할인과 중복하여 할인하지 않는다.   정답 ④

승차권의 예약, 결제, 취소에 대한 설명으로 틀린 것은?

① 승차권 예약 발권은 출발 1개월 전 07:00부터 출발 10분 전까지 접수한다.
② 열차출발 2일 전까지 예약대기 고객은 예약배정 당일 24:00까지 결제하여야 한다.
③ 예약한 승차권은 간이역, 무임승차권은 승차권판매대리점에서 발권하지 아니한다.
④ 승차권을 예약한 사람이 출발시각 이전까지 예약한 승차권을 발권 받지 않는 경우 승차권 1매당 취소 위약금은 결제금액의 15%이다.

(해설) 여객편람 승차권예약 참조   정답 ①

12

승차권에 표시된 운송조건과 동일하게 열차를 이용하거나 승차권을 역(간이역 제외)에 제출하고 운임·요금의 환불을 청구할 수 있는 사람이 아닌 것은?

① 정기승차권은 승차권을 소지한 사람
② 자가인쇄승차권은 승차권에 승차하는 사람으로 표시된 사람
③ 법령에서 운임을 할인하도록 규정하고 있는 경우에는 법령에서 규정하고 있는 사람
④ 철도공사와 정부기관, 지방자치단체, 기업체 등과의 계약에 의하여 운임을 할인하거나 후급으로 결제하는 경우에는 계약에서 정하고 있는 사람

(해설) 여객편람 운임요금 환불 * 정기승차권은 기명식 승차권임   정답 ①

13

승차권 예약 및 결제기한에 관한 설명으로 가장 거리가 먼 것은?

① 스마트폰 코레일톡 예약은 열차출발 5분 전까지 가능하다.
② 출발 1개월 전 07:00부터 출발 20분 전까지 승차권예약을 접수한다.
③ 홈페이지 예약 승차권은 예약 후 20분 이내 결제하여야 한다.
④ 예약대기 신청자는 좌석을 배정 받은 후 배정당일 24시까지 결제하여야 한다.

(해설) 여객편람 II. 승차권 예약

승차권 예약이란 인터넷, 모바일, 전화 등의 통신매체를 이용하여 여객이 미리 승차하고자 하는 열차의 승차권 구입을 신청하는 것으로 예약한 승차권은 예약과 동시에 결제·발권 받아야 하며 결제·발권을 받지 않는 경우 예약사항을 취소한다.
1. 승차권 예약접수 기한: 출발 1개월 전 07:00부터 출발 20분 전까지 승차권의 예약을 접수받는다. (승차일자가 설·추석수송기간 중에 해당하는 승차권은 제외) 단, 스마트폰에서는 출발시각 전까지 승차권 구입(발권)이 가능하다.
4. 결제 기한: 결제하거나 구입하지 않으면 예약사항을 취소한다

〈승차권 결제기한〉

매체	예약접수 기한	예약건의 결제기한
홈페이지 예약	출발 1개월 ~ 20분 전까지	예약 후 20분 이내
스마트폰 예약	출발 1개월 ~ 출발시각 전까지	예약 후 20분 이내
예약대기	열차 출발 2일 전까지	좌석배정 당일 24시까지
회원 전화예약	출발 1개월 ~ 20분 전까지	예약 후 20분 이내
장바구니	출발 1개월 ~ 20분 전까지	예약 후 20분 이내

정답 ①

14

다음 보기의 승차권 종류 중에서 자가발권승차권으로 짝지어진 것은?

> ㉠ 스마트폰승차권   ㉡ 자성승차권   ㉢ 휴대폰문자승차권
> ㉣ 바코드승차권   ㉤ 자가인쇄승차권   ㉥ 공동승차권
> ㉦ 대용승차권

① ㉠, ㉢, ㉤   ② ㉠, ㉡, ㉤

③ ㉡, ㉢, ㉤   ④ ㉡, ㉥, ㉦

(해설) 여객편람 및 광역약관 제3조(정의) 참조   정답 ①

15

승차권 앞면에는 운송계약에 관한 사항 및 열차정보 등 운송에 필요한 사항을 인쇄하고 뒷면에는 **자기정보**(MS: Magnetic stripe)에 이를 기록한 승차권을 무엇이라 하는가?

① 자성승차권   ② 바코드 승차권

③ 스마트폰승차권   ④ 모바일승차권

(해설) 여객편람 및 광역약관 제3조(정의) 참조   정답 ①

16

전산시스템 장애, 기타 부득이한 사유로 철도공사 직원이 수작업으로 발행하는 승차권을 무엇이라 하는가?

① 비상대체승차권   ② 예비승차권

③ 특종보충승차권   ④ 대용승차권

(해설) 여객편람 및 광역약관 제3조(정의) 참조   정답 ④

제 5 장 철도안전법[여객운송]

1. 목적 및 용어의 정의

(1) 목 적
① 철도안전을 확보하기 위하여 필요한 사항을 규정하고
② 철도안전 관리체계를 확립함으로써
③ 공공복리의 증진에 이바지함을 목적으로 한다.

(2) 용어의 정의
① **철도**: 여객 또는 화물을 운송하는 데 필요한 철도시설과 철도차량 및 이와 관련된 운영·지원체계가 유기적으로 구성된 운송체계를 말한다.
② **철도시설**: 다음에 해당하는 시설(부지를 포함한다)을 말한다.
   ㉮ 철도의 선로(선로에 부대되는 시설을 포함한다), 역시설(물류시설·환승시설 및 편의시설 등을 포함한다) 및 철도운영을 위한 건축물·건축설비
   ㉯ 선로 및 철도차량을 보수·정비하기 위한 선로보수기지, 차량정비기지 및 차량유치시설
   ㉰ 철도의 전철전력설비, 정보통신설비, 신호 및 열차제어설비
   ㉱ 철도노선간 또는 다른 교통수단과의 연계운영에 필요한 시설
   ㉲ 철도기술의 개발·시험 및 연구를 위한 시설
   ㉳ 철도경영연수 및 철도전문인력의 교육훈련을 위한 시설
   ㉴ 그 밖에 철도의 건설·유지보수 및 운영을 위한 시설로서 대통령령으로 정하는 시설
③ **철도운영**: 철도와 관련된 다음에 해당하는 것을 말한다.
   ㉮ 철도 여객 및 화물 운송
   ㉯ 철도차량의 정비 및 열차의 운행관리
   ㉰ 철도시설·철도차량 및 철도부지 등을 활용한 부대사업개발 및 서비스
④ **철도차량**: 선로를 운행할 목적으로 제작된 동력차·객차·화차 및 특수차를 말한다.
⑤ **철도종사자**
   ㉮ 철도차량의 운전업무에 종사하는 사람(운전업무종사자)
   ㉯ 철도차량의 운행을 집중 제어·통제·감시하는 업무(관제업무) 종사하는 사람
   ㉰ 여객에게 승무 서비스를 제공하는 사람(여객승무원)
   ㉱ 여객에게 역무 서비스를 제공하는 사람(여객역무원)

㉤ 철도차량의 운행선로 또는 그 인근에서 철도시설의 건설 또는 관리와 관련한 작업의 협의·지휘·감독·안전관리 등의 업무에 종사하도록 철도운영자 또는 철도시설관리자가 지정한 사람(작업책임자)

㉥ 철도차량의 운행선로 또는 그 인근에서 철도시설의 건설 또는 관리와 관련한 작업의 일정을 조정하고 해당 선로를 운행하는 열차의 운행일정을 조정하는 사람(철도운행안전관리자)

㉦ 그 밖에 철도운영 및 철도시설관리와 관련하여 철도차량의 안전운행 및 질서유지와 철도차량 및 철도시설의 점검·정비 등에 관한 업무에 종사하는 사람으로서 <u>대통령령</u>으로 정하는 사람

〈 대통령령으로 정하는 안전운행 또는 질서유지 철도종사자 〉
ⓐ 철도사고 또는 운행상애(이하 "철도사고등"이라 한다)가 발생한 현장에서 조사·수습·복구 등의 업무를 수행하는 사람
ⓑ 철도차량의 운행선로 또는 그 인근에서 철도시설의 건설 또는 관리와 관련된 작업의 현장감독 업무를 수행하는 사람
ⓒ 철도시설 또는 철도차량을 보호하기 위한 순회점검업무 또는 경비업무를 수행하는 사람
ⓓ 정거장에서 철도신호기·선로전환기 또는 조작판 등을 취급하거나 열차의 조성업무를 수행하는 사람
ⓔ 철도에 공급되는 전력의 원격제어장치를 운영하는 사람
ⓕ 「사법경찰관리의 직무를 수행할 자와 그 직무범위에 관한 법률」에 따른 철도경찰 사무에 종사하는 국가공무원
ⓖ 철도차량 및 철도시설의 점검·정비 업무에 종사하는 사람

2. 열차운행 일시중지

(1) 열차운행을 일시 중지시킬 수 있는 자: 철도운영자

(2) 철도운영자가 열차운행을 일시 중지시킬 수 있는 경우
① 지진, 태풍, 폭우, 폭설 등 천재지변 또는 악천후로 인하여 재해가 발생하였거나 재해가 발생할 것으로 예상되는 경우
② 그 밖에 열차운행에 중대한 장애가 발생하였거나 발생할 것으로 예상되는 경우

(3) 열차운행 일시중지 요청
① <u>철도종사자</u>는 철도사고 및 운행장애의 징후가 발견되거나 발생 위험이 높다고 판단되는 경우에는 <u>관제업무종사자</u>에게 열차운행을 일시 중지할 것을 요청할 수 있다. 이 경우 특별한 사유가 없으면 즉시 열차운행을 중지하여야 한다.

② 열차운행의 중지 요청과 관련하여 고의 또는 중대한 과실이 없는 경우에는 민사상 책임을 지지 아니한다.

③ 열차운행의 중지를 요청한 철도종사자에게 이를 이유로 불이익한 조치를 하여서는 아니 된다.

3. 철도종사자의 관리 및 안전교육

(1) 안전 및 직무교육

① 안전교육: 철도운영자등 또는 철도운영자등과의 계약에 따른 사업주는 자신이 고용하고 있는 철도종사자에 대하여 정기적으로 철도안전에 관한 교육을 실시

* 교육 실시 여부를 확인해야 하고, 안전교육을 실시하지 않은 경우 교육을 실시하도록 조치

② 직무교육: 철도운영자등은 자신이 고용하고 있는 철도종사자가 적정한 직무수행을 할 수 있도록 정기적으로 직무교육을 실시

③ 철도운영자등 및 사업주가 실시하여야 하는 교육의 대상, 내용 및 그 밖에 필요한 사항은 국토교통부령으로 정한다.

(2) 운전업무종사자 등의 관리

① 철도차량 운전·관제업무 등 대통령령으로 정하는 업무에 종사하는 철도종사자는 정기적으로 신체검사와 적성검사를 받아야 한다.

② 검사의 시기, 방법 및 합격기준 등에 관하여 필요한 사항은 국토교통부령으로 정한다.

③ 검사에 불합격하였을 때에는 그 업무에 종사하게 하여서는 아니 된다.

④ 적성검사에 불합격한 사람 또는 적성검사 과정에서 부정행위를 한 사람은 일정한 기간 동안 적성검사를 받을 수 없다.

⑤ 검사를 신체검사 실시 의료기관 및 운전적성검사기관·관제적성검사기관에 각각 위탁할 수 있다.

4. 철도보호지구에서의 행위제한

(1) 철도보호지구

① 일반철도: 철도경계선(가장 바깥쪽 궤도의 끝선)으로부터 30미터 이내의 지역

② 도시철도 중 노면전차: 철도경계선으로부터 10미터 이내의 지역

(2) 철도보호지구에서의 행위 신고

① 신고처: 대통령령으로 정하는 바에 따라 국토교통부장관 또는 시·도지사에게 신고

② 신고를 하여야 할 행위

㉮ 토지의 형질변경 및 굴착

㉯ 토석, 자갈 및 모래의 채취

㉓ 건축물의 신축·개축·증축 또는 인공구조물의 설치

　　　㉔ 나무의 식재(대통령령으로 정하는 경우만 해당한다)

　　　㉕ 그 밖에 철도시설을 파손하거나 철도차량의 안전운행을 방해할 우려가 있는 행위로서
　　　　대통령령으로 정하는 행위

5. 여객열차에서의 금지행위

(1) 금지행위

　　① 정당한 사유 없이 국토교통부령으로 정하는 여객출입 금지장소에 출입하는 행위
　　　(여객출입 금지장소 ⇨ ㉮ 운전실 ㉯ 기관실 ㉰ 발전실 ㉱ 방송실)

　　② 정당한 사유 없이 운행 중에 비상정지 버튼을 누르거나 철도차량이 옆면에 있는 승강용 출
　　　입문을 여는 등 철도차량의 장치 또는 기구 등을 조작하는 행위

　　③ 여객열차 밖에 있는 사람을 위험하게 할 우려가 있는 물건을 여객열차 밖으로 던지는 행위

　　④ 흡연하는 행위

　　⑤ 철도종사자와 여객 등에게 성적 수치심을 일으키는 행위

　　⑥ 술을 마시거나 약물을 복용하고 다른 사람에게 위해를 주는 행위

　　⑦ 그 밖에 공중이나 여객에게 위해를 끼치는 행위로서 국토교통부령으로 정하는 행위

　　　㉮ 여객에게 위해를 끼칠 우려가 있는 동식물을 안전조치 없이 여객열차에 동승하거나 휴
　　　　대하는 행위

　　　㉯ 타인에게 전염의 우려가 있는 법정 감염병자가 철도종사자의 허락 없이 여객열차에 타
　　　　는 행위

　　　㉰ 철도종사자의 허락 없이 여객에게 기부를 부탁하거나 물품을 판매·배부하거나 연설·
　　　　권유 등을 하여 여객에게 불편을 끼치는 행위

(2) 여객열차에서 다른 사람의 폭행금지

여객은 여객열차에서 다른 사람을 폭행하여 열차운행에 지장을 초래하여서는 아니 된다.

(3) 금지행위를 한 사람에 대하여 조치할 수 있는 내용

　　① 금지행위의 제지

　　② 금지행위의 녹음·녹화 또는 촬영

(4) 금지행위에 관한 사항의 안내

철도운영자는 국토교통부령으로 정하는 바에 따라 여객열차에서의 금지행위에 관한 사항을 여
객에게 안내하여야 한다.

6. 철도보호 및 질서유지를 위한 금지행위

(1) 목적

누구든지 정당한 사유 없이 철도보호 및 질서유지를 해치는 행위를 할 수 없다.

(2) 금지행위

① 철도시설 또는 철도차량을 파손하여 철도차량 운행에 위험을 발생하게 하는 행위

② 철도차량을 향하여 돌이나 그 밖의 위험한 물건을 던져 철도차량 운행에 위험을 발생하게 하는 행위

③ 궤도의 중심으로부터 양측으로 폭 3미터 이내의 장소에 철도차량의 안전 운행에 지장을 주는 물건을 방치하는 행위

④ 철도교량 등 국토교통부령으로 정하는 시설 또는 구역에 국토교통부령으로 정하는 폭발물 또는 인화성이 높은 물건 등을 쌓아 놓는 행위

〈 국토교통부령으로 정하는 시설 또는 구역 〉

㉮ 정거장 및 선로 ㉯ 철도역사 ㉰ 철도교량 ㉱ 철도터널

⑤ 선로(철도와 교차된 도로는 제외) 또는 국토교통부령으로 정하는 철도시설에 철도운영자등의 승낙 없이 출입하거나 통행하는 행위

〈 국토교통부령으로 정하는 철도시설 〉

㉮ 위험물을 적하하거나 보관하는 장소

㉯ 신호 · 통신기기 설치장소 및 전력기기 · 관제설비 설치장소

㉰ 철도운전용 급유시설물이 있는 장소

㉱ 철도차량 정비시설

⑥ 역시설 등 공중이 이용하는 철도시설 또는 철도차량에서 폭언 또는 고성방가 등 소란을 피우는 행위

⑦ 철도시설에 국토교통부령으로 정하는 유해물 또는 열차운행에 지장을 줄 수 있는 오물을 버리는 행위

⑧ 역 시설 또는 철도차량에서 노숙하는 행위

⑨ 열차운행 중에 타고 내리거나 정당한 사유 없이 승강용 출입문의 개폐를 방해하여 열차운행에 지장을 주는 행위

⑩ 정당한 사유 없이 열차 승강장의 비상정지버튼을 작동시켜 열차운행에 지장을 주는 행위

⑪ 그 밖에 철도시설 또는 철도차량에서 공중의 안전을 위하여 질서유지가 필요하다고 인정되어 국토교통부령으로 정하는 금지행위

〈 국토교통부령으로 정하는 금지행위 〉

㉮ 흡연이 금지된 철도시설이나 철도차량 안에서 흡연하는 행위

㉯ 철도종사자의 허락 없이 철도시설이나 철도차량에서 광고물을 붙이거나 배포하는 행위

   ㉺ 역시설에서 철도종사자의 허락없이 기부를 부탁하거나 물품을 판매·배부하거나 연설·권유를 하는
    행위
   ㉻ 철도종사자의 허락 없이 선로변에서 총포를 이용하여 수렵하는 행위

(3) 금지행위를 한 사람에 대하여 조치할 수 있는 내용
  ① 금지행위의 제지
  ② 금지행위의 녹음·녹화 또는 촬영

7. 철도종사자의 음주 등의 제한

(1) 술을 마시거나 약물을 사용한 상태에서 업무를 할 수 없는 철도종사원(실무수습 중인 사람을 포함)
  ① 운전업무종사자   ② 관제업무종사자
  ③ 여객승무원   ④ 작업책임자
  ⑤ 철도운행안전관리자
  ⑥ 정거장에서 철도신호기·선로전환기 및 조작판 등을 취급하거나 열차의 조성업무를 수행하
   는 사람
  ⑦ 철도차량 및 철도시설의 점검·정비 업무에 종사하는 사람

(2) 약물 사용 및 음주 판단기준
  ① 술: 혈중 알코올농도가 0.02퍼센트 이상인 경우
     단, (1)의 ④~⑥까지의 철도종사자는 0.03퍼센트 이상인 경우
  ② 약물: 양성으로 판정된 경우

8. 사람 또는 물건에 대한 퇴거나 철거조치

(1) 퇴거시키거나 철거할 수 있는 경우
  ① 여객열차에서 위해물품을 휴대한 사람 및 그 위해물품
  ② 운송 금지 위험물을 탁송하거나 운송하는 자 및 그 위험물
  ③ 철도보호지구에서의 행위 금지·제한 또는 조치 명령에 따르지 아니하는 사람 및 그 물건
  ④ 여객열차에서의 금지행위(앞 5. 참조)를 위반하여 금지행위를 한 사람 및 그 물건
  ⑤ 철도 보호 및 질서유지를 위한 금지행위(앞 6. 참조)를 위반한 사람 및 그 물건
  ⑥ 여객 등의 안전 및 보안에 따른 보안검색에 따르지 아니한 사람
  ⑦ 철도종사자의 직무상 지시를 따르지 아니하거나 직무집행을 방해하는 사람

(2) 퇴거 또는 철거하는 지역

　① 열차 밖

　② 대통령령으로 정하는 다음 지역의 밖

　　㉮ 정거장

　　㉯ 철도신호기, 철도차량정비소, 통신기기, 전력설비 등의 설비가 설치되어 있는 장소의 담장이나 경계선 안의 지역

　　㉰ 화물을 적하는 장소의 담장이나 경계선 안의 지역

9. 철도사고 등의 발생 시 조치

(1) 철도운영자 등의 조치사항

　① 철도사고 등이 발생하였을 때에는 사상자 구호, 유류품 관리, 여객 수송 및 철도시설 복구 등 인명피해 및 재산피해를 최소화하고 열차를 정상적으로 운행할 수 있도록 필요한 조치

　② 철도사고 등이 발생하였을 때의 사상자 구호, 여객 수송 및 철도시설 복구 등에 필요한 사항은 대통령령으로 정한다.

(2) 국토교통부장관의 지시

　① 국토교통부장관은 사고 보고를 받은 후 필요하다고 인정하는 경우에는 철도운영자 등에게 사고 수습 등에 관하여 필요한 지시를 할 수 있다.

　② 지시를 받은 철도운영자 등은 특별한 사유가 없으면 지시에 따라야 한다.

10. 철도사고 등 보고

(1) 철도사고의 즉시 보고

철도운영자 등은 사상자가 많은 사고 등 대통령령으로 정하는 철도사고 등이 발생하였을 때에는 국토교통부령으로 정하는 바에 따라 즉시 국토교통부장관에게 보고

〈 사상자가 많은 사고 등 대통령령으로 정하는 철도사고 〉

① 열차의 충돌이나 탈선사고

② 철도차량이나 열차에서 화재가 발생하여 운행을 중지시킨 사고

③ 철도차량이나 열차의 운행과 관련하여 3명 이상 사상자가 발생한 사고

④ 철도차량이나 열차의 운행과 관련하여 5천만 원 이상의 재산피해가 발생한 사고

(2) 철도사고 조사결과 보고

즉시보고 대상인 철도사고등을 제외한 철도사고등이 발생하였을 때에는 국토교통부령으로 정하는 바에 따라 사고 내용을 조사하여 그 결과를 국토교통부장관에게 보고

11. 벌칙

(1) 가장 무거운 벌칙

위반내용	위반자 (고의성)	과실로 위반자	업무상 과실이나 중대한 과실	형의 가중 (사람을 사망에 이르게 한 자)
① 사람이 탑승하여 운행 중인 철도차량에 불을 놓아 소훼한 사람 ② 사람이 탑승하여 운행 중인 철도차량을 탈선 또는 충돌하게 하거나 파괴한 사람	무기징역 또는 5년 이상의 징역	1년 이하의 징역 또는 1천만 원 이하의 벌금	3년 이하의 징역 또는 3천만 원 이하의 벌금	사형, 무기징역, 7년 이하의 징역
철도보호 및 질서유지를 위한 금지행위인 철도시설 또는 철도차량을 파손하여 철도차량 운행에 위험을 발생하게 한 사람	10년 이하의 징역 또는 1억 원 이하의 벌금	1천만 원 이하의 벌금	2년 이하의 징역 또는 2천만 원 이하의 벌금	–

* 미수범은 처벌한다.

(2) 5년 이하의 징역 또는 5천만 원 이하의 벌금
폭행·협박으로 철도종사자의 직무집행을 방해한 자
(이 죄를 범하여 열차운행에 지장을 준 자는 형의 2분의 1을 가중한다)

(3) 3년 이하의 징역 또는 3천만 원 이하의 벌금
① 안전관리체계의 승인을 받지 아니하고 철도운영을 하거나 철도시설을 관리한 자
② 철도종사자가 술을 마시거나 약물을 사용한 상태에서 업무를 한 사람
③ 철도사고 등 발생 시 국토교통부령으로 정하는 조치사항 이행을 위반하여 사람을 사상에 이르거나 철도차량 또는 철도시설을 파손한 자
④ 철도사고 등 발생 시 철도차량의 운전업무 종사자와 여객승무원이 철도현장 이탈 및 후속조치 이행을 위반하여 사람을 사상에 이르거나 철도차량 또는 철도시설을 파손한 자
⑤ 여객열차에서 다른 사람을 폭행하여 열차운행에 지장을 초래한 자
⑥ 철도보호 및 질서 유지를 위한 금지행위 중 다음의 행위를 한 자
 ㉮ 철도차량을 향하여 돌이나 그 밖의 위험한 물건을 던져 철도차량 운행에 위험을 발생하게 하는 행위
 ㉯ 궤도의 중심으로부터 양측으로 폭 3m 이내의 장소에 철도차량의 안전 운행에 지장을 주는 물건을 방치하는 행위
 ㉰ 철도교량 등 국토교통부령으로 정하는 시설 또는 구역에 국토교통부령으로 정하는 폭발물 또는 인화성이 높은 물건 등을 쌓아 놓는 행위

⑦ 운송 금지 위험물의 운송을 위탁하거나 그 위험물을 운송한 자

⑧ 운송취급주의 위험물은 운송 중의 위험방지 및 인명 보호를 위하여 안전하게 포장·적재하고 운송하여야 하는 규정을 위반하여 위험물을 운송한 자

(4) 2년 이하의 징역 또는 2천만 원 이하의 벌금

① 거짓이나 그 밖의 부정한 방법으로 안전관리체계의 승인을 받은 자

② 안전관리 체계의 유지를 위반하여 철도운영이나 철도시설의 관리에 중대하고 명백한 지장을 초래한 자

③ 철도차량의 설계에 관한 형식승인을 받지 아니한 철도차량을 운행한 자

④ 정당한 사유 없이 운행 중 비상정지버튼을 누르거나 승강용 출입문을 여는 행위를 한 사람

⑤ 철도운행의 중지를 요청한 철도종사자에게 불이익한 조치를 한 자

⑥ 위해물품을 휴대하거나 적재한 사람

(5) 1년 이하의 징역 또는 1천만 원 이하의 벌금

① 영상기록을 목적 외의 용도로 이용하거나 다른 자에게 제공한 자

② 안전성 확보에 필요한 조치를 하지 아니하여 영상 기록 장치에 기록된 영상정보를 분실·도난·유출·변조 또는 훼손당한 자

③ 여객열차에서 술을 마시거나 약물을 복용하고 다른 사람에게 위해를 주는 행위

④ "철도차량을 운행하는 자는 국토교통부장관이 지시하는 이동·출발·정지 등의 명령과 운행 기준·방법·절차 및 순서 등에 따라야 한다"는 지시에 따르지 아니한 자

(6) 5백만 원 이하의 벌금

철도종사자와 여객 등에게 성적 수치심을 일으키는 행위

12. 과태료

(1) 1천만 원 이하의 과태료

① 안전관리체계의 변경승인을 받지 아니하고 안전관리체계를 변경한 자

② 안전관리체계의 유지를 위반하여 정당한 사유 없이 시정조치 명령에 따르지 아니한 자

③ 철도종사자의 직무상 지시에 따르지 아니한 사람

④ 철도사고등 의무보고 및 철도차량 등에 발생한 고장 등 보고 의무에 따른 보고를 하지 아니하거나 거짓으로 보고한 자

(2) 5백만 원 이하의 과태료

① 안전관리체계의 변경신고를 하지 아니하고 안전관리체계를 변경한 자

② 철도종사자에게 대한 정기적인 안전교육을 실시하지 아니한 자

③ 철도종사자에게 정기적으로 직무교육을 실시하지 아니한 자

④ 정당한 사유 없이 국토교통부령으로 정하는 여객출입 금지장소에 출입하는 행위
(여객출입 금지장소 ⇨ ㉮ 운전실 ㉯ 기관실 ㉰ 발전실 ㉱ 방송실)

⑤ 여객열차 밖에 있는 사람을 위험하게 할 우려가 있는 물건을 여객열차 밖으로 던지는 행위

⑥ 철도시설(선로는 제외)에 철도운영자등의 승낙 없이 출입하거나 통행한 사람

⑦ 철도차량의 형식승인 변경신고를 하지 아니한 자

⑧ 철도차량 개조신고를 하지 아니하고 개조한 철도차량을 운행한 자

⑨ 철도차량 이력사항을 입력하지 아니한 자

(3) 300만 원 이하의 과태료

허위로 철도안전 우수운영자로 지정되었음을 나타내는 표시를 하거나 이와 유사한 표시를 한 자

(4) 100만 원 이하의 과태료

① 철도종사자가 업무에 종사하는 동안에 열차 내에서 흡연을 한 사람

② 여객열차에서 흡연을 한 사람

③ 선로에 철도운영자등의 승낙 없이 출입하거나 통행한 사람

④ 역시설 등 공중이 이용하는 철도시설 또는 철도차량에서 폭언 또는 고성방가 등 소란을 피우는 행위를 한 사람

(5) 50만 원 이하의 과태료

① 철도보호지구에서의 행위 제한 조치 명령을 따르지 아니한 자

② 공중이나 여객에게 위해를 끼치는 행위를 한 사람

㉮ 여객에게 위해를 끼칠 우려가 있는 동식물을 안전조치 없이 여객열차에 동승하거나 휴대하는 행위

㉯ 타인에게 전염의 우려가 있는 법정 감염병자가 철도종사자의 허락 없이 여객열차에 타는 행위

㉰ 철도종사자의 허락 없이 여객에게 기부를 부탁하거나 물품을 판매·배부하거나 연설·권유 등을 하여 여객에게 불편을 끼치는 행위

(6) 과태료 적용의 특례

과태료에 관한 규정을 적용할 때 업무제한이나 정지에 갈음하여 30억 원 이하의 과징금 부과에 따라 과징금을 부과한 행위에 대해서는 과태료를 부과할 수 없다.

(7) 과태료 부과 세부기준

① 위반 횟수별 과태료 부과체계: 상한액의 30%, 60%, 90%로 규정함
② 위반 행위별 과태료 금액

〈위반 행위별 과태료 금액〉

위 반 행 위	과태료금액(단위: 만 원)		
	1회 위반	2회 위반	3회 이상 위반
1. 정당한 사유 없이 국토교통부령으로 정하는 여객출입 금지 장소에 출입하는 행위 〈여객출입 금지장소〉 ㉮ 운전실 ㉯ 기관실 ㉰ 발전실 ㉱ 방송실 2. 여객열차 밖에 있는 사람을 위험하게 할 우려가 있는 물건을 여객열차 밖으로 던지는 행위	150	300	450
3. 여객열차에서 흡연을 한 경우	30	60	90
4. 여객열차에서 공중이나 여객에게 위해를 끼치는 행위를 한 경우 ⓐ 여객에 위해를 끼칠 우려가 있는 동식물을 안전조치 없이 여객열차에 동승하거나 휴대하는 행위 ⓑ 타인에게 전염의 우려가 있는 법정 감염병자가 철도종사자의 허락 없이 여객열차에 타는 행위 ⓒ 철도종사자의 허락 없이 여객에게 기부를 부탁하거나 물품을 판매·배부하거나 연설·권유 등을 하여 여객에게 불편을 끼치는 행위	15	30	45
5. 여객열차에서의 금지행위에 관한 사항을 안내하지 않은 경우	150	300	450
6. 철도시설(선로는 제외한다)에 승낙 없이 출입하거나 통행한 경우	150	300	450
7. 선로에 철도운영자등의 승낙 없이 출입하거나 통행한 사람 8. 역시설 등 공중이 이용하는 철도시설 또는 철도차량에서 폭언 또는 고성방가 등 소란을 피우는 행위를 한 사람	30	60	90
9. 철도시설에 유해물 또는 오물을 버리거나 열차운행에 지장을 준 경우	150	300	450
10. 철도종사자의 직무상 지시에 따르지 않은 경우	300	600	900

13. 「철도산업발전기본법」의 주요내용

(1) 용어의 정의

① 선로: 철도차량을 운행하기 위한 궤도와 이를 받치는 노반 또는 공작물로 구성된 시설

② 철도시설의 건설: 철도시설의 신설과 기존 철도시설의 직선화·전철화·복선화 및 현대화 등 철도시설의 성능 및 기능향상을 위한 철도시설의 개량을 포함한 활동

③ 철도시설의 유지보수: 기존 철도시설의 현상유지 및 성능향상을 위한 점검·보수·교체·개량 등 일상적인 활동

④ 철도산업: 철도운송·철도시설·철도차량 관련산업과 철도기술개발관련산업 그 밖에 철도의 개발·이용·관리와 관련된 산업

⑤ 철도시설관리자: 철도시설의 건설 및 관리 등에 관한 업무를 수행하는 자로서 다음에 해당하는 자를 말한다.

⑦ 관리청(국토교통부장관)

④ 국가철도공단

④ 철도시설관리권을 설정받은 자

㉐ ㉠~④까지의 자로부터 철도시설의 관리를 대행·위임 또는 위탁받은 자

⑥ 철도운영자: 한국철도공사 등 철도운영에 관한 업무를 수행하는 자

⑦ 공익서비스: 철도운영자가 영리목적의 영업활동과 관계없이 국가 또는 지방자치단체의 정책이나 공공목적 등을 위하여 제공하는 철도서비스

(2) 철도산업위원회

① 의의: 철도산업에 관한 기본계획 및 중요정책 등을 심의·조정하기 위하여 국토교통부에 철도산업위원회를 둔다.

② 철도산업위원회의 심의·조정사항

⑦ 철도산업의 육성·발전에 관한 중요정책 사항

④ 철도산업구조개혁에 관한 중요정책 사항

④ 철도시설의 건설 및 관리 등 철도시설에 관한 중요정책 사항

㉐ 철도안진과 칠도운영에 관한 중요정책 사항

⑩ 철도시설관리자와 철도운영자간 상호협력 및 조정에 관한 사항

⑪ 이 법 또는 다른 법률에서 위원회의 심의를 거치도록 한 사항

⑭ 그 밖에 철도산업에 관한 중요한 사항으로서 위원장이 회의에 부치는 사항

③ 위원회 구성: 위원장을 포함한 25인 이내의 위원으로 구성한다.

④ 분과위원회 설치: 철도산업위원회에 상정할 안건을 미리 검토하고 위원회가 위임한 안건을 심의하기 위하여 위원회에 분과위원회를 둔다.

(3) **특정노선 폐지 등의 승인**

① **특정노선 폐지 등의 승인권자:** 국토교통부장관

② **특정노선 폐지 등의 승인신청자:** 철도시설관리자와 철도운영자

③ **승인신청자가 국토교통부장관의 승인을 얻어 특정노선 및 역의 폐지 등을 취할 수 있는 경우** (철도서비스의 제한 또는 중지 등)

   ㉮ 승인신청자가 철도서비스를 제공하고 있는 노선 또는 역에 대하여 철도의 경영개선을 위한 적절한 조치를 취하였음에도 불구하고 수지균형의 확보가 극히 곤란하여 경영상 어려움이 발생한 경우

   ㉯ 공익서비스 제공에 따른 보상계약의 체결에도 불구하고 공익서비스비용에 대한 적정한 보상이 이루어지지 아니한 경우

   ㉰ 원인제공자가 공익서비스비용을 부담하지 아니한 경우

   ㉱ 원인제공자가 공익서비스 제공에 따른 보상계약 체결에 관하여 철도산업위원회의 조정에 따르지 아니한 경우

④ **국토교통부장관이 특정노선 폐지 등의 승인을 제한할 수 있는 경우**

   ㉮ 노선 폐지 등의 조치가 공익을 현저하게 저해한다고 인정하는 경우

   ㉯ 노선 폐지 등의 조치가 대체교통수단 미흡 등으로 교통서비스 제공에 중대한 지장을 초래한다고 인정하는 경우

제 5 장 기출예상문제

01

23년 2회·17년 2회

철도안전을 확보하기 위하여 필요한 사항을 규정하고 철도안전 관리체계를 확립함으로써 공공 복리의 증진에 이바지함을 목적으로 제정된 법은?

① 철도사업법   ② 철도안전법   ③ 한국철도공사법   ④ 철도산업발전기본법

〔해설〕 안전법 제1조(목적)

이 법은 철도안전을 확보하기 위하여 필요한 사항을 규정하고 철도안전 관리체계를 확립함으로써 공공복리의 증진에 이바지함을 목적으로 한다.

정답 ②

02

24년 1회·23년 1회~2회·19년 2회·18년 1회

철도안전법에서 정의하는 철도종사자에 대한 설명으로 틀린 것은?

① 철도차량의 운전업무에 종사하는 사람
② 여객을 상대로 승무 및 역무서비스를 제공하는 사람
③ 철도차량의 운행선로 또는 그 인근에서 철도시설의 건설 또는 관리와 관련한 작업의 협의·지휘·감독·안전관리 등의 업무에 종사하도록 철도운영자 또는 철도시설관리자가 지정한 사람
④ 철도운영 및 철도시설관리와 관련하여 철도차량의 안전운행 및 질서유지와 철도차량 및 철도시설의 점검·정비 등에 관한 업무에 종사하는 사람으로서 국토교통부령으로 정하는 사람

〔해설〕 안전법 제2조(정의) 제10호 철도종사자

사. 그 밖에 철도운영 및 철도시설관리와 관련하여 철도차량의 안전운행 및 질서유지와 철도차량 및 철도시설의 점검·정비 등에 관한 업무에 종사하는 사람으로서 <u>대통령령</u>으로 정하는 사람

정답 ④

03

23년 1회~2회·22년 1회~2회·21년 1회·17년 2회

철도안전법에서 용어를 정의한 철도종사자로 틀린 것을 모두 고르시오?

① 철도차량의 운전업무에 종사하는 사람
② 여객을 상대로 역무서비스를 제공하는 사람
③ 철도시설의 관리에 관한 업무를 수행하는 사람
④ 철도차량의 운행을 집중 제어·통제·감시하는 업무에 종사하는 사람
⑤ 철도차량을 제작·관리하는 업무를 수행하는 사람

안전법 제2조(정의) "철도종사자"란 다음 각 목의 어느 하나에 해당하는 사람을 말한다.

가. 철도차량의 운전업무에 종사하는 사람(이하 "운전업무종사자"라 한다)

나. 철도차량의 운행을 집중 제어·통제·감시하는 업무(이하 "관제업무"라 한다)에 종사하는 사람

다. 여객에게 승무(乘務) 서비스를 제공하는 사람(이하 "여객승무원"이라 한다)

라. 여객에게 역무(驛務) 서비스를 제공하는 사람(이하 "여객역무원"이라 한다)

마. 철도차량의 운행선로 또는 그 인근에서 철도시설의 건설 또는 관리와 관련한 작업의 협의·지휘·감독·안전관리 등의 업무에 종사하도록 철도운영자 또는 철도시설관리자가 지정한 사람(이하 "작업책임자"라 한다)

바. 철도차량의 운행선로 또는 그 인근에서 철도시설의 건설 또는 관리와 관련한 작업의 일정을 조정하고 해당 선로를 운행하는 열차의 운행일정을 조정하는 사람(이하 "철도운행안전관리자"라 한다)

사. 그 밖에 철도운영 및 철도시설관리와 관련하여 철도차량의 안전운행 및 질서유지와 철도차량 및 철도시설의 점검·정비 등에 관한 업무에 종사하는 사람으로서 대통령령으로 정하는 사람   **정답** ③, ⑤

04

철도안전법상 안전운행 또는 질서유지 철도종사자로 대통령령으로 정한 사람에 해당하지 않는 것은?

① 철도에 공급되는 전력의 원격제어장치를 운영하는 사람

② 철도차량 및 철도시설의 제작 업무에 종사하는 사람

③ 철도사고 또는 운행장애가 발생한 현장에서 조사·수습·복구 등의 업무를 수행하는 사람

④ 철도시설 또는 철도차량을 보호하기 위한 순회점검업무 또는 경비업무를 수행하는 사람

안전법 시행령 제3조(안전운행 또는 질서유지 철도종사자)

「철도안전법」(이하 "법"이라 한다) 제2조 제10호 사목에서 "대통령령으로 정하는 사람"이란 다음 각 호의 어느 하나에 해당하는 사람을 말한다.

1. 철도사고 또는 운행장애(이하 "철도사고등"이라 한다)가 발생한 현장에서 조사·수습·복구 등의 업무를 수행하는 사람

2. 철도차량의 운행선로 또는 그 인근에서 철도시설의 건설 또는 관리와 관련된 작업의 현장감독업무를 수행하는 사람

3. 철도시설 또는 철도차량을 보호하기 위한 순회점검업무 또는 경비업무를 수행하는 사람

4. 정거장에서 철도신호기·선로전환기 또는 조작판 등을 취급하거나 열차의 조성업무를 수행하는 사람

5. 철도에 공급되는 전력의 원격제어장치를 운영하는 사람

6. 「사법경찰관리의 직무를 수행할 자와 그 직무범위에 관한 법률」 제5조 제11호에 따른 철도경찰 사무에 종사하는 국가공무원

7. 철도차량 및 철도시설의 점검·정비 업무에 종사하는 사람   **정답** ②

05

철도안전법령상 안전운행 또는 질서유지 철도종사자가 아닌 것은?

① 철도경찰 사무에 종사하는 국가공무원 ② 정거장에서 열차 조성업무를 수행하는 사람
③ 철도 전력시설의 설비작업을 수행하는 사람 ④ 철도시설의 경비업무를 수행하는 사람

(해설) 안전법 시행령 제3조(안전운행 또는 질서유지 철도종사자)   정답 ③

06

철도안전법상 철도종사자의 관리 및 안전교육에 대한 내용으로 틀린 것은?

① 철도운영자 등이 실시하여야 하는 교육의 대상, 과정, 내용, 방법, 시기 등에 관하여 필요한 사항은 국토교통부령으로 정한다.
② 철도운영자 등은 자신이 고용하고 있는 철도종사자에 대하여 정기적으로 철도안전에 관한 교육을 실시하여야 한다.
③ 철도차량 운전·관제업무 등 국토교통부령이 정하는 업무에 종사하는 철도종사자는 정기적으로 신체검사와 적성검사를 받아야 한다.
④ 철도운영자 등은 철도종사자가 받아야 하는 신체검사·적성검사를 신체검사 실시 의료기관 및 적성검사기관에 각각 위탁할 수 있다.

(해설) 안전법 제23조(운전업무종사자 등의 관리)
① 철도차량 운전·관제업무 등 대통령령으로 정하는 업무에 종사하는 철도종사자는 정기적으로 신체검사와 적성검사를 받아야 한다.
② 제1항에 따른 신체검사·적성검사의 시기, 방법 및 합격기준 등에 관하여 필요한 사항은 국토교통부령으로 정한다.
③ 철도운영자등은 제1항에 따른 업무에 종사하는 철도종사자가 같은 항에 따른 신체검사·적성검사에 불합격하였을 때에는 그 업무에 종사하게 하여서는 아니 된다.
④ 제1항에 따른 업무에 종사하는 철도종사자로서 적성검사에 불합격한 사람 또는 적성검사 과정에서 부정행위를 한 사람은 제15조 제2항 각 호의 구분에 따른 기간 동안 적성검사를 받을 수 없다.
⑤ 철도운영자등은 제1항에 따른 신체검사와 적성검사를 제13조에 따른 신체검사 실시 의료기관 및 운전적성검사기관·관제적성검사기관에 각각 위탁할 수 있다.
안전법 제24조(철도종사자에 대한 안전 및 직무교육)
① 철도운영자등 또는 철도운영자등과의 계약에 따라 철도운영이나 철도시설 등의 업무에 종사하는 사업주(이하 이 조에서 "사업주"라 한다)는 자신이 고용하고 있는 철도종사자에 대하여 정기적으로 철도안전에 관한 교육을 실시하여야 한다.
② 철도운영자등은 자신이 고용하고 있는 철도종사자가 적정한 직무수행을 할 수 있도록 정기적으로 직무교육을 실시하여야 한다.
③ 철도운영자등은 제1항에 따른 사업주의 안전교육 실시 여부를 확인하여야 하고, 확인 결과 사업주가 안전교육을 실시하지 아니한 경우 안전교육을 실시하도록 조치하여야 한다.
④ 제1항 및 제2항에 따라 철도운영자등 및 사업주가 실시하여야 하는 교육의 대상, 내용 및 그 밖에 필요한 사항은 국토교통부령으로 정한다.   정답 ③

철도안전법상 철도종사자 중 운전업무종사자가 약물을 사용하였다거나 술을 마셨다고 판단하는 기준은?

① 약물: 음성으로 판정된 경우, 술: 혈중 알코올농도가 0.02퍼센트 이상인 경우

② 약물: 음성으로 판정된 경우, 술: 혈중 알코올농도가 0.03퍼센트 이상인 경우

③ 약물: 양성으로 판정된 경우, 술: 혈중 알코올농도가 0.02퍼센트 이상인 경우

④ 약물: 양성으로 판정된 경우, 술: 혈중 알코올농도가 0.03퍼센트 이상인 경우

해설 안전법 제41조(철도종사자의 음주 제한 등)

① 다음 각 호의 어느 하나에 해당하는 철도종사자(실무수습 중인 사람을 포함한다)는 술(「주세법」 제3조 제1호에 따른 주류를 말한다. 이하 같다)을 마시거나 약물을 사용한 상태에서 업무를 하여서는 아니 된다.

    1. 운전업무종사자   2. 관제업무종사자   3. 여객승무원

    4. 작업책임자   5. 철도운행안전관리자

    6. 정거장에서 철도신호기·선로전환기 및 조작판 등을 취급하거나 열차의 조성(組成: 철도차량을 연결하거나 분리하는 작업을 말한다)업무를 수행하는 사람

    7. 철도차량 및 철도시설의 점검·정비 업무에 종사하는 사람

② 국토교통부장관 또는 시·도지사(「도시철도법」 제3조 제2호에 따른 도시철도 및 같은 법 제24조에 따라 지방자치단체로부터 도시철도의 건설과 운영의 위탁을 받은 법인이 건설·운영하는 도시철도만 해당한다. 이하 이 조, 제42조, 제45조, 제46조 및 제82조 제6항에서 같다)는 철도안전과 위험방지를 위하여 필요하다고 인정하거나 제1항에 따른 철도종사자가 술을 마시거나 약물을 사용한 상태에서 업무를 하였다고 인정할 만한 상당한 이유가 있을 때에는 철도종사자에 대하여 술을 마셨거나 약물을 사용하였는지 확인 또는 검사할 수 있다. 이 경우 그 철도종사자는 국토교통부장관 또는 시·도지사의 확인 또는 검사를 거부하여서는 아니 된다.

③ 제2항에 따른 확인 또는 검사 결과 철도종사자가 술을 마시거나 약물을 사용하였다고 판단하는 기준은 다음 각 호의 구분과 같다.

    1. 술: 혈중 알코올농도가 <u>0.02퍼센트</u>(제1항제4호부터 제6호까지의 철도종사자는 0.03퍼센트) 이상인 경우

    2. 약물: <u>양성</u>으로 판정된 경우

④ 제2항에 따른 확인 또는 검사의 방법·절차 등에 관하여 필요한 사항은 대통령령으로 정한다.   **정답** ③

철도안전법에서 열차운행을 일시 중지할 수 있는 경우가 아닌 것은?

① 지진이나 태풍으로 재해가 발생한 경우

② 여객이 급격히 감소하여 이용객이 적을 경우

③ 폭우나 폭설로 인하여 재해가 발생할 것으로 예상되는 경우

④ 열차운행에 중대한 장애가 발생할 것으로 예상되는 경우

해설 안전법 제40조(열차운행의 일시 중지)

철도운영자는 다음 각 호의 어느 하나에 해당하는 경우로서 열차의 안전운행에 지장이 있다고 인정하는 경우에는 열차운행을 일시 중지할 수 있다.

1. 지진, 태풍, 폭우, 폭설 등 천재지변 또는 악천후로 인하여 재해가 발생하였거나 재해가 발생할 것으로 예상되는 경우
2. 그 밖에 열차운행에 중대한 장애가 발생하였거나 발생할 것으로 예상되는 경우

정답 ②

09

철도안전법에서 열차운행을 일시 중지할 수 있는 권한이 있는 사람은?

① 철도시설관리자
② 철도운영자
③ 국토교통부장관
④ 한국교통안전공단

해설 안전법 제40조(열차운행의 일시 중지)

정답 ②

10

철도안전법에서 열차운행을 일시 중지와 관련된 내용으로 틀린 것은?

① 철도종사자는 운행장애의 징후가 발견되거나 발생 위험이 높다고 판단되는 경우에는 관제업무종사자에게 열차운행을 일시 중지할 것을 요청할 수 있다.
② 철도종사자는 열차운행의 중지 요청과 관련하여 고의 또는 중대한 과실이 없는 경우에는 민사상 책임을 진다.
③ 일시 중지 요청을 받은 관제업무종사자는 특별한 사유가 없으면 즉시 열차운행을 중지하여야 한다.
④ 누구든지 열차운행의 중지를 요청한 철도종사자에게 이를 이유로 불이익한 조치를 하여서는 아니 된다.

해설 안전법 제40조(열차운행의 일시 중지)

② 철도종사자는 철도사고 및 운행장애의 징후가 발견되거나 발생 위험이 높다고 판단되는 경우에는 관제업무종사자에게 열차운행을 일시 중지할 것을 요청할 수 있다. 이 경우 요청을 받은 관제업무종사자는 특별한 사유가 없으면 즉시 열차운행을 중지하여야 한다.
③ 철도종사자는 제2항에 따른 열차운행의 중지 요청과 관련하여 고의 또는 중대한 과실이 없는 경우에는 민사상 책임을 지지 아니한다.
④ 누구든지 제2항에 따라 열차운행의 중지를 요청한 철도종사자에게 이를 이유로 불이익한 조치를 하여서는 아니 된다.

정답 ②

철도안전법상 철도경계선으로부터 일정구역 안에 나무의 식재행위를 하고자 하는 자는 대통령령이 정하는 바에 따라 국토교통부장관 또는 시·도지사에게 신고하여야 한다. 이때 이 구역은 철도경계선으로부터 몇 미터 이내의 지역을 말하는가?

① 30미터 이내   ② 40미터 이내   ③ 50미터 이내   ④ 60미터 이내

(해설) 안전법 제45조(철도보호지구에서의 행위제한 등)

① 철도경계선(가장 바깥쪽 궤도의 끝선을 말한다)으로부터 <u>30미터 이내</u>「도시철도법」 제2조 제2호에 따른 도시철도 중 노면전차(이하 "노면전차"라 한다)의 경우에는 10미터 이내]의 지역(이하 "철도보호지구"라 한다)에서 다음 각 호의 어느 하나에 해당하는 행위를 하려는 자는 대통령령으로 정하는 바에 따라 국토교통부장관 또는 시·도지사에게 신고하여야 한다.
   1. 토지의 형질변경 및 굴착(掘鑿)
   2. 토석, 자갈 및 모래의 채취
   3. 건축물의 신축·개축(改築)·증축 또는 인공구조물의 설치
   4. 나무의 식재(대통령령으로 정하는 경우만 해당한다)
   5. 그 밖에 철도시설을 파손하거나 철도차량의 안전운행을 방해할 우려가 있는 행위로서 대통령령으로 정하는 행위

정답 ①

철도안전법에서 여객열차에서의 금지행위로 틀린 것은?

① 흡연하는 행위
② 철도종사자와 여객 등에게 성적(性的) 수치심을 일으키는 행위
③ 정당한 사유 없이 국토교통부령으로 정하는 여객출입 금지장소에 출입하는 행위
④ 술을 마시거나 약물을 복용한 행위
⑤ 여객이 여객열차에서 다른 사람을 폭행하여 열차운행에 지장을 초래하는 경우

(해설) 철도안전법 제47조(여객열차에서의 금지행위)

① 여객은 여객열차에서 다음 각 호의 어느 하나에 해당하는 행위를 하여서는 아니 된다.
   1. 정당한 사유 없이 국토교통부령으로 정하는 여객출입 금지장소에 출입하는 행위
   2. <u>정당한 사유 없이</u> 운행 중에 비상정지 버튼을 누르거나 철도차량의 옆면에 있는 승강용 출입문을 여는 등 철도차량의 장치 또는 기구 등을 조작하는 행위
   3. 여객열차 밖에 있는 사람을 위험하게 할 우려가 있는 물건을 <u>여객열차 밖으로 던지는 행위</u>
   4. 흡연하는 행위
   5. 철도종사자와 여객 등에게 성적(性的) 수치심을 일으키는 행위
   6. 술을 마시거나 약물을 복용하고 다른 사람에게 위해를 주는 행위
   7. 그 밖에 공중이나 여객에게 위해를 끼치는 행위로서 국토교통부령으로 정하는 행위
② 여객은 여객열차에서 다른 사람을 폭행하여 열차운행에 지장을 초래하여서는 아니 된다.

③ 운전업무종사자, 여객승무원 또는 여객역무원은 제1항 또는 제2항의 금지행위를 한 사람에 대하여 필요한 경우 다음 각 호의 조치를 할 수 있다.
　1. 금지행위의 제지
　2. 금지행위의 녹음·녹화 또는 촬영
④ 철도운영자는 국토교통부령으로 정하는 바에 따라 제1항 각 호 및 제2항에 따른 여객열차에서의 금지행위에 관한 사항을 여객에게 안내하여야 한다.　　　　　　　　　정답 ④

13
23년 2회·17년 3회·16년 2회·15년 1회

철도안전법상 여객열차 안에서의 금지행위에 해당되지 않는 것은?

① 정당한 사유 없이 운행 중에 비상정지 버튼을 누르는 행위
② 여객열차 밖에 있는 사람에게 위험을 끼칠 염려가 있는 물건을 소지하는 행위
③ 정당한 사유 없이 국토교통부령으로 정하는 여객출입 금지장소에 출입하는 행위
④ 정당한 사유 없이 철도차량의 옆면에 있는 승강용 출입문을 여는 등 철도차량의 장치 또는 기구 등을 조작하는 행위

(해설) 철도안전법 제47조(여객열차에서의 금지행위)　　　　　　　　정답 ②

14
23년 1회~2회·21년 1회·19년 1회·15년 2회

철도안전법상 여객 출입 금지장소에 해당하는 곳은?

① 방송실　　　　　② 식당차　　　　　③ 침대차　　　　　④ 승무원휴게실

(해설) 철도안전법 제47조, 여객약관 제20조(여객의 의무 등)
① 여객은 「철도안전법」 제47조에 따라 다음 각 호에 해당하는 행위를 하여서는 안 됩니다.
1. 정당한 사유 없이 국토교통부령으로 정하는(운전실·기관실·발전실 및 방송실 등) 여객출입 금지장소에 출입하는 행위　　　　　　　　　　　　　　　　　　　　　　　정답 ①

15
24년 1회·23년 1회~2회·22년 1회~2회·18년 2회

철도안전법령에서 여객출입 금지장소로 정의된 장소가 아닌 것은?

① 기관실　　　　　② 승무원 휴게실　　　　③ 발전실　　　　④ 방송실

(해설) 철도안전법 시행규칙 제79조(여객출입 금지장소), 여객약관 제20조　　정답 ②

철도안전법에서 철도보호 및 질서유지를 위한 금지행위로 틀린 것은?

① 역시설 또는 철도차량 안에서 노숙하는 행위

② 역시설 등 공중이 이용하는 철도시설 또는 철도차량 안에서 폭언 또는 고성방가 등 소란을 피우는 행위

③ 철도시설에 국토교통부령으로 정하는 유해물 또는 열차운행에 지장을 줄 수 있는 오물을 버리는 행위

④ 궤도의 한쪽 끝으로부터 폭 3미터 이내의 장소에 철도차량의 안전 운행에 지장을 초래할 물건을 방치하는 행위

(해설) 철도안전법 제48조(철도 보호 및 질서유지를 위한 금지행위)

누구든지 정당한 사유 없이 철도 보호 및 질서유지를 해치는 다음 각 호의 어느 하나에 해당하는 행위를 하여서는 아니 된다.

1. 철도시설 또는 철도차량을 파손하여 철도차량 운행에 위험을 발생하게 하는 행위
2. 철도차량을 향하여 돌이나 그 밖의 위험한 물건을 던져 철도차량 운행에 위험을 발생하게 하는 행위
3. 궤도의 중심으로부터 <u>양측으로 폭 3미터 이내의 장소에</u> 철도차량의 안전 운행에 지장을 주는 물건을 방치하는 행위
4. 철도교량 등 국토교통부령으로 정하는 시설 또는 구역에 국토교통부령으로 정하는 폭발물 또는 인화성이 높은 물건 등을 쌓아 놓는 행위
5. 선로(철도와 교차된 도로는 제외한다) 또는 국토교통부령으로 정하는 철도시설에 철도운영자등의 승낙 없이 출입하거나 통행하는 행위
6. 역시설 등 공중이 이용하는 철도시설 또는 철도차량에서 폭언 또는 고성방가 등 소란을 피우는 행위
7. 철도시설에 국토교통부령으로 정하는 유해물 또는 열차운행에 지장을 줄 수 있는 오물을 버리는 행위
8. 역시설 또는 철도차량에서 노숙(露宿)하는 행위
9. 열차운행 중에 타고 내리거나 정당한 사유 없이 승강용 출입문의 개폐를 방해하여 열차운행에 지장을 주는 행위
10. 정당한 사유 없이 열차 승강장의 비상정지버튼을 작동시켜 열차운행에 지장을 주는 행위
11. 그 밖에 철도시설 또는 철도차량에서 공중의 안전을 위하여 질서유지가 필요하다고 인정되어 국토교통부령으로 정하는 금지행위

정답 ④

철도안전법에서 철도보호 및 질서유지를 위한 금지행위로 틀린 것은?

① 철도시설 또는 철도차량을 파손하여 철도차량 운행에 위험을 발생하게 하는 행위

② 철도종사자의 허락 없이 철도시설이나 철도차량에서 광고물을 붙이거나 배포하는 행위

③ 역시설에서 철도종사자의 허락없이 기부를 부탁하거나 물품을 판매·배부하거나 연설·권유를 하는 행위

④ 승강용 출입문의 개폐를 방해하여 열차운행에 지장을 주는 행위

해설 철도안전법 제48조(철도 보호 및 질서유지를 위한 금지행위)

11. 그 밖에 철도시설 또는 철도차량에서 공중의 안전을 위하여 질서유지가 필요하다고 인정되어 국토교통부령으로 정하는 금지행위

〈국토교통부령으로 정하는 금지행위〉

1) 흡연이 금지된 철도시설이나 철도차량 안에서 흡연하는 행위

2) 철도종사자의 허락 없이 철도시설이나 철도차량에서 광고물을 붙이거나 배포하는 행위

3) 역시설에서 철도종사자의 허락없이 기부를 부탁하거나 물품을 판매·배부하거나 연설·권유를 하는 행위

4) 철도종사자의 허락 없이 선로변에서 총포를 이용하여 수렵하는 행위

* ④는 "정당한 사유없이"가 누락되어 틀린 내용입니다.   정답 ④

18

철도안전법에서 국토교통부령으로 출입을 금지하는 철도시설로 가장 거리가 먼 것은?

① 철도교량 및 터널   ② 철도차량 정비시설

③ 위험물을 적하하거나 보관하는 장소   ④ 철도운전용 급유시설물이 있는 장소

해설 철도안전법 시행규칙 제83조(출입금지 철도시설)

법 제48조 제5호에서 "국토교통부령으로 정하는 철도시설"이란 다음 각 호의 철도시설을 말한다.

1. 위험물을 적하하거나 보관하는 장소

2. 신호·통신기기 설치장소 및 전력기기·관제설비 설치장소

3. 철도운전용 급유시설물이 있는 장소

4. 철도차량 정비시설   정답 ①

19

철도안전법에서 여객에 대한 퇴거조치에 대한 설명으로 틀린 것은?

① 철도종사자는 사법권이 없으므로 여객을 열차 밖으로 퇴거시킬 수 없다.

② 철도종사자는 열차 안에서의 금지행위를 한 자를 열차 밖으로 퇴거시킬 수 있다.

③ 철도종사자는 직무상 지시를 따르지 아니하거나 직무집행을 방해하는 자를 열차 밖으로 퇴거시킬 수 있다.

④ 철도종사자는 위해물품 휴대금지 규정을 위반하여 열차 안에 위해물품을 휴대한 자를 열차 밖으로 퇴거시킬 수 있다.

해설 철도안전법 제50조(사람 또는 물건에 대한 퇴거 조치 등) 참조

철도종사자는 다음에 해당하는 사람 또는 물건을 열차 밖이나 대통령령으로 정하는 지역 밖으로 퇴거시키거나 철거할 수 있다.

1. 제42조를 위반하여 여객열차에서 위해물품을 휴대한 사람 및 그 위해물품

2. 제43조를 위반하여 운송 금지 위험물을 운송위탁하거나 운송하는 자 및 그 위험물

3. 제45조 제3항 또는 제4항에 따른 행위 금지·제한 또는 조치 명령에 따르지 아니하는 사람 및 그 물건
4. 제47조 제1항을 위반하여 금지행위를 한 사람 및 그 물건
5. 제48조를 위반하여 금지행위를 한 사람 및 그 물건
6. 제48조의2에 따른 보안검색에 따르지 아니한 사람
7. 제49조를 위반하여 철도종사자의 직무상 지시를 따르지 아니하거나 직무집행을 방해하는 사람   정답 ①

20

철도안전법에서 철도종사자가 사람 또는 물건을 열차 밖이나 정거장 밖으로 퇴거시키거나 철거할 수 있는 경우로 틀린 것은

① 선로변에서 총포를 이용하여 수렵하는 행위
② 역시설 또는 철도차량에서 노숙하는 행위
③ 역시설에서 철도종사자의 허락없이 기부를 부탁하는 행위
④ 철도종사자의 허락없이 철도차량에서 광고물을 붙이거나 배포하는 행위

(해설) 철도안전법 제50조(사람 또는 물건에 대한 퇴거 조치 등)   정답 ①

21

철도안전법에 대한 설명으로 틀린 것은?

① 철도사고 등이 발생하였을 때의 사상자 구호, 여객 수송 및 철도시설 복구 등에 필요한 사항은 국토교통부령으로 정한다.
② 철도종사자는 여객열차에서 위해물품을 휴대한 사람 및 그 위해물품을 열차 밖이나 대통령령으로 정하는 지역 밖으로 퇴거시키거나 철거할 수 있다.
③ 철도특별사법경찰관리는 여객열차에 승차하는 사람의 신체·휴대물품 보안검색직무를 집행하기 위하여 필요한 경우에는 수갑 등 직무장비를 사용할 수 있다.
④ 국토교통부장관은 철도차량의 안전운행 및 철도시설의 보호를 위하여 필요한 경우 보안검색을 실시하게 할 수 있으며 보안검색의 실시방법과 절차 등에 관하여 필요한 사항은 국토교통부령으로 정한다.

(해설) 철도안전법 제60조(철도사고등의 발생 시 조치)
① 철도운영자등은 철도사고 등이 발생하였을 때에는 사상자 구호, 유류품(遺留品) 관리, 여객 수송 및 철도시설 복구 등 인명피해 및 재산피해를 최소화하고 열차를 정상적으로 운행할 수 있도록 필요한 조치를 하여야 한다.
② 철도사고등이 발생하였을 때의 사상자 구호, 여객 수송 및 철도시설 복구 등에 필요한 사항은 <u>대통령령</u>으로 정한다.
③ 국토교통부장관은 제61조에 따라 사고 보고를 받은 후 필요하다고 인정하는 경우에는 철도운영자등에게 사고 수습 등에 관하여 필요한 지시를 할 수 있다. 이 경우 지시를 받은 철도운영자등은 특별한 사유가 없으면 지시에 따라야 한다.   정답 ①

철도안전법에서 철도사고 등이 발생한 때의 사상자 구호, 여객수송 및 철도시설 복구 등에 필요한 사항을 정하고 있는 법령으로 맞는 것은?

① 대통령령   ② 국토교통부령
③ 국무총리령   ④ 산업통상자원부령

(해설) 철도안전법 제60조(철도사고등의 발생 시 조치)
① 철도운영자등은 철도사고등이 발생하였을 때에는 사상자 구호, 유류품(遺留品) 관리, 여객 수송 및 철도시설 복구 등 인명피해 및 재산피해를 최소화하고 열차를 정상적으로 운행할 수 있도록 필요한 조치를 하여야 한다.
② 철도사고등이 발생하였을 때의 사상자 구호, 여객 수송 및 철도시설 복구 등에 필요한 사항은 대통령령으로 정한다.

정답 ①

철도안전법령상 국토교통부장관에게 즉시 보고하여야 하는 철도사고 등에 해당하지 않는 것은?

① 열차의 충돌이나 분리사고
② 철도차량이나 열차에서 화재가 발생하여 운행을 중지시킨 사고
③ 철도차량이나 열차의 운행과 관련하여 3명 이상 사상자가 발생한 사고
④ 철도차량이나 열차의 운행과 관련하여 5천만 원 이상의 재산피해가 발생한 사고

(해설) 철도안전법 시행령 제57조(국토교통부장관에게 즉시 보고하여야 하는 철도사고 등)
법 제61조 제1항에서 "사상자가 많은 사고 등 대통령령으로 정하는 철도사고 등"이란 다음 각 호의 어느 하나에 해당하는 사고를 말한다.
1. 열차의 충돌이나 탈선사고
2. 철도차량이나 열차에서 화재가 발생하여 운행을 중지시킨 사고
3. 철도차량이나 열차의 운행과 관련하여 3명 이상 사상자가 발생한 사고
4. 철도차량이나 열차의 운행과 관련하여 5천만 원 이상의 재산피해가 발생한 사고

정답 ①

철도안전법에서 정한 벌칙 및 과태료에 대한 설명으로 틀린 것은?

① 철도차량의 설계에 관한 형식승인을 받지 아니한 철도차량을 운행한 자는 5년 이하의 징역 또는 5천만 원 이하의 벌금에 처한다.

② 정당한 사유 없이 국토교통부령으로 정하는 여객출입 금지장소에 출입하는 행위를 한 사람은 5백만 원 이하의 과태료를 부과한다.

③ 폭행·협박으로 철도종사자의 직무집행을 방해하여 열차운행에 지장을 일으키게 한 자는 3년 이하의 징역 또는 3천만 원 이하의 벌금에 처한다.

④ 여객열차 밖에 있는 사람을 위험하게 할 우려가 있는 물건을 여객열차 밖으로 던지는 행위를 한 사람은 5백만 원 이하의 과태료를 부과한다.

(해설) 철도안전법 제78조(벌칙)에 따라 폭행·협박으로 철도종사자의 직무집행을 방해하여 열차운행에 지장을 일으키게 한 자는 5년 이하의 징역 또는 5천만 원 이하의 벌금에 처한다. (정답) ①, ③

철도안전법에서 정한 벌칙 및 과태료에 대한 설명으로 틀린 것은?

① 여객열차에서 철도종사자와 여객 등에게 성적(性的) 수치심을 일으키는 행위를 한 자는 500만 원 이하의 벌금에 처한다.

② 폭행·협박으로 철도종사자의 직무집행을 방해하는 자는 3년 이하의 징역 또는 3천만 원 이하의 벌금에 처한다.

③ 여객승무원이 혈중알코올 0.02퍼센트 이상인 음주상태에서 근무한 경우에는 3년 이하의 징역 또는 3천만 원 이하의 벌금에 처한다.

④ 정당한 사유없이 운행 중 비상정지버튼을 누르거나 승강용 출입문을 여는 행위를 한 사람은 2년 이하의 징역 또는 2천만 원 이하의 벌금에 처한다.

(해설) 철도안전법 제49조(철도종사자의 직무상 지시 준수) 및 제79조(벌칙) 참조 (정답) ②

열차 안에서 여객이 승무원에게 폭행과 협박을 하며 승무원의 직무를 방해한 경우에 해당되는 철도안전법에서 정한 벌칙으로 맞는 것은?

① 열차 밖 또는 정거장 밖으로 퇴거 조치
② 1년 이하의 징역 또는 1천만 원 이하의 벌금
③ 3년 이하의 징역 또는 3천만 원 이하의 벌금
④ 5년 이하의 징역 또는 5천만 원 이하의 벌금

(해설) 철도안전법 제49조(철도종사자의 직무상 지시 준수) 및 제79조(벌칙) 참조
① 열차 또는 철도시설을 이용하는 사람은 이 법에 따라 철도의 안전·보호와 질서유지를 위하여 하는 철도종사자의 직무상 지시에 따라야 한다.
② 누구든지 폭행·협박으로 철도종사자의 직무집행을 방해하여서는 아니 된다.   정답 ④

철도안전법에 정한 위험물의 운송위탁 및 운송금지 사항을 위반한 자에 대한 벌칙은?

① 1년 이하의 징역 또는 1천만 원 이하의 벌금
② 2년 이하의 징역 또는 2천만 원 이하의 벌금
③ 3년 이하의 징역 또는 3천만 원 이하의 벌금
④ 4년 이하의 징역 또는 4천만 원 이하의 벌금

(해설) 철도안전법 제43조(위험물의 운송위탁 및 운송 금지)
누구든지 점화류 또는 점폭약류를 붙인 폭약, 니트로글리세린, 건조한 기폭약, 뇌홍질화연에 속하는 것 등 대통령령으로 정하는 위험물의 운송을 위탁할 수 없으며, 철도운영자는 이를 철도로 운송할 수 없다.
철도안전법 제79조(벌칙)
② 다음 각 호의 어느 하나에 해당하는 자는 3년 이하의 징역 또는 3천만 원 이하의 벌금에 처한다.
    6. 제43조를 위반하여 운송 금지 위험물의 운송을 위탁하거나 그 위험물을 운송한 자
    7. 제44조 제1항을 위반하여 위험물을 운송한 자   정답 ③

28

철도안전법에서 철도교량 등 국토교통부령으로 정하는 시설 또는 구역에 국토교통부령으로 정하는 폭발물 또는 인화성이 높은 물건 등을 쌓아 놓는 행위를 할 때 벌칙으로 맞는 것은? (철도교량에 폭발물 적치 시 벌칙)

① 1년 이하의 징역 또는 1천만 원 이하의 벌금
② 2년 이하의 징역 또는 2천만 원 이하의 벌금
③ 3년 이하의 징역 또는 3천만 원 이하의 벌금
④ 5년 이하의 징역 또는 5천만 원 이하의 벌금

해설 철도안전법 제78조(벌칙)-3년 이하의 징역 또는 3천만 원 이하의 벌금　　정답 ③

29

철도운영자 등은 자신이 고용하고 있는 철도종사자에 대하여 정기적으로 철도안전에 관한 교육을 실시하여야 하는 데 이를 위반한 자에 대한 과태료는 얼마인가?

① 1백만 원 이하　　② 5백만 원 이하
③ 1천만 원 이하　　④ 2천만 원 이하

해설 안전법 제91조(과태료)　　정답 ②

30

철도안전법에서 정당한 사유없이 열차에 위해물품을 휴대하거나 적재한 사람에 대한 벌칙은?

① 1년 이하의 징역 또는 1천만 원 이하의 벌금
② 2년 이하의 징역 또는 2천만 원 이하의 벌금
③ 3년 이하의 징역 또는 3천만 원 이하의 벌금
④ 5년 이하의 징역 또는 5천만 원 이하의 벌금

해설 철도안전법 제42조(위해물품의 휴대금지), 제79조(벌칙)
③ 다음 각 호의 어느 하나에 해당하는 자는 2년 이하의 징역 또는 2천만 원 이하의 벌금에 처한다.
　16. 정당한 사유 없이 제42조 제1항을 위반하여 위해물품을 휴대하거나 적재한 사람　　정답 ②

철도안전법에서 정한 과태료 및 벌칙에 대한 설명으로 틀린 것은?

① 폭행·협박으로 철도종사자의 직무집행을 방해한 자는 5년 이하의 징역 또는 5천만 원 이하의 벌금에 처한다.

② 안전관리체계의 승인을 받지 아니하고 철도운영을 하거나 철도시설을 관리한 자는 4년 이하의 징역 또는 4천만 원 이하의 벌금에 처한다.

③ 여객열차 안에서 정당한 사유 없이 운행 중에 철도차량의 측면에 있는 승강용 출입문을 여는 등 철도차량의 장치 또는 기구 등을 조작하는 자는 2년 이하의 징역 또는 2천만 원 이하의 벌금에 처한다.

④ 철도차량운전·관제업무에 종사하는 자가 규정을 위반하여 술을 마시거나 마약류를 사용한 상태에서 업무를 하였을 때 3년 이하의 징역 또는 3천만 원 이하의 벌금에 처한다.

(해설) 철도안전법 제78조(벌칙), 제81조(과태료) 참조

안전관리체계의 승인을 받지 아니하고 철도운영을 하거나 철도시설을 관리한 자는 3년 이하의 징역 또는 3천만 원 이하의 벌금에 처한다.   **정답** ②

철도차량을 향하여 돌이나 그 밖의 위험한 물건을 던져 철도차량 운행에 위험을 발생하게 하는 행위를 한 경우의 벌칙은?

① 1년 이하의 징역 또는 1천만 원 이하의 벌금

② 2년 이하의 징역 또는 2천만 원 이하의 벌금

③ 3년 이하의 징역 또는 3천만 원 이하의 벌금

④ 4년 이하의 징역 또는 4천만 원 이하의 벌금

(해설) 철도안전법 제78조(벌칙)   **정답** ③

철도안전법에서 정한 벌칙 중 1년 이하의 징역 또는 1천만원 이하의 벌금에 처하는 대상이 아닌 것은?

① 영상기록을 목적 외의 용도로 이용하거나 다른 자에게 제공한 자
② 안전성 확보에 필요한 조치를 하지 아니하여 영상 기록 장치에 기록된 영상정보를 분실·도난·유출·변조 또는 훼손당한 자
③ 여객열차에서 술을 마시거나 약물을 복용하고 다른 사람에게 위해를 주는 행위
④ 철도운행의 중지를 요청한 철도종사자에게 불이익한 조치를 한 자

(해설) 철도안전법 제78조(벌칙)
철도운행의 중지를 요청한 철도종사자에게 불이익한 조치를 한 자: 2년 이하의 징역 또는 2천만 원 이하의 벌금

정답 ④

철도차량을 운행하는 자가 국토교통부장관이 지시하는 이동·출발·정지 등의 명령과 운행기준·방법·절차 및 순서 등을 따르지 않았을 경우 해당하는 벌칙은?

① 1년 이하의 징역 또는 1천만 원 이하의 벌금
② 2년 이하의 징역 또는 2천만 원 이하의 벌금
③ 3년 이하의 징역 또는 3천만 원 이하의 벌금
④ 5년 이하의 징역 또는 5천만 원 이하의 벌금

(해설) 철도안전법 제39조의2(철도교통관제)
① 철도차량을 운행하는 자는 국토교통부장관이 지시하는 이동·출발·정지 등의 명령과 운행 기준·방법·절차 및 순서 등에 따라야 한다.
제79조(벌칙) ④ 다음에 해당하는 자는 1년 이하의 징역 또는 1천만 원 이하의 벌금에 처한다.
  8. 제39조의2 제1항에 따른 지시를 따르지 아니한 자

정답 ①

철도안전법의 벌칙에서 100만원 이하의 과태료를 부과하는 대상은?

① 공중이나 여객에게 위해를 끼치는 행위를 한 사람
② 여객열차에서 흡연을 한 사람
③ 역시설 등 공중이 이용하는 철도시설 또는 철도차량에서 폭언 또는 고성방가 등 소란을 피우는 행위를 한 사람
④ 철도보호지구에서의 행위 제한 조치 명령을 따르지 아니한 자
⑤ 타인에게 전염의 우려가 있는 법정 감염병자가 철도종사자의 허락 없이 여객열차에 타는 행위

(해설) 철도안전법 제82조(과태료)
④ 다음 각 호의 어느 하나에 해당하는 자에게는 100만원 이하의 과태료를 부과한다.
  1. 제40조의3을 위반하여 업무에 종사하는 동안에 열차 내에서 흡연을 한 사람
  2. 제47조 제1항 제4호를 위반하여 여객열차에서 흡연을 한 사람
  3. 제48조 제1항 제5호를 위반하여 선로에 승낙 없이 출입하거나 통행한 사람
  4. 제48조 제1항 제6호를 위반하여 폭언 또는 고성방가 등 소란을 피우는 행위를 한 사람   정답 ②, ③

36   22년 2회·20년 2회·16년 1회

철도안전법 시행령 과태료 부과 개별기준에 정한 내용 중에서 여객열차 밖에 있는 사람을 위험하게 할 우려가 있는 물건을 여객열차 밖으로 던지는 행위를 1회 위반한 사람의 과태료는?

① 150만 원   ② 300만 원   ③ 450만 원   ④ 600만 원

(해설) 철도안전법 시행령 제64조(과태료 부과기준)
법 제82조 제1항부터 제5항까지의 규정에 따른 과태료 부과기준은 별표 6과 같다.

〈위반 행위별 과태료 금액〉

위반행위	과태료금액(단위: 만 원)		
	1회위반	2회위반	3회 이상 위반
1. 정당한 사유 없이 국토교통부령으로 정하는 여객출입 금지장소에 출입하는 행위(금지장소 ⇨ ㉮ 운전실 ㉯ 기관실 ㉰ 발전실 ㉱ 방송실) 2. 여객열차 밖에 있는 사람을 위험하게 할 우려가 있는 물건을 여객열차 밖으로 던지는 행위	150	300	450
3. 여객열차에서 흡연을 한 경우	30	60	90
4. 여객열차에서 공중이나 여객에게 위해를 끼치는 행위를 한 경우 ⓐ 여객에 위해를 끼칠 우려가 있는 동식물을 안전조치 없이 여객열차에 동승거나 휴대하는 행위 ⓑ 타인에게 전염의 우려가 있는 법정 감염병자가 철도종사자의 허락 없이 여객열차에 타는 행위 ⓒ 철도종사자의 허락 없이 여객에게 기부를 부탁하거나 물품을 판매·배부하거나 연설·권유 등을 하여 여객에게 불편을 끼치는 행위	15	30	45
5. 선로에 철도운영자등의 승낙 없이 출입하거나 통행한 경우	30	60	90
6. 철도시설에 유해물 또는 오물을 버리거나 열차운행에 지장을 준 경우	150	300	450
7. 철도종사자의 직무상 지시에 따르지 않은 경우	300	600	900

정답 ①

37

선로(철도와 교차된 도로는 제외한다) 또는 국토교통부령으로 정하는 철도시설에 철도운영자등의 승낙 없이 출입하거나 통행한 경우의 과태료 금액은? (단, 2회 위반한 경우)

① 60만 원　　　　② 300만 원　　　　③ 450만 원　　　　④ 600만 원

(해설) 철도안전법 시행령 제64조(과태료 부과기준)　　　　　　　　　　　정답 ①

38

23년 1회~2회·22년 2회

철도안전법 시행령의 과태료 부과 개별기준에 정한 내용 중에서 정당한 사유없이 국토교통부령으로 정하는 여객출입 금지장소(운전실, 기관실, 발전실, 방송실)에 출입하는 행위를 2회 위반한 사람의 과태료는?

① 150만 원　　　　② 300만 원　　　　③　450만 원　　　　④　600만 원

(해설) 철도안전법 시행령 제64조(과태료 부과기준)
법 제82조 제1항부터 제5항까지의 규정에 따른 과태료 부과기준은 별표 6과 같다.　　　정답 ②

39

23년 2회

철도안전법 시행령의 과태료 부과 개별기준에서 여객에 위해를 끼칠 우려가 있는 동식물을 안전조치 없이 여객열차에 동승하거나 휴대하는 행위를 2회 위반한 사람의 과태료로 옳은 것은?

① 10만 원　　　　② 15만 원　　　　③ 30만 원　　　　④ 45만 원

(해설) 철도안전법 시행령 제64조(과태료 부과기준)　　　　　　　　　　　정답 ③

40

23년 1회~2회·22년 2회·21년 1회~2회

철도안전법에서 위반행위별 과태료 부과기준이 잘못된 것은?

① 철도 종사자의 직무상 지시에 1회 따르지 아니한 자: 25만 원
② 여객열차에서 흡연을 2회 위반한 자: 60만 원
③ 여객에게 위해를 끼칠 우려가 있는 동식물을 안전조치 없이 여객열차에 동승하거나 휴대하는 행위를 1회 위반한 자: 30만 원
④ 정당한 사유 없이 국토교통부령으로 정하는 여객출입 금지장소인 발전실에 출입하는 행위를 2회 위반한 자: 300만 원

철도안전법 시행령 제64조(과태료 부과기준)
① 철도 종사자의 직무상 지시에 1회 따르지 아니한 자: 1회 300만 원, 2회 600만 원, 3회 이상 900만 원
③ 여객에게 위해를 끼칠 우려가 있는 동식물을 안전조치 없이 여객열차에 동승하거나 휴대하는 행위를 1회 위반한
자: 15만 원, 2회 위반 30만 원, 3회이상 위반 45만 원

정답 ①, ③

41
15년 1회

철도산업발전기본법의 용어의 정의 중 틀린 것은?

① "선로"라 함은 철도차량을 운행하기 위한 궤도와 이를 받치는 노반 또는 공작물로 구성된 시설을 말한다.
② "철도차량"이라 함은 선로를 운행할 목적으로 제작된 동력차, 객차, 화차 및 특수차를 말한다.
③ "철도시설"이라 함은 철도의 선로, 환승시설, 편의시설을 제외한 역시설, 철도운영을 위한 건축물을 말한다.
④ "철도"라 함은 여객을 운송하는데 필요한 철도시설과 철도차량 및 이와 관련된 운영, 지원체계가 유기적으로 구성된 운송체계를 말한다.

철도산업법 제3조(정의)
1. "철도"라 함은 여객 또는 화물을 운송하는 데 필요한 철도시설과 철도차량 및 이와 관련된 운영·지원체계가 유기적으로 구성된 운송체계를 말한다.
2. "철도시설"이라 함은 다음 각목의 1에 해당하는 시설(부지를 포함한다)을 말한다.
   가. 철도의 선로(선로에 부대되는 시설을 포함한다), 역시설(물류시설·환승시설 및 편의시설 등을 포함한다) 및 철도운영을 위한 건축물·건축설비
   나. 선로 및 철도차량을 보수·정비하기 위한 선로보수기지, 차량정비기지 및 차량유치시설
   다. 철도의 전철전력설비, 정보통신설비, 신호 및 열차제어설비
   라. 철도노선간 또는 다른 교통수단과의 연계운영에 필요한 시설
   마. 철도기술의 개발·시험 및 연구를 위한 시설
   바. 철도경영연수 및 철도전문인력의 교육훈련을 위한 시설
   사. 그 밖에 철도의 건설·유지보수 및 운영을 위한 시설로서 대통령령이 정하는 시설
4. "철도차량"이라 함은 선로를 운행할 목적으로 제작된 동력차·객차·화차 및 특수차를 말한다.
5. "선로"라 함은 철도차량을 운행하기 위한 궤도와 이를 받치는 노반 또는 공작물로 구성된 시설을 말한다.

정답 ③

42
20년 2회·18년 2회

철도산업발전기본법에서 정의한 철도운영에 해당하지 않는 것은?

① 철도선로의 정비
② 철도차량의 정비
③ 철도 여객 및 화물운송
④ 철도시설·철도차량을 활용한 부대사업개발

철도산업법 제3조(정의)

철도안전법의 "철도운영" "철도시설" 등 정의는 철도산업발전기본법의 정의를 따르고 있음

3. "철도운영"이라 함은 철도와 관련된 다음 각목의 1에 해당하는 것을 말한다.
　가. 철도 여객 및 화물 운송
　나. 철도차량의 정비 및 열차의 운행관리
　다. 철도시설·철도차량 및 철도부지 등을 활용한 부대사업개발 및 서비스　　정답 ①

43　　24년 1회·23년 1회~2회·22년 2회·21년 1회

철도산업발전기본법에 의하여 국토교통부에 두는 철도산업위원회의 심의·조정사항이 아닌 것은?

① 철도산업의 육성·발전에 관한 중요정책 사항
② 철도시설의 건설 및 관리 등 철도시설에 관한 중요정책 사항
③ 철도운임·요금의 조정에 관한 사항
④ 철도시설관리자와 철도운영자간 상호협력 및 조정에 관한 사항
⑤ 철도산업의 여건 및 동향전망에 관한 사항

철도산업법 제6조(철도산업위원회)

① 철도산업에 관한 기본계획 및 중요정책 등을 심의·조정하기 위하여 국토교통부에 철도산업위원회(이하 "위원회" 라 한다)를 둔다.
② 위원회는 다음 각호의 사항을 심의·조정한다.
　1. 철도산업의 육성·발전에 관한 중요정책 사항
　2. 철도산업구조개혁에 관한 중요정책 사항
　3. 철도시설의 건설 및 관리 등 철도시설에 관한 중요정책 사항
　4. 철도안전과 철도운영에 관한 중요정책 사항
　5. 철도시설관리자와 철도운영자간 상호협력 및 조정에 관한 사항
　6. 이 법 또는 다른 법률에서 위원회의 심의를 거치도록 한 사항
　7. 그 밖에 철도산업에 관한 중요한 사항으로서 위원장이 회의에 부치는 사항
③ 위원회는 위원장을 포함한 25인 이내의 위원으로 구성한다.
④ 위원회에 상정할 안건을 미리 검토하고 위원회가 위임한 안건을 심의하기 위하여 위원회에 분과위원회를 둔다.
⑤ 이 법에서 규정한 사항 외에 위원회 및 분과위원회의 구성·기능 및 운영에 관하여 필요한 사항은 대통령령 으로 정한다.　　정답 ③, ⑤

44　　23년 2회·22년 2회

특정노선의 폐지 등의 경우 최종결정권자는?

① 대통령　　　　　　② 국토교통부장관
③ 철도운영자　　　　④ 지방자치단체장

철도산업법 제34조(특정노선 폐지 등의 승인)

① 철도시설관리자와 철도운영자(이하 "승인신청자"라 한다)는 다음 각 호의 어느 하나에 해당하는 경우에 국토교통부장관의 승인을 얻어 특정노선 및 역의 폐지와 관련 철도서비스의 제한 또는 중지 등 필요한 조치를 취할 수 있다.

  1. 승인신청자가 철도서비스를 제공하고 있는 노선 또는 역에 대하여 철도의 경영개선을 위한 적절한 조치를 취하였음에도 불구하고 수지균형의 확보가 극히 곤란하여 경영상 어려움이 발생한 경우

  2. 제33조에 따라 보상계약체결에도 불구하고 공익서비스비용에 대한 적정한 보상이 이루어지지 아니한 경우

  3. 원인제공자가 공익서비스비용을 부담하지 아니한 경우

  4. 원인제공자가 제33조 제5항에 따른 조정에 따르지 아니한 경우   **정답** ②

45

승인신청자가 국토교통부장관의 승인을 얻어 특정노선 및 역의 폐지와 관련 철도서비스의 제한 또는 중지 등 필요한 조치를 취할 수 있는 경우가 아닌 것은?

① 승인신청자가 철도서비스를 제공하고 있는 노선 또는 역에 대하여 철도의 경영개선을 위한 적절한 조치를 취하였음에도 불구하고 수지균형의 확보가 극히 곤란하여 경영상 어려움이 발생한 경우

② 공익서비스 제공에 따른 보상계약체결에도 불구하고 공익서비스비용에 대한 적정한 보상이 이루어지지 아니한 경우

③ 원인제공자가 공익서비스비용을 부담하지 아니한 경우

④ 노선 폐지 등의 조치가 공익을 현저하게 저해한다고 인정하는 경우

철도산업법 제34조(특정노선 폐지 등의 승인)   **정답** ④

46

철도산업발전기본법에서 특정노선의 폐지의 승인을 제한할 수 있는 경우는?

① 보상계약체결에도 불구하고 공익서비스비용에 대한 적정한 보상이 이루어지지 아니한 경우

② 승인신청자가 철도서비스를 제공하고 있는 노선 또는 역에 대하여 철도의 경영개선을 위한 적절한 조치를 취하였음에도 불구하고 수지균형의 확보가 극히 곤란하여 경영상 어려움이 발생한 경우

③ 원인제공자가 공익서비스비용을 부담하지 아니한 경우

④ 노선 폐지 등의 조치가 공익을 현저하게 저해한다고 인정하는 경우

철도산업법 제35조(승인의 제한 등)

① 국토교통부장관은 제34조 제1항 각 호의 어느 하나에 해당되는 경우에도 다음 각 호의 어느 하나에 해당하는 경우에는 같은 조 제3항에 따른 승인을 하지 아니할 수 있다.

  1. 제34조에 따른 노선 폐지 등의 조치가 공익을 현저하게 저해한다고 인정하는 경우

  2. 제34조에 따른 노선 폐지 등의 조치가 대체교통수단 미흡 등으로 교통서비스 제공에 중대한 지장을 초래한다고 인정하는 경우   **정답** ④

1. 목적 및 용어의 정의

(1) 목적

① 철도사업에 관한 질서를 확립하고 효율적인 운영 여건을 조성함으로써

② 철도사업의 건전한 발전과 철도 이용자의 편의를 도모하여

③ 국민경제의 발전에 이바지함을 목적

(2) 용어의 정의

① **전용철도**: 다른 사람의 수요에 따른 영업을 목적으로 하지 아니하고 자신의 수요에 따라 특수 목적을 수행하기 위하여 설치하거나 운영하는 철도

② **철도운수종사자**: 철도운송과 관련하여 승무(동력차 운전과 열차 내 승무를 말한다) 및 역무 서비스를 제공하는 직원

③ **철도사업**: 다른 사람의 수요에 응하여 철도차량을 사용하여 유상으로 여객이 화물을 운송 하는 사업

④ **사업용철도**: 철도사업을 목적으로 설치하거나 운영하는 철도

⑤ **철도사업자**: 「한국철도공사법」에 따라 설립된 한국철도공사 및 철도사업 면허를 받은 자

⑥ **전용철도운영자**: 전용철도 등록을 한 자

⑦ **철도**: 「철도산업발전기본법」 제3조 제1호에 따른 철도를 말한다.

　　"철도"라 함은 여객 또는 화물을 운송하는데 필요한 철도시설과 철도차량 및 이와 관 련된 운영 · 지원체계가 유기적으로 구성된 운송체계

⑧ **철도차량**: 선로를 운행할 목적으로 제작된 동력차 · 객차 · 화차 및 특수차를 말한다.

2. 사업용 철도노선의 고시

(1) 사업용 철도노선의 고시 내용

국토교통부장관은 사업용 철도노선의 <u>노선번호</u>, <u>노선명</u>, <u>기점</u>, <u>종점</u>, <u>중요 경과지</u>(정차역을 포 함한다)와 그 밖에 필요한 사항을 국토교통부령으로 정하는 바에 따라 지정 · 고시

(2) 사업용 철도노선의 구분

① 운행지역과 운행거리에 따른 분류

㉮ 간선철도: 시 또는 도 간의 교통수요 처리를 위한 10km 이상의 사업용철도노선

㉯ 지선철도: 간선철도를 제외한 사업용 철도노선

② 운행속도에 따른 분류

㉮ 고속철도노선: 대부분의 구간을 300km/h 이상의 속도로 운행 노선

㉯ 준고속철도노선: 대부분의 구간을 200km/h 이상 300km/h 미만의 속도로 운행 노선

㉰ 일반철도노선: 대부분의 구간을 200km/h 미만의 속도로 운행 노선

3. 철도사업의 면허

(1) 철도사업 면허 취득

① 면허권자: 국토교통부장관의 면허

② 면허절차: 사업계획서를 첨부한 면허신청서를 국토교통부장관에게 제출

③ 면허를 받을 수 있는 자: 법인

(2) 사업계획서에 포함시켜야 할 사항

① 운행구간의 기점·종점·정차역

② 여객운송·화물운송 등 철도서비스의 종류

③ 사용할 철도차량의 대수·형식 및 확보계획

④ 운행횟수, 운행시간 계획 및 선로용량 사용계획

⑤ 당해 철도사업을 위하여 필요한 자금의 내역과 조달방법
(공익서비스비용 및 철도시설 사용료의 수준을 포함)

⑥ 철도역·철도차량정비시설 등 운영시설 개요

⑦ 철도운수종사자의 자격사항 및 확보방안

⑧ 여객·화물의 취급예정수량 및 그 산출의 기초와 예상 사업수지

(3) 면허의 기준

① 해당 사업의 시작으로 철도교통의 안전에 지장을 줄 염려가 없을 것

② 해당 사업의 운행계획이 그 운행 구간의 철도 수송 수요와 수송력 공급 및 이용자의 편의에 적합할 것

③ 신청자가 해당 사업을 수행할 수 있는 재정적 능력이 있을 것

④ 해당 사업에 사용할 철도차량의 대수, 사용연한 및 규격이 국토교통부령으로 정하는 기준에 맞을 것

(4) 철도사업 면허의 결격사유

① 법인의 임원 중 피성년후견인 또는 피한정후견인이 있는 법인

② 법인의 임원 중 파산선고를 받고 복권되지 아니한 사람이 있는 법인

③ 법인의 임원 중 이 법 또는 대통령령으로 정하는 철도 관계 법령을 위반하여 금고 이상의 실형을 선고받고 그 집행이 끝나거나 면제된 날부터 2년이 지나지 아니한 사람이 있는 법인

④ 법인의 임원 중 이 법 또는 대통령령으로 정하는 철도 관계 법령을 위반하여 금고 이상의 형의 집행유예를 선고받고 그 유예 기간 중에 있는 사람이 있는 법인

⑤ 철도사업의 면허가 취소된 후 그 취소일부터 2년이 지나지 아니한 법인

4. 여객 운임·요금의 신고

(1) 국토교통부장관에게 신고

① 철도사업자는 여객에 대한 운임·요금을 국토교통부장관에게 <u>신고</u>한다.

② 여객에 대한 운임·요금을 변경하려는 경우에도 국토교통부장관에게 신고한다.

(2) 여객 운임·요금을 정할 때 고려사항

① 철도사업자는 여객 운임·요금을 정하거나 변경하는 경우에는 ⓐ 원가와 ⓑ 버스 등 다른 교통수단의 여객 운임·요금과의 형평성 등을 고려하여야 한다.

② 이 경우 여객에 대한 운임은 사업용철도노선의 분류, 철도차량의 유형 등을 고려하여 국토교통부장관이 지정·고시한 상한을 초과할 수 없다.

(3) 여객 운임·요금의 게시

① 게시시기: 철도사업자는 신고 또는 변경신고를 한 여객 운임·요금을 그 시행 1주일 이전에 게시

② 게시장소: 인터넷 홈페이지, 관계 역·영업소 및 사업소 등 일반인이 잘 볼 수 있는 곳에 게시

5. 여객 운임의 상한 지정

(1) 운임의 상한 지정

① 여객운임 상한 지정시 고려사항

국토교통부장관은 여객에 대한 운임의 상한을 지정하는 때에는 아래의 사항 등을 고려하여야 한다.

㉠ 물가상승률

㉡ 원가수준

㉢ 다른 교통수단과의 형평성

㉣ 사업용철도노선의 분류

㉤ 철도차량의 유형

② 지정절차

㉠ 국토교통부장관은 여객 운임의 상한을 지정하려면 미리 기획재정부장관과 <u>협의</u>하여야 한다. (의무)

ⓝ 여객 운임의 상한을 지정하기 위하여 철도산업발전기본법에 따른 철도산업위원회 또는 철도나 교통 관련 전문기관 및 전문가의 의견을 들을 수 있다. (재량)

ⓓ 철도사업자로 하여금 원가 계산 그 밖에 여객 운임의 산출기초를 기재한 서류를 제출하게 할 수 있다.

ⓡ 여객운임의 상한을 지정한 경우에는 관보에 고시하여야 한다.

ⓜ 사업용철도노선과 도시철도가 연결되어 운행되는 구간에 대하여는 특별시장·광역시장·특별자치시장·도지사 또는 특별자치도지사가 정하는 도시철도 운임의 범위와 조화를 이루도록 하여야 한다.

(2) 여객 운임·요금의 감면

① 감면할 수 있는 경우: 철도사업자는 재해복구를 위한 긴급지원, 여객 유치를 위한 기념행사, 그 밖에 철도사업의 경영상 필요하다고 인정되는 경우에는 일정한 기간과 대상을 정하여 신고한 여객 운임·요금을 감면할 수 있다.

② 감면사항의 게시 시기: 여객 운임·요금을 감면하는 경우에는 그 시행 3일 이전에 감면 사항을 인터넷 홈페이지, 관계 역·영업소 및 사업소 등 게시. 다만, 긴급한 경우에는 미리 게시하지 아니할 수 있다.

6. 부가운임의 징수

(1) 부가운임 징수 사유

철도사업자는 열차를 이용하는 여객이 정당한 운임·요금을 지급하지 아니하고 열차를 이용한 경우

(2) 부가운임 수준

승차 구간에 해당하는 운임 외에 그의 30배의 범위에서 부가운임을 징수할 수 있다.

(3) 부가운임 산정기준의 신고

부가운임을 징수하려는 경우에는 사전에 부가운임의 징수 대상 행위, 열차의 종류 및 운행구간 등에 따른 부가운임 산정기준을 정하고 철도사업약관에 포함하여 국토교통부장관에게 신고

7. 사업계획의 변경

(1) 사업계획의 변경 신고 또는 인가

① 철도사업자는 사업계획을 변경하려는 경우에는 국토교통부장관에게 신고하여야 한다.

② 단, 대통령령으로 정하는 중요 사항을 변경하려는 경우에는 인가를 받아야 한다.

(2) **인가를 받아야 할 사업계획의 중요한 사항의 변경**(대통령령)

 ① 철도운송서비스의 종류를 변경하거나 추가하는 경우

  ㉮ 철도이용수요가 적어 수지균형의 확보가 극히 곤란한 벽지 노선으로서

  ㉯ 철도산업발전기본법에 따라 공익서비스비용의 보상에 관한 계약이 체결된 노선의

  ㉰ 철도운송서비스의 종류를 변경하거나 다른 종류의 철도운송서비스를 추가하는 경우(철도운송서비스 ➪ 철도여객운송서비스 또는 철도화물운송서비스)

 ② 운행구간의 변경: 여객열차의 경우에 한한다.

 ③ 정차역을 신설, 폐지 또는 변경하는 경우

  사업용 철도노선별로 여객열차의 정차역을 신설 또는 폐지하거나 10분의 2 이상 변경하는 경우

 ④ 열차 운행횟수의 변경

  ㉮ 사업용 철도노선별로 10분의 1 이상의 운행횟수의 변경(여객열차의 경우에 한함).

  ㉯ 예외 ➪ 공휴일·방학기간 등 수송수요와 열차운행계획상의 수송력과 현저한 차이가 있는 경우로서 3월 이내의 기간 동안 운행횟수를 변경하는 경우를 제외

(3) **사업계획의 변경을 제한할 수 있는 경우**

 ① 국토교통부장관이 지정한 날 또는 기간에 운송을 시작하지 아니한 경우

 ② 노선 운행중지, 운행제한, 감차(減車) 등을 수반하는 사업계획 변경명령을 받은 후 1년이 지나지 아니한 경우

 ③ 사업의 개선명령을 받고 이행하지 아니한 경우

 ④ 철도사고의 규모 또는 발생 빈도가 대통령령으로 정하는 기준 이상인 경우

  ㉮ 사업계획의 변경을 신청한 날이 포함된 연도의 직전 연도의

  ㉯ 열차운행거리 100만 km당 철도사고로 인한 사망자수 또는 철도사고의 발생횟수가

  ㉰ 최근(직전연도 제외) 5년간 평균보다 10분의 2 이상 증가한 경우

8. 공동운수협정

(1) **공동운수협정의 체결**

 ① 철도사업자는 다른 철도사업자와 공동경영에 관한 계약이나 그 밖의 운수에 관한 협정을 체결하거나 변경하려는 경우에는 국토교통부령으로 정하는 바에 따라 국토교통부장관의 <u>인가</u>를 받아야 한다.

 ② 국토교통부령으로 정하는 경미한 사항을 변경하려는 경우에는 국토교통부장관에게 신고하여야 한다.

 ③ 국토교통부장관은 공동운수협정을 인가하려면 미리 공정거래위원회와 협의하여야 한다.

(2) 공동운수협정(변경) 인가 신청서 첨부 사항

① 공동운수협정 체결(변경)사유서

② 공동운수협정서 사본

③ 신·구 공동운수협정을 대비한 서류 또는 도면(공동운수협정을 변경하는 경우에 한한다)

9. 철도사업의 휴업·폐업

(1) 국토교통부장관의 허가

① **절차**: 휴업·폐업하려는 경우 국토교통부령으로 정하는 바에 따라 국토교통부장관의 <u>허가</u>를 받아야 한다.

② **허가신청**: 휴업 또는 폐업 예정일 3개월 전에 철도사업휴업(폐업)허가신청서를 국토교통부장관에게 제출하여야 한다.

③ **허가여부 통지**: 허가신청을 받은 날부터 2개월 이내에 허가여부 통지

④ **휴업기간**: 휴업기간은 6개월을 넘을 수 없다.

⑤ **허가내용 게시**

㉮ 게시기한: 허가를 받은 날부터 7일 이내 게시(도시철도 5일 이전)

㉯ 게시내용: 휴업 또는 폐업하는 사업의 내용과 그 기간 등

㉰ 게시장소: 인터넷 홈페이지, 관계 역·영업소 및 사업소 등 일반인이 잘 볼 수 있는 곳에 게시하여야 한다.

(2) 국토교통부장관에게 신고

① **조건**: 선로 또는 교량의 파괴, 철도시설의 개량, 그 밖의 정당한 사유로 휴업하는 경우에는 국토교통부령으로 정하는 바에 따라 국토교통부장관에게 <u>신고</u>하여야 한다.

② **휴업기간**: 휴업기간의 제한이 없다. (6개월을 넘을 수 있다)

③ **신고수리 기한**: 신고를 받은 날부터 60일 이내에 신고수리 여부를 신고인에게 통지하여야 한다.

(3) 휴업재개 신고

① 허가를 받거나 신고한 휴업기간 중이라도 휴업 사유가 소멸된 경우에는 국토교통부장관에게 <u>신고</u>하고 사업을 재개할 수 있다.

② 신고를 받은 날부터 60일 이내에 신고수리 여부를 신고인에게 통지하여야 한다.

* 도시철도운송사업의 휴업·폐업절차도 위와 동일하다. 다만, 허가권자 및 신고수리권자가 시·도지사로 변경된다.

10. 과징금처분

(1) 과징금 부과기준

① 부과사유: 국토교통부장관은 철도사업자에게 사업정지처분을 하여야 하는 경우로서 그 사업정지처분이 그 철도사업자가 제공하는 철도서비스의 이용자에게 심한 불편을 주거나 그 밖에 공익을 해칠 우려가 있을 때

② 과징금: 사업정지처분을 갈음하여 1억 원 이하의 과징금을 부과·징수할 수 있다.

(2) 과징금 부과 세부사항

① 과징금을 부과하는 위반행위의 종류, 과징금의 부과기준·징수방법 등 필요한 사항은 대통령령으로 정한다.

② 미납 시 국세 체납처분의 예로 징수한다.

11. 사업의 개선명령

(1) 사업의 개선명령 사유

국토교통부장관은 원활한 철도운송, 서비스의 개선 및 운송의 안전과 그 밖에 공공복리의 증진을 위하여 필요하다고 인정하는 경우에는 철도사업자에게 다음 사항을 명할 수 있다.

(2) 사업의 개선명령 내용

① 사업계획의 변경

② 철도차량 및 운송 관련 장비·시설의 개선

③ 운임·요금 징수 방식의 개선

④ 철도사업약관의 변경

⑤ 공동운수협정의 체결

⑥ 철도차량 및 철도사고에 관한 손해배상을 위한 보험에의 가입

⑦ 안전운송의 확보 및 서비스의 향상을 위하여 필요한 조치

⑧ 철도운수종사자의 양성 및 자질향상을 위한 교육

12. 철도사업자 및 철도운수종사자의 준수사항

(1) 철도사업자의 준수사항

① 운전업무 종사자의 실무수습 이수

철도사업자는 「철도안전법」 제21조(실무수습 이수)에 따른 요건을 갖추지 아니한 사람을 운전업무에 종사하게 하여서는 아니 된다.

② 사업계획의 성실한 이행(위반시 100만 원 이하의 과태료)

철도사업자는 사업계획을 성실하게 이행하여야 하며, 부당한 운송 조건을 제시하거나 정당한 사유 없이 운송계약의 체결을 거부하는 등 철도운송 질서를 해치는 행위를 하여서는 아니 된다.

③ 영업내용의 게시 및 비치(위반시 100만 원 이하의 과태료)

철도사업자는 여객 운임표, 여객 요금표, 감면 사항 및 철도사업약관을 인터넷 홈페이지에 게시하고 관계 역·영업소 및 사업소 등에 갖추어 두어야 하며, 이용자가 요구하는 경우에는 제시하여야 한다.

④ 기타 준수사항(위반시 100만 원 이하의 과태료)

위의 ①,②,③항 준수사항 외에 운송의 안전과 여객 및 화주의 편의를 위하여 철도사업자가 준수하여야 할 사항은 국토교통부령으로 정한다.

(2) 철도운수종사자의 준수사항(위반시 50만 원 이하의 과태료)

철도사업에 종사하는 철도운수종사자는 다음 행위를 하여서는 아니 된다.

① 정당한 사유 없이 여객 또는 화물의 운송을 거부하거나 여객 또는 화물을 중도에서 내리게 하는 행위

② 부당한 운임 또는 요금을 요구하거나 받는 행위

③ 그 밖에 안전운행과 여객 및 화주의 편의를 위하여 철도운수종사자가 준수하여야 할 사항으로서 국토교통부령으로 정하는 사항을 위반하는 행위

13. 철도서비스의 품질평가

(1) 철도서비스의 기준

① 철도의 시설·환경관리 등이 이용자의 편의와 공익적 목적에 부합할 것

② 열차가 정시에 목적지까지 도착하도록 하는 등 철도이용자의 편의를 도모할 수 있도록 할 것

③ 예·매표의 이용편리성, 역 시설의 이용편리성, 고객을 상대로 승무 또는 역무서비스를 제공하는 종사원의 친절도, 열차의 쾌적성 등을 제고하여 철도이용자의 만족도를 높일 수 있을 것

④ 철도사고와 운행장애를 최소화하는 등 철도에서의 안전이 확보되도록 할 것

(2) 철도서비스 품질평가 주기 및 결과의 공표·활용

① 국토교통부장관은 철도사업자에 대하여 2년마다 품질평가 실시하여야 한다.

국토교통부장관이 필요하다고 인정하는 경우에는 수시로 품질평가를 할 수 있다.

② 국토교통부장관은 평가결과를 대통령령으로 정하는 바에 따라 신문 등 대중매체에 공표한다.

14. 우수 철도서비스 인증

(1) 우수 철도서비스 인증 이유

국토교통부장관은 공정거래위원회와 협의하여 철도사업자 간 경쟁을 제한하지 아니하는 범위에서 철도서비스의 질적 향상을 촉진하기 위하여 우수철도서비스에 대한 인증을 할 수 있다.

(2) 우수 철도서비스의 인증기준

① 철도서비스의 종류와 내용이 철도이용자의 이용편의를 제고하는 것
② 철도서비스의 종류와 내용이 공익적 목적에 부합될 것
③ 철도서비스로 인하여 철도의 안전확보에 지장을 주지 아니할 것
④ 그 밖에 국토교통부장관이 정하는 인증기준에 적합할 것

15. 철도시설의 공동 활용

(1) 공동활용 협정체결 의무

공공교통을 목적으로 하는 선로 및 다음의 공동 사용시설을 관리하는 자는 철도사업자가 그 시설의 공동 활용에 관한 요청을 하는 경우 협정을 체결하여 이용할 수 있게 하여야 한다.

(2) 공동사용 시설의 종류

① 철도역 및 역 시설(물류시설, 환승시설 및 편의시설 등을 포함한다)
② 철도차량의 정비·검사·점검·보관 등 유지관리를 위한 시설
③ 사고의 복구 및 구조·피난을 위한 설비
④ 열차의 조성 또는 분리 등을 위한 시설
⑤ 철도 운영에 필요한 정보통신 설비

16. 전용철도의 등록

(1) 국토교통부장관에게 등록

① 전용철도를 운영하려는 자는 국토교통부령으로 정하는 바에 따라
② 전용철도의 건설·운전·보안 및 운송에 관한 사항이 포함된 운영계획서를 첨부하여
③ 국토교통부장관에게 등록하여야 한다.

(2) 경미한 변경으로 등록하지 않아도 되는 경우(대통령령)

① 운행시간을 연장 또는 단축한 경우
② 배차간격 또는 운행횟수를 단축 또는 연장한 경우
③ 10분의 1의 범위 안에서 철도차량 대수를 변경한 경우

④ 주사무소·철도차량기지를 제외한 운송관련 부대시설을 변경한 경우

⑤ 임원을 변경한 경우(법인에 한한다)

⑥ 6월의 범위 안에서 전용철도 건설기간을 조정한 경우

(3) 전용철도 운영의 상속신고

① 상속사유: 철도철도운영자가 사망한 경우 상속인이 그 전용철도의 운영을 계속하려는 경우

② 신고기한: 피상속인이 사망한 날부터 <u>3개월</u> 이내에 국토교통부장관에게 신고

(4) 전용철도 운영의 휴업·폐업신고

① 신고기한: 휴업 또는 폐업한 경우에 <u>1개월</u> 이내

② 신고할 곳: 국토교통부장관에게 신고

17. 점용허가

(1) 시설물의 점용허가

① **점용허가 방법**: 국토교통부장관은 국가가 소유·관리하는 철도시설에 건물이나 그 밖의 시설물("시설물")을 설치하려는 자에게 「국유재산법」에 불구하고 대통령령으로 정하는 바에 따라 시설물의 종류 및 기간 등을 정하여 점용허가를 할 수 있다.

② **원상회복 의무**: 철도시설의 점용허가를 받은 자는 점용허가기간이 만료되거나 점용을 폐지한 날부터 <u>3월</u> 이내에 점용허가받은 철도시설을 원상으로 회복하여야 한다.

③ **권리와 의무의 이전**: 점용허가로 인하여 발생한 권리와 의무를 이전하려는 경우에는 대통령령으로 정하는 바에 따라 국토교통부장관의 인가를 받아야 한다.

(2) 점용허가를 취소할 수 있는 경우

① 점용허가 목적과 다른 목적으로 철도시설을 점용한 경우

② 시설물의 종류와 경영하는 사업이 철도사업에 지장을 주게 된 경우

③ 점용허가를 받은 날부터 1년 이내에 해당 점용허가의 목적이 된 공사에 착수하지 아니한 경우. 다만, 정당한 사유가 있는 경우에는 1년의 범위에서 공사의 착수기간을 연장할 수 있다.

④ 점용료를 납부하지 아니하는 경우

⑤ 점용허가를 받은 자가 스스로 점용허가의 취소를 신청하는 경우

(3) 점용료

① **점용료 부과**: 국토교통부장관은 대통령령으로 정하는 바에 따라 점용허가를 받은 자에게 점용료를 부과한다.

② 점용료를 감면할 수 있는 경우
  ㉮ 국가에 무상으로 양도하거나 제공하기 위한 시설물을 설치하기 위하여 점용허가를 받은 경우
  ㉯ 시설물을 설치하기 위한 경우로서 공사기간 중에 점용허가를 받거나 임시 시설물을 설치하기 위하여 점용허가를 받은 경우
  ㉰ 「공공주택 특별법」에 따른 공공주택을 건설하기 위하여 점용허가를 받은 경우
  ㉱ 재해, 그 밖의 특별한 사정으로 본래의 철도 점용 목적을 달성할 수 없는 경우
  ㉲ 국민경제에 중대한 영향을 미치는 공익사업으로서 대통령령으로 정하는 사업을 위하여 점용허가를 받은 경우
③ 변상금의 징수: 국토교통부장관은 점용허가를 받지 아니하고 철도시설을 점용한 자에 대하여 점용료의 <u>100분의 120</u>에 해당하는 금액을 변상금으로 징수할 수 있다.

18. 벌칙

(1) 2년 이하의 징역 또는 2천만 원 이하의 벌금
  ① 면허를 받지 아니하고 철도사업을 경영한 자
  ② 거짓이나 그 밖의 부정한 방법으로 철도사업의 면허를 받은 자
  ③ 사업정지처분기간 중에 철도사업을 경영한 자
  ④ 사업계획의 변경명령을 위반한 자
  ⑤ 타인에게 자기의 성명 또는 상호를 빌려주거나 철도사업을 경영하게 한 자
  ⑥ 철도사업자의 공동 활용에 관한 요청을 정당한 사유 없이 거부한 자

(2) 1년 이하의 징역 또는 1천만 원 이하의 벌금
  ① 전용철도를 등록을 하지 아니하고 전용철도를 운영한 자
  ② 거짓이나 그 밖의 부정한 방법으로 전용철도의 등록을 한 자

(3) 1천만 원 이하의 벌금
  ① 국토교통부장관의 인가를 받지 아니하고 공동운수협정을 체결하거나 변경한 자
  ② 우수서비스 마크 또는 이와 유사한 표지를 철도차량 등에 붙이거나 인증 사실을 홍보한 자

19. 과태료

(1) 1천만 원 이하의 과태료
  ① 여객 운임·요금의 신고를 하지 아니한 자
  ② 철도사업약관을 신고하지 아니하거나 신고한 철도사업약관을 이행하지 아니한 자
  ③ 인가를 받지 아니하거나 신고를 하지 아니하고 사업계획을 변경한 자

④ 상습 또는 영업으로 승차권 또는 이에 준하는 증서를 자신이 구입한 가격을 초과한 금액으로 다른 사람에게 판매하거나 이를 알선한 자

(2) 500만 원 이하의 과태료

① 사업용 철도차량의 표시를 하지 아니한 철도사업자
② 회계를 구분하여 경리하지 아니한 자
③ 정당한 사유 없이 철도사업 또는 전용철도 운영에 따른 보고나 서류제출 명령을 이행하지 아니한 자
④ 철도사업자 및 전용철도사업자의 장부, 서류, 시설 또는 그 밖의 물건의 검사를 거부·방해 또는 기피한 자

(3) 100만 원 이하의 과태료: 철두사업자의 준수사항을 위반한 자

(4) 50만 원 이하의 과태료: 철도운수종사자의 준수사항을 위반한 자

20. 철도사업법에서 허가·인가·신고의 종류 및 처리기한

(1) 제정 이유

① 철도사업 관련 민원의 투명하고 신속한 처리와 일선 행정기관의 적극행정을 유도
② 각종 신고 등이 수리가 필요한 신고임을 명시하려는 것임

(2) 신고수리 및 처리 기한

법조문	신고사항	신고자	수리권자	수리여부 통지기한
제9조	여객 운임·요금의 신고 또는 변경신고	철도사업자	국토교통부장관	3일 이내
제10조	여객·화물의 부가운임 산정기준을 정하고 철도사업약관에 포함하여 신고	철도사업자	국토교통부장관	3일 이내
제11조	철도사업약관의 신고 또는 변경신고	철도사업자	국토교통부장관	3일 이내
제12조	사업계획의 변경신고	철도사업자	국토교통부장관	3일 이내
	중요한 사업계획 변경 인가신청	철도사업자	국토교통부장관	(1개월 이내)
제13조	공동운수협정의 체결 또는 변경 인가신청	철도사업자	국토교통부장관	(기한없음)
	공동운수협정의 경미한 사항 변경신고	철도사업자	국토교통부장관	3일 이내
제15조	사업의 휴업·폐업하려는 경우의 허가신청	철도사업자	국토교통부장관	(2개월 이내)
	• 정당한 사유로 휴업하려는 경우의 신고 • 휴업사유가 소멸된 경우의 신고	철도사업자	국토교통부장관	60일 이내
제36조	전용철도의 양도·양수·합병 신고	전용철도운영자	국토교통부장관	30일 이내
제37조	전용철도 운영의 상속신고	전용철도운영자	국토교통부장관	10일 이내

21. 철도운임 산정기준(국토교통부 훈령)

(1) 운임산정 기본원칙

① 철도운임·요금 수준: 철도운송서비스를 제공하는 데 소요된 취득원가 기준에 의한 총괄원가를 보상하는 수준에서 결정되어야 한다.

② 총괄원가(적정원가＋적정투자보수): 철도사업자의 성실하고 능률적인 경영 하에 철도운송서비스를 공급하는 데 소요되는 적정원가에다 철도운송서비스에 공여하고 있는 진실하고 유효한 자산에 대한 적정 투자보수를 가산한 금액으로 한다.

③ 철도운임 산정기준: 발생주의 및 취득원가주의에 따라 계리된 철도운송서비스의 예산서를 기준으로 산정하는 것을 원칙으로 한다.

＊예산서를 기준으로 하는 것이 어려운 경우 결산서를 기준으로 할 수 있으며, 적정원가 및 적정투자보수 산정시 해당 결산서의 범위 내에서 산정한다.

(2) 적정원가 산정

① 영업비용(운송원가＋일반관리비)에

② (＋)규제서비스 제공과 관련하여 발생한 법인세비용 및 영업외비용을 가산하고

③ (－)영업외수익과 공익서비스비용에 대한 보상금을 차감한 금액으로 한다.

(3) 적정원가 주요 구성항목

① 적정원가 기준: 규제서비스 제공과 직접적 연관성이 있는 비용을 기준으로 산정한다.

② 인건비: 예산 편성상 인건비로 처리되는 제비용을 합한 금액으로 한다.

③ 동력비: 열차운행에 소요되는 동력 유류대, 동력전철전기료 등의 합계액을 한다.

④ 수선유지비: 규제서비스와 관련된 정상적인 수익적 지출만을 계상하되 과거의 실적, 사업계획 및 물가변동요인을 감안하여 적정하게 산정한 금액으로 한다.

⑤ 감가상각비: 해당 회계년도에 계상된 상각대상자산의 취득원가에 대하여 정액법에 의거 산정하는 것을 원칙으로 하며, 상각대상자산은 전년도 결산서상 자산가액 및 해당 회계년도의 자산취득, 자산매각, 건설투자계획 등을 고려하여 적정하게 산정하여야 한다.

⑥ 기타경비: 복리후생비, 여비교통비, 통신비, 수도광열비, 세금·공과, 소모품비, 피복비, 도서인쇄비, 지급임차료, 지급수수료, 피해보상비 등 예산서상의 경비로 하되 과거의 실적, 사업계획 및 물가변동요인을 감안하여 적정하게 산정한 금액으로 한다.

⑦ 판매비와 관리비: 적정한 배부기준에 따라 산정한 금액으로 한다.

⑧ 법인세비용: 규제서비스의 공급과 직접 관련된 세전 적정투자보수에서 세후 적정투자보수를 차감한 금액. 단, 국토교통부장관이 소비자의 이익과 서비스의 지속가능성을 고려하여 결정할 수 있다.

(4) 운임체계

① **운임체계**: 철도운임은 규제서비스별 총괄원가를 기준으로 이용자의 부담능력, 편익정도, 사회적·지역적인 특수한 환경을 고려하여 철도이용자간에 부담의 형평이 유지되고 자원이 합리적으로 배분되도록 체계가 형성되어야 한다.

② **수요예측**: 운임산정을 위한 철도수송수요는 과거의 실적, 지역특성 및 사회경제의 동향, 철도사업의 시설규모, 대체수단의 발달 정도 등을 고려하여 규제서비스별로 예측되어야 하며, 필요에 따라 종별·지역별로 수요예측이 이루어져야 한다.

③ **수입의 산정**

㉮ 해당 회계년도의 예산이 확정되어 있을 때에는 예산서상의 수요판단을 기준으로 한 수요량에 적정단가를 곱하여 산정한다.

㉯ 해당 회계년도의 예산이 확정되지 않았을 경우에는 과거의 실적, 해당 회계년도의 사업계획, 사회경제적 동향, 대체수단의 발달정도 등을 고려한 예측수요량에 적용단가를 곱하여 산정한다.

㉰ 적정단가는 영업수입의 총액이 총괄원가와 일치하도록 하는 운임을 말한다.

④ **운임설정**: 철도운임은 철도운송서비스 이용 시 철도사업자가 열차종류별로 정하는 기본거리를 기준으로 운임을 징수하는 기본운임과 이를 초과하는 거리에 대하여 수수하는 초과운임의 2부요금제를 원칙으로 하되, 자원의 효율적 배분을 위하여 필요하다고 인정하는 경우에는 차등요금, 누진요금 등으로 보완할 수 있다.

01

20년 1회·15년 2회

철도사업에 관한 질서를 확립하고 효율적인 운영여건을 조성함으로써 철도사업의 건전한 발전과 철도이용자의 편의를 도모하여 국민경제의 발전에 이바지함을 목적으로 제정한 법은 무엇인가?

① 철도사업법　　　② 철도안전법　　　③ 도시철도법　　　④ 철도산업발전기본법

(해설) 사업법 제1조(목적)

이 법은 철도사업에 관한 질서를 확립하고 효율적인 운영 여건을 조성함으로써 철도사업의 건전한 발전과 철도 이용자의 편의를 도모하여 국민경제의 발전에 이바지함을 목적으로 한다.　　정답 ①

02

23년 1회~2회·18년 2회·15년 2회

철도사업법에서 정한 용어의 설명으로 맞는 것은?

① 철도차량이란 정거장외 본선을 운전할 목적으로 제작된 동력차·객차·화차 및 특수차를 말한다.
② 사유철도란 다른 사람의 수요에 따른 영업을 목적으로 하지 아니하고 자신의 수요에 따라 특수목적을 수행하기 위하여 설치하거나 운영하는 철도를 말한다.
③ 사업용철도란 철도사업 및 철도관련 부대사업을 목적으로 설치 또는 운영하는 전용철도를 말한다.
④ 철도란「철도산업발전기본법」제3조 제1호에 따른 철도를 말한다.

(해설) 사업법 제2조(정의)

1. "철도"란「철도산업발전 기본법」제3조 제1호에 따른 철도를 말한다.
2. "철도시설"이란「철도산업발전 기본법」제3조 제2호에 따른 철도시설을 말한다.
3. "철도차량"이란「철도산업발전 기본법」제3조 제4호에 따른 철도차량을 말한다.
    * 기본법 4. 철도차량: 선로를 운행할 목적으로 제작된 동력차, 객차, 화차 및 특수차
4. "사업용철도"란 철도사업을 목적으로 설치하거나 운영하는 철도를 말한다.
5. "전용철도"란 다른 사람의 수요에 따른 영업을 목적으로 하지 아니하고 자신의 수요에 따라 특수 목적을 수행하기 위하여 설치하거나 운영하는 철도를 말한다.
6. "철도사업"이란 다른 사람의 수요에 응하여 철도차량을 사용하여 유상(有償)으로 여객이나 화물을 운송하는 사업을 말한다.

7. "철도운수종사자"란 철도운송과 관련하여 승무(乘務, 동력차 운전과 열차 내 승무를 말한다. 이하 같다) 및 역무 서비스를 제공하는 직원을 말한다.
8. "철도사업자"란 「한국철도공사법」에 따라 설립된 한국철도공사(이하 "철도공사"라 한다) 및 제5조에 따라 철도사업 면허를 받은 자를 말한다.
9. "전용철도운영자"란 제34조에 따라 전용철도 등록을 한 자를 말한다. **정답** ④

---

03 23년 1회~2회·22년 1회~2회·19년 1회

철도사업법에 정의된 용어의 설명으로 틀린 것은?

① 사업용철도란 철도사업을 목적으로 설치하거나 운영하는 철도를 말한다.
② 전용철도란 다른 사람의 수요에 따른 영업을 목적으로 수행하기 위하여 설치 또는 운영하는 철도를 말한다.
③ 철도사업이란 다른 사람의 수요에 응하여 철도차량을 사용하여 유상(有償)으로 여객이나 화물을 운송하는 사업을 말한다.
④ 철도운수종사자란 철도운송과 관련하여 승무(乘務, 동력차 운전과 열차 내 승무를 말한다) 및 역무서비스를 제공하는 직원을 말한다.

(해설) 사업법 제2조(정의)
"전용철도"란 다른 사람의 수요에 따른 영업을 목적으로 하지 아니하고 <u>자신의 수요에 따라</u> 특수 목적을 수행하기 위하여 설치하거나 운영하는 철도를 말한다. **정답** ②

---

04 18년 2회

철도사업법상 사업용철도노선의 고시 등에 대한 설명으로 틀린 것은?

① 사업용철도노선 분류의 기준이 되는 운행지역, 운행거리 및 운행속도는 국토교통부령으로 정한다.
② 사업용철도노선은 운행지역과 운행거리에 따른 분류로 간선철도와 지선철도, 광역철도로 구분할 수 있다.
③ 사업용철도노선은 운행속도에 따른 분류로 고속철도노선, 준고속철도노선, 일반철도노선으로 구분할 수 있다.
④ 국토교통부장관은 사업용철도노선의 노선번호, 노선명, 기점, 종점, 중요 경과지등 필요한 사항을 국토교통부령으로 정하는 바에 따라 지정·고시하여야 한다.

(해설) 사업법 제4조(사업용철도노선의 고시 등)
① 국토교통부장관은 사업용철도노선의 노선번호, 노선명, 기점(起點), 종점(終點), 중요 경과지(정차역을 포함한다)와 그 밖에 필요한 사항을 국토교통부령으로 정하는 바에 따라 지정·고시하여야 한다.

② 국토교통부장관은 제1항에 따라 사업용철도노선을 지정·고시하는 경우 사업용철도노선을 다음 각 호의 구분에 따라 분류할 수 있다.
  1. 운행지역과 운행거리에 따른 분류
    가. 간선(幹線)철도
    나. 지선(支線)철도
  2. 운행속도에 따른 분류
    가. 고속철도노선
    나. 준고속철도노선
    다. 일반철도노선
③ 제2항에 따른 사업용철도노선 분류의 기준이 되는 운행지역, 운행거리 및 운행속도는 국토교통부령으로 정한다.

정답 ②

05

철도사업법상 사업용철도노선의 유형 분류에 대한 설명으로 틀린 것은?

① 고속철도노선: 철도차량이 대부분의 구간을 300km/h 이상의 속도로 운행할 수 있도록 건설된 노선
② 일반철도노선: 철도차량이 대부분의 구간을 170km/h 미만의 속도로 운행할 수 있도록 건설된 노선
③ 준고속철도노선: 철도차량이 대부분의 구간을 200km/h 이상 300km/h 미만의 속도로 운행할 수 있도록 건설된 노선
④ 간선철도: 특별시·광역시·특별자치시 또는 도 간의 교통수요를 처리하기 위하여 운영 중인 10km 이상의 사업용철도노선으로서 국토교통부장관이 지정한 노선

해설 사업법 시행규칙 제2조의2(사업용철도노선의 유형 분류)
① 법 제4조 제2항 제1호의 운행지역과 운행거리에 따른 사업용철도노선의 분류기준은 다음 각 호와 같다.
  1. 간선철도: 특별시·광역시·특별자치시 또는 도 간의 교통수요를 처리하기 위하여 운영 중인 10km 이상의 사업용철도노선으로서 국토교통부장관이 지정한 노선
  2. 지선철도: 제1호에 따른 간선철도를 제외한 사업용철도노선
② 법 제4조 제2항 제2호의 운행속도에 따른 사업용철도노선의 분류기준은 다음 각 호와 같다.
  1. 고속철도노선: 철도차량이 대부분의 구간을 300km/h 이상의 속도로 운행할 수 있도록 건설된 노선
  2. 준고속철도노선: 철도차량이 대부분의 구간을 200km/h 이상 300km/h 미만의 속도로 운행할 수 있도록 건설된 노선
  3. 일반철도노선: 철도차량이 대부분의 구간을 200km/h 미만의 속도로 운행할 수 있도록 건설된 노선

정답 ②

철도사업법상 국토교통부장관은 사업용철도노선에 대한 필요한 사항을 지정·고시하여야 한다. 그 내용과 가장 거리가 먼 것은?

① 기점, 종점
② 중요 경과지(정차역 포함)
③ 운임 및 요금
④ 노선번호, 노선명
⑤ 통과역

해설 사업법 제4조(사업용철도노선의 고시 등)

① 국토교통부장관은 사업용철도노선의 노선번호, 노선명, 기점(起點), 종점(終點), 중요 경과지(정차역을 포함한다)와 그 밖에 필요한 사항을 국토교통부령으로 정하는 바에 따라 지정·고시하여야 한다.   정답 ③, ⑤

철도사업법에서 철도사업의 면허를 받고자 하는 자가 철도사업면허신청서를 제출할 때 사업계획서에 포함할 내용이 아닌 것은?

① 철도운수종사자의 자격사항 및 확보방안
② 사용할 철도차량의 대수 형식 및 확보계획
③ 철도운임·요금의 수수 또는 환급에 관한 사항
④ 운행횟수, 운행 시간계획 및 선로용량 사용계획

해설 사업법 시행규칙 제3조(철도사업의 면허 등)

② 제1항 제1호의 규정에 의한 사업계획서에는 다음 각 호의 사항을 포함하여야 한다.
   1. 운행구간의 기점·종점·정차역
   2. 여객운송·화물운송 등 철도서비스의 종류
   3. 사용할 철도차량의 대수·형식 및 확보계획
   4. 운행횟수, 운행시간계획 및 선로용량 사용계획
   5. 당해 철도사업을 위하여 필요한 자금의 내역과 조달방법(공익서비스비용 및 철도시설 사용료의 수준을 포함한다)
   6. 철도역·철도차량정비시설 등 운영시설 개요
   7. 철도운수종사자의 자격사항 및 확보방안
   8. 여객·화물의 취급예정수량 및 그 산출의 기초와 예상 사업수지   정답 ③

철도사업법에서 철도사업의 면허기준에 대한 사항으로 거리가 먼 것은?

① 해당 사업의 시작으로 철도교통의 안전에 지장을 줄 염려가 없을 것

② 해당 사업의 운행계획이 그 운행 구간의 철도 수송수요와 이용자의 편의에 적합할 것

③ 해당 사업과 도로교통 사업이 경쟁을 제한하는 범위 내에서 상호 보완적일 것

④ 해당 사업에 사용할 철도차량의 대수, 사용연한 및 규격이 국토교통부령으로 정하는 기준에 맞을 것

해설 사업법 제6조(면허의 기준)

철도사업의 면허기준은 다음 각 호와 같다.

1. 해당 사업의 시작으로 철도교통의 안전에 지장을 줄 염려가 없을 것
2. 해당 사업의 운행계획이 그 운행 구간의 철도 수송 수요와 수송력 공급 및 이용자의 편의에 적합할 것
3. 신청자가 해당 사업을 수행할 수 있는 재정적 능력이 있을 것
4. 해당 사업에 사용할 철도차량의 대수(臺數), 사용연한 및 규격이 국토교통부령으로 정하는 기준에 맞을 것

정답 ③

철도사업법상 철도사업의 면허를 받을 수 없는 경우(결격사유)가 아닌 것은?

① 법인의 임원 중 파산선고를 받고 복권되지 아니한 자

② 법인의 임원 중 피성년후견인 또는 피한정후견인 자

③ 철도사업법에 따라 전용철도의 등록이 취소된 후 그 취소일로부터 1년이 경과한 자

④ 법인의 임원 중 이 법 또는 대통령령으로 정하는 철도 관계 법령을 위반하여 금고 이상의 실형을 선고받고 그 집행이 끝나거나 면제된 날부터 2년이 지나지 아니한 사람이 있는 법인

해설 사업법 제7조(철도사업 면허의 결격사유)

1. 법인의 임원 중 피성년후견인 또는 피한정후견인이 있는 법인
2. 법인의 임원 중 파산선고를 받고 복권되지 아니한 사람이 있는 법인
3. 법인의 임원 중 이 법 또는 대통령령으로 정하는 철도 관계 법령을 위반하여 금고 이상의 실형을 선고받고 그 집행이 끝나거나 면제된 날부터 2년이 지나지 아니한 사람이 있는 법인
4. 법인의 임원 중 이 법 또는 대통령령으로 정하는 철도 관계 법령을 위반하여 금고 이상의 형의 집행유예를 선고받고 그 유예 기간 중에 있는 사람이 있는 법인
5. 철도사업의 면허가 취소된 후 그 취소일부터 2년이 지나지 아니한 법인

제35조(전용철도 등록의 결격사유)

위 1~4호의 임원이 있는 법인과 전용철도의 등록이 취소된 후 그 취소일부터 <u>1년</u>이 지나지 아니한 자 ③

철도사업법에서 정하고 있는 철도운임·요금의 신고 등에 관한 설명으로 틀린 것은?

① 국토교통부장관은 여객운임의 상한을 지정함에 있어 미리 철도사업자와 협의하여야 한다.

② 철도사업자는 운임·요금을 정하거나 변경하고자하는 때에는 국토교통부장관에게 신고하여야 한다.

③ 철도사업자는 여객운임의 경우에는 국토교통부장관이 지정, 고시한 여객운임의 상한을 초과하여서는 아니 된다.

④ 철도사업자는 운임·요금을 정하거나 변경함에 있어서 원가와 버스 등 다른 교통수단의 운임·요금과의 형평성 등을 고려하여야 한다.

⑤ 국토교통부장관은 철도사업자로부터 운임·요금 신고 또는 변경신고를 받은 날부터 7일 이내에 신고수리 여부를 신고인에게 통지하여야 한다.

(해설) 사업법 제9조(여객 운임·요금의 신고 등)

① 철도사업자는 여객에 대한 운임(여객운송에 대한 직접적인 대가를 말하며, 여객운송과 관련된 설비·용역에 대한 대가는 제외한다.)·요금을 국토교통부장관에게 신고하여야 한다. 이를 변경하려는 경우에도 같다.

② 철도사업자는 여객 운임·요금을 정하거나 변경하는 경우에는 원가(原價)와 버스 등 다른 교통수단의 여객 운임·요금과의 형평성 등을 고려하여야 한다. 이 경우 여객에 대한 운임은 사업용철도노선의 분류, 철도차량의 유형 등을 고려하여 국토교통부장관이 지정·고시한 상한을 초과하여서는 아니 된다.

③ 국토교통부장관은 제2항에 따라 여객 운임의 상한을 지정하려면 미리 <u>기획재정부장관과 협의</u>하여야 한다.

④ 국토교통부장관은 제1항에 따른 신고 또는 변경신고를 받은 날부터 3일 이내에 신고수리 여부를 신고인에게 통지하여야 한다. (2020.12.22.추가)

⑤ 철도사업자는 제1항에 따라 신고 또는 변경신고를 한 여객 운임·요금을 그 시행 1주일 이전에 인터넷 홈페이지, 관계 역·영업소 및 사업소 등 일반인이 잘 볼 수 있는 곳에 게시하여야 한다.　　　　　　　　　　　　　　　　[정답] ①, ⑤

다음 (　) 안에 들어갈 내용으로 맞는 것은?

> 철도사업자는 운임·요금의 신고 또는 변경신고와 관련하여 그 시행 (㉠) 이전에 운임·요금을 삼면하는 경우에는 그 시행 (㉡) 이전에 인터넷 홈페이지, 관계 역·영업소 및 사업소 등 일반인이 잘 볼 수 있는 곳에 게시하여야 한다.

① ㉠ 1주일,　㉡ 3일　　　　　　　② ㉠ 1주일,　㉡ 1주일

③ ㉠ 1개월,　㉡ 3일　　　　　　　④ ㉠ 1개월,　㉡ 1주일

(해설) 사업법 제9조(여객 운임·요금의 신고 등)　　　　　　　　　　　　[정답] ①

철도사업법에서 정의한 운임·요금의 신고에 관한 설명으로 틀린 것은?

① 철도사업자는 운임·요금을 국토교통부장관에게 신고하여야 한다.

② 국토교통부장관은 여객 운임의 상한을 지정하려면 미리 기획재정부장관과 협의하여야 한다.

③ 철도사업자는 신고 또는 변경신고를 한 운임·요금을 그 시행 1주일 이전에 인터넷 홈페이지, 관계 역·영업소 및 사업소 등 일반인이 잘 볼 수 있는 곳에 게시하여야 한다.

④ 철도사업자는 긴급한 경우를 제외하고 철도 사업의 경영상 필요하다고 인정되어 운임·요금을 감면하는 경우에는 그 시행 5일 이전에 감면 사항을 인터넷 홈페이지, 관계역·영업소 및 사업소 등 일반인이 잘 볼 수 있는 곳에 게시하여야 한다.

해설 사업법 제9조의2(여객 운임·요금의 감면)

① 철도사업자는 재해복구를 위한 긴급지원, 여객 유치를 위한 기념행사, 그 밖에 철도사업의 경영상 필요하다고 인정되는 경우에는 일정한 기간과 대상을 정하여 제9조 제1항에 따라 신고한 여객 운임·요금을 감면할 수 있다.

② 철도사업자는 제1항에 따라 여객 운임·요금을 감면하는 경우에는 <u>그 시행 3일 이전에</u> 감면 사항을 인터넷 홈페이지, 관계 역·영업소 및 사업소 등 일반인이 잘 볼 수 있는 곳에 게시하여야 한다. 다만, 긴급한 경우에는 미리 게시하지 아니할 수 있다.   **정답** ④

철도사업법령에서 국토교통부장관이 여객에 대한 운임의 상한을 지정·고시함에 있어 고려할 사항이 아닌 것을 모두 고르시오?

① 원가수준

② 물가상승률

③ 운행거리 및 소요시간

④ 다른 교통수단과의 형평성

⑤ 최저임금법

해설 사업법 시행령 제4조(여객 운임의 상한지정 등)

① 국토교통부장관은 법 제9조 제2항 후단에 따라 여객에 대한 운임(이하 "여객 운임"이라 한다)의 상한을 지정하는 때에는 <u>물가상승률, 원가수준, 다른 교통수단과의 형평성</u>, 법 제4조 제2항에 따른 사업용철도노선(이하 "사업용철도노선"이라 한다)의 분류와 법 제4조의2에 따른 철도차량의 유형 등을 고려하여야 하며, <u>여객 운임의 상한을 지정한 경우에는 이를 관보에 고시하여야 한다.</u>

② 국토교통부장관은 제1항에 따라 여객 운임의 상한을 지정하기 위하여 「철도산업발전기본법」 제6조에 따른 철도산업위원회 또는 철도나 교통 관련 전문기관 및 전문가의 의견을 들을 수 있다.

⑤ 국토교통부장관이 여객 운임의 상한을 지정하려는 때에는 철도사업자로 하여금 원가계산 그 밖에 여객 운임의 산출기초를 기재한 서류를 제출하게 할 수 있다.   **정답** ③, ⑤

철도사업법에서 여객운임이 상한지정과 관련한 내용으로 틀린 것은?

① 물가상승률, 원가수준, 다른 교통수단과의 형평성, 사업용철도노선의 분류와 철도차량의 유형 등을 고려하여야 한다.

② 철도산업위원회 또는 철도나 교통 관련 전문기관 및 전문가의 의견을 들어야 한다.

③ 여객 운임의 상한을 지정한 경우에는 이를 관보에 고시하여야 한다.

④ 철도사업자로 하여금 원가계산 그 밖에 여객 운임의 산출기초를 기재한 서류를 제출하게 할 수 있다.

⑤ 국토교통부장관은 여객 운임의 상한을 지정하려면 미리 기획재정부장관의 승인을 받아야 한다.

(해설) 사업법 제9조(여객 운임·요금의 신고 등), 시행령 제4조(여객 운임의 상한지정 등)   정답 ②, ⑤

철도사업자는 여객에 대한 운임·요금을 누구에게 신고하여야 하는가?

① 대통령   ② 한국철도공사사장
③ 검찰총장   ④ 국토교통부장관

(해설) 사업법 시행령 제4조(여객 운임의 상한지정 등)   정답 ④

철도사업법에서 철도사업자의 부가운임 징수에 관한 내용으로 틀린 것은?

① 여객의 부가운임은 승차구간에 상당하는 운임 외에 그의 30배의 범위에서 징수할 수 있다.

② 여객이 정당한 승차권을 소지하고 열차를 이용한 경우에 부가운임을 징수할 수 있다.

③ 부가운임에 관한 사항은 철도사업약관에 포함하여 국토교통부장관에게 신고하여야 한다.

④ 송하인이 운송장에 적은 화물의 품명·중량·용적 또는 개수에 따라 계산한 운임이 정당한 사유 없이 정상 운임보다 적은 경우에는 송하인에게 그 부족 운임 외에 그 부족 운임의 5배의 범위에서 부가 운임을 징수할 수 있다.

(해설) 철도사업법 제10조(부가 운임의 징수)

① 철도사업자는 열차를 이용하는 여객이 정당한 운임·요금을 지급하지 아니하고 열차를 이용한 경우에는 승차 구간에 해당하는 운임 외에 그의 30배의 범위에서 부가 운임을 징수할 수 있다.

② 철도사업자는 송하인이 운송장에 적은 화물의 품명·중량·용적 또는 개수에 따라 계산한 운임이 정당한 사유 없이 정상 운임보다 적은 경우에는 송하인에게 그 부족 운임 외에 그 부족 운임의 5배의 범위에서 부가 운임을 징수할 수 있다.

③ 철도사업자는 제1항 및 제2항에 따른 부가 운임을 징수하려는 경우에는 사전에 부가 운임의 징수 대상 행위, 열차의 종류 및 운행 구간 등에 따른 부가 운임 산정기준을 정하고 제11조에 따른 철도사업약관에 포함하여 국토교통부장관에게 신고하여야 한다.

④ 국토교통부장관은 제3항에 따른 신고를 받은 날부터 3일 이내에 신고수리 여부를 신고인에게 통지하여야 한다.

정답 ②

17

철도사업법에서 철도사업자가 부가운임을 징수하고자 하는 경우 미리 정할 사항으로 틀린 것은?

① 열차종별 부가운임
② 운행시간별 부가운임
③ 운행구간별 부가운임
④ 부가운임의 징수대상 행위

해설 사업법 제10조(부가 운임의 징수)

정답 ②

18
23년 2회·18년 2회

철도사업법에서 열차를 이용하는 여객이 정당한 운임·요금을 지불하지 아니하고 열차를 이용한 경우 승차구간에 해당하는 운임 외에 그의 몇 배의 범위에서 부가운임을 징수할 수 있는가?

① 5배
② 10배
③ 20배
④ 30배

해설 사업법 제10조(부가 운임의 징수)

정답 ④

19
22년 1회·21년 2회·16년 1회 수정

철도사업법에 대한 설명으로 틀린 것은?

① 철도사업자는 열차를 이용하는 여객이 정당한 운임·요금을 지불하지 아니하고 열차를 이용한 경우에는 승차 구간에 해당하는 운임의 30배 범위에서 부가운임을 징수할 수 있다.

② 철도사업자는 운임. 요금을 신고 또는 변경신고를 한 때에는 그 시행 1주일 이전에 인터넷 홈페이지, 관계 역·영업소 및 사업소 등 일반인이 잘 볼 수 있는 곳에 게시하여야 한다.

③ 철도사업자는 긴급한 경우를 제외하고 운임·요금을 감면하는 경우에는 그 시행 3일 이전에 감면 사항을 인터넷 홈페이지, 관계 역·영업소 및 사업소 등 일반인이 잘 볼 수 있는 곳에 게시하여야 한다.

④ 국토교통부장관은 여객 운임의 상한을 지정하려면 미리 기획재정부장관과 협의하여야 한다.

해설 사업법 제10조(부가 운임의 징수)

정답 ①

철도사업법상 운임·요금에 관한 설명 중 틀린 것은?

① 철도사업자는 운임·요금의 변경신고는 국토교통부 장관에게 하여야 한다.
② 정당승차권을 소지하지 않은 경우 승차구간에 해당하는 운임과 30배의 범위내 부가금을 징수할 수 있다.
③ 국토교통부장관은 여객 운임의 상한을 지정하려면 미리 기획재정부장관과 협의하여야 한다.
④ 운임·요금의 변경이 있을 경우 시행 한달 전에 일반인이 잘 보이는 곳에 게시하여야 한다.

(해설) 철도사업법 제9조(여객 운임·요금의 신고 등), 제10조(부가운임의 징수)   정답 ④

철도사업법에서 국토교통부장관에게 신고해야 하는 사항이 아닌 것은?

① 운임·요금   ② 철도사업약관
③ 여객열차 운행구간의 변경   ④ 전용철도 운영의 양도·양수

(해설) 사업법 제12조(사업계획의 변경), 시행령 제5조(사업계획의 중요한 사항의 변경)

제12조(사업계획의 변경) ① 철도사업자는 사업계획을 변경하려는 경우에는 국토교통부장관에게 신고하여야 한다. 다만, 대통령령으로 정하는 중요 사항을 변경하려는 경우에는 국토교통부장관의 인가를 받아야 한다.

시행령 제5조(사업계획의 중요한 사항의 변경) 법 제12조 제1항 단서에서 "대통령령으로 정하는 중요 사항을 변경하려는 경우"란 다음 각 호의 어느 하나에 해당하는 경우를 말한다.
1. 철도이용수요가 적어 수지균형의 확보가 극히 곤란한 벽지 노선으로서 「철도산업발전기본법」 제33조 제1항에 따라 공익서비스비용의 보상에 관한 계약이 체결된 노선의 철도운송서비스(철도여객운송서비스 또는 철도화물 운송서비스를 말한다)의 종류를 변경하거나 다른 종류의 철도운송서비스를 추가하는 경우
2. 운행구간의 변경(여객열차의 경우에 한한다)
3. 사업용철도노선별로 여객열차의 정차역을 신설 또는 폐지하거나 10분의 2 이상 변경하는 경우
4. 사업용철도노선별로 10분의 1 이상의 운행횟수의 변경(여객열차의 경우에 한한다). 다만, 공휴일·방학기간 등 수송수요와 열차운행계획상의 수송력과 현저한 차이가 있는 경우로서 3월 이내의 기간 동안 운행횟수를 변경하는 경우를 제외한다.   정답 ③

철도사업법상 대통령령으로 정하는 사업계획의 중요 사항을 변경하려는 경우가 아닌 것은?

① 철도이용수요가 적어 수지균형의 확보가 극히 곤란한 벽지 노선으로서 「철도산업발전기본법」 제33조 제1항에 따라 공익서비스비용의 보상에 관한 계약이 체결된 노선의 철도운송서비스를 변경하거나 다른 종류의 철도운송서비스를 추가하는 경우

② 운행구간의 변경(여객열차의 경우에 한한다)

③ 사업용철도노선별로 여객열차의 정차역을 신설 또는 폐지하거나 10분의 2 이상 변경하는 경우

④ 사업용철도노선별로 10분의 2 이상의 운행횟수의 변경(여객열차의 경우에 한한다).

(해설) 사업법 시행령 제5조(사업계획의 중요한 사항의 변경)

4. 사업용철도노선별로 10분의 1 이상의 운행횟수의 변경(여객열차의 경우에 한한다). 다만, 공휴일·방학기간 등 수송수요와 열차운행계획상의 수송력과 현저한 차이가 있는 경우로서 3월 이내의 기간 동안 운행횟수를 변경하는 경우를 제외한다.

정답 ④

다음의 내용 중 ㉠, ㉡에 들어갈 용어로 맞는 것은?

> 철도사업법에서 철도사업자는 다른 철도사업자와 공동경영에 관한 계약이나 그 밖의 운수에 관한 협정을 체결하거나 변경하려는 경우에는 국토교통부장관의 (㉠)을(를) 받아야 한다. 이때 국토교통부장관은 공동운수협정을 (㉠)하려면 미리 (㉡)와 협의하여야 한다.

① ㉠: 인가, ㉡: 기획재정부

② ㉠: 승인, ㉡: 기획재정부

③ ㉠: 인가, ㉡: 공정거래위원회

④ ㉠: 승인, ㉡: 공정거래위원회

(해설) 사업법 제13조(공동운수협정)

① 철도사업자는 다른 철도사업자와 공동경영에 관한 계약이나 그 밖의 운수에 관한 협정(이하 "공동운수협정"이라 한다)을 체결하거나 변경하려는 경우에는 국토교통부령으로 정하는 바에 따라 국토교통부장관의 인가를 받아야 한다. 다만, 국토교통부령으로 정하는 경미한 사항을 변경하려는 경우에는 국토교통부령으로 정하는 바에 따라 국토교통부장관에게 신고하여야 한다.

② 국토교통부장관은 제1항 본문에 따라 공동운수협정을 인가하려면 미리 공정거래위원회와 협의하여야 한다.

정답 ③

철도사업법령상 철도사업자는 공동운수협정의 변경을 신고하고자 하는 경우에는 공동운수협정 변경신고서에 첨부하여야 하는데, 그 서류가 아닌 것은?

① 공동운수협정의 변경사유서
② 철도 사업자간 수입·비용의 배분 기준
③ 신·구 공동운수협정을 대비한 서류 또는 도면
④ 당해 철도사업자간 합의를 증명할 수 있는 서류

(해설) 사업법 시행규칙 제9조(공동운수협정의 인가 등)
① 철도사업자는 법 제13조 제1항 본문의 규정에 의한 공동경영에 관한 계약 그 밖의 운수에 관한 협정(이하 "공동 운수협정"이라 한다)을 체결하기나 인가받은 사항을 변경하고자 하는 때에는 다른 철도사업사와 공농으로 별지 제9호서식의 공동운수협정(변경)인가신청서에 다음 각 호의 서류를 첨부하여 국토교통부장관에게 제출하여야 한다.
  1. 공동운수협정 체결(변경)사유서
  2. 공동운수협정서 사본
  3. 신·구 공동운수협정을 대비한 서류 또는 도면(공동운수협정을 변경하는 경우에 한한다)   **정답** ②

철도사업법 시행령에서 정한, 사업계획의 변경을 제한할 수 있는 철도사고의 기준에 관한 다음 의 내용에서 (   ) 안에 들어갈 내용으로 맞는 것은?

> 대통령령이 정하는 기준이라 함은 사업계획의 변경을 신청한 날이 포함된 연도의 직전 연도 열차운 행거리 (㉠)만 킬로미터당 철도사고로 인한 사망자수 또는 철도사고의 발생횟수가 최근(직전연도 를 제외한다) (㉡)년간 평균보다 10분의 (㉢) 이상 증가한 경우를 말한다.

① ㉠ 100, ㉡ 3, ㉢ 1   ② ㉠ 100, ㉡ 3, ㉢ 2
③ ㉠ 100, ㉡ 5, ㉢ 1   ④ ㉠ 100, ㉡ 5, ㉢ 2

(해설) 사업법 시행령 제6조(사업계획의 변경을 제한할 수 있는 철도사고의 기준)
법 제12조 제2항 제4호에서 "대통령령으로 정하는 기준"이란 사업계획의 변경을 신청한 날이 포함된 연도의 직전 연도의 열차운행거리 100만 킬로미터당 철도사고(철도사업자 또는 그 소속 종사자의 고의 또는 과실에 의한 철도사 고를 말한다. 이하 같다)로 인한 사망자수 또는 철도사고의 발생횟수가 최근(직전연도를 제외한다) 5년간 평균보다 10분의 2 이상 증가한 경우를 말한다.   **정답** ④

철도사업법령에서 사업계획의 변경을 제한할 수 있는 철도 사고의 기준으로 대통령령이 정하는 기준으로 맞는 것은?

① 사업계획의 변경을 신청한 날이 포함된 연도의 직전연도의 열차운행거리 100만킬로미터당 철도사고로 인한 사망자수가 최근(직전연도를 포함) 3년간 평균보다 10분의 2 이상 증가한 경우
② 사업계획의 변경을 신청한 날이 포함된 연도의 직전연도의 열차운행거리 100만킬로미터당 철도사고로 인한 사망자수가 최근(직전연도를 제외) 5년간 평균보다 10분의 2 이상 증가한 경우
③ 사업계획의 변경을 신청한 날이 포함된 연도의 직전연도의 열차운행거리 100만킬로미터당 철도사고로 인한 사망자수가 최근(직전연도를 제외) 3년간 평균보다 10분의 2 이상 증가한 경우
④ 사업계획의 변경을 신청한 날이 포함된 연도의 직전연도의 열차운행거리 100만킬로미터당 철도사고로 인한 사망자수가 최근(직전연도를 포함) 5년간 평균보다 10분의 2 이상 증가한 경우

(해설) 사업법 시행령 제6조(사업계획의 변경을 제한할 수 있는 철도사고의 기준)   정답 ②

27

철도사업법에서 정한 내용으로 가장 거리가 먼 것은?

① 국토교통부장관은 여객운임의 상한을 지정함에 있어 미리 기획재정부장관과 협의하여야 한다.
② 국토교통부장관은 철도서비스의 품질을 평가한 경우에는 그 평가 결과를 대통령령으로 정하는 바에 따라 신문 등 대중매체를 통하여 공표하여야 한다.
③ 철도사업자는 열차를 이용하는 여객이 정당한 운임·요금을 지불하지 아니하고 열차를 이용한 경우에는 승차구간에 상당하는 운임 외에 그의 30배에 범위에서 부가 운임을 징수할 수 있다.
④ 전용철도를 운영하고자 하는 자는 국토교통부령이 정하는 바에 따라 전용철도의 건설·운전·보안 및 운송에 관한 사항이 포함된 운영계획서를 첨부하여 국토교통부장관에게 인가를 받아야 한다.

(해설) 사업법 제9조, 제10조, 제27조, 제34조 참조
전용철도 운영은 국토교통부장관에게 등록을 하여야 함   정답 ④

철도사업법령상 철도사업자가 그 사업의 전부 또는 일부를 휴업 또는 폐업하려는 경우의 설명으로 틀린 것은?

① 국토교통부령이 정하는 바에 의하여 국토교통부장관의 허가를 받아야 한다.

② 선로의 파괴로 인하여 운행을 휴지한 경우에는 국토교통부장관에게 신고한다.

③ 선로 또는 교량의 파괴, 철도시설의 개량, 그 밖의 정당한 사유로 휴업하는 경우를 제외하고 휴업기간은 6개월을 넘을 수 없다.

④ 사업을 폐업하려는 경우에는 사업의 내용과 그 기간 등을 인터넷 홈페이지, 관계 역·영업소 및 사업소 등 일반인이 잘 볼 수 있는 곳에 1개월 이내에 게시하여야 한다.

(해설) **사업법 제15조(사업의 휴업·폐업)**

① 철도사업자가 그 사업의 전부 또는 일부를 휴업 또는 폐업하려는 경우에는 국토교통부령으로 정하는 바에 따라 국토교통부장관의 허가를 받아야 한다. 다만, 선로 또는 교량의 파괴, 철도시설의 개량, 그 밖의 정당한 사유로 휴업하는 경우에는 국토교통부령으로 정하는 바에 따라 국토교통부장관에게 신고하여야 한다.

② 제1항에 따른 휴업기간은 6개월을 넘을 수 없다. 다만, 제1항 단서에 따른 휴업의 경우에는 예외로 한다.

③ 제1항에 따라 허가를 받거나 신고한 휴업기간 중이라도 휴업 사유가 소멸된 경우에는 국토교통부장관에게 신고하고 사업을 재개(再開)할 수 있다.

④ 철도사업자는 철도사업의 전부 또는 일부를 휴업 또는 폐업하려는 경우에는 대통령령으로 정하는 바에 따라 휴업 또는 폐업하는 사업의 내용과 그 기간 등을 인터넷 홈페이지, 관계 역·영업소 및 사업소 등 일반인이 잘 볼 수 있는 곳에 게시하여야 한다.

시행령 제7조(사업의 휴업·폐업 내용의 게시) 철도사업자는 법 제15조 제1항에 따라 철도사업의 휴업 또는 폐업의 허가를 받은 때에는 <u>그 허가를 받은 날부터 7일 이내</u>에 법 제15조 제4항에 따라 다음 각 호의 사항을 철도사업자의 인터넷 홈페이지, 관계 역·영업소 및 사업소 등 일반인이 잘 볼 수 있는 곳에 게시하여야 한다. 다만, 법 제15조 제1항 단서에 따라 휴업을 신고하는 경우에는 해당 사유가 발생한 때에 즉시 다음 각 호의 사항을 게시하여야 한다.

1. 휴업 또는 폐업하는 철도사업의 내용 및 그 사유
2. 휴업의 경우 그 기간
3. 대체교통수단 안내
4. 그 밖에 휴업 또는 폐업과 관련하여 철도사업자가 공중에게 알려야 할 필요성이 있다고 인정하는 사항이 있는 경우 그에 관한 사항

정답 ④

29

철도사업법령상 철도사업의 휴업 또는 폐업에 관한 설명으로 틀린 것은?

① 휴업 또는 폐업 예정일 3개월 전에 철도사업휴업(폐업)허가신청서에 서류를 첨부하여 국토교통부장관에게 제출하여야 한다.

② 허가를 받거나 신고한 휴업기간 중이라도 휴업 사유가 소멸된 경우에는 국토교통부장관에게 신고하고 사업을 재개(再開)할 수 있다.

③ 국토교통부장관에게 신고하여야 하는 휴업을 제외하고 휴업기간은 1년을 넘을 수 없다.

④ 철도사업의 휴업 또는 폐업의 허가를 받은 때에는 그 허가를 받은 날부터 7일 이내에 게시하여야 한다.

(해설) 시행규칙 제11조(사업의 휴업·폐업)

① 철도사업자는 법 제15조 제1항 본문에 따라 철도사업의 전부 또는 일부에 대하여 휴업 또는 폐업의 허가를 받으려면 휴업 또는 폐업 예정일 3개월 전에 별지 제13호서식의 철도사업휴업(폐업)허가신청서에 다음 각 호의 서류를 첨부하여 국토교통부장관에게 제출하여야 한다.
  1. 사업의 휴업 또는 폐업에 관한 총회 또는 이사회의 의결서 사본
  2. 휴업 또는 폐업하려는 철도노선, 정거장, 열차의 종별 등에 관한 사항을 적은 서류
  3. 철도사업의 휴업 또는 폐업을 하는 경우 대체 교통수단의 이용에 관한 사항을 적은 서류
② 국토교통부장관은 제1항에 따라 철도사업의 휴업 또는 폐업 허가의 신청을 받은 경우에는 허가신청을 받은 날부터 2개월 이내에 신청인에게 허가 여부를 통지하여야 한다. **[정답] ③**

30

철도사업법에서 철도사업관리에 대한 설명으로 틀린 것은?

① 철도사업자에게 과징금을 부과하는 위반행위의 종류, 과징금의 부과기준·징수방법 등 필요한 사항은 국토교통부령으로 정한다.

② 철도사업자는 열차를 이용하는 여객이 정당한 운임·요금을 지불하지 아니하고 열차를 이용한 경우에는 승차 구간에 해당하는 운임 외에 그의 30배 범위에서 부가 운임을 징수할 수 있다.

③ 국토교통부장관은 철도사업자가 다른 철도사업자와 공동경영에 관한 협정(공동운수협정)을 체결하거나 변경하려는 경우에는 미리 공정거래위원회와 협의하여 인가를 하여야 한다.

④ 철도사업자는 철도사업의 전부 또는 일부를 휴업 또는 폐업하려는 경우에는 대통령령으로 정하는 바에 따라 휴업 또는 폐업하는 사업의 내용과 그 기간 등을 인터넷 홈페이지, 관계역·영업소 및 사업소 등 일반인이 잘 볼 수 있는 곳에 게시하여야 한다.

(해설) 사업법 제17조(과징금처분)

① 국토교통부장관은 제16조 제1항에 따라 철도사업자에게 사업정지처분을 하여야 하는 경우로서 그 사업정지처분이 그 철도사업자가 제공하는 철도서비스의 이용자에게 심한 불편을 주거나 그 밖에 공익을 해칠 우려가 있을 때에는 그 사업정지처분을 갈음하여 1억 원 이하의 과징금을 부과·징수할 수 있다.

② 제1항에 따라 과징금을 부과하는 위반행위의 종류, 과징금의 부과기준·징수방법 등 필요한 사항은 대통령령으로 정한다.

③ 국토교통부장관은 제1항에 따라 과징금 부과처분을 받은 자가 납부기한까지 과징금을 내지 아니하면 국세 체납처분의 예에 따라 징수한다.

정답 ①

31
20년 2회·17년 1회

철도사업법에서 국토교통부령으로 정하는 사항으로 틀린 것은?

① 철도서비스의 기준, 품질평가의 항목·절차 등에 필요한 사항
② 전용철도사업의 운영에 관하여 검사를 하는 공무원의 증표에 관한 사항
③ 운송의 안전과 여객 및 화주(貨主)의 편의를 위하여 철도사업자가 준수하여야 할 사항
④ 철도사업자에게 과징금을 부과하는 위반행위의 종류, 부과기준, 징수방법 등 필요한 사항

(해설) 사업법 제17조(과징금처분)
④는 대통령령으로 정한다.

정답 ④

32
18년 2회

철도사업법령에서 정한 여객운임·요금에 대한 설명으로 틀린 것은?

① 국토교통부장관은 여객 운임의 상한을 지정하려면 미리 기획재정부장관과 협의하여야 한다.
② 철도사업자는 여객 운임·요금을 정하거나 변경하는 경우에는 원가(原價)와 버스 등 다른 교통수단의 여객 운임·요금과의 형평성 등을 고려하여야 한다.
③ 국토교통부장관은 여객에 대한 운임의 상한을 지정하는 때에는 물가상승률, 원가수준, 다른 교통수단과의 형평성, 철도차량의 유형 등을 고려하여야 한다.
④ 철도사업자는 사업용 철도를 도시철도법에 의한 도시철도운영자 운영하는 도시철도와 연결하여 운행하려는 때에는 여객 운임·요금의 신고 또는 변경신고를 하기 전에 여객 운임·요금 및 그 변경시기에 관하여 시·도지사와 협의하여야 한다.

(해설) 사업법 제19조, 사업법 시행령 제3조~제4조
시·도지사 협의 ⇨ 당해 도시철도운영자와 협의

정답 ④

철도사업법에서 철도사업자의 준수사항으로 틀린 것은?

① 정당한 사유 없이 운송계약의 체결을 거부하는 등 철도운송질서를 저해하는 행위를 하여서는 아니 된다.

② 운송의 안전과 여객 및 화주의 편의를 위하여 철도사업자가 준수하여야 할 사항은 대통령령으로 정한다.

③ 운전업무 실무수습 이수 등 철도차량의 운전업무수행에 필요한 요건을 갖추지 아니한 자를 운전업무에 종사하게 하여서는 아니 된다.

④ 철도사업자는 여객 운임표, 여객 요금표, 감면 사항 및 철도사업약관을 인터넷 홈페이지에 게시하고 관계역 · 영업소 및 사업소 등에 갖추어 두어야 하며, 이용자가 요구하는 경우에는 제시하여야 한다.

(해설) **사업법 제20조(철도사업자의 준수사항)**

① 철도사업자는 「철도안전법」 제21조에 따른 요건을 갖추지 아니한 사람을 운전업무에 종사하게 하여서는 아니 된다.

② 철도사업자는 사업계획을 성실하게 이행하여야 하며, 부당한 운송 조건을 제시하거나 정당한 사유 없이 운송계약의 체결을 거부하는 등 철도운송 질서를 해치는 행위를 하여서는 아니 된다.

③ 철도사업자는 여객 운임표, 여객 요금표, 감면 사항 및 철도사업약관을 인터넷 홈페이지에 게시하고 관계 역 · 영업소 및 사업소 등에 갖추어 두어야 하며, 이용자가 요구하는 경우에는 제시하여야 한다.

④ 제1항부터 제3항까지에 따른 준수사항 외에 운송의 안전과 여객 및 화주(貨主)의 편의를 위하여 철도사업자가 준수하여야 할 사항은 <u>국토교통부령</u>으로 정한다. **정답** ②

국토교통부장관은 원활한 철도운송 서비스의 개선 및 공공복리의 증진을 위해 필요하다고 인정하는 경우에는 철도사업자에게 사업의 개선명령을 할 수 있다. 이 개선사항에 해당되지 않는 것은?

① 사업계획의 변경 및 철도사업약관의 변경

② 철도사업자에 대한 자질향상을 위한 교육 및 운임 · 요금 징수 방식의 개선

③ 안전운송의 확보 및 서비스의 향상을 위하여 필요한 조치

④ 철도차량 및 철도사고에 관한 손해배상 한도에 관한 사항

⑤ 철도차량 및 운송 관련 장비 · 시설의 개선

(해설) **사업법 제21조(사업의 개선명령)**

국토교통부장관은 원활한 철도운송, 서비스의 개선 및 운송의 안전과 그 밖에 공공복리의 증진을 위하여 필요하다고 인정하는 경우에는 철도사업자에게 다음 각 호의 사항을 명할 수 있다.

1. 사업계획의 변경

2. 철도차량 및 운송 관련 장비·시설의 개선
3. 운임·요금 징수 방식의 개선
4. 철도사업약관의 변경
5. 공동운수협정의 체결
6. 철도차량 및 철도사고에 관한 손해배상을 위한 보험에의 가입
7. 안전운송의 확보 및 서비스의 향상을 위하여 필요한 조치
8. 철도운수종사자의 양성 및 자질향상을 위한 교육   **정답** ②, ④

35

철도사업에 종사하는 철도운수종사자의 준수사항으로 틀린 것은?

① 부당한 운임 또는 요금을 요구하거나 받는 행위를 하여서는 아니 된다.

② 여객과 화주의 요구로 여객 또는 화물을 중도에서 내리게 하는 행위를 하여서는 아니 된다.

③ 여객운임 및 요금표, 철도사업약관을 인터넷 홈페이지에 게시하고 관계역에 비치하여야 한다.

④ 안전운행과 여객 및 화주의 편의를 위하여 국토교통부령으로 정하는 사항을 위반하는 행위를 하여서는 아니 된다.

⑤ 정당한 사유 없이 여객 또는 화물의 운송을 거부하는 행위를 하여서는 아니 된다.

해설 사업법 제22조(철도운수종사자의 준수사항)
철도사업에 종사하는 철도운수종사자는 다음에 해당하는 행위를 하여서는 안 된다.
1. 정당한 사유 없이 여객 또는 화물의 운송을 거부하거나 여객 또는 화물을 중도에서 내리게 하는 행위
2. 부당한 운임 또는 요금을 요구하거나 받는 행위
3. 그 밖에 안전운행과 여객 및 화주의 편의를 위하여 철도운수종사자가 준수하여야 할 사항으로서 국토교통부령으로 정하는 사항을 위반하는 행위

제20조(철도사업자의 준수사항) ② 철도사업자는 사업계획을 성실하게 이행하여야 하며, 부당한 운송 조건을 제시하거나 정당한 사유 없이 운송계약의 체결을 거부하는 등 철도운송 질서를 해치는 행위를 하여서는 아니 된다.
　③ 철도사업자는 여객 운임표, 여객 요금표, 감면 사항 및 철도사업약관을 인터넷 홈페이지에 게시하고 관계 역·영업소 및 사업소 등에 갖추어 두어야 하며, 이용자가 요구하는 경우에는 제시하여야 한다.   **정답** ②, ③

36

철도사업법상 철도서비스의 품질평가에 대한 사항 중 국토교통부령으로 정하는 내용으로 틀린 것은?

① 철도서비스의 기준   ② 품질평가 결과 공표에 관한 사항
③ 품질평가 항목에 관하여 필요한 사항   ④ 품질평가 절차에 관하여 필요한 사항

해설 사업법 제26조. 품질평가 결과 공표에 관한 사항은 대통령령으로 정함   **정답** ②

철도서비스의 품질평가에 정한 철도서비스의 기준에 대한 설명으로 틀린 것은?

① 철도의 시설·환경관리 등이 이용자의 편의와 공익적 목적에 부합할 것
② 운송책임 및 배상책임에 대한 기준이 명확하게 정해져 있을 것
③ 철도사고와 운행장애를 최소화하는 등 철도에서의 안전이 확보되도록 할 것
④ 열차가 정시에 목적지까지 도착하도록 하는 등 철도이용자의 편의를 도모할 수 있도록 할 것

(해설) 사업법 시행규칙 제19조(철도서비스의 품질평가 등)
① 법 제26조 제1항의 규정에 의한 철도서비스의 기준은 다음 각 호와 같다.
  1. 철도의 시설·환경관리 등이 이용자의 편의와 공익적 목적에 부합할 것
  2. 열차가 정시에 목적지까지 도착하도록 하는 등 철도이용자의 편의를 도모할 수 있도록 할 것
  3. 예·매표의 이용편리성, 역 시설의 이용편리성, 고객을 상대로 승무 또는 역무서비스를 제공하는 종사원의 친
    절도, 열차의 쾌적성 등을 제고하여 철도이용자의 만족도를 높일 수 있을 것
  4. 철도사고와 운행장애를 최소화하는 등 철도에서의 안전이 확보되도록 할 것　　**정답** ②

우수철도서비스 인증 시 협의자로 맞는 것은?

① 국토교통부장관 − 시·도지사
② 국토교통부장관 − 철도사업자
③ 공정거래위원회 − 철도사업자
④ 국토교통부장관 − 공정거래위원회

(해설) 사업법 제28조(우수 철도서비스 인증)
① 국토교통부장관은 공정거래위원회와 협의하여 철도사업자 간 경쟁을 제한하지 아니하는 범위에서 철도서비스의
  질적 향상을 촉진하기 위하여 우수철도서비스에 대한 인증을 할 수 있다.　　**정답** ④

철도사업법령상 우수철도서비스의 인증기준으로 틀린 것은?

① 국토교통부장관이 정하는 인증기준에 적합할 것
② 당해 철도서비스로 인하여 철도의 안전확보에 지장을 주지 아니할 것
③ 당해 철도서비스의 종류와 내용이 철도사업자의 영업목적에 부합될 것
④ 당해 철도서비스의 종류와 내용이 철도이용자의 이용편의를 제고하는 것일 것

(해설) 사업법 시행규칙 제20조(우수철도서비스 인증절차 등)
④ 법 제28조 제4항의 규정에 의한 우수철도서비스의 인증기준은 다음 각 호와 같다.
  1. 당해 철도서비스의 종류와 내용이 철도이용자의 이용편의를 제고하는 것일 것

2. 당해 철도서비스의 종류와 내용이 공익적 목적에 부합될 것
3. 당해 철도서비스로 인하여 철도의 안전확보에 지장을 주지 아니할 것
4. 그 밖에 국토교통부장관이 정하는 인증기준에 적합할 것   정답 ③

40

24년 1회·23년 1회~2회·22년 2회·21년 1회·20년 1회·16년 3회·16년 1회

철도사업법에서 철도사업자의 요청으로 공동사용시설 관리자와 협정을 체결한 경우 이용할 수 있는 공동사용 시설이 아닌 것을 모두 고르시오?

① 철도 구내매점 영업 등을 위한 시설

② 사고의 복구 및 구조·피난을 위한 설비

③ 열차의 조성 또는 분리 등을 위한 시설

④ 철도차량의 정비·검사·보관 등 유지관리를 위한 시설

⑤ 기관차 등 철도차량

⑥ 편의시설을 제외한 철도역 및 역 시설

(해설) 사업법 제31조(철도시설의 공동 활용)

공공교통을 목적으로 하는 선로 및 다음 각 호의 공동 사용시설을 관리하는 자는 철도사업자가 그 시설의 공동 활용에 관한 요청을 하는 경우 협정을 체결하여 이용할 수 있게 하여야 한다.

1. 철도역 및 역 시설(물류시설, 환승시설 및 편의시설 등을 포함한다)
2. 철도차량의 정비·검사·점검·보관 등 유지관리를 위한 시설
3. 사고의 복구 및 구조·피난을 위한 설비
4. 열차의 조성 또는 분리 등을 위한 시설
5. 철도 운영에 필요한 정보통신 설비   정답 ①, ⑤, ⑥

41

17년 1회 수정

철도사업법에서 국토교통부장관은 기준일(2014년 1월 1일)에서 3년마다 타당성을 검토하여 규제 개선 등의 조치를 해야 한다. 다음 중 국토교통부장관이 하는 규제의 재검토 사항이 아닌 것은?

① 여객 운임·요금의 신고 등   ② 부가운임의 상한

③ 과태료 부과기준에 따른 금액의 상한   ④ 사업의 개선명령

(해설) 사업법 제48조의2(규제의 재검토)

국토교통부장관은 다음 각 호의 사항에 대하여 2014년 1월 1일을 기준으로 3년마다(매 3년이 되는 해의 기준일과 같은 날 전까지를 말한다) 그 타당성을 검토하여 개선 등의 조치를 하여야 한다. 〈개정 2015.12.29.〉

1. 제9조에 따른 여객 운임·요금의 신고 등
2. 제10조 제1항 및 제2항에 따른 부가 운임의 상한
3. 제21조에 따른 사업의 개선명령
4. 제39조에 따른 전용철도 운영의 개선명령   정답 ③

다음은 철도사업법령상 등록에 관한 내용이다. 내용 중 경미한 변경에 해당하지 않는 것은?

전용철도를 운영하려는 자는 전용철도의 건설·운전·보안 및 운송에 관한 사항이 포함된 운영계획서를 첨부하여 국토교통부장관에게 등록(등록 변경 포함)을 하여야 한다. 다만 대통령령으로 정하는 경미한 변경의 경우에는 예외로 한다.

① 운행시간 및 운행구간을 연장 또는 단축한 경우
② 배차간격 또는 운행횟수를 단축 또는 연장한 경우
③ 6월의 범위 안에서 전용철도 건설기간을 조정한 경우
④ 10분의 1의 범위 안에서 철도차량 대수를 변경한 경우

(해설) 사업법 시행령 제12조(전용철도 등록사항의 경미한 변경 등)

① 법 제34조 제1항 단서에서 "대통령령으로 정하는 경미한 변경의 경우"란 다음 각 호의 어느 하나에 해당하는 경우를 말한다.
1. 운행시간을 연장 또는 단축한 경우
2. 배차간격 또는 운행횟수를 단축 또는 연장한 경우
3. 10분의 1의 범위 안에서 철도차량 대수를 변경한 경우
4. 주사무소·철도차량기지를 제외한 운송관련 부대시설을 변경한 경우
5. 임원을 변경한 경우(법인에 한한다)
6. 6월의 범위 안에서 전용철도 건설기간을 조정한 경우   정답 ①

철도사업법에서 국토교통부장관의 인가사항이 아닌 것은?

① 공동운수협정의 체결   ② 여객열차 운행구간의 변경
③ 전용철도의 양도·양수·합병   ④ 여객열차의 정차역 신설

(해설) 사업법 제13조(공동운수협정), 시행령 제5조(사업계획의 중요한 사항의 변경)   정답 ③

전용철도에 관한 설명으로 틀린 것은?

① 전용철도의 등록을 한 법인이 합병하려는 경우에는 국토교통부령으로 정하는 바에 따라 국토교통부장관에게 신고하여야 한다.

② 전용철도의 운영을 양도·양수하려는 자는 국토교통부령으로 정하는 바에 따라 국토교통부장관에게 신고하여야 한다.

③ 전용철도운영자가 사망한 경우 상속인이 그 전용철도의 운영을 계속하려는 경우에는 피상속인이 사망한 날부터 3개월 이내에 국토교통부장관에게 신고하여야 한다.

④ 전용철도운영자가 그 운영의 전부 또는 일부를 휴업 또는 폐업한 경우에는 3개월 이내에 국토교통부장관에게 신고하여야 한다.

(해설) 사업법 제38조(전용철도 운영의 휴업·폐업)

전용철도운영자가 그 운영의 전부 또는 일부를 휴업 또는 폐업한 경우에는 1개월 이내에 국토교통부장관에게 신고하여야 한다.

정답 ④

국가가 소유·관리하는 철도시설에 건물을 설치하려는 자가 점용허가를 받지 아니하고 철도시설을 점용한 자에게 징수하는 변상금액은?

① 점용료의 100분의 100에 해당하는 금액

② 점용료의 100분의 110에 해당하는 금액

③ 점용료의 100분의 120에 해당하는 금액

④ 점용료의 100분의 150에 해당하는 금액

(해설) 사업법 제42조(점용허가), 제44조의2(변상금의 징수)

제42조(점용허가) ① 국토교통부장관은 국가가 소유·관리하는 철도시설에 건물이나 그 밖의 시설물을 설치하려는 자에게 「국유재산법」 제18조에도 불구하고 대통령령으로 정하는 바에 따라 시설물의 종류 및 기간 등을 정하여 점용허가를 할 수 있다.

제44조(점용료) ① 국토교통부장관은 대통령령으로 정하는 바에 따라 점용허가를 받은 자에게 점용료를 부과한다.

제44조의2(변상금의 징수) 국토교통부장관은 제42조 제1항에 따른 점용허가를 받지 아니하고 철도시설을 점용한 자에 대하여 제44조 제1항에 따른 점용료의 100분의 120에 해당하는 금액을 변상금으로 징수할 수 있다. 이 경우 변상금의 징수에 관하여는 제44조 제3항을 준용한다.

정답 ③

철도사업법에서 정한 벌칙으로 2년 이하의 징역 또는 2천만 원 이하의 벌금에 해당하는 경우로 틀린 것은?

① 면허를 받지 아니하고 철도사업을 경영한 자

② 거짓이나 그 밖의 부정한 방법으로 철도사업의 면허를 받은 자

③ 타인에게 자기의 성명 또는 상호를 대여하여 철도사업을 경영하게 한 자

④ 국토교통부장관의 인가를 받지 아니하고 공동운수협정을 체결하거나 변경한 자

(해설) 사업법 제49조(벌칙)

① 다음 각 호의 어느 하나에 해당하는 자는 2년 이하의 징역 또는 2천만 원 이하의 벌금에 처한다.

　1. 제5조 제1항에 따른 면허를 받지 아니하고 철도사업을 경영한 자

　2. 거짓이나 그 밖의 부정한 방법으로 제5조 제1항에 따른 철도사업의 면허를 받은 자

　3. 제16조 제1항에 따른 사업정지처분기간 중에 철도사업을 경영한 자

　4. 제16조 제1항에 따른 사업계획의 변경명령을 위반한 자

　5. 제23조(제41조에서 준용하는 경우를 포함한다)를 위반하여 타인에게 자기의 성명 또는 상호를 대여하여 철도사업을 경영하게 한 자

　6. 제31조를 위반하여 철도사업자의 공동 활용에 관한 요청을 정당한 사유 없이 거부한 자　　　　**정답** ④

철도사업자의 철도역 및 시설 등의 공동활용에 관한 요청을 정당한 사유 없이 거부한 자에 대한 벌칙으로 맞는 것은?

① 6개월 이하의 징역 또는 5백만 원 이하의 벌금

② 1년 이하의 징역 또는 1천만 원 이하의 벌금

③ 2년 이하의 징역 또는 2천만 원 이하의 벌금

④ 3년 이하의 징역 또는 3천만 원 이하의 벌금

(해설) 사업법 제49조(벌칙) 참조　　　　**정답** ③

철도사업법에서 정한 벌금 또는 과태료 금액으로 가장 적은 것은?

① 신고하지 않고 운임·요금을 변경하였을 때
② 정당한 사유 없이 여객운송을 거부하였을 때
③ 운임·요금표를 관계 역에 게시하지 않았을 때
④ 철도차량에 사업자의 명칭을 표시하지 않았을 때

(해설) 사업법 제49조(벌칙) 참조　　　　　　　　　　　　　정답 ②

철도사업법에서 승차권 등 부정판매의 금지를 위반하여 상습 또는 영업으로 승차권 또는 이에 준하는 증서를 자신이 구입한 가격을 초과한 금액으로 다른 사람에게 판매하거나 이를 알선한 자에게 대한 과태료는 얼마인가?

① 50만 원 이하　　　② 100만 원 이하　　　③ 500만 원 이하　　　④ 1천만 원 이하

(해설) 사업법 제51조(과태료)
① 다음 각 호의 어느 하나에 해당하는 자에게는 1천만 원 이하의 과태료를 부과한다.
　1. 제9조 제1항에 따른 여객 운임·요금의 신고를 하지 아니한 자
　2. 제11조 제1항에 따른 철도사업약관을 신고하지 아니하거나 신고한 철도사업약관을 이행하지 아니한 자
　3. 제12조에 따른 인가를 받지 아니하거나 신고를 하지 아니하고 사업계획을 변경한 자
　4. 제10조의2를 위반하여 상습 또는 영업으로 승차권 또는 이에 준하는 증서를 자신이 구입한 가격을 초과한 금액으로 다른 사람에게 판매하거나 이를 알선한 자　　　정답 ④

철도사업법에서 1천만 원 이하의 과태료를 부과하는 벌칙에 해당하지 않는 것은?

① 국토교통부장관에게 운임·요금의 신고를 하지 아니한 자
② 철도사업약관을 신고하지 아니하거나 신고한 철도사업약관을 이행하지 아니한 자
③ 철도사업에 관한 회계와 철도사업 외의 사업에 관한 회계를 구분하여 경리하지 아니한 자
④ 상습 또는 영업으로 승차권 또는 이에 준하는 증서를 자신이 구입한 가격을 초과한 금액으로 다른 사람에게 판매한 자

(해설) 사업법 제51조(과태료)　　　　　　　　　　　　　　정답 ③

철도사업법에서 정한 벌칙에 대한 내용으로 2년 이하의 징역 또는 2천만 원 이하의 벌금에 해당하지 않는 것은?

① 사업계획의 변경명령을 위반한 자
② 사업정지처분기간 중에 철도사업을 경영한 자
③ 거짓이나 그 밖의 부정한 방법으로 전용철도의 등록을 한 자
④ 타인에게 자기의 성명 또는 상호를 빌려주거나 철도사업을 경영하게 한 자

(해설) 사업법 제49조(벌칙)

정답 ③

철도사업법에서 국토교통부장관의 인가를 받지 아니하고 공동운수협정을 체결하거나 변경한 자의 벌칙으로 맞는 것은?

① 1천만 원 이하의 벌금
② 1천만 원 이하의 과태료
③ 500만 원 이하의 과태료
④ 100만 원 이하의 과태료

(해설) 사업법 제49조(벌칙) 참조
③ 다음 각호의 어느 하나에 해당하는 자는 1천만 원 이하의 벌금에 처한다.
  1. 제13조를 위반하여 국토교통부장관의 인가를 받지 아니하고 공동운수협정을 체결하거나 변경한 자
  2. 제28조 제3항을 위반하여 우수서비스마크 또는 이와 유사한 표지를 철도차량 등에 붙이거나 인증 사실을 홍보한 자

정답 ①

철도사업법상 500만 원 이하의 과태료를 부과 받는 경우가 아닌 것을 모두 고르시오?

① 회계를 구분하여 경리하지 아니한 자
② 철도사업자의 준수사항을 위반한 자
③ 사업용 철도차량의 표시를 하지 아니한 철도사업자
④ 정당한 사유 없이 전용철도 운영에 따른 보고나 서류제출 명령을 이행하지 아니하거나 장부, 서류, 시설 또는 그 밖의 물건의 검사를 거부·방해 또는 기피한 자
⑤ 인가를 받지 아니하거나 신고를 하지 아니하고 사업계획을 변경한 자

[해설] 사업법 제51조(과태료) 참조

② 다음 각 호의 어느 하나에 해당하는 자에게는 500만 원 이하의 과태료를 부과한다.

1. 제18조에 따른 사업용철도차량의 표시를 하지 아니한 철도사업자
2. 제32조 제1항 또는 제2항을 위반하여 회계를 구분하여 경리하지 아니한 자
3. 정당한 사유 없이 제47조 제1항에 따른 명령을 이행하지 아니하거나 제47조 제2항에 따른 검사를 거부·방해 또는 기피한 자

정답 ②, ⑤

54

철도사업법에 정한 벌칙에서 100만 원 이하의 과태료를 부과하는 경우로 틀린 것은?

① 이용객이 요구하는 철도사업약관을 제시하지 않은 경우
② 정당한 사유 없이 운송계약의 체결을 거부하는 경우
③ 철도운송 질서를 해치는 행위를 한 경우
④ 정당한 사유 없이 여객 또는 화물의 운송을 거부하는 경우

[해설] 사업법 제51조(과태료), 제20조(철도사업자의 준수사항)

제51조(과태료) ③ 다음 각 호의 어느 하나에 해당하는 자에게는 100만 원 이하의 과태료를 부과한다.

1. 제20조 제2항부터 제4항까지에 따른 준수사항을 위반한 자

제20조(철도사업자의 준수사항) ② 철도사업자는 사업계획을 성실하게 이행하여야 하며, 부당한 운송 조건을 제시하거나 정당한 사유 없이 운송계약의 체결을 거부하는 등 철도운송 질서를 해치는 행위를 하여서는 아니 된다.

③ 철도사업자는 여객 운임표, 여객 요금표, 감면 사항 및 철도사업약관을 인터넷 홈페이지에 게시하고 관계 역·영업소 및 사업소 등에 갖추어 두어야 하며, 이용자가 요구하는 경우에는 제시하여야 한다.

④ 제1항부터 제3항까지에 따른 준수사항 외에 운송의 안전과 여객 및 화주(貨主)의 편의를 위하여 철도사업자가 준수하여야 할 사항은 국토교통부령으로 정한다.

* 지문 ④번은 철도운수종사자의 준수사항으로 위반시 50만 원 이하의 과태료 대상임.

정답 ④

55

철도사업법에서 신고내용 중 수리가 필요한 신고 및 수리기한이 잘못 짝지어진 것은?

① 여객 운임·요금의 신고 또는 변경신고: 3일 이내
② 정당한 사유로 휴업하려는 경우의 신고: 60일 이내
③ 전용철도의 양도·양수·합병 신고: 30일 이내
④ 전용철도 운영의 상속신고: 10일 이내
⑤ 철도사업약관의 신고 또는 변경신고: 10일 이내

〈신고내용 중 수리가 필요한 내용 및 수리기한〉

법조문	신고사항	신고자	수리권자	수리여부 통지기한
제9조	여객 운임·요금의 신고 또는 변경신고	철도사업자	국토교통부장관	3일 이내
제10조	여객·화물의 부가운임 산정기준을 정하고 철도사업약관에 포함하여 신고	철도사업자	국토교통부장관	3일 이내
제11조	철도사업약관의 신고 또는 변경신고	철도사업자	국토교통부장관	3일 이내
제12조	사업계획의 변경신고	철도사업자	국토교통부장관	3일 이내
	중요한 사업계획 변경 인가신청	철도사업자	국토교통부장관	(1개월 이내)
제13조	공동운수협정의 체결 또는 변경 인가신청	철도사업자	국토교통부장관	(기한 없음)
	공동운수협정의 경미한 사항 변경신고	철도사업자	국토교통부장관	3일 이내
제15조	사업의 휴업·폐업하려는 경우의 허가신청	철도사업자	국토교통부장관	(2개월 이내)
	• 정당한 사유로 휴업하려는 경우의 신고 • 휴업사유가 소멸된 경우의 신고	철도사업자	국토교통부장관	60일 이내
제36조	전용철도의 양도·양수·합병 신고	전용철도운영자	국토교통부장관	30일 이내
제37조	전용철도 운영의 상속신고	전용철도운영자	국토교통부장관	10일 이내

정답 ⑤

56

23년 1회

철도운임산정기준에 정한 설명으로 틀린 것은?

① 철도운임·요금은 철도운송서비스를 제공하는 데 소요된 취득원가 기준에 의한 총괄원가를 보상하는 수준에서 결정되어야 한다.

② 총괄원가는 철도사업자의 성실하고 능률적인 경영 하에 철도운송서비스를 공급하는 데 소요되는 적정원가에다 철도운송서비스에 공여하고 있는 진실하고 유효한 자산에 대한 적정 투자보수를 가산한 금액으로 한다.

③ 철도운임은 발생주의 및 취득원가주의에 따라 계리된 철도운송서비스의 결산서를 기준으로 산정하는 것을 원칙으로 한다.

④ 철도운임의 산정은 원칙적으로 1회계년도를 대상으로 하되, 운임의 안정성, 기간적 부담의 공평성, 원가의 타당성, 경영책임, 물가변동 및 제반 경제상황 등을 감안하여 신축적으로 운영할 수 있다.

(해설) 철도운임산정기준(국토부 훈령) 제4조(기초회계자료)
① 철도운임은 발생주의 및 취득원가주의에 따라 계리된 철도운송서비스의 예산서를 기준으로 산정하는 것을 원칙으로 한다. 다만, 예산서를 기준으로 하는 것이 어려운 경우 결산서를 기준으로 할 수 있으며, 적정원가 및 적정투자보수 산정시 해당 결산서의 범위 내에서 산정한다.

정답 ③

철도운임산정기준에 정한 운임체계에 대한 설명으로 틀린 것은?

① 철도운임은 규제서비스별 총괄원가를 기준으로 부담능력, 편익정도, 사회적. 지역적인 특수한 환경을 고려하여 철도이용자간에 부담의 형평이 유지되고 자원이 합리적으로 배분되도록 체계가 형성되어야 한다.

② 수입의 산정은 해당 회계연도의 예산이 확정되어 있을 때에는 예산서상의 수요판단을 기준으로 한 수요량에 적정단가를 곱하여 산정하며, 적정단가는 영업수익의 총액이 총괄원가와 일치하도록 하는 운임을 말한다.

③ 운임산정을 위한 철도수송수요는 과거, 현재, 미래의 실적, 지역특성 및 사회경제의 동향, 철도사업의 시설규모, 대체수단의 발달 정도 능을 고려하여 규제서비스별로 예측되어야 하며, 필요에 따라 종별, 지역별로 수요예측이 이루어져야 한다.

④ 철도운임은 철도운송서비스 이용 시 공사가 열차종류별로 정하는 기본거리를 기준으로 운임을 징수하는 기본운임과 이를 초과하는 거리에 대하여 수수하는 초과운임의 2부요금제를 원칙으로 하되, 자원의 효율적 배분을 위하여 필요하다고 인정하는 경우에는 차등요금, 누진요금 등으로 보완할 수 있다.

(해설) 철도운임산정기준(국토부 훈령) 제6장(운임체계)

제20조(운임체계) 철도운임은 규제서비스별 총괄원가를 기준으로 이용자의 부담능력, 편익정도, 사회적·지역적인 특수한 환경을 고려하여 철도이용자간에 부담의 형평이 유지되고 자원이 합리적으로 배분되도록 체계가 형성되어야 한다.

제21조(수요예측) 운임산정을 위한 철도수송수요는 과거의 실적, 지역특성 및 사회경제의 동향, 철도사업의 시설규모, 대체수단의 발달 정도 등을 고려하여 규제서비스별로 예측되어야 하며, 필요에 따라 종별·지역별로 수요예측이 이루어져야 한다.

제22조(수입의 산정) ① 해당 회계년도의 예산이 확정되어 있을 때에는 예산서상의 수요판단을 기준으로 한 수요량에 적정단가를 곱하여 산정한다.

　② 해당 회계년도의 예산이 확정되지 않았을 경우에는 과거의 실적, 해당 회계년도의 사업계획, 사회경제적 동향, 대체수단의 발달정도 등을 고려한 예측수요량에 적용단가를 곱하여 산정한다.

　③ 적정단가는 영업수입의 총액이 총괄원가와 일치하도록 하는 운임을 말한다.

제23조(운임설정) 철도운임은 철도운송서비스 이용 시 철도사업자가 열차종류별로 정하는 기본거리를 기준으로 운임을 징수하는 기본운임과 이를 초과하는 거리에 대하여 수수하는 초과운임의 2부요금제를 원칙으로 하되, 자원의 효율적 배분을 위하여 필요하다고 인정하는 경우에는 차등요금, 누진요금 등으로 보완할 수 있다.

정답 ③

철도운임 산정기준의 내용 중 적정원가 주요 구성항목의 설명으로 틀린 것은?

① 판매비와 관리비는 적정한 배부기준에 따라 산정한 금액으로 한다.

② 인건비는 예산 편성상 인건비로 처리되는 제비용을 합한 금액으로 한다.

③ 동력비는 열차운행에 소요되는 동력 유류대, 동력전철전기료 등의 합계액으로 한다.

④ 수선유지비는 해당 회계연도에 계산된 상각대상자산의 취득원가에 대하여 정액법에 의거 산정하는 것을 원칙으로 한다.

(해설) 철도운임산정기준(국토부 훈령) 제9조(적정원가 주요 구성항목)

② 인건비는 예산 편성상 인건비로 처리되는 제비용을 합한 금액으로 한다.

③ 동력비는 열차운행에 소요되는 동력 유류대, 동력전철전기료 등의 합계액으로 한다.

④ 수선유지비는 규제서비스와 관련된 정상적인 수익적 지출만을 계상하되 과거의 실적, 사업계획 및 물가변동요인을 감안하여 적정하게 산정한 금액으로 한다.

⑤ 감가상각비는 해당 회계년도에 계상된 상각대상자산의 취득원가에 대하여 정액법에 의거 산정하는 것을 원칙으로 하며, 상각대상자산은 전년도 결산서상 자산가액 및 해당 회계년도의 자산취득, 자산매각, 건설투자계획 등을 고려하여 적정하게 산정하여야 한다.

⑦ 판매비와 관리비는 적정한 배부기준에 따라 산정한 금액으로 한다.

정답 ④

제7장 도시철도법

1. 목적 및 용어의 정의

(1) 목적
① 도시교통권역의 원활한 교통 소통을 위하여
② 도시철도의 건설을 촉진하고, 그 운영을 합리화하며. 도시철도차량 등을 효율적으로 관리함으로써
③ 도시교통의 발전과 도시교통 이용자의 안전 및 편의 증진에 이바지함

(2) 용어의 정의
① **도시철도**: 도시교통의 원활한 소통을 위하여 도시교통권역에서 건설·운영하는 철도·모노레일·노면전차·선형유도전동기·자기부상열차 등 궤도에 의한 교통시설 및 교통수단
② **도시철도사업**: 도시철도건설사업, 도시철도운송사업 및 도시철도부대사업
③ **도시철도건설사업**: 새로운 도시철도시설의 건설, 기존 도시철도시설의 성능 및 기능 향상을 위한 개량, 도시철도시설의 증설 및 도시철도시설의 건설 시 수반되는 용역 업무 등에 해당하는 사업
④ **도시철도운송사업**: 도시철도시설을 이용한 여객 및 화물 운송, 도시철도차량의 정비 및 열차의 운행 관리
⑤ **도시철도부대사업**: 도시철도시설·도시철도차량·도시철도부지 등을 활용한 연계운송사업, 도시철도 차량·장비와 도시철도용품의 제작·판매·정비 및 임대사업, 복합환승센터 개발사업, 물류사업, 관광사업, 옥외광고사업 등

2. 도시철도기본계획의 수립

(1) 수립절차
① 시·도지사는 도시철도망계획에 포함된 도시철도 노선 중 건설을 추진하려는 노선에 대해서는 관계 시·도지사와 협의하여 노선별 도시철도기본계획 수립하여야 한다.
② 이를 변경하려는 경우에도 같은 수립절차를 거친다.
③ 「사회기반시설에 대한 민간투자법」에 따라 민간투자사업으로 추진하는 도시철도의 경우에는 시·도지사가 국토교통부장관과 협의하여 기본계획의 수립을 생략할 수 있다.

(2) 기본계획에 포함될 사항

① 해당 도시교통권역의 특성·교통상황 및 장래의 교통수요 예측
② 도시철도의 건설 및 운영의 경제성·재무성 분석과 기타 타당성의 평가
③ 노선명, 노선연장, 기점·종점, 정거장 위치, 차량기지 등 개략적인 노선망
④ 사업기간 및 총사업비
⑤ 지방자치단체의 재원 분담비율을 포함한 자금의 조달방안 및 운용계획
⑥ 건설기간 중 도시철도건설사업 지역의 도로교통대책
⑦ 다른 교통수단과의 연계 수송체계 구축에 관한 사항

3. 국가 및 지방자치단체의 책무 등

(1) 국가 및 지방자치단체의 책무

도시철도 이용자의 권익보호를 위하여 다음의 시책을 강구하여야 한다.
① 도시철도 이용자의 권익보호를 위한 홍보·교육 및 연구
② 도시철도 이용자의 생명·신체 및 재산상의 위해 방지
③ 도시철도 이용자의 불만 및 피해에 대한 신속·공정한 구제조치
④ 그 밖에 도시철도 이용자 보호와 관련된 사항

(2) 도시철도운영자의 보안요원의 배치·운영

도시철도운영자는 승객의 안전 확보와 편의 증진을 위하여 역사 및 도시철도차량에 보안요원을 배치하여 운영할 수 있다.

4. 도시철도의 건설 및 운영을 위한 자금조달

(1) 자금조달 사유

도시철도의 건설 및 운영에 필요한 자금을 다음의 재원 및 방법으로 조달

(2) 자금의 조달 재원 및 방법

① 도시철도건설자 또는 도시철도운영자의 자기자금
② 도시철도를 건설·운영하여 생긴 수익금
③ 국가, 지방자치단체 및 도시철도공사에 의한 도시철도채권의 발행
④ 국가 또는 지방자치단체로부터의 차입 및 보조
⑤ 국가 및 지방자치단체 외의 자(외국 정부 및 외국인을 포함)로부터의 차입·출자 및 기부
⑥ 역세권의 개발 및 이용에 관한 법률에 따른 역세권개발 사업으로 생긴 수익금
⑦ 도시철도부대사업으로 발생하는 수익금

5. 도시철도채권의 발행

(1) 도시철도채권 발행 절차
① 국가, 지방자치단체 및 도시철도공사는 도시철도채권 발행이 가능
② 지방자치단체의 장은 도시철도채권을 발행하기 위하여 행정안전부장관의 승인을 받으려는 경우에는 미리 국토교통부장관과 협의

(2) 도시철도채권의 발행 방법 및 이율
① 도시철도채권은 「공사채 등록법」에 따른 등록기관에 등록하여 발행
② 도시철도채권의 이율
 ㉮ 국가가 발행하는 경우: 기획재정부장관이 국토교통부장관과 협의하여 정하는 이율
 ㉯ 지방지치단체기 발행하는 경우: 연 10퍼센드의 범위에서 해당 지방자치단체의 조례로 정하는 이율
 ㉰ 도시철도공사가 발행하는 경우: 연 10퍼센트의 범위에서 관계 지방자치단체의 장과 협의하여 도시철도공사의 규칙으로 정하는 이율

(3) 도시철도채권의 매입
다음 자 중 대통령령으로 정하는 자는 도시철도채권을 매입하여야 한다.
① 국가나 지방자치단체로부터 면허·허가·인가를 받는 자
② 국가나 지방자치단체에 등기·등록을 신청하는 자. 다만, 「자동차관리법」 제3조에 따른 자동차로서 국토교통부령으로 정하는 경형자동차(이륜자동차는 제외)의 등록을 신청하는 자는 제외
③ 국가, 지방자치단체 또는 「공공기관의 운영에 관한 법률」 제4조에 따른 공공기관과 건설도급계약을 체결하는 자
④ 도시철도건설자 또는 도시철도운영자와 도시철도 건설·운영에 필요한 건설도급계약, 용역계약 또는 물품구매계약을 체결하는 자
 * 도시철도채권의 매입 금액과 절차 등에 관하여 필요한 사항은 대통령령으로 정한다.

6. 도시철도운임의 조정 및 협의

(1) 운임을 정하거나 변경하는 경우(도시철도운송사업자)
① 시·도지사에게 신고: 도시철도운송사업자는 도시철도의 운임을 정하거나 변경하는 경우에는 시·도시사에게 신고
② 운임을 정하거나 변경시 고려사항: 원가와 버스 등 다른 교통수단 운임과의 형평성 등
③ 운임의 범위: 시·도지사가 정한 범위에서 운임을 정함
④ 운임시행 예고: 도시철도의 운임을 정하거나 변경하는 경우 그 사항을 시행 1주일 이전에 예고하는 등 이용자에게 불편이 없도록 조치

(2) 운임의 범위를 정하는 경우(시·도지사)

    ① 운임조정위원회의 의견 반영: 시·도지사는 운임의 범위를 정하려면 해당 시·도에 운임조
            정위원회를 설치하여 도시철도 운임의 범위에 관한 의견을
            들어야 한다.

    ② 운임조정위원회의 구성: 민간위원이 전체 위원의 2분의 1 이상이어야 한다.

7. 면허·인가·허가·승인·신고·협의

(1) 면허

    ① 법인으로서 도시철도운송사업을 하려는 자는 도시철도운송사업계획을 제출하여 시·도지사
       의 면허를 받아야 한다.

    ② 도시철도운송사업의 면허기준

       ㉮ 해당 사업이 도시교통의 수송수요에 적합할 것

       ㉯ 해당 사업을 수행하는 데 필요한 도시철도 차량 및 운영인력 등이 국토교통부령으로
          정하는 기준에 맞을 것

           * 면허를 주기 전 도시철도운송사업계획에 대하여 국토교통부장관과 미리 협의

    ③ 도시철도운송사업의 면허 취소 또는 사업정지(청문을 해야 함)

       ㉮ 절대적 면허취소(취소하여야 한다)

          ⓐ 거짓이나 그 밖의 부정한 방법으로 도시철도운송사업 면허를 받은 경우

       ㉯ 면허를 취소하거나 6개월 이내의 기간을 정하여 그 사업의 정지를 명할 수 있는 경우

          ⓐ 도시철도운송사업의 면허기준을 위반한 경우

          ⓑ 도시철도운송사업자가 결격사유에 해당하는 경우
             단, 법인의 임원 중에 그 사유에 해당하는 사람이 있는 경우로서 3개월 이내에 그
             임원을 개임(改任)하였을 때에는 제외

          ⓒ 시·도지사가 정한 날짜 또는 기간 내에 운송을 개시하지 아니한 경우

          ⓓ 인가를 받지 아니하고 양도·양수하거나 합병한 경우

          ⓔ 허가를 받지 아니하거나 신고를 하지 아니하고 도시철도운송사업을 휴업 또는 폐업
             하거나 휴업기간이 지난 후에도 도시철도운송사업을 재개하지 아니한 경우

          ⓕ 사업개선명령을 따르지 아니한 경우

          ⓖ 도시철도차량에 폐쇄회로 텔레비전을 설치하지 아니한 경우 〈신설〉

          ⓗ 사업경영의 불확실 또는 자산상태의 현저한 불량이나 그 밖의 사유로 사업을 계속
             함이 적합하지 아니한 경우

(2) 인가

    ① 도시철도운송사업자가 도시철도사업을 양도하거나 합병하려는 경우

    ② 시·도지사가 인가를 하려면 미리 국토교통부장관과 협의

(3) 허가

도시철도운송사업의 전부 또는 일부에 대하여 휴업 또는 폐업

* 폐업예정일 3개월 전에 다음의 서류를 첨부하여 시·도지사에게 제출

① 도시철도운송사업의 휴업 또는 폐업에 관한 총회 또는 이사회의 의결서 사본

② 휴업 또는 폐업하려는 도시철도노선, 정거장, 도시철도차량의 종류 등에 관한 사항을 적은 서류

③ 휴업 또는 폐업 시 대체교통수단의 이용에 관한 사항을 적은 서류

(4) 승인

① 기본계획에 따라 도시철도를 건설하려는 자는 대통령령으로 정하는 바에 따라 도시철도사업계획을 수립하여 국토교통부장관의 승인을 받아야 한다.

② 도시철도부대사업의 승인 신청

다음 사항을 포함한 사업계획서를 시·도지사에게 제출

㉮ 도시철도부대사업의 명칭 및 목적　　㉯ 사업기간

㉰ 사업비　　　　　　　　　　　　　　㉱ 자금조달 방안

㉲ 도시철도부대사업에서 발생한 수익금의 활용계획

(5) 신고

① 도시철도운송사업자는 도시철도의 운임을 정하거나 변경하는 경우에는 원가와 버스 등 다른 교통수단 운임과의 형평성 등을 고려하여 시·도지사가 정한 범위에서 운임을 정하여 시·도지사에게 신고

* 도시철도의 운임을 정하거나 변경하는 경우 그 사항을 시행 1주일 이전에 예고하는 등 이용자에게 불편이 없도록 조치

② 도시철도운영자는 도시철도운송약관을 정하여 시·도지사에게 신고(변경 시에도 같다)

③ 도시철도운송사업계획을 변경하려는 경우 시·도지사에게 신고

* 위 신고를 받은 시·도지사는 그 내용을 검토하여 이 법에 적합하면 신고를 받은 날부터 국토교통부령으로 정하는 기간(60일) 이내에 신고를 수리하여야 한다.

(6) 협의

① 도시철도운영자가 다른 도시철도운영자 또는 철도사업자와 연계하여 운송을 하는 경우 노선의 연결, 도시철도시설 운영의 분담, 운임수입의 배분, 승객의 갈아타기 등에 관한 사항은 당사자 간의 협의로 정한다.

② 협의가 성립되지 아니하거나 협의 결과를 해석하는 데 분쟁이 있을 때에는 당사자의 신청을 받아 국토교통부장관이 결정한다.

8. 사업개선명령

(1) 사업개선명령 사유

시·도지사는 도시교통의 원활화와 도시철도 이용자의 안전 및 편의 증진을 위하여 필요하다고 인정하면 도시철도운송사업자에게 사업개선명령을 할 수 있다.

(2) 사업개선명령 내용

① 도시철도운송사업계획 및 도시철도운송약관의 변경
② 운임의 조정
③ 도시철도차량이나 그 밖의 시설의 개선
④ 도시철도 노선의 연락운송
⑤ 도시철도차량 및 도시철도 사고에 관한 손해배상을 위한 보험에의 가입
⑥ 안전운송의 확보 및 서비스의 향상을 위하여 필요한 조치
⑦ 도시철도종사자의 양성 및 자질 향상을 위한 교육

9. 벌칙

(1) 2년 이하의 징역 또는 2천만 원 이하의 벌금

① 면허를 받지 아니하고 도시철도운송사업을 경영한 자
② 거짓이나 그 밖의 부정한 방법으로 도시철도운송사업의 면허를 받은 자
③ 사업정지 기간에 도시철도운송사업을 경영한 자
④ 타인에게 자신의 상호를 대여한 자
⑤ 도시철도운영자의 공동활용에 관한 요청을 정당한 사유 없이 거부한 자

(2) 1년 이하의 징역 또는 1천만 원 이하의 벌금

① 설치 목적과 다른 목적으로 폐쇄회로 텔레비전을 임의로 조작하거나 다른 곳을 비춘 자 또는 녹음기능을 사용한 자
② 영상기록을 목적 외의 용도로 이용하거나 다른 자에게 제공한 자

(3) 1천만 원 이하의 벌금

① 사업개선명령을 위반한 자
② 우수서비스마크 또는 이와 유사한 표지를 도시철도차량 등에 붙이거나 인증사실을 홍보한 자

10. 과태료

(1) **500만 원 이하의 과태료**: 회계를 구분하여 경리하지 아니한 자

(2) **300만 원 이하의 과태료**: 도시철도차량에 폐쇄회로 텔레비전을 설치하지 아니한 자

(3) **100만 원 이하의 과태료**: 도시철도운영자의 준수사항 위반, 도시철도차량의 점검·정비에 관한 책임자를 선임하지 아니한 자

(4) **50만 원 이하의 과태료**: 도시철도종사자의 준수사항 위반

(5) **동시 부과금지**: 과징금을 부과한 행위에 대해서는 과태료를 부과할 수 없다.

※ 도시철도운영자와 도시철도종사자의 준수사항은 철도사업법상의 철도사업자와 철도운수종사자의 준수사항을 준용함(제6장 12. 참조)

23년 1회~2회·22년 1회~2회·18년 2회

01

도시철도법의 제정 목적에 해당하지 않는 것은?

① 지역사회의 개발
② 도시교통의 발전
③ 도시철도의 건설촉진
④ 도시교통 이용자의 안전과 편의 증진

해설 도시법 제1조(목적)
이 법은 도시교통권역의 원활한 교통 소통을 위하여 도시철도의 건설을 촉진하고 그 운영을 합리화하며 도시철도차량 등을 효율적으로 관리함으로써 도시교통의 발전과 도시교통 이용자의 안전 및 편의 증진에 이바지함을 목적으로 한다.

정답 ①

02

18년 1회

도시철도법상 노선별 도시철도기본계획의 수립에 포함되어야 할 내용이 아닌 것은?

① 필요한 재원(財源)의 조달방안과 투자 우선순위
② 다른 교통수단과의 연계 수송체계 구축에 관한 사항
③ 도시철도의 건설 및 운영의 경제성·재무성 분석과 그 밖의 타당성의 평가
④ 노선명(路線名), 노선 연장, 기점(起點)·종점(終點), 정거장 위치, 차량기지 등 개략적인 노선망(路線網)

해설 도시법 제6조(노선별 도시철도기본계획의 수립 등)
① 시·도지사는 도시철도망계획에 포함된 도시철도 노선 중 건설을 추진하려는 노선에 대해서는 관계 시·도지사와 협의하여 노선별 도시철도기본계획(이하 "기본계획"이라 한다)을 수립하여야 한다. 이를 변경하려는 경우에도 또한 같다. 다만, 「사회기반시설에 대한 민간투자법」에 따라 민간투자사업으로 추진하는 도시철도의 경우에는 시·도지사가 국토교통부장관과 협의하여 기본계획의 수립을 생략할 수 있다.
② 기본계획에는 다음 각 호의 사항이 포함되어야 한다.
  1. 해당 도시교통권역의 특성·교통상황 및 장래의 교통수요 예측
  2. 도시철도의 건설 및 운영의 경제성·재무성 분석과 그 밖의 타당성의 평가
  3. 노선명, 노선 연장, 기점·종점, 정거장 위치, 차량기지 등 개략적인 노선망
  4. 사업기간 및 총사업비
  5. 지방자치단체의 재원 분담비율을 포함한 자금의 조달방안 및 운용계획
  6. 건설기간 중 도시철도건설사업 지역의 도로교통대책
  7. 다른 교통수단과의 연계 수송체계 구축에 관한 사항
  8. 그 밖에 필요한 사항으로서 국토교통부령으로 정하는 사항

정답 ①

도시철도법에 대한 내용의 설명으로 가장 거리가 먼 것은?

① 도시철도의 건설 및 운전에 관한 사항은 국토교통부령으로 정한다.
② 외국정부 및 외국인으로부터의 차입, 출자 및 기부로 도시철도의 건설 및 운영에 드는 자금을 조달할 수 없다.
③ 지방자치단체의 장이 도시철도채권을 발행하기 위하여 행정자치부장관의 승인을 받으려는 경우에는 미리 국토교통부장관과 협의하여야 한다.
④ 국가나 지방자치단체 소유의 토지로서 도시철도건설사업에 필요한 토지는 도시철도건설사업 목적 외의 목적으로 매각하거나 양여할 수 없다.

(해설) 도시법 제19조(도시철도의 건설 및 운영을 위한 자금조달)
도시철도의 건설 및 운영에 필요한 자금은 다음 각 호의 재원 및 방법으로 조달한다.
1. 도시철도건설자 또는 도시철도운영자의 자기자금
2. 도시철도를 건설·운영하여 생긴 수익금
3. 제20조에 따른 도시철도채권의 발행
4. 국가 또는 지방자치단체로부터의 차입 및 보조
5. 국가 및 지방자치단체 외의 재(외국 정부 및 외국인을 포함한다)로부터의 차입·출자 및 기부
6. 「역세권의 개발 및 이용에 관한 법률」에 따른 역세권개발사업으로 생긴 수익금
7. 도시철도부대사업으로 발생하는 수익금
          정답 ②

도시철도의 건설 및 운영에 소요되는 자금의 조달방법으로 틀린 것은?

① 도시철도 채권의 발행
② 역세권개발 사업으로 생긴 수익금
③ 도시철도건설자 또는 도시철도운영자의 자기자금
④ 국가 또는 지방자치단체 외의 자(외국정부 및 외국인을 제외한다)로 부터의 차입·출자 및 기부

(해설) 도시법 제19조
          정답 ④

도시철도채권을 발행할 수 있는 자를 모두 열거한 것으로 맞는 것은?

① 국가

② 국가 및 지방자치단체

③ 지방자치단체 및 도시철도공사

④ 국가, 지방자치단체 및 도시철도공사

(해설) 도시철도법 제20조(도시철도채권의 발행)

① 국가, 지방자치단체 및 도시철도공사는 도시철도채권을 발행할 수 있다.

② 지방자치단체의 장은 제1항에 따른 도시철도채권을 발행하기 위하여 <u>행정안전부장관</u>의 승인을 받으려는 경우에는 미리 국토교통부장관과 협의하여야 한다.

③ 도시철도공사는 도시철도채권을 발행하려면 관계 지방자치단체의 장 및 국토교통부장관과 협의하여야 한다.

④ 도시철도채권의 원금 및 이자의 소멸시효(消滅時效)는 상환일(償還日)부터 기산(起算)하여 5년으로 한다.

⑤ 도시철도채권은 기본계획이 확정된 연도부터 그 연도의 도시철도 운영수입금이 그 연도의 도시철도 운영비용(원리금 상환액을 포함한다)을 최초로 초과하는 연도까지 발행할 수 있다. 정답 ④

도시철도채권 발행에 대한 설명으로 틀린 것은?

① 국가, 지방자치단체 및 도시철도공사는 도시철도채권을 발행할 수 있다.

② 도시철도채권의 원금 및 이자의 소멸시효는 상환일부터 기산하여 5년으로 한다.

③ 도시철도공사는 도시철도채권을 발행하려면 행정안전부장관 및 국토교통부 장관과 협의하여야 한다.

④ 도시철도채권은 기본계획이 확정된 연도부터 그 연도의 도시철도 운영수입금이 그 연도의 도시철도 운영비용(원리금 상환액을 포함한다)을 최초로 초과하는 연도까지 발행할 수 있다.

(해설) 도시법 제20조(도시철도채권의 발행) 정답 ③

도시철도법에 대한 설명 중 틀린 것은?

① 시·도지사는 도시철도망계획이 수립된 날부터 5년마다 도시철도망계획의 타당성을 재검토하여 필요한 경우 이를 변경하여야 한다.

② 기본계획에 따라 도시철도를 건설하려는 자가 사업계획의 승인을 신청할 때에는 미리 그 뜻을 공고(公告)하고 관계 서류 사본을 20일 이상 일반인이 열람할 수 있게 하여야 한다.

③ 도시철도건설자가 도시철도건설사업을 위하여 타인 토지의 지하부분을 사용하려는 경우 지하부분 사용에 대한 구체적인 보상의 기준 및 방법에 관한 사항은 대통령령으로 정한다.

④ 국가, 지방자치단체 및 도시철도공사는 도시철도채권을 발행할 수 있으며, 지방자치단체의 장은 도시철도채권을 발행하기 위하여 기획재정부장관의 승인을 받으려는 경우에는 미리 국토교통부장관과 협의하여야 한다.

(해설) 도시법 제20조(도시철도채권의 발행)

정답 ④

도시철도법령상 도시철도채권의 발행방법 및 이율에 대한 설명으로 틀린 것은?

① 도시철도채권은 「공사채 등록법」 제3조에 따른 등록기관에 등록하여 발행한다.

② 국가가 발행하는 경우에는 기획재정부장관이 국토교통부장관과 협의하여 정하는 이율을 적용한다.

③ 도시철도공사가 발행하는 경우에는 연 10퍼센트의 범위에서 관련지방자치단체의장과 협의하여 해당 도시철도공사의 규칙을 정하는 이율을 적용한다.

④ 지방자치단체가 발행하는 경우에는 연 10퍼센트의 범위에서 국토교통부장관의 승인을 받아 해당 지방자치단체의 조례로 정하는 이율을 적용한다.

(해설) 도시법 시행령 제13조(도시철도채권의 발행 방법 및 이율)
① 법 제20조에 따른 도시철도채권은 「공사채 등록법」 제3조에 따른 등록기관에 등록하여 발행한다.
② 도시철도채권의 이율은 다음 각 호와 같다.
 1. 국가가 발행하는 경우: 기획재정부장관이 국토교통부장관과 협의하여 정하는 이율
 2. 지방자치단체가 발행하는 경우: 연 10퍼센트의 범위에서 해당 지방자치단체의 조례로 정하는 이율
 3. 도시철도공사가 발행하는 경우: 연 10퍼센트의 범위에서 관계 지방자치단체의 장과 협의하여 해당 도시철도공사의 규칙으로 정하는 이율

정답 ④

도시철도법에서 도시철도채권을 매입해야 하는 사람으로 틀린 것은?

① 지방자치단체로부터 면허·인가·허가를 받는 자

② 국토교통부령이 정하는 경형자동차(이륜자동차제외)의 등록을 신청하는 자

③ 도시철도건설자 또는 도시철도운영자와 도시철도 건설·운영에 필요한 물품구매계약을 체결하는 자

④ 도시철도건설자 또는 도시철도운영자와 도시철도 건설·운영에 필요한 건설도급계약을 체결하는 자

(해설) 도시법 제21조(도시철도채권의 매입)

① 다음 각 호의 자 중 대통령령으로 정하는 자는 도시철도채권을 매입하여야 한다.

　1. 국가나 지방자치단체로부터 면허·허가·인가를 받는 자

　2. 국가나 지방자치단체에 등기·등록을 신청하는 자. 다만, 「자동차관리법」 제3조에 따른 자동차로서 국토교통부령으로 정하는 경형자동차(이륜자동차는 제외한다)의 등록을 신청하는 자는 제외한다.

　3. 국가, 지방자치단체 또는 「공공기관의 운영에 관한 법률」 제4조에 따른 공공기관과 건설도급계약(建設都給契約)을 체결하는 자

　4. 도시철도건설자 또는 도시철도운영자와 도시철도 건설·운영에 필요한 건설도급계약, 용역계약 또는 물품구매계약을 체결하는 자

② 제1항에 따른 도시철도채권의 매입 금액과 절차 등에 관하여 필요한 사항은 대통령령으로 정한다. **정답** ②

도시철도법에서 도시철도운송사업자가 운임을 정하거나 변경 시 시행할 사항으로 옳은 것은?

① 원가와 버스 등 다른 교통수단 운임과의 형평성을 고려, 국토교통부장관이 정한 범위 안에서 운임을 결정하여 시·도지사에게 인가를 받아야 한다.

② 원가와 버스 등 다른 교통수단 운임과의 형평성을 고려, 시·도지사가 정한 범위 안에서 운임을 결정하여 시·도지사에게 신고하여야 한다.

③ 원가와 버스 등 다른 교통수단 운임과의 형평성을 고려, 대통령이 정한 범위 안에서 운임을 결정하여 국토교통부장관에게 인가를 받아야 한다.

④ 원가와 버스 등 다른 교통수단 운임과의 형평성을 고려, 국토교통부령이 정한 범위 안에서 운임을 결정하여 국토교통부장관에게 인가를 받아야 한다.

(해설) 도시법 제31조(운임의 신고 등)

① 도시철도운송사업자는 도시철도의 운임을 정하거나 변경하는 경우에는 원가(原價)와 버스 등 다른 교통수단 운임과의 형평성 등을 고려하여 시·도지사가 정한 범위에서 운임을 정하여 시·도지사에게 신고하여야 하며, 신고를 받은 시·도지사는 그 내용을 검토하여 이 법에 적합하면 신고를 받은 날부터 국토교통부령으로 정하는 기간 이내에 신고를 수리하여야 한다.

② 도시철도운영자는 도시철도의 운임을 정하거나 변경하는 경우 그 사항을 시행 1주일 이전에 예고하는 등 도시철도 이용자에게 불편이 없도록 필요한 조치를 하여야 한다.　　　　정답 ②

11

도시철도법령상 도시철도운임의 조정 및 협의에 관한 내용으로 틀린 것은?

① 운임조정위원회는 민간위원이 전체 위원의 3분의 1 이상이어야 한다.
② 시·도지사는 운임의 신고를 받으면 신고 받은 사항을 기획재정부장관 및 국토교통부장관에게 각각 통보하여야 한다.
③ 시·도지사는 도시철도 운임의 범위를 정하려면 해당 시·도에 운임조정위원회를 설치하여 도시철도 운임의 범위에 관한 의견을 들어야 한다.
④ 한국철도공사가 운영하는 철도 또는 다른 도시철도운영자가 운영하는 도시철도와 연결하여 운행하려는 경우에는 도시철도의 운임을 신고하기 전에 그 운임 및 시행시기에 관하여 미리 한국철도공사 또는 다른 도시철도운영자와 협의하여야 한다.

(해설) 도시법 시행령 제22조(도시철도운임의 조정 및 협의 등)
① 시·도지사는 법 제31조 제1항에 따른 도시철도 운임의 범위를 정하려면 해당 시·도에 운임조정위원회를 설치하여 도시철도 운임의 범위에 관한 의견을 들어야 한다.
② 제1항에 따른 운임조정위원회는 민간위원이 전체 위원의 2분의 1 이상이어야 한다.
③ 법 제26조 제1항에 따라 도시철도운송사업의 면허를 받은 자(이하 "도시철도운송사업자"라 한다)가 해당 도시철도를 「한국철도공사법」에 따라 설립된 한국철도공사(이하 "한국철도공사"라 한다)가 운영하는 철도 또는 다른 도시철도운영자가 운영하는 도시철도와 연결하여 운행하려는 경우에는 법 제31조 제1항에 따라 도시철도의 운임을 신고하기 전에 그 운임 및 시행 시기에 관하여 미리 한국철도공사 또는 다른 도시철도운영자와 협의하여야 한다.
④ 시·도지사는 법 제31조 제1항에 따라 운임의 신고를 받으면 신고 받은 사항을 기획재정부장관 및 국토교통부장관에게 각각 통보하여야 한다.　　　　정답 ①

12

도시철도법상 운임조정위원회의 민간위원의 수는 얼마이어야 하는가?

① 전체 위원의 1/2 이상　　　　② 전체 위원의 1/3 이상
③ 전체 위원의 1/4 이상　　　　④ 전체 위원의 2/3 이상

(해설) 도시법 시행령 제22조(도시철도운임의 조정 및 협의 등)　　　　정답 ①

도시철도법에서 사업면허와 사업계획의 승인 등에 관한 설명으로 가장거리가 먼 것은?

① 도시철도운송사업자가 사업을 휴업 또는 폐업하려면 미리 시·도지사의 허가를 받아야 한다.

② 도시철도운송사업자가 도시철도사업을 양도하거나 합병하려는 경우에는 국토교통부장관의 인가를 받아야 한다.

③ 법인으로서 도시철도사업을 하려는 자는 국토교통부령으로 정하는 바에 따라 도시철도운송사업계획을 제출하여 시·도지사에게 면허를 받아야 한다.

④ 시·도지사는 도시철도운송사업을 하려는 자에게 면허를 주기 전 도시철도운송사업계획에 대하여 국토교통부장관과 미리 협의하여야 한다.

(해설) 도시법 제26조, 제35조~제36조
도시철도운송사업자가 도시철도사업을 양도하거나 합병하려는 경우에는 <u>시·도지사의 인가</u>를 받아야 한다.

정답 ②

도시철도운영자는 도시철도부대사업의 승인을 받으려는 경우 사업계획서를 시·도지사에게 제출하여야 한다. 이에 사업계획서에 포함되는 내용이 아닌 것은?

① 자금조달 방안

② 사업자 선정방안

③ 도시철도부대사업의 명칭 및 목적

④ 도시철도부대사업에서 발생한 수익금의 활용계획

(해설) 도시법 시행규칙 제5조의2(도시철도부대사업의 승인 신청 등)

① 도시철도운영자는 법 제28조의2 제1항에 따라 도시철도부대사업의 승인을 받으려는 경우에는 다음 각 호의 사항을 포함한 사업계획서를 시·도지사에게 제출하여야 한다.
  1. 도시철도부대사업의 명칭 및 목적   2. 사업기간
  3. 사업비   4. 자금조달 방안
  5. 도시철도부대사업에서 발생한 수익금의 활용계획

정답 ②

15

도시철도법에서 도시철도운영자가 다른 도시철도운영자와 연계하여 운송을 하는 경우, 노선의 연결, 도시철도시설의 건설·운영의 분담, 운임 수입의 배분, 승객의 갈아타기 등에 관한 사항의 협의 대상은 누구인가?

① 당사자 　　　　② 시·도지사 　　　　③ 철도사업자 　　　　④ 국토교통부장관

(해설) 도시법 제34조(연락운송)

① 도시철도운영자가 다른 도시철도운영자 또는 「철도사업법」 제2조 제8호에 따른 철도사업자와 연계하여 운송을 하는 경우 노선의 연결, 도시철도시설 운영의 분담, 운임수입의 배분, 승객의 갈아타기 등에 관한 사항은 당사자 간의 협의로 정한다.

② 제1항에 따른 협의가 성립되지 아니하거나 협의 결과를 해석하는 데 분쟁이 있을 때에는 당사자의 신청을 받아 국토교통부장관이 결정한다.　　　　정답 ①

16

도시철도법상 둘 이상의 자가 같은 도시교통권역에서 도시철도를 각각 건설·운영하는 경우 당사자 간의 협의로 결정할 수 있는 내용에 해당되지 않는 것은?

① 노선의 연결 　　　　　　　　② 승객의 갈아타기
③ 차량규격의 변경 　　　　　　④ 도시철도시설 운영의 분담

(해설) 도시법 제34조(연락운송)　　　　정답 ③

17

도시철도법에 대한 내용 중 틀린 것은?

① 국가나 지방자치단체가 도시철도운송사업을 법인에 위탁할 경우 필요한 사항은 대통령령으로 정한다.
② 지방자치단체의 장이 도시철도채권의 발행을 위하여 행정안전부장관의 승인을 받으려는 경우에는 미리 국토교통부장관과 협의하여야 한다.
③ 도시철도운영자가 다른 도시철도운영자와 연계하여 운송을 하는 경우 노선의 연결, 도시철도시설 운영의 분담, 운임수입의 배분, 승객의 갈아타기 등에 관한 사항은 국토교통부장관의 허가를 받아야 한다.
④ 국가 또는 지방자치단체가 아닌 법인으로서 도시철도운송사업을 하려는 자는 국토교통부령으로 정하는 바에 따라 도시철도운송사업계획을 제출하여 시·도지사에게 면허를 받아야 한다.

(해설) 도시법 제34조(연락운송)　　　　정답 ③

18

도시철도운송사업의 전부 또는 일부에 대하여 휴업 또는 폐업의 허가를 받으려는 경우에는 도시철도운송사업휴업(폐업) 허가신청서를 언제까지 누구에게 제출하여야 하는가?

① 2개월 전 - 시·도지사
② 3개월 전 - 시·도지사
③ 2개월 전 - 국토교통부장관
④ 3개월 전 - 국토교통부장관

(해설) 도시법 시행규칙 제6조(사업의 휴업 또는 폐업 절차)

① 도시철도운송사업자가 법 제36조 제1항 본문에 따라 도시철도운송사업의 전부 또는 일부에 대하여 휴업 또는 폐업의 허가를 받으려는 경우에는 <u>휴업 또는 폐업예정일 3개월 전에</u> 별지 제4호서식의 도시철도운송사업휴업(폐업) 허가신청서에 다음 각 호의 서류를 첨부하여 <u>시·도지사에게 제출하여야</u> 한다.   **정답** ②

19

도시철도를 건설 또는 운영하는 자에게 사업개선 명령을 할 수 있는 사항이 아닌 것은?

① 운임의 조정
② 도시철도종사자의 양성 및 자질 향상을 위한 교육
③ 도시철도운송사업계획 및 도시철도운송약관의 변경
④ 도시철도차량 및 도시철도 사고에 관한 손해배상 한도에 관한 사항

(해설) 도시법 제39조(사업개선명령)

시·도지사는 도시교통의 원활화와 도시철도 이용자의 안전 및 편의 증진을 위하여 필요하다고 인정하면 도시철도운송사업자에게 다음 각 호의 사항을 명할 수 있다.

1. 도시철도운송사업계획 및 도시철도운송약관의 변경
2. 운임의 조정
3. 도시철도차량이나 그 밖의 시설의 개선
4. 도시철도 노선의 연락운송
5. 도시철도차량 및 도시철도 사고에 관한 손해배상을 위한 보험에의 가입
6. 안전운송의 확보 및 서비스의 향상을 위하여 필요한 조치
7. 도시철도종사자의 양성 및 자질 향상을 위한 교육   **정답** ④

20

국가 및 지방자치단체가 도시철도 이용자의 권익보호를 위하여 강구하는 시책이 아닌 것은?

① 도시철도 이용자의 생명·신체 및 재산상의 위해 방지
② 도시철도 이용자의 불만 및 피해에 대한 신속·공정한 구제조치
③ 도시철도 이용자의 권익보호를 위한 홍보·교육 및 연구
④ 승객의 안전 확보와 편의 증진을 위하여 역사 및 도시철도차량에 보안요원의 배치·운영

(해설) 도시법 제3조의2(국가 및 지방자치단체의 책무)

국가 및 지방자치단체는 도시철도 이용자의 권익보호를 위하여 다음 각 호의 시책을 강구하여야 한다. 〈신설〉
1. 도시철도 이용자의 권익보호를 위한 홍보·교육 및 연구
2. 도시철도 이용자의 생명·신체 및 재산상의 위해 방지
3. 도시철도 이용자의 불만 및 피해에 대한 신속·공정한 구제조치
4. 그 밖에 도시철도 이용자 보호와 관련된 사항   정답 ④

21

도시철도법에 대한 내용 중 맞는 것은?

① 국토교통부장관은 도시철도운송사업자에게 사업개선명령을 할 수 있다.
② 도시철도운송사업자는 도시철도의 운임을 정하거나 변경하는 경우에는 원가와 버스 등 다른 교통수단 운임과의 형평성 등을 고려하여 국토교통부장관이 정한 범위에서 운임을 정하여 시·도지사에게 신고하여야 한다.
③ 시·도지사는 면허를 주기 전 도시철도운송사업계획에 대하여 국토교통부장관과 미리 협의한 후 도시철도운송사업 면허를 발급해야 한다.
④ 도시철도운송사업자는 도시철도운송약관을 정하여 국토교통부장관과 협의한 후 시·도지사에게 신고해야 한다.

(해설) 도시법 제39조(사업개선명령), 제31조(운임의 신고 등), 제26조, 제32조

제26조(면허 등) ① 국가 또는 지방자치단체가 아닌 법인으로서 도시철도운송사업을 하려는 자는 국토교통부령으로 정하는 바에 따라 도시철도운송사업계획을 제출하여 시·도지사에게 면허를 받아야 한다.
   ③ 시·도지사는 제1항에 따라 면허를 주기 전 도시철도운송사업계획에 대하여 국토교통부장관과 미리 협의하여야 한다.
제32조(도시철도운송약관) 도시철도운영자는 도시철도운송약관을 정하여야 하고, 도시철도운송사업자인 도시철도운영자는 이를 시·도지사에게 신고하여야 하며, 신고를 받은 시·도지사는 그 내용을 검토하여 이 법에 적합하면 신고를 받은 날부터 국토교통부령으로 정하는 기간 이내에 신고를 수리하여야 한다. 이를 변경하려는 경우에도 또한 같다.   정답 ③

도시철도법에서 정한 벌칙에 대한 설명으로 맞는 것은?

① 사업정지 기간에 도시철도운송사업을 경영한 자는 1년 이하의 징역 또는 1천만 원 이하의 벌금에 처한다.

② 면허를 받지 아니하고 도시철도운송사업을 경영한 자는 1년 이하의 징역 또는 1천만 원 이하의 벌금에 처한다.

③ 도시교통의 원활화와 도시철도 이용자의 안전 및 편의증진을 위한 사업개선명령을 위반한 자는 1년 이하의 징역 또는 1천만 원 이하의 벌금에 처한다.

④ 설치목적과 다른 목적으로 폐쇄회로 텔레비전을 임의로 조작하거나 다른 곳을 비춘 자 또는 녹음기능을 사용한 자는 1년 이하의 징역 또는 1천만 원 이하의 벌금에 처한다.

(해설) 도시법 제47조(벌칙)

② 다음 각 호의 어느 하나에 해당하는 자는 1년 이하의 징역 또는 1천만 원 이하의 벌금에 처한다.
  1. 제41조 제3항을 위반하여 설치 목적과 다른 목적으로 폐쇄회로 텔레비전을 임의로 조작하거나 다른 곳을 비춘 자 또는 녹음기능을 사용한 자
  2. 제41조 제4항을 위반하여 영상기록을 목적 외의 용도로 이용하거나 다른 자에게 제공한 자   정답 ④

도시철도법에 정한 내용으로 틀린 것은?

① 도시철도차량에 폐쇄회로 텔레비전을 설치하지 아니한 경우 면허를 취소하거나 6개월 이내의 기간을 정하여 그 사업의 정지를 명할 수 있다.

② 도시철도차량에 폐쇄회로 텔레비전을 설치하지 아니한 자에게는 300만 원 이하의 과태료를 부과한다.

③ 과징금을 부과한 행위에 대해서는 과태료를 부과할 수 없다.

④ 거짓이나 그 밖의 부정한 방법으로 도시철도운송사업 면허를 받은 경우 면허를 취소할 수 있다.

(해설) 도시법 제37조(면허의 취소 등)

① 시·도지사는 도시철도운송사업자가 다음 각 호의 어느 하나에 해당하는 경우에는 그 면허를 취소하거나 6개월 이내의 기간을 정하여 그 사업의 정지를 명할 수 있다. 다만, 제1호에 해당하는 경우에는 그 면허를 취소하여야 한다.
  1. 거짓이나 그 밖의 부정한 방법으로 제26조에 따른 도시철도운송사업 면허를 받은 경우   정답 ④

철도운송산업기사
필기시험 편

제 **2** 편

화물운송

제 1 장

물류개론

1. 물류의 의의

(1) 물류의 정의

① 물류는 소비자의 요구와 필요에 따라 효율적인 방법으로 기업의 이윤을 최대화하면서 재화와 서비스를 요구하는 장소, 정확한 시간에 완벽한 상태로 소비자에게 공급하는 것

② 물류정책기본법에서는 "물류(物流)란 재화가 공급자로부터 조달·생산되어 수요자에게 전달되거나 소비자로부터 회수되어 폐기될 때까지 이루어지는 운송·보관·하역(荷役) 등과 이에 부가되어 가치를 창출하는 가공·조립·분류·수리·포장·상표부착·판매·정보통신 등을 말한다"라고 정의

(2) 물류이론

① 파커(D.D Parker): 물류분야를 "비용절감을 위한 최후의 미개척분야"라고 하였다.

② 피터드러커(Peter F. Drucker)

㉮ "경영학의 아버지"로 존경받는 미국의 학자

㉯ 물류를 "경제의 암흑대륙(The Economy's Dark Continental)"이라고 표현
물류는 마치 해가 비치지 않는 것과 같은 미개척 영역이기 때문에 여기에 진출하면 무궁무진한 기회가 열려 있다는 뜻

㉰ 물류는 경제의 이윤의 보고라 했으며 1960년대 초에 기업들에게 새로운 도전과 기회로서 물류분야에 경영 정책의 초점을 맞추어야 한다고 역설한 인물

③ 클라크(F.E.Clark)

㉮ Physical Distribution의 용어를 처음 사용

㉯ 마케팅 기능 중 물적공급기능(물류기능)이란 교환기능에 대응하는 유통의 기본적 기능이라며 물류기능의 중요성을 강조

(3) 물류관리의 필요성

① 생산·판매부문의 원가절감의 한계

② 운송·보관·포장·하역비 등 물류비의 지속적 증가

③ 고객욕구의 다양화, 전문화, 고도화로 서비스향상 중시

④ 다빈도·소량주문의 증대

⑤ 다품종·소량생산과 생산비의 절감

⑥ 전자상거래의 확산

(4) 물류의 중요성

① 재고비용 절감　　　　　　　　② 소비자의 제품 다양화 요구
③ 상품의 저가 압력　　　　　　　④ 가격결정에서 실제 유통비용 산출 필요
⑤ 물류서비스 개선과 물류비 절감

(5) 화물 운송의 조건

① 유체물일 것　　　　　　　　　② 이동이 가능할 것
③ 운송설비의 능력한계 내일 것　　④ 합법적으로 운송할 수 있을 것

(6) 화물운송의 3요소

① LINK(운송경로): 도로, 철도, 해상항로, 항공로 등
② MODE(운송수단): 자동차, 열차, 신박, 항공기 등
③ NODE(운송상의 연결점): 전구간의 화물운송을 위한 운송수단들 상호간의 중계 및 운송 화물의 환적작업 등이 이루어지는 장소(화물역, 항만, 공항, 물류센터, 유통센터 등)

2. EDI(Electronic Data Interchange)

(1) EDI의 구성요소

EDI는 두 개 이상의 기업간 전자적 연결을 통한 업무처리를 지원. 따라서 원거리간 분서의 교환을 위해서는 다음의 소프트웨어가 필요하다.
① 응용프로그램
② 네트워크프로그램
③ 변환소프트웨어

(2) EDI 도입효과 및 문제점

도입효과	문제점
① 적은 노력으로 정보의 전송 ② 시간과 투입비용의 절감 ③ 분실·훼손 등의 오류제거 및 재입력 오류도 감소 ④ 종이문서 작성 비용절감 ⑤ 신속한 정보전달로 고객서비스 향상 및 적정 재고 유지로 기업경쟁력 확보 ⑥ 다양한 외부네트워크 연결로 활동영역 확장과 신규 거래기회 확보	① 주문내용을 변경하는데 유연성이 떨어진다. ② 이중 커뮤니케이션 체제가 요구된다. EDI가 도입이 안 된 곳은 서류로 의사소통해야 한다. ③ 전송되는 정보에 관한 보안·통제의 문제가 대두된다. ④ 여러 부서 사이에 상당한 수준의 협조가 요구된다.

3. 연안운송과 항만시설

(1) 연안운송의 필요성
① 운송비 절감(저렴)
② 공로의 혼잡도 완화(육로운송의 포화상태)
③ 에너지 절약(친환경 수단)
④ 철도운송의 한계 극복
⑤ 운송화물의 용적이 비대하여 육로운송의 곤란
⑥ 통관용이

(2) 연안운송의 실태 및 문제점
① 연안운송은 운송시간과 가격 경쟁력 문제로 2000년 이후 물동량이 점차 줄어들어 현재는 침체상태에 있다.
② 철도와 연계한 연안운송은 물류비 절감형 운송으로 주요 원자재의 안정적 운송에 가능하므로 점차 확대되어야 할 운송수단이다.
③ 화물의 출발지와 목적지가 임해지역이거나 항만과 근거리에 위치한 화물을 운송할 경우에 유리하다.
④ **연안운송의 문제점**(침체이유)
㉮ 운송단계가 복잡 ⇨ 입출항 신고 등의 장기간 소요 및 절차 번잡－항만운영의 경직성 및 비효율성
㉯ 선복(적하장소) 부족
㉰ 전용부두시설이 부족하여 물량처리 곤란

(3) 카페리 연안운송 방식
① 제1방법: 유인 도선방법－화물자동차에 운전기사가 직접 승차한 채로 카페리에 승선하여 도선
② 제2방법: 무인 도선방법－운전기사는 승차하지 않고 화물자동차만을 카페리에 적재하여 도선시키고 도착항에서 다른 운전기사가 인수하여 운행하는 형태(기사 인건비 절감)
③ 제3방법: 무인 트레일러방법－트레일러에 화물을 적재하여 트랙터와 운전기사는 승선하지 않고 트레일러만 운송하는 방법(트랙터 고정비, 운전기사 급여 절감)
④ 제4방법: 화물터미널 경유 방법－화물터미널에 트레일러를 인도하면 카페리로 도선하여 도착지 화물터미널에 인도하는 유형

(4) 항만의 시설과 용어

① 부두(Wharf): 항만 내에서 화물의 하역을 위한 여러 가지 구조물

㉮ Quay(퀘이): 화물의 하역이 직접적으로 이루어지는 구조물로 선박의 접안을 위하여 항만의 앞면이 거의 연직인 벽을 가진 구조물 중 수심이 큰 것(4.5m 이상)을 말함

㉯ 잔교(Pier 피어): 선박이 접안하고 계류하여 화물의 하역을 용이하게 만든 목재나 철재 또는 콘크리트로 만든 교량형 구조물

② 바지선(Barge): 선박의 일종으로 화물을 적재할 수 있는 데크(Deck, 갑판)만 설치되어 있고 추진장치 없이 예인선에 의해 이동하는 선박으로 바지운반선인 LASH (Lighter Abroad Ship)는 많은 바지선을 동시에 운송할 수 있는 전문 바시운반선으로 사제에 켄트리크레인이 설치되어 있어 직접 하역

③ 예인선(Tug boat): 자체 항행력이 없는 부선이나 항행력은 있어도 일시 사용치 않는 선박을 지정된 장소까지 끌어당기거나 밀어서 이동시키는 선박으로 규모는 작아도 강력한 추진력을 갖고 있다.

4. 복합운송(Multimodal Transport)

(1) 의의

① 통운송(Through Carriage) 또는 협동일관운송(Intermodal Carriage)

② 철도와 선박, 철도와 자동차, 선박과 항공과 같이 서로 다른 2가지 이상의 운송수단으로 화물이 목적지에 운반되는 것

③ 1929년 항공운송에 관한 바르샤바조약(Warsaw convention)에서 처음 규정한 것으로 1980년대 이후 본격적으로 활용되기 시작하였다.

(2) 복합운송인

복합운송서류를 발행하는 자를 말하며 CTO(Combined Transport Operator)라고도 부른다. 복합운송선하증권의 발행으로 운송품이 수취된 장소에서 복합운송선하증권에 지정된 인도장소까지 전 운송의 이행(하청운송인의 책임 포함)의 책임을 일관해서 부담하게 된다.

〈복합운송 조건〉

① 일관운임의 설정   ② 일관운송증권 발생   ③ 단일운송인 책임

(3) 복합운송의 특성

① 운송책임의 단일성(Through Liability)

복합운송은 복합운송인이 전 운송구간에 걸쳐 하주에게 단일책임을 진다.

② 복합운송증권(Combined Transport B/L)의 발행

복합운송은 복합운송인이 하주에 대하여 전 운송구간을 커버하는 유가증권으로서 복합운송서류를 발행

③ 단일운임의 설정(Through Rate)

복합운송은 복합운송의 서비스대가로서 각 운송구간마다 분할된 것이 아닌 전 운송구간의 단일화된 운임을 설정

④ 운송방식의 다양성

복합운송은 반드시 두 가지 이상 서로 다른 운송방식에 의하여 이행

⑤ 운임부담의 분기점

복합운송에 있어서 위험부담의 분기점은 송하인이 물품을 내륙운송인에게 인도하는 시점

⑥ 컨테이너운송의 보편화

화물을 정해진 규격의 컨테이너에 적입하여 컨테이너단위로 하역하고 운송하는 것으로 신속, 안전하게 환적함으로써 육·해·공을 연결

(4) 복합운송인의 종류

① 실제운송인형(Carrier형, 캐리어형)

자신이 직접 운송수단을 보유하면서 복합운송인의 역할을 하는 운송인

② 계약운송인형(Forwarder형, 포워더형)

운송수단을 직접 보유하지 않으면서 실제운송인처럼 운송주체자로서 기능과 책임을 다하는 대리 운송인

〈 포워더형의 종류 〉

㉮ 해상운송주선업자(Ocean Freight Forwarder) — 가장 대표적

㉯ 항공운송주선업자(Air F.F.)

㉰ 통관업자 등이 있는데 가장 대표적인 것이 해상운송주선인이다. 따라서 보통 포워더형 복합운송인이라 하면 해상운송주선업자라고 일컬어진다.

③ 무선박운송인형(NVOCC형: Non Vessel Operating Common Carrier)

1984년 미국 신해운법에서 기존의 포워더형 복합운송인을 법적으로 확립한 해상 복합운송주선인이다. 정기선박 등을 운항하는 해운회사에 대비되는 용어다.

㉮ 선박을 소유하지 않고 운송하는 운송인으로 ⇨ 선박회사(해운회사)와는 경쟁적 관계가 아니고 상호보완적 관계이다.

㉯ 직접 선박을 소유하지는 않으나 화주에 대해 일반적인 운송인으로서 운송계약

㉰ 선박의 소유나 지배 유무에 관계없이 수상운송인을 하도급인으로 이용하여 자신의 이름으로 운송하는 자

(5) 복합운송의 책임

① **과실책임**: 선량한 관리자로서 운송인의 주의의무를 태만히 함으로써 야기된 사고 등에 대하여 책임을 져야 하며, 책임이 없음을 주장할 때에는 복합운송인에게 거증책임이 있다.

② **무과실책임**: 운송인은 과실유무를 불문하고 책임을 부담한다. 그러나 사고 등의 발생이 운송인이나 사용인의 무과실에 의하여 발생된 것은 운송인이나 사용인에게 면책사유가 된다. (전쟁, 천재지변, 화물고유의 성질변화, 통상 소모 등)

③ **결과책임**(절대책임): 손해의 결과에 대해서 절대적으로 책임을 지는 것으로서 면책사유가 인정되지 않는다.

(6) 복합운송인의 책임체계

① **Tie-up system**: 화주가 각 운송구간의 운송인과 개별적으로 운송계약을 체결하여 각 운송인이 각 운송구간에 적용되는 책임을 부담하는 것

② **이종책임체계**: 복합운송인이 전 운송구간의 책임을 부담하되, 내용은 손해발생구간에 적용되는 책임체계에 의하여 결정되는 것(운송업자와 책임 분담)

③ **단일책임체계**: 손해발생 구간, 불명손해 여부를 불문하고 전구간을 단일 책임원칙

④ **절충책임체계**(변형 단일책임체계, 수정 단일운임체계)
수정 단일책임체계로 이종책임체계와 단일책임체계의 절충안으로 국제복합운송조약이 채택

5. 공동수배송시스템

(1) 공동수배송 장점

① 운송수단 적재효율 향상으로 배송비용 절감효과
② 참여기업의 서비스 수준의 균등화
③ 물동량의 수요탄력성에 대응한 차량운영의 탄력성 확보
④ 공동전산망 구축으로 운용효율성 향상
⑤ 중복·교차배송 억제로 수배송 차량의 감소로 교통혼잡 예방

(2) 공동수배송의 장애요인(기피요인)

① 자사의 고객서비스 우선
② 배송서비스를 기업의 판매경쟁력으로 삼으려는 전략
③ 상품특성에 따른 특수서비스 제공의 필요성
④ 긴급대처능력 부족
⑤ 상품에 대한 안전성 문제
⑥ 회사기밀이 경쟁업체에 알려지기 때문에

⑦ 배송시기를 회사 임의로 결정할 수 없기 때문에
⑧ 회사 특유의 서비스를 고객에게 제공할 수 없기 때문에

6. 운송수단

(1) 운송수단별 기능비교

구 분	철 도	자동차	선 박	항공기
화물중량	대량화물	소·중량화물	대·중량화물	소·경화물
운송거리	원거리	중·근거리	원거리	원거리
운송비용	중거리운송시 유리	단거리운송시 유리	원거리운송시 유리	가장 높음
기후영향	없음	조금받음	많이 받음	아주 많이 받음
안정성	높다	조금낮다	낮다	낮다
일관운송체계	미흡하다	용이하다	어렵다	어렵다
중량제한	없다	있다	없다	있다
화물수취용이성	불편	편리	불편	불편
운송시간	길다	길다	매우 길다	아주 짧다
하역·포장비용	보통	보통	비싸다	싸다

(2) 화물운송수단의 선택시 검토요소

① 화물의 종류와 특징　　　　② 화물의 규격
③ 이동경로　　　　　　　　　④ 운송거리
⑤ 발송·도착 시기　　　　　　⑥ 수화인 요구사항
⑦ 운송비용과 재고유지비용
⑧ 속도에 따른 운송빈도와 보관비 관계
⑨ 수송비와 보관비(재고유지비용)의 관계(총비용 비교)

(3) 운송수단 간의 속도와 소요비용과의 관계

① 속도가 빠른 운송수단일수록 운송빈도가 더욱 높아져 운송비가 증가한다.
② 속도가 느린 운송수단일수록 운송빈도가 더욱 낮아져 보관비가 증가한다.
③ 수송비와 보관비는 상충관계로 총비용 관점에서 운송수단을 선택해야 한다.
④ 운송수단의 선정 시 운송비용과 재고유지비용을 고려하여야 한다.
⑤ 운송수단별 운송물량에 따라 운송비용에 차이가 있다.

(4) 수송수단의 혼합이용 방법

① **피기백(Piggy Back)**: 화물을 실은 트레일러나 트럭을 화차위에 함께 적재하는 방식으로 피기패커(piggy packer)라는 하역장비 필요하다.

② **버디백(Birdy-Back)**: 항공운송과 화물자동차 운송을 연계한 운송 시스템

③ **피시백(Fishy Back)**: 선박과 화물자동차의 운송 시스템

④ **열차 페리 운송방식(Rail-Water 서비스)**: 철도운송과 해상운송을 결합한 운송시스템(선박 안에 철도화차 적재)

⑤ **Road Railer**: 고무타이어(트럭)와 철바퀴(철도용) 모두를 가지고 있으며, 고속도로나 일반도로에서는 트레일러에 의해 운반되고, 도로를 달리다 철도를 만나면 고무로 된 바퀴가 사라지고 철도를 달릴 수 있는 철로 된 바퀴가 나오는 차량

⑥ **DMT(Dual Mode Trailer)**: 도로와 철도간 별도의 환적장비 없이 자체환적(Self Transfer) 및 셔틀운송(Shuttle-Transport)기능이 하나로 통합된 새로운 형태의 환적시스템으로 화차는 철도수송과 자동차수송을 겸용할 수 있도록 설계되었다.

⑦ **Sea-Land-Sea방식**: 해륙 일관수송. 선박으로 우회하는 것보다 해상운송과 육상운송을 조합시켜 운항시간을 단축하고 경비를 절감하려는 것. 예를 들어 시베리아 랜드브리지는 일본에서 나호트카까지 선박으로, 나호트카에서 유럽까지는 육상으로 수송

⑧ **Land bridge**: 국제무역에서 철도나 육로를 해상과 해상을 잇는 교량처럼 활용하는 운송으로 보통 랜드브리지가 육상에서 수 개국을 거치나, 1개국만 거치는 것을 미니랜드브리지(Mini Land bridge)라고 한다.

7. 컨테이너 운송

(1) 컨테이너의 구비조건(Container, Intermodal container, ISO container)

① 영구적인 구조의 것으로 반복 사용에 견디는 충분한 강도를 가진 것

② 운송 도중에 다시 적재함이 없이 한 가지 이상의 운송 방식에 의하여 화물의 운송이 이루어질 수 있도록 특별히 설계된 것

③ 하나의 운송 방식에서 다른 방식으로 전환이 가능하고 쉽게 조작할 수 있는 장치를 가진 것

④ 화물을 가득 적재하거나 하역이 쉽게 이루어지도록 설계된 것

⑤ $1m^3(35.3ft^3)$ 이상의 내부 용적을 가진 것

(2) 컨테이너 국내 운송 역사

① 국내 컨테이너 운송은 1970년 대진해운이 시랜드와 제휴하여 부산항에서 컨테이너 선적 서비스를 제공하면서 국내 최초의 컨테이너 운송을 시작

② 철도에 의한 컨테이너 수송은 1972년부터 용산역에서 부산진역 간에 실시되면서 최초로 철도수송을 하게 되었다. 해상컨테이너는 국제간 화물운송에 사용되는 선박회사 소유의 컨테이너로서 철도공사 소유의 컨테이너는 아직 운용되지 않고 있다.

③ 철도공사는 컨테이너 국제규격(ISO Code), 컨테이너 구조·강도에 관한 협약(CSC 협약) 등 국제적 기준에 따라 국내·외에서 통용되는 컨테이너를 취급

(3) 컨테이너 터미널의 시설과 용어

① 안벽(Berth): 항만 내 컨테이너선이 접안할 수 있도록 하는 시설로 수심은 약 11m 정도

② 에이프런(Apron): 안벽을 따라 포장된 부분으로 컨테이너의 적재와 양륙작업을 위해 임시로 하차하거나 크레인이 통과주행을 할 수 있도록 레일을 설치하는 데 필요한 공간으로 폭은 약 30m 정도이다.

③ 마샬링야드(Marshalling Yard): 컨테이너를 선적하거나 양륙하기 위해 정렬시켜 놓도록 구획된 부두 공간으로, 에이프런(apron)에 접한 일부 공간

④ 컨테이너장치장(CY, Container Yard): 적재된 컨테이너를 인수, 인도, 보관하고 공컨테이너도 보관하는 장소

⑤ CFS(컨테이너화물조작장: Container Freight Station)

㉠ 컨테이너 수송을 위한 시설중 하나로 수출화물을 용기에 적화시키기 위하여 화물을 수집하거나 분배하는 장소

㉡ LCL화물을 처리하기 위한 기본시설: LCL ⇨ FCL, FCL ⇨ LCL

* 컨테이너에 화물을 내부 적재시에는 운송수단에 의한 롤링(Rolling) 및 피칭(Pitching)을 감안하는 고정(Shoring) 및 고박작업(Lashing)이 필요하다.

(4) I.C.D의 종류 및 기능

① I.C.D의 종류

㉠ 내륙컨테이너기지(Inland Container Depot): 항만에서 이루어지는 본선작업과 마샬링 기능을 제외한 항만기능을 수행하는 내륙에 위치한 컨테이너 기지

㉡ 내륙통관기지(Inland Clearance Depot): 항만의 통관 혼잡을 회피하기 위한 내륙의 통관업무를 수행하는 물류기지

② I.C.D의 기능

㉠ 컨테이너화물의 장치, 보관 기능

㉡ 컨테이너화물의 집화, 분류 기능

㉢ 컨테이너화물의 통관기능, 간이 보세운송

ⓐ 컨테이너의 수리, 보전, 세정
　　　ⓑ 복합운송 거점으로 운송합리화 기여 ⇨ 대량운송 실현, 공차율 감소, 운송회전율 향상

(5) 컨테이너 수량 단위

　① 길이 40ft(피트) 컨테이너를 FEU(Forty−foot Equivalent Unit)−2TEU
　② 길이 20ft(피트) 컨테이너를 TEU(Twenty−foot Equivalent Unit)
　　* 업계에서는 보통 FEU 단위는 잘 쓰지 않고 주로 TEU 단위를 사용한다.
　　* 항공기용 컨테이너는 ULD(Unit Load Device)라고 부른다.

(6) 컨테이너 종류

　① 일반 컨테이너(드라이 컨테이너): 흔히 컨테이너라 불리는 표준격인 컨테이너
　② 냉장·냉동 컨테이너: 과일·야채·생선 등의 유통에 이용되는 온도조절장치가 붙어있는 컨
　　　　테이너
　③ 오픈탑 컨테이너: 상부가 열린 컨테이너. 무거운 화물이나 길이가 긴 장척물(철근, 기둥,
　　　　파이프나 나무 등)을 탑재
　④ 사이드오픈 컨테이너: 옆으로 열리는 컨테이너
　⑤ 탱크 컨테이너: 기름이나 액체, 화학물질을 담아 운반하는 컨테이너
　⑥ 플랫폼 컨테이너: 파렛트로 분류해야 할 것 같은 형태로 오픈탑 컨테이너와 용도는 비슷하
　　　　다. 가끔 화물을 고정시키기 위해 모서리에 고정대(rack)를 설치한 컨테
　　　　이너도 있는데 이를 플랫 랙(Flat Rack) 컨테이너라 부른다.

(7) 컨테이너운송 관련 국제협약(기구)

　① 국제표준화기구(ISO, International Organization for Standardization)
　② 컨테이너 통관협약(CCC, Customs Convention on Container)
　③ 컨테이너 안전협약(CSC, International Convention for Safe Container)
　④ 국제통과화물에 관한 협약(ITI, Custom Convention on the International Transit
　　　　of Goods)
　⑤ 국제도로운송 협약(TIR, Trailer Interchange Receipt Convention)

(8) 컨테이너 하역방식

　① 섀시 방식(Chassis Method): 선박에서 직접 섀시에 적재하므로 보조하역기기가 필요 없
　　　　는 하역방식
　② 스트래들 캐리어 방식(Straddle Carrier Method)
　　　ⓐ 선박에서 에이프런에 직접 내리고 스트래들 캐리어로 운반하는 하역방식으로 이송작업
　　　과 하역작업 모두 가능하다.
　　　ⓑ 컨테이너를 2~3단으로 적재할 수 있어 섀시방식보다 토지이용효율이 높다.

③ 트랜스테이너 방식(Transtainer, Trans Crane Method)
　　㉮ 컨테이너의 하역 또는 섀시나 트레일러에 싣고 내리는 역할을 하는 것으로 4~5단 이상 적재가능－전후방향으로만 이동 가능하여 융통성 부족
　　㉯ 스트래들캐리어 방식보다 토지이용효율성이 높으며, 높게 장치할 수 있어 좁은 면적의 야드를 가진 터미널에 적합한 방식

(9) 컨테이너 화물의 선박 적재
① 컨테이너선의 적재방식에 의한 종류
　　㉮ LO－LO선(Lift On－Lift Off)
　　　겐트리크레인으로 컨테이너를 수직으로 적양화(싣고내림) 하도록 설계된 선박
　　㉯ RO－RO선(Roll On－Roll Off)
　　　컨테이너에 섀시를 부착된 채로 육상전용의 Trailer를 트렉터로 이동하여 싣거나 내리는 방식의 선박
② 컨테이너 화물의 종류
　　㉮ FCL(Full Container Load)
　　　운송되는 화물의 양이 하나의 컨테이너에 적절하게 적입되어 적재효율성이 저하되지 않은 상태로 의뢰되는 컨테이너 화물
　　㉯ LCL(Less than Container Load)
　　　하나의 컨테이너를 이용하여 운송하기에는 화물의 양이 적어 적재효율성이 저하되는 화물로서 다수의 운송의뢰자의 화물을 함께 적입하여야 하는 화물

(10) 철도 컨테이너 하역방식
① TOFC(Trailer on Flat car)
　평판화차 위에 컨테이너를 실은 트레일러를 적재하는 방식이다. 철도역에서 별도의 하역장비 없이 선로 끝부분에 설치된 램프(경사로)를 이용하여 화차에 적재한다.
　　㉮ 피기백 방식(Piggy back): 컨테이너를 실은 트레일러나 트럭을 철도화차 위에 적재하여 운송하는 방식
　　㉯ 캥거루 방식(Kanggaroo): 트레일러를 운송하는 방식으로 평판화차로 트레일러를 운반할 때 터널의 높이나 법령상이 차량높이에 제한이 있는 경우 트레일러 뒷바퀴를 화차의 상판면보다 낮게 대차의 사이에 떨어뜨려 적재하는 방식
　　㉰ 프레이트 라이너 방식(Freight Liner System): 영국 국철이 개발한 고속의 고정편성을 통해 정기적으로 운행하는 급행 컨테이너열차로 하역시간 단축과 문전수송을 가능하게 하는 철도운송 방식
② COFC(Container on Flat car)
　평판화차 위에 컨테이너 자체만을 적재하고 트레일러는 싣지 않는 방식으로, 철도운송의 중량을 작게 하고 하역작업도 용이하여, TOFC 보다 많이 이용되는 보편화된 철도하역방식이다.

㉮ 매달아 싣는 방식: 트랜스퍼 크레인 또는 일반 크레인을 이용한 적재

㉯ 플렉시 밴 방식(Flexi-van): 트럭이 화차에 직각으로 후진하여 적재하는 방식으로, 화차에는 회전판이 있어 컨테이너를 90도 회전하여 고정시킨다.

㉰ 지게차에 의한 방식: 리치스태커, 지게차를 이용하여 적재

③ 이단적재열차(Double Stack Train)

컨테이너화차의 일종으로 컨테이너를 2단으로 적재하여 운송할 수 있도록 설계된 화차로서 이단적재화차, 이단적열차, 더블스택카, 더블스택트레인(Double Stack Train), 웰카 (Well Car) 등의 이름이 있다.

8. 벌크화물 운송

(1) 의의

① 컨테이너에 넣지 않고 그냥 화물열차, 선박, 자동차에 싣는 화물

② 포장하지 않은 입자나 분말 상태 그대로 싣거나 액체 상태로 용기에 넣지 않은 채 실은 특수 화물

(2) 종류

① 건화물: 곡물, 석탄, 철광석, 목재, 시멘트와 같은 대량의 원료 화물

② 액체화물: 원유, 천연가스와 같은 것

③ 브레이크 벌크: 무게 또는 크기 때문에 벌크 선박에 직접 올리는 화물

(3) 장단점

① 포장작업 등을 거치지 않아 물류비용을 절감할 수 있다.

② 적재 및 보관 용적이 절약된다.

③ 벌크선박은 칸막이가 없고 화물창이 있는 것이 특징이다.

④ 운송서비스 가격이 저렴하다.

⑤ 적재 및 하역시에 많은 시간이 소요된다.

⑥ 작업완료시까지 많은 인력이 소요된다.

9. 철도운송

(1) 철도운송의 장단점

장점	① 장거리운송에 경제적 ② 대량고속운행 가능 ③ 운송의 안전성이 높다 ④ 전국단위 대량수송 가능	⑤ 기후의 영향을 적게 받음 ⑥ 중량에 영향을 거의 안받음 ⑦ 계획운송이 가능 ⑧ 전국적인 네트워크
단점	① 발·도착역의 환적필요 ② 열차편성 시간소요(기동성 저하) ③ 적기 배차 어려움 ④ 운임탄력성이 적다	⑤ 문전수송(Door to Door) 불가능 ⑥ 차량단위 배차로 데드페이스 발생 ⑦ 발착역의 연계운송 필요 ⑧ 운행경로가 제한적임

(2) 철도화물운송의 문제점

① 복잡한 운송절차(문전수송 불가능)　② 장비의 현대화, 표준화 미흡

③ 경직된 운임체계　④ 운송용량의 한계

⑤ 마케팅체계 미흡　⑥ 철도터미널 기능의 부족

⑦ 철도와 관련되는 배후 도로망과의 연계부족

(3) 철도운송 방식

① Unit Train: 연결된 모든 차량이 단일품목의 생산품을 싣고 같은 목적지로 향하는 화물열차

② 블록 트레인(BT, Block Train)

　㉮ 철도화물역 또는 터미널 간을 직행 운행하는 전용열차의 한 형태로 화차의 수와 타입이 고정되어 있지 않다.

　㉯ 장점은 중간역에 정차하지 않고 최종 도착역까지 직송서비스를 제공하는 점이다. 중장거리 구간에서 도로와의 경쟁력을 높일 수 있다.

　㉰ 따라서 철도와 도로의 복합운송에서 많이 이용하는 서비스 형태이다.

01

18년 2회

물류는 경제의 이윤의 보고라 했으며 1960년대 초에 기업들에게 새로운 도전과 기회로서 물류 분야에 경영 정책의 초점을 맞추어야 한다고 역설한 사람은?

① 쇼우(A.W. Show) ② 클라크(F.E. Clark)
③ 필립 고틀리(Philip Kotler) ④ 피터 드러커(Dr. Peter Drucker)

(해설)

① 파커(D.D Parker)는 물류분야를 "비용절감을 위한 최후의 미개척분야"라고 하였다.
② "경영학의 아버지"로 존경받는 미국의 피터드러커(Peter F. Drucker)는 물류를 '경제의 암흑대륙(The Economy's Dark Continental)'이라고 표현했다. 물류는 마치 해가 비치지 않는 것과 같은 미개척 영역이기 때문에 여기에 진출하면 무궁무진한 기회가 열려 있다는 뜻이다.
③ 클라크(F.E.Clark)는 physical distribution의 용어를 처음 사용하면서 마케팅 기능 중 물적공급기능(물류기능)이란 교환기능에 대응하는 유통의 기본적 기능이라며 물류기능의 중요성을 강조했다.
④ 로크레매틱스: 자재관리와 물류관리를 포함하는 것으로 구매, 운수, 생산계획, 재고관리 등을 포함하는 의미이다.

정답 ④

02

22년 1회~2회·21년 2회·15년 1회

물류에 대한 설명으로 가장 적절하지 않은 것은?

① 파커(D.D Parker)는 물류의 중요성에 대하여 경제의 암흑대륙 또는 이윤의 보고라고 강조하였다.
② 클라크(F.E.Clark)는 physical distribution의 용어를 사용하면서 물류기능의 중요성을 강조하였다.
③ 로크레매틱스는 물류의 흐름을 중심으로 하여 생긴 개념으로 자재조달, 생산, 판매 및 그 정보활동 등을 포함한다.
④ 물류는 소비자의 요구와 필요에 따라 효율적인 방법으로 기업의 이윤을 최대화하면서 재화와 서비스를 요구하는 장소, 정확한 시간에 완벽한 상태로 소비자에게 공급하는 것을 의미한다.

(해설) 1.의 (2) 물류이론 참조

정답 ①

물류의 중요성이 강조되고 있는 이유로 적절하지 않은 것은?

① 물류비의 지속적인 증가   ② 운송시간, 운송비용의 증가

③ 소품종 대량생산 체계의 등장   ④ 고객욕구의 다양화, 전문화, 고도화

⑤ 기업활동에서 제조부분의 원가절감이 한계에 부딪힘

(해설) **물류관리의 필요성**
1. 생산, 판매부문의 원가절감의 한계
2. 운송, 보관, 포장, 하역비 등 물류비의 지속적 증가
3. 고객욕구의 다양화, 전문화, 고도화로 서비스향상 중시
4. 다빈도, 소량주문의 증대
5. 다품종, 소량생산과 생산비의 절감
6. 전자상거래의 확산   정답 ③, ⑤

화물운송의 조건으로 맞지 않는 것은?

① 운송설비의 능력한계 내 일 것   ② 이동이 가능할 것

③ 유체물일 것   ④ 포장이 가능할 것

(해설) 1.의 (5) **화물운송의 조건**
① 유체물일 것
② 이동이 가능할 것
③ 운송설비의 능력한계 내일 것
④ 합법적으로 운송할 수 있을 것   정답 ④

화물운송의 3요소에 포함되지 않는 것은?

① 운송경로   ② 운송인원   ③ 운송수단   ④ 운송상의 연결점

(해설) 1.의 (6) **화물운송의 3요소**
① LINK(운송경로): 도로, 철도, 해상항로, 항공로 등
② MODE(운송수단): 자동차, 열차, 선박, 항공기 등
③ NODE(운송상의 연결점): 전구간의 화물운송을 위한 운수단들 상호간의 중계 및 운송 화물의 환적작업 등이
   이루어지는 장소. (화물역, 항만, 공항, 물류센터, 유통센터 등)   정답 ②

화물운송의 3요소로 옳은 것은?

① LINK(운송경로), MODE(운송수단), CARRIER(운송자)

② LINK(운송경로), MODE(운송수단), NODE(운송상 연결점)

③ NODE(운송상 연결점), MODE(운송수단), CARRIER(운송자)

④ LINK(운송경로), MODE(운송수단), CARRIER(운송자)

(해설) 1.의 (6) 화물운송의 3요소 　　　　　　　　　　　　　　　 정답 ②

운송의 개념에 해당되지 않는 것은?

① 제조　　　　　② 수주　　　　　③ 포장　　　　　④ 보관

(해설) 운송의 개념

운송은 장소적 효용의 창출로서 단순한 장소적, 공간적 이동이란 개념에서 탈피하여 마케팅관리상 수주, 포장, 보관, 하역, 유통, 가공을 포함한 물류시스템의 합리화의 한 요소로 인식　　　　　　 정답 ①

EDI(Electronic Data Interchange)**의 구성요소가 아닌 것은?**

① 변환 소프트웨어　　　　　　　　② 표준관리 소프트웨어

③ 네트워크 소프트웨어　　　　　　④ 애플리케이션 소프트웨어

(해설) EDI의 구성요소

EDI는 두 개 이상의 기업간 전자적 연결을 통한 업무처리를 지원한다. 따라서 원거리간 분서의 교환을 위해서는 응용프로그램, 네트워크프로그램, 변환소프트웨어가 필요　　　　　　 정답 ②

EDI의 도입효과로 보기 어려운 것은?

① 정보 보안에 유리함
② 신속 정확한 전달과 시간절약의 효과로 생산성 증대
③ 통관절차를 사전에 마침으로써 화물을 도착 즉시 발송 가능
④ 서류 없는 거래가 가능하며 사무처리 비용 증가, 고급인력 확보
⑤ 종이문서 작성 비용의 절감

(해설) EDI도입효과
① 적은 노력으로 정보의 전송
② 시간과 투입비용의 절감
③ 분실, 훼손 등의 오류제거 및 재입력 오류도 감소
④ 종이문서 작성 비용절감
⑤ 신속한 정보전달로 고객서비스 향상 및 적정재고 유지로 기업경쟁력 확보
⑥ 다양한 외부네트워크 연결로 활동영역 확장과 신규 거래기회 확보   정답 ①, ④

EDI 특징으로 옳은 것은?

① 물류 운반비 절약과 물류비용의 절감   ② 종이로 인쇄가 불가능
③ 기업 기밀유지 가능   ④ 보내는 사람과 단독 연결됨

(해설) EDI도입효과   정답 ①

EDI의 특징으로 맞는 것은?

① EDI는 비밀유지에 효과적이다.
② EDI는 시간과 투입비용의 절감이 가능하다.
③ EDI는 하나의 회사만 이용가능하다.
④ EDI는 문서로 작성되므로 인쇄가 불가능하다.

(해설) EDI도입효과   정답 ②

연안운송의 필요성과 관련된 설명으로 적절하지 않은 것은?

① 항만에서 근거리에 위한 화물을 운송할 경우에는 연안운송이 경제적이다.

② 화주들이 연안운송을 회피하고 육상운송을 택하는 이유는 공로운송은 기후의 영향은 많이 받지만 운임이 저렴하기 때문이다.

③ 운송경비 면에서는 일반적으로 철강제품과 시멘트는 철도운송이 유리하나 컨테이너와 석유제품은 연안운송이 저렴하다.

④ 육상 교통난 해소의 일환으로 대량화물의 연안운송 유도가 적극적으로 이루어질 필요성이 있다.

(해설) **물류이론**

(2) 연안운송의 필요성
  ① 운송비 절감(저렴)
  ② 공로의 혼잡도 완화(육로운송의 극심한 체증, 포화상태)
  ③ 에너지 절약
  ④ 철도운송의 한계 극복
  ⑤ 운송화물의 용적이 비대하여 육로운송의 곤란
  ⑥ 통관용이 정답 ②

연안해송에 대한 설명으로 틀린 것은?

① 연안해송은 운송단계가 비교적 단순하고 전용 선복이 충분하여 현재 시멘트선이나 정유선 등으로 활성화되고 있는 상황이다.

② 운송비면에서 철도와 선박이 경합하고 있으나 경부선 및 중앙선 철도의 경우 철도운송능력이 이미 한계 용량에 달하여 연안해송이 필요하다.

③ 연안해송은 오늘날 도로와 철도를 이용한 운송이 포화상태를 보이고 있는 상황에서 한계점에 도달한 공로운송과 철도운송을 대체할 수 있는 운송수단이다.

④ 연안해송은 국가기간산업에 필수적인 원자재인 유류, 시멘트, 철강제품, 모레 등의 안정적 수송으로 국가기간산업 발전에 없어서는 안 될 중요한 동맥이다.

(해설) **연안운송의 특징**

① 연안운송은 운송시간과 가격 경쟁력 문제로 2000년 이후 물동량이 점차 줄어들어 현재는 제한적 운송상태.
  1. 연안운송의 이용 이유
    1) 육로운송의 극심한 체증, 포화상태   3) 운임저렴
    2) 운송화물의 용적이 비대하여 육로운송의 곤란   4) 통관용이
  2. 연안운송의 침체 이유
    1) 운송단계 복잡   2) 선복(적하장소) 부족   3) 시설의 불충분 정답 ①

연안운송에 대한 설명으로 틀린 것은?

① 중요 원자재의 안정적 운송수단, 물류비 절감형 운송수단이라는 장점을 가지고 있다.

② 연안운송의 문제점으로는 규모의 영세성, 선박 확보자금 지원부족 등 운항 경제성이 저하되는 경향이 있다.

③ 육상운송에 비하여 속도는 느리지만 대량운송에 따른 경제성이 충분하여 유류, 석탄, 시멘트 등 벌크화물 운송에 많이 활용되고 있다.

④ 국내에서는 소형선박을 이용한 연안운송이 활발하게 이루어지고 있으며 재래선박과 낙후된 항만의 하역설비의 개선으로 인하여 효율적인 운영이 이루어지고 있다.

(해설) 연안운송의 특징 및 필요성 참조

정답 ④

카페리에 의한 연안운송방식을 설명한 것이다. 다음은 어떤 방식인가?

카페리 발착 양단기지에다 화물터미널을 설치하고 발송지에서 화물을 화물터미널 까지 세미트레일러로 운송한 후 트레일러만 카페리로 무인운송, 도착지 터미널에 서 일반 트럭에 의해 목적지까지 화물을 중계·배송하는 방법

① 제1방식   ② 제2방식   ③ 제3방식   ④ 제4방식

(해설) 카페리 연안운송 방식

1. 제1방법: 유인도선방법 – 화물자동차에 운전기사가 직접 승차한채로 카페리에 승선하여 도선
2. 제2방법: 무인도선방법 – 운전기사는 승차하지 않고 화물자동차만을 카페리에 적재하여 도선시키고 도착항에서 다른 운전기사가 인수하여 운행하는 형태(기사 인건비 절감)
3. 제3방법: 무인트레일러방법 – 트레일러에 화물을 적재하여 트랙터와 운전기사는 승선하지 않고 운송하는 방법 (트랙터 고정비, 운전기사 급여 절감)
4. 제4방법: 화물터미널 경유 방법 – 화물터미널에 트레일러를 인도하면 카페리로 도선하여 도착지 화물터미널에 인도하는 유형

정답 ④

16

다음의 항만과 관련된 용어로 옳은 것은?

> "선박이 접안하고 계류하여 화물의 하역을 용이하게 만든 목재나 철재 또는 콘크리트로 만든 교량형 구조물"

① Wharf(부두)　　　　　　　　　② Quay(안벽)
③ Pier(잔교)　　　　　　　　　　④ CFS(컨테이너장치장)

해설 〈항만의 계류시설〉 참조　　　　　　　　　　　　　　　　　정답 ③

17

연안운송에서 화물의 하역이 직접 이루어질 수 있도록 해안선에 평행하게 축조된 석조 또는 콘크리트로 된 선박의 접안을 위하여 해저로부터 수직으로 만들어진 벽은?

① Quay　　　　　② CFS　　　　　③ Wharf　　　　　④ Marshalling Yard

해설 항만의 계류시설

① 부두(Wharf): 항만내에서 화물의 하역을 위한 여러 가지 구조물
② 안벽(Quay): 화물의 하역이 직접적으로 이루어지는 구조물로 선박의 접안을 위하여 항만의 앞면이 거의 연직인 벽을 가진 구조물 중 수심이 큰 것(4.5m 이상)을 말함
③ 잔교(Pier): 선박이 접안하고 계류하여 화물의 하역을 용이하게 만든 목재나 철재 또는 콘크리트로 만든 교량형 구조물
④ CFS(Container Freight Station): 컨테이너 수송을 위한 시설중 하나로 수출화물을 용기에 적화시키기 위하여 화물을 수집하거나 분배하는 장소
⑤ 마샬링야드(Marshalling Yard): 컨테이너를 선적하거나 양륙하기 위해 정렬시켜 놓도록 구획된 부두 공간으로, 에이프런(apron)에 접한 일부 공간
⑥ 에이프런(Apron): 항만에 있어서 안벽의 바로 배후에 있는 야적장 또는 상옥과 본선 사이에서 본선 선측의 연안하역에 사용되는 지역
⑦ 컨테이너야적장(CY, Container Yard): 적재된 컨테이너를 인수, 인도, 보관하고 공컨테이너도 부관하는 장소
⑧ Land bridge: 국제무역에서 철도나 육로를 해상과 해상을 잇는 교량처럼 활용하는 운송으로 보통 랜드브리지가 육상에서 수 개국을 거치나, 1개국만 거치는 것을 미니랜드브리지(Mini Land bridge)라고 한다.

정답 ①

물류시설의 설명으로 바르지 못한 것은?

① 안벽(Berth)은 항만 내 컨테이너선이 접안할 수 있도록 하는 시설로 수심은 약 11m정도이다.

② 마샬링야드(Marshalling Yard)란 컨테이너를 선적하거나 양륙하기 위해 정렬시켜 놓도록 구획된 부두 공간으로, 에이프런(Apron)에 접한 일부 공간이다.

③ CFS란 안벽을 따라 포장된 부분으로 컨테이너의 적재와 양륙작업을 위해 임시로 하차하거나 크레인이 통과주행을 할 수 있도록 레일을 설치하는 데 필요한 공간이다.

④ 적재된 컨테이너를 인수, 인도, 보관하고 공컨테이너도 보관하는 장소를 컨테이너야적장(CY, Container Yard)라고 한다.

⑤ 국제무역에서 철도나 육로를 해상과 해상을 잇는 교량처럼 활용하는 복합운송방식을 랜드브리지(Land bridge)라고 한다.

해설) CFS(컨테이너장치장: Container Freight Station)

㉮ 컨테이너 수송을 위한 시설중 하나로 수출화물을 용기에 적화시키기 위하여 화물을 수집하거나 분배하는 장소

㉯ LCL화물을 처리하기 위한 기본시설: LCL ⇨ FCL, FCL ⇨ LCL

* 컨테이너에 화물을 내부 적재시에는 운송수단에 의한 롤링(Rolling) 및 피칭(Pitching)을 감안하는 고정(Shoring) 및 고박작업(Lashing)이 필요하다.   정답) ③

대형바지선으로 운송하는 화물을 컨테이너 모형의 소형의 바지선에 적임하고 이 바지선을 Gantry crane을 이용하여 적재하거나 하역하는 선박을 말하는 것은?

① LASH   ② Towing   ③ Tug boat   ④ Capstan

해설)

① 바지선(Barge): 선박의 일종으로 화물을 적재할 수 있는 데크(Deck,갑판)만 설치되어 있고 추진장치 없이 예인선에 의해 이동하는 선박으로 바지운반선인 LASH(Lighter Abroad Ship)는 많은 바지선을 동시에 운송할 수 있는 전문 바지운반선으로 자체에 켄트리크레인이 설치되어 있어 바지선을 직접 하역한다.

② 예인(Towing): 선박의 어느 부분이 손상을 입어 자력으로 항행이 불가능하게 된 경우 이를 구조하기 위해서 밀거나 끄는 것

③ 예인선(Tug boat): 자체 항행력이 없는 부선이나 항행력은 있어도 일시 사용치 않는 선박을 지정된 장소까지 끌어당기거나 밀어서 이동시키는 선박으로 규모는 작아도 강력한 추진력을 갖고 있다.

④ 캡스턴(Capstan): 배에서 닻 등 무거운 것을 들어 올리는 밧줄을 감는 실린더   정답) ①

국제복합운송의 특징으로 틀린 것은?

① 복합운송은 복합운송인이 전 운송구간에 걸쳐 하주에게 단일책임을 진다.

② 복합운송에 있어서 위험부담의 분기점은 송하인이 물품을 내륙운송인에게 인도하는 시점이다.

③ 복합운송은 복합운송의 서비스대가로서 각 운송 구간마다 분할하여 계산한 운임을 합산하여 설정한다.

④ 복합운송이 되기 위해서는 복합운송인이 하주에 대하여 전 운송구간에 대한 유가증권으로서의 복합 운송증권이 발행되어야 한다.

(해설) 물류이론(복합운송의 특성)

① 운송책임의 단일성(Through Liability) – 복합운송은 복합운송인이 전 운송구간에 걸쳐 하주에게 단일책임을 짐

② 복합운송서류(Combined Transport B/L)의 발행 – 복합운송은 복합운송인이 하주에 대하여 전 운송구간을 커버하는 유가증권으로서 복합운송서류를 발행

③ 단일운임의 설정(Through Rate) – 복합운송은 복합운송의 서비스대가로서 각 운송구간마다 분할된 것이 아닌 전 운송구간의 단일화된 운임을 설정

④ 운송방식의 다양성 – 복합운송은 반드시 두 가지 이상 서로 다른 운송방식에 의하여 이행

⑤ 운임부담의 분기점 – 복합운송에 있어서 위험부담의 분기점은 송하인이 물품을 내륙운송인에게 인도하는 시점

⑥ 컨테이너운송의 보편화 – 화물을 정해진 규격의 컨테이너에 적입하여 컨테이너단위로 하역하고 운송하는 것으로 신속, 안전하게 환적 함으로써 육·해·공을 연결

정답 ③

국제복합운송의 특성으로 틀린 것은?

① 운송방식의 다양성

② 운송책임의 단일성

③ 운송구간 각각 운임의 설정

④ 복합운송서류(Combined Transport B/L)의 발행

(해설) 복합운송의 특성

① 운송책임의 단일성 ② 복합운송증권의 발행 ③ 단일운임의 설정 ④ 운송방식의 다양성

정답 ③

복합운송에 대한 설명으로 틀린 것은?

① 복합운송인 중 계약운송인형은 자신이 운송수단을 보유하면서 복합운송인이 역할을 수행한다.

② 피기백 방식, 철도 - 해운(Train - Water)방식, 랜드브리지 방식은 대표적인 복합운송 방식이다.

③ 품목별 무차별 운임(FAK Rate)은 컨테이너 한 개당 또는 트레일러 및 화차 등의 개당 운임이 얼마라는 식으로 정해지는 운임이다.

④ 복합운송의 궁극적 목적은 규격화 및 표준화된 컨테이너로 운송수단을 연계하여 일관된 운송을 통해 문전에서 문전으로 화물을 수송하는 것이다.

(해설) 복합운송인의 종류

① 실제운송인형(Carrier형, 캐리어형): 자신이 직접 운송수단을 보유하면서 복합운송인의 역할을 하는 운송인

② 계약운송인형(Forwarder형, 포워더형): 운송수단을 직접 보유하지 않으면서 실제운송인처럼 운송주체자로서 기능과 책임을 다하는 대리 운송인

〈포워더형의 종류〉

㉮ 해상운송주선업자(Ocean Freight Forwarder) - 가장 대표적

㉯ 항공운송주선업자(Air F.F.)

㉰ 통관업자 등이 있는데 가장 대표적인 것이 해상운송주선인이다. 따라서 보통 포워더형 복합운송인이라 하면 해상운송주선업자라고 일컬어진다.

③ 무선박운송인형(NVOCC형: Non Vessel Operating Common Carrier): 1984년 미국 신해운법에서 기존의 포워더형 복합운송인을 법적으로 확립한 해상 복합운송주선인이다. 정기선박 등을 운항하는 해운회사에 대비되는 용어다.

㉮ 선박을 소유하지 않고 운송하는 운송인 - 선박회사와는 상호보완적 관계

㉯ 직접 선박을 소유하지는 않으나 화주에 대해 일반적인 운송인으로서 운송계약

㉰ 선박의 소유나 지배 유무에 관계없이 수상운송인을 하도급인으로 이용하여 자신의 이름으로 운송하는 자

정답 ①

복합운송인 중 자신이 직접 운송수단을 보유하는 복합운송인은?

① Forwarder형

② NVOCC형

③ Ocean Freight Forwarder형

④ Carrier형

(해설) 복합운송인의 종류

정답 ④

24

NVOCC에 대한 설명으로 틀린 것은?

① 1984년 미국 신해운법에서 기존의 포워더형 복합운송인을 법적으로 확립한 해상 복합운송주선인이다. 정기선박 등을 운항하는 해운회사에 대비되는 용어.
② 선박을 소유하지 않고 운송하는 운송인으로 포워더형의 특수한 형태 중 하나이다.
③ 직접 선박을 소유하지는 않으나 화주에 대해 일반적인 운송인으로서 운송계약
④ 선박의 소유나 지배 유무에 관계없이 수상운송인을 하도급인으로 이용하여 자신의 이름으로 운송하는 자
⑤ 자신이 직접 운송수단을 보유하면서 복합운송인의 역할을 하는 운송인

(해설) 복합운송인의 종류   정답 ⑤

NVOCC에 대한 설명으로 틀린 것은?

① NVOCC의 정기선박 등을 운항하는 해운회사에 대비되는 용어이다.
② NVOCC는 선박회사와 경쟁관계이다.
③ NVOCC는 미국 신해운법에서 기존 포워더형 복합운송인을 법적으로 확립하였다.
④ NVOCC는 선사에 비해 화주에게 선택의 폭이 넓은 운송서비스를 제공할 수 있다.

(해설) 복합운송인의 종류
해운회사와는 경쟁관계가 아니고, 상호보완적 관계이다.   정답 ②

26

복합운송에 대한 특성을 설명한 것으로 가장 적절하지 않은 것은?

① 복합운송의 서비스 대가로 각 운송구간마다 분할된 것이 아닌 전 운송구간 단일화된 일괄운임을 설정하여야 한다.
② 복합운송인이 화주에 대하여 전 운송구간을 포함하는 유가증권으로서 복합운송서류를 발행한다.
③ 복합운송은 2가지 이상의 운송수단이 결합되어 서비스를 제공하며, 각각 다른 법적 규제를 받는 운송수단이다.
④ 복합운송은 화주가 전 운송구간에 걸쳐 단일운송 책임을 져야 한다.

1. 복합운송 조건: ① 일관운임의 설정, ② 일관운송증권 발생, ③ 단일운송인 책임
2. 복합운송의 특성: ① (복합운송인)운송책임의 단일성, ② 복합운송증권의 발행, ③ 단일운임의 설정, ④ 운송방식의 다양성
* 복합운송은 모두가 단일성이지만 운송수단만 2개 이상이다. 운송수단은 2개 이상이지만 화주는 복합운송의 단일 법적 규제를 받는다.

정답 ④

27

복합운송인에 대한 설명으로 맞는 것은?

① 복합운송인은 정부 투자기관이 주관하여야 한다.
② 복합운송인은 운송과정 단축에만 주력하는 운송인이다.
③ 복합운송인은 각 운송수단별 특성을 종합하여 최대화를 지양한다.
④ 복합운송인은 전 운송과정을 효율적으로 관리하고, 총비용을 절감하는 것을 목표로 한다.

해설 복합운송서류를 발행하는 자를 말하며 CTO(Combined Transport Operator)라고도 부른다. 복합운송선하증권의 발행으로 운송품이 수취된 장소에서 복합운송선하증권에 지정된 인도 장소까지 전 운송의 이행(하청운송인의 책임 포함)의 책임을 일관해서 부담하게 된다.

정답 ④

28

복합운송인의 책임이 아닌 것은?

① 절대책임   ② 부실책임   ③ 과실책임   ④ 무과실책임

해설 복합운송인의 책임의 종류
① 과실책임 – 선량한 관리자로서 운송인의 주의의무를 태만히 함으로써 야기된 사고 등에 대하여 책임을 져야 하며, 책임이 없음을 주장할 때에는 복합운송인에게 거증책임이 있다.
② 무과실책임 – 사고 등의 발생이 운송인이나 사용인의 무과실에 의하여 발생된 것으로서 운송인이나 사용인에게는 면책사유가 된다.
③ 결과책임(절대책임) – 손해의 결과에 대해서 절대적으로 책임을 지는 것으로서 면책사유가 인정되지 않는다.

정답 ②

복합운송인의 책임제도 중 전 운송구간 단일책임체계의 내용으로 맞는 것은?

① 운송수단별 강행법규에 따른 책임원칙이다.

② 복합운송인은 하청운송인에게 항상 구상권을 행사할 수 없다.

③ 복합운송인의 책임과 실제 운송인의 책임은 서로 차이가 없다.

④ 복합운송인이 화주에 대하여 전 운송구간에 대한 책임을 진다.

(해설)

1. 복합운송인의 책임의 종류
   ① 과실책임 – 선량한 관리자로서 운송인의 주의의무를 태만히 함으로써 야기된 사고 등에 대하여 책임을 져야 하며, 책임이 없음을 주장할 때에는 복합운송인에게 거증책임이 있다.
   ② 무과실책임 – 사고 등의 발생이 운송인이나 사용인의 무과실에 의하여 발생된 것으로서 운송인이나 사용인에게는 면책사유가 된다.
   ③ 결과책임(절대책임) – 손해의 결과에 대해서 절대적으로 책임을 지는 것으로서 면책사유가 인정되지 않는다.
2. 복합운송인의 책임체계
   ① Tie – up system : 복합운송인이 전 운송에 대하여 화주에게 책임을 부담하되 각 운송구간에 적용되는 책임 원칙에 따라 부담
   ② 이종책임체계 : 적요할 강행법규 미존재 또는 불명손해시 새로운 책임원칙 적용
   ③ 단일책임체계 : 손해발생 구간, 불명손해 여부를 불문하고 전구간을 단일 책임원칙
   ④ 절충책임체계 : 수정단일책임체계로 이종, 단일책임체계의 절충안으로 국제복합운송조약이 채택하고 있다.

정답 ④

포워더형 복합운송주선업에 해당되지 않는 것은?

① 트럭회사　　　　　　　　　　　　　② 해상운송주선업자

③ 통관업자　　　　　　　　　　　　　④ 항공운송주선업자

(해설) 복합운송인은 자신이 직접 운송수단을 보유하여 복합운송을 수행하는 캐리어형과 운송수단을 가지고 있지 않으면서, 다만 계약운송인으로서 실제 운송인처럼 운송주체자로서 영업을 행하는 포워더형이 있다. 이 포워더형에는 해상운송주선업자(Ocean Freight Forwarder), 항공운송주선업자(Air F.F.), 통관업자 등이 있는데 가장 대표적인 것이 해상운송주선인이다. 따라서 보통 포워더형 복합운송인이라 하면 프레이트 포워더라고 일컬어진다.

정답 ①

31

개별화주가 어떠한 형태이든 복수의 운송사업자 또는 화주로 운송하는 공동수배송을 기피하는 이유로 적절하지 않은 것은?

① 회사기밀이 경쟁업체에 알려지기 때문에

② 대량, 다빈도 배송이 급격히 늘어나게 때문에

③ 배송시기를 회사 임의로 결정할 수 없기 때문에

④ 회사 특유의 서비스를 고객에게 제공할 수 없기 때문에

(해설) 공동수배송의 장애요인

① 자사의 고객서비스 우선, ② 배송서비스를 기업의 판매경쟁력으로 삼으려는 전략, ③ 상품특성에 따른 특수서비스 제공의 필요성, ④ 긴급대처능력 부족, ⑤ 상품에 대한 안전성 문제   정답 ②

32

화물운송수단별 특성에 대한 것 중 틀린 것은?

① 자동차는 일관수송이 가능하나, 대량운송이 부적합하다.

② 파이프라인은 유지비가 저렴하나 초기 시설비가 많이 소요된다.

③ 철도는 원거리 대량수송이 가능하며, 근거리 운송 시 운임이 저렴하다.

④ 선박은 크기나 중량에 제한을 받지 않으나 운송기간이 많이 소요된다.

(해설) 물류이론(운송수단별 기능비교) 참조   정답 ③

33

화물운송수단별 특성에 대한 것 중 틀린 것은?

① 대량화물 운송 시 단위 비용이 낮아져 철도와 선박운송이 유리하다.

② 항공은 운송속도는 빠르나 운송비용은 고가이다.

③ Door to Door 운송에 가장 적합한 운송은 공로(자동차)운송이다.

④ 적기운송에 가장 적합한 운송은 철도운송이다.

⑤ 항공은 짧은 리드타임으로 재고유지비용이 감소

(해설) 운송수단별 기능비교 참조   정답 ④

34

화물운송수단에 대한 설명으로 틀린 것은?

① 철도운송은 중량이 무겁거나 중거리 운송에 적합하다.

② 항공기 운송은 대량화물에 적합하고 기후의 영향을 별로 받지 않는다.

③ 화물자동차는 주로 근거리운송을 담당하고 있고 취급 품목이 다양하다.

④ 연안해상운송은 대량화물을 장거리 운송으로 가장 저렴하게 운송할 수 있다.

(해설) 운송수단별 기능비교

구 분	철 도	자동차	선 박	항공기
화물중량	대량화물	소·중량화물	대·중량화물	소·경화물
운송거리	원거리	중,근거리	원거리	원거리
운송비용	중거리운송시 유리	단거리운송시 유리	원거리운송시 유리	가장 높음
기후영향	없음	조금 받음	많이 받음	아주 많이 받음
안정성	높다	조금 낮다	낮다	낮다
일관운송체계	미흡하다	용이하다	어렵다	어렵다
중량제한	없다	있다	없다	있다
화물수취용이성	불편	편리	불편	불편
운송시간	길다	길다	매우 길다	아주 짧다
하역·포장비용	보통	보통	비싸다	싸다

정답 ②

운송을 위한 수단은 육상, 해상, 항공 운송수단으로 크게 나눌 수 있다. 운송수단에 대한 설명으로 가장 적절하지 않는 것은?

① 복합운송은 운송수단을 구분하는 기준으로 2이상의 운송수요를 완성하는데 있어서 지리적 여건에 필연적으로 이용하는 2이상의 운송수단을 결합한 것이다.

② 육상운송은 공로운송, 철도운송, 삭도운송, 파이프라인 운송이 있다.

③ 각각의 운송수단은 여러 가지 장단점을 가지고 있으며, 이용자는 운송 할 화물의 특성 및 운송에 요구되는 조건 등을 고려하여 최적의 운송수단을 선택해야 한다.

④ 운송수단을 결정하기 전에 운송경로, 화물의 중량과 용적 및 규격, 운송비 부담력 등 여러 사항들을 충분히 검토 후 의사결정 우선순위를 정하여 운송수단별 적합성을 판단한 후 결정하는 것이 합리적이다.

(해설) 운송수단별 기능비교

화물운송업은 육상운송업, 해상운송업, 항공운송업. 파이프라인운송업이 있다.

정답 ②

화물운송수단의 선택에 대한 설명으로 맞는 것은?

① 물류비는 화물운송수단과는 관계가 없다.
② 화물운송수단은 시간적인 제약을 받지 않는다.
③ 화물운송수단에는 지리적인 영향을 받지 않는다.
④ 화물운송수단의 선택에 따라 물류비가 달라진다.

(해설) 화물운송수단의 선택시 검토요소: 화물의 종류와 특징, 화물의 규격, 이동경로, 운송거리, 발송·도착 시기, 운송비 부담능력, 수화인 요구사항　　　　　　　　　　　　　　　　　　　정답 ④

37

운송수단별 비용을 비교한 것으로 설명이 적절하지 않는 것은?

① 철도운송은 운송기간 중 재고유지로 재고비용이 증가한다.
② 속도가 높은 운송수단일수록 운송 빈도수가 더욱 높아져 수송비가 증가한다.
③ 항공운송은 운송속도가 빠르나 운송비용이 상당히 고가이다.
④ 속도가 낮은 운송수단일수록 운송 빈도수가 더욱 낮아져 보관비가 감소한다.

(해설) 운송수단 간의 속도와 소요비용과의 관계
④ 속도가 느린 운송수단일수록 운송빈도가 더욱 낮아져 보관비가 증가한다.　　　　정답 ④

컨테이너 하역시스템의 종류에 속하지 않는 방식은?

① 섀시방식　　　　　　　　　　② 포크리프트방식
③ 트랜스테이너 방식　　　　　　④ 스트래들 캐리어 방식

(해설) 컨테이너 하역방식
① 섀시 방식(Chassis Method): 선박에서 직접 섀시에 적재
② 스트래들 캐리어 방식(Straddle Carrier Method)
　　㉮ 선박에서 에이프런에 직접 내리고 스트래들 캐리어로 운반하는 하역방식으로 이송작업과 하역작업 모두 가능하다.
　　㉯ 컨테이너를 2~3단으로 적재할 수 있어 섀시방식보다 토지이용효율이 높다.

③ 트랜스테이너 방식(Transtainer, Trans Crane Method)
  ㉮ 컨테이너의 하역 또는 섀시나 트레일러에 싣고 내리는 역할을 하는 것으로 4~5단 이상 적재가능 – 전후방향
    으로만 이동 가능하여 융통성 부족
  ㉯ 스트래들캐리어 방식보다 토지이용효율성이 높으며, 높게 장치할 수 있어 좁은 면적의 야드를 가진 터미널에
    적합한 방식
                                                                              정답 ②

컨테이너의 운송용기로서의 조건을 보기 같이 정하고 있는 국제기구는?

> – 영구적인 구조의 것으로 반복 사용에 견디는 충분한 강도를 가진 것
> – 운송 도중에 다시 적제함이 없이 한 기지 이상의 운송 방식에 의하여 화물의 운송이 이루어 질
>   수 있도록 특별히 설계된 것
> – 하나의 운송 방식에서 다른 방식으로 전환이 가능하고 쉽게 조작할 수 있는 장치를 가진 것
> – 화물을 가득 적재하거나 하역이 쉽게 이루어지도록 설계된 것
> – $1m^3(35.3ft^2)$ 이상의 내부 용적을 가진 것

① 국제표준화기구(ISO)   ② 컨테이너 통관협약(CCC)
③ 컨테이너 안전협약(CSC)   ④ 국제통과화물에 관한 협약(ITI)

해설 컨테이너운송 관련 국제기구
① 국제표준화기구(ISO, 국제표준기구): 국제적으로 통일된 표준을 제정함으로써, 상품과 서비스의 교역을 촉진
   하고 과학·기술·경제 전반의 국제 협력 증진을 목적으로 하는 국제기구
② 컨테이너 통관협약(CCC): 1956년 유럽경제위원회의 채택으로 발족되어 컨테이너 자체가 관세선, 즉 국경을 통
   과할때 관세 및 통관방법 등을 협약해야 할 필요성 때문에 생겨난 것
③ 컨테이너 안전협약(CSC): 컨테이너를 운송하는 데 있어서 안전하게 운반할 수 있도록 강도, 규격 등을 규정
④ 국제통과화물에 관한 협약(ITI): 관세협력위원회가 1971년 육·해·공을 포함하는 국제운송에 관련된 통관조약.
   TIR협약이 컨테이너 도로운송에만 적용되는 비하여 이 협약은 육·해·공의 모든 수송수단까지를 포함하고 있다.
                                                                              정답 ①

철도 컨테이너 화물운송에 대한 설명으로 맞는 것은?

① ICD는 항만 또는 공항에 고정설비를 갖추고 컨테이너의 일시적 저장과 취급에 대한 서비스를 제공한다.

② 현재 사용되고 있는 해상컨테이너라 함은 국제 간 화물 운송에 사용되는 한국철도공사 소유의 컨테이너를 말한다.

③ 냉동컨테이너는 과일, 야채, 생선 등의 운송에 이용되는 온도조절장치가 붙어있는 컨테이너를 말한다.

④ TEU라 함은 컨테이너 수량을 나타내는 단위(Twenty foot Equivalent Unit)의 약자로 20ft 컨테이너 1개를 1CBM으로 환산하여 표시하는 것을 의미한다.

(해설) I.C.D의 종류와 기능

해상컨테이너는 국제간 화물운송에 사용되는 <u>선박회사 소유</u>의 컨테이너로서 철도공사소유의 컨테이너는 아직 운용되지 않고 있다. I.C.D는 내륙컨테이너기지(Inland container depot)와 내륙통관기기(Inland clearance depot)의 2가지 형태로 운용된다. 현재 경기도 의왕시에 있는 의왕ICD는 2가지 기능을 모두 갖고 있다.

〈I.C.D의 종류 및 기능〉

① I.C.D의 종류
  ㉮ 내륙컨테이너기지(Inland Container Depot): 항만이 아닌 내륙에 위치한 컨테이너 기지
  ㉯ 내륙통관기지(Inland Clearance Depot): 항만의 통관 혼잡을 회피하기 위한 내륙의 통관업무를 수행하는 물류기지

② ICD의 기능
  ㉮ 컨테이너화물의 장치, 보관 기능
  ㉯ 컨테이너화물의 집화, 분류 기능
  ㉰ 컨테이너화물의 통관기능, 간이 보세운송
  ㉱ 컨테이너의 수리, 보전, 세정
  ㉲ 복합운송 거점으로 운송합리화 기여: 대량운송 실현, 공차율 감소, 운송회전율 향상

정답 ③

철도의 컨테이너 하역방식 중 COFC(Container on Flat Car)**방식이 아닌 것은?**

① 플랙시 밴   ② 캥거루 방식
③ 매달아 싣는 방식   ④ 지게차에 의한 방식

(해설) 철도 컨테이너 하역방식

① TOFC(Trailer on Flat car): 평판화차 위에 컨테이너를 실은 트레일러를 적재하는 방식이다. 철도역에서 별도의 하역장비 없이 선로 끝부분에 설치된 램프(경사로)를 이용하여 화차에 적재한다.
  ㉮ 피기백 방식(Piggy back): 컨테이너를 실은 트레일러나 트럭을 철도화차 위에 적재하여 운송하는 방식

ᄅ 캥거루 방식(Kanggaroo): 트레일러를 운송하는 방식으로 평판화차로 트레일러를 운반할 때 터널의 높이나 법령상이 차량높이에 제한이 있는 경우 트레일러 뒷바퀴를 화차의 상판면보다 낮게 대차의 사이에 떨어뜨려 적재하는 방식
ᄆ 프레이트 라이너 방식(Freight Liner System): 영국 국철이 개발한 고속의 고정편성을 통해 정기적으로 운행하는 급행 컨테이너열차로 하역시간 단축과 문전수송을 가능하게 하는 철도운송 방식
② COFC(Container on Flat car): 평판화차 위에 컨테이너 자체만을 적재하고 트레일러는 싣지 않는 방식으로, 철도운송의 중량을 작게하고 하역작업도 용이하여, 가장 많이 이용되는 보편화된 철도하역방식이다.
㉮ 매달아 싣는 방식: 트랜스퍼 크레인 또는 일반 크레인을 이용한 적재
㉯ 플렉시 밴 방식(Flexi-van): 트럭이 화차에 직각으로 후진하여 적재하는 방식으로, 화차에는 회전판이 있어 컨테이너를 90도 회정시켜 고정시킨다.
㉰ 지게차에 의한 방식: 리치스태커, 지게차를 이용하여 적재 　　　　　정답 ②

42

컨테이너화물의 선박 적재방식에 관한 설명으로 틀린 것은?

① LO-LO선은 겐트리크레인으로 컨테이너를 수직으로 적양하하도록 설계된 선박이다.
② FCL화물은 운송되는 화물의 양이 하나의 컨테이너에 적절하게 적입되어 적재효율성이 저하되지 않은 상태로 의뢰되는 컨테이너 화물이다.
③ LCL화물은 하나의 컨테이너를 이용하여 운송하기에는 화물의 양이 적어 적재효율성이 저하되는 화물로서 다수의 운송의뢰자의 화물을 함께 적입하여야 하는 화물이다.
④ RO-RO선은 트럭이 선박에 직각으로 후진하여 적재하는 방식으로 선박에는 회전판이 있어 컨테이너를 90도 회전시켜 고정시킨다.

해설 컨테이너화물의 선박적재
① 컨테이너선의 적재방식에 의한 종류
㉮ LO-LO선: 겐트리크레인으로 컨테이너를 수직으로 적양화(싣고내림) 하도록 설계된 선박
㉯ RO-RO선: 컨테이너에 섀시를 부착된 채로 육상전용의 Trailer를 트렉터로 이동하여 싣거나 내리는 방식의 선박
② 컨테이너 화물의 종류
㉮ FCL: 운송되는 화물의 양이 하나의 컨테이너에 적절하게 적입되어 적재효율성이 저하되지 않은 상태로 의뢰되는 컨테이너 화물
㉯ LCL: 하나의 컨테이너를 이용하여 운송하기에는 화물의 양이 적어 적재효율성이 저하되는 화물로서 다수의 운송의뢰자의 화물을 함께 적입하여야 하는 화물 　　　　　정답 ④

철도의 컨테이너 하역방식 중 TOFC 방식이 아닌 것은?

① Piggy back 방식　　　　　　② Freight Liner 방식

③ Flexi-van방식　　　　　　④ Kangaroo 방식

(해설) "철도 컨테이너 하역방식의 종류" 참조　　　　　　　　정답 ③

철도의 컨테이너 하역방식에 관한 설명으로 틀린 것은?

① 트레일러를 운송하는 방식으로 평판화차로 트레일러를 운반할 때 트레일러 뒷바퀴를 화차의 상판면보다 낮게 대차의 사이에 떨어뜨려 적재하는 방식이 캥거루 방식이다.

② 철도운송의 중량을 작게 하고 하역작업도 용이하여 COFC보다 많이 이용되는 보편화된 철도 하역방식이 TOFC방식이다.

③ COFC 방식에는 매달아 싣는 방식, 플렉시 밴 방식, 지게차에 의한 방식이 있다.

④ 평판화차 위에 컨테이너를 실은 트레일러를 적재하는 방식으로 철도역에서 별도의 하역장비 없이 선로 끝부분에 설치된 램프를 이용하여 화차에 적재하는 방식이 TOFC 방식이다.

(해설) "철도 컨테이너 하역방식의 종류" 참조　　　　　　　　정답 ②

45

I.C.D(Inland Container Depot)**의 기능이 아닌 것은?**

① 컨테이너화물의 통관업무　　　　　② 컨테이너의 수리, 보전, 세정

③ 컨테이너화물의 집하, 분류　　　　④ 컨테이너화물의 장치, 보관

⑤ 마샬링야드 기능, 에이프런 기능　　⑥ 컨테이너 회전율을 높임

(해설) 〈I.C.D의 종류 및 기능〉

⑥ 복합운송 거점으로 운송합리화 기여: 대량운송 실현, 공차율 감소, 운송회전율 향상　　　정답 ⑤

컨테이너 철도운송에 대한 설명으로 맞는 것은?

① TOFC방식의 대표적인 예는 플렉시 밴(Flexi-van)이다.
② 피기백(piggy back)방식은 피기 패커(piggy packer) 라는 하역장비가 필요하다.
③ 컨테이너에 적입된 화물이 운송 중 이동하지 않도록 컨테이너 내에 고정시켜 주는 것은
   Vanning이라고 한다.
④ 우리나라의 컨테이너 운송의 시작은 1960년대 초 부산진역과 용산역간 컨테이너 전용열차가
   최초로 운행되면서 시작되었다.

해설
① 피기백(piggy back)방식은 피기패커(piggy packer)라는 하역장비 필요
② 컨테이너에 화물을 적재시에는 운송수단에 의한 롤링(rolling) 및 칭(pitching)을 감안하는 고정 및 고박작업
   (Shoring & Lashing)이 필요
③ 국내 컨테이너 운송은 1970년 대진해운이 시랜드와 제휴하여 부산항에서 컨테이너 선적 서비스를 제공하면서
   국내 최초의 컨테이너 운송을 시작했다. 철도에 의한 컨테이너 수송은 1972년부터 용산역에서 부산진역간에 실
   시되면서 최초로 철도수송을 하게 되었다.   정답 ②

다음 중 컨테이너 터미널에 관련된 설명으로 적절하지 않는 것은?

① CFS는 LCL 화물 처리를 위한 기본적인 시설이다.
② ICD는 내륙에서 컨테이너 집배, Vanning(적입), Devanning, 통관 등의 절차를 이행하는
   시설이다.
③ 터미널 운영방식 중 트랜스테이너 방식은 야드의 효율성은 높으나, 야드의 필요면적이 가장 크
   고, 가장 많은 자본투자를 필요로 하는 방식이다.
④ 마샬링 야드는 컨테이너선에 선적하거나 양육하기 위하여 컨테이너를 정렬시켜 놓은 공간을
   말한다.

해설 컨테이너 하역방식
트랜스테이너 방식(Transtainer, Trans Crane Method)
㉮ 컨테이너의 하역 또는 섀시나 트레일러에 싣고 내리는 역할을 하는 것으로 4~5단 이상 적재가능하다. 전후방향
   으로만 이동 가능하여 융통성 부족한 단점도 있다.
㉯ 스트래들캐리어 방식보다 토지이용효율성이 높으며, 높게 장치할 수 있어 좁은 면적의 야드를 가진 터미널에 적
   합한 방식   정답 ③

도로와 철도를 결합한 복합운송의 형태는?

① Birdy－back   ② Piggy－back   ③ Fishy－back   ④ Mini－bridge

(해설) 수송수단의 혼합이용 방법   정답 ②

운송수단의 결합에 따른 복합운송의 형태에 대한 설명으로 적합한 것은?

① 피기백(Piggy back)방식은 화물자동차와 항공이 결합한 방식이다.
② 피쉬백(Fish back)방식은 철도운송과 해상운송간의 연계수송방식이다.
③ 버디백(Birdy back)방식은 화물자동차와 선박운송이 결합한 방식으로 컨테이너 화물을 선박에 적재하여 수송하는 방식이다.
④ 랜드브리지(Land bridge)방식은 대륙을 횡단하는 철도를 가교로 하여 Sea land Sea방식을 통한 복합운송의 형태이다.

(해설) 수송수단의 혼합이용 방법   정답 ④

피기백(Piggy－back)시스템에 관한 설명 중 틀린 것은?

① 화물열차의 대차 위에 트레일러나 트럭에 적재된 컨테이너를 함께 적재하여 운송하는 방식이다.
② TOFC(Trailer On Flat Car) 방식은 컨테이너와 트레일러가 분리되어 있다.
③ 자동차의 기동력과 철도의 대량 수송의 이점을 살린 복합수송방식이다.
④ 수송경비, 하역비의 절감효과를 가져오고, 별도의 분류작업이 필요 없다.

(해설) 수송수단의 혼합이용 방법   정답 ②

더블스택카(Double stack car)**는 어떠한 특성을 가지고 있는 화차인가?**

① 컨테이너를 2단으로 적재할 수 있는 화차

② 20피트 컨테이너 2개를 적재할 수 있는 화차

③ 40피트 컨테이너 2개를 적재할 수 있는 화차

④ 2개의 컨테이너를 나란히 적재할 수 있는 화차

(해설) 이단적재열차(Double Stack Car)는 컨테이너화차의 일종으로 컨테이너를 2단으로 적재하여 운송할 수 있도록 설계된 화차로서 이단적재화차, 이단적열차, 더블스택카 , 더블스택트레인(Double Stack Train), 웰카(Well Car) 등의 이름이 있다.

정답 ①

52

다음은 무엇에 대한 설명인가?

이 시스템은 고무 타이어(트럭)와 철바퀴(철도용) 모두를 가지고 있으며, 고속도로나 일반도로에서는 트레일러에 의해 운반되고, 도로를 달리다 철도를 만나면 고무로 된 바퀴가 사라지고 철도를 달릴 수 있는 철로된 바퀴가 나온다.

① Roadrailer

② DMT(Dual Mode Trailer)

③ TOFC(Trailr on Flat Car)

④ COFC(Container on Flat Car)

(해설) **수송수단의 혼합이용방법**

① Roadrailer: 고무타이어(트럭)와 철바퀴(철도용) 모두를 가지고 있으며, 고속도로나 일반도로에서는 트레일러에 의해 운반되고, 도로를 달리다 철도를 만나면 고무로 된 바퀴가 사라지고 철도를 달릴 수 있는 철로 된 바퀴가 나오는 차량

② DMT(Dual Mode Trailer): 도로와 철도간 별도의 환적장비 없이 자체환적(Self – Transfer) 및 셔틀운송(Shuttle – Transport)기능이 하나로 통합된 새로운 형태의 환적시스템으로 화차는 철도수송과 자동차수송을 겸용할 수 있도록 설계

정답 ①

대륙을 횡단하는 철도를 가교로 하여 Sea – Land – Sea 방식을 통한 복합운송의 형태는?

① 랜드브리지

② 피쉬백(Fish Back) 방식

③ 피기백(Piggy Back) 방식

④ 물–해운(Freight – Water) 방식

해륙(海陸) 일관수송. 선박으로 우회하는 것보다 해상운송과 육상운송을 조합시켜 운항시간을 단축하고 경비를 절감하려는 것. 예를 들어 시베리아 랜드 브리지는 일본에서 나호트카까지 선박으로, 나호트카에서 유럽까지는 육상으로 수송한다. 이 랜드 브리지는 수 개국을 경유하는 경우가 보통인데 육상운송이 1개국 내에 머물 경우는 미니 랜드 브리지라고 부른다. **정답 ①**

54

기존에 이용하고 있는 운송수단을 보다 효율성이 높은 운송수단으로 교체하는 것을 의미하며 현재는 주로 운송비용을 절감하기 위한 한 방편으로 이용되고 있는 것은?

① Modal Lift ② Modal Shift
③ Third Party Logistics ④ Just In Time

해설) Modal shift

기존에 이용하던 운송수단을 보다 효율성이 높은 운송수단으로 변경하는 것으로서, 기존에 도로로 운송되던 화물을 철도 또는 연안해운으로 운송수단을 전환하거나, 신규로 철도, 연안해운으로 화물을 운송하는 것
* Third Party Logistics(3PL, 제3자물류): 생산단계에서부터 소비 및 그 이용의 단계에 이르기까지 재화의 취급을 관리하는 물류 활동을 제3자에게 위탁하는 것을 말한다. **정답 ②**

55

벌크운송에 관한 설명으로 옳지 않은 것을 고르시오?

① 포장작업 등을 거치지 않아 물류비용을 절감할 수 있다.
② 컨테이너운송에 비하여 하역비용과 하역시간을 단축할 수 있다.
③ 운송서비스 가격이 저렴하다.
④ 컨테이너선박의 정기운항에 비하여 벌크선박은 부정기운항이 많다.

해설) 벌크화물운송의 장단점
① 포장작업 등을 거치지 않아 물류비용을 절감할 수 있다.
② 적재 및 보관 용적이 절약된다.
③ 벌크선박은 칸막이가 없고 화물창이 있는 것이 특징이다.
④ 운송서비스 가격이 저렴하다.
⑤ 적재 및 하역시에 많은 시간이 소요된다.
⑥ 작업완료시까지 많은 인력이 소요된다. **정답 ②**

56

철도운송에 관한 특징을 설명한 것으로 올바르게 묶은 것은?

> ㉠ 중장거리 대량 운송이 가능하지만 운임이 비탄력적인 단점이 있다.
> ㉡ 전국적인 네트워크를 가지고 있다.
> ㉢ 다른 수송수단의 설비로부터 영향을 많이 받아 계획적으로 운행할 수 없다.
> ㉣ 기후에 크게 영향을 받지 않는다.
> ㉤ 적합한 차량을 적절한 시기에 배차할 수 있는 배차의 탄력성이 높고 긴급한 경우 문제가 없다.
> ㉥ Door to Door 집배서비스는 장점이라고 할 수 있다.

① ㉠, ㉡, ㉢   ② ㉠, ㉡, ㉣   ③ ㉠, ㉡, ㉤   ④ ㉠, ㉢, ㉥

해설 철도운송의 장단점

장점	① 장거리운송에 경제적 ② 대량고속운행 가능 ③ 운송의 안전성이 높다 ④ 전국단위 대량수송 가능	⑤ 기후의 영향을 적게 받음 ⑥ 중량에 영향을 거의 안받음 ⑦ 계획운송이 가능 ⑧ 전국적인 네트워크
단점	① 발도착역의 환적필요 ② 열차편성 시간소요(기동성 저하) ③ 적기 배차 어려움 ④ 운임탄력성이 적다	⑤ 문전수송(Door to Door) 불가능 ⑥ 차량단위 배차로 데드페이스 발생 ⑦ 발착역의 연계운송 필요 ⑧ 운행경로가 제한적임

정답 ②

57

철도운송의 특징으로 가장 적절하지 않은 것은?

① 운송시간이 다소 길며, 문전수송이 곤란하다.
② 중거리 운송의 경우 운임이 비교적 저렴하고 비탄력적이다.
③ 적절한 시기에 배차하기가 쉽고 하역, 포장, 보관비가 비교적 비싸다.
④ 계획적인 운송이 가능하고, 전국적인 운송망을 이용할 수 있다.

해설 물류이론(철도운송의 장단점)

정답 ③

다른 운송수단에 비해 철도운송의 장점을 모두 고르시오.

① 문전수송이 가능하다.　　　　　② 계획수송이 가능하다.
③ 운임의 탄력성이 있다.　　　　　④ 근거리 운송 시 운임이 저렴하다.
⑤ 동력비가 싸다.　　　　　　　　⑥ 전천후 운송이 가능하다.

(해설) 철도운송의 장단점 참조　　　　　　　　　　　정답 ②, ⑤, ⑥

철도운송의 단점으로 틀린 것은?

① 열차편성에 시간이 소요된다.　　② 대량수송이 불가능하다.
③ 적기 배차의 어려움이 있다.　　　④ 운임탄력성이 적다.

(해설) 철도화물운송의 장단점　　　　　　　　　　　　정답 ②

다음은 철도화물운송의 특징에 대한 설명이다. 맞는 것을 모두 나열한 것은?

㉠ 원거리 대량운송에 적합하다.	㉡ 중량에 영향을 거의 받지 않는다.
㉢ 중장거리 운송시 운임이 저렴하다.	㉣ 근거리 운송시 운임이 비싸다.
㉤ 기후영향을 많이 받는 편이다.	㉥ 사고율이 낮아 안정성이 높다.
㉦ 계획운송이 가능(열차 발차시간 명확)하다.	㉧ 전국적인 네트워크가 있다.

① ㉠, ㉡, ㉢, ㉣, ㉤, ㉥, ㉦, ㉧
② ㉠, ㉡, ㉣, ㉤, ㉥, ㉦, ㉧
③ ㉠, ㉡, ㉢, ㉣, ㉤, ㉦, ㉧
④ ㉠, ㉡, ㉢, ㉣, ㉥, ㉦, ㉧

(해설) 철도운송의 장단점 참조　　　　　　　　　　　정답 ④

61

철도화물 운송의 특징으로 틀린 것은?

① 계획적인 운송이 가능하고 전국적인 네트워크를 가지고 있다.
② 철도운송은 타 교통수단에 비해 물류시장으로의 진입비용이 경쟁수단인 도로에 비해 적다.
③ 철도물류체계는 개방형 시스템으로 외부환경의 영향에 민감하므로 변화에 대한 높은 대응성이 요구된다.
④ 철도운송은 장거리 대량운송이라는 수단적 특징을 갖는데 우리나라의 좁은 국토는 철도물류활성화에 다소 장애가 된다.

(해설) 철도운송의 장단점 참조

정답 ②

철도운송과 연안운송에 대한 설명으로 가장 적절한 것은?

① 연안운송은 운송시간이 길지만 화물의 크기나 중량에 거의 제한이 없어 대량화물을 운송하는 데 유리하다.
② 철도운송은 화물 수취에 부수적인 운송이 필요하므로 계획운송이 어렵고 화차 용적에 제한을 받지 않는다.
③ 철도운송은 중거리 운송일 때 적합하고, 운임도 탄력적이다.
④ 연안운송은 기후의 영향을 받지 않으며, 포장비용이 저렴하다.

(해설) 철도운송, 연안운송 참조

정답 ①

63

철도운송의 형태 중 다음 설명에 해당하는 것은?

> 이 방식은 자체 화차와 터미널을 가지고 항구 또는 출발지 터미널에서 목적지인 내륙터미널 또는 도착지점까지 선로를 빌려 철도, 트럭 복합운송을 제공하는 운송시스템이다.

① Unit Train
② Block Train
③ Freight Liner
④ TOFC(Trailer on Flat Car)

(해설)

① Unit Train: 연결된 모든 차량이 단일품목의 생산품을 싣고 같은 목적지로 향하는 화물열차

② 블록 트레인(Block Train: BT) 자가화차와 자가터미널을 가지고 항구의 터미널에서 내륙목적지의 터미널 혹은 하수인의 문전까지 남의 선로를 빌려서 Rail & Truck Combined Transportation을 제공하는 새로운 국제철도물류시스템

③ Fishy Back: 컨테이너를 최종 목적지까지 운송하는데 있어 해상구간은 컨테이너선에 의하여 목적항까지 운송되며, 그 곳에서 다시 Truck, Unit Train에 의해서 최종목적지까지 운송 철도컨테이너 하역방식

④ TOFC(Trailer on Flat car): 평판화차 위에 컨테이너를 실은 트레일러를 적재하는 방식으로 피기백방식(Piggy back, 트레일러나 트럭을 화차위에 함께 적재)과 캥거루방식이 있다.

⑤ Mini land bridge: 국제무역에서 철도나 육로를 해상과 해상을 잇는 교량처럼 활용하는 랜드브리지의 하나로, 보통 랜드브리지가 육상에서 수 개국을 거치나 1개국만 거치므로 미니(mini)라는 명칭이 붙었다.

 정답 ②

64

철도로 운송할 수 있는 화물이 아닌 것은?

① 운송설비의 능력 한계 내인 것
② 일정한 용기에 넣어 유체화한 무체물
③ 법령상 운송을 금지하거나 제한한 것
④ 가옥이나 창고 등을 제외한 이동이 가능한 것

(해설) 화물운송의 조건

① 유체물일 것 ② 이동이 가능한 것 ③ 운송설비의 능력한계 내일 것 ④ 합법적으로 운송할 수 있는 것

정답 ③

제 2 장 철도화물운송

1. 철도 화물운송 일반

(1) 약관 및 운임·요금표 비치

약관 및 운임·요금표는 역에 비치하고 철도물류정보서비스에 게시하여 고객이 언제든지 열람할 수 있도록 한다.

(2) 약관의 변경

① 철도공사는 적용 법령이 개정되거나 그 밖에 필요한 경우 약관 및 관련된 규정을 변경할 수 있다.

② 철도공사는 약관을 변경한 경우 역 또는 인터넷 홈페이지 등에 변경사항을 시행 1주일 전에 게시한다.

(3) 고객의 업무협조

철도공사 직원은 화물의 안전하고 원활한 수송을 위하여 필요한 업무협조를 고객에게 요청할 수 있으며, 고객은 정당한 사유가 없으면 이에 응해야 한다.

(4) 전용철도 화물운송

전용철도운영자가 철도공사의 사업용 철도를 통해 화물을 운송할 경우에는 철도공사와 화차출입 및 운임수수 방법 등 연계운송과 관련한 별도의 협약을 체결하여야 한다.

(5) 운송계약

고객이 화물 탁송을 신청하고, 철도공사에서 수탁한 경우 약관에 따라 운송계약을 체결한 것으로 본다.

2. 철도 화물운송 용어

① 고객: 철도를 이용하여 화물을 탁송할 경우의 송·수화인 등
② 역: 국토교통부에서 고시하는 「철도거리표」의 화물취급역
③ 화물운송장: 고객이 탁송화물 내용을 적어 철도공사에 제출하는 문서
　　　　　　　(EDI 전자교환문서 포함)
④ 화물운송통지서: 철도공사가 탁송화물을 수취하고 고객에게 발급하는 문서

⑤ **탁송**: 고객이 철도공사에 화물운송을 위탁하는 것

⑥ **수탁**: 철도공사가 고객의 탁송신청을 수락하는 것

⑦ **수취**: 철도공사가 적재 완료한 탁송화물을 인수하는 것

⑧ **적하**: 화물을 싣고 내리는 것

⑨ **인도**: 철도공사가 화물운송통지서에 적은 화물을 고객에게 넘겨주는 것

⑩ **화차표기하중톤수**: 화차에 적재할 수 있는 최대의 중량

⑪ **자중톤수**: 화차 등 차량의 자체 중량

⑫ **살화물**: 석탄, 광석 등과 같이 일정한 포장을 하지 않는 화물

⑬ **갑종철도차량**: 자기 차륜의 회전으로 운송되는 철도차량

⑭ **사유화차**: 철도공사의 소유는 아니나 철도공사의 차적에 편입된 화차

⑮ **전용화차**: 철도공사의 소유화차를 특정고객에게 일정기간 동안 전용시킨 화차

⑯ **전세열차**: 고객이 특정 열차를 전용으로 사용하는 열차

⑰ **전용열차**: 고객과 열차횟수, 연결량수 등 운행에 필요한 세부사항을 정하여 일정기간 운영 협약을 맺은 열차

⑱ **화물지선**: 철도공사가 운영하는 선로에 별도의 화물취급장을 마련하여 화물 취급에 제공하는 영업선으로써 철도공사에서 따로 지정한 선로

⑲ **차량한계**: 철도차량의 안전을 확보하기 위하여 차량의 정적한계를 고려한 폭과 높이의 한계

⑳ **특대화물**(단, 갑종철도차량은 예외)

　㉮ 화물의 폭이나 길이, 밑부분이 적재화차에서 튀어나온 화물

　㉯ 화물적재 높이가 레일 면에서부터 4,000밀리미터 이상인 화물

　㉰ 화물 1개의 중량이 35톤 이상인 화물

3. 운송조정

(1) 운송조정 목적

① 천재지변 또는 악천후로 인하여 재해가 발생하였거나 발생이 예상되는 경우

② 철도사고 또는 운행장애, 파업 및 노사분규 등으로 열차운행에 중대한 장애가 발생하였거나 발생할 것으로 예상되는 경우

(2) 제한 또는 정지 내용

① 발송역, 도착역, 품목, 수량 등에 따른 수탁의 제한 또는 정지

② 탁송변경 요청의 제한 또는 정지

(3) 화물운송을 제한하거나 정지할 때 조치: 해당역에 게시하거나 고객에게 통보한다.

4. 화물취급의 범위

(1) 1건의 범위
① 화차 1량을 1건으로 하여 취급
② 갑종철도차량은 1량을 1건
③ 컨테이너화물은 컨테이너 1개를 1건

(2) 1건 취급화물의 조건
① 송화인, 수화인, 발송역, 도착역, 탁송일시, 운임·요금 지급방법이 같은 화물
② 위험물에는 다른 화물을 혼합하지 않을 것
③ 1량에 적재할 수 있는 부피 및 중량을 초과하지 않을 것. 다만, 2량 이상에 걸쳐 적재하는 특대화물(중간에 보조차를 공동 사용하여 그 앞뒤의 화차에 적재한 화물 포함) 및 이와 다른 화물을 함께 탁송하는 경우에는 그 사용차에 적재할 수 있는 부피 및 중량

5. 탁송신청 및 확인

(1) 화물 탁송신청 방법
① 원칙 ⇨ 철도물류정보서비스(인터넷, 모바일 앱)로 직접 신청
② 필요시 EDI, 구두, 전화, 팩스(fax) 등으로 신청 가능

(2) 탁송신청 대상
① 운송제한 화물은 반드시 화물운송장 제출(컨테이너 제외)
② 전용열차는 탁송신청 생략 가능
   * 화물운송장은 A4용지를 인쇄하여 사용하고, 구두·전화·EDI에 의할 경우에는 편의양식으로 할 수 있다.

(3) 고객이 화물탁송시 철도사업자에게 알려야 할 내용
① 발송역 및 도착역(화물지선에서 탁송할 경우 그 지선명)
② 송·수화인의 성명(상호), 주소, 전화번호
③ 화물의 품명·중량·부피·포장의 종류·개수
④ 운임·요금의 지급방법
⑤ 화차종류 및 수송량수
⑥ 화물운송장 작성자 및 작성연월일(운송제한 화물에 한정함)
⑦ 컨테이너화물로 위험물을 탁송할 경우 그 위험물 종류
⑧ 특약 조건 및 그 밖에 필요하다고 인정되는 사항

(4) 탁송신청시 정보제공 의무

① 고객은 화물 탁송신청시 정확한 정보를 제공할 의무

② 부정확한 정보 제공으로 발생하는 모든 손해에 대하여 철도공사는 책임지지 않음

(5) 탁송화물 확인

① 철도공사는 필요한 경우 고객이 화물탁송시 알린 내용에 대하여 고객과 함께 진위여부를 확인할 수 있다.

② 확인비용 및 손해부담

㉮ 알린 내용과 같은 경우: 철도공사 부담

㉯ 알린 내용과 다른 경우: 고객 부담

6. 탁송금지 위험물 및 운송제한 화물

(1) 탁송금지 위험물

고객은 「철도안전법」에서 정한 다음의 위험물을 철도로 탁송할 수 없다.

① 점화류 또는 점폭약류를 붙인 폭약　　② 니트로글리세린

③ 건조한 기폭약　　　　　　　　　　　④ 뇌홍질화연에 속하는 것

⑤ 그 밖에 사람에게 위해를 주거나 물건에 손상을 줄 수 있는 물질로서 국토교통부장관이 정하여 고시하는 위험물

(2) 운송제한 화물

① 정의: 운송설비 등을 갖추고 운송이 가능할 경우에 별도의 조건을 붙여 운송취급을 할 수 있는 화물

② 운송제한 화물의 종류

㉮ 「위험물 철도운송 규칙」에서 정한 운송취급주의 위험물

㉯ 동물, 사체 및 유골

㉰ 귀중품

㉱ 부패변질하기 쉬운 화물

㉲ 갑종철도차량

㉳ 열차 및 운송경로를 지정하여 운송을 청구하는 화물

㉴ 전세열차로 청구하는 화물

㉵ 속도제한 화물

㉶ 운송에 적합하지 않은 포장을 한 화물

㉷ 화물취급역이 아닌 장소에서 탁송하는 화물

㉸ 차량한계를 초과하는 화물 등 철도로 운송하기에 적합하지 않은 화물

③ 운송제한 화물의 취급
　㉮ 속도제한 화물: 전세열차로 청구하지 않을 경우 수탁을 거절할 수 있다.
　㉯ 위험물의 적재 및 취급방법: 운송제한 화물 중 위험물을 운송할 경우의 적재 및 취급방법 등은 「위험물 철도운송 규칙」을 따라야 한다.
　㉰ 철도공사 직원승차 감시화물: 운송제한 화물 중 운송 시 상당한 주의가 필요하다고 철도공사에서 인정하는 화물은 고객의 비용으로 철도공사 직원을 승차시켜 감시하게 할 수 있다.

(3) 면책특약에 따른 화물수탁

① 연착승낙(연면): 선로의 지장이나 그밖의 사유로 운송지연 우려가 있는 경우
② 포장미비 승낙(포면): 감량·훼손 등을 방지하기 위한 적당한 포장은 아니지만 다른 것에 손해를 끼치지 않거나 취급상 지장이 없는 경우
③ 도착통지 필요 없음 승낙(통면): 도착통지가 필요하지 않다는 의사를 표시하는 경우

7. 적재 중량 및 부피

(1) 적재 제한

① 화차에 적재할 화물의 중량은 화차표기하중톤수를 초과할 수 없다.
② 화약류는 화차표기하중톤수의 <u>100분의 80</u>을 초과할 수 없다.
③ 화물의 폭, 길이 등을 화차 밖으로 튀어나오게 적재할 수 없다.
④ 화물의 최고높이는 레일 면에서 화차중앙부는 4,000mm, 화차양쪽 옆은 3,800mm 이내로 적재하여야 한다.

(2) 적재 제한 위반시 비용부담

고객의 책임으로 도중역 등에서 적재화물을 하화하거나 다시 적재할 경우 발생하는 적하비용 이외의 비용은 1건마다 구내운반운임을 수수한다.

8. 철도화물 적재방법

(1) 화물적재 일반기준

① 화물의 적재는 차량한계 및 화차표기하중톤수를 초과하지 않는 범위에서 차체의 중심선과 화물의 중심선이 일치되도록 적재하되, 하중의 균형을 유지할 수 있도록 하고, 무너져 떨어지거나 넘어질 염려가 없도록 적재하여야 한다.
② 덮개, 로프 등을 사용할 경우에는 연결기 분리레버, 수제동기 등의 사용에 방해되지 않도록 주의하고, 운전 중 덮개가 날리어 뒤집히거나 로프 등이 풀어지지 않도록 하여야 한다.

③ 지주는 지주포켓의 안쪽 치수와 같은 굵기의 것으로서 부러질 염려가 없는 단단한 나무제품의 것을 사용하고 그 길이는 화차 상판면 위로 2.55미터를 초과하지 않도록 하여야 한다.

④ 무연탄 등 살화물은 미세먼지가 날리지 않도록 표면경화제 살포 등 필요한 조치를 하여야 한다.

⑤ 화물의 중량은 화차 상판면에 균형 있게 부담되도록 다음과 같이 적재
  ㉮ 화물이 1개인 때에는 화차의 중앙부에 적재한다.
  ㉯ 화물이 2개 이상인 때에는 가능한 한 격리시켜 하중이 1군데에 부담되지 않도록 적재하며, 또한 중량이 비슷한 경우는 앞뒤의 대차중심에 적재

(2) 특대화물 적재방법(2량 이상에 걸쳐 적재할 경우 포함)

① 화물의 길이가 화차의 머리판에서 바깥쪽으로 튀어나오는 경우에는 평판차 2량 이상을 사용하여야 하며 표기하중톤수의 비율에 따라 하중을 부담하게 하여야 한다.

② 3량 이상에 하중을 부담할 수 없다.

③ 2량에 하중을 부담하는 화차는 하중톤수가 같은 평판차를 사용한다.

④ 전환침목을 사용할 때에는 원활한 회전을 유지하기 위하여 먼지나 티끌이 덮여 쌓이지 않도록 사용 전에 이를 청소하여야 한다.

⑤ 2량에 하중을 부담시킨 경우 버팀대는 하중부담차의 침목에 근접하는 위치에 2대씩 세우고 보조차에는 사용하지 않는다.

⑥ 길이 및 중량이 큰 것부터 화차 중앙에 적재하고 차례로 짧고 작으며 가벼운 것을 좌우에 위쪽으로 적재하여야 한다.

⑦ 철재 또는 철강 위에 철제품을 적재할 때에는 얇은 나무판 또는 거적류를 깔아야 한다.

⑧ 전주 및 원목류를 직재할 경우에는 굵은 부분과 가는 부분을 엇바꿔 적재하여야 한다.

⑨ 도중 분리를 방지하기 위하여 화차 상호간의 연결기 분리레버를 고정시켜야 한다.

⑩ 화차 상판면 위로 1.5미터를 초과하여 적재할 경우에는 3분의 1을 적재한 후 버팀대가 약간 안쪽으로 기울도록 버팀대 중간을 단단히 동여매고 상대 버팀대 사이에 남은 화물을 적재하여야 한다.

(3) 전철구간을 통과하는 특대화물 적재방법

① 화물의 높이는 레일 면에서 4,000mm를 초과할 수 없다.
  단, 특대화물 운송 승인을 받은 경우는 예외로 한다.

② 전철 고상홈 구간을 수송하는 평판차의 옆판을 돌출하는 화물은 화차의 상판 높이가 1,370mm 이상의 화차를 사용하여야 한다.

③ 고상홈 통과 시에는 50km/h 이하로 주의운전하여야 한다.

(4) 철판코일 적재방법

① 적재하중은 차량 중심에서 앞뒤 대칭이 되도록 적재하여야 하며, 앞뒤 대차 간의 적재중량 차이는 가벼운 것을 기준으로 100분의 15 이내로 한다.

② 화차 중앙에 화물 1개만 적재 시 코일 1개의 최대 중량은 27톤 이하여야 한다. 단, 62.6톤 컨테이너 화차인 경우 1개의 최대 중량은 34톤 이하로 한다.

③ 철판코일은 풀림방지를 위한 묶음(band)처리를 반드시 하여야 하며, 운송 도중 탈락하지 않도록 턴버클이 장착된 벨트로 견고히 결박한다.

(5) P.C침목의 적재방법

① 6단(段) 이내로 적재하되 피라미드식으로 1단은 10개, 2단은 9개, 3단은 8개, 4단은 7개, 5단은 6개, 6단은 5개씩 적재하고, 서로 공간이 없도록 밀착시킬 것

② 각 단 사이(화차 상판과 1단 사이 포함)에는 소나무 등 유연성이 있는 각목(6×6센티미터 이상)을 적재폭에 20cm를 더한 길이의 받침목을 사용하되, 받침목 양쪽 끝부분(10cm)에 는 버팀목(6×6×10cm 이상)을 박되 10cm 길이의 못 2개를 사용한다. 다만, 단목의 사용 을 엄금한다.

③ 각 단마다 8번철선 4가닥으로 2군데 이상 화차 지주포켓에 팽팽하게 동여맬 것

④ "돌방금지"차표를 사용하고 돌방을 금지할 것

(6) 레일 적재방법(보조차를 사용하지 않는 레일을 평판차에 적재할 경우)

① 레일 상·하를 서로 엇바꿔서 적재하여 간격이 없도록 하여야 한다.

② 적재 레일 전체를 한 개의 화물과 같이 8번선 철사(지름 4밀리미터) 5가닥 이상으로 3군데 이상 단단히 동여매야 한다.

③ 레일 결박은 턴버클 및 잭을 사용하여 지름 18밀리미터 이상의 와이어로프를 4군데 이상 단단히 동여매야 한다.

④ 레일의 무너짐 방지를 위하여 반드시 화차의 앞뒤 양측 4군데에 큰못을 박고 양측에 받침목 또는 버팀대를 사용하여야 한다.

9. 화물의 포장·봉인

(1) 포장

① 고객은 탁송화물의 성질, 중량, 부피 등에 따라 운송에 적합하도록 포장하여야 한다. 단, 포장이 필요 없는 살화물 등은 예외로 한다.

② 위험물 포장은 「위험물 철도운송 규칙(국토교통부령)」을 따른다.

(2) 화차의 봉인

① 봉인시기: 송화인은 화물을 적재한 후에 봉인. 단, 봉인이 필요 없는 화물은 예외

② 봉인책임: 내용물의 이상유무를 검증하기 위한 것으로 송화인의 책임으로 한다.

③ 봉인방법

㉮ 봉인은 종이 또는 PVC 등으로 할 수 있다.

PVC 등으로 할 경우에는 봉인의 이상유무 검증방법을 송화인이 확보하여야 한다.

㉯ 종이의 봉인방법은 별도 서식의 봉인지를 사용하여 다음과 같이 한다.

ⓐ 봉인할 화차문의 문고리 양쪽 구멍을 철선류로 연결하여 봉인지가 떨어지지 않도록 감아서 매듭을 짓는다.

ⓑ 봉인지에 필요사항을 기입한 후 고객이 날인하고 네 겹으로 접은 후 문고리 철선에 감고 그 양쪽 끝을 졸라 맨 다음 그 매듭 위에 고객이 날인한 후 매듭의 남은 부분은 잘라 버린다.

④ 봉인할 필요가 없는 화물 (이 경우 문 열림 방지를 위하여 적절한 조치)

㉮ 공 컨테이너화물

㉯ 호송인 승차 화물

㉰ 그 밖에 봉인할 필요가 없다고 판단되는 화물

10. 화물의 수취 및 화물운송통지서 발급

(1) 화물의 수취

① 수취시기: 송화인이 탁송화물을 적하선에서 화차에 적재 완료한 후 운송에 지장이 없을 경우 수취

② 전용철도운영자가 탁송하는 화물의 수취: 별도협약을 따른다.

(2) 화물운송통지서 발급

① 발급시기

㉮ 기본: 화물을 수취하고＋화물운임·요금을 수수할 때

㉯ 후급취급 화물: 화물을 수취할 때

② 발급 생략가능: 고객의 동의가 있는 경우

③ 효력: 화물운송 수취증으로서 유가증권적 효력이 없다.

11. 탁송변경

(1) 요청방법

① 화물운송통지서를 제출

② 탁송변경청구서를 작성하여 요청

(2) 탁송변경 내용

① 탁송 취소

② 도착역 변경(도착역의 인도전 화물에 한함)

③ 발송역 회송(도착역의 인도전 화물에 한함)

④ 열차 및 운송경로 지정변경(발송역 발송전에 한정)

⑤ 수화인변경 등 그 밖의 탁송변경

(3) 탁송변경요금 수수

① 수수하는 경우

㉮ 탁송취소

ⓐ 전세 및 임시열차: 탁송취소,(단, 예납금을 수수한 경우 제외)

ⓑ 기타열차: 발송역에서 화물을 수취하기 전 탁송취소

㉯ 도착역 변경 또는 발송역 회송(도착역의 인도 전 화물에 한정)

② 탁송변경요금

㉮ 탁송취소·도착역변경·발송역송환: 1량당 탁송변경요금 수수

단, 전세열차의 탁송취소는 1열차당 전세화물운임의 10% 수수

㉯ 화물수취 후 열차출발 전 탁송취소: 구내운반운임 수수

(4) 탁송변경요금을 수수하지 않는 경우: 열차 및 운송경로 지정변경, 수화인 변경 등

12. 화물의 적하시간

(1) 적하시간 계산

화물의 적하시간 계산은 화차를 적하선에 차입하고 적하통지를 한 시각부터 적하작업을 완료하여 화차인출이 가능한 상태를 통보받은 시각까지 화주의 책임으로 적하

(2) 적하 책임: 고객의 책임으로 적하

(단, 위탁운영 철도 CY의 적하작업은 위탁운영사의 책임으로 적하)

(3) 기본 적하시간

① 화약류 및 컨테이너화물: 3시간

② 그 외의 화물: 5시간

③ 당일 오후 6시 이후부터 다음 날 오전 6시까지 적하통지를 한 화물은 다음 날 오전 11시까지

(4) 적하시간 미포함 내역

    ① 열차지정 화물이 예정된 시각보다 일찍 도착하여 적하선에 차입한 경우 지정열차 도착시각
       까지의 하화시간은 포함하지 않음

    ② 철도공사의 책임 등으로 적하시간을 연장한 경우 그 연장시간은 포함하지 않음

(5) 미하화시 조치 및 하화방법

    ① 적하시간 내에 하화를 완료하지 않을 때에는 필요에 따라 수화인의 비용으로 철도공사가
       대신 하화할 수 있음

    ② 고객은 화물 하화 시 다른 화물을 운송하는 데 지장이 없도록 잔량을 남겨서는 안 된다.

13. 운송기간

(1) 합산 기간

    ① 발송기간: 화물을 수취한 시각부터 12시간

    ② 수송기간: 운임계산 거리 400km까지마다 24시간

    ③ 인도기간: 도착역에 도착한 시각부터 12시간

(2) 운송기간의 변경

    ① 천재지변, 기상악화 등 미리 예상치 못한 사유로 지연되는 경우는 그 기간만큼 연장

    ② 중계수송 등으로 운송기간 내 수송이 곤란하여 사전에 고객과 협의한 경우에는 예외

(3) 화물의 도착통지

    ① 통지시기: 탁송화물이 도착역에 도착한 경우 바로 수화인에게 도착통지

    ② 수화인에게 통지할 수 없을 때: 송화인에게 통지

    ③ 송화인마저 연락되지 않을 때: 도착역의 보기 쉬운 장소에 1주일 게시

14. 화물의 인도 및 반출

(1) 인도시기

    ① 탁송화물을 적하선에 차입하고 인도하는 때

    ② 전용철도운영자가 탁송하는 화물의 인도시기는 별도협약에 따른다.

(2) 인도방법

    ① 봉인 등 화차상태에 이상없음을 확인하고

    ② 화물운송통지서, 화물인도명세서에 수화인의 인장, 서명을 받고 인도

(3) 인도불가능 화물의 처리

   ① 원인: 수화인이 화물의 수령을 거부하거나 수령할 수 없을 때

   ② 처리: 상법에 따라 화물을 공탁하거나 경매할 수 있다.

(4) 화물반출

   ① 인도한 화물은 정한 시간 내에 하화를 완료하고 당일 내에 역구내에서 반출

   ② 18시 이후에 하화를 완료하는 화물은 다음날 11시까지 반출

(5) 화물 인도증명

   철도공사는 고객이 화물을 인도한 후 1년 이내에 화물 인도증명을 청구할 경우 이에 응해야 한다.

15. 호송인 승차

(1) 호송인 승차의무

   ① 호송인 승차대상 화물: 운송 도중 특별한 관리가 요구되는 화물

   ② 호송인의 임무: 화물의 멸실·훼손방지 등 화물을 보호하고 관리

   ③ 호송인 승차 요청자

      ㉮ 고객 또는 철도공사의 요청으로 호송인 승차

      ㉯ 호송인이 부득이한 사유로 직무를 수행할 수 없을 경우에는 철도공사 직원이 대리호송 인으로 승차할 수 있고, 별도로 대리호송인료를 수수한다.

   ④ 호송인 탑승 장소

      ㉮ 화물을 적재한 열차의 차장차 또는 차장차 대용 차량에 승차

      ㉯ 호송인 승차를 위해 차장차를 연결하는 경우에는 갑종철도차량에 해당하는 운임을 수수할 수 있다.

   ⑤ 호송인의 비용 부담자: 송화인의 부담으로 호송인 승차

(2) 호송인이 소지해야 할 것과 제출서류

   ① 호송인이 소지해야 할 것

      ㉮ 호송인은 호송인임을 증명하는 증명서(화물운송통지서 등)

      ㉯ 운송구간 내 운전취급역 연락처

   ② 제출서류: 화물호송서약서를 작성하여 철도공사에 제출하여야 한다.

(3) 호송인의 호송화물별로 응급조치에 필요한 휴대물품

   ① 화약류: 소화기(A·B·C형)

   ② 산류: 방독면, 보호의, 장갑, 중화제(소석회 10kg), 밸브용공구

   ③ 압축 및 액화가스류: 방독면, 보호의, 누설탐지기, 소화기(A·B·C형), 밸브용 공구

   ④ 휘산성독물: 해독제, 보호의, 장갑

   ⑤ 기타 화물: 화물의 성질에 따른 관리, 보호 및 사고시 응급조치에 필요한 물품

01

23년 2회·21년 2회·19년 2회

철도화물운송약관에서 정한 용어의 설명으로 틀린 것은?

① "살화물"이라 함은 석탄, 곡물 등과 같이 일정하게 포장을 한 화물을 말한다.
② "화차표기하중톤수"란 화차에 적재할 수 있는 최대의 중량을 말한다.
③ "전용화차"란 철도공사의 소유화차를 특정고객에게 일정기간 동안 전용시킨 하차를 말한다.
④ "최저기본운임"이란 철도운송의 최저비용을 확보하기 위하여 철도공사에서 따로 정한 기본운임을 말한다.

(해설) 화물약관 제3조(정의)

① 이 약관에서 사용하는 용어의 뜻은 다음과 같습니다.
  9. "살화물"이란 석탄, 광석 등과 같이 일정한 포장을 하지 않는 화물을 말합니다.
  12. "화차표기하중톤수"란 화차에 적재할 수 있는 최대의 중량을 말합니다.
  19. "전용화차"란 철도공사의 소유화차를 특정고객에게 일정기간 동안 전용(專用)시킨 화차를 말합니다.
  25. "기본운임"이란 할인·할증을 제외한 임률, 중량, 거리만으로 계산한 운임을 말합니다. 다만, 최저기본운임에 미달할 경우에는 최저기본운임을 기본운임으로 합니다.
  26. "최저기본운임"이란 철도운송의 최저비용을 확보하기 위하여 제45조에서 정한 기본운임을 말합니다.

정답 ①

02

23년 1회~2회·22년 2회·20년 2회·17년 2회·16년 3회·15년 1회

철도화물운송 약관에서 용어의 정의로 틀린 것을 모두 고르시오.

① 수탁이라 함은 철도공사가 고객의 탁송신청을 수락하는 것을 말한다.
② 수취라 함은 철도공사가 운송을 위하여 적재 신청한 수탁화물을 인계받는 것을 말한다.
③ "탁송"이란 고객이 철도공사에 화물운송을 위탁하는 것을 말한다.
④ "역"이라 함은 국토교통부에서 고시하는 철도거리표의 철도역을 말한다.
⑤ 운임이란 화물의 장소적 이동 이외의 부가서비스 등에 대한 대가로 수수하는 금액을 말한다.

(해설) 화물약관 제3조(정의)

2. 역: 국토교통부에서 고시하는「철도거리표」의 화물취급역
5. "탁송"이란 고객이 철도공사에 화물운송을 위탁하는 것을 말합니다.
6. "수탁"이란 철도공사가 고객의 탁송신청을 수락하는 것을 말합니다.
7. "수취"란 철도공사가 적재 완료한 탁송화물을 인수하는 것을 말합니다.
8. "적하"란 화물을 싣고 내리는 것을 말합니다.

23. 운임: 화물의 장소적 이동에 대한 대가로 수수하는 금액
24. 요금: 장소적 이동 이외의 부가서비스 등에 대한 대가로 수수하는 금액   **정답** ②, ⑤

18년 2회

화물운송약관에서 화물운송장에 관한 설명으로 맞는 것은?

① 공사가 탁송화물을 수취하고 고객에게 발행 교부하는 문서를 말한다.
② 고객이 탁송화물을 수취하고 철도공사에게 발행·교부하는 문서를 말한다.
③ 고객이 탁송할 화물내용을 기재하여 제출하는 문서(EDI 전자교환문서 포함)를 말한다.
④ 철도공사가 반송할 화물내용을 기재하여 제출하는 문서(EDI 전자교환문서 포함)를 말한다.

(해설) 화물약관 제3조(정의)
3. 화물운송장: 고객이 탁송화물의 내용을 적어 철도공사에 제출하는 문서(EDI 전자교환문서 포함)
4. 화물운송통지서: 철도공사가 탁송화물을 수취하고 고객에게 발급하는 문서를 말합니다.   **정답** ③

---

04   17년 2회

철도화물운송 약관의 정의에서 화물의 장소적 이동에 대한 대가로 수수하는 금액을 무엇이라고 하는가?

① 운임   ② 기본운임   ③ 요금   ④ 최저기본운임

(해설) 화물약관 제3조(정의)   **정답** ①

---

05   16년 2회

철도화물운송에 대한 설명 중 틀린 것은?

① "EDI"라 함은 전자문서교환(Electronic Data Interchange)을 말한다.
② 화물운송장은 A4용지를 인쇄하여 사용하고, 구두, 전화, EDI에 의할 경우에는 편의양식으로 할 수 있다.
③ "화물운송장"이라 함은 고객이 탁송할 화물내용을 기재하여 제출하는 문서(EDI 전자교환문서 포함)를 말한다.
④ 고객은 GATE가 설치된 철도 CY로 컨테이너를 반입·반출하고자 할 경우에는 정보를 기재한 신청서를 3일 전까지 직접 서면으로 제출하여야 한다.

(해설) 화물약관 제3조(정의)
20. "EDI"란 전자문서교환(Electronic Data Interchange)을 말합니다.

제42조(컨테이너 정보입력) ① 고객은 GATE가 설치된 철도CY로 컨테이너를 반입·반출할 경우에는 정보를 EDI 또는 인터넷으로 미리 통보하여야 한다.

화물세칙 별지1호서식

4. 화물운송장은 A4용지를 인쇄하여 사용하고, 구두, 전화, EDI에 의할 경우에는 편의양식으로 할 수 있다.

정답 ④

06
19년 1회

특대화물의 범위에 해당되지 않는 것은?

① 갑종철도차량에 적재되는 대형화물
② 화물 1개의 중량이 35톤 이상 되는 화물
③ 화물의 폭이나 길이, 밑부분이 적재하차에서 튀어나온 화물
④ 화물적재 높이가 레일면에서부터 4000밀리미터 이상인 화물

(해설) 화물약관 제3조(정의)

16. "특대화물"이란 일반화물 중 다음의 화물을 말한다. 다만, 갑종철도차량은 예외로 한다.
   ① 화물의 폭이나 길이, 밑부분이 적재화차에서 튀어나온 화물
   ② 화물적재 높이가 레일면에서부터 4,000밀리미터 이상인 화물
   ③ 화물 1개의 중량이 35톤 이상인 화물

정답 ①

07
24년 1회~2회·23년 1회~2회·22년 2회·20년 2회·18년 1회·15년 1회

1건으로 취급할 수 있는 화물의 구비조건으로 틀린 것은?

① 위험물에는 다른 화물을 혼합하지 않을 것
② 1량에 적재할 수 있는 부피 및 중량을 초과하지 않을 것
③ 송화인, 수화인, 발송역, 도착역이 같은 화물일 것
④ 운임·요금 지급방법이 다르지만 탁송일시가 같은 화물
⑤ 갑종철도차량은 1개를 1건으로, 컨테이너화물은 1차를 1건으로 함

(해설) 화물약관 제12조(취급화물의 범위)

① 철도공사는 화차 1량을 1건으로 하여 취급합니다. 다만, 갑종철도차량은 1량을 1건으로, 컨테이너화물은 컨테이너 1개를 1건으로 취급합니다.
② 1건 취급화물의 범위는 다음과 같습니다.
   1. 송화인, 수화인, 발송역, 도착역, 탁송일시, 운임·요금 지급방법이 같은 화물
   2. 위험물에는 다른 화물을 혼합하지 않을 것
   3. 1량에 적재할 수 있는 부피 및 중량을 초과하지 않을 것. 다만, 2량 이상에 걸쳐 적재하는 특대화물(중간에 보조차를 공동 사용하여 그 앞뒤의 화차에 적재한 화물 포함) 및 이와 다른 화물을 함께 탁송하는 경우에는 그 사용차에 적재할 수 있는 부피 및 중량

정답 ④, ⑤

고객이 일반화물 탁송 신청 시 알려야 할 사항에 해당되지 않는 것은?

① 운임·요금의 지급방법
② 화차종류 및 수송량수
③ 화물운송장 작성자 및 작성 년 월 일
④ 발송역 및 도착역(화물지선에서 탁송할 경우 그 지선명)
⑤ 송·수화인의 성명(상호), 주소, 사업자등록번호

(해설) 화물약관 제11조(탁송신청)

① 화물 탁송신청은 철도물류정보서비스(인터넷, 모바일 웹)를 통하여 직접 신청하는 것을 원칙으로 하고 필요시 EDI, 구두, 전화, 팩스(fax) 등으로 할 수 있으며, 제15조의 운송제한 화물은 위험물 컨테이너를 제외하고 화물운송장을 제출해야 한다. 다만, 전용열차는 탁송신청을 생략할 수 있다.
② 고객은 화물 탁송 시 다음 각 호의 내용을 알려야 합니다.
　1. 발송역 및 도착역(화물지선에서 탁송할 경우 그 지선명)
　2. 송·수화인의 성명(상호), 주소, 전화번호
　3. 화물의 품명, 중량, 부피, 포장의 종류, 개수
　4. 운임·요금의 지급방법
　5. 화차종류 및 수송량수
　6. 화물운송장 작성자 및 작성연월일(운송제한 화물에 한정함)
　7. 컨테이너화물로 위험물을 탁송할 경우 그 위험물 종류
　8. 특약 조건 및 그 밖에 필요하다고 인정되는 사항
③ 고객은 제1항의 화물 탁송신청 시 정확한 정보를 제공할 의무가 있으며, 부정확한 정보 제공으로 발생하는 모든 손해에 대하여 철도공사는 책임지지 않습니다.　　　　　　　　정답 ③, ⑤

철도화물운송약관에서 규정하고 있는 탁송신청에 대한 설명으로 적절하지 않은 것은?

① 고객은 화물지선에서 탁송할 경우 탁송할 그 지선명을 알려야 한다.
② 고객은 화물탁송시 컨테이너화물은 EDI로 신청하는 것이 원칙이다.
③ 고객은 운송제한 화물에 한하여 화물운송장 작성자 및 작성 년·월·일을 알려야 한다.
④ 고객은 화물탁송시 알린 내용의 부정확 또는 불완전으로 인하여 발생한 모든 손해와 결과에 대해 책임을 져야 한다.

(해설) 화물약관 제11조(탁송신청)　　　　　　　　정답 ②

화차에 적재할 화물의 중량 및 용적에 대한 설명으로 맞는 것은?

① 화약류는 화차표기하중톤수의 100분의 80 이상 적재하여야 한다.

② 화물의 폭, 길이 등을 화차 밖으로 튀어나오게 적재할 수 없다.

③ 어떤 경우든 화차에 적재할 화물의 중량은 화차표기하중톤수를 초과할 수 없다.

④ 화물의 최고높이는 레일면으로부터 화차중앙부는 3,800mm, 화차양쪽 옆은 4,000mm 이내로 적재하여야 한다.

⑤ 철도공사가 특별히 승낙할 경우에도 적재중량 및 화물의 최고높이는 초과할 수 없다.

[해설] 화물약관 제21조(적재중량 및 부피)

① 화차에 적재할 화물의 중량은 화차표기하중톤수를 초과할 수 없습니다. 다만, 화약류는 화차표기하중톤수의 100분의 80을 초과할 수 없으며, 레일의 적재중량은 세칙에서 정한 기준을 따릅니다.

② 화물의 폭, 길이 등을 화차 밖으로 튀어나오게 적재할 수 없습니다.

③ 화물의 최고높이는 레일 면에서 화차중앙부는 4,000mm, 화차양쪽 옆은 3,800mm 이내로 적재하여야 합니다.

④ 제1항부터 제3항까지에도 불구하고 안전 수송에 지장이 없어 철도공사가 특별히 승낙할 경우에는 예외로 합니다.

[정답] ②

화물적재의 일반기준(화물의 적재방법)으로 틀린 것은?

① 화물의 적재는 차량한계 및 화차표기자중톤수를 초과하지 않는 범위에서 차체의 중심선과 화물의 중심선이 일치되도록 적재하되, 하중의 균형을 유지할 수 있도록 하고, 무너져 떨어지거나 넘어질 염려가 없도록 적재하여야 한다.

② 덮개, 로프 등을 사용할 경우에는 연결기 분리레버, 수제동기 등의 사용에 방해되지 않도록 주의하고, 운전 중 덮개가 날리어 뒤집히거나 로프 등이 풀어지지 않도록 하여야 한다.

③ 지주는 지주포켓의 안쪽 치수와 같은 굵기의 것으로서 부러질 염려가 없는 단단한 나무제품의 것을 사용하고 그 길이는 화차 상판면 위로 2.55미터를 초과하지 않도록 하여야 한다.

④ 무연탄 등 살화물은 미세먼지가 날리지 않도록 표면경화제 살포 등 필요한 조치를 하여야 한다.

[해설] 화물세칙 제10조(화물적재 일반기준)

약관 제22조 제3항에 따른 화물의 적재방법은 다음과 같다.

1. 화물의 적재는 차량한계 및 화차표기하중톤수를 초과하지 않는 범위에서 차체의 중심선과 화물의 중심선이 일치되도록 적재하되, 하중의 균형을 유지할 수 있도록 하고, 무너져 떨어지거나 넘어질 염려가 없도록 적재하여야 한다.

2. 덮개, 로프 등을 사용할 경우에는 연결기 분리레버, 수제동기 등의 사용에 방해되지 않도록 주의하고, 운전 중 덮개가 날리어 뒤집히거나 로프 등이 풀어지지 않도록 하여야 한다.

3. 지주는 지주포켓의 안쪽 치수와 같은 굵기의 것으로서 부러질 염려가 없는 단단한 나무제품의 것을 사용하고 그 길이는 화차 상판면 위로 2.55미터를 초과하지 않도록 하여야 한다.
4. 무연탄 등 살화물은 미세먼지가 날리지 않도록 표면경화제 살포 등 필요한 조치를 하여야 한다. **정답** ①

12

24년 1회·23년 1회~2회·22년 2회·21년 1회~2회·20년 2회·19년 1회·17년 1회

특대화물 적재방법에 대한 설명 중 틀린 것은?

① 전철 고상홈 통과 시에는 45km/h 이하로 주의운전하여야 한다.
② 철재 또는 철강 위에 철제품을 적재할 때에는 얇은 나무판 또는 거적류를 깔아야 한다.
③ 전주 및 원목류를 적재할 경우에는 굵은 부분과 가는 부분을 엇바꿔 적재하여야 한다.
④ 전철 고상홈 구간을 수송하는 평판차의 옆판을 돌출히는 화물은 화차의 상판높이가 1,370mm 이상의 화차를 사용하여야 한다.
⑤ 2량 이상에 걸쳐 적재할 경우 2량에 하중을 부담하는 화차는 하중톤수가 같은 평판차를 사용한다.
⑥ 전철구간을 통과하는 특대화물의 높이는 레일면에서 4,000밀리미터를 초과할 수 없다.

해설 화물세칙 제14조(특대화물 적재방법)
① 화물의 길이가 화차의 머리판에서 바깥쪽으로 튀어나오는 경우에는 평판차 2량 이상을 사용하여야 하며, 표기하 중톤수의 비율에 따라 하중을 부담하게 한다. 다만, 3량 이상에 하중을 부담할 수 없다.
   1. 2량에 하중을 부담하는 화차는 하중톤수가 같은 평판차를 사용한다.
   4. 철재 또는 철강 위에 철제품을 적재할 때에는 얇은 나무판 또는 거적류를 깔아야 한다.
   6. 전주 및 원목류를 적재할 경우에는 굵은 부분과 가는 부분을 엇바꿔 적재한다.
② 2량 이상에 걸쳐 적재할 경우 적재방법
   1. 2량에 하중을 부담하는 화차는 하중톤수가 같은 평판차를 사용한다.
   2. 2량에 하중을 부담시킨 경우 버팀대는 하중부담차의 침목에 근접하는 위치에 2대씩 세우고 보조차에는 사용 하지 않는다.
   3. 길이 및 중량이 큰 것부터 화차 중앙에 적재하고 차례로 짧고 작으며 가벼운 것을 좌우에 위쪽으로 적재한다.
   4. 전주 및 원목류를 적재할 경우에는 굵은 부분과 가는 부분을 엇바꿔 적재한다.
   5. 도중 분리를 방지하기 위하여 화차 상호간의 연결기 분리레버를 고정시켜야 한다.
⑤ 전철구간을 통과하는 특대화물 적재방법
   1. 화물의 높이는 레일면에서 4,000밀리미터를 초과할 수 없다.
   2. 전철 고상홈 구간을 수송하는 평판차의 옆판을 돌출하는 화물은 화차의 상판 높이가 1,370밀리미터 이상의 화차를 사용하여야 하며, 고상홈 통과 시에는 50km/h 이하로 주의운전한다. **정답** ①

특대화물의 전철 고상홈 통과 시 제한속도는?

① 40km/h 이하   ② 45km/h 이하   ③ 50km/h 이하   ④ 60km/h 이하

(해설) 화물약관   정답 ③

2량 이상에 걸친 특대화물 적재방법에 관한 설명으로 틀린 것은?

① 2량에 하중을 부담하는 화차는 하중톤수가 같은 평판차를 사용한다.
② 철재 또는 철강 위에 철제품을 적재할 때에는 얇은 나무판 또는 거적류를 깔아야 한다.
③ 도중 분리를 방지하기 위하여 화차 상호간의 연결기 분리레버를 고정시켜야 한다.
④ 전환침목을 사용할 때에는 원활한 회전을 유지하기 위하여 먼지나 티끌이 덮여 쌓이지 않도록
사용 후에 이를 청소하여야 한다.

(해설) 화물세칙 제14조(특대화물 적재방법)
② 2량 이상에 걸쳐 적재할 경우의 적재방법   정답 ④

15

평판차에 P.C침목 적재 시 주의사항으로 틀린 것은?

① 6단 이내 피라미드식으로 적재할 것
② 각 단 사이에는 소나무 등 유연성이 있는 각목을 적재폭에 20cm를 더한 길이의 받침목을 사용
할 것
③ 적재시 침목 간 충분한 공간 확보하고 균형 적재할 것
④ 각 단마다 8번철선 4가닥으로 2개소 이상 화차 지주포켓에 팽팽하게 동여맬 것

(해설) 화물세칙 제13조(평판차의 화물적재)
⑤ P.C침목의 적재작업 방법
1. 6단(段) 이내로 적재하되 피라미드식으로 1단은 10개, 2단은 9개, 3단은 8개, 4단은 7개, 5단은 6개, 6단은 5개
씩 적재하고, 서로 공간이 없도록 밀착시킬 것
2. 각 단 사이(화차 상판과 1단 사이 포함)에는 소나무 등 유연성이 있는 각목(6×6센티미터 이상)을 적재폭에
20cm를 더한 길이의 받침목을 사용하되, 받침목 양쪽 끝부분(10cm)에는 버팀목(6×6×10cm이상)을 박되
10cm 길이의 못 2개를 사용한다. 다만, 단목의 사용을 엄금한다.
3. 각 단마다 8번철선 4가닥으로 2군데 이상 화차 지주포켓에 팽팽하게 동여맬 것
4. "돌방금지" 차표를 사용하고 돌방을 금지할 것   정답 ③

철판코일 화차에 철판코일을 적재할 경우의 설명으로 틀린 것은?

① 62.6톤 컨테이너 화차인 경우 1개의 최대중량은 27톤 이하여야 한다.

② 철판코일은 풀림방지를 위한 묶음(band) 처리를 반드시 하여야 한다.

③ 적재하중은 차량 중심에서 앞뒤 대칭이 되도록 적재하여야 하며 앞뒤 대차 간의 적재중량 차이는 가벼운 것을 기준으로 100분의 15 이내로 한다.

④ 화차 중앙에 화물 1개만 적재시 코일 1개의 최대중량은 27톤 이하여야 한다.

(해설) 화물세칙 제16조(철판코일 적재방법)

1. 적재하중은 차량 중심에서 <u>앞뒤 대칭이 되도록</u> 적재하여야 하며, 앞뒤 대차 간의 적재중량 차이는 가벼운 것을 기준으로 100분의 15 이내로 한나.

2. 화차 중앙에 화물 1개만 적재 시 코일 1개의 최대 중량은 27톤 이하여야 한다. 다만, 62.6톤 컨테이너 화차인 경우 1개의 최대 중량은 34톤 이하로 한다.

3. 철판코일은 풀림방지를 위한 묶음(band)처리를 반드시 하여야 하며, 운송 도중 탈락하지 않도록 턴버클이 장착된 벨트로 견고히 결박한다. 【정답】 ①

보조차를 사용하지 않은 레일을 평판차에 적대하는 방법으로 맞는 것은?

① 레일 상·하를 서로 엇바꿔서 적재하여 간격이 없도록 하여야 한다.

② 적재레일 전체를 한 개의 화물과 같이 8번선 철사 5가닥 이상으로 4군데 이상 단단히 동여매야 한다.

③ 레일 결박은 컨버클 및 잭을 사용하여 지름 18mm 이상의 와이어로프를 6군데 이상 단단히 동여매야 한다.

④ 레일의 무너짐 방지를 위하여 반드시 화차의 앞뒤 양측 8군데에 큰못을 박고 양측에 받침목 또는 버팀대를 사용하여야 한다.

(해설) 화물세칙 제15조(레일적재방법)

① 보조차를 사용하지 않는 레일을 평판차에 적재할 경우에는 다음 각 호에 따라야 한다.

　1. 레일 상·하를 서로 엇바꿔서 적재하여 간격이 없도록 하여야 한다.

　2. 적재 레일 전체를 한 개의 화물과 같이 8번선 철사(지름 4밀리미터) 5가닥 이상으로 3군데 이상 단단히 동여매야 한다.

　3. 레일 결박은 턴버클 및 잭을 사용하여 지름 18밀리미터 이상의 와이어로프를 4군데 이상 단단히 동여매야 한다.

　4. 레일의 무너짐 방지를 위하여 반드시 화차의 앞뒤 양측 4군데에 큰못을 박고 양측에 받침목 또는 버팀대를 사용하여야 한다. 【정답】 ①

18

후급화물의 화물운송통지서 교부시기로 가장 맞는 것은?

① 화물을 수취할 때　　　　　　　　② 화물을 수탁할 때
③ 화물운임요금을 수수할 때　　　　④ 화물을 수취하고 화물운임요금을 수수할 때

(해설) 화물약관 제20조(화물운송통지서 발급)
① 철도공사는 화물을 수취하고 화물운임·요금을 수수할 때(후급취급 화물은 화물을 수취할 때) 화물운송통지서를 발급한다. 다만, 고객의 동의가 있는 경우 화물운송통지서 발급을 생략할 수 있다.
② 화물운송통지서는 화물운송 수취증으로서 유가증권적 효력이 없다.　　　　　　**정답** ①

19

화물운송약관상 화물의 수취 및 화물운송통지서 발급에 관한 설명으로 가장 거리가 먼 것은?

① 전용철도운영자가 탁송하는 화물의 수취는 별도협약을 따른다.
② 화물운송통지서는 화물운송 수취증이며 유가증권적 효력이 있다.
③ 화물을 수취하고 화물운임·요금을 수수할 때 화물운송통지서를 발급한다.
④ 송화인이 탁송화물을 적재선에서 화차에 적재 완료한 후 운송에 지장 없을 경우 수취한다.

(해설) 화물약관 제19조(화물의 수취)
철도공사는 송화인이 탁송화물을 적하선에서 화차에 적재 완료한 후 운송에 지장이 없을 경우 수취합니다. 다만, 전용철도운영자가 탁송하는 화물의 수취는 별도협약을 따릅니다.
제20조(화물운송통지서 발급) ① 철도공사는 화물을 수취하고 화물운임·요금을 수수할 때(후급취급 화물은 화물을 수취할 때) 화물운송통지서를 발급합니다. 다만, 고객의 동의가 있는 경우 화물운송통지서 발급을 생략할 수 있습니다.
② 제1항의 화물운송통지서는 화물운송 수취증으로서 유가증권적 효력이 없습니다.　　　　　　**정답** ②

20

탁송변경에 해당하지 않는 것은?

① 탁송 취소　　　② 도착역 변경　　　③ 수화인 변경　　　④ 발송역 변경

(해설) 화물약관 제27조(탁송변경)
① 고객은 화물운송통지서를 제출하거나 탁송변경청구서를 작성하여 다음의 탁송변경을 요청할 수 있다.
　1. 탁송 취소　　　　　　　2. 도착역 변경　　　　　　　3. 발송역 회송
　4. 열차 및 운송경로 지정변경(이 경우는 발송역 발송 전에 한정함)
　5. 수화인변경 등 그 밖의 탁송변경
② 고객은 탁송변경을 요청한 경우에는 세칙에서 정한 탁송변경요금을 납부하여야 한다.　　　　**정답** ④

화물수취 후 열차출발 전 탁송취소를 하는 경우 수수하는 것은?

① 화차유치료　　　　② 화물유치료　　　　③ 구내운반운임　　　　④ 철도물류시설사용료

해설　화물세칙 제20조(탁송변경요금)

① 약관 제27조에 따른 탁송변경요금은 다음에 해당하는 경우 수수한다. 단, 같은 화물에 대하여 동시에 둘 이상의 탁송변경이 있을 때에는 1회로 본다.
　　1. 탁송취소
　　　가. 전세 및 임시열차: 탁송취소, 다만 예납금을 수수한 경우는 제외
　　　나. 전세 및 임시열차 이외의 화물: 발송역에서 화물을 수취하기 전 탁송취소
　　2. 도착역변경 또는 발송역 회송(도착역의 인도 전 화물에 한정함)
② 화물수취 후 열차출발 전 탁송취소를 하는 경우에는 구내운반운임을 수수한다.　　　　정답 ③

철도화물운송약관에서 규정하고 있는 운송기간에 대한 설명으로 틀린 것은?

① 발송기간: 화물을 수탁한 시각부터 12시간
② 인도기간: 도착역에 도착한 시각부터 12시간
③ 수송기간: 운임계산 거리 400킬로미터까지 마다 24시간
④ 운송기간: 발송기간, 수송기간, 인도기간의 시간을 합산한 것으로 계산
⑤ 천재지변, 기상악화 등 미리 예상치 못한 사유로 운송기간이 지연되는 경우에는 그 기간만큼 연장하는 것으로 본다.

해설　화물약관 제29조(운송기간)

① 화물의 운송기간은 다음 각 호의 시간을 합산한다. 다만, 천재지변, 기상악화 등 미리 예상치 못한 사유로 운송기간이 지연되는 경우에는 그 기간만큼 연장한다.
　　1. 발송기간: 화물을 수취한 시각부터 12시간
　　2. 수송기간: 운임계산 거리 400킬로미터까지 마다 24시간
　　3. 인도기간: 도착역에 도착한 시각부터 12시간
② 중계수송 등으로 운송기간 내 수송이 곤란하여 사전에 고객과 협의한 경우에는 예외　　　　정답 ①

화물운송 약관 및 세칙에 관한 설명 중 틀린 것은?

① 화물인도증명은 1년 이내에 가능하다.
② 컨테이너화물의 적하시간은 3시간이다.
③ 역 구내 및 역 기점 5km 이내는 구내운반화물로 취급한다.
④ 전세열차로 신청한 화물은 운임의 20%에 대하여 예납금을 수수한다.

（해설） 화물약관 제33조(화물인도 증명)

철도공사는 고객이 화물을 인도한 후 1년 이내에 화물 인도증명을 청구할 경우 이에 응해야 한다.

화물세칙 제8조(화물의 적하시간) ① 화약류 및 컨테이너화물은 3시간

② 그 외의 화물은 5시간. 다만, 당일 오후 6시 이후부터 다음 날 오전 6시까지 적하통지를 한 화물은 다음 날 오전 11시까지

화물약관 제34조(구내운반 화물) 역 구내 및 역 기점 5km 이내를 철도공사 기관차로 운반하는 화물은 구내운반 화물로 취급한다.

화물약관 제47조(예납금수수) 철도공사는 전세열차로 신청하는 화물에 대해서는 운임의 10%를 예납금으로 수수할 수 있다. 다만 철도화물운임·요금 후급취급을 하는 경우에는 예납금을 수수하지 않는다. 정답 ④

24 24년 1회·23년 1회~2회·21년 1회·19년 1회

화물운송에 관한 설명 중 틀린 것은?

① 화약류 화물의 적하시간은 3시간이다.

② 화차는 도착역에서 고객이 잔류물 없이 하화하여야 한다.

③ 전세열차 예납금은 탁송 취소한 경우 환불해야 한다.

④ 사유화차로 화물을 발송할 때 기본운임의 2%를 화차 회송운임으로 수수한다.

（해설） 화물세칙 제8조(화물의 적하시간)

제29조(화차 회송운임) 철도공사는 다음 각 호의 어느 하나에 해당하는 화차로 고객의 화물을 발송하는 경우 기본운임의 2퍼센트를 화차 회송운임으로 수수한다. 다만, 컨테이너차는 제외한다.

　① 철도공사 화차 중 조차

　② 사유화차

　③ 그 밖에 철도공사가 별도로 정하는 화차.

수송내규 제36조(화차의 청소) 화차는 도착역에서 고객이 잔류물 없이 하화하여야 하며, 역장은 다음 각 호에 따라 수송에 지장이 없는지 확인하여야 한다.

　1. 필요하지 않은 표시류는 제거하고 낙서 등을 지워야 한다.

　2. 차내에 필요하지 않은 것은 남겨서는 아니 된다.

　3. 생선의 썩은 물 또는 동물이 배설한 오물을 제거하고, 될 수 있는 대로 물로 청소하여야 한다.

　4. 사체 또는 중병환자, 그 밖에 적재하였던 화차는 필요에 따라 소독하여야 한다.

　5. 화차청소에 특수조치를 하여야 하는 것은 물류사업본부장의 지시를 받아야 한다.

화물약관 제47조(예납금수수) ① 철도공사는 전세열차로 신청하는 화물에 대해서는 운임의 10%를 예납금으로 수수할 수 있습니다. 다만 철도화물운임·요금 후급취급을 하는 경우에는 예납금을 수수하지 않는다.

　② 예납금을 지정한 기일까지 납부하지 않을 경우에는 탁송신청을 취소한 것으로 본다.

　③ 예납금은 탁송취소를 한 경우 반환하지 않는다. 정답 ③

법령, 정부기관의 명령이나 요구, 선로불통, 차량고장, 악천후, 쟁의, 소요, 동란, 천재지변등 불가항력의 경우 또는 그 밖의 운송상 부득이 한 경우 시행할 수 있는 운송조정 사항으로 틀린 것을 모두 고르시오.

① 탁송변경 요청의 반려
② 탁송변경 요청의 제한 또는 정지
③ 발송역, 도착역, 품목, 수량 등에 따른 수탁의 제한 또는 정지
④ 도착역 변경 및 발송역 회송

(해설) 화물약관 제7조(운송조정)
① 철도공사는 천재지변 또는 악천후로 인하여 지해가 발생하였거나 발생이 예상되는 경우와 철도사고, 운행징애, 파업 및 노사분규 등으로 열차운행에 중대한 장애가 발생하였거나 발생할 것으로 예상되는 경우에는 다음 사항을 제한 또는 정지할 수 있다. –해당역에 게시 또는 고객에 통보
1. 발송역, 도착역, 품목, 수량 등에 따른 수탁의 제한 또는 정지
2. 탁송변경 요청의 제한 또는 정지

정답 ①, ④

화물의 적하시간에 대한 설명으로 틀린 것은?

① 화약류 및 컨테이너화물은 3시간이다.
② 철도공사의 책임 등으로 적하시간을 연장한 경우 그 연장시간은 적하시간에 포함하지 않는다.
③ 일반화물 중 당일 18시 이후부터 다음날 06시까지 적하통지를 한 화물은 다음날 10시까지이다.
④ 화물의 적하시간은 화차를 적하선에 차입하고 적하통지를 한 시각부터 적하작업을 완료하여 화차인출이 가능한 상태를 통보받은 시각까지이다.

(해설) 화물세칙 제8조(화물의 적하시간)
1. 화약류 및 컨테이너화물은 3시간
2. 그 밖의 화물은 5시간. 다만, 당일 오후 6시 이후부터 다음 날 오전 6시까지 적하통지를 한 화물은 다음 날 오전 11시까지
   * 열차지정 화물이 예정된 시각보다 일찍 도착하여 적하선에 차입한 경우 지정열차 도착시각까지의 하화시간은 포함하지 않는다.
   * 철도공사의 책임 등으로 적하시간을 연장한 경우 그 연장시간은 포함하지 않는다.
   * 적하시간 내에 하화를 완료하지 않을 때에는 필요에 따라 수화인의 비용으로 철도공사가 대신 하화를 할 수 있다.
제9조(화물의 적하시간 계산) ① 화물의 적하시간은 화차를 적하선에 차입하고 적하통지를 한 시각부터 적하작업을 완료하여 화차인출이 가능한 상태를 통보받은 시각까지로 한다.

정답 ③

고객이 인도 완료한 화물 중 18시 이후에 하화가 완료된 화물의 반출 시기로 타당한 것은?

① 당일 24시까지   ② 다음날 09시까지

③ 다음날 11시까지   ④ 다음날 24시까지

(해설) **화물약관 제30조(인도시기 및 화물반출)**

① 화물의 인도시기는 탁송화물을 적하선에 차입하고 제31조에 따른 방법으로 인도하는 때를 말한다. 다만, 전용철도운영자가 탁송하는 화물의 인도시기는 별도협약을 따릅니다.

② 고객은 인도한 화물을 제22조 제2항에서 정한 시간 내에 하화를 완료하고 당일 내에 역구내에서 반출하여야 합니다. 다만, 18시 이후에 하화를 완료하는 화물은 <u>다음날 11시까지 반출하여야 한다.</u>   **정답** ③

압축 및 액화가스류의 화물을 운송할 때 응급조치에 필요하여 호송인이 휴대하여야 하는 물품으로 적절하지 않은 것은?

① 방독면   ② 누설탐지기   ③ 해독제   ④ 소화기(A·B·C형)

(해설) **화물세칙 제19조(호송인 서약 및 휴대품)**

① 호송인은 호송인 임을 증명하는 증명서(화물운송통지서 등)를 소지하고 화물호송서약서를 작성하여 철도공사에 제출하여야 한다.

② 호송인은 호송 화물별로 응급조치에 필요한 다음 물품을 휴대하여야 한다.

    1. 화약류: 소화기(A·B·C형)

    2. 산류: 방독면, 보호의, 장갑, 중화제(소석회 10kg), 밸브용 공구

    3. 압축 및 액화가스류: 방독면, 보호의, 누설탐지기, 소화기(A·B·C형), 밸브용 공구

    4. 휘산성독물: 해독제, 보호의, 장갑

    5. 기타 화물: 화물의 성질에 따른 관리, 보호 및 사고시 응급조치에 필요한 물품   **정답** ③

29

철도운송 컨테이너 취급에 대한 설명으로 맞는 것은?

① 컨테이너화물의 적하시간은 5시간이다.

② 컨테이너 운송은 일반 화물취급역이면 가능하다.

③ 컨테이너화물은 컨테이너 20 TEU 2개를 1건으로 취급한다.

④ 컨테이너 수송기간은 운임계산거리 400km까지마다 24시간이다.

해설 화물세칙 제8조(화물의 적하시간)

1. 화약류 및 컨테이너화물은 3시간.

화물약관 제12조(취급화물의 범위) ① 철도공사는 화차 1량을 1건으로 하여 취급합니다. 다만, 갑종철도차량은 1량을 1건으로, 컨테이너화물은 컨테이너 1개를 1건으로 취급한다.

제29조(운송기간) ① 화물의 운송기간은 다음 각 호의 시간을 합산한다.

1. 발송기간: 화물을 수취한 시각부터 12시간
2. 수송기간: 운임계산 거리 400킬로미터까지 마다 24시간
3. 인도기간: 도착역에 도착한 시각부터 12시간

정답 ④

30

철도화물운송약관의 내용 중 틀린 것은?

① 철도화물의 운송기간은 발송기간, 수송기간, 인도기간을 합산한 기간으로 한다.

② 하중을 부담하지 아니하는 보조차와 갑종철도차량의 최저기본운임은 차량표기자중톤수의 100km에 해당하는 운임을 수수한다.

③ 철도공사는 전세열차로 신청하는 화물에 대해서는 운임의 20%에 해당하는 예납금을 수수하며, 철도공사의 책임으로 탁송취소를 한 경우에는 예납금을 환불하여야 한다.

④ 고객은 인도 완료한 화물을 정해진 하화시간 내에 하화를 완료하여 당일 중에 역구내로부터 반출하여야 하나, 18시 이후에 하화가 완료된 화물은 다음날 11시까지 반출할 수 있다.

해설 화물약관 제29조(운송기간)

제45조(최저기본운임) ① 화물 1건의 최저기본운임은 다음 같다.

1. 일반화물은 화차표기하중톤수 100km에 해당하는 운임,
2. 컨테이너화물은 규격별, 영·공별 컨테이너의 100km 해당하는 운임,
3. 하중을 부담하지 않는 보조차와 갑종철도차량은 자중톤수의 100km에 해당하는 운임

제47조(예납금수수) ① 철도공사는 전세열차로 신청하는 화물에 대해서는 운임의 10%를 예납금으로 수수할 수 있다. 다만 철도화물운임·요금 후급취급을 하는 경우에는 예납금을 수수하지 않는다.

② 예납금을 지정한 기일까지 납부하지 않을 경우에는 탁송신청을 취소한 것으로 본다.

③ 예납금은 탁송취소를 한 경우 반환하지 않는다.

제30조(인도시기 및 화물반출) ① 화물의 인도시기는 탁송화물을 적하선에 차입하고 인도하는 때를 말한다. 다만, 전용철도운영자가 탁송하는 화물의 인도시기는 별도협약을 따른다.

② 고객은 인도한 화물을 정한 시간내에 하화를 완료하고 당일 내에 역구내에서 반출하여야 한다. 다만, 18시 이후에 하화를 완료하는 화물은 다음날 11시까지 반출하여야 한다.

정답 ③

철도화물운송약관에서 정하고 있는 철도화물운송에 대한 설명으로 틀린 것은?

① 전용철도운영자가 탁송하는 화물의 수취는 별도협약을 따른다.

② 화물의 적하는 고객의 책임으로 하며, 세칙에서 정한 경우는 예외로 한다.

③ 철도공사는 필요한 경우 고객이 화물탁송이 알린 내용에 대하여 고객과 함께 진위여부를 확인할 수 있다.

④ 운송제한 화물의 운송신청은 별도협약에 의하여, 컨테이너 화물은 EDI로 신청하는 것을 원칙으로 하고 있다.

(해설)

화물약관 제30조(인도시기 및 화물반출) ① 화물의 인도시기는 탁송화물을 적하선에 차입하고 제31조에 따른 방법으로 인도하는 때를 말합니다. 다만, 전용철도운영자가 탁송하는 화물의 인도시기는 별도협약을 따릅니다.

제22조(화물의 적하 등) ① 화물의 적하는 고객의 책임으로 하여야 합니다. 다만, 세칙에서 정한 경우에는 예외로 합니다.

제24조(탁송화물 확인) ① 철도공사는 필요한 경우 고객이 화물탁송이 알린 내용에 대하여 고객과 함께 진위여부를 확인할 수 있다.

② 확인한 결과 발생한 확인비용 및 손해는 알린 내용과 같은 경우는 철도공사가, 다른 경우에는 고객이 부담한다.

제11조(탁송신청) ① 화물 탁송신청은 철도물류정보서비스(인터넷, 모바일 웹)로 직접 신청하는 것을 원칙으로 하고 필요시 EDI, 구두, 전화, 팩스(fax) 등으로 할 수 있으며, 운송제한 화물은 위험물 컨테이너를 제외하고 화물운송장을 제출해야 한다. 전용열차는 탁송신청 생략가능

정답 ④

운송제한 화물에 해당하지 않는 것은?

① 귀중품

② 속도제한 화물

③ 동물, 사체 및 유골

④ 열차 및 운임을 지정하여 운송을 청구하는 화물

(해설) **화물약관 제15조(운송제한 화물)**

① 철도공사는 다음 각 호의 어느 하나에 해당하는 화물에 대하여 운송설비 등을 갖추고 운송이 가능할 경우에 별도의 조건을 붙여 운송취급을 할 수 있습니다.

1. 「위험물 철도운송 규칙」에서 정한 운송취급주의 위험물

2. 동물, 사체 및 유골

3. 귀중품

4. 부패변질하기 쉬운 화물

5. 갑종철도차량

6. 열차 및 운송경로를 지정하여 운송을 청구하는 화물

7. 전세열차로 청구하는 화물

8. 속도제한 화물
9. 운송에 적합하지 않은 포장을 한 화물
10. 화물취급역이 아닌 장소에서 탁송하는 화물
11. 차량한계를 초과하는 화물 등 철도로 운송하기에 적합하지 않은 화물
② 제1항제8호의 속도제한 화물은 전세열차로 청구하지 않을 경우 수탁을 거절할 수 있습니다.   정답 ④

33

23년 1회~2회·22년 1회·21년 1회~2회·18년 2회·15년 1회

운송제한 화물에 대해 전세열차로 청구하지 않으면 수탁을 거절할 수 있는 화물은?

① 속도제한 화물
② 화약류 등 위험 화물
③ 열차 및 운송경로를 지정하여 운송을 청구하는 화물
④ 차량한계를 초과하는 화물 등 철도로 운송하기에 적합하지 않은 화물

(해설) 화물약관 제15조(운송제한 화물)   정답 ①

34

23년 1회~2회

다음 중 철도화물운송의 절차(순서)로 맞는 것은?

① 화물수탁 ⇨ 화물적재 ⇨ 화물수취 ⇨ 화물운송 ⇨ 화물하화 ⇨ 화물인도
② 화물수취 ⇨ 화물수탁 ⇨ 화물운송통지서 발행 ⇨ 화물인도
③ 화물운송장 접수 ⇨ 화물수취 ⇨ 화물운송통지서 발행 ⇨ 화물탁송 ⇨ 화물인도 ⇨ 도착 통지
④ 화물수탁 ⇨ 화물탁송 ⇨ 화물수취 ⇨ 화물인도

(해설) 화물약관 및 화물세칙(화물운송 절차: 순서)
화물탁송(화물운송장 제출) ⇨ 화물수탁 ⇨ 화차배정 ⇨ 화물적재 ⇨ 화물수취(운임요금수수·화물운송통지서 발행)
⇨ 화물운송 ⇨ 도착통지 ⇨ 화물하화 ⇨ 화물인도   정답 ①

35

23년 1회~2회·18년 1회

화물운송약관 및 세칙에 관한 내용 중 틀린 것은?

① 화물인도증명은 1년 이내에 가능하다.
② 컨테이너화물의 적하시간은 3시간이다.
③ 역 구내 및 역 기점 5km 이내는 구내운반화물로 취급한다.
④ 운송계약을 체결한 날부터 6개월 안에 화물운임·요금을 청구하지 않으면 그 시효가 소멸된다.

(해설) 화물약관 제33조(화물인도 증명)

철도공사는 고객이 화물을 인도한 후 1년 이내에 화물 인도증명을 청구할 경우 이에 응해야 한다.

제34조(구내운반화물) ① 역 구내 및 역 기점 5킬로미터 이내를 철도공사 기관차로 운반하는 화물은 구내운반 화물로 취급한다.

제53조(운임·요금의 소멸시효) 철도공사 또는 고객은 운송계약을 체결한 날부터 <u>1년 안에</u> 화물운임·요금을 청구하지 않으면 그 시효가 소멸한다.

화물세칙 제8조(화물의 적하시간) ① 화약류 및 컨테이너화물은 3시간,

② 그 밖의 화물은 5시간. 다만, 당일 18:00 이후부터 다음날 06:00까지 적하통지를 한 화물은 다음날 11:00까지

정답 ④

36
23년 2회·21년 2회

호송인 승차에 관한 설명으로 틀린 것은?

① 호송인은 호송인임을 증명하는 증명서(화물운송통지서 등)와 운송구간 내 운전취급역 연락처를 소지하고 화물호송서약서를 작성하여 철도공사에 제출하여야 한다.

② 호송인은 그 화물을 적재한 열차의 차장차 또는 차장차 대용 차량에 승차하여야 하며, 호송인 승차를 위하여 차장차를 연결하는 경우에는 갑종철도차량에 해당하는 운임을 수수할 수 있다.

③ 호송인이 부득이한 사유로 직무를 수행할 수 없을 경우에는 철도공사 직원이 대리호송인으로 승차할 수 있다. 이 경우에는 별도로 대리호송인료를 수수한다.

④ 호송인이 응급조치에 필요한 방독면을 휴대해야 하는 화물은 화약류, 산류, 압축 및 액화가스류 화물이다.

(해설) 화물약관 제25조(호송인 승차)

① 운송 도중 특별한 관리가 요구되는 화물은 송화인의 비용으로 호송인을 승차시켜 보호·관리하여야 합니다.

② 제1항의 호송인 승차를 위해 차장차를 연결하는 경우에는 갑종철도차량에 해당하는 운임을 수수할 수 있습니다.

③ 제1항의 호송인은 화물에 사고가 발생한 경우 응급조치를 할 수 있는 사람으로서 철도공사가 지정한 물품을 휴대하여야 합니다.

화물세칙 제18조(호송인 승차화물) ① 운송 도중 특별한 관리가 요구되는 화물은 고객 또는 철도공사의 요청으로 호송인을 승차시키며, 약관 제25조 제1항에 따라 송화인의 비용으로 호송인을 승차시켜 화물의 멸실·훼손방지 등 화물을 보호하고 관리하도록 하여야 한다.

② 호송인은 그 화물을 적재한 열차의 차장차 또는 차장차 대용 차량에 승차하여야 한다.

③ 호송인이 부득이한 사유로 직무를 수행할 수 없을 경우에는 철도공사 직원이 대리호송인으로 승차할 수 있다. 이 경우에는 별도로 대리호송인료를 수수한다.

제19조(호송인 서약 및 휴대품) ① 호송인은 호송인임을 증명하는 증명서(화물운송통지서 등)와 운송구간 내 운전취급역 연락처를 소지하고 별지 제3호서식의 화물호송서약서를 작성하여 철도공사에 제출하여야 한다.

② 호송인은 호송 화물별로 응급조치에 필요한 다음 각 호의 물품을 휴대하여야 한다.

1. 화약류: 소화기(A·B·C형)
2. 산류: 방독면, 보호의, 장갑, 중화제(소석회 10킬로그램), 밸브용 공구
3. 압축 및 액화가스류: 방독면, 보호의, 누설탐지기, 소화기(A·B·C형), 밸브용 공구
4. 휘산성독물: 해독제, 보호의, 장갑
5. 그 밖의 화물: 화물의 성질에 따른 관리, 보호 및 사고가 있을 때 응급조치에 필요한 물품

정답 ④

제3장 화물 운임·요금

1. 화물 운임·요금 일반

(1) 운임: 화물의 장소적 이동에 대한 대가로 수수하는 금액

(2) 요금: 장소적 이동 이외의 부가서비스 등에 대한 대가로 수수하는 금액

(3) 기본운임: 할인·할증을 제외한 임률, 중량, 거리만으로 계산한 운임. 단, 최저기본운임에 미달할 경우에는 최저기본운임을 기본운임으로 한다.

(4) 최저기본운임: 철도운송의 최저비용을 확보하기 위하여 정한 기본운임

(5) 할인·할증운임: 기본운임에서 각각의 할인, 할증을 적용한 운임. 단, 사유화차 할인운임을 제외한 할인운임은 최저기본운임 이하로 할 수 없다.

(6) 운임·요금의 수수: 화물의 운임·요금은 철도공사에서 별도로 정한 화물운임·요금표를 따른다. 단, 고객의 요구에 따라 추가 비용이 발생할 경우 그 추가비용은 별도 수수 가능

(7) 운임·요금의 수수 시기: 화물의 운임·요금은 화물을 수취하고, 화물운송통지서를 발급할 때 발송역에서 송화인에게 수수. 단, 철도공사와 별도협약을 체결한 고객의 화물은 예외로 한다.

2. 운임·요금 계산방법

(1) 일반화물 운임

계산방법 ⇨ 거리(km)×중량(톤)×임률

* 일반화물 임률: 1톤 1km마다 45.9원

(2) 컨테이너 화물 운임

① 계산방법: 거리(km)×규격별 임률(20' 40' 45')

② 컨테이너화물 규격별 임률

구 분	20피트	40피트	45피트
영컨테이너	516원/km	800원/km	946원/km
공컨테이너	규격별 영컨테이너 임률의 74% 적용		

* 중량물 컨테이너: 용기를 포함한 중량이 25톤을 초과하는 20피트 영컨테이너는 40피트 영컨테이너 임률 적용

3. 최저 기본운임 계산

(1) **일반화물**: 화차표기하중톤수 100킬로미터에 해당하는 운임

(2) **컨테이너화물**: 규격별, 영·공별 컨테이너의 100km에 해당하는 운임

(3) **자중톤수의 100km에 해당하는 운임수수 대상화물**
    ① 하중을 부담하지 않는 보조차   ② 갑종철도차량

(4) **전세열차 최저운임**: 화물세칙에서 정한 운임(정액 3,798,600원)

4. 운임·요금 계산의 단수처리(반환금액 포함)

(1) **1건의 운임 또는 요금 최종 계산금액**
    100원 미만인 경우 50원 미만은 버리고 50원 이상은 100원으로 올림

(2) **거리**(km), **중량**(톤), **부피**(m^3), **넓이**(m^2)
    1 미만인 경우 0.5 미만은 버리고 0.5 이상은 1로 올림

(3) **시간단위로 계산할 경우**: 시간단위 미만은 1시간으로 올림

(4) **일단위로 계산할 경우**: 일 단위 미만은 1일로 올림

5. 운임계산 중량

(1) **중량적용**: 화물 실제중량에 의함

(2) **중량적용 예외**
    ① 실제중량이 「화물품목 분류 및 화물품목 운임계산 최저톤수 기준표」에 미달할 경우에는 최저톤수를 적용
    ② 하중을 부담하지 않는 보조차와 갑종철도차량(차장차포함)은 자중톤수 적용
    ③ 최소한 암기해야 할 최저톤수 기준표(화차표기하중톤수×비율)

품목명	최저톤수계산 100분비율	품목명	최저톤수계산 100분비율
종이류(신문,인쇄등)	70	철광석(류)	96
화약·폭약·화공품류	80	석회석(류)	96
철도용품(침목·레일등)	80	백운석(류)	96
철근 · 철관	80	경석	96
포대시멘트(포대양회)	80	국내무연탄	96
벌크시멘트(벌크양회)	100	석탄류기타	96
유연탄	90	크링카	100
수입무연탄	90	자 갈	100

6. 운임계산 거리

(1) 기준: 국토교통부에서 고시하는 「철도거리표」의 화물영업거리에 의함

(2) 운임계산거리

탁송화물 수탁일에 운송가능 경로가 둘이상인 경우에는 최단경로의 거리를 적용

(3) 최단경로가 아닌 실제경로를 운임계산거리로 하는 경우

① 송화인이 운송경로를 지정한 경우
② 특정경로로만 수송이 가능한 화물이나, 최단경로의 수송력 부족 등으로 수송경로를 지정하여 운송을 수락한 경우
③ 하화작업에서 화차의 방향변경이 필요하여 특정경로 운송을 송화인이 수락한 경우
④ 도착역 선로여건이 일반적인 경로로 이어지지 않아서 탁송화물을 직접 도착시킬 수 없는 경우는 실제 경유한 역을 운임계산거리에 포함 가능

(4) 화물지선 등에서 발송·도착하는 화물: 화물지선 등의 거리를 운임계산거리에 합산

단, 화물지선 등의 거리를 운임계산거리에 합산하기가 곤란한 경우에는 별도로 취급할 수 있음

7. 화물운임 할인

(1) 투자비 보전을 위한 사유화차 할인

① 할인조건
고객이 화차를 제작하여 철도운송에 사용할 경우 투자비 보전을 위해 시행하는 할인
② 할인율: 화차제작 조건에 따름(현재 4.9~25% 할인 시행중)

(2) 왕복수송 할인

① 조건

㉮ 도착화물의 수화인이 송화인이 되어 운송구간 및 차종이 같고

㉯ 인도일부터 2일 안에 화물을 탁송할 경우

② 할인율: 복편운임을 20% 할인

③ 컨테이너화물은 왕복수송 할인을 적용하지 않음

(3) 탄력할인

① 조건

㉮ 다른 교통수단과의 경쟁력 확보

㉯ 탄력적인 시장 대응을 통한 철도화물 수입증대

② 할인율: 그때마다 따로 정한다. (현재 1~40% 할인 시행중)

(4) 할인 적용방법

① 같은 화물에 대하여 둘 이상의 할인이 있는 경우는 사유화차 할인을 제외하고 가장 높은 것을 하나만 적용

② 할인, 할증을 동시 적용시는 각각의 할인금액과 할증금액을 계산하여 가감

③ 운송거리 50km 미만의 무연탄의 최저기본운임의 30% 할인 적용

(5) 할인운임 계산방법: 1건 기본운임×할인계수(1-할인율-할인율)

8. 화물운임 할증

(1) 할증율

① 귀중품(화폐류, 귀금속류, 골동품류): 100%

② 위험물

㉮ 나프타, 솔벤트, 휘발유, 황산: 10%

㉯ 가스류: 20%(단, 프로필렌은 40%)

㉰ 방사능물질류: 100%

㉱ 화약류, 폭약류, 화공품류: 150%

㉲ 위험물 컨테이너: 20%(단, 화약류·폭약류·화공품류는 150%)

③ 화물취급장소가 아닌 곳에서의 임시취급 화물: 300%

④ 선로차단 또는 전차선로의 단전·철거가 필요한 임시취급 화물: 200%

⑤ 특대화물

㉮ 화물의 폭이나 길이, 밑 부분이 화차에서 튀어나온 화물, 화물 적재 높이가 레일 면에서 4,000mm 이상인 화물: 50%

⒮ 화물 1개의 길이가 20m 이상이거나, 중량이 35톤 이상인 화물: 100%

　　　⒯ 화물 1개의 길이가 30m 이상이거나, 중량이 50톤 이상인 화물: 250%

　　　⒰ 화물 1개의 길이가 50m 이상이거나, 중량이 70톤 이상인 화물: 500%

　　　⒱ 화물 중량이 130톤 이상인 화물: 600%

　　　⒲ 차량한계를 초과하는 화물: 250%(군화물은 220%)

　　　⒳ 안전한계를 초과하는 화물: 500%. 단, 50mm를 초과할 때마다 100%할증

　　⑥ 속도제한 화물

　　　⒜ 시속 30km 이하 600%(단, 수송기간 2일 이상인 경우 650%)

　　　⒝ 시속 40km 이하 300%

　　　⒞ 시속 50km 이하 200%

　　　⒟ 시속 60km 이하 100%

　　　⒠ 시속 70km 이하 50%

　　　⒡ 시속 80km 이하 20%(철도시설장비 이동에 한함)

　　　　＊단, 전수송구간의 수송가능속도가 제한속도 이내일 때는 할증 없음

　　⑦ 철도공사 직원이 감시인으로 승차하는 화물: 50%

　　⑧ 열차·경로지정 및 전세열차 화물

　　　⒜ 열차·경로지정 화물: 20%

　　　⒝ 전세열차: 20%(단, 갑종철도차량은 30%)

　　⑨ 컨테이너형 다목적용기 수송화물: 10%

　　⑩ 고객요구로 임시열차 운행화물: 20%

(2) 할증률 적용방법

　　① 둘 이상의 할증이 있는 경우 운임할증은 중복하여 적용

　　② 할증이 다른 화물 또는 할증하지 않은 화물을 1량에 혼합 적재하는 경우에는 높은 할증을 적용

　　③ 화물유치나 기존 화물운송의 원가보전 등을 위해 별도협약으로 할증할 수 있다.

　　④ 할증운임 계산방법

　　　⒜ 1건 기본운임×할증계수(1＋할증율＋할증율)

　　　⒝ 전세열차 할증운임은 전세열차 운임에서 할증한다.

(3) 할증률별 정리

　　① 20% 할증

⒜ 가스류	⒝ 시속 80km 이하 속도제한화물
⒞ 열차·경로지정 화물	⒟ 전세열차
⒠ 고객요구로 임시열차 운행화물	⒡ 위험물 컨테이너

② 50% 할증

　㉮ 시속 70km이하 속도제한화물

　㉯ 철도공사 직원이 감시인으로 승차하는 화물

　㉰ 화물의 폭이나 길이, 밑 부분이 화차에서 튀어나온 화물, 화물 적재높이가 레일면에서
　　4,000mm 이상인 화물

③ 100% 할증

　㉮ 귀중품(화폐류, 귀금속류, 골동품류)　　㉯ 방사능물질류

　㉰ 화물 1개의 길이가 20m 이상이거나, 중량이 35톤 이상인 화물

　㉱ 시속 60km이하 속도제한화물

9. 부가운임

(1) 부가운임 수수대상

① 화물을 수취한 후 송화인의 화물운송장 거짓기재를 발견한 경우

② 화물을 수취한 후 송화인의 화물운송장 거짓신청을 발견한 경우

(2) 부가운임 수준

① 위험물: 부족운임과 부족운임의 5배에 해당하는 부가운임

② 기타화물: 부족운임과 부족운임의 3배에 해당하는 부가운임

③ 화물의 탁송 또는 반출을 재촉하였으나 이행하지 않을 경우: 화차유치료 및 철도물류시설
　사용료를 요금 외에 3배의 범위에서 부가요금 수수

(3) 중량 초과시 부가운임 징수기준

① 운임계산톤수 10% 이상 초과 적재시 부가운임 징수

② 단, 중량표시가 명확한 화물 ⇨ 1톤 이상 초과 적재한 경우

10. 운임·요금의 추가수수 및 반환

(1) 탁송변경에 응한 경우

① 이미 수수한 운임·요금과의 차액을 추가 수수하거나 반환

② 단, 고객의 귀책사유로 변경한 경우에는 이미 사용된 요금과 비용은 반환하지 않을 수 있다.

(2) 화물의 취급착오로 인한 운임·요금: 그 차액을 추가 수수 또는 반환

〈 수송 도중 화차계중기로 검량한 경우 추가운임을 수수하지 않는 경우 〉

① 무개화차(살화물의 강우, 안개 등): 2톤 이하

② 기타화차: 1톤 미만

(3) 운임·요금의 소멸시효: 철도공사 또는 고객은 운송계약을 체결한 날부터 1년 안에 화물운임요금을 청구하지 않으면 그 시효가 소멸한다.

11. 기타 운임·요금

(1) 화차(공차) **회송운임**

① 수수대상

㉮ 철도공사 화차 중 조차

㉯ 사유화차

㉰ 그 밖에 철도공사가 별도로 정하는 화차

② 화차 회송운임: 기본운임의 2%

(2) 예납금 수수

① 예납금 수수 대상: 전세열차로 신청하는 화물. 단, 철도화물운임·요금의 후급취급을 하는 경우에는 예납금을 수수하지 않는다.

② 예납금액: 운임의 10%

③ 예납금을 지정한 기일까지 납부하지 않을 경우에는 탁송신청을 취소한 것으로 본다. —예납금은 탁송취소를 한 경우 반환하지 않음

(3) 부가가치세 납부: 고객은 철도공사에 화물 운임·요금을 납부할 때 부가가치세법에서 정한 부가가치세를 함께 납부하여야 함

(4) 유치권 행사: 철도공사는 화물운송계약을 이행함으로써 발생한 운임 등 비용의 회수를 위해 탁송 중인 화물에 대한 유치권을 행사할 수 있음

01

24년 1회·23년 1회~2회·22년 1회~2회·2021년 1회~2회·20년 1회·19년 1회·17년 2회

화물 운임 요금 계산 시 단수처리로 틀린 것은?

① 일단위로 계산할 경우에는 일단위 미만은 1일로 올린다.
② 거리(km), 중량(톤), 부피(㎥), 넓이(㎡)는 1 미만인 경우 0.5 미만은 버리고 0.5 이상은 1로 올린다.
③ 시간단위로 계산할 경우에는 시간단위 미만은 30분 미만은 버리고 30분 이상은 1시간으로 올린다.
④ 1건의 운임 또는 요금 최종 계산금액이 100원 미만인 경우 50원 미만은 버리고 50원 이상은 100원으로 올린다.

(해설) 화물약관 제46조(단수처리)

운임·요금을 계산하는 단위
1. 1건의 운임 또는 요금 최종 계산금액: 100원 미만인 경우 50원 미만은 버리고 50원 이상은 100원으로 올림.
2. 거리(km), 중량(톤), 부피(㎥), 넓이(㎡): 1 미만인 경우 0.5 미만은 버리고 0.5 이상은 1로 올림.
3. 시간단위로 계산할 경우: 시간단위 미만은 1시간으로 올림.
4. 일단위로 계산할 경우: 일단위 미만은 1일로 올림.　　　　　　　　　정답 ③

02

15년 1회

운임 및 중량의 단수처리로서 틀린 것은?

① 50원 미만은 버린다.　　　　　② 500m는 1km로 올린다.
③ 500cm³ 미만은 버린다.　　　　④ 중량계산시 500kg 미만은 1톤으로 올린다.

(해설) 화물약관 제46조(단수처리)　　　　　　　　　　　　　　　정답 ④

철도화물의 운송경로가 둘 이상일 경우 운임계산거리의 적용방법으로 틀린 것은?

① 특정경로로만 수송이 가능한 화물이나, 최단경로의 수송력 부족 등의 경우에는 실제경로에 따른다.

② 화물영업거리에 의해 운송 가능한 최단경로를 적용한다.

③ 송화인이 운송경로를 지정한 경우에는 실제경로에 따른다.

④ 하화작업에서 화차의 방향변경이 필요하여 특정경로 운송을 송화인이 수락한 경우에는 실제경로에 따른다.

(해설) 화물약관 제49조(운임계산 거리)
화물운임계산 거리는 국토교통부에서 고시하는 「철도거리표」의 화물영업거리에 의해 운송 가능한 최단경로를 적용한다.
화물세칙 제27조(운임계산 거리) ① 약관 제49조에도 불구하고 다음에 해당하는 경우에는 실제경로에 따른다.
  1. 송화인이 운송경로를 지정한 경우
  2. 특정경로로만 수송이 가능한 화물이나, 최단경로의 수송력 부족 등으로 수송경로를 지정하여 운송을 수락한 경우
  3. 하화작업에서 화차의 방향변경이 필요하여 특정경로 운송을 송화인이 수락한 경우   정답 ①

탁송화물 수탁일에 운송가능 경로가 둘 이상일 경우에 운임계산 거리는?

① 최장경로   ② 최단경로   ③ 코레일지정경로   ④ 화주지정 경로

(해설) 화물약관 제49조(운임계산 거리)   정답 ②

화물최저톤수기준표상 100분 비율 70%인 화물을 화차표기하중톤수 40톤인 화차를 사용 시 운임계산 최저톤수는 얼마인가?

① 21톤   ② 24톤   ③ 28톤   ④ 40톤

(해설) 화물세칙 제30조(할증)
② 화물품목별 운임계산 최저톤수와 할증률은 「화물품목분류 및 화물품목 운임계산 최저톤수 기준표」를 따른다.
  * 화차표기하중톤수 40톤×70%=28톤   정답 ③

왕복수송 할인의 조건 등에 관한 설명으로 틀린 것은?

① 도착화물의 수화인이 송화인이 되어 운송구간 및 차종이 같고 인도일부터 3일 안에 화물을 탁송할 경우에 왕복수송 할인을 한다.
② 복편운임을 20퍼센트 할인한다.
③ 컨테이너화물은 왕복수송 할인을 적용하지 않는다.
④ 구간별로 필요한 경우 할인율을 그 때마다 별도방침으로 정할 수 있다.

(해설) 화물세칙 제28조(화물운임할인)
① 약관 제50조 제1항에 따른 화물운임의 할인종류 및 할인율은 다음과 같다.
   2. 일반적 할인
      가. 왕복수송 할인: 도착화물의 수화인이 송화인이 되어 운송구간 및 차종이 같고 인도일부터 2일 안에 화물을 탁송할 경우 복편운임을 20퍼센트 할인한다. 다만, 구간별로 필요한 경우 할인율을 그 때마다 별도방침으로 정할 수 있으며, 컨테이너화물은 왕복수송 할인을 적용하지 않는다. **정답** ①

화물운임할증에 관한 사항 중 100퍼센트 할증률이 아닌 것은?

① 귀금속류
② 위험물중 방사선물질류
③ 시속 70킬로미터 이하 속도제한 화물
④ 특대화물 1개의 길이가 20미터 이상이거나, 중량이 35톤 이상인 화물

(해설) 화물세칙 제30조(화물운임할증)
① 할증률
1. 귀중품(화폐류, 귀금속류, 골동품류): 100%
2. 위험물
   가. 나프타, 솔벤트, 휘발유, 황산: 10%
   나. 가스류: 20%(단, 프로필렌은 40%)
   다. 방사능물질류: 100%
   라. 화약류, 폭약류, 화공품류: 150%
   마. 위험물 컨테이너: 20%(단, 화약류·폭약류·화공품류는 150%)
3. 화물취급장소가 아닌 곳에서의 임시취급 화물: 300%
4. 선로차단 또는 전차선로의 단전·철거가 필요한 임시취급 화물: 200%
5. 특대화물
   가. 화물의 폭이나 길이, 밑 부분이 화차에서 튀어나온 화물, 화물 적재 높이가 레일 면에서 4,000밀리미터 이상인 화물: 50%
   나. 화물 1개의 길이가 20미터 이상이거나, 중량이 35톤 이상인 화물: 100%

다. 화물 1개의 길이가 30미터 이상이거나, 중량이 50톤 이상인 화물: 250%
라. 화물 1개의 길이가 50미터 이상이거나, 중량이 70톤 이상인 화물: 500%
마. 화물 중량이 130톤 이상인 화물: 600%(군화물은 220%)
바. 차량한계를 초과하는 화물: 250%
사. 안전한계를 초과하는 화물: 500%, 다만 50mm를 초과할 때마다 100%할증
6. 속도제한 화물. 다만, 전수송구간의 수송가능속도가 제한속도 이내일 때는 할증없음
   가. 시속 30km 이하 600%(단, 수송기간 2일 이상인 경우 650%)
   나. 시속 40km 이하 300%
   다. 시속 50km 이하 200%
   라. 시속 60km 이하 100%
   마. 시속 70km 이하 50%
   바. 시속 80km 이하 20%(철도시설장비 이동에 한함)
7. 철도공사 직원이 감시인으로 승차하는 화물: 50%
8. 열차·경로지정 및 전세열차 화물
   가. 열차·경로지정 화물: 20%
   나. 전세열차: 20%(다만, 갑종철도차량은 30%)
9. 컨테이너형 다목적용기 수송화물: 10%
10. 고객요구로 임시열차 운행화물: 20%　　　　　　　　　　　**정답** ③

철도화물운송에 특별한 설비나 주의가 필요한 위험물에 대하여 적용하는 할증률이 다른 것은?

① 나프타　　　　　　② 솔벤트　　　　　　③ 가스류　　　　　　④ 황산

(해설) 화물세칙 제30조(화물운임할증)　　　　　　　　　　**정답** ③

다음은 철도화물운임 할증율이 같은 품목이다. 다른 것은?

① 철도공사 직원이 감시인으로 승차한 화물
② 70km/h 이하 속도제한화물
③ 골동품류
④ 화물의 폭이나 길이, 밑 부분이 화차에서 튀어나온 화물

(해설) 화물세칙 제30조(화물운임할증)　　　　　　　　　　**정답** ③

철도화물운임 할증율이 20퍼센트가 아닌 것은?

① 고객요구로 임시열차 운행화물
② 열차 또는 경로지정 화물
③ 위험물중 가스류
④ 방사능물질류

(해설) 화물세칙 제30조(화물운임할증)　　　　　　　　　정답 ④

철도화물운임 할증율이 10퍼센트가 아닌 것은?

① 위험물중 황산
② 위험물중 휘발유
③ 시속 90km 속도제한 화물
④ 컨테이너형 다목적 용기 수송화물

(해설) 화물세칙 제30조(화물운임할증)　　　　　　　　　정답 ③

화물운임 할증에 관련된 내용 중 틀린 것은?

① 특대화물중 중량이 130톤 이상인 화물: 600%
② 귀금속류, 화폐류, 골동품류: 200%
③ 컨테이너형 다목적용기 수송화물: 10%
④ 철도공사 직원이 감시인으로 승차하는 화물: 50%
⑤ 위험물 컨테이너: 20%(단, 화약류·폭약류·화공품류는 150%)

(해설) 화물세칙 제30조(화물운임할증)　　　　　　　　　정답 ②

13

철도화물운임 할증에 관한 내용 중 틀린 것은?

① 가스류: 20%(단, 프로필렌은 40%)

② 화물 1개 길이가 30미터 이상이거나, 중량이 50톤 이상 화물: 300%

③ 차량한계를 초과하는 특대화물: 250%

④ 화물위급장소가 아닌 곳에서의 임시취급 화물: 300%

(해설) 화물세칙 제30조(화물운임할증)　　　　　　　　　정답 ②

14

속도제한 화물의 운임할증에 대한 내용으로 틀린 것은?

① 시속 30km 이하 400%　　　　② 시속 40km 이하 300%

③ 시속 50km 이하 200%　　　　④ 시속 60km 이하 100%

(해설) 화물세칙 제30조(화물운임할증)　　　　　　　　　정답 ①

15

화물운임 할증률로 틀린 것은?

① 차량한계를 초과하는 특대화물: 250%

② 나프타, 솔벤트, 휘발유, 항공유, 황산: 10%

③ 선로차단 또는 전차선로의 단전, 철거가 필요한 화물: 200%

④ 화물 1개의 길이가 50m 이상이거나, 중량이 70톤 이상인 특대화물: 300%

(해설) 화물세칙 제30조(화물운임할증)　　　　　　　　　정답 ④

16

화물운임 할증에 대한 설명으로 맞는 것은?

① 위험물 중에서 가스류는 20% 할증을 적용

② 귀중품(화폐류, 귀금속류, 골동품류)은 200% 할증을 적용

③ 철도공사 직원이 감시인으로 승차하는 화물은 10% 할증을 적용

④ 운임할증은 중복하여 적용할 수 없고, 할증이 다른 화물 또는 할증을 하지 아니하는 화물을 1량에 혼합 적재하는 경우에는 낮은 할증을 적용

(해설) 화물세칙 제30조(화물운임할증)

정답 ①

특대화물 할증에 관한 설명 중 틀린 것은?

① 화물 1개의 길이가 20m 이상이거나, 중량이 35톤 이상 화물: 100%

② 화물 1개의 길이가 30m 이상이거나, 중량이 50톤 이상 화물: 300%

③ 화물 1개의 길이가 50m 이상이거나, 중량이 70톤 이상 화물: 500%

④ 화물의 폭이나 길이, 밑 부분이 화차에서 튀어나온 화물, 화물 적재 높이가 레일면에서 4,000mm 이상 되는 화물: 50%

(해설) 화물세칙 제30조(화물운임할증)

정답 ②

화물의 운임요금 중 최저기본운임에 대한 설명으로 틀린 것은?

① 하중을 부담하지 않는 보조차는 운임을 수수하지 아니한다.

② 일반화물은 화차표기하중톤수 100km에 해당하는 운임은 받는다.

③ 갑종철도차량은 차량표기하중톤수의 100km에 해당하는 운임을 받는다.

④ 컨테이너화물은 규격별, 영 · 공별 컨테이너의 100km에 해당하는 운임을 받는다.

⑤ 전세열차 최저운임은 철도공사에서 따로 정한 화물운임 · 요금표에 따른다.

(해설) 화물약관 제45조(최저기본운임)

1. 일반화물은 화차표기하중톤수 100킬로미터에 해당하는 운임

2. 컨테이너화물은 규격별, 영·공별 컨테이너의 100킬로미터에 해당하는 운임

3. 하중을 부담하지 않는 보조차와 갑종철도차량은 자중톤수의 100km에 해당하는 운임

4. 전세열차 최저운임은 화물세칙에서 정한 화물운임·요금표(정액 3,798,600원)를 따른다.

정답 ①, ③

다음은 부가운임 및 요금의 징수에 관한 설명이다. ( )안에 들어갈 내용으로 맞는 것은?

> 철도공사는 화물을 수취한 후 (㉠)의 화물운송장 거짓기재 또는 거짓신청을 발견한 경우에는 위험
> 물은 (㉡)과 그 (㉡)의 (㉢)배에 해당하는 부가운임을 징수한다.

① ㉠ 수화인, ㉡ 정상운임, ㉢ 3   ② ㉠ 송화인, ㉡ 정상운임, ㉢ 3
③ ㉠ 수화인, ㉡ 부족운임, ㉢ 5   ④ ㉠ 송화인, ㉡ 부족운임, ㉢ 5

(해설) 화물약관 제52조(부가운임·요금)
① 철도공사는 화물을 수취한 후 송화인의 화물운송장 거짓기재 또는 거짓신청을 발견한 경우에는 다음 각 호의 부
   가운임을 수수할 수 있다.
   1. 위험물은 부족운임과 그 부족운임의 5배에 해당하는 부가운임
   2. 제1호 이외의 화물은 부족운임과 그 부족운임의 3배에 해당하는 부가운임
② 철도공사는 고객에게 화물의 탁송 또는 반출을 재촉하였으나 이행하지 않을 경우에는 화차유치료 및 철도물류시
   설 사용료를 요금 외에 3배의 범위에서 부가요금을 수수할 수 있다.   정답 ④

**위험물 이외의 화물을 철도로 운송 시 송화인이 화물운송장에 거짓 기재한 경우 부가운임을 수
수하는 방법으로 적절한 것은?**

① 부족운임과 그 부족운임의 2배에 해당하는 부가운임
② 부족운임과 그 부족운임의 3배에 해당하는 부가운임
③ 부족운임과 그 부족운임의 4배에 해당하는 부가운임
④ 부족운임과 그 부족운임의 5배에 해당하는 부가운임

(해설) 화물약관 제52조(부가운임·요금)   정답 ②

21

철도화물운송약관에서 규정하고 있는 철도화물운임요금의 추가 수수 및 환불 방법을 설명한 것으로 틀린 것은?

① 화물의 취급착오로 인한 운임·요금은 그 차액을 추가수수 또는 반환한다.

② 탁송변경에 응한 경우에는 이미 수수한 운임·요금과의 차액을 추가로 수수하거나 반환한다.

③ 고객에게 책임이 돌아갈 사유로 변경한 경우에는 이미 소요된 요금(예납금 제외) 또는 비용은 환불한다.

④ 화물열차가 철도공사의 귀책사유(천재지변, 기상악화 등 미리 예상치 못한 사유 제외)로 도착역에 일정시간 이상 지연 도착하는 경우 따로 기준을 정하여 지연에 대한 보상을 할 수 있다.

해설 화물약관 제51조(운임·요금의 추가수수 및 반환)

① 탁송변경에 응한 경우에는 이미 수수한 운임·요금과의 차액을 추가 수수하거나 반환한다. 다만, <u>고객의 귀책사유로 변경한 경우에는 이미 사용된 요금과 비용은 반환하지 않을 수 있다.</u>

② 화물의 취급착오로 인한 운임·요금은 그 차액을 추가 수수 또는 반환한다.

③ 화물열차가 철도공사의 귀책사유(천재지변, 기상악화 등 미리 예상치 못한 사유 제외)로 도착역에 일정시간 이상 지연 도착하는 경우 따로 기준을 정하여 지연에 대한 보상을 할 수 있다. 다만, 적재지연 등 고객의 귀책사유로 지연되거나 제17조 제1호에 따라 고객이 동의한 경우에는 예외로 한다.　　　　**정답** ③

22

화물품목 운임계산 최저톤수를 적용한 화물운임 계산으로 옳은 것은? (단, 품목은 탄약, 임률은 45.9원, 거리는 200km, 표기하중톤수는 50톤, 실적재중량은 40톤, 발송량수는 5량이다.)

① 1,836,000원　　　② 2,295,000원　　　③ 4,590,000원　　　④ 5,737,000원

해설 화물세칙 제26조(화물운임·요금)

② 기본운임은 1건마다 일반화물은 중량, 거리, 임률을 곱하여 계산하고, 컨테이너화물은 규격별·영공별 임률, 거리를 곱하여 계산한다. 이 경우 1건 기본운임이 최저기본운임에 미달할 경우에는 약관 제45조에서 정한 최저기본운임을 기본운임으로 한다.

〈철도화물운임 계산방법〉

① 화물운임 계산식＝중량(톤)×거리(km) × 임률 (× 할증)

② 철도화물 운임계산시 체크포인트

　㉮ 거리: 최단경로의 거리(100km 미만일 경우 최저기본운임 적용)

　　＊최저기본운임: 화차표기하중톤수(실중량이 아님)×100km×임률(45.9원)

　㉯ 중량: 실중량 적용이 원칙

　　그러나, 실중량이 화차표기하중톤수 보다 적을 경우 운임계산최저톤수를 계산하여 비교하여 실중량이 운임계산최저톤수보다 적을 경우 운임계산최저톤수를 적용한다.

　　(운임계산최저톤수: 화차표기하중톤수×최저톤수 100분비율 적용)

　㉰ 할증대상 품목 여부 판단(할증율 적용)

〈계산식〉
1. 탄약은 할증품목의 화공품류에 해당되어 150%의 할증 품목임
2. 중량은 표기하중톤수 50톤 화차에 40톤을 적재하여 최저톤수율 확인
   탄약의 최저톤수 100분비율은 80%이므로
   화차표기하중톤수 50톤×0.8(80%)=40톤
   (실제 적재톤수가 운임계산최저톤수와 같은 40톤이므로 40톤으로 계산)
3. 운임계산
   ㉮ 1량운임: 40톤×200km×45.9원/km×2.5(할증 1+1.5)=918,000원
   ㉯ 5량운임: 918,000원×5량=4,590,000원

정답 ③

23
23년 1회~2회·22년 1회~2회·21년 1회~2회·20년 1회~2회

조건이 다음과 같을 때, 화물운임은 얼마인가?

−품목: 자갈	−임률: 45.9원
−운임계산거리: 200km	−적재 중량: 32톤
−화차자중톤수: 30톤	−화차표기하중톤수: 50톤

① 275,400원   ② 321,300원   ③ 367,200원   ④ 459,000원

(해설) 철도화물운임 계산
1. 자갈은 할증품목에 해당되지 않음
2. 중량은 표기하중톤수 50톤 화차에 32톤을 적재하여 최저톤수율 확인
   자갈의 최저톤수 100분비율은 100%이므로 실제 적재톤수에 관계없이 화차표기하중톤수(50톤)를 운임계산
   톤수로 적용
3. 운송거리는 200km로 최저거리 100km를 이상으로 실제 운송거리를 그대로 적용
4. 운임계산: 50톤×200km×45.9원/km=459,000원

정답 ④

24

조건이 다음과 같을 때, 화물품목 운임계산 최저톤수를 적용하여 산출한 화물운임은 얼마인가?

임률: 45.9/km	품목: 신문용롤지
운임계산거리: 200km	화차표기하중톤수: 50톤
화차자중톤수: 30톤	적재 중량: 32톤

① 293,800원   ② 321,300원   ③ 367,200원   ④ 459,000원

화물세칙 〈운임계산〉

적재중량이 32톤으로 최저톤수 70%인 35톤(하중50톤×70%)보다 적으므로 적재중량은 35톤으로 계산
* 45.9원×200km×35톤=321,300원

품목번호	품목명	최저톤수계산100분비율	할증100분비율
1070199	종이류 기타	70	

정답 ②

25

다음과 같은 조건에서 일반화물의 수수금액은 얼마인가?

품목 철근	임률 45.9원/km	거리 300km
화차표기화중톤수 50톤	자중톤수 25톤	실중량 38톤

① 523,300원　　② 688,500원　　③ 550,800원　　④ 344,300원

화물세칙 제3조 〈화물품목 운임계산 최저톤수〉

실중량이 최저톤수에 미달되어 최저톤수율 적용: 50톤×80%=40톤×45.9원×300km=550,800원
* 운송거리가 100km 이하일 경우에는 최저 100km로 계산하여야 한다.

품목번호	품목명	최저톤수계산100분비율
1010500	철근 · 철관	80

정답 ③

26

다음과 같은 조건에서 일반화물의 수수금액은 얼마인가?

품목 철광석	임률 45.9원/km	거리 200km
화차표기화중톤수 50톤	자중톤수 32톤	실중량 45톤

① 440,640원　　② 275,400원　　③ 293,800원　　④ 440,600원

화물세칙 제3조 〈화물품목 운임계산 최저톤수〉 실중량이 최저톤수에 미달되어 최저톤수율 적용

* 50톤×96%=48톤×45.9원×200km=440,640 ≒ 440,600원

품목번호	품목명	최저톤수계산100분비율
1010301	철광석	96

정답 ④

27

다음과 같은 조건에서 일반화물의 수수금액은 얼마인가?

품목 석회석분	임률 45.9원/km	거리 120km
화차표기화중톤수 50톤	자중톤수 32톤	실중량 40톤

① 220,320원   ② 247,900원   ③ 264,400원   ④ 275,400원

(해설) 화물세칙 제3조 〈화물품목 운임계산 최저톤수〉 실중량이 최저톤수에 미달되어 최저톤수율 적용

* 50톤×96%=48톤×45.9원×120km=264,384 ≒ 264,400원   정답 ③

28

다음 조건에 의한 일반화물 운임계산으로 맞는 것은?

품목 포대시멘트	수송거리 250km	임율 45.9원
화차표기하중톤수 50톤	실 적재중량 35톤	자중톤수 20톤

① 344,300원   ② 401,600원   ③ 459,000원   ④ 573,800원

(해설) 40톤(50톤×80%)×45.9원×250km=459,000원

품목번호	품목명	최저톤수계산100분비율	할증100분비율
1080901	포대시멘트	80	
1080902	벌크시멘트	100	

정답 ③

29

일반화물 운송조건이 다음과 같을 때, 수수금액으로 맞는 것은?

거리 110km	임율 45.9	화차표기화중톤수 40톤
자중톤수 32톤	실중량 30톤	품목: 수입무연탄

① 151,500원   ② 161,600원   ③ 181,800원   ④ 202,000원

해설 36톤(40톤의 90%)×45.9원/km×110km=181,800원

품목번호	품목명	최저톤수계산100분비율	할증100분비율
1010101	유연탄	90	
1010102	국내무연탄	96	
1010103	수입무연탄	<u>90</u>	

정답 ③

30
15년 2회

철도 A역에서 철도 B역까지 벌크양회(중량: 52,450kg)를 사유화차로 운송하고자 할 때 부가가치세를 제외하고 수수해야 할 철도화물 운임은? (단, 임률 45.9원, 거리 310.9km, 사용화차 표기하중톤수 53톤, 사유화차 할인 10%, 최저톤수산출 100분 비율 100%이다.)

① 311,700원　　② 623,400원　　③ 680,900원　　④ 624,200원

해설
53톤×45.9원/km×311km×90%(10% 사유화차할인)≒680,900원
벌크양회 품목의 운임계산 최저톤수율 100분의 100

정답 ③

31
23년 1회~2회·21년 2회·20년 2회·19년 2회

오류동역에서 포대양회 50톤을 화차표기하중톤수 53톤 유개화차에 적재하여 의왕역까지 수송할 경우 운임은 얼마인가? (단, 운임계산거리 48.9km, 운임계산거리 1km당 임률 45.9원, 부가가치세는 제외한다.)

① 194,600원　　② 218,900원　　③ 243,300원　　④ 229,500원

해설 화물운임계산식=중량(톤)×거리(km)×임률(×할증)

1. 운임계산거리가 48.9km로 최저기본운임의 거리 100km 미만으로 최저기본운임 계산을 묻는 문제
2. 운임계산: 53톤(화차표기하중톤수: 실중량을 적용하지 않음)×100km(최저기본운임 거리)×45.9원/km=243,270원
　 ≒243,300

정답 ③

영컨테이너 20피트 1량을 의왕역에서 부산진역까지(409km)**를 이동시에 운임은 얼마인가?**
(단, 영컨테이너 20피트 임율은 1km당 516원이다.)

① 183,300원   ② 183,400원   ③ 183,500원   ④ 211,000원

(해설) 516원/km×409km=211,044≒211,000원

화물세칙 제26조(화물운임·요금) ② 기본운임은 1건마다 일반화물은 중량, 거리, 임률을 곱하여 계산하고, 컨테이너 화물은 규격별·영공별 임률, 거리를 곱하여 계산한다. 최저기본운임에 미달할 경우에는 최저기본운임을 기본운임 으로 합니다.

화물약관 제46조(단수처리) 1건의 운임 또는 요금 최종 계산금액이 100원 미만인 경우 50원 미만은 버리고 50원 이상은 100원으로 올립니다.

정답 ④

임률 45.9원, 수송거리 210km, 화차표기하중톤수 50톤, 실적재중량 30톤, 품목은 레일인 경우 일반화물의 운임은?

① 289,200원   ② 385,600원   ③ 481,960원   ④ 510,200원

(해설) 화물세칙 2. 화물품목 운임계산 최저톤수

* 50톤×80%=40톤×45.9원×210km=385,560원≒385,600원(단수처리)

품목번호	품목명	최저톤수계산100분비율	할증100분비율
1065400	철도선로용품류	80	

정답 ②

A역에서 B역(369.3km)**까지 40′ 영컨테이너를 임률 800원, 사유화차 할인율 10% 조건으로 수송할 경우 부가가치세를 제외하고 수수해야 하는 철도운임은?**

① 243,100원   ② 246,100원   ③ 243,600원   ④ 265,700원

(해설) 800원×369km×0.9(10%할인)=265,700원

화물세칙 제26조(화물운임요금) ② 기본운임은 1건마다 일반화물은 중량, 거리, 임률을 곱하여 계산하고, 컨테이너 화물은 규격별, 영공별 임률, 거리를 곱하여 계산한다.

〈화물운임·요금표〉(제26조 제1항 관련) 나. 컨테이너화물 임률

적용	규격별	20피트	40피트	45피트
1킬로미터마다	영컨테이너	516원	800원	946원
	공컨테이너	규격별 영컨테이너 임률의 74퍼센트		

* 중량물 컨테이너: 용기를 포함한 중량이 25톤을 초과하는 20'영컨테이너는 40'영컨테이너 임률 적용 **정답** ④

35

A역에서 B역까지(350km) 구간을 차량한계를 초과하는 **K-1 전차**(실중량 51톤)를 적재한 **평판차 1량을 임시열차로 수송 신청할 경우에 수수해야할 철도운임은?** (임률 45.9원, 사용화차 표기 하중톤수 70톤, 최저톤수계산 비율 100분의 80, 차량한계를 초과한 화물 할증율 250%)

① 5,577,800원　　② 5,079,800원　　③ 3,328,700원원　　④ 5,307,900원

(해설) 화물세칙 제30조(화물운임할증): 시험문제에 할증율이 제시되면 그 할인율을 적용한다.

1. 차량한계를 초과하는 화물: 250%(군화물의 경우 220% 적용)이지만 할증율이 제시되면 주어진 할증율을 적용
2. 고객요구로 임시열차 운행화물: 20%
   350km×56톤(최저톤수 적용: 70톤의 80%)×45.9원×3.7(할증: 1+2.5+0.2)≒3,328,700원 **정답** ③

36

덕산(종합정비창)에서 덕정(455km)까지 특대화물 **K-1전차 1량**(운임계산톤수 48톤)을 **열차지정하고 운송하려고 한다. 수수할 운임은?** (단, 차량한계초과 특대화물 할증 250%, 적용임률: 45.9원, 열차지정 할증 20%, 부가가치세 제외)

① 2,706,600원　　② 3,709,100원　　③ 3,508,600원　　④ 1,002,500원

(해설) 화물세칙 제30조(화물운임할증): 문제에 할증률이 제시되면 제시된 할인·할증을 적용한다.

455km×48톤×45.9원/km×3.7(1+2.5+0.2)=3,709,087 ≒ 3,709,100원

* 운임계산톤수, 할증률 등을 제시할 경우 문제에 주어진대로 적용한다. **정답** ②

철도화물운송약관에서 규정하고 있는 예납금 수수에 대한 설명으로 틀린 것은?

① 예납금은 탁송취소를 한 경우 수수료를 공제한 후 반환한다.

② 철도화물운임·요금 후급취급을 하는 경우에는 예납금을 수수하지 않는다.

③ 예납금을 지정한 기일까지 납부하지 않을 경우에는 탁송신청을 취소한 것으로 본다.

④ 철도공사는 전세열차로 신청하는 화물에 대해서는 운임의 10%를 예납금으로 수수할 수 있다.

(해설) 화물약관 제47조(예납금 수수)

① 철도공사는 전세열차로 신청하는 화물에 대해서는 운임의 10%를 예납금으로 수수할 수 있다. 다만 철도화물운임·요금 후급취급을 하는 경우에는 예납금을 수수하지 않는다.

② 예납금을 지정한 기일까지 납부히지 않을 경우에는 탁송신청을 취소한 것으로 본다.

③ 예납금은 탁송취소를 한 경우 반환하지 않는다.

정답 ①

예납금에 대한 설명 중 틀린 것은?

① 탁송취소한 경우 예납금은 환불하지 않는다.

② 전세열차로 신청하는 화물에 대하여는 운임의 10%를 반드시 수수한다.

③ 화물운임·요금 후급취급을 하는 경우에는 예납금을 수수하지 않는다.

④ 지정한 기일까지 납부하지 않을 경우는 탁송신청을 취소한 것으로 간주한다.

(해설) 화물약관 제47조(예납금 수수)

정답 ②

화물 운임·요금을 청구하지 않으면 그 시효가 소멸되는 시기는?

① 운송계약을 체결한 날부터 1년
② 운송계약을 체결한 날부터 3개월
③ 화물을 인도한 날부터 1년
④ 화물을 인도한 날부터 3개월

(해설) 화물약관 제53조(운임·요금의 소멸시효)

철도공사 또는 고객은 운송계약을 체결한 날부터 1년 안에 화물운임·요금을 청구하지 않으면 그 시효가 소멸합니다.

정답 ①

제 4 장 화물운송 부대업무[요금]

1. 구내운반 화물

(1) 취급 조건
① 역 구내 및 역 기점 5km 이내를 철도공사 기관차로 운반하는 화물
② 운송상 부득이한 경우 구내운반 화물 취급을 제한 가능

(2) 구내운반 화물운임: 구내운반화물의 운임은 최저기본운임의 80%를 수수

2. 철도물류시설 사용

(1) 물류시설 용어의 정의
① 철도물류시설: 철도운송 화물의 보관, 하역 등을 위한 화물창고, 화물헛간, 야적하치장, 철도CY 등의 시설
② 화물창고: 화물의 저장, 보관을 할 수 있도록 방습, 내열, 방풍, 환기 등의 설비를 갖춘 지류창고, 사일로(silo), CFS 등의 물류시설(물류지원시설 포함)
③ 물류지원시설: 물류시설 내에서 철도화물수송을 위한 사무공간, 회의실, 휴게실 등 부대시설
④ 화물헛간: 눈·비를 피할 수 있도록 기둥과 지붕이 있는 화물취급 장소(벽이 없음)
⑤ 야적하치장: 일반화물을 취급을 할 수 있도록 조성한 지붕이 없는 화물취급 장소
⑥ 철도CY: 철도를 이용하는 불특정 다수의 고객이 컨테이너화물을 취급할 수 있도록 조성한 화물취급 장소

(2) 철도물류시설의 종류
① 대분류: ㉮ 화물창고 ㉯ 화물헛간 ㉰ 야적하치장 ㉱ 철도CY
② 중분류
㉮ 특지: 서울특별시, 인천광역시, 수원시 소재 지역
㉯ 갑지: 특지 이외의 시 소재 지역, 다만 도농복합 읍·면지역은 제외
㉰ 을지: 특지 및 갑지 이외의 소재 지역

(3) 사용조건
① 철도를 이용하여 탁송할 화물
② 인도 완료한 화물

(4) **사용방법**: 협약을 통해 철도물류시설에 일시 또는 장기유치가능

(5) **철도물류시설 사용료 수수**

　① **일시사용료**: 일 단위로 매일 수수

　　㉮ 탁송 전 화물: 탁송 당일을 제외하고 수수

　　㉯ 인도 완료한 화물: 인도 당일을 제외하고 수수

　　　* 단, 오후 6시 이후 하화 완료한 화물은 다음날 오전 11시 이후부터 수수

　② **장기사용료**(1개월 단위 협약): 장기사용 협약일에 수수

　③ **화물창고 사용료**: 자산임대료 및 주변의 창고임대료 등을 감안하여 별도협약

　④ **기타 물류시설 사용료 관련**

　　㉮ 물류시설 사용료는 공시지가 및 주변의 토지이용 상황에 따라 별도협약으로 정할 수 있다.

　　㉯ 철도공사는 화물유치를 통한 영업수지 개선 또는 철도공사의 책임 등 특별한 사유가 있는 경우에는 철도물류시설 사용료를 감면가능

　　㉰ 철도수송을 하지 않는 물류시설, 유휴부지 등을 활용하여 물류사업을 할 경우에는 별도협약으로 사용료를 정할 수 있다.

(6) **철도물류시설 사용료 납부자**

　① **발송역**: 유치를 신청한 고객 또는 탁송변경을 요청한 고객에게 수수

　② **도착역**: 수화인에게 수수

(7) **보관책임**: 유치한 화물의 보관 책임은 고객에게 있음

(8) **철도물류시설 사용협약을 해지할 수 있는 사유**

　① 사용목적을 위반한 경우

　② 법령이나 철도관계 규정에 위반하여 사용한 경우

　③ 철도선로의 이설 또는 폐지로 화물취급을 할 수 없는 경우

　④ 철도공사의 사업 목적상 부득이한 경우

　⑤ 타인에게 양도하거나 임대한 경우

3. 화차유치료 및 선로유치료

(1) **화차유치료**

　① **수수조건**

　　㉮ 철도공사 화차를 탁송 전후 및 탁송 중에 고객이 요청

　　㉯ 철도공사 화차를 고객의 귀책사유로 인하여 선로에 유치될 경우

② 화차유치료 수수 방법

㉮ 사용화차 표기하중톤수 기준으로 초과시간에 대하여 1시간마다(1시간 미만인 경우 1시간으로 본다) 수수

㉯ 수수자

ⓐ 송화인으로부터 수수: 탁송 전 화물 및 탁송 중인 화물

ⓑ 수화인으로부터 수수: 탁송 후 화물

ⓒ 요청한 고객으로부터 수수: 탁송변경 화물

③ 화차유치료를 수수할 수 있는 경우

㉮ 탁송화물 적재를 위해 화차를 적하선에 차입한 후 화물 적하시간을 초과한 경우 그 초과시간

㉯ 탁송화물 인도 후 화물 적하시간을 초과한 경우 그 초과시간

㉰ "도착통지 필요 없음"의 면책특약을 한 경우에는 화물이 도착역에 도착한 때를 기준으로 화물 적하시간을 초과한 경우 그 초과시간

㉱ 화물적재 통지 후 탁송취소를 할 경우에는 적하선 차입시각부터 탁송취소 청구를 받은 때까지(단, 화물적재 후일 경우에는 화물하화 완료한 시각까지)

㉲ 고객의 귀책사유로 도착역에서 도착화차를 유치할 경우에는 도착통지를 한 때부터 적하선에 차입할 때까지

㉳ 도착역에 도착한 화물의 탁송변경에 응한 경우는 도착역 도착시각부터 탁송변경에 응한 시각까지

㉴ 고객의 요청 또는 귀책사유로 인하여 유치할 경우에는 유치역 도착시각부터 유치 종료 시각까지

(2) 선로유치료

① 수수조건

㉮ 사유화차(전용화차 포함) 소유 고객의 요청

㉯ 사유화차 소유 고객의 귀책사유

㉰ 갑종철도차량 유치시

② 선로유치료 수수

㉮ 1량 1시간마다(1시간 미만인 경우 1시간으로 본다) 수수: 사유화차의 길이가 20미터를 초과하거나 사유화차에 화물이나 그 밖의 부속품 등을 적재하여 유치시에는 요금의 100%를 가산 수수

㉯ 수수자: 사유화차 등 소유자

4. 각종 차량사용료

(1) 화차계중기 사용

① 화차계중기 사용 조건

㉮ 고객은 화물 탁송 중 화차계중기 사용을 청구할 수 있다.

㉯ 철도공사는 화물의 과적방지 등을 위해 필요할 경우 탁송 중인 화물에 대해 화차계중기를 사용하여 검량을 할 수 있다.

② 화차계중기 사용료: 1량마다 수수(고객이 사용요청시)

(2) 화차임대 사용

① 사용조건

㉮ 고객은 철도공사와 별도의 협약을 맺어

㉯ 철도공사의 화차를 화물수송 이외의 목적으로 사용가능

② 화차임대사용료: 1량 1일마다 최저기본운임의 80퍼센트

(3) 화차전용 사용

① 고객이 화차를 전용으로 사용할 경우에는 별도의 협약에 의해 이를 승낙할 수 있음.

② 화차전용료: 1일 1량당 화차전용료 수수

(4) 기관차 일시 사용

① 사유기관차를 운용하는 전용철도운영자가 사유기관차 고장 등으로 철도공사의 기관차를 일시 사용할 필요가 있을 경우에 철도공사의 승낙을 통해 사용가능

② 기관차사용료: 시간당 기관차사용료 수수

5. 운송책임 및 손해배상

(1) 운송책임: 철도공사

① 책임발생 시기: 화물을 수취한 이후

② 책임내용: 탁송화물에 대한 보호·관리 책임. 단, 호송인이 승차한 화물은 고객 책임

③ 책임소멸 시기: 수화인이 화물을 조건 없이 인도받은 경우

　＊단, 즉시 발견할 수 없는 훼손 또는 일부 멸실 화물을 화물수령일부터 2주일 안에 철도공사에 알린 경우에는 손해배상을 청구 가능

(2) 면책

① 천재지변, 불가항력적인 사유로 화물의 멸실, 훼손, 연착으로 인한 손해

② 화물의 특성상 자연적인 훼손·부패·감소·손실이 발생한 경우의 손해

③ 고객이 품명, 중량 등을 거짓으로 신고하여 발생한 사고의 손해

④ 고객의 책임으로 적재한 화물이 불완전하여 발생한 사고의 손해

⑤ 고객의 불완전 포장으로 인하여 발생한 손해

⑥ 수취시 이미 수송용기가 밀폐된 컨테이너화물 등의 내용물의 손해

⑦ 화차 봉인 생략 및 미비로 인한 손해

⑧ 봉인이 완전하고 화물이 훼손될 만한 외부 흔적이 없는 경우의 손해

⑨ 호송인이 승차한 화물에 대하여 발생한 손해

⑩ 면책특약 화물의 면책조건에 의해 발생한 손해

(3) 사고통보

① 송화인, 수화인 등 고객에게 알려야 할 경우

㉮ 화물의 분실, 파손 또는 그 밖의 손해를 발견한 때

㉯ 선로나 그 밖에 운송상 지장으로 고객에게 손해가 발생할 염려가 있을 때

② 송화인의 의견을 구해야 할 경우

㉮ 손해의 정도가 중대하거나 중대할 것으로 예상될 때

㉯ 운송을 중지하고, 그 처리는 기한을 정하여 송화인의 의견을 구함

㉰ 단, 고객의 의견을 기다릴 수 없거나 기한까지 고객의 의견이 없을 경우에는 철도공사
가 적절한 처리를 한 후 그 요지를 알릴 수 있음

(4) 손해배상

① 화물의 멸실, 훼손 또는 인도의 지연으로 인한 손해배상책임은 상법에서 정한 규정을 적용

② 인도기간 만료 후 3개월이 경과하여도 화물을 인도할 수 없을 경우에는 해당화물을 멸
실된 것으로 보고 손해배상 시행(단, 철도공사의 책임이 없는 경우 예외)

③ 고객의 고의 또는 과실로 철도공사 또는 다른 사람에게 손해를 입힌 경우에는 고객이 해당
손해를 철도공사 또는 다른 사람에게 배상 시행

④ 철도공사와 고객 간의 손해배상 청구는 그 사고발생일부터 1년이 경과한 경우에는 소멸

(5) 보상

① **파업보상**: 철도공사의 파업으로 전용열차 운행이 어려울 경우 파업일부터 6일까지는 면책하
고, 7일부터는 초과일수에 따라 미수송 협약물량 운임의 20% 이내에서 보상한다.

② **지연보상**

㉮ 사유: 철도공사 귀책사유로 도착역에 일정시간 지연 도착하는 경우

㉯ 보상액: 따로 기준을 정하여 지연에 대한 보상을 할 수 있음

㉰ 전용열차 계약을 체결한 열차에 대한 보상기준

ⓐ 지연시간: 도착역 도착시각 기준 3시간 이상

ⓑ 지연보상률: 전용열차 운영협약서 내 해당열차 수수운임의 10%

ⓡ 지연보상 제외 대상

    ⓐ 천재지변, 기상악화 등 미리 예상치 못한 사유로 지연도착하는 경우

    ⓑ 적재지연 등 고객의 귀책사유로 지연되는 경우

    ⓒ 선로의 지장이나 그 밖의 사유로 운송지연 우려가 있는 경우 "연착승낙"을 고객이
동의한 후 화물을 수취한 경우

ⓜ 파업 발생 시 운행열차에 대한 지연 보상은 파업보상으로 갈음하고 별도로 지연에 대
한 보상을 하지 않는다.

6. 화물 운임·요금

구분	내용	요금
1. 철도물류시설사용료		
가. 일시사용료	1제곱미터당 1일마다	
(1) 화물헛간	특지(서울시, 인천시, 수원시 소재지역)	309
	갑지(특지 이외의 시 소재지역. 단, 도농복합 읍·면지역은 제외)	238
	을지(특지 및 갑지 이외의 소재지역)	124
(2) 야적하치장 (철도CY포함)	특 지	173
	갑 지	124
	을 지	77
나. 장기사용료	1제곱미터당 1개월마다	
(1) 화물헛간	특 지	3,521
	갑 지	2,709
	을 지	1,647
(2) 야적하치장 (철도CY포함)	특 지	1,892
	갑 지	1,366
	을 지	836
2. 화차유치료	1톤 1시간마다	153
3. 선로유치료	1량 1시간마다	513
4. 탁송변경료	가. 탁송취소	–
	(1) 일반화물(1량당)	28,000
	(2) 전세열차(1열차당)	전세화물운임의 10%
	나. 착역변경 및 발역송환(1량당)	28,000
5. 대리 호송인료	운임계산거리 1킬로미터당	300
6. 화차계중기사용료	1량마다	31,200
7. 화차전용료	1일 1량당	29,200
8. 기관차사용료	시간당	226,400

01

23년 2회·22년 1회~2회·20년 2회

구내운반에 관한 설명으로 틀린 것은?

① 구내운반화물은 역 기점 5킬로미터 이내를 철도공사 기관차로 운반하는 화물이다.
② 구내운반화물은 철도공사에서 운송상 부득이한 경우 취급을 제한할 수 있다.
③ 구내운반화물의 운임은 최저기본운임의 80퍼센트를 수수한다.
④ 구내운반화물은 역 기점 5킬로미터 이내를 사유기관차로 운반하는 화물이다.

(해설) 화물약관 제34조(구내운반 화물)
① 역 구내 및 역 기점 5킬로미터 이내를 철도공사 기관차로 운반하는 화물은 구내운반 화물로 취급합니다.
② 철도공사는 운송상 부득이한 경우 제1항의 구내운반 화물 취급을 제한할 수 있습니다.
화물세칙 제26조(화물운임·요금)
⑦ 구내운반화물의 운임은 최저기본운임의 80퍼센트를 수수한다.   **정답** ④

02

23년 1회·18년 1회·15년 1회

A회사에서 50톤 유개화차 5량을 3일간 임대할 경우 수수금액은 얼마인가? (임률 45.9원/km)

① 1,722,000원   ② 2,065,500원   ③ 2,410,500원   ④ 2,754,000원

(해설) 화물세칙 제25조(화차임대사용료)
약관 제39조에 따른 화차임대사용료는 1량 1일마다 최저기본운임의 80퍼센트를 받는다.
* 최저운임 50톤×45.9원×100km=229,500×80%×3일×5량=2,754,000원   **정답** ④

03

19년 2회

화차임대사용료는 1량 1일마다 최저기본운임의 몇 퍼센트를 수수하는가?

① 60%   ② 70%   ③ 80%   ④ 100%

해설 화물약관 제39조(화차임대 사용)

고객은 철도공사와 별도의 협약을 맺어 철도공사의 화차를 화물수송 이외의 목적으로 사용할 수 있습니다. 이 경우 세칙에서 정한 화차임대사용료를 수수합니다.

화물세칙 제25조(화차임대사용료)

약관 제39조에 따른 화차임대사용료는 1량 1일마다 최저기본운임의 80퍼센트를 수수한다.　　　　　정답 ③

04

전차선공사를 위해 일반 평판차 2량(화차표기하중톤수 50톤, 자중톤수 20톤)**을 2일간 임대 사용 하고자 할 경우 화차임대사용료는?** (단, 일반화물 임율 1톤 1km 마다 50원일 경우, 부가가치세는 제외)

① 500,000원　　　　② 600,000원　　　　③ 800,000원　　　　④ 1,000,000원

해설 화물세칙 제25조(화차임대사용료)

* 최저운임 50톤×50원×100km=250,000원×80%×2일×2량=800,000원　　　　정답 ③

05

인천역 구내에서 50톤 적재화차 1량을 3km 구내운반시 수수운임은? (임률 45.9원/km)

① 125,000원　　　　② 137,700원　　　　③ 160,700원　　　　④ 183,600원

해설 구내운반화물의 운임은 최저기본운임의 80%를 수수

* 최저운임 50톤×45.9원×100km=229,500원×80%=183,600원　　　　정답 ④

06

화물에 부대되는 제요금 중 운임계산거리 1킬로미터당 수수하는 것으로 맞는 것은?

① 화차유치료　　　　② 선로유치료　　　　③ 대리호송인료　　　　④ 화차전용료

해설 화물에 부대되는 제요금: 화물약관 제26조 〈별표1〉

화물세칙 제24조(화차유치료 및 선로유치료) ① 약관 제36조 제1항에 따른 화차유치료는 사용화차 표기하중톤수를 기준으로 제2항에서 정한 초과시간에 대하여 1시간마다(1시간 미만인 경우 1시간으로 본다) 별표1에서 정한 요금을 탁송 전 화물 및 탁송 중인 화물은 송화인, 탁송 후 화물은 수화인에게 수수한다. 다만, 탁송변경의 경우에는 탁송변경을 요청한 고객에게 수수한다.

구분	내용	요금(원)
2. 화차유치료(세칙 제24조)	1톤 1시간마다	153
3. 선로유치료(세칙 제24조)	1량 1시간마다	513
5. 대리 호송인료(세칙 제18조)	운임계산거리 1킬로미터당	300
6. 화차계중기사용료(약관 제37조)	1량마다	31,200
7. 화차전용료(약관 제40조)	1일 1량당	29,200
8. 기관차사용료(약관 제41조)	시간당	226,400

정답 ③

07

화차전용료 수수방법으로 맞는 것은?

① 1시간 마다   ② 1일 1량당   ③ 1톤 1시간마다   ④ 1량 1시간마다

(해설) 화물에 부대되는 제요금: 화물약관 제26조 〈별표1〉   정답 ②

08

24년 1회·23년 1회~2회·22년 1회~2회·21년 1회~2회·20년 2회·17년 2회

화물에 부대되는 제요금 중 1톤 1시간마다 수수하는 것으로 맞는 것은?

① 화차전용료   ② 선로사용료   ③ 화차유치료   ④ 화차계중기사용료

(해설) 화물세칙 제24조(화차유치료 및 선로유치료)   정답 ③

09

22년 1회·17년 1회

일반화물에 부대되는 제요금 1일 1량당 수수하는 것으로 맞는 것은?

① 선로유치료   ② 화차전용료   ③ 화차유치료   ④ 화차계중기사용료

(해설) 화물세칙 별표 〈운임요금표〉   정답 ②

철도화물운송 부대업무에 대한 설명으로 맞는 것은?

① 고객의 귀책사유로 인하여 철도공사 화차를 선로에 유치될 경우 화차유치료를 수수할 수 있다.

② 고객이 물류시설료를 지불하고 인도 완료한 화물을 일시 또는 장기 유치할 경우 화물의 보관 책임은 공사에게 있다.

③ 철도공사는 사유화차(전용화차 제외) 고객의 귀책사유로 인하여 사유화차가 철도공사 운용선로에 유치될 경우 선로사용료를 수수할 수 있다.

④ 철도물류시설 사용 중 철도선로의 이설 또는 폐지로 화물취급을 할 수 없는 경우 계약해지에 따른 손해에 대하여 철도공사가 부담한다.

해설

화물약관 제36조(화차유치 및 선로유치) ① 철도공사는 탁송 전후 및 탁송 중인 철도공사 화차를 고객이 요청하거나 고객의 귀책사유로 인하여 선로에 유치될 경우 화차유치료를 수수할 수 있다.

② 철도공사는 사유화차(전용화차 포함) 소유 고객의 요청 또는 귀책사유로 인하여 사유화차가 철도공사 운용선로에 유치될 경우 선로유치료를 수수할 수 있습니다.

제35조(철도물류시설 사용) ① 고객은 철도를 이용하여 탁송할 화물 또는 인도 완료한 화물을 철도공사와 협약을 통해 철도물류시설에 일시 또는 장기 유치할 수 있다. 이 경우 세칙에서 정한 철도물류시설 사용료를 수수한다.

② 제1항에 따라 유치한 화물의 보관 책임은 고객에게 있다.

③ 제1항에 따라 철도물류시설 사용협약을 체결한 고객이 다음 각 호의 어느 하나에 해당하는 사유가 있을 경우에는 협약을 해지할 수 있습니다. 이 경우 고객에게 발생한 손해는 철도공사가 부담하지 않는다.

  1. 사용목적을 위반한 경우

  2. 법령이나 철도관계 규정에 위반하여 사용한 경우

  3. 철도선로의 이설 또는 폐지로 화물취급을 할 수 없는 경우

  4. 철도공사의 사업 목적상 부득이한 경우

  5. 타인에게 양도하거나 임대한 경우

정답 ①

화물을 규정 시간 내에 적하작업을 하지 못한 경우 수수하는 요금으로 가장 타당한 것은?

① 화차 전용료　　② 선로 사용료　　③ 화차 유치료　　④ 화차계중기 사용료

해설　화물약관 제36조(화차유치 및 선로유치)

정답 ③

화차유치료를 수수할 수 있는 경우로 틀린 것은?

① 화물적재 통지후 탁송취소를 할 경우에는 적하선 차입시각부터 탁송취소 청구를 받은 때까지. 다만, 화물적재 후일 경우에는 화물하화 완료한 시각까지

② 탁송화물 인도후 제8조에서 정한 화물 적하시간을 초과한 경우 그 초과시간

③ 고객의 요청 또는 귀책사유로 인하여 유치할 경우에는 유치역 도착시각부터 적하선 차입 시각까지

④ 탁송화물 적재를 위해 화차를 적하선에 차입한 후 화물 적하시간을 초과한 경우 그 초과시간

(해설) 화물세칙 제24조(화차유치료 및 선로유치료)

① 약관 제36조 제1항에 따른 화차유치료는 사용화차 표기하중톤수를 기준으로 제2항에서 정한 초과시간에 대하여 1시간마다(1시간 미만인 경우 1시간으로 본다) 별표 1에서 정한 요금을 탁송 전 화물 및 탁송 중인 화물은 송화인, 탁송 후 화물은 수화인에게 수수한다. 다만, 탁송변경의 경우에는 탁송변경을 요청한 고객에게 수수한다.

② 제1항의 화차유치료를 수수할 수 있는 경우는 다음 각 호와 같다.
1. 탁송화물 적재를 위해 화차를 적하선에 차입한 후 제8조에서 정한 화물 적하시간을 초과한 경우 그 초과시간
2. 탁송화물 인도후 제8조에서 정한 화물 적하시간을 초과한 경우 그 초과시간
3. "도착통지 필요 없음"의 면책특약을 한 경우에는 화물이 도착역에 도착한 때를 기준으로 제8조에서 정한 화물 적하시간을 초과한 경우 그 초과시간
4. 화물적재 통지후 탁송취소를 할 경우에는 적하선 차입시각부터 탁송취소 청구를 받은 때까지. 다만, 화물적재 후일 경우에는 화물하화 완료한 시각까지
5. 고객의 귀책사유로 도착역에서 도착화차를 유치할 경우에는 도착통지를 한 때부터 적하선에 차입할 때까지
6. 도착역에 도착한 화물의 탁송변경에 응한 경우는 도착역 도착시각부터 탁송변경에 응한 시각까지
7. 고객의 요청 또는 귀책사유로 인하여 유치할 경우에는 유치역 도착시각부터 유치 종료시각까지 **정답** ③

철도화물운송약관에 의하여 고객과 철도물류시설 사용협약을 체결한 경우 협약을 해지할 수 있는 사유가 아닌 것은?

① 사용목적에 위반하였을 경우

② 고객의 사업목적상 부득이한 경우

③ 타인에게 양도하거나 임대한 경우

④ 법령이나 철도관계규정에 위반하여 사용하였을 경우

(해설) 화물약관 제35조(철도물류시설 사용) **정답** ②

철도물류시설 사용료에 대한 설명 중 틀린 것은?

① 일시사용료는 일단위로 매일 수수한다.
② 1개월 단위로 장기사용 협약을 맺는 경우에는 장기사용 협약일에 수수한다.
③ 철도물류시설 사용료는 공시지가 및 주변의 토지이용 상황에 따라 별도협약으로 정할 수 있다.
④ 일단위로 수수하는 철도물류시설 사용료는 탁송 전 화물은 탁송 당일을 포함하여 수수한다.

(해설) 화물세칙 제22조(철도물류시설 사용료)

① 약관 제35조 제1항에 따른 철도물류시설 사용료는 별표 1에서 정한 요금을 수수하며, 일시사용료는 일단위로 매일 수수하고, 1개월 단위로 장기사용 협약을 맺는 경우에는 장기사용 협약일에 수수한다.
② 별표 1에서 정한 철도물류시설 사용료는 공시지가 및 주변의 토지이용 상황에 따라 별도협약으로 정할 수 있다.
③ 화물창고 사용료는 자신임대료 및 주변의 창고임대료 등을 감안하여 별도협약으로 정한다.
④ 일단위로 수수하는 철도물류시설 사용료는 탁송 전 화물은 탁송당일을 제외하고 수수하고, 인도 완료한 화물은 인도 당일을 제외하고 수수한다. 다만, 오후 6시 이후 하화 완료한 화물은 다음날 오전 11시 이후부터 수수한다.
⑤ 철도공사는 화물유치를 통한 영업수지 개선 또는 철도공사의 책임 등 특별한 사유가 있는 경우에는 철도물류시설 사용료를 감면할 수 있다.
⑥ 철도물류시설 사용료는 발송역에서는 유치를 신청한 고객 또는 탁송변경을 요청한 고객에게 수수하고, 도착역에서는 수화인에게 수수한다.
⑦ 철도수송이 중단되었더라도 기존 시설, 유휴부지 등을 활용하여 물류사업을 할 경우에는 별도협약으로 사용료를 정할 수 있다.

정답 ④

화물운임·요금 수수방법으로 틀린 것은?

① 착역변경 및 발송송환의 경우에는 1열차당 탁송변경료를 수수한다.
② 전세열차 탁송취소의 경우 1열차당 전세화물운임의 10%를 수수한다.
③ 철도물류시설 일시사용료는 1제곱미터당 1일마다 수수한다.
④ 철도물류시설 장기사용료는 1제곱미터당 1개월마다 수수한다.

(해설) 화물세칙 철도화물 운임요금 〈별표〉

구 분		내 용	요 금
1. 철도물류시설사용료			
	가. 일시사용료	1제곱미터당 1일마다	
	나. 장기사용료	1제곱미터당 1개월마다	
4. 탁송변경료		가. 탁송취소 　　(1) 일반화물(1량당) 　　(2) 전세열차(1열차당) 나. 착역변경 및 발역송환(1량당)	28,000원 전세화물운임의 10% 28,000원

정답 ①

익산역의 500평방미터 화물헛간에 화물을 3일간 유치한 경우 부가가치세를 제외하고 수수해야 할 철도물류시설 사용료는? (단, 일시사용료는 1m²당 1일마다 특지 309원, 갑지 238원, 을지 124원)

① 172,500원　　　　② 186,000원　　　　③ 357,000원　　　　④ 463,500원

(해설) 화물세칙 제26조 별표1

〈화물운임요금표〉 일시사용료는 1m²당 1일마다 수수

* 238원/m²,일×500m²×3일=357,000원
* 철도물류시설의 중분류
  ① 특지: 서울특별시, 인천광역시, 수원시 소재지역
  ② 갑지: 특지 이외의 시 소재지역, 다만 도농복합 읍·면지역은 '을지'에 포함
  ③ 을지: 특지 및 갑지 이외의 소재지역

 정답 ③

철도화물운송과 관련하여 철도운영자가 책임을 져야 하는 경우로 맞는 것은?

① 면책특약 화물의 면책조건에 의해 발생한 손해
② 화물의 특성상 자연적인 훼손·부패·감소·손실이 발생한 경우의 손해
③ 봉인이 불완전하고 화물이 훼손될 만한 외부 흔적이 있는 경우의 손해
④ 수취시 이미 수송용기가 밀폐된 컨테이너 화물 등의 내용물에 대한 손해

(해설) 화물약관 제57조(면책)
1. 천재지변, 불가항력적인 사유로 화물의 멸실, 훼손 또는 연착으로 인한 손해
2. 화물의 특성상 자연적인 훼손·부패·감소·손실이 발생한 경우의 손해
3. 고객이 품명, 중량 등을 거짓으로 신고하여 발생한 사고의 손해
4. 고객의 책임으로 적재한 화물이 불완전하여 발생한 사고의 손해
5. 고객의 불완전 포장으로 인하여 발생한 손해
6. 수취시 이미 수송용기가 밀폐된 컨테이너 화물 등의 내용물에 대한 손해.
7. 화차 봉인 생략 및 미비로 인한 손해
8. 봉인이 완전하고 화물이 훼손될 만한 외부 흔적이 없는 경우의 손해
9. 호송인이 승차한 화물에 대하여 발생한 손해
10. 면책특약 화물의 면책조건에 의해 발생한 손해

 정답 ③

18

철도화물운송의 책임에 대한 설명으로 틀린 것은?

① 화물의 멸실이나 훼손 또는 인도의 지연으로 인한 손해배상책임은 상법에서 정한 규정을 적용한다.

② 철도공사와 고객 간의 손해배상 청구는 그 사고발생일로부터 1년이 경과한 경우에는 소멸한다.

③ 손해배상책임에 관하여 화물이 인도 기한을 지난 후 1개월 이내에 인도되지 아니한 경우에는 그 화물은 멸실된 것으로 본다.

④ 즉시 발견할 수 없는 훼손 또는 일부 멸실화물을 화물수령일로부터 2주일 안에 철도공사에 알린 경우에는 손해배상을 청구할 수 있다.

해설) 화물약관 제56조(운송책임)

① 철도공사는 화물을 수취한 이후 탁송화물에 대한 보호·관리 책임을 진다. 다만, 호송인이 승차한 화물은 예외로 한다.

② 철도공사의 운송책임은 수화인이 화물을 조건 없이 인도받은 경우에 소멸한다. 다만, 즉시 발견할 수 없는 훼손 또는 일부 멸실 화물을 화물수령일부터 2주일 안에 철도공사에 알린 경우에는 손해배상을 청구할 수 있다.

제59조(손해배상)

① 화물의 멸실, 훼손 또는 인도의 지연으로 인한 손해배상책임은 상법에서 정한 규정을 적용한다.

② 철도공사가 인도기간 만료 후 3개월이 경과하여도 화물을 인도할 수 없을 경우에는 해당 화물을 멸실된 것으로 보고 손해배상을 한다. 다만, 철도공사의 책임이 없는 경우에는 예외로 한다.

③ 고객의 고의 또는 과실로 철도공사 또는 다른 사람에게 손해를 입힌 경우에는 고객이 해당 손해를 철도공사 또는 다른 사람에게 배상하여야 한다.

④ 철도공사와 고객 간의 손해배상 청구는 그 사고발생일부터 1년이 경과한 경우에는 소멸합니다.　　　정답) ③

19

인도의 지연으로 손해배상을 하여야 하는 경우는?

① 악천후로 인도 지연시
② 천재지변으로 인도 지연시
③ 테러로 인한 인도 지연시
④ 철도공사의 책임으로 인도 지연시

해설) 화물약관 제59조(손해배상)　　　정답) ④

20

화물을 인도할 수 없는 경우에 해당화물을 멸실된 것으로 보고 손해배상하여야 하는 경우는 인도기간 만료 후 몇 개월이 경과한 때인가?

① 1개월　　　　　② 2개월　　　　　③ 1년　　　　　④ 3개월

(해설) 화물약관 제59조(손해배상)　　　　　　　　　　　　　　　정답 ④

21

화물의 멸실, 훼손 또는 인도의 지연으로 인한 손해배상 책임에 관한 적용 법령은?

① 민법　　　　　　　　　　② 화물운송약관
③ 철도사업법　　　　　　　④ 상법

(해설) 화물약관 제59조(손해배상)　　　　　　　　　　　　　　　정답 ④

22

지연보상 및 파업보상에 관한 설명으로 틀린 것은?

① 지연보상의 지연시간: 3시간 이상
② 지연보상률: 전용열차 수수운임의 10%
③ 파업한 날부터 6일까지 파업보상 면책
④ 파업보상률: 협약물량 운임의 10% 이내에서 보상

(해설) 화물약관 제51조(운임·요금의 추가수수 및 반환), 화물세칙 제34조(지연보상), 제35조(파업보상)

정답 ④

철도화물운송 약관에서 정하고 있는 손해배상 및 운송책임에 대한 보기 내용 중 맞는 것을 모두 나열한 것은?

ⓐ 철도공사는 화물을 수취한 이후 탁송화물에 대한 보호·관리책임을 지며, 호송인이 승차한 화물에 대하여는 그러하지 아니한다.

ⓑ 철도공사의 운송책임은 수화인이 화물을 조건 없이 인도받은 경우에 소멸하며, 즉시 발견할 수 없는 훼손 또는 일부 멸실 화물을 화물수령일로부터 1주일 안에 철도공사에 알린 경우에는 그러하지 않는다.

ⓒ 화물의 멸실·훼손 또는 인도의 지연으로 인한 손해배상책임에 관하여는 상법에서 정한 규정을 적용한다.

ⓓ 고객의 고의 또는 과실로 철도공사 또는 타인에게 손해를 입힌 경우에는 고객이 당해 손해를 철도공사 또는 타인에게 배상한다.

ⓔ 철도공사와 고객 간의 손해배상 청구는 그 사고발생일로부터 1년이 경과한 경우에는 소멸한다.

---

① ㉠, ㉡, ㉢   ② ㉠, ㉡, ㉢, ㉤   ③ ㉡, ㉢, ㉣   ④ ㉠, ㉢, ㉣, ㉤

해설) 화물약관 제56조(운송책임)·제59조(손해배상)   정답 ④

화물운송약관에서 규정하고 있는 운송책임 및 손해배상에 대한 설명으로 틀린 것은?

① 면책특약 화물의 면책조건에 의해 발생한 손해에 대하여 철도공사는 책임을 지지 않는다.

② 철도공사는 호송인이 승차하는 경우 고객의 탁송화물에 대하여 보호. 관리책임을 지는 경우가 있다.

③ 철도공사의 명백한 원인행위로 인한 손해를 제외하고 수취시 이미 수송용기가 밀폐된 컨테이너화물 등의 내용물에 대한 손해는 철도공사는 책임을 지지 않는다.

④ 화주가 발견할 수 없는 훼손 또는 일부 멸실 화물을 화물수령일부터 2주일 안에 철도공사에 알린 경우를 제외하고 수화인이 화물을 조건 없이 인도받은 경우에는 철도공사의 운송책임은 소멸된다.

해설) 화물약관 제56조(운송책임)·제57조(면책)   정답 ②

1. 화차의 종류 및 용도

(1) 유개화차

① 유개차(목재)

㉮ 봉인을 하여야 하는 것　　　　㉯ 비를 맞으면 안 될 화물

㉰ 불 타기 쉬운 화물　　　　㉱ 무개화차 대용

㉲ 생석회로서 밀폐용기에 넣지 않거나, 밀봉하지 않은 것은 사용불가

② 유개차(철재)

㉮ 봉인을 하여야 하는 것　　　　㉯ 비를 맞으면 안 될 화물

㉰ 불 타기 쉬운 화물　　　　㉱ 무개화차 대용

㉲ 동물의 수송에 사용할 때에는 깔판을 화주부담으로 시설하여 사용

③ 전개형 유개화차: ㉮ 파렛트형 화물수송 ㉯ 유개차 대용

④ 차장차: 화물호송인 승차용으로 사용, 필요 시 해당열차의 관계자 승차가능

⑤ 유개코일화차: 냉연 또는 열연 철판코일 수송

⑥ 유개보선용 발전차: 선로보수용 유개차로 발전시설 설치화차

(2) 무개화차

① 일반무개차

㉮ 봉인이 필요 없고 비에 젖거나 또는 불이 날 우려가 없는 화물

㉯ 유개화차 및 컨테이너화차 대용으로 사용

㉰ 건설화물을 제외하고 위험물, 가연성고체, 흡습발열물(밀봉한 카바이트 제외), 산화부
식제, 휘산성독물, 사체 및 동물수송에는 사용할 수 없다.

② 호퍼형무개차

㉮ 봉인이 필요 없고 비에 젖거나 또는 불이 날 우려가 없는 화물

㉯ 적하시설이 설비역이나 인력작업으로 하화가 가능한 역에만 사용

③ 자갈차

㉮ 흙, 모래, 자갈, 석재 등의 수송

㉯ 호퍼형 무개차 대용으로 사용

④ 무개컨테이너차: 컨테이너 적재가능한 무개화차

(3) 평판차

① 일반 평판차: 특대화물 수송 및 컨테이너차 대용으로 사용

② 곡형 평판차: 일반평판차에 적재할 수 없는 특대화물이나 중량이 무거운 화물수송에 사용

③ 철판코일차: 철판코일 수송에 사용

④ 컨테이너차: 컨테이너 수송에 사용. 단, 냉동컨테이너는 용도에 맞는 화차에 적재하여야 함

⑤ 컨테이너겸용차: 컨테이너, 레일, 전차 등의 수송에 사용

⑥ 자동차수송차: 자동차수송에 사용

(4) 조차

① 유조차: 유류 수송에 사용

② 아스팔트조차: 아스팔트 수송

③ 프로필렌조차: 프로필렌 수송에 사용

④ 시멘트조차: 벌크시멘트 수송에 사용

⑤ 황산조차: 황산 수송에 사용

2. 화물열차 종별에 따른 조성

(1) 급행 화물열차

① 열차의 종착역 및 종착역을 지나 도착하는 화차로 조성

② 차량최고속도 110km/h 미만의 화차는 연결할 수 없다

(2) 일반 화물열차

① 직통열차

㉮ 그 열차의 종착역 및 종착역을 지나 도착하는 화차로 조성

㉯ 종착역 및 종착역을 지나 도착하는 화차가 부족할 경우에는 될 수 있는 대로 원거리착 화차로 조성

② 구간열차: 그 열차의 운행구간에 적당한 화차로 조성

3. 역장이 화차배정시 우선 반영하여야 하는 경우

(1) 배정원칙

화주별 배정차수에 대한 경합이 발생할 때에는 예약순위 및 사전 책정된 품목별, 화주별 화차 배정 비율에 의하여 공정하게 배정하여야 한다.

(2) 화차배정에 우선 반영하여야 할 화물

① 정책 또는 공익상 우선취급 지시있는 화물

② 수송제한 또는 수송조정에 대한 지시있는 화물

③ 사고, 그 밖의 사유 등의 공사 책임으로 전일 배정한 차수 중 수송을 완료하지 못한 화물

④ 열차를 지정하여 수송하는 화물 및 계약수송화물

⑤ 운송상 정당한 사유가 있는 화물

⑥ 날씨, 공휴, 역구내 재화 및 작업조건 등의 변동으로 배정비율 변경이 필요한 화물

4. 화차의 수송순서

(1) 화차는 다음순서에 의하여 수송

① 위험물 적재화차 ⇨ 화약류, 압축 또는 액화가스, 그 밖에 위험물 적재화차

② 사체 적재화차

③ 동물 적재화차

④ 부패변질하기 쉬운 화물 적재화차

⑤ 그 밖에 화물 적재화차

⑥ 빈화차

(2) 화차의 수송순서가 동일할 경우의 순서

① 발역에서는 발송준비를 완료한 순서

② 중계역에서는 도착한 순서

(3) 수송순서 변경 가능

화차의 수송순서는 공익 또는 운송상 정당한 사유가 있는 경우 수송순서를 변경 할 수 있다.

① 아래 화물 적재화차로 신속히 수송할 정당한 사유가 발생한 화차

㉮ 국민 생활필수품 화물   ㉯ 공익상 수송보호 화물

㉰ 전시·사변으로 급송화물   ㉱ 천재지변·재해지 구호·복구 자재 화물

㉲ 시급한 선적 필요 수출화물   ㉳ 급송을 요하는 철도사업용품

㉴ 화차운용 촉진상 특별작업 필요 화물   ㉵ 화차에 회송구간 방면착 적재화물

② 수송열차를 지정하여 수송하는 화차

③ 직송·집결열차에 의하여 수송하는 화차

④ 열차의 종별 또는 열차계열 등 관계로 필요하다고 인정되는 화차

⑤ 기타 물류사업본부장이 필요하다고 지정한 화차

(4) 긴급물자는 타화물에 우선 수송

수송순서에도 불구하고 물류사업본부장이 지시한 긴급물자 등 특히 급송할 필요가 있는 것은 타화물에 우선하여 수송 가능

5. 수송제한

(1) 수송제한권자: 물류사업본부장

(2) 수송제한 사유

천재지변, 사변 또는 기타 운송상 지장으로 일시 화물의 운송을 제한할 필요가 있을 경우

(3) 수송제한의 종류: 수송제한 또는 수송조정

   ① 수송제한
     ㉮ 화차의 사용을 금지 또는 제한   ㉯ 화물의 수탁 및 발송업무를 정지
   ② 수송조정
     ㉮ 사용조정: 기준을 정하여 화차의 사용을 조정
     ㉯ 발송조정: 화차의 발송량수를 일시 조정
     ㉰ 우회수송: 소정 수송경로 이외의 경로로 수송

(4) 역장의 보고 및 통고

수송제한 또는 수송조정이 필요한 경우 물류사업본부장에게 보고하여야 하며, 관계기관에 통고하여야 한다.

6. 화차의 청소

(1) 잔류물 없이 하화 책임자: 도착역에서 고객

(2) 역장이 수송에 지장이 없는지 확인할 내용

   ① 필요하지 않은 표시류는 제거하고 낙서 등을 지워야 한다.
   ② 차내에 필요하지 않은 것은 남겨서는 안 된다.
   ③ 생선의 썩은 물 또는 동물이 배설한 오물을 제거하고, 될 수 있는 대로 물로 청소
   ④ 사체 또는 중병환자, 그 밖에 적재하였던 화차는 필요에 따라 소독
   ⑤ 화차청소에 특수조치를 하여야 하는 것은 물류사업본부장의 지시를 받아야 한다.

7. 화차의 운용

(1) 특수화차의 운용

   ① 정의: 공사 차적에 편입된 화차로서 특수목적을 위하여 개조 또는 지정한 화차
   ② 특수화차의 종류
     ㉮ 기중기 부수차
     ㉯ 수해복구용 지정화차
     ㉰ 기타 비영업용으로 지정한 화차

③ 특수화차 운용

㉮ 특수화차는 화물영업용으로 사용할 수 없음

㉯ 화차를 특수화차로 개조 또는 변경 사용할 경우에는 사전에 물류사업본부장의 승인을 받아야 하며, 개조 또는 변경을 완료한 후에도 보고 필요

㉰ 특수화차로 지정하였을 경우에는 XROIS에 등록

㉱ 특수화차(기중기부수차 제외)가 소재하고 있는 역장은 지정목적 이외의 용도로 사용되지 않도록 관리하여야 하며, 타 용도로 사용될 경우에는 물류사업본부장에게 보고하여야 함

(2) 특수관리 화차의 운용

① 특수관리 화차의 종류

㉮ 곡형 평판차   ㉯ 철판코일차   ㉰ 그 밖에 별도 지정한 화차

② 특수관리화차의 운용

㉮ 물류사업본부장은 화차의 특수성과 화차운용상 특수관리를 할 필요성이 있을 때에는 특수관리 화차에 대한 운용방법과 취급 등에 관한 사항을 지시

㉯ 물류사업본부장은 필요할 때는 특수관리 화차의 운용 담당자를 별도 지정 가능

(3) 컨테이너 적재화차 수송

① 컨테이너 적재화차는 컨테이너열차로 수송함이 원칙

② 컨테이너열차로 수송할 수 없을 경우에는 역장은 물류사업본부장과 협의·지시를 받아 도착역에 가장 빨리 도착할 수 있는 열차로 수송

③ 컨테이너화차는 취급역 이외의 도중역에 분리해서는 안 됨

④ 컨테이너 적재화차의 불량 또는 적재상태 불안정 등으로 부득이 도중 분리 하였을 때에는 즉시 관계처에 통보하여 계송 수배의 신속을 기하도록 조치

⑤ 컨테이너 적재화차의 적재상태 검사는 역장이 시행 ⇨ 역장은 적재검사 결과 적재상태 등이 불완전하다고 인정할 때는 즉시 송화인으로 하여금 보완토록하고 그 사유를 관계장표에 기재하고 서명 후 필요하다고 인정할 때에는 관계 화주에게 통보

⑥ 컨테이너화물의 중량계산에 있어 기관차의 견인력 산정(환산)에 필요한 경우는 컨테이너화물의 실중량으로 계산

8. 위험물의 작업

(1) 작업장 안전조치

① 보기 쉬운 곳에 경계표 설치: 작업에 관계없는 자의 출입금지

② 작업장소에는 A·B·C형 소화기 비치

(2) 특수위험물의 취급장소 준수사항(미리 화주와 협의)

① 특수위험물의 종류

㉮ 화약류

㉯ 압축가스 및 액화가스

② 준수사항

㉮ 일반화물 취급장소와 격리된 장소를 지정

㉯ 작업장소의 보안거리는 30m 이상 유지

㉰ LPG등 액화가스류는 전용선 또는 특히 지정한 지선에서 취급되도록 지정

㉱ 작업중에는 "위험물 작업중"표지를 반드시 게출

③ 화약류에 관한 서류 제출: 탁송 4시간 전까지 제출

9. 화물 운임요금의 후급취급

(1) 후급취급 대상

① 정부기관, 정부투자기관

② 최근 6개월간 월평균 화물운임요금이 1,000만 원 이상인 자

③ 전용화차·사유화차 운송협약 체결한 자

(2) 후급담보설정 면제대상

① 정부기관 및 지방자치단체　　② 공기업 또는 준정부기관

③ 국가철도공단　　④ 한국철도공사의 출자회사 및 계열사

⑤ 사유화차 제작운용사

(3) 후급담보

① 담보금액: 최근 6개월 일평균 운임요금액의 50일분 이상

② 담보종류

㉮ 이행보증보험증권　　㉯ 은행지급보증서

㉰ 정기예금증서　　㉱ 국채증권

㉲ 지방채증권

(4) 후급협약 해지 및 재협약

① 후급취급 정지상태로 12일을 경과한 경우에는 협약 해지가능

② 후급협약을 해지한 경우에는 3개월이 지나야 재협약 가능

10. 살화물의 중량 및 화차별 적재기준의 산정

(1) 기준
① 원칙: 살화물의 중량산정은 계량에 의하여 그 화물의 중량 계량을 원칙
② 예외: 공인비중이 있는 경우에는 그 공인비중에 의하여 중량산정

(2) 비중에 의한 중량환산(단위환산: 톤=1m^{3}로 환산)
① 비중계산

㉮ 공식: 비중(D)=중량(G)÷용적(V)

㉯ 비중산정(예시)

> [예시 1]
> • 용기 및 중량: 50cm(가로), 35cm(세로), 30cm(높이), 실중량: 75Kg
> • 단위환산: 중량 75Kg=0.075톤, 용적 52500cm^2=0.0525m^3
> • 비중(d)=중량 0.075톤÷용적 0.0525m^3=1.43(톤/m^3)
>
> [예시 2]
> • 용기 및 중량: 50cm(가로), 50cm(세로), 30cm(높이), 실중량: 110Kg
> • 단위환산: 중량 110Kg=0.11톤, 용적 75000cm^3=0.075m^3
> • 비중(d)=중량 0.11톤÷용적 0.075m^3=1.47(톤/m^3)

② 중량계산

㉮ 공식: 비중(D)=중량(G)÷용적(V)에서 중량(G)=비중(D)×용적(V)

㉯ 중량계산(예시)

> [예시 1]
> • 비중 및 용적: 비중 1.43, 용적 53m^3
> • 중량: D=G÷V공식에서 1.43=G÷53, ∴ G=53×1.43=75.79톤
>
> [예시 2]
> • 비중 및 용적: 비중 1.47, 용적 49m^3
> • 중량: D=G÷V공식에서 1.47=G÷49, ∴ G=49×1.47=72.03톤

(3) 화차별 적재기준의 산정
① 호퍼화차: 화차 맨위부터 아래쪽으로 공간치수를 Cm으로 계산
② 일반 무개차: 화차 맨아래부터 위쪽으로 적재기준을 Cm으로 계산
③ 적재기준 계산(예시)

㉮ 호퍼화차의 공간치수(미적재 공간 깊이)

- 표기하중 51톤, 용적 42m³ 적재함 길이 12m, 폭 3m, 비중 1.47
- 적재가능중량: $G = 1.47 \times 42m^3 = 61.74$톤
- 과적중량: 61.74톤 − 51톤 = 10.74톤
- 공간치수: $G = D \times V$에서 과적중량 10.74톤 = 1.47 × V(12m × 3m × 높이)
  ∴ 공간치수 = 10.74톤 ÷ (1.47 × 12m × 3m) = 0.20295m ≒ 21cm(소수1위 절상)

㉯ 일반 무개차의 적재높이

- 표기하중 55톤, 용적 49m³ 적재함 길이 13m, 폭 2.7m, 비중 1.43
- 적재높이: $G = D \times V$에서 적재중량 55톤 = 1.43 × V(13m × 2.7m × 높이)
  ∴ 높이 = 55톤 ÷ (1.43 × 13m × 2.7m) = 1.09577m ≒ 109cm(소수1위 절사)

11. 화차의 종류별 코드 및 약호

코 드		약 호	비 고
유개 화차 − B	BKA	소화물	소화물차
	BS	유쌍차	유개쌍문
	BSJ	유전개	유개전개차
	BSS	유쌍쌍	유개쌍쌍문차
무개 차 − G	GG	무개일반	무개일반차
	GC	무개컨테이너	무개컨테이너차
	GH	홉파차	홉파차
평판 차 − F	FC	컨테이너	컨테이너전용
	FD	컨겸	컨테이너겸용
	FDE	컨겸평판	컨테이너겸용 평판차
	FJ	자동차	자동차차
	FA	평판미군	평판미군
	FG	곡형평판	곡형평판차

코 드		약 호	비 고
조차 − T	TA	아스팔트차	아스팔트차
	TB	시멘트차	시멘트차
	TH	황산차	황산차
	TJ	중질유차	중질유차
	TK	경질유차	경질유차
	TP	프로필렌차	프로필렌차
차장차 − C	CE	차장차	호송인승무용
자갈차 − J	JD	자갈50	홉파자갈 50톤대
침식차 − K	KH	침식차	침식차

01

화물수송내규에서 정하고 있는 화차 중 유개화차가 아닌 것은?

① 차장차　　　　　② 유개곡물차　　　　③ 유개보선용발전차　④ 유개코일차

해설) 수송내규 제14조(화차의 종류)

① 화차의 종류는 다음 각 호와 같다.

　1. 유개화차: 유개차, 차장차, 전개형유개차, 유개코일차, 유개보선용발전차
　2. 무개화차: 일반무개차, 호퍼형무개차, 무개컨테이너차, 자갈차
　3. 평판차: 일반평판차, 곡형평판차, 철판코일차, 컨테이너차, 자동차수송차, 컨테이너겸용차
　4. 조차: 유조차, 아스팔트조차, 프로필렌조차, 황산조차, 시멘트조차　　　　　정답 ②

02

무개화차의 종류에 해당하지 않는 것은?

① 곡물차　　　　　② 일반무개차　　　　③ 자갈차　　　　　④ 호퍼형무개차

해설) 수송내규 제14조(화차의 종류)　　　　　정답 ①

03

철도화차 중에 평판화차의 종류에 포함되지 않는 것은?

① Hopper car　　　② 곡형평판화차　　　③ 일반평판차　　　④ 컨테이너차

해설) 수송내규 제14조(화차의 종류)　　　　　정답 ①

철도화차의 종류로 맞지 않는 것은?

① 개인 소유의 사유화차

② 지붕이 있는 유개화차

③ 지붕이 없는 무개화차

④ 컨테이너 등의 수송에 적합한 평판차

해설 수송내규 제14조(화차의 종류)

정답 ①

다음 중 화차의 종류로 올바르게 짝지은 것이 아닌 것은?

① 유개화차 – 차장차

② 무개화차 – 자갈차

③ 조차 – 컨테이너차

④ 평판차 – 철판코일차

해설 수송내규 제14조(화차의 종류)

정답 ③

화차의 수송순서에 대한 설명으로 적절하지 않은 것은?

① 발역에서는 발송준비를 완료한 순서에 따라 수송한다.

② 중계역에서는 원칙적으로 도착한 순서에 따라 수송한다.

③ 사체적재화차는 위험물 적재화차보다 우선하여 수송한다.

④ 동물적재화차는 부패변질하기 쉬운 화물 적재화차보다 우선하여 수송한다.

해설 수송내규 제108조(화차의 수송순서)

정답 ③

역장이 화차배정시 우선 반영하여야 하는 화물로 틀린 것은?

① 열차를 지정하여 수송하는 화물 및 계약수송화물

② 정책 또는 공익상 우선취급 지시있는 화물

③ 수송제한 또는 수송조정에 대한 지시있는 화물

④ 작업조건에 따라 배정비율 변경이 필요한 화물

해설 수송내규 제25조(화주별 화차배정)

① 역장은 품목별 차종별 사용차수를 화차배정 방법에 따라 화주별로 배정하여야 한다.
② 화주별 배정차수에 대한 경합이 발생할 때에는 예약순위 및 사전 책정된 품목별, 화주별 화차배정 비율에 의하여 공정하게 배정하여야 한다. 다만, 다음의 경우에는 이를 배정에 우선 반영하여야 한다.
    1. 정책 또는 공익상 우선취급 지시있는 화물
    2. 수송제한 또는 수송조정에 대한 지시있는 화물
    3. 사고, 그 밖의 사유 등의 공사 책임으로 전일 배정한 차수중 수송을 완료하지 못한 화물
    4. 열차를 지정하여 수송하는 화물 및 계약수송화물
    5. 운송상 정당한 사유가 있는 화물
    6. 날씨, 공휴, 역구내 재화 및 작업조건 등의 변동으로 배정비율 변경이 필요한 화물   정답 ④

---

08   23년 1회~2회·22년 2회·21년 1회·20년 2회

공익 또는 운송상 정당한 사유가 있어 수송순서를 변경할 수 있는 경우가 아닌 것은?

① 국민생활 필수품으로 급송을 요하는 화물을 적재한 화차로서 신속히 수송하여야 할 정당한 사유가 발생한 화차
② 직송, 집결열차에 의하여 수송하는 화차
③ 수송경로를 지정하여 수송하는 화차
④ 열차의 종별 또는 열차계열 등 관계로 필요하다고 인정되는 화차
⑤ 철도공사의 책임으로 운송이 지연되어 그 당일 인도되지 않은 화차

해설 수송내규 제108조(화차의 수송순서)

① 화차는 다음 각호의 순서에 의하여 발역에서는 발송준비를 완료한 순서, 중계역에서는 도착한 순서에 의하여 수송한다.
    1. 위험물 적재화차
        가. 화약류 적재화차   나. 압축 또는 액화가스 적재화차   다. 그 밖에 위험물 적재화차
    2. 사체 적재화차
    3. 동물 적재화차
    4. 부패 변질하기 쉬운 화물 적재화차
    5. 그 밖에 화물 적재화차
    6. 빈 화차
② 화차의 수송순서는 공익 또는 운송상 정당한 사유가 있는 다음의 경우에는 수송순서를 변경할 수 있다.
    1. 다음 화물을 적재한 화차로서 신속히 수송하여야 할 정당한 사유가 발생한 화차
        가. 국민생활 필수품으로 급송을 요하는 화물
        나. 공익상 수송의 보호를 필요로 하는 화물
        다. 전시 또는 사변 등으로 급송을 요하는 화물
        라. 천재지변 등 재해지에 급송을 요하는 구호품 또는 복구자재 등의 화물
        마. 시급히 선적을 필요로 하는 수출화물
        바. 급송을 요하는 철도사업용품
        사. 화차운용 촉진상 특별작업을 요하는 화물
        아. 지정역으로 회송하여야 할 빈 화차에 회송구간 방면착 적재화물

2. 수송열차를 지정하여 수송하는 화차
3. 직송, 집결열차에 의하여 수송하는 화차
4. 열차의 종별 또는 열차계열 등 관계로 필요하다고 인정되는 화차
5. 그 밖에 물류사업본부장이 필요하다고 지정한 화차 　　　정답 ③, ⑤

09

24년 1회

화차의 수송순서를 변경할 수 있는 경우 중 신속히 수송하여야 할 정당한 사유가 발생한 화차로 옳지 않은 것은?

① 공익상 수송의 보호를 필요로 하는 화물을 적재한 화차
② 국민생활 필수품으로 급송을 요하는 화물을 적재한 화차
③ 천재지변 등 재해지에 급송을 요하는 구호품 또는 복구자재 등의 화물을 적재한 화차
④ 직송, 집결열차에 의하여 수송하는 화차

(해설) 수송내규 제108조(화차의 수송순서) 　　　정답 ④

10

23년 1회·18년 2회

화차의 수송순서에 대한 설명으로 맞는 것은?

① 화차 수송순서는 절대로 변경할 수 없다.
② 발역에서는 도착한 순서에 의하여 수송한다.
③ 사체 – 부패변질하기 쉬운 화물 – 동물 – 위험물 – 기타화물 – 빈 화차 순으로 수송한다.
④ 물류사업본부장이 지시한 긴급물자 등 특히 급송할 필요가 있는 것은 타 화물에 우선하여 수송할 수 있다.

(해설) 수송내규 제108조(화차의 수송순서)
④ 수송순서에도 불구하고 물류사업본부장이 지시한 긴급물자 등 특히 급송할 필요가 있는 것은 타화물에 우선하여 수송할 수 있다. 　　　정답 ④

화차의 운송순서를 맞게 나열한 것은?

> ㉠ 사체 적재화차   ㉡ 부패변질하기 쉬운 화물 적재화차
> ㉢ 액화가스 적재화차   ㉣ 동물 적재화차

① ㉢ ⇨ ㉠ ⇨ ㉡ ⇨ ㉣   ② ㉢ ⇨ ㉡ ⇨ ㉠ ⇨ ㉣
③ ㉢ ⇨ ㉡ ⇨ ㉣ ⇨ ㉠   ④ ㉢ ⇨ ㉠ ⇨ ㉣ ⇨ ㉡

(해설) 수송내규 제108조(화차의 수송순서)   정답 ④

천재지변, 사변 또는 기타 운송상 지장으로 일시 화물의 운송을 제한할 필요가 있을 경우 화차의 사용금지, 제한, 화물수탁 및 발송업무를 정지할 수 있는 사람은?

① 관계역장   ② 물류사업본부장   ③ 지역본부장   ④ 화물취급담당자

(해설) 수송내규 제9조(수송제한)   정답 ②

화물 수송제한의 설명으로 틀린 것은?

① 사용조정이란 기준을 정하여 화차의 사용을 조정하는 것이다.
② 수송제한으로는 수송조정과 수송제한이 있다.
③ 우회수송이란 소정 수송경로 이외의 경로로 수송하는 것이다.
④ 발송조정이란 화차의 발송시간을 일시 조정하는 것이다.

(해설) 수송내규 제9조(수송제한)
물류사업본부장은 천재지변, 사변 또는 기타 운송상 지장이 발생한 경우 수송제한 또는 수송조정을 할 수 있다.
① 수송제한은 화차의 사용을 금지 또는 제한하거나, 화물의 수탁 및 발송업무를 정지 할 수 있다.
② 수송조정은 다음 각 호에 의하여 수배한다.
   1. 사용조정: 기준을 정하여 화차의 사용을 조정
   2. 발송조정: 화차의 발송량수를 일시 조정
   3. 우회수송: 소정 수송경로 이외의 경로로 수송
③ 역장은 수송제한 또는 수송조정이 필요한 경우 물류사업본부장에게 보고하여야 하며, 관계기관에 통고하여야 한다.

정답 ④

천재지변, 사변 또는 기타 운송상 지장이 발생한 경우의 수송제한 내용으로 틀린 것은?

① 화차의 사용금지
② 화차의 사용제한
③ 화차의 발송량수 조정
④ 화물의 수탁 및 발송업무 정지
⑤ 운임결제 방식

(해설) 수송내규 제9조(수송제한)

정답 ③, ⑤

특수화차에 속하지 않는 것은?

① 유조차
② 기중기 부수차
③ 수해복구용 지정화차
④ 기타 비영업용으로 지정한 화차

(해설) 수송내규 제32조(특수화차)

① 공사 차적에 편입된 화차로서 다음과 같이 특수목적을 위하여 개조 또는 지정한 화차는 화물영업용으로 사용할 수 없다.
    1. 기중기 부수차   2. 수해복구용 지정화차   3. 기타 비영업용으로 지정한 화차
② 화차를 특수차로 개조 또는 변경 사용할 경우에는 사전에 물류사업본부장의 승인을 받아야 하며, 개조 또는 변경을 완료한 후에는 보고하여야 한다.
③ 특수차로 지정하였을 경우에는 XROIS에 등록하여야 한다.
④ 특수채(기중기부수차 제외)가 소재하고 있는 역장은 지정목적 이외의 용도로 사용되지 않도록 관리하여야 하며, 타 용도로 사용될 경우에는 물류사업본부장에게 보고하여야 한다.

정답 ①

특수화차의 운용에 관한 설명으로 틀린 것은?

① 특수화차는 화물영업용으로 사용할 수 없다.
② 화차를 특수화차로 개조 또는 변경 사용할 경우에는 사전에 물류사업본부장의 승인을 받아야 하며, 개조 또는 변경을 완료한 후에도 보고하여야 한다.
③ 특수화차로 지정하였을 경우에는 XROIS에 등록하여야 한다.
④ 특수화차(기중기부수차 포함)가 소재하고 있는 역장은 지정목적 이외의 용도로 사용되지 않도록 관리하여야 하며, 타 용도로 사용될 경우에는 물류사업본부장에게 보고하여야 한다.

(해설) 수송내규 제32조(특수화차)

정답 ④

특수관리 화차의 종류로 틀린 것은?

① 곡형평판차   ② 철판 코일차   ③ 자동차 수송차   ④ 별도로 지정한 화차

(해설) 수송내규 제35조(특수관리 화차의 운용)

① 물류사업본부장은 화차의 특수성과 화차운용상 특수관리를 할 필요성이 있을 때에는 특수관리 화차에 대한 운용 방법과 취급 등에 관한 사항을 지시한다.
② 제1항의 특수관리 화차는 곡형 평판차, 철판코일차와 그 밖에 별도 지정한 화차에 한한다.
③ 물류사업본부장은 필요할 때는 특수관리 화차의 운용 담당자를 별도 지정할 수 있다.   정답 ③

18

화차의 청소에 대한 설명으로 틀린 것은?

① 화차는 도착역에서 고객이 잔류물 없이 하화하여야 한다.
② 역장은 필요하지 않은 표시류는 제거하고 낙서 등을 지워 수송에 지장이 없는지 확인하여야 한다.
③ 역장은 생선의 썩은 물 또는 동물이 배설한 오물을 제거하고, 될 수 있는 대로 물로 청소하여 수송에 지장이 없는지 확인하여야 한다.
④ 역장은 사체 또는 중병환자, 그 밖에 적재하였던 화차는 필요에 따라 소독하여 수송에 지장이 없는지 확인하여야 한다.
⑤ 역장은 화차청소에 특수조치를 하여야 하는 경우 특수 전문 청소업체에 청소를 의뢰하여야 한다.

(해설) 수송내규 제36조(화차의 청소)

화차는 도착역에서 고객이 잔류물 없이 하화하여야 하며, 역장은 다음 각 호에 따라 수송에 지장이 없는지 확인하여야 한다.
1. 필요하지 않은 표시류는 제거하고 낙서 등을 지워야 한다.
2. 차내에 필요하지 않은 것은 남겨서는 아니 된다.
3. 생선의 썩은 물 또는 동물이 배설한 오물을 제거하고, 될 수 있는 대로 물로 청소하여야 한다.
4. 사체 또는 중병환자, 그 밖에 적재하였던 화차는 필요에 따라 소독하여야 한다.
5. 화차청소에 특수조치를 하여야 하는 것은 물류사업본부장의 지시를 받아야 한다.   정답 ⑤

19

특수위험품을 역구내 반입 또는 반출, 기타 작업방법으로 틀린 것은?

① 작업장소의 보안거리는 50m 이상 유지되도록 하여야 한다.
② 일반화물 취급장소와 격리된 장소를 지정하여야 한다.
③ 작업중에는 "위험물 작업중" 표지를 반드시 게출하여야 한다.
④ LPG 액화가스류는 전용선 또는 특히 지정한 지선에서 취급되도록 지정하여야 한다.
⑤ 화약류에 관한 서류는 탁송 2시간 전까지 제출 받아야 한다.

해설 수송내규 제56조(위험물의 작업장소)
① 작업장 보기쉬운 곳에 경계표 설치 – 작업에 관계없는 자의 출입금지
② A·B·C형 소화기 비치
③ 특수위험품의 역구내 반입 또는 반출, 기타 작업 등 취급장소 준수사항(미리 화주와 협의)
  1. 일반화물 취급장소와 격리된 장소를 지정할 것
  2. 작업장소의 보안거리는 30m 이상 유지되도록 할 것
  3. LPG등 액화가스류는 전용선 또는 특히 지정한 지선에서 취급되도록 지정할 것
  4. 작업중에는 "위험물 작업중"표지를 반드시 게출
제65조(특수위험물의 접수) ① 화약류, 압축가스 및 액화가스는 특수 위험물로 취급하여야 한다. 이 경우 화약류에 관한 서류는 탁송 4시간 전까지 제출 받아야 한다.　　　　　　　　정답 ①, ⑤

20　　　　　　　　　　　　　　　　　　　　　　　　　　　　　19년 1회

특수위험품 취급장소 준수사항으로 틀린 것은?

① 일반화물 취급장소와 격리된 장소를 지정하여야 한다.
② 작업장소의 보안거리는 30m 이상 유지되도록 하여야 한다.
③ 작업장의 보기 쉬운 곳에 "위험품 작업 중" 표지를 필요시 게출하여야 한다.
④ LPG 등 액화가스류는 전용선 또는 특히 지정한 지선에서 취급되도록 지정하여야 한다.
⑤ 위험품 작업장소에 A, B, C형 소화기 비치

해설 수송내규 제56조(위험물의 작업장소)　　　　　　　　　　　　　　정답 ③

21　　　　　　　24년 1회·23년 1회~2회·22년 2회·21년 1회·20년 2회

특수위험품 운송시 경찰관서에 신고하여야 하는 경우가 아닌 것은?

① 발송역장은 화약류 적재신청이 있을 때
② 화약류 적재화차의 중계 및 대피역의 역장은 화약류 화차가 체류시
③ 화약류 도착 즉시
④ 화약류에 대하여 하화통지를 한 후 3시간을 경과하여도 수화인이 하화를 하지 아니할 때

해설 수송내규 제63조(경찰관서 등의 신고)
① 군 화약류를 제외하고 화약류는 다음과 같이 조치 및 신고한다.
  1. 발송역장은 화약류 적재신청이 있을 때에는 관할 경찰관서에 지체 없이 신고하여야 한다. 이 경우 화약류를 적재 완료했을 때에는 관할 경찰관서에 신고하여 조사를 받아야 한다.
  2. 화약류 적재화차를 도중 역에 분리한 때에는 격리된 선로에 이동 유치하고 위험방지조치를 하여야 한다.
  3. 화약류 적재화차의 중계 및 대피역의 역장은 화약류 화차가 체류시 지체 없이 관할 경찰서에 신고하여야 한다.
  4. 화약류 도착 즉시 관할경찰관서에 신고하여야 한다.

5. 화약류 적재화차의 위해 등 사고의 염려가 있을 때에는 해당 차량을 격리 보안조치 하고 즉시 관할 경찰서에 신고하여야 한다.
6. 화약류에 대하여 하화통지를 한 후 5시간을 경과하여도 수화인이 하화를 하지 아니할 때에는 해당 화차를 가급적 격리된 선로에 이동시켜 위험방지의 조치를 하고 관할 경찰관서에 그 사실을 신고하여야 한다.

정답 ④

22

컨테이너 수송에 관한 설명 중 틀린 것은?

① 컨테이너는 컨테이너 열차로 수송함을 원칙으로 한다.
② 컨테이너 적재화차의 적재상태 검사는 역장이 시행한다.
③ 컨테이너 화차의 취급역 이외의 도중역에 분리해서는 아니 된다.
④ 컨테이너 화물의 중량계산에 있어 기관차의 견인력 산정(환산)에 필요한 경우에는 컨테이너 화물의 의제중량으로 계산하여야 한다.

해설 수송내규 제111조(컨테이너 수송)
① 컨테이너는 컨테이너 열차로 수송함을 원칙으로 한다.
② 컨테이너 열차로 수송할 수 없을 경우에는 역장은 물류사업본부장과 협의·지시를 받아 도착역에 가장 빨리 도착할 수 있는 열차로 수송할 수 있다.
③ 컨테이너화차는 취급역 이외의 도중역에 분리해서는 아니 된다. 다만, 컨테이너 적재화차의 불량 또는 적재상태 불안정 등으로 부득이 도중 분리 하였을 때에는 즉시 관계처에 통보하여 계송 수배의 신속을 기하도록 조치하여야 한다.
④ 컨테이너 적재화차의 적재상태 검사는 역장이 시행한다.
⑤ 역장은 적재검사 결과 적재상태 등이 불완전하다고 인정할 때는 즉시 송화인으로 하여금 보완토록 하고 그 사유를 관계장표에 기재하고 서명 후 필요하다고 인정할 때에는 관계 화주에게 통보하여야 한다.
⑥ 컨테이너화물의 중량계산에 있어 기관차의 견인력 산정(환산)에 필요한 경우에는 컨테이너화물의 실중량으로 계산한다.

정답 ④

23

화물열차를 조성함에 있어 열차종별에 의한 조성에 대한 설명으로 틀린 것은?

① 일반 화물열차의 구간열차는 그 열차의 운행구간에 적당한 화차로 조성한다.
② 급행 화물열차는 그 열차의 종착역 및 종착역을 지나 도착하는 화차로 조성한다.
③ 급행 화물열차는 열차운전시행세칙에 정한 차량최고속도 100km/h 미만의 화차는 연결할 수 없다.
④ 일반 화물열차의 직통열차는 그 종착역 및 종착역을 지나 도착하는 화차가 부족할 경우에는 될 수 있는 대로 원거리착 화차로 조성한다.

해설 수송내규 제119조(열차종별에 의한 조성)

① 화물열차의 조성은 다음 각 호에 의한다.

　1. 급행 화물열차: 그 열차의 종착역 및 종착역을 지나 도착하는 화차로 조성한다. 다만, <u>열차운전시행세칙에 정한 차량최고속도 110km/h 미만의 화차는 연결할 수 없다.</u>

　2. 일반 화물열차

　　가. 직통열차: 그 열차의 종착역 및 종착역을 지나 도착하는 화차로 조성한다. 다만, 종착역 및 종착역을 지나 도착하는 화차가 부족할 경우에는 될 수 있는 대로 원거리착 화차로 조성한다.

　　나. 구간열차: 그 열차의 운행구간에 적당한 화차로 조성한다.　　**정답** ③

24

화차의 종류별 약호에 따른 코드가 잘못된 것은?

① 조차: TB(시멘트차)　　　　② 평판차: FG(자동차)

③ 무개차: GH(홉파차)　　　　④ 유개화차: BSJ(유개전개차)

해설 수송내규 별표 〈화차의 종류별 코드 및 약호〉

코드		약호	비고	코드		약호	비고
유개화차 B	BKA	소화물	소화물차	평판차 F	FC	컨테이너	컨테이너전용
	BS	유쌍차	유개쌍문		FD	컨겸	컨테이너겸용
	BSJ	유전개	유개전개차		FDE	컨겸평판	컨테이너겸용평판차
	BSS	유쌍쌍	유개쌍쌍문차		<u>FJ</u>	자동차	자동차차
무개차 G	GG	무개일반	무개일반차		FA	평판미군	평판미군
	GC	무개컨테이너	무개컨테이너차		<u>FG</u>	곡형평판	곡형평판차
	GH	홉파차	홉파차	차장차 C	CE	차장차	호송인승무용
조차 T	TA	아스팔트차	아스팔트차				
	TB	시멘트차	시멘트차	자갈차 J	JD	자갈50	홉파자갈50톤대
	TH	황산차	황산차				
	TJ	중질유차	중질유차	침식차 K	KH	침식차	침식차
	TK	경실유차	경실유차				
	TP	프로필렌차	프로필렌차				

정답 ②

25

화차의 종류 중 가장 무거운 물품의 수송에 적합한 화차는?

① 유류 등을 수송하기 위한 조차
② 석탄 등을 수송하기 위한 무개화차
③ 곡물류 등을 수송하기 위한 유개화차
④ 중량품 등을 수송하기 위한 평판화차

(해설) 수송내규
① 조차: 유류 등을 수송
② 무개화차: 석탄 등을 수송
③ 유개화차: 곡물류 등을 수송,
④ 평판화차: 중량품 등을 수송   정답 ④

26

화물탁송 시 송화인이 화물운송장 외에 특별히 서류를 제출하게 할 수 있는 화물은?

① 동물   ② 휘발유   ③ 귀중품   ④ 화약류

(해설) 수송내규 제65조(특수위험물의 접수)
① 화약류, 압축가스 및 액화가스는 특수위험물로 취급하여야 한다. 이 경우 화약류에 관한 서류는 탁송 4시간 전까지 제출 받아야 한다.   정답 ④

27

철도화물 운임, 요금 후급취급 조건 중 틀린 것은?

① 철도공사 계열사는 후급담보금액을 면제할 수 있다.
② 사유화차 운송협약을 체결한 자는 후급취급을 할 수 있다.
③ 후급담보설정은 현금이외 이행(지급)보증보험증권, 은행지급보증서, 국채증권, 정기예금증서, 지방채증권 등으로도 할 수 있다.
④ 후급협약을 해지한 경우에는 그 해지대상 고객사와는 6개월이 지나야 다시 후급취급을 할 수 있다.
⑤ 정부기관, 지방자치단체, 준정부기관은 후급담보설정을 면제할 수 있다.

(해설) 화물편람 제5장 제2절
① 후급취급의 대상: 정부기관, 정부투자기관, 최근 6개월간 월평균 화물운임요금 실적이 1,000만 원 이상인 자, 전용화차·사유화차 운송협약 체결한 자
② 후급담보설정 면제대상: 정부기관 및 지방자치단체, 공기업 또는 준정부기관, 한국철도시설공단, 철도공사의 출자회사 및 계열사, 사유화차 제작운용사
③ 후급정지상태로 12일을 경과한 경우에는 협약 해지가능
④ 후급협약을 해지한 경우에는 <u>3개월</u>이 지나야 재협약 가능   정답 ④

홉파차의 적재기준이 다음과 같은 때, 과적중량계산으로 맞는 것은?

표기하중톤수: 51톤	용적: $42m^2$	
적재함 길이: 12m	폭: 3m	비중: 1.47

① 10.74톤　　　　② 11.74톤　　　　③ 12.74톤　　　　④ 13.74톤

해설) 수송내규 제87조(비중)

살화물의 비중산정에 의한 중량환산 방법
- 비중계산 공식: 비중(D) = 중량(G)÷용적(V), (단위환산: 1톤 = 1㎥)
- 적재가능중량: G = 1.47×42㎥ = 61.74톤
- 과적중량: 61.74톤 − 51톤(화차표기하중톤수) = 10.74톤
- 공간치수: G = D×V에서 과적중량 10.74톤 = 1.47×V(12m×3m×높이)
- ∴ 공간치수 = 10.74톤÷(1.47×12m×3m) = 0.20295m≒21cm(소수1위 절상)

정답 ①

다음 화물의 비중을 계산하시오.

　- 용기의 크기: 가로 30cm, 세로 40cm, 높이 50cm
　- 화물의 실중량: 75kg

① 1.37　　　　② 1.34　　　　③ 1.25　　　　④ 1.20

해설) 수송내규 제87조(비중산정에 의한 중량환산)

비중산정(단위를 톤, m로 환산하여 계산하여야 한다)
㉮ 단위환산: 중량 75kg = 0.075톤,　용적 0.3m×0.4m×0.5m = 0.06m^3
㉯ 비중(D): 0.075톤(중량)÷0.06m^3(용적) = 1.25

정답 ③

다음 화물의 비중을 계산하시오.

　- 용기의 크기: 가로 50cm, 세로 35cm, 높이 30cm
　- 화물의 실중량: 75kg

① 1.43　　　　② 1.42　　　　③ 0.00143　　　　④ 14.3

해설 수송내규 제87조(용적과 실중량을 활용한 비중산출 방법을 묻는 문제입니다.)

비중산정
㉮ 단위환산: 중량 75Kg=0.075톤, 용적 52500cm³=0.0525m³
㉯ 비중(D)=중량 0.075톤÷용적 0.0525m³=1.42857.. ≒1.43(톤/m³)

정답 ①

31

23년 1회~2회·22년 2회

다음의 무개화차에 화물을 가득 실었을 경우에 화물의 중량을 계산하시오.

─하중 54톤	─자중 21.7톤
─용적 50m³	─화물의 비중 1.4

① 54톤　　　　② 21.7톤　　　　③ 70톤　　　　④ 49톤

해설 수송내규 제87조(비중과 용적으로 적재중량 계산방법을 묻는 문제입니다.)

중량산출: 1.4=중량(G)÷용적(50m³)
　　　　중량(톤)=1.4×50m³=70톤

정답 ③

제6장 철도사업법 · 철도안전법[화물운송]

1. 철도사업법(화물운송)

(1) 철도사업자의 인가 · 금지
① **국토교통부장관의 인가**: 철도사업자는 그 철도사업을 양도 · 양수 · 합병하려는 경우에는 국토교통부장관의 인가를 받아야 한다.
② **명의 대여의 금지**: 철도사업자는 타인에게 자기의 성명 또는 상호를 사용하여 철도사업을 경영하게 해서는 안 된다.

(2) 철도화물 운송에 관한 책임
① 철도사업자의 화물의 멸실 · 훼손 또는 인도의 지연에 대한 손해배상책임에 관하여는 「상법」 제135조를 준용한다.

> **상법 제135조(손해배상책임)** 운송인은 자기 또는 운송주선인이나 사용인, 그 밖에 운송을 위하여 사용한 자가 운송물의 수령, 인도, 보관 및 운송에 관하여 주의를 게을리 하지 아니하였음을 증명하지 아니하면 운송물의 멸실, 훼손 또는 연착으로 인한 손해를 배상할 책임이 있다.

② 화물이 인도 기한을 지난 후 <u>3개월</u> 이내에 인도되지 아니한 경우에는 그 화물은 멸실된 것으로 본다.

(3) 전용철도 운영
① **국토교통부장관에게 등록**
㉮ 전용철도를 운영하려는 자는 국토교통부령에 정하는 바에 따라 전용철도의 건설, 운전, 보안 및 운송에 관한 사항이 포함된 운영계획서를 첨부하여 국토교통부장관에게 등록
㉯ 등록사항 변경시에도 국토교통부장관에게 등록
㉰ 전용철도의 등록기준과 등록절차 등에 관하여 필요한 사항은 국토교통부령으로 정함
② **국토교통부장관에게 신고**
㉮ 전용철도의 운영을 양도 · 양수하려는 자는 국토교통부령으로 정하는 바에 따라 국토교통부장관에게 신고
㉯ 전용철도운영자가 그 운영의 전부 또는 일부를 휴업 또는 폐업한 경우에는 1개월 이내에 국토교통부장관에게 신고
㉰ 전용철도의 등록을 한 법인이 합병하려는 경우에는 국토교통부령으로 정하는 바에 따라 국토교통부장관에게 신고

㉜ 전용철도운영자가 사망한 경우 상속인이 그 전용철도의 운영을 계속하려는 경우에는 피상속인이 사망한 날부터 3개월 이내에 국토교통부장관에게 신고

③ 전용철도 등록의 결격사유

㉮ 법인의 임원중 피성년후견인 또는 피한정후견인이 있는 법인

㉯ 법인의 임원중 파산선고를 받고 복권되지 아니한 사람이 있는 법인

㉰ 법인의 임원중 이 법 또는 대통령령으로 정하는 철도 관계 법령을 위반하여 금고 이상의 실형을 선고받고 그 집행이 끝나거나 면제된 날부터 2년이 지나지 아니한 사람이 있는 법인

㉱ 법인의 임원 중 이 법 또는 대통령령으로 정하는 철도 관계 법령을 위반하여 금고 이상의 형의 집행유예를 선고받고 그 유예 기간 중에 있는 사람이 있는 법인

㉲ 전용철도의 등록이 취소된 후 그 취소일 부터 1년이 지나지 아니한 자

(4) 화물 부가운임의 징수

① 부가운임 징수대상

철도사업자는 송하인(送荷人)이 운송장에 적은 화물의 품명, 중량, 용적 또는 개수에 따라 계산한 운임이 정당한 사유 없이 정상 운임보다 적은 경우

② 부가운임 수준

송하인에게 그 부족운임 외에 그 부족운임의 5배의 범위에서 부가운임을 징수할 수 있다.

③ 부가운임 산정 기준의 신고

철도사업자는 부가운임을 징수하려는 경우에는 사전에 부가 운임의 징수대상 행위, 열차의 종류 및 운행구간 등에 따른 부가운임 산정기준을 정하고 철도사업약관에 포함하여 국토교통부장관에게 신고하여야 한다.

> **여객**: 철도사업자는 열차를 이용하는 여객이 정당한 운임·요금을 지급하지 아니하고 열차를 이용한 경우에는 승차 구간에 해당하는 운임 외에 그의 30배의 범위에서 부가운임을 징수할 수 있다.

2. 철도안전법(화물운송)

(1) 위험물의 운송위탁 및 운송 금지

① 누구든지 ㉮ 점화류 또는 점폭약류를 붙인 폭약, ㉯ 니트로글리세린, ㉰ 건조한 기폭약, ㉱ 뇌홍질화연에 속하는 것 등 대통령령으로 정하는 위험물의 운송을 위탁할 수 없으며,

② 철도운영자는 이를 철도로 운송할 수 없다.

(2) 위험물 운송

① 대통령령으로 정하는 위험물의 운송을 위탁하여 철도로 운송하려는 자와 이를 운송하는 철도운영자("위험물취급자")는 국토교통부령으로 정하는 바에 따라 철도운행상의 위험 방지 및 인명 보호를 위하여 위험물을 안전하게 포장·적재·관리·운송하여야 한다.

〈 대통령령으로 정하는 운송취급주의 위험물 〉

㉮ 철도운송 중 폭발할 우려가 있는 것

㉯ 마찰·충격·흡습(吸濕) 등 주위의 상황으로 인하여 발화할 우려가 있는 것

㉰ 인화성·산화성 등이 강하여 그 물질 자체의 성질에 따라 발화할 우려가 있는 것

㉱ 용기가 파손될 경우 내용물이 누출되어 철도차량·레일·기구 또는 다른 화물 등을 부식시키거나 침해할 우려가 있는 것

② 위험물의 운송을 위탁하여 철도로 운송하려는 자는 위험물을 안전하게 운송하기 위하여 철도운영자의 안전조치 등에 따라야 한다.

(3) 위해물품의 휴대 금지

① 누구든지 무기, 화약류, 유해화학물질 또는 인화성이 높은 물질 등 공중이나 여객에게 위해를 끼치거나 끼칠 우려가 있는 물건 또는 물질을 열차에서 휴대하거나 적재(積載)할 수 없다. 단, 국토교통부장관 또는 시·도지사의 허가를 받은 경우 또는 국토교통부령으로 정하는 특정한 직무를 수행하기 위한 경우에는 휴대 또는 적재할 수 있다.

〈 위해물품을 휴대하거나 적재할 수 있는 특정한 직무 수행자 〉

㉮ 철도경찰 사무에 종사하는 국가공무원

㉯ 경찰관 직무를 수행하는 사람

㉰ 경비업법에 따른 경비원

㉱ 위험물품을 운송하는 군용열차를 호송하는 군인

② 위해물품의 종류, 휴대 또는 적재 허가를 받은 경우의 안전조치 등에 관하여 필요한 세부사항은 국토교통부령으로 정한다.

〈 위해물품의 종류 〉

㉮ 화약류: 총포·도검·화약류 등의 안전관리에 관한 법률」에 따른 화약·폭약·화공품과 그 밖에 폭발성이 있는 물질

㉯ 고압가스: 섭씨 50도 미민의 임계온도를 가진 물질

㉰ 인화성 액체: 밀폐식 인화점 측정법에 따른 인화점이 섭씨 60.5도 이하인 액체나 개방식 인화점 측정법에 따른 인화점이 섭씨 65.6도 이하인 액체

㉱ 가연성고체: 화기 등에 의하여 용이하게 점화되며 화재를 조장할 수 있는 고체

㉲ 자연발화성 물질: 통상적인 운송상태에서 마찰·습기흡수·화학변화 등으로 인하여 자연발열하거나 자연발화하기 쉬운 물질

㉳ 산화성 물질: 다른 물질을 산화시키는 성질을 가진 물질로서 유기과산화물 외의 것

㉴ 유기과산화물: 다른 물질을 산화시키는 성질을 가진 유기물질

01

철도사업법에서 정하고 있는 철도차량의 종류가 아닌 것은?

① 특수차   ② 동력차   ③ 화차   ④ 열차

(해설) 사업법 제2조(정의)   정답 ④

02

철도사업법에 정한 전용철도에 대한 설명 중 틀린 것은?

① 전용철도의 운영을 양도, 양수하려는 자는 국토교통부장관에게 신고를 하여야 한다.
② 전용철도의 등록기준과 등록절차 등에 관하여 필요한 사항은 국토교통부령으로 정한다.
③ 국토교통부장관은 필요시 전용철도운영자에게 사업장의 이전을 명할 수 있다.
④ 전용철도운영자가 그 운영의 전부 또는 일부를 휴업한 경우에는 3개월 이내에 국토교통부장관
   에게 신고하여야 한다.

(해설)

사업법 제34조(등록) ① 전용철도를 운영하려는 자는 국토교통부령으로 정하는 바에 따라 전용철도의 건설·운전·
   보안 및 운송에 관한 사항이 포함된 운영계획서를 첨부하여 국토교통부장관에게 등록을 하여야 한다. 등록사항을
   변경하려는 경우에도 같다. 다만 대통령령으로 정하는 경미한 변경의 경우에는 예외로 한다.
   ② 전용철도의 등록기준과 등록절차 등에 관하여 필요한 사항은 국토교통부령으로 정한다.
   ③ 국토교통부장관은 제2항에 따른 등록기준을 적용할 때에 환경오염, 주변 여건 등 지역적 특성을 고려할 필요
      가 있거나 그 밖에 공익상 필요하다고 인정하는 경우에는 등록을 제한하거나 부담을 붙일 수 있다.
제36조(전용철도 운영의 양도·양수 등) ① 전용철도의 운영을 양도·양수하려는 자는 국토교통부령으로 정하
   는 바에 따라 국토교통부장관에게 신고하여야 한다.
   ② 전용철도의 등록을 한 법인이 합병하려는 경우에는 국토교통부령으로 정하는 바에 따라 국토교통부장관에게
      신고하여야 한다.
   ③ 제1항 또는 제2항에 따른 신고를 한 경우 전용철도의 운영을 양수한 자는 전용철도의 운영을 양도한 자의 전
      용철도운영자로서의 지위를 승계하며, 합병으로 설립되거나 존속하는 법인은 합병으로 소멸되는 법인의 전용
      철도운영자로서의 지위를 승계한다.
   ④ 제1항과 제2항의 신고에 관하여는 제35조를 준용한다.
제38조(전용철도 운영의 휴업·폐업) 전용철도운영자가 그 운영의 전부 또는 일부를 휴업 또는 폐업한 경우에는 1개
   월 이내에 국토교통부장관에게 신고하여야 한다.

제39조(전용철도 운영의 개선명령) 국토교통부장관은 전용철도 운영의 건전한 발전을 위하여 필요하다고 인정하는 경우에는 전용철도운영자에게 다음 각 호의 사항을 명할 수 있다.

1. 사업장의 이전
2. 시설 또는 운영의 개선

정답 ④

03

17년 2회

철도사업법에서 정하고 있는 전용철도 등록에 대한 설명으로 틀린 것은?

① 주사무소·철도차량기지를 제외한 운송관련 부대시설을 변경한 경우에도 변경등록을 하여야 한다.

② 전용철도를 운영하고자 하는 자는 전용철도의 건설·운전·보안 및 운송에 관한 사항을 국토교통부장관에게 등록을 해야 한다.

③ 대통령령으로 정하는 경미한 변경의 경우를 제외하고 등록사항을 변경하는 경우에도 국토교통부장관에게 등록을 하여야 한다.

④ 국토교통부장관은 등록기준을 적용함에 있어 환경오염, 주변 여건 등 지역적 특성을 고려할 필요가 있는 경우에는 등록을 제한할 수 있다.

(해설) 사업법 제34조(등록)

정답 ①

04

22년 2회·21년 1회·20년 2회·18년 1회

철도사업법에서 규정하고 있는 전용철도에 대한 설명으로 틀린 것은?

① 전용철도를 운영하고자 하는 자는 전용철도의 건설, 운송 등 등록사항을 변경하고자 하는 경우 국토교통부령이 정하는 바에 따라 신고하여야 한다.

② 전용철도의 운영을 양도·양수하고자 하는 자는 국토교통부령이 정하는 바에 의하여 국토교통부장관에게 신고하여야 한다.

③ 전용철도운영자가 그 운영의 전부 또는 일부를 휴지 또는 폐지한 때에는 1개월 이내에 국토교통부장관에게 신고하여야 한다.

④ 전용철도의 등록을 한 법인이 합병하고자 할 때에는 국토교통부령이 정하는 바에 의하여 국토교통부장관에게 신고하여야 한다.

(해설) 사업법 제34조(등록), 제36조(전용철도 운영의 양도·양수 등), 제38조(전용철도 운영의 휴업·폐업)

정답 ①

철도사업법상 철도사업자는 송하인이 운송장에 적은 화물의 품명, 중량, 용적 또는 개수에 따라 계산한 운임이 정당한 사유 없이 정상 운임보다 적은 경우 부족 운임 외에 부가운임을 징수할 수 있다. 이 부가운임의 범위로 맞는 것은?

① 부족 운임 외에 부족 운임의 3배
② 부족 운임 외에 부족 운임의 5배
③ 부족 운임 외에 부족 운임의 10배
④ 부족 운임 외에 부족 운임의 30배

해설 사업법 제10조(부가 운임의 징수)
① 철도사업자는 열차를 이용하는 여객이 정당한 운임·요금을 지불하지 아니하고 열차를 이용한 경우에는 승차 구간에 해당하는 운임 외에 그의 30배의 범위에서 부가 운임을 징수할 수 있다.
② 철도사업자는 송하인이 운송장에 적은 화물의 품명·중량·용적 또는 개수에 따라 계산한 운임이 정당한 사유 없이 정상 운임보다 적은 경우에는 송하인에게 그 부족 운임 외에 그 부족운임의 5배의 범위에서 부가운임을 징수할 수 있다.
③ 철도사업자는 전항에 따른 부가운임을 징수하려는 경우에는 사전에 부가 운임의 징수 대상 행위, 열차의 종류 및 운행 구간 등에 따른 부가운임 산정기준을 정하고 철도사업약관에 포함하여 국토교통부장관에게 신고한다.

정답 ②

철도사업법에서 정한 사항 중 화물이 멸실된 것으로 간주하는 경우는?

① 화물이 인도기간 기한을 지난 후 7일 이내에 인도되지 아니한 경우
② 화물이 인도기간 기한을 지난 후 30일 이내에 인도되지 아니한 경우
③ 화물이 인도기간 기한을 지난 후 1개월 이내에 인도되지 아니한 경우
④ 화물이 인도기간 기한을 지난 후 3개월 이내에 인도되지 아니한 경우

해설 사업법 제24조(철도화물 운송에 관한 책임)
① 철도사업자의 화물의 멸실·훼손 또는 인도의 지연에 대한 손해배상책임에 관하여는 「상법」 제135조를 준용한다.
② 화물이 인도 기한을 지난 후 3개월 이내에 인도되지 아니한 경우에는 그 화물은 멸실된 것으로 본다.

정답 ④

다음은 철도사업법에서 규정하고 있는 화물부가운임에 대한 설명이다. ㉠과 ㉡에 해당되는 내용은?

> 철도사업자는 송하인(送荷人)이 운송장에 적은 화물의 품명·중량·용적 또는 개수에 따라 계산한 운임이 정당한 사유 없이 정상운임보다 적은 경우에는 송하인에게 그 (㉠) 외에 그 부족운임의 (㉡)의 범위 안에서 부가운임을 징수할 수 있다.

① ㉠ 정상운임, ㉡ 3배   ② ㉠ 정상운임, ㉡ 5배
③ ㉠ 부족운임, ㉡ 3배   ④ ㉠ 부족운임, ㉡ 5배

(해설) 철도사업법 제10조(부가운임의 징수)
② 철도사업자는 송하인(送荷人)이 운송장에 적은 화물의 품명, 중량, 용적 또는 개수에 따라 계산한 운임이 정당한 사유 없이 정상 운임보다 적은 경우에는 송하인에게 그 <u>부족운임</u> 외에 그 부족운임의 <u>5배</u>의 범위에서 부가운임을 징수할 수 있다.   정답 ④

철도사업법에서 규정하고 있는 철도화물운송에 관한 책임에 대한 설명으로 맞는 것은?

① 철도사업자의 화물의 멸실·훼손 또는 인도의 지연에 대한 손해보상책임에 관하여는 헌법을 준용한다.
② 철도사업자의 화물의 멸실·훼손 또는 인도의 지연에 대한 손해배상책임에 관하여는 민법을 준용한다.
③ 화물이 탁송기한을 경과한 후 3월 이내에 인도되지 아니한 경우 당해 화물은 멸실된 것으로 본다.
④ 화물이 인도기한을 경과한 후 3월 이내에 인도되지 아니한 경우 당해 화물은 멸실된 것으로 본다.

(해설) 철도사업법 제24조(철도화물 운송에 관한 책임)
① 철도사업자의 화물의 멸실·훼손 또는 인도의 지연에 대한 손해배상책임에 관하여는 「상법」 제135조를 준용한다.
② 제1항을 적용할 때에 화물이 <u>인도 기한을 지난 후 3개월 이내</u>에 인도되지 아니한 경우에는 그 화물은 멸실된 것으로 본다.   정답 ④

철도안전법에서 규정하고 있는 위험물의 운송에 대한 설명으로 틀린 것은?

① 철도운영자는 점화류 또는 점폭약류를 붙인 폭약, 니트로글리세린 등 위험물은 철도로 운송할 수 없다.

② 위험물의 운송을 위탁하여 철도로 운송하려는 자는 위험물을 안전하게 운송하기 위하여 철도운영자의 안전조치 등에 따라야 한다.

③ 위험물품의 종류, 휴대 또는 적재허가를 받은 경우의 안전조치 등에 관하여 필요한 사항은 국토교통부령으로 정한다.

④ 대통령령으로 정하는 위험물의 운송을 위탁하여 철도로 운송하려는 자와 이를 운송하는 철도운영자는 대통령령으로 정하는 바에 따라 철도운행상의 위험 방지 및 인명 보호를 위하여 위험물을 안전하게 포장·적재·관리·운송하여야 한다.

(해설) 철도안전법 제42조, 제43조, 제44조

제44조(위험물의 운송 등) ① 대통령령으로 정하는 위험물의 운송을 위탁하여 철도로 운송하려는 자와 이를 운송하는 철도운영자("위험물취급자")는 국토교통부령으로 정하는 바에 따라 철도운행상의 위험 방지 및 인명 보호를 위하여 위험물을 안전하게 포장·적재·관리·운송하여야 한다. 〈2024.4.19.개정〉

② 위험물의 운송을 위탁하여 철도로 운송하려는 자는 위험물을 안전하게 운송하기 위하여 철도운영자의 안전조치 등에 따라야 한다.   정답 ④

철도안전법상 운송위탁 및 운송 금지에 해당하는 위험물이 아닌 것은?

① 뇌홍질화연에 속하는 것

② 화약류, 산류, 압축 및 액화가스류

③ 니트로글리세린과 건조한 기폭약

④ 점화류 또는 점폭약류를 붙인 폭약

(해설) 철도안전법 제43조(위험물의 운송위탁 및 운송 금지)   정답 ②

철도안전법에서 정하고 있는 위해물품의 종류가 아닌 것은? (단, 절대가스압력은 진공을 0으로 하는 가스압력이다.)

① 화기 등에 의하여 용이하게 점화되며 화재를 조장할 수 있는 가연성 고체

② 총포·도검·화약류 등의 안전관리에 관한 법률에 의한 화약·폭약·화공품과 그 밖에 폭발성이 있는 물질

③ 섭씨 50도 미만의 임계온도를 가진 물질로서 섭씨 40.0도에서 280킬로파스칼을 초과하는 절대가스압력을 가진 액체상태의 인화성 물질

④ 밀폐식 인화점 측정법에 희나 인화점이 섭씨 60.5도 이하인 액체나 개방식 인화점 측정법에 따른 인화점이 섭씨 65.6도 이하인 액체

⑤ 산화성물질: 다른 물질을 산화시키는 성질을 가진 물질로 유기과산화물 외의 것

(해설) 철도안전법 시행규칙 제78조(위해물품의 종류 등)

① 법 제42조 제2항에 따른 위해물품의 종류는 다음 각 호와 같다.

1. 화약류: 「총포·도검·화약류 등의 안전관리에 관한 법률」에 따른 화약·폭약·화공품과 그 밖에 폭발성이 있는 물질

2. 고압가스: 섭씨 50도 미만의 임계온도를 가진 물질, 섭씨 50도에서 300킬로파스칼을 초과하는 절대압력(진공을 0으로 하는 압력을 말한다. 이하 같다)을 가진 물질, 섭씨 21.1도에서 280킬로파스칼을 초과하거나 섭씨 54.4도에서 730킬로파스칼을 초과하는 절대압력을 가진 물질이나, 섭씨 37.8도에서 280킬로파스칼을 초과하는 절대가스압력(진공을 0으로 하는 가스압력을 말한다)을 가진 액체상태의 인화성 물질

3. 인화성 액체: 밀폐식 인화점 측정법에 따른 인화점이 섭씨 60.5도 이하인 액체나 개방식 인화점 측정법에 따른 인화점이 섭씨 65.6도 이하인 액체

4. 가연성 물질류: 다음 각 목에서 정하는 물질

   가. 가연성고체: 화기 등에 의하여 용이하게 점화되며 화재를 조장할 수 있는 가연성 고체

   나. 자연발화성 물질: 통상적인 운송상태에서 마찰·습기흡수·화학변화 등으로 인하여 자연발열하거나 자연발화하기 쉬운 물질

   다. 그 밖의 가연성물질: 물과 작용하여 인화성 가스를 발생하는 물질

5. 산화성 물질류: 다음 각 목에서 정하는 물질

   가. 산화성 물질: 다른 물질을 산화시키는 성질을 가진 물질로서 유기과산화물 외의 것

   나. 유기과산화물: 다른 물질을 산화시키는 성질을 가진 유기물질

정답 ③

12

철도안전법에서 정하고 있는 위해물품의 종류가 아닌 것은? (단, 절대가스압력은 진공을 0으로 하는 가스압력이다.)

① 고압가스: 섭씨 50도 미만의 임계온도를 가진 물질
② 가연성고체: 통상적인 운송상태에서 마찰·습기흡수·화학변화 등으로 인하여 자연발열하거나 자연발화하기 쉬운 물질
③ 인화성 액체: 밀폐식 인화점 측정법에 따른 인화점이 섭씨 60.5도 이하인 액체나 개방식 인화점 측정법에 따른 인화점이 섭씨 65.6도 이하인 액체
④ 유기과산화물: 다른 물질을 산화시키는 성질을 가진 유기물질

(해설) 철도안전법 시행규칙 제78조(위해물품의 종류 등)   정답 ②

13

철도안전법에서 정하고 있는 위해물품의 종류가 아닌 것은?

① 자연발화성물질   ② 가연성고체   ③ 화학솜   ④ 유기과산화물

(해설) 철도안전법 시행규칙 제78조(위해물품의 종류 등)   정답 ③

14

특정한 직무를 수행하기 위하여 위해물품을 휴대·적재할 수 있는 경우가 아닌 것은?

① 「검찰청법」에 따른 수사관
② 「경찰관직무집행법」의 경찰관 직무를 수행하는 사람
③ 「경비업법」에 따른 경비원
④ 위험물품을 운송하는 군용열차를 호송하는 군인

(해설) 철도안전법 시행규칙 제77조(위해물품 휴대금지 예외)
법 제42조 제1항 단서에서 "국토교통부령으로 정하는 특정한 직무를 수행하기 위한 경우"란 다음 각 호의 사람이 직무를 수행하기 위하여 위해물품을 휴대·적재하는 경우를 말한다.
1. 「사법경찰관리의 직무를 수행할 자와 그 직무범위에 관한 법률」 제5조 제11호에 따른 사법경찰 사무에 종사하는 국가공무원
2. 「경찰관직무집행법」 제2조의 경찰관 직무를 수행하는 사람
3. 「경비업법」 제2조에 따른 경비원
4. 위험물품을 운송하는 군용열차를 호송하는 군인   정답 ①

제 7 장 철도물류 관련 법령
물류정책기본법 · 철도물류산업법 · 위험물철도운송규칙

1. 「물류정책기본법」용어의 정의

(1) 물류사업

화주의 수요에 따라 유상으로 물류활동을 영위하는 것을 업으로 하는 것

① 자동차·철도차량·선박·항공기 또는 파이프라인 등의 운송수단을 통하여 화물을 운송하는 **화물운송업**

② 물류터미널이나 창고 등의 물류시설을 운영하는 **물류시설운영업**

③ 화물운송의 주선(周旋), 물류장비의 임대, 물류정보의 처리 또는 물류컨설팅 등의 업무를 하는 **물류서비스업**

④ 물류사업을 종합적·복합적으로 영위하는 **종합물류서비스업**

〈물류사업의 분류〉

대분류	세분류
㉮ 화물운송업	육상화물운송업, 해상화물운송업, 항공화물운송업, 파이프라인운송업
㉯ 물류시설 운영업	창고업(공동집배송센터운영업 포함), 물류터미널운영업
㉰ 물류 서비스업	화물취급업(하역업 포함), 화물주선업, 물류장비임대업, 물류정보처리업, 물류컨설팅업, 해운부대사업, 항만운송관련업, 항만운송사업
㉱ 종합물류 서비스업	종합물류서비스업

(2) 물류체계

효율적인 물류활동을 위하여 시설·장비·정보·조직 및 인력 등이 서로 유기적으로 기능을 발휘할 수 있도록 연계된 집합체

(3) 단위물류정보망

기능별 또는 지역별로 관련 행정기관, 물류기업 및 그 거래처를 연결하는 일련의 물류정보체계

(4) 제3자물류

화주가 그와 대통령령으로 정하는 특수관계에 있지 아니한 물류기업에 물류활동의 일부 또는 전부를 위탁하는 것

(5) 물류시설

① 화물의 운송·보관·하역을 위한 시설

② 화물의 운송·보관·하역 등에 부가되는 가공·조립·분류·수리·포장·상표 부착·판매·정보통신 등을 위한 시설

③ 물류의 공동화·자동화 및 정보화를 위한 시설

④ 물류시설이 모여 있는 물류터미널 및 물류단지

(6) 철도물류사업: 화주의 수요에 따라 유상으로 물류활동을 수행하는 다음의 사업

① **철도화물운송업**: 철도차량으로 화물을 운송하는 사업

② **철도물류시설운영업**: 물류터미널·창고 등 철도물류시설을 운영하는 사업

③ **철도물류서비스업**: 철도화물 운송의 주선, 철도물류에 필요한 장비의 임대, 철도물류 관련 정보의 처리 또는 철도물류에 관한 컨설팅 등 철도물류와 관련된 각종 서비스를 제공하는 사업

(7) 물류공동화

물류기업이나 화주기업(貨主企業)들이 물류활동의 효율성을 높이기 위하여 물류에 필요한 시설·장비·인력·조직·정보망 등을 공동으로 이용하는 것

(8) 물류표준화

원활한 물류를 위하여 다음 사항을 물류표준으로 통일하고 단순화하는 것

① 시설 및 장비의 종류·형상·치수 및 구조

② 포장의 종류·형상·치수·구조 및 방법

③ 물류용어, 물류회계 및 물류관련 전자문서 등 물류체계의 효율화에 필요한 사항

(9) 국제물류주선업

① **정의**

타인의 수요에 따라 자기의 명의와 계산으로 타인의 물류시설·장비 등을 이용하여 수출입화물의 물류를 주선하는 사업

② **등록요건 – 시·도지사에게 등록**

3억 원 이상의 자본금(법인이 아닌 경우 6억 원 이상의 자산평가액)을 보유하고 대통령령으로 정하는 기준을 충족하여야 한다.

㉮ 자본금 또는 자산평가액 10억 원 이상인 경우

㉯ 컨테이너장치장을 소유하고 있는 경우

㉰ 은행법에 따른 은행으로부터 1억 원 이상의 지급보증을 받은 경우

㉱ 1억 원 이상의 화물배상책임보험에 가입한 경우

㉲ 1억 원 이상의 보증보험에 가입하여야 하는 것

③ 국제물류주선업 등록 결격사유

  ㉮ 피성년후견인 또는 피한정후견인

  ㉯ 물류정책기본법, 화물자동차 운수사업법, 항공사업법, 항공안전법, 공항시설법, 해운
   법을 위반하여 금고 이상의 실형을 선고받고 그 집행이 종료(집행이 종료된 것으로 보
   는 경우 포함)되거나 집행이 면제된 날부터 2년이 지나지 아니한 자

  ㉰ 물류정책기본법, 화물자동차 운수사업법, 항공사업법, 항공안전법, 공항시설법, 해
   운법을 위반하여 금고 이상의 형의 집행유예를 선고받고 그 유예기간 중에 있는 자

  ㉱ 물류정책기본법, 화물자동차 운수사업법, 항공사업법, 항공안전법, 공항시설법, 해운
   법을 위반하여 벌금형을 선고받고 2년이 지나지 아니한 자

  ㉲ 등록이 취소된 후 2년이 지나지 아니한 자(㉮항에 해당하여 등록이 취소된 경우는 제외)

  ㉳ 법인으로서 대표자가 ㉮ ~ ㉱의 어느 하나에 해당하는 경우

  ㉴ 법인으로서 대표자가 아닌 임원 중에 ㉯ ~ ㉱의 어느 하나에 해당하는 사람이 있는 경우

2. 물류기본계획의 수립

(1) 국가물류기본계획의 수립

① 수립권자: 국토교통부장관 및 해양수산부장관

② 수립주기: 물류정책의 기본방향을 설정하는 10년 단위의 국가물류기본계획을 5년마다 공
      동 수립

③ 국가물류기본계획에 포함되어야 할 사항

  ㉮ 국내외 물류환경의 변화와 전망

  ㉯ 국가물류정책의 목표와 전략 및 단계별 추진계획

  ㉰ 국가물류정보화사업에 관한 사항

  ㉱ 운송·보관·하역·포장 등 물류기능별 물류정책 및 도로·철도·해운·항공 등 운송수단
   별 물류정책의 종합·조정에 관한 사항

  ㉲ 물류시설·장비의 수급·배치 및 투자 우선순위에 관한 사항

  ㉳ 연계물류체계의 구축과 개선에 관한 사항

  ㉴ 물류 표준화·공동화 등 물류체계의 효율화에 관한 사항

  ㉵ 물류보안에 관한 사항

  ㉶ 물류산업의 경쟁력 강화에 관한 사항

  ㉷ 물류인력의 양성 및 물류기술의 개발에 관한 사항

  ㉠ 국제물류의 촉진·지원에 관한 사항

  ㉡ 환경 친화적 물류활동의 촉진·지원에 관한 사항

  ㉢ 그 밖에 물류체계의 개선을 위하여 필요한 사항

(2) 지역물류기본계획의 수립

① 수립권자: 특별시장 및 광역시장

② 수립주기: 지역물류정책의 기본방향을 설정하는 10년 단위의 지역물류기본계획을 5년마다
     수립

③ 지역물류기본계획에 포함되어야 할 사항(국가물류기본계획에 배치되지 않아야 한다)

   ㉮ 지역물류환경의 변화와 전망

   ㉯ 지역물류정책의 목표·전략 및 단계별 추진계획

   ㉰ 운송·보관·하역·포장 등 물류기능별 지역물류정책 및 도로·철도·해운·항공 등 운송
       수단별 지역물류정책에 관한 사항

   ㉱ 지역의 물류시설·장비의 수급·배치 및 투자 우선순위에 관한 사항

   ㉲ 지역의 연계물류체계의 구축 및 개선에 관한 사항

   ㉳ 지역의 물류 공동화 및 정보화 등 물류체계의 효율화에 관한 사항

   ㉴ 지역 물류산업의 경쟁력 강화에 관한 사항

   ㉵ 지역 물류인력의 양성 및 물류기술의 개발·보급에 관한 사항

   ㉶ 지역차원의 국제물류의 촉진·지원에 관한 사항

   ㉷ 지역의 환경 친화적 물류활동의 촉진·지원에 관한 사항

   ㉸ 그 밖에 지역물류체계의 개선을 위하여 필요한 사항

3. 물류정책위원회의 운영

(1) 국가물류정책위원회

① 국가물류정책위원회의 기능

   ㉮ 심의: 국가물류정책에 관한 주요 사항

   ㉯ 설치: 국토교통부장관 소속

② 국가물류정책위원회의 심의·조정 사항

   ㉮ 국가물류체계의 효율화에 관한 중요 정책 사항

   ㉯ 물류시설의 종합적인 개발계획의 수립에 관한 사항

   ㉰ 물류산업의 육성·발전에 관한 중요 정책 사항

   ㉱ 물류보안에 관한 중요 정책 사항

   ㉲ 국제물류의 촉진·지원에 관한 중요 정책 사항

   ㉳ 이 법 또는 다른 법률에서 국가물류정책위원회의 심의를 거치도록 한 사항

   ㉴ 국가물류체계 및 물류산업에 관한 중요한 사항으로 위원장이 부치는 사항

③ 국가물류정책위원회의 구성 운영

   ㉮ 구성: 위원장을 포함한 23명 이내의 위원

④ 위원장: 국토교통부장관

④ 임기: 공무원이 아닌 위원의 임기는 2년(연임가능)

④ **전문위원회 설치 가능**

㉮ 국가물류정책위원회의 업무를 효율적으로 수행하기 위하여 국가물류정책위원회에 다음의 전문위원회를 둘 수 있다.

ⓐ 녹색물류전문위원회　　　　　　　ⓑ 생활물류전문위원회

㉯ 전문위원회의 구성: 위원장 1명을 포함하여 15명 이내의 위원으로 구성

ⓐ 전문위원 임기: 2년 이내(공무원이 아닌 위원)

㉰ 전문위원회의 조사·연구·검토 내용

ⓐ 녹색물류전문위원회

㈀ 환경친화적 물류활동 촉진을 위한 정책의 개발 및 제안에 관한 사항

㈁ 물류기업과 화주기업의 환경친화적 협력체계 구축을 위한 정책과 사업의 개발 및 제안에 관한 사항

㈂ 그 밖에 국토교통부장관 또는 위원회가 조사·연구·검토 요청사항

ⓑ 생활물류전문위원회

㈀ 「생활물류서비스산업발전법」에 따른 생활물류서비스산업의 발전·육성 및 지원을 위한 정책의 개발 및 제안에 관한 사항

㈁ 「생활물류서비스산업발전법」에 따른 생활물류서비스산업 발전기본계획의 수립에 관한 사항

㈂ 다른 법령에서 생활물류전문위원회의 검토를 거치도록 한 사항

㈃ 그 밖에 국토교통부장관 또는 위원회가 조사·연구·검토를 요청한 사항

(2) 지역물류정책위원회

① **목적**: 지역물류정책에 관한 주요 사항을 심의하기 위하여 시·도지사 소속으로 둠

② **구성 및 운영에 필요한 사항**: 대통령령으로 정함

㉮ 구성: 위원장을 포함한 20명 이내의 위원

㉯ 위원장: 해당 지역의 시·도지사

㉰ 위원: 다음 중에서 위원장이 위촉 또는 지명하는 자

ⓐ 관할 및 인접 시·군·구의 시장·군수·구청장

ⓑ 해당 시·도의 물류 관련 업무를 담당하는 3급 이상의 공무원

ⓒ 물류 관련 분야에 관한 전문지식 및 경험이 풍부한 자

㉱ 임기: 공무원이 아닌 위원의 임기는 2년. 연임 가능

4. 기타 물류정책

(1) 전자문서 및 물류정보의 보안

① 누구든지 단위물류정보망 또는 전자문서를 위작 또는 변작하거나 위작 또는 변작된 전자문서를 행사할 수 없다.

② 누구든지 국가물류통합정보센터 또는 단위물류정보망에서 처리·보관 또는 전송되는 물류정보를 훼손하거나 그 비밀을 침해·도용 또는 누설금지

③ 국가물류통합정보센터운영자 또는 단위물류정보망 전담기관은 전자문서 및 정보 처리장치의 파일에 기록되어 있는 물류정보를 대통령령으로 정하는 기간(2년) 동안 보관

  * 전자문서 또는 물류정보를 대통령령으로 정하는 기간 동안 보관하지 아니한 경우에는 1년 이하의 징역 또는 1천만 원 이하의 벌금

④ 국가물류통합정보센터운영자 또는 단위물류정보망 전담기관은 전자문서 및 물류정보의 보안에 필요한 보호조치를 강구

⑤ 누구든지 불법 또는 부당한 방법으로 전자문서 및 물류정보의 보안에 필요한 보호조치를 침해하거나 훼손할 수 없다.

(2) 전자문서 및 물류정보의 공개

① 국가물류통합정보센터운영자 또는 단위물류정보망 전담기관은 대통령령으로 정하는 경우를 제외하고는 전자문서 또는 물류정보의 공개할 수 없다.

② 국가물류통합정보센터운영자 또는 단위물류정보망 전담기관이 전자문서 또는 물류정보를 공개하려는 때에는 미리 대통령령으로 정하는 이해관계인의 동의를 받아야 한다.

5. 철도물류산업의 활성화(철도물류산업법)

(1) 철도물류산업 육성계획 수립

① 수립권자: 국토교통부장관
　　　　　　　관계 행정기관의 장과 협의한 후 철도산업위원회의 심의를 거쳐 결정

② 수립주기: 철도물류산업 육성계획을 5년마다 수립하여 시행

③ 수립이유: 철도물류의 경쟁력을 높이고, 철도물류산업을 활성화

④ 수립 또는 변경시 관보에 고시하고, 관계 행정기관의 장에게 통보

(2) 철도화물역의 거점화

① 거점역 지정권자: 국토교통부장관은 거점역을 지정

② 비용지원: 다른 철도화물역에 우선하여 개량 및 통폐합 등에 필요한 비용을 지원할 수 있다.

③ 거점역의 지정 기준, 방법 및 비용지원 등 필요사항은 대통령령으로 정함

(3) 국제철도화물운송사업자

① 국제철도화물운송사업자 지정 육성

㉮ 의미: 대한민국을 포함한 둘 이상의 국가를 경유하여 철도화물운송업을 영위하는 철도
화물운송사업자

㉯ 지정권자: 국토교통부장관

㉰ 지정기준: 자본, 부채, 철도화물 운송실적 등 대통령령으로 정하는 기준

ⓐ 자본금이 50억 이상일 것

ⓑ 부채총액이 자본금의 2배를 초과하지 아니할 것

ⓒ 최근 5년 이내에 철도화물의 운송실적이 있을 것

㉱ 지정대상: 철도화물운송사업자 중에서 국제철도화물운송사업자를 지정하여 육성

② 지정을 취소할 수 있는 경우

㉮ 거짓이나 그 밖의 부정한 방법으로 지정을 받은 경우

㉯ 지정기준에 미달된 경우로서 그 날부터 90일 이내에 미달된 사항을 보완하지 아니한
경우

㉰ 「철도사업법」에 따른 철도사업면허가 취소되었거나 철도화물운송업의 폐업이 확인된
경우

(4) 과태료 부과

① 부과권자: 국토교통부장관

② 부과사유: 거짓이나 그 밖의 부정한 방법으로 국제철도화물운송사업자로 지정을 받은 자

③ 대통령령으로 정하는 기준에 따라 1천만 원 이하의 과태료 부과(200만 원 부과)

6. 위험물의 철도운송(위험물철도운송규칙)

(1) 위험물 운송일반

① 철도운영자는 위험물을 철도운송시 탁송인 또는 수화인의 신분을 확인하여야 한다.

② 위험물을 정거장으로 반입하여 적재하거나, 위험물을 반출하기 위하여 화차에서 내리는 작
업을 할 때에는 철도운영자가 지정하는 위험물취급담당자와 탁송인, 수화인 또는 그 대리인
이 입회하여야 한다.

③ 위험물중 화약류를 반입하거나 반출하는 경우에는 작업의 일시, 장소 및 방법 등에 관하여
철도운영자의 지시에 따라야 한다.

④ 일출전·일몰후의 화약류 취급

㉮ 화약류는 관할 경찰관서의 승인을 얻지 아니하고는 일출 전이나 일몰 후에는 탁송을
받거나 적하하지 못한다.

④ 화약류를 관할 경찰관서에 신고한 후 일출 전이나 일몰 후에도 탁송을 받거나 적하할 수 있는 경우
    ⓐ 총용화약 5킬로그램 이내
    ⓑ 총용실포 1,000개 이내
    ⓒ 총용공포 1,000개 이내
    ⓓ 총용의 뇌관 또는 뇌관부 화약통 각 20개 이내
⑤ 철도운영자는 당해 위험물을 운송하기 전에 반출·반입의 일시·장소 및 취급방법 등을 탁송인에게 알려주어야 한다.
⑥ 위험물중 화약류의 탁송인이 「총포·도검·화약류 등 단속법」에 의하여 관할 경찰서장의 화약류운반신고필증을 교부받은 경우에는 탁송 4시간 전에 운송장에 화약류운반신고필증을 첨부하여 발송정거장의 역장에게 제출하여 철도로의 운송여부에 대한 승낙을 얻어야 한다.
⑦ 위험물의 용기 및 포장의 기준(위험물의 포장방법)
    ㉮ 누출(漏出) 또는 손상될 위험이 없을 것
    ㉯ 위험물과 접촉하여 발열, 가스발생, 부식 등 위험한 물리적·화학적 반응을 일으키지 아니할 것
    ㉰ 위험물의 품질을 저하시키지 아니할 것
    ㉱ 염소산염류 또는 액체의 폭발성분을 포함한 화약류의 용기 또는 포장에 사용한 것은 위험물의 용기 또는 포장에 사용하여서는 아니 된다.

(2) 위험물 용기검사

① 위험물 용기검사의 종류
    ㉮ 초기검사: 위험물용기등을 제조·수입하여 판매하기 전 또는 최초로 사용하기 전에 위험물용기등의 안전성을 확인하기 위하여 실시하는 검사
    ㉯ 정기검사: 초기검사를 받은 위험물용기등의 안전성을 확인하기 위하여 일정 기간마다 정기적으로 실시하는 검사
    ㉰ 수시검사: 초기검사를 받은 위험물용기등의 안전성을 확인하기 위하여 국토교통부장관이 필요하다고 인정하는 경우에 수시로 실시하는 검사(철도준사고가 발생한 경우, 국토교통부장관이 위험물용기등 검사가 필요하다고 인정하는 경우)

② 위험물 용기검사의 합격기준
    ㉮ 누출 또는 손상될 위험이 없을 것
    ㉯ 위험물과 접촉하여 발열, 가스발생, 부식 등 위험한 물리적·화학적 반응을 일으키지 않을 것
    ㉰ 위험물의 품질을 저하시키지 않을 것
    ㉱ 위험물용기등을 사용하여 위험물등을 철도로 안전하게 운송할 수 있을 것

(3) 위험물취급에 관한 교육

① 교육대상: 철도로 운송하는 위험물을 취급하는 자

위험물취급자는 자신이 고용한 종사자 중 철도로 운송하는 위험물을 취급하는 자에 대하여 위험물취급안전교육을 받도록 해야 한다.

② 교육종류

㉮ 신규교육: 위험물취급 업무를 수행한 날부터 3개월 이내에 받아야 하는 교육

㉯ 정기교육: 신규교육을 받은 날을 기준으로 2년마다(매 2년이 되는 날이 속하는 해의 1월 1일부터 12월 31일까지를 말한다) 받아야 하는 교육

③ 교육시간: 8시간

(4) 위험물 적재

① 위험물을 적재할 때 지켜야 할 사항

㉮ 위험물이 마찰 또는 충돌하지 아니하도록 할 것

㉯ 위험물이 흔들리거나 굴러 떨어지지 아니하도록 할 것

㉰ 화약류(초유폭약, 실포와 공포 제외)의 적재중량이 화차 적재적량의 80퍼센트에 상당하는 중량(외장의 중량 포함)을 초과하지 아니하도록 할 것

② 2종 이상의 화약류를 동일한 화차에 적재할 때에는 다음의 화약류 마다 상당한 간격을 두고 나무판·가죽·헝겊 또는 거적류 등으로 10cm 이상의 간격막을 설치하여야 한다.

㉮ 유연화약을 장전한 총용실포, 총용공포, 유연화약만을 장전한 그 밖의 화공품, 질산염, 염소, 산염 또는 과염소염산을 주성분으로 한 폭약으로서 유기초화물을 함유하지 아니하는 것

㉯ 무연화약을 장전한 총용실포, 총용공포, 무연화약만을 장전한 화공품

㉰ 폭약

㉱ 화공품

(5) 위험물 운송방법

① 위험물 운송화차

철도운영자는 위험물을 위험물운송전용화차 또는 유개화차로 운송하여야 한다.

② 위험물 운송화차의 예외

위험물의 성질·길이·중량 또는 형상 등의 사유로 인하여 위험물운송전용화차 또는 유개화차에 적재할 수 없다고 판단하는 경우에는 내화성 덮개를 설치하는 등 적정한 안전조치를 한 후 무개화차로 운송할 수 있다.

③ 위험물은 도착 정거장까지 직통하는 열차로 운송하여야 한다.

④ 직통열차가 없는 경우에는 운행시간이 이르거나 중간정차역이 적은 열차로 운송하여야 한다.

⑤ 위험물 운송화차의 검사 및 보호조치

㉮ 철도운영자는 위험물을 운송하기 전에 안전한 운송에 지장이 없는지에 대하여 위험물을 적재한 화차를 철저하게 검사하여야 하며

④ 필요하다고 인정되는 경우에는 당해 화차 안의 위험물에 나무판, 가죽, 헝겊 또는 거적
　　　류 등을 덮는 등의 보호조치
　⑥ 위험물의 혼재제한
　　㉮ 위험물은 이를 다른 화물과 혼재(混載)하여 운송하여서는 아니 된다.
　　㉯ 종류가 다른 위험물은 혼재하여 운송하여서는 아니 된다.
　　　단, 「총포·도검·화약류 등 단속법 시행령」의 규정에 의한 화약류는 그러하지 아니하다.

(6) 위험물을 취급할 때의 준수사항

① 위험물을 취급함에 있어 갈고리를 쓰거나 던지지 말 것
② 소형의 화공품인 위험물은 이를 굴리지 말 것
③ 대형의 화공품인 위험물을 굴릴 때에는 충돌을 예방할 수 있는 가죽·헝겊 또는 거적류 등으
　　로 이동할 장소를 덮을 것
④ 위험물을 취급하는 장소 또는 화차 안에서는 안전등(安全燈) 외의 등화를 사용하지 말 것
⑤ 성냥 등 발화하기 쉬운 물품을 소지하거나 흡연하지 말 것
⑥ 인화성이나 폭발성이 강한 위험물을 취급하는 경우 신발의 바닥에 징을 박은 신발류를 신지
　　아니하는 등 위험물의 취급에 부적합한 의복과 신발류를 착용하지 말 것
⑦ 위험물을 취급하기 전이나 취급한 후에는 장소와 차내를 청소하도록 할 것
⑧ 여객 승강장에서의 위험물 취급금지
　　㉮ 위험물은 여객 승강장에서 취급하여서는 아니 된다.
　　　단, 여객 또는 여객이 탄 객차가 부근에 없는 때에는 취급할 수 있다.
　　㉯ 위험물은 역 구내에서 포장하거나 포장을 풀지 못한다.

(7) 위험물 적재화차의 연결

① 위험물을 적재한 화차는 여객이 승차한 차량에 연결하여서는 아니 된다.
② 기관차 및 호송인이 승차한 화차의 연결 제한
　　위험물을 적재한 화차는 동력을 가진 기관차 또는 이를 호송하는 사람이 승차한 화차의 바
　　로 앞 또는 바로 다음에 연결하여서는 아니 된다.
③ 객차에 연결할 수 있는 경우 및 격리방법
　　㉮ 화물열차를 운행하지 아니하는 노선 또는 운송상 특별한 사유가 있는 경우에는 화약류
　　　를 적재한 화차는 1량에 한하여 이를 객차에 연결할 수 있다.
　　㉯ 이 경우 객차로부터 3량 이상의 빈차를 그 사이에 연결하여 객차와 격리하는 등의 필
　　　요한 안전조치를 하여야 한다.
④ 격리하지 않을 수 있는 경우
　　㉮ 군사적인 목적으로 운행하는 군용열차에 위험물을 적재한 화차를 연결하는 경우에는
　　　다른 철도차량과 격리하지 아니할 수 있다.

ⓐ 이 경우 화약류를 적재한 화차를 동력차 또는 발전차와 연결하는 경우에는 적어도 1량 이상의 빈차를 그 사이에 연결하여야 한다.

⑤ 위험물을 적재한 화차와 다른 철도차량을 연결하여 열차를 조성(組成)하는 경우에 준수사항
　　㉮ 동력차 또는 발전차에 위험물을 적재한 화차를 연결하는 때에는 3량 이상의 빈차를 그 사이에 연결하여야 한다.
　　㉯ 발화 또는 폭발의 염려가 있는 화물을 적재한 화차에 위험물을 적재한 화차를 연결하는 때에는 3량 이상의 빈차를 그 사이에 연결하여야 한다.
　　㉰ ㉮,㉯항 이외의 철도차량에 위험물을 적재한 화차를 연결하는 때에는 1량 이상의 빈차를 그 사이에 연결하여야 한다.

⑥ 빈차에 갈음할 수 있는 경우
　　㉮ 위험물을 적재한 화차에 충격을 줄 염려가 없는 불연성 화물을 적재한 무개화차
　　㉯ 발화 또는 폭발의 위험이 없는 화물을 적재한 유개화차

⑦ 동일열차에 연결금지
　　화공품을 적재한 화차와 화약 또는 폭약을 적재한 화차는 이를 동일한 열차에 연결하여서는 아니 된다.

⑧ 위험물을 적재한 화차의 충격금지
　　위험물을 적재한 화차를 다른 철도차량과 연결하거나 분리하는 때에는 위험물을 적재한 화차에 충격을 주지 아니하도록 주의하여야 한다.

⑨ 화약류 적재화차의 연결제한
　　하나의 열차에는 화약류만을 적재한 화차를 5량을 초과하여 연결하여서는 아니 된다.

(8) 철도운영자가 경찰관서에 지체없이 신고하여야 하는 경우
① 화약류의 탁송신청을 받은 때
② 화약류를 적재한 화차가 도중역에 체류·정류하는 때
③ 화약류를 적재한 화차가 도착역에 도착하는 때(위험물의 수화인은 위험물이 도착하면 지체 없이 이를 역외에 반출하여야 한다. 단, 도착역에 특별한 설비를 갖춘 경우에는 예외)
④ 화약류의 수화인이 화약류 도착 후 5시간이 경과하여도 화약류를 반출하지 아니하는 때(화약류를 적재한 화차를 격리된 선로로 이동시킨 후 위험방지에 필요한 조치)

(9) 호송인의 동승요구 등
① 철도운영자는 1개 화차를 전용하여 적재할 화약류의 운송을 수탁한 때에는 탁송인에게 호송인을 동일열차에 동승시킬 것을 요구할 수 있다.
② 철도운영자는 위험물을 철도로 운송함에 있어 필요하다고 인정하는 경우에는 탁송인에게 해당 위험물에 대한 안전관리자의 동승을 요구할 수 있다.
③ 호송인 또는 안전관리자가 동일열차에 동승하는 경우에는 호송인 또는 안전관리자는 해당 위험물을 적재한 화차에 승차하여서는 아니 된다.

01

23년 1회·16년 3회

물류정책기본법에서의 물류(物流)에 대한 정의로 맞는 것은?

① 효율적인 물류활동을 위하여 시설·장비·정보 등과 인력 등이 서로 유기적으로 기능을 발휘할 수 있도록 연계된 집합체를 말한다.

② 화주가 소비자로부터 회수되어 폐기될 때까지 이루어지는 운송·보관·하역 등과 이에 부가되어 가치를 창출하는 가공·조립·분류·수리·포장·상표부착·판매·정보통신 등을 말한다.

③ 재화가 수요자로부터 조달·생산되어 공급자에게 전달되거나 공급자로부터 회수되어 폐기될 때까지 이루어지는 운송·보관·하역 등과 이에 부가되어 가치를 창출하는 가공·조립·분류·수리·포장·상표부착·판매·정보통신 등을 말한다.

④ 재화가 공급자로부터 조달·생산되어 수요자에게 전달되거나 소비자로부터 회수되어 폐기될 때까지 이루어지는 운송·보관·하역 등과 이에 부가되어 가치를 창출하는 가공·조립·분류·수리·포장·상표부착·판매·정보통신 등을 말한다.

(해설) 물류법 제2조(정의)

1. "물류"란 재화가 <u>공급자</u>로부터 조달·생산되어 <u>수요자</u>에게 전달되거나 <u>소비자</u>로부터 회수되어 폐기될 때까지 이루어지는 운송·보관·하역 등과 이에 부가되어 가치를 창출하는 가공·조립·분류·수리·포장·상표부착·판매·정보통신 등을 말한다. **정답** ④

02

23년 2회·22년 2회·21년 2회·20년 2회·17년 1회

물류정책기본법에서 규정한 용어의 정의로 틀린 것은?

① "물류체계"란 효율적인 물류활동을 위하여 시설·장비·정보·조직 및 인력 등이 서로 유기적으로 기능을 발휘할 수 있도록 연계된 집합체를 말한다.

② "물류표준"이란 「산업표준화법」 제12조에 따른 한국산업표준 중 물류활동과 관련된 것을 말한다.

③ "제3자물류"란 화주가 그와 국토교통부령으로 정하는 특수관계에 있지 아니한 물류기업에 물류활동의 일부 또는 전부를 위탁하는 것을 말한다.

④ "국제물류주선업"이란 타인의 수요에 따라 자기의 명의와 계산으로 타인의 물류시설·장비 등을 이용하여 수출입화물의 물류를 주선하는 사업을 말한다.

해설 물류법 제2조(정의)

3. "물류체계"란 효율적인 물류활동을 위하여 시설·장비·정보·조직 및 인력 등이 서로 유기적으로 기능을 발휘할 수 있도록 연계된 집합체를 말한다.

6. "물류표준"이란 「산업표준화법」 제12조에 따른 한국산업표준 중 물류활동과 관련된 것을 말한다.

7. "물류표준화"란 원활한 물류를 위하여 다음 각 목의 사항을 물류표준으로 통일하고 단순화하는 것을 말한다.
   가. 시설 및 장비의 종류·형상·치수 및 구조
   나. 포장의 종류·형상·치수·구조 및 방법
   다. 물류용어, 물류회계 및 물류 관련 전자문서 등 물류체계의 효율화에 필요한 사항

8. "단위물류정보망"이란 기능별 또는 지역별로 관련 행정기관, 물류기업 및 그 거래처를 연결하는 일련의 물류정보체계를 말한다.

10. "제3자물류"란 화주가 그와 대통령령으로 정하는 특수관계에 있지 아니한 물류기업에 물류활동의 일부 또는 전부를 위탁하는 것을 말한다.

11. "국제물류주선업"이란 타인의 수요에 따라 자기의 명의와 계산으로 타인의 물류시설·장비 등을 이용하여 수출입 화물의 물류를 주선하는 사업을 말한다.   정답 ③

물류정책기본법에서 "물류시설"에 포함되지 않는 것은?

① 화물의 운송·보관·하역을 위한 시설
② 화물의 운송·보관·하역 등에 부가되는 제조·가공·조립·분류·수리·포장·상표부착·판매·정보통신 등을 위한 시설
③ 물류의 공동화·자동화 및 정보화를 위한 시설
④ 물류시설이 모여 있는 물류터미널 및 물류단지

해설 물류법 제2조(정의)

4. "물류시설"이란 물류에 필요한 다음 각 목의 시설을 말한다.
   가. 화물의 운송·보관·하역을 위한 시설
   나. 화물의 운송·보관·하역 등에 부가되는 가공·조립·분류·수리·포장·상표부착·판매·정보통신 등을 위한 시설
   다. 물류의 공동화·자동화 및 정보화를 위한 시설
   라. 가목부터 다목까지의 시설이 모여 있는 물류터미널 및 물류단지   정답 ②

다음은 물류정책기본법에서 규정한 용어 중 무엇에 대한 설명인가?

> 물류기업이나 화주기업(貨主企業)들이 물류활동의 효율성을 높이기 위하여 물류에 필요한 시설·장비·인력·조직·정보망 등을 공동으로 이용하는 것을 말한다.

① 물류표준화   ② 물류공동화   ③ 물류자동화   ④ 물류체계

(해설) 물류법 제2조(정의)

5. "물류공동화"란 물류기업이나 화주기업(貨主企業)들이 물류활동의 효율성을 높이기 위하여 물류에 필요한 시설·장비·인력·조직·정보망 등을 공동으로 이용하는 것을 말한다.   정답 ②

물류정책기본법상 물류사업 범위 중 물류서비스업에 해당하는 것은?

① 창고업   ② 해상화물운송업   ③ 화물주선업   ④ 파이프라인운송업

(해설) 물류법 제2조(정의)

2. "물류사업"이란 화주의 수요에 따라 유상으로 물류활동을 영위하는 것을 업으로 하는 것
   가. 자동차·철도차량·선박·항공기 또는 파이프라인 등의 운송수단을 통하여 화물을 운송하는 화물운송업
   나. 물류터미널이나 창고 등의 물류시설을 운영하는 물류시설운영업
   다. 화물운송의 주선, 물류장비의 임대, 물류정보의 처리 또는 물류컨설팅 등의 업무를 하는 물류서비스업
   라. 가~다.까지의 물류사업을 종합적·복합적으로 영위하는 종합물류서비스업   정답 ③

물류정책기본법상 물류사업의 종류 중 화물운송업의 세분류에 해당하지 않는 것은?

① 창고업   ② 해상화물운송업   ③ 파이프라인운송업   ④ 육상화물운송업

(해설) 물류기본법시행령 제3조별표1(물류사업의 범위)

대분류	세분류
화물운송업	육상화물운송업, 해상화물운송업, 항공화물운송업, 파이프라인운송업
물류시설운영업	창고업(공동집배송센터운영업 포함), 물류터미널운영업
물류서비스업	화물취급업(하역업 포함), 화물주선업, 물류장비임대업, 물류정보처리업 물류컨설팅업, 해운부대사업, 항만운송관련업, 항만운송사업
종합물류서비스업	종합물류서비스업

정답 ①

07

물류정책기본법상 물류사업에 해당하지 않는 사업은?

① 물류서비스업　　② 화물운송업　　③ 종합물류서비스업　　④ 물류운영업

(해설) 물류기본법시행령 제3조 별표1(물류사업의 범위)　　　　　　　　　　　　정답 ④

08

다음은 물류정책기본법의 물류정책위원회에 관한 설명으로 ㄱ, ㄴ에 들어갈 내용이 맞는 것은?

> 물류정책위원회는 위원장을 포함한 (ㄱ) 이내의 위원으로 구성하며, 지역물류정책에 관한 주요 사항을 심의하기 위하여 시·도지사 소속으로 지역물류정책위원회를 둔다. 지역물류정책위원회의 구성 및 운영에 필요한 사항은 (ㄴ)으로 정한다.

① ㄱ－20명,　ㄴ－국토교통부령　　　　② ㄱ－23명,　ㄴ－대통령령
③ ㄱ－25명,　ㄴ－국토교통부령　　　　④ ㄱ－30명,　ㄴ－대통령령

(해설) 물류법 제18조(국가물류정책위원회의 구성 등)
① 국가물류정책위원회는 위원장을 포함한 23명 이내의 위원으로 구성한다.
② 국가물류정책위원회의 위원장은 국토교통부장관이 된다.
④ 공무원이 아닌 위원의 임기는 2년으로 하되, 연임할 수 있다.
⑤ 물류정책에 관한 중요 사항을 조사·연구하기 위하여 대통령령으로 정하는 바에 따라 국가물류정책위원회에 전문위원을 둘 수 있다.
제20조(지역물류정책위원회)
① 지역물류정책에 관한 주요 사항을 심의하기 위하여 시·도지사 소속으로 지역물류정책위원회를 둔다.
② 지역물류정책위원회의 구성 및 운영에 필요한 사항은 <u>대통령령</u>으로 정한다.　　　　정답 ②

09

국가물류정책위원회의 전문위원에 대한 설명 중 틀린 것은?

① 5명 이내 비상근 전문위원을 둘 수 있다.
② 국토교통부장관이 전문위원을 위촉한다.
③ 전문위원의 임기는 3년이며, 연임할 수 없다.
④ 전문위원은 위원회와 분과위원회에 출석하여 발언할 수 있다.

(해설) 물류법 제9조(국가물류정책위원회의 전문위원)

① 법제17조에 따른 국가물류정책위원회에는 법제18조 제5항에 따라 5명 이내의 비상근 전문위원을 둘 수 있다.

② 전문위원은 다음에 해당하는 자 중에서 국토교통부장관이 위촉한다.

    1. 법제18조 제2항 제1호에 해당하는 중앙행정기관의 장이 추천하는 자

    2. 물류관련 분야에 관한 전문지식 및 경험이 풍부한 자

③ 전문위원의 임기는 3년 이내로 하되, 연임할 수 있다.

④ 전문위원은 위원회와 법 제19조 제1항 각 호의 분과위원회에 출석하여 발언할 수 있다.   정답 ③

10

물류정책기본법에서 지역물류기본계획수립 시 포함되어야 할 사항과 거리가 먼 것은?

① 지역물류환경의 변화와 전망

② 지역물류정책의 단기적 목표 전략 및 단계별 추진계획

③ 지역차원의 국제물류의 촉진, 지원에 관한 사항

④ 지역물류정책의 목표, 전략 및 단계별 추진계획

⑤ 지역물류의 수요예측

(해설) 기본법 제11조(국가물류기본계획의 수립)

① 국토교통부장관 및 해양수산부장관은 국가물류정책의 기본방향을 설정하는 10년단위의 국가물류기본계획을 5년마다 공동으로 수립한다.

② 국가물류기본계획에는 다음사항이 포함되어야 한다.

    1. 국내외 물류환경의 변화와 전망

    2. 국가물류정책의 목표와 전략 및 단계별 추진계획

    2의2. 국가물류정보화사업에 관한 사항

    3. 운송·보관·하역·포장 등 물류기능별 물류정책 및 도로·철도·해운·항공 등 운송수단별 물류정책의 종합·조정에 관한 사항

    4. 물류시설·장비의 수급·배치 및 투자 우선순위에 관한 사항

    5. 연계물류체계의 구축과 개선에 관한 사항

    6. 물류 표준화·공동화 등 물류체계의 효율화에 관한 사항

    6의2. 물류보안에 관한 사항

    7. 물류산업의 경쟁력 강화에 관한 사항

    8. 물류인력의 양성 및 물류기술의 개발에 관한 사항

    9. 국제물류의 촉진·지원에 관한 사항

    9의2. 환경친화적 물류활동의 촉진·지원에 관한 사항

    10. 그 밖에 물류체계의 개선을 위하여 필요한 사항

제14조(지역물류기본계획의 수립)

① 특별시장 및 광역시장은 지역물류정책의 기본방향을 설정하는 10년단위의 지역물류기본계획을 5년마다 수립한다.

③ 지역물류기본계획은 국가물류기본계획에 배치되지 않아야 하고, 다음사항이 포함되어야 한다.

    1. 지역물류환경의 변화와 전망

    2. 지역물류정책의 목표·전략 및 단계별 추진계획

3. 운송·보관·하역·포장 등 물류기능별 지역물류정책 및 도로·철도·해운·항공 등 운송수단별 지역물류정책에 관한 사항
4. 지역의 물류시설·장비의 수급·배치 및 투자 우선순위에 관한 사항
5. 지역의 연계물류체계의 구축 및 개선에 관한 사항
6. 지역의 물류 공동화 및 정보화 등 물류체계의 효율화에 관한 사항
7. 지역 물류산업의 경쟁력 강화에 관한 사항
8. 지역 물류인력의 양성 및 물류기술의 개발·보급에 관한 사항
9. 지역차원의 국제물류의 촉진·지원에 관한 사항
10. 지역의 환경친화적 물류활동의 촉진·지원에 관한 사항
11. 그 밖에 지역물류체계의 개선을 위하여 필요한 사항

정답 ②, ⑤

11

전자문서 및 물류정보의 공개에 대한 설명으로 맞는 것은?

① 철도사업자는 전자문서 및 물류정보의 보안에 필요한 보호조치를 강구하여야 한다.
② 대통령령으로 정하는 경우를 제외하고는 전자문서 또는 물류정보를 공개하여서는 아니 된다.
③ 전자문서 또는 물류정보를 공개하려는 때에는 미리 국토교통부령으로 정하는 이해관계인의 동의를 받아야 한다.
④ 단위물류정보망 전담기관은 전자문서 및 정보처리장치의 파일에 기록되어 있는 물류정보를 국토교통부령이 정하는 기간 동안 보관하여야 한다.

해설 물류법 제33조(전자문서 및 물류정보의 보안)
① 누구든지 단위물류정보망 또는 제32조 제1항의 전자문서를 위작(僞作) 또는 변작(變作)하거나 위작 또는 변작된 전자문서를 행사하여서는 아니 된다.
② 누구든지 국가물류통합정보센터 또는 단위물류정보망에서 처리·보관 또는 전송되는 물류정보를 훼손하거나 그 비밀을 침해·도용(盜用) 또는 누설하여서는 아니 된다.
③ 국가물류통합정보센터운영자 또는 단위물류정보망 전담기관은 전자문서 및 정보처리장치의 파일에 기록되어 있는 물류정보를 대통령령으로 정하는 기간 동안 보관하여야 한다.
  * 법 제33조 제3항에 따른 전자문서 및 물류정보의 보관기간은 2년으로 한다.
④ 국가물류통합정보센터운영자 또는 단위물류정보망 전담기관은 제1항부터 제3항까지의 규정에 따른 전자문서 및 물류정보의 보안에 필요한 보호조치를 강구하여야 한다.
⑤ 누구든지 불법 또는 부당한 방법으로 제4항에 따른 보호조치를 침해하거나 훼손하여서는 아니 된다.
제34조(전자문서 및 물류정보의 공개)
① 국가물류통합정보센터운영자 또는 단위물류정보망 전담기관은 대통령령으로 정하는 경우를 제외하고는 전자문서 또는 물류정보를 공개하여서는 아니 된다.
② 국가물류통합정보센터운영자 또는 단위물류정보망 전담기관이 제1항에 따라 전자문서 또는 물류정보를 공개하려는 때에는 미리 대통령령으로 정하는 이해관계인의 동의를 받아야 한다.

정답 ②

국가물류통합정보센터운영자 또는 단위물류정보망 전담기관이 전자문서 또는 물류정보를 대통령령으로 정하는 기간 동안 보관하지 아니한 자에 대한 벌칙으로 맞는 것은?

① 1년 이하의 징역 또는 1천만 원 이하의 벌금에 처한다.
② 2년 이하의 징역 또는 2천만 원 이하의 벌금에 처한다.
③ 3년 이하의 징역 또는 3천만 원 이하의 벌금에 처한다.
④ 4년 이하의 징역 또는 4천만 원 이하의 벌금에 처한다.

(해설) 물류기본법 제33조(전자문서 및 물류정보의 보안)
③ 국가물류통합정보센터운영자 또는 단위물류정보망 전담기관은 전자문서 및 정보처리장치의 파일에 기록되어 있는 물류정보를 대통령령으로 정하는 기간 동안(2년) 보관하여야 한다.
제71조(벌칙) ④다음 각 호의 어느 하나에 해당하는 자는 1년 이하의 징역 또는 1천만 원 이하의 벌금에 처한다.
  1의2.제33조 제3항을 위반하여 전자문서 또는 물류정보를 대통령령으로 정하는 기간 동안 보관하지 아니한 자
정답 ①

다음은 물류정책기본법에 의한 물류시설에 대한 정의를 설명한 것이다. (   )에 들어갈 용어가 맞는 것으로만 구성된 것은?

> "물류시설"이란 화물의 운송, 보관, (   ) 등에 부가되는 가공, 조립, (   ), (   ), 포장, (   ), (   ), 정보통신 등을 위한 시설을 말한다.

① 하역, 분류, 수리, 상표부착, 판매
② 하역, 분류, 수선, 상표부착, 배송
③ 적재, 분리, 수리, 상표부착, 판매
④ 적재, 분리, 수선, 상표부착, 배송

(해설) 물류기본법 제2조(정의)
4. "물류시설"이란 물류에 필요한 다음 각 목의 시설을 말한다.
  가. 화물의 운송·보관·하역을 위한 시설
  나. 화물의 운송·보관·하역 등에 부가되는 가공·조립·<u>분류</u>·<u>수리</u>·포장·<u>상표부착</u>·<u>판매</u>·정보통신 등을 위한 시설
  다. 물류의 공동화·자동화 및 정보화를 위한 시설
  라. 가목부터 다목까지의 시설이 모여 있는 물류터미널 및 물류단지
정답 ①

물류정책기본법에서 국제물류주선업의 등록 결격사유에 해당하지 않는 사람은?

① 피성년후견인 또는 피한정후견인

② 물류정책기본법을 위반하여 벌금형을 선고받고 2년이 지나지 아니한 자

③ 형법을 위반하여 벌금 이상의 형의 선고를 받고 그 집행이 면제된 날로부터 2년이 지나지 아니한 자

④ 항공안전법 또는 해운법을 위반하여 금고 이상의 형의 집행유예를 선고받고 그 유예기간 중에 있는 자

（해설） **물류법 제44조(등록의 결격사유)**

다음 각 호의 어느 하나에 해당하는 자는 국제물류주선업의 등록을 할 수 없으며, 외국인 또는 외국의 법령에 따라 설립된 법인의 경우에는 해당 국가의 법령에 따라 다음 각 호의 어느 하나에 해당하는 경우에도 또한 같다.

1. 피성년후견인 또는 피한정후견인
2. 이 법, 「화물자동차 운수사업법」, 「항공사업법」, 「항공안전법」, 「공항시설법」 또는 「해운법」을 위반하여 금고 이상의 실형을 선고받고 그 집행이 종료(집행이 종료된 것으로 보는 경우를 포함한다)되거나 집행이 면제된 날부터 2년이 지나지 아니한 자
3. 이 법, 「화물자동차 운수사업법」, 「항공사업법」, 「항공안전법」, 「공항시설법」 또는 「해운법」을 위반하여 금고 이상의 형의 집행유예를 선고받고 그 유예기간 중에 있는 자
4. 이 법, 「화물자동차 운수사업법」, 「항공사업법」, 「항공안전법」, 「공항시설법」 또는 「해운법」을 위반하여 벌금형을 선고받고 2년이 지나지 아니한 자
5. 제47조 제1항에 따라 등록이 취소(이 조 제1호에 해당하여 등록이 취소된 경우는 제외한다)된 후 2년이 지나지 아니한 자
6. 법인으로서 대표자가 제1호부터 제5호까지의 어느 하나에 해당하는 경우
7. 법인으로서 대표자가 아닌 임원중에 제2호부터 제5호까지의 어느 하나에 해당하는 사람이 있는 경우

정답 ③

철도물류산업의 육성 및 지원에 관한 법률에 정의된 내용으로 틀린 것은?

① 철도물류산업 육성계획은 5년마다 수립히여 시행하여야 한다.

② 철도물류서비스업이란 물류 터미널 · 창고 등 철도물류시설을 운영하는 사업을 말한다.

③ 철도화물의 거점역의 지정 기준 · 방법 및 비용지원 등에 관한 사항은 대통령령으로 정한다.

④ 거짓이나 그 밖의 방법으로 국제철도화물운송사업자로 지정을 받은 경우 1천만 원 이하의 과태료를 부과한다.

（해설） **철물법**

제5조(철도물류산업 육성계획) ①국토교통부장관은 철도물류산업 육성계획을 5년마다 수립하여 시행하여야 한다.

제2조(정의) 4. "철도물류사업"이란 화주(貨主)의 수요에 따라 유상(有償)으로 물류활동을 수행하는 다음의 사업

가. 철도화물운송업: 철도차량으로 화물을 운송하는 사업

나. 철도물류시설운영업: 물류터미널·창고 등 철도물류시설을 운영하는 사업

다. 철도물류서비스업: 철도화물 운송의 주선(周旋), 철도물류에 필요한 장비의 임대, 철도물류 관련 정보의 처리 또는 철도물류에 관한 컨설팅 등 철도물류와 관련된 각종 서비스를 제공하는 사업

제6조(수립절차) ① 국토교통부장관은 철도물류계획을 수립하거나 변경하려는 경우 관계 행정기관의 장과 협의한 후 「철도산업발전기본법」 제6조에 따른 철도산업위원회의 심의를 거쳐야 한다. 다만, 대통령령으로 정하는 경미한 사항을 변경하는 때에는 그러하지 아니하다.

② 국토교통부장관은 철도물류계획을 수립 또는 변경한 때에는 이를 관보에 고시하고, 관계 행정기관의 장에게 통보하여야 한다.

제9조(철도화물역의 거점화) ① 국토교통부장관은 거점역을 지정하고, 다른 철도화물역에 우선하여 개량 및 통폐합 등에 필요한 비용을 지원할 수 있다.

② 거점역의 지정 기준, 방법 및 비용 지원 등에 필요한 사항은 대통령령으로 정한다.

제18조(국제철도화물운송사업자) ③ 국토교통부장관은 다음의 경우에 국제철도화물운송사업자 지정을 취소할 수 있다.

1. 거짓이나 그 밖의 부정한 방법으로 지정을 받은 경우(1천만 원 이하 과태료)

2. 제1항에 따른 지정기준에 미달된 경우로서 그 날부터 90일 이내에 미달된 사항을 보완하지 아니한 경우

3. 「철도사업법」 제5조에 따른 철도사업면허가 취소되었거나 철도화물운송업의 폐업이 확인된 경우

제21조(과태료) 국토교통부장관은 거짓이나 그 밖의 부정한 방법으로 제18조 제1항에 따른 국제철도화물운송사업자로 지정을 받은 자에게는 대통령령으로 정하는 기준에 따라 1천만 원 이하의 과태료를 부과한다. 정답 ②

16

위험물용기등의 검사 종류로 틀린 것은?

① 초기검사　　　② 정기검사　　　③ 재검사　　　④ 수시검사

(해설) 철물법 시행령 제20조(위험물용기등 검사의 종류 및 대상)

① 「철도안전법」(이하 "법"이라 한다) 제44조의2 제1항에 따라 위험물을 철도로 운송하는 데 사용되는 포장 및 용기를 제조·수입하여 판매하려는 자 또는 이를 소유하거나 임차하여 사용하는 자는 다음 각 호의 구분에 따른 위험물용기등의 안전성에 관한 검사를 받아야 한다.

1. 초기검사: 위험물용기등을 제조·수입하여 판매하기 전 또는 최초로 사용하기 전에 위험물용기등의 안전성을 확인하기 위하여 실시하는 검사

2. 정기검사: 초기검사를 받은 위험물용기등의 안전성을 확인하기 위하여 일정 기간마다 정기적으로 실시하는 검사

3. 수시검사: 초기검사를 받은 위험물용기등의 안전성을 확인하기 위하여 국토교통부장관이 필요하다고 인정하는 경우에 수시로 실시하는 검사 정답 ③

철도로 운송하는 위험물을 취급하는 자에 대한 위험물취급안전교육 중 위험물취급 업무를 수행한 날부터 3개월 이내에 받아야 하는 교육은?

① 기초교육   ② 신규교육   ③ 정기교육   ④ 반복교육

(해설) 철물법 시행령 제27조(위험물취급에 관한 교육)
① 법 제44조 제1항에 따른 위험물취급자는 법 제44조의3 제1항 각 호 외의 부분 본문에 따라 자신이 고용한 종사자 중 철도로 운송하는 위험물을 취급하는 자에 대하여 다음 각 호의 구분에 따른 위험물취급안전교육을 받도록 해야 한다.
   1. 신규교육: 위험물취급 업무를 수행한 날부터 3개월 이내에 받아야 하는 교육
   2. 정기교육: 제1호의 신규교육을 받은 날을 기준으로 2년마다(매 2년이 되는 날이 속하는 해의 1월 1일부터 12월 31일까지를 말한다) 받아아 하는 교육
② 위험물취급안전교육 시간: 8시간   정답 ②

"위험물철도운송규칙"에서 위험물의 철도운송시 철도운영자가 경찰관서에 신고하여야 하는 경우가 아닌 것은?

① 화약류의 탁송신청을 받은 때
② 화약류를 적재한 화차가 도중역에 체류·정류하는 때
③ 화약류를 적재한 화차가 도착역에 도착하는 때
④ 화약류의 수화인이 화약류 도착 후 3시간이 경과하여도 화약류를 반출하지 아니하는 때

(해설) 위험규칙 제16조(위험물의 도착후 조치 등)
① 철도운영자는 화약류의 탁송신청을 받은 때와 화약류를 적재한 화차가 도중역에 체류·정류하는 때 및 도착역에 도착하는 때에는 지체 없이 관할경찰관서에 그 사실을 신고하여야 한다.
② 위험물의 수화인은 위험물이 도착하면 지체 없이 이를 역외에 반출하여야 한다. 다만, 도착역에 특별한 설비를 갖춘 경우에는 그러하지 아니하다.
③ 화약류의 수화인이 화약류 도착 후 5시간이 경과하여도 화약류를 반출하지 아니하는 때에는 철도운영자는 관할 경찰관서에 그 사실을 신고하고, 당해 그 화약류를 적재한 화차를 격리된 선로로 이동시킨 후 위험방지에 필요한 조치를 하여야 한다.   정답 ④

철도물류산업의 육성 및 지원에 관한 법률의 사항 중 틀린 것은?

① 거점역의 지정 기준, 방법 및 비용지원 등에 필요한 사항은 국토교통부장관이 정한다.

② 국토교통부장관은 철도물류계획을 수립 또는 변경한 때에는 이를 관보에 거시하고, 관계 행정 기관의 장에게 통보하여야 한다.

③ 국토교통부장관은 철도물류의 경쟁력을 높이고, 철도물류산업을 활성화하기 위하여 철도물류 산업 육성계획을 5년마다 수립하여 시행하여야 한다.

④ 국토교통부장관은 철도화물을 취급하는 역으로서 철도물류산업의 육성을 위하여 거점이 되는 철도화물역을 지정하고, 다른 철도화물역에 우선하여 개량 및 통폐합 등에 필요한 비용을 지원 할 수 있다.

(해설) 철물법 제5조(철도물류산업육성계획), 제6조(수립절차), 제9조(철도화물역의 거점화)　　정답 ①

위험물 철도운송에 관한 설명 중 틀린 것은?

① 하나의 열차에는 화약류만을 적재한 화차를 5량을 초과하여 연결하여서는 아니 된다.

② 화약류는 관할 경찰관서의 승인을 얻지 아니하고는 일출 전이나 일몰 후에는 탁송을 받거나 적 하(積下)하지 못한다.

③ 철도운영자는 1개 화차를 전용하여 적재할 화약류의 운송을 수탁한 때에는 탁송인에게 호송인 을 동일열차에 동승시킬 것을 요구할 수 있다.

④ 위험물을 적재한 화차는 동력을 가진 기관차 또는 이를 호송하는 사람이 승차한 화차의 바로 앞 또는 바로 다음에 연결하여야 한다.

(해설) 위험규칙 제4조(일출전·일몰후의 화약류 취급)

제13조(철도차량의 연결 등) ① 위험물을 적재한 화차는 여객이 승차한 차량에 연결하여서는 아니 된다.

　② 위험물을 적재한 화차는 동력을 가진 기관차 또는 이를 호송하는 사람이 승차한 화차의 바로 앞 또는 바로 다 음에 연결하여서는 아니 된다.

제14조(적재차량의 제한) 하나의 열차에는 화약류만을 적재한 화차를 5량을 초과하여 연결하여서는 아니 된다.

제17조(호송인의 동승 요구 등) ① 철도운영자는 1개 화차를 전용하여 적재할 화약류의 운송을 수탁한 때에는 탁송 인에게 호송인을 동일열차에 동승시킬 것을 요구할 수 있다.

　② 철도운영자는 위험물을 철도로 운송함에 있어 필요하다고 인정하는 경우에는 탁송인에게 해당 위험물에 대한 안전관리자의 동승을 요구할 수 있다.

　③ 제1항 및 제2항의 규정에 의하여 호송인 또는 안전관리자가 동일열차에 동승하는 경우에는 호송인 또는 안전 관리자는 해당 위험물을 적재한 화차에 승차하여서는 아니 된다.　　정답 ④

위험물철도운송규칙에서 정하고 있는 위험물의 운송에 관한 설명으로 틀린 것은?

① 철도운영자는 위험물을 위험물운송전용화차 또는 유개(有蓋)화차로 운송하여야 한다.

② 철도운영자는 위험물을 운송하기 전에 안전한 운송을 위하여 관할 경찰서장의 입회하에 지장이 없는지에 대하여 위험물을 적재한 화차를 철저하게 검사하여야 한다.

③ 위험물은 도착 정거장까지 직통하는 열차로 운송하여야 하나 직통열차가 없는 경우에는 운행시간이 이르거나 중간정차역이 적은 열차로 운송하여야 한다.

④ 위험물의 형상 등의 사유로 인하여 위험물운송전용화차 또는 유개화차에 적재할 수 없다고 판단하는 경우에는 내화성 덮개를 설치하는 등 적정한 안전조치를 한 후 무개(無蓋)화차로 운송할 수 있다.

(해설) 위험물규칙 제9조(위험물 운송)

① 철도운영자는 위험물을 위험물운송전용화차 또는 유개(有蓋)화차로 운송하여야 한다. 다만, 위험물의 성질·길이·중량 또는 형상 등의 사유로 인하여 위험물운송전용화차 또는 유개화차에 적재할 수 없다고 판단하는 경우에는 내화성 덮개를 설치하는 등 적정한 안전조치를 한 후 무개(無蓋)화차로 운송할 수 있다.

② 위험물은 도착 정거장까지 직통하는 열차로 운송하여야 한다. 다만, 직통열차가 없는 경우에는 운행시간이 이르거나 중간정차역이 적은 열차로 운송하여야 한다.

③ 철도운영자는 위험물을 운송하기 전에 안전한 운송에 지장이 없는지에 대하여 위험물을 적재한 화차를 철저하게 검사하여야 하며, 필요하다고 인정되는 경우에는 당해 화차 안의 위험물에 나무판, 가죽, 헝겊 또는 거적류 등을 덮는 등의 보호조치를 하여야 한다.

정답 ②

위험물의 철도운송에 관한 설명으로 틀린 것은?

① 하나의 열차에는 화약류만을 적재한 화차를 5량으로 초과하여 연결하여서는 아니 된다.

② 화약류는 관할 경찰관서의 승인을 얻지 아니하고는 일출 전이나 일몰 후에는 탁송을 받거나 적하(積下)하지 못한다.

③ 위험물중 화약류를 반입하거나 반출하는 경우에는 작업의 일시·장소 및 방법 등에 관하여 철도운영자의 지시에 따라야 한다.

④ 2종 이상의 화약류를 동일한 화차에 적재할 때에는 화약류마다 상당한 간격을 두고 나무판·가죽·헝겊 또는 거적류 등으로 30cm 미터 이상의 간격막을 설치하여야 한다.

(해설) 위험규칙 제14조(적재차량의 제한)

하나의 열차에는 화약류만을 적재한 화차를 5량을 초과하여 연결하여서는 아니 된다.

제4조(일출전·일몰후의 화약류취급) 화약류는 관할 경찰관서의 승인을 얻지 아니하고는 일출 전이나 일몰 후에는 탁송을 받거나 적하(積下)하지 못한다. 다만, 다음의 경우에는 관할 경찰관서에 신고한 후 일출 전이나 일몰 후에도 탁송 또는 적하할 수 있다.

1. 총용화약 5킬로그램 이내
2. 총용실포 1,000개 이내
3. 총용공포 1,000개 이내
4. 총용의 뇌관 또는 뇌관부 화약통 각 20개 이내

제3조(위험물 운송일반) ① 철도운영자는 위험물을 철도로 운송사 탁송인 또는 수화인의 신분을 확인하여야 한다.

② 위험물을 정거장으로 반입(搬入)하여 적재(積載)하거나, 위험물을 반출(搬出)하기 위하여 화차에서 내리는 작업을 할 때에는 철도운영자가 지정하는 위험물취급담당자와 탁송인, 수화인 또는 그 대리인이 입회하여야 한다.

③ <u>위험물중 화약류를 반입하거나 반출하는 경우에는 작업의 일시, 장소 및 방법 등에 관하여 철도운영자의 지시에 따라야 한다.</u>

제8조(위험물의 적재) ① 위험물을 적재할 때는 다음 각 호의 사항을 지켜야 한다.
1. 위험물이 마찰 또는 충돌하지 아니하도록 할 것
2. 위험물이 흔들리거나 굴러 떨어지지 아니하도록 할 것
3. 화약류(초유폭약, 실포와 공포를 제외한다)의 적재중량이 화차 적재적량의 80퍼센트에 상당하는 중량(외장의 중량을 포함한다)을 초과하지 아니하도록 할 것

② <u>2종 이상의 화약류를 동일한 화차에 적재할 때에는 다음 각 호의 화약류 마다 상당한 간격을 두고 나무판, 가죽, 헝겊 또는 거적류 등으로 10센티미터 이상의 간격막을 설치하여야 한다.</u>
1. 유연화약을 장전한 총용실포, 총용공포, 유연화약만을 장전한 그 밖의 화공품, 질산염, 염소, 산염 또는 과염소염산을 주성분으로 한 폭약으로서 유기초화물을 함유하지 아니하는 것
2. 무연화약을 장전한 총용실포, 총용공포, 무연화약만을 장전한 화공품
3. 폭약(제1호의 폭약을 포함한다)
4. 화공품(제1호 및 제2호의 화공품을 포함한다)　　　　　정답 ④

23

위험물철도운송규칙에서 정하고 있는 위험물 탁송에 대한 설명 중 맞는 것은?

① 총용공포 1000개를 관할 경찰서에 신고하고 일몰 후에 하화작업을 하였다.

② 총용의 뇌관 50개를 관할 경찰관서에 신고한 후 일출 전에 적재작업을 시행하였다.

③ 철도운영자는 당해 위험물을 운송한 후에 반출·반입의 일시·장소 및 취급방법 등을 수하인에게 알려 주었다.

④ 관할 경찰서장의 화약류 운반신고필증을 교부받아 탁송 2시간 전에 운송장에 화약류 운반신고필증을 첨부하여 발송정거장의 역장에게 제출하여 철도로 운송 승낙을 얻었다.

(해설) 위험규칙 제4조(일출전·일몰후의 화약류취급)

제5조(위험물의 탁송) ④ 철도운영자는 당해 위험물을 <u>운송하기 전에</u> 반출·반입의 일시·장소 및 취급방법 등을 <u>탁송인에게 알려주어야 한다.</u>

⑤ 위험물중 화약류의 탁송인이 「총포·도검·화약류 등 단속법」 제26조의 규정에 의하여 관할 경찰서장의 화약류운반신고필증을 교부받은 경우에는 <u>탁송 4시간 전에</u> 운송장에 화약류운반신고필증을 첨부하여 발송정거장의 역장에게 제출하여 철도로의 운송여부에 대한 승낙을 얻어야 한다.　　　　　정답 ①

철도운송산업기사

필기시험 편

열차운전

제 1 장 총 칙

1. 용어의 정의

(1) 열차: 선로를 운행할 목적으로 조성하여 열차번호를 부여한 철도차량을 말한다.

(2) 철도차량

① **동력차**: 기관차, 전동차, 동차 등 동력원을 구비한 차량을 말한다.

　　＊동력집중식(기관차)과 동력분산식으로 구분한다.

② **객차**: 여객을 운송할 수 있는 구조로 제작된 차량(우편차, 발전차 포함)을 말한다.

　　＊고정편성 차량에서 동력원을 구비하지 않은 차량을 "부수차"라고도 한다.

③ **화차**: 화물을 운송할 수 있는 구조로 제작된 차량을 말한다.

④ **특수차**

　　ⓐ 특수사용을 목적으로 제작된 사고복구용차·작업차·시험차 등으로서 동력차와 객차 및 화차에 속하지 아니하는 차량을 말한다.

　　ⓑ 다만, 원격제어가 가능한 장치를 설치한 동력차를 입환작업 등 특수차 용도로 사용하는 경우에는 해당 동력차를 특수차로 볼 수 있다.

(3) 정거장

① **역**: 열차를 정차하고 여객 또는 화물의 취급을 하기 위하여 설치한 장소

② **조차장**: 열차의 조성 또는 차량의 입환을 하기 위하여 설치한 장소

③ **신호장**: 열차의 교행 또는 대피를 하기 위하여 설치한 장소

(4) 신호소: 상치신호기 등 열차제어시스템을 조작·취급하기 위하여 설치한 장소를 말한다.

(5) 운전보안장치

① 열차자동정지장치(ATS: Automatic Train Stop)

② 열차자동제어장치(ATC: Automatic Train Control)

③ 열차자동방호장치(ATP: Automatic Train Protection)

④ 한국형 열차제어장치(KTCS-2: Korean Train Control System Level 2)

⑤ 폐색장치

⑥ 신호연동장치

⑦ 제동장치

⑧ 건널목보안장치

⑨ 운전경계장치

⑩ 열차무선방호장치

⑪ 운전용통신장치

⑫ 지장물검지장치(ID: Intrusion Detector)

⑬ 차축온도검지장치(HBD: Hot Box Detector)

⑭ 끌림물검지장치(DD: Dragging Detector)

⑮ 기상검지장치(MD: Metrological Detectors)

⑯ 신호보안장치

⑰ 무선폐색센터(RBC: Radio Block Center)

〈열차제어장치의 종류〉

① 열차자동정지장치(ATS)   ② 열차자동제어장치(ATC)

③ 열차자동방호장치(ATP)   ④ 한국형 열차제어장치(KTCS−2)

(6) 본선

열차의 운전에 상용하는 선로로서 정거장 내 선로에 대해서 일반선은 주/부본선으로, 고속선은 통과/정차본선으로 구분하며 다음과 같다.

① **주본선**: 동일방향에 대한 본선이 2이상 있을 경우 가장 주요한 본선

② **부본선**: 주본선 이외의 본선

③ **통과본선**: 동일방향의 본선중 열차통과에 상용하는 본선

④ **정차본선**: 동일방향의 본선중 열차정차에 상용하는 본선

(7) 측선: 본선이 아닌 선로

(8) 안전측선: 정거장 또는 신호소에 열차가 진입할 때 정지위치를 지나더라도 대향열차 또는 입환 차량과 충돌사고를 방지하기 위하여 설치한 선로

(9) 건넘선: 선로의 도중에서 다른 선로의 도중으로 통하는 선로

(10) 추진운전: 열차 또는 차량을 맨 앞쪽 이외의 운전실에서 운전하는 경우를 말하며, "밀기운전" 이라고도 한다.

(11) 주의운전: 특수한 사유로 인하여 특별한 주의력을 가지고 운전하는 경우

(12) 퇴행운전: 열차가 운행도중 최초의 진행방향과 반대의 방향으로 운전하는 경우를 말하며, "되돌이운전"이라고도 한다.

(13) 감속운전: 신호의 이상 또는 재해나 악천후 등 이례사항 발생시 규정된 제한속도보다 낮추어 운전하는 것을 말한다.

(14) 양방향운전: 복선운전구간에서 하나의 선로를 상·하선 구분없이 양방향 신호설비를 갖추고 차내신호폐색식에 의하여 열차를 취급하는 운전방식

(15) 완급차: 비상변·공기압력계 및 수제동기를 갖추고 공기제동기를 사용할 수 있는 차량으로서 열차승무원이 집무할 수 있는 차량

(16) 정거장 내: 장내신호기 또는 정거장경계표지를 설치한 위치에서 안쪽

* 정거장 외: 장내신호기 또는 정거장경계표지를 설치한 위치에서 바깥쪽을 말하며, 동일 선로에 대하여 2 이상의 장내신호기가 있는 경우에는 맨 바깥쪽의 신호기를 기준으로 한다.

(17) 차량접촉한계표지 내: 차량이 접촉하지 않는 방향

* 차량접촉한계표지 외: 차량이 접촉하는 방향

(18) 신호기의 안쪽: 그 신호기의 위치에서 신호현시로 방호되는 뒷면의 방향

* 신호기의 바깥쪽: 신호기 앞면의 방향

(19) 신호

① **신호:** 모양, 색 또는 소리 등으로서 열차 또는 차량에 대하여 운행의 조건을 지시하는 것
② **전호:** 모양, 색 또는 소리 등으로서 직원상호 간의 상대자에 대하여 의사를 표시하는 것
③ **표지:** 모양 또는 색 등으로서 물체의 위치, 방향 또는 조건을 표시하는 것

(20) 운전관계승무원

① **동력차승무원:** 철도차량 또는 열차의 운전을 담당하는 ㉮ 기관사 ㉯ 부기관사 ㉰ 지시에 따른 운전업무수행자(기관사는 KTX 기장, 장비운전원 포함)
② **열차승무원:** ㉮ 열차팀장 ㉯ 여객전무 ㉰ 전철차장 ㉱ 지시에 따른 열차승무업무 수행자

(21) 고속화구간: 일반선 구간에서 열차가 170km/h 이상의 속도로 운행하는 구간

(22) 진행 지시신호

① 진행신호
② 감속신호
③ 주의신호
④ 경계신호
⑤ 유도신호(안내신호)
⑥ 차내신호(정지신호 제외) 등 진행을 지시하는 신호

(23) 구내운전: 정거장 또는 차량기지구 내에서 입환신호기, 입환표지, 선로별표시등의 현시 조건에 의하여 동력을 가진 차량을 이동 또는 전선하는 경우에 운전하는 방식

(24) 입환: 사람의 힘에 의하거나 동력차 또는 특수차를 사용하여 차량을 이동, 교환, 분리, 연결 또는 이에 부수되는 작업으로 "차갈이"라고도 하며, 입환작업을 수행하는 자를 "입환작업자"라 한다.

(25) 폐색구간(운전허용구간): 2이상의 열차를 동시에 운전시키지 않기 위하여 정한 구역을 말하며 "운전허용구간"이라고도 한다.

2. 열차운행의 일시중지

(1) 사유: 천재지변과 악천후로 열차의 안전운행에 지장이 있다고 인정될 때

(2) 풍속의 측정기준
 ① 우선: 정거장과 인접한 기상관측소의 기상청 자료 또는 철도기상정보 시스템에 따를 것
 ② 따를 수 없는 경우: 다음의 목측에 의한 풍속측정기준에 따른다.

종별	풍속(m/s)	파도(m)	현상
센바람	14이상~17미만	4	나무전체가 흔들림. 바람을 안고서 걷기가 어려움
큰바람	17이상~20미만	5.5	작은 나무가 꺾임. 바람을 안고서는 걸을 수가 없음
큰센바람	20이상~25미만	7	가옥에 다소 손해가 있거나 굴뚝이 넘어지고 기와가 벗겨짐
노대바람	25이상~30미만	9	수목이 뿌리째 뽑히고 가옥에 큰 손해가 일어남
왕바람	30이상~33미만	12	광범위한 파괴가 생김
싹쓸바람	33 이상	12 이상	광범위한 파괴가 생김

(3) 풍속에 따른 운전 취급 방법
 ① 역장은 풍속이 <u>20m/s</u> 이상으로 판단된 경우에는 그 사실을 관제사에게 보고
 ② 역장은 풍속이 <u>25m/s</u> 이상으로 판단된 경우에는 다음과 같이 조치
  ㉮ 열차운전에 위험 우려시 열차의 출발 또는 통과를 일시 중지할 것
  ㉯ 유치 차량에 대하여 구름방지의 조치를 할 것
 ③ 관제사는 기상자료 또는 역장의 보고에 따라 풍속이 <u>30m/s</u> 이상으로 판단될 때는 해당구간의 열차운행을 일시중지하는 지시를 하여야 한다.

(4) 기관사가 강우로 침수된 선로를 운전하는 방법
 ① 레일면까지 침수된 경우의 조치
  ㉮ 그 앞쪽 지점에 일단정차 후
  ㉯ 선로상태를 확인하고 통과가 가능하다고 인정될 때는 15km/h 이하의 속도로 주의운전 할 것
 ② 레일 면을 초과하여 침수한 경우의 조치: 운전을 중지하고 관제사의 지시에 따를 것

③ 강우량에 따른 운전취급 방법

    ㉮ 운행정지: 연속강우량 320 mm 이상

    ㉯ 서행운전(45km/h): 연속강우량 250 mm 이상

    ㉰ 주의운전: 연속강우량 210 mm 이상

(5) 폭염에 따른 레일온도 상승 시 운전 취급

레일온도가 섭씨 <u>55도</u> 이상일 경우 해당 관제사에게 신속하게 통보하고 섭씨 <u>60도</u> 이상일 경우 서행운전을 요청할 것

레일온도	운전규제
64℃ 이상	운행중지
60℃ 이상 ~ 64℃ 미만	60km/h 이하 운전
55℃ 이상 ~ 60℃ 미만	주의운전
55℃ 미만	정상운전

3. 무선전화기의 사용

(1) 무선전화기를 사용할 수 있는 경우

① 운전정보 교환

② 운전상 위급사항 통고

③ 열차 또는 차량의 입환취급 및 각종전호 시행

④ 통고방법을 별도로 정하지 않은 사항을 열차를 정차시키지 않고 통고

⑤ 고속선에서 운전명령서식의 작성

⑥ 무선전화기 방호

(2) "④ 통고방법을 별도로 정하지 않은 사항을 열차를 정차시키지 않고 통고"할 때에 통화자 쌍방이 명확히 하여야 할 내용

① 통화 일시

② 통화 열차

③ 통화자 직·성명

④ 통화 내용

(3) 무선전화기 통화방식이 다른 구간으로 진입하는 열차 기관사의 확인사항

① 운전실에 설치된 무선전화기 채널을 운행구간 통화방식에 맞게 전환

② 통화방식이 자동 전환되는 경우에는 채널위치의 정상여부를 확인

01

23년 1회·21년 2회·19년 1회

운전취급규정에서 정의한 용어에 대한 설명 중 틀린 것은?

① 동력차는 기관차, 전동차, 동차 등 동력원을 구비한 차량을 말한다.
② 열차란 선로를 운행할 목적으로 조성하여 열차번호를 부여한 철도차량을 말한다.
③ 객차란 여객을 운송할 수 있는 구조로 제작된 차량을 말한다.
④ 특수차란 특수사용을 목적으로 제작된 차량으로서 발전차·사고복구용차·모터카·작업차 및 시험차 등으로서 동력차와 객차에 속하지 아니하는 차량을 말한다.

(해설) 운전규정 제3조(정의)
1. "열차"란 선로를 운행할 목적으로 조성하여 열차번호를 부여한 철도차량을 말한다.
2. "철도차량"이란 다음 각 목에 해당하는 차량을 말한다. 〈개정 2021.12.22.〉
　　가. "동력차"란 기관차, 전동차, 동차 등 동력원을 구비한 차량을 말하며 동력집중식(이하기관차'라 한다)과 동력 분산식으로 구분한다.
　　나. "객차"란 여객을 운송할 수 있는 구조로 제작된 차량(우편차, 발전차 포함)을 말하며, 고정편성 차량에서 동력원을 구비하지 않은 차량을 "부수차"라고도 한다.
　　다. "화차"란 화물을 운송할 수 있는 구조로 제작된 차량을 말한다.
　　라. "특수차"란 특수사용을 목적으로 제작된 사고복구용차·작업차·시험차 등으로서 동력차와 객차 및 화차에 속하지 아니하는 차량을 말한다. 다만, 원격제어가 가능한 장치를 설치한 동력차를 입환작업 등 특수차 용도로 사용하는 경우에는 해당 동력차를 특수차로 볼 수 있다.　　**정답** ④

02

23년 2회·19년 2회

운전취급규정에서 정의한 용어에 대한 설명으로 틀린 것은?

① "측선"이란 본선이 아닌 선로를 말한다.
② "부본선"이란 주본선 이외의 선로를 말한다.
③ "통과본선"이란 동일방향의 본선 중 열차통과에 상용하는 본선을 말한다.
④ "주본선"이란 동일 방향에 대한 본선이 2이상 있는 경우 가장 주요한 본선을 말한다.

(해설) 운전규정 제3조(정의)
12. "본선"이란 열차의 운전에 상용하는 선로로서 정거장 내 선로에 대해서 일반선은 주/부본선으로 고속선은 통과/정차본선으로 구분하며 다음 각 목과 같다.
　　가. "주본선"이란 동일 방향에 대한 본선이 2이상 있을 경우 가장 주요한 본선을 한다.
　　나. "부본선"이란 주본선 이외의 본선을 말한다.
　　다. "통과본선"이란 동일방향의 본선중 열차통과에 상용하는 본선을 말한다.
　　라. "정차본선"이란 동일방향의 본선중 열차정차에 상용하는 본선을 말한다.

13. "측선"이란 본선이 아닌 선로를 말한다.
14. "안전측선"이란 정거장 또는 신호소에 열차가 진입할 때 정지위치를 지나더라도 대항열차 또는 입환차량과 충돌사고를 방지하기 위하여 설치한 선로를 말한다. 정답 ②

03

운전취급 규정에서 사용되는 용어의 설명으로 맞는 것은?

① 추진운전이란 열차 또는 차량을 맨 앞쪽 이외의 운전실에서 운전하는 경우를 말하며, 밀기운전이라고 한다.
② 주의운전이란 신호의 이상 또는 재해나 악천후 등 이례상황발생시 관제사의 지시로 규정된 제한속도보다 낮추어 운전하는 것을 말한다.
③ 운전보안장치 중 열차제어장치는 열차자동방호장치, 열차자동제어장치, 열차자동방호장치, 운전자경계장치를 통칭하여 말한다.
④ 단선운전구간에서 하나의 선로를 양방향 신호설비를 갖추고 자동폐색식 또는 차내신호폐색식에 의하여 열차를 취급하는 운전방식을 양방향운전이라고 말한다.

(해설) 운전규정 제3조(정의)
1. 추진운전: 열차 또는 차량을 맨 앞쪽 이외의 운전실에서 운전하는 경우를 말하며, "밀기운전"이라고도 함.
2. 주의운전: 특수한 사유로 인하여 특별한 주의력을 가지고 운전하는 경우
3. 양방향운전: 복선운전구간에서 하나의 선로를 상·하선 구분 없이 양방향 신호설비를 갖추고 차내신호폐색식에 의하여 열차를 취급하는 운전방식
4. 열차제어장치의 종류
　① 열차자동정지장치(ATS)　　　　　② 열차자동제어장치(ATC)
　③ 열차자동방호장치(ATP)　　　　　④ 한국형 열차제어장치(KTCS-2)　　정답 ①

04

"특수한 사유로 인하여 특별한 주의력을 가지고 운전하는 경우"를 무엇이라고 하는가?

① 추진운전　　　　② 서행운전　　　　③ 감속운전　　　　④ 주의운전

(해설) 운전규정 제3조(용어)　　정답 ④

05

열차제어장치의 종류로 맞는 것은?

① 운전경계장치　　② 열차무선방호장치　　③ 열차집중제어장치　　④ 열차자동정지장치

(해설) 운전규정 제3조(용어)　　정답 ④

다음 중 "열차제어장치"가 아닌 것은?

① KTCS-2   ② ATC   ③ ATS   ④ ATO

(해설) 운전규정 제3조(용어)   정답 ④

운전취급규정의 운전보안장치가 아닌 것은?

① KTCS-2: Korean Train Control System Level2
② HBD: Hot Box Detector
③ ATP: Automatic Train Protection
④ RC: Remote Control

(해설) 운전규정 제3조(정의)

10. "운전보안장치"란 열차 안전운행에 필요한 각종 장치로서 다음에 해당하는 장치를 말하며, 가목부터 다목까지를 통칭하여 "열차제어장치"라 한다.
   가. 열차자동정지장치(ATS: Automatic Train Stop)-열차제어장치
   나. 열차자동제어장치(ATC: Automatic Train Control)-열차제어장치
   다. 열차자동방호장치(ATP: Automatic Train Protection)-열차제어장치
   라. 한국형 열차제어장치(KTCS-2: Korean Train Control System Level 2)-열차제어장치
   마. 폐색장치   바. 신호연동장치   사. 제동장치   아. 건널목보안장치
   자. 운전경계장치   차. 열차무선방호장치   카. 운전용통신장치
   타. 지장물검지장치(ID: Intrusion Detector)
   파. 차축온도검지장치(HBD: Hot Box Detector)
   하. 끌림물검지장치(DD: Dragging Detector)
   거. 기상검지장치(MD: Meteorological Detectors)
   너. 신호보안장치 더. 무선폐색센터(RBC: Radio Block Center)   정답 ④

운전보안장치가 아닌 것은?

① 열차자동정지장치   ② 무선폐색센터   ③ 열차자동제어장치   ④ 열차자동폐색장치

(해설) 운전규정 제3조(용어)   정답 ④

09

운전취급규정상의 "운전보안장치"에 해당하지 않는 것은?

① 열차자동제어장치 ② 지장물검지장치 ③ 건널목경계장치 ④ 기상검지장치

(해설) 운전규정 제3조(정의)　　　　　　　　　　　　　　　　　　　정답 ③

10

운전취급규정에서 정한 용어의 정의에 대한 설명으로 틀린 것은?

① 열차란 선로를 운행할 목적으로 조성하여 열차번호를 부여한 철도차량을 말한다.

② 조차장이라 함은 열차의 조성 또는 차량의 입환을 하기 위하여 설치한 장소를 말한다.

③ 역이라 함은 열차를 정차하고 여객 또는 화물의 취급을 하기 위하여 설치한 장소를 말한다.

④ 신호소라 함은 열차의 교행 또는 대피를 하기 위하여 설치한 장소를 말한다.

(해설) 운전규정 제3조(정의)

1. "열차"란 선로를 운행할 목적으로 조성하여 열차번호를 부여한 철도차량을 말한다.
3. 정거장
　　가. 역: 열차를 정차하고 여객 또는 화물의 취급을 하기 위하여 설치한 장소
　　나. 조차장: 열차의 조성 또는 차량의 입환을 하기 위하여 설치한 장소
　　다. 신호장: 열차의 교행 또는 대피를 하기 위하여 설치한 장소
4. 신호소: 상치신호기 등 열차제어시스템을 조작·취급하기 위하여 설치한 장소　　　정답 ④

11

신호소에 대한 설명으로 맞는 것은?

① 열차의 조성을 위하여 사용되는 장소

② 차량의 입환을 하기 위하여 사용되는 장소

③ 열차의 교행 또는 대피를 목적으로 사용되는 장소

④ 상치신호기 등 열차제어시스템을 조작 취급하기 위하여 설치한 장소

(해설) 운전규정 제3조(정의)　　　　　　　　　　　　　　　　　　　정답 ④

12

운전취급규정에서 정하고 있는 용어의 설명으로 틀린 것은?

① 신호장이란 열차의 교행 또는 대피를 하기 위하여 설치한 장소를 말한다.
② 운전허용구간이란 2이상의 열차를 동시에 운전시키지 않기 위해 정한 구역을 말한다.
③ 정거장 외란 장내신호기 또는 정거장경계표지를 설치한 위치에서 바깥쪽을 말한다.
④ 추진운전이란 열차가 운행도중 최초의 진행방향과 반대의 방향으로 운전하는 경우를 말하며, 되돌이운전이라고도 한다.

해설 운전규정 제3조(정의)
3. "정거장"이란 다음 각 목에 해당하는 장소를 말한다.
  가. "역"이란 열차를 정차하고 여객 또는 화물의 취급을 하기 위하여 설치한 장소를 말한다.
  나. "소자상"이란 열차의 조성 또는 차량의 입환을 하기 위하여 설치한 장소를 말한다.
  다. "신호장"이란 열차의 교행 또는 대피를 하기 위하여 설치한 장소를 말한다.
54. "폐색구간"이란 2이상의 열차를 동시에 운전시키지 않기 위하여 정한 구역을 말하며 "운전허용구간"이라고도 한다.
46. "정거장 내"란 장내신호기 또는 정거장경계표지를 설치한 위치에서 안쪽을, "정거장 외"란 그 위치에서 바깥쪽을 말하며, 동일 선로에 대하여 2이상의 장내신호기가 있는 경우에는 맨 바깥쪽의 신호기를 기준으로 한다.
22. "추진운전"이란 열차 또는 차량을 맨 앞쪽 이외의 운전실에서 운전하는 경우를 말하며, "밀기운전"이라고도 한다.

정답 ④

13

다음 중 진행지시신호로 틀린 것은?

① 진행신호   ② 경계신호   ③ 가속신호   ④ 감속신호

해설 운전규정 제3조(정의)
47. "진행 지시신호"란 진행신호·감속신호·주의신호·경계신호·유도신호(안내신호) 및 차내신호(정지신호 제외) 등 진행을 지시하는 신호를 말한다.

정답 ③

풍속에 따른 운전취급에 관한 사항 중 맞는 것은?

① 역장은 풍속이 25m/s 이상으로 판단된 경우에는 그 사실을 관제사에게 보고할 것
② 정거장과 인접한 기상관측소의 기상청 자료 또는 철도기상정보 시스템에 따르고 따를 수 없는 경우에는 목측에 의한 풍속측정기준에 따를 것
③ 역장은 풍속이 35m/s 이상으로 판단된 경우에는 열차운전에 위험이 우려되는 경우에는 열차의 출발 또는 통과를 일시 중지할 것
④ 관제사는 기상자료 또는 역장으로부터의 보고에 따라 풍속이 25m/s 이상으로 판단될 때에는 해당구간의 열차운행을 일시중지하는 지시를 할 것

해설 운전규정 제5조(열차운행의 일시중지)

1. 풍속의 측정은 다음 각 호의 기준에 따른다.
   가. 정거장과 인접한 기상관측소의 기상청 자료 또는 철도기상정보 시스템에 따를 것
   나. 가목에 따를 수 없는 경우에는 별표 1에 정한 목측에 의한 풍속측정기준에 따를 것
2. 풍속에 따른 운전취급은 다음과 같다.
   가. 역장은 풍속이 초속 20미터 이상으로 판단된 경우에는 그 사실을 관제사에게 보고하여야 한다.
   나. 역장은 풍속이 초속 25미터 이상으로 판단된 경우에는 다음 각 호에 따른다.
      1) 열차운전에 위험이 우려되는 경우에는 열차의 출발 또는 통과를 일시 중지할 것
      2) 유치 차량에 대하여 구름방지의 조치를 할 것
   다. 관제사는 기상자료 또는 역장으로부터의 보고에 따라 풍속이 초속 30미터 이상으로 판단될 때에는 해당구간의 열차운행을 일시중지하는 지시를 하여야 한다. **정답** ②

15

23년 1회~2회·22년 1회·21년 1회·18년 1회·15년 1회

역장이 열차출발 또는 통과를 일시 중지시킬 수 있는 풍속의 기준은?

① 15m/s 이상 ② 20m/s 이상 ③ 25m/s 이상 ④ 30m/s 이상

해설 운전규정 제5조(열차운행의 일시중지) **정답** ③

16

23년 2회·22년 2회

역장이 관제사에게 보고하여야 하는 풍속은?

① 30m/s 이상 ② 25m/s 이상 ③ 20m/s 이상 ④ 15m/s 이상

해설 운전규정 제5조(열차운행의 일시중지) **정답** ③

17

24년 1회·23년 1회~2회·22년 1회~2회·21년 1회~2회·20년 2회·18년 2회·16년 1회

풍속의 종류별 현상으로 틀린 것을 모두 고르시오?

① 싹쓸바람: 광범위한 파괴가 생김(파도: 12m 이상)
② 센바람: 나무전체가 흔들림. 바람을 안고서 걷기가 어려움(파도: 4m)
③ 노대바람: 수목이 뿌리째 뽑히고 굴뚝이 넘어지고 기와가 벗겨짐(파도: 9m)
④ 왕바람: 가옥에 다소손해가 있거나 굴뚝이 넘어지고 기와가 벗겨짐(파도: 7m)

해설 운전규정 별표 1. 이상기후 발생시 측정기준 및 취급절차(제5조 관련)

1. 목측에 의한 풍속의 측정 기준

종별	풍속(m/s)	파도(m)	현상
센바람	14 이상~17 미만	4	나무전체가 흔들림. 바람을 안고서 걷기가 어려움
큰바람	17 이상~20 미만	5.5	작은 나무가 꺾임. 바람을 안고서는 걸을 수가 없음
큰센바람	20 이상~25 미만	7	가옥에 다소손해가 있거나 굴뚝이 넘어지고 기와가 벗겨짐
노대바람	25 이상~30 미만	9	수목이 뿌리째 뽑히고 가옥에 큰 손해가 일어남
왕바람	30 이상~33 미만	12	광범위한 파괴가 생김
싹쓸바람	33 이상	12 이상	광범위한 파괴가 생김

정답 ③, ④

---

18 16년 2회

목측에 의한 풍속 기준에 근거할 경우 다음 중 가장 강한 바람은?

① 큰바람　　　　② 큰센바람　　　　③ 센바람　　　　④ 노대바람

해설 운전규정 별표 1. 이상기후 발생시 측정기준 및 취급절차(제5조 관련)　　　정답 ④

---

19 24년 1회·23년 1회~2회·22년 1회~2회

파도의 높이가 9m이고, 수목이 뿌리채 뽑히고 가옥에 피해가 발생하는 바람은?

① 큰바람　　　　② 노대바람　　　　③ 왕바람　　　　④ 싹쓸바람

해설 운전규정 별표 1. 이상기후 발생시 측정기준 및 취급절차(제5조 관련)　　　정답 ②

---

20 24년 2회

다음 중 풍속의 측정기준에 따른 바람에 해당하지 않는 바람은?

① 노대바람　　　　② 큰센바람　　　　③ 센바람　　　　④ 거센바람

해설 운전규정 별표 1. 이상기후 발생시 측정기준 및 취급절차(제5조 관련)　　　정답 ④

목측에 의한 풍속의 측정기준에서 파도의 높이가 가장 높은 바람은?

① 큰바람   ② 노대바람   ③ 왕바람   ④ 싹쓸바람

(해설) 운전규정 별표 1. 이상기후 발생시 측정기준 및 취급절차(제5조 관련)   정답 ④

강우량에 따른 운전취급 방법이 아닌 것은?

① 운행정지   ② 서행운전   ③ 주의운전   ④ 감속운전

(해설) 운전규정 제5조 별표1의 2호
③ 강우량에 따른 운전취급방법: ㉮ 주의운전 ㉯ 서행운전(45km/h) ㉰ 운행정지   정답 ④

열차 또는 차량의 운전취급을 할 때, 무선전화기를 사용할 수 있는 경우가 아닌 것은?

① 운전상 위급사항 통고
② 운전정보 교환
③ 차량의 입환취급 및 각종 전호 시행
④ 통고방법을 별도로 정하지 않은 사항을 열차를 정차시키고 통고

(해설) 운전규정 제9조(무선전화기의 사용)
① 열차 또는 차량의 운전취급을 하는 때에 무선전화기(열차 무선전화기 또는 휴대용 무선전화기를 말한다. 이하 같
   다)를 사용할 수 있는 경우는 다음 각 호의 어느 하나에 해당한다.
   1. 운전정보 교환
   2. 운전상 위급사항 통고
   3. 열차 또는 차량의 입환취급 및 각종전호 시행
   4. 통고방법을 별도로 정하지 않은 사항을 열차를 정차시키지 않고 통고
   5. 고속선에서 운전명령서식의 작성
   6. 무선전화기 방호   정답 ④

제2장 운전[열차·차량운용]

1. 정거장 외 본선의 운전

(1) 본선의 운전
① 본선 운전하는 차량은 이를 열차로 하여야 하며 열차제어장치의 기능에 이상이 없어야 한다.
② 단, 입환차량 또는 차단장비로서 단독 운전하는 경우에는 그러하지 아니하다.

(2) 관제시의 승인을 받아 열차운행을 할 수 있는 경우
관제사가 열차제어장치 차단운전 승인번호를 부여하여 열차를 운행시킬 수 있는 경우
① 열차제어장치의 고장인 경우　　　② 퇴행운전이나 추진운전을 하는 경우
③ 대용폐색방식이나 전령법 시행으로 열차제어장치 차단운전이 필요한 경우
④ 사고나 그 밖에 필요하다고 인정하는 경우
⑤ ②와 ③호에 대한 승인번호는 운전명령번호를 적용한다.

(3) 열차제어장치가 자동적으로 제동이 작동하여 열차가 정지되어야 하는 경우
① "Stop"신호의 현시 있는 경우　　　② 지상장치가 고장인 경우
③ 차상장치가 고장인 경우　　　④ 지시속도를 넘겨 계속 운전하는 경우

(4) 열차의 운전위치
① 원칙: 운전방향 맨 앞 운전실에서 운전
② 운전방향의 맨 앞 운전실에서 운전하지 않아도 되는 경우
　ⓐ 추진운전을 하는 경우　　　ⓑ 퇴행운전을 하는 경우
　ⓒ 보수장비 작업용 조작대에서 작업 운전을 하는 경우

2. 열차의 조성

(1) 입환작업자가 열차로 조성하는 차량을 연결할 때 준수사항
① 가급적 차량의 최고속도가 같은 차량으로 조성할 것
② 각 차량의 연결기를 완전히 연결하고 쇄정상태와 로크상태를 확인한 후 각 공기관 연결 및 전 차량에 공기를 관통시킬 것
③ 전기연결기가 설치된 각 차량 중 서로 통전할 필요가 있는 차량은 전기가 통하도록 연결
　㉮ 전기연결기의 분리 또는 연결: 차량관리원이 시행
　㉯ 단, 차량관리원이 없는 경우에는 역무원이 시행

④ 운행구간의 도중 정거장에서 차량의 연결 및 분리를 감안하여 편리한 위치에 연결

⑤ 연결차량 및 적재화물에 따른 속도제한으로 열차가 지연되지 않도록 조성

(2) 조성완료

① 열차의 조성완료 조건

㉮ 조성된 차량의 공기제동기 시험   ㉯ 통전시험

㉰ 뒤표지 표시를 완료하고 차량에 이상이 없는 상태

② 조성완료 시간: 출발시각 10분 이전까지 완료(관제사 승인시 예외)

열차가 출발시각 10분 이전까지 조성완료가 어려운 경우 관계직원(기관사, 열차승무원, 역무원, 차량관리원 등)은 지연사유 및 예상지연시간을 출발 역장에게 통보하고 역장은 관제사에게 보고하여야 한다.

(3) 조성 후 확인

① 입환작업자의 확인사항

㉮ 각종 차량의 연결가부   ㉯ 연결차수

㉰ 연결위치 및 격리 등이 열차조성에 위배됨이 없도록 하여야 하고

㉱ 화물열차의 출발검사 시 차량에 이상 없음을 확인하여야 한다.

② 차량관리원의 확인사항

㉮ 여객열차를 조성한 후 조성상태(연결기 쇄정 및 로크) 및 차량 정비상태가 이상 없음을 확인

㉯ 단, 차량관리원이 없는 경우에는 역무원이 확인하여야 한다.

(4) 완급차의 연결

① 완급차 연결위치: 열차의 맨 뒤(추진운전은 맨 앞)

② 완급차를 연결하지 않거나 생략할 수 있는 경우: 열차승무원이 승차하지 않는 열차

③ 완급차를 생략하는 열차의 준수사항

㉮ 열차의 전 차량에 관통제동을 사용하고 맨 뒤(추진은 맨 앞)에 제동기능이 완비된 차량을 연결

㉯ 뒤표지를 게시할 수 있는 장치를 한 차량을 연결

㉰ 역장은 운행 중인 열차의 뒤표지가 없거나 불량함을 통보받은 경우에는 이를 정비

㉱ 완급차로 사용하는 소화물차량에 열차승무원이 승무하지 않는 경우에는 일반화차에 준용

(5) 열차 조성차수 제한

① 열차를 조성하는 경우에는 견인정수 및 열차장 제한을 초과할 수 없다. 단, 관제사가 각 관계처에 통보하여 운전정리에 지장이 없다고 인정하는 경우에는 열차장 제한을 초과할 수 있음

② 최대 열차장은 전도 운행구간 착발선로의 가장 짧은 유효장에서 차장률 1.0량을 감한 것으로 함

3. 열차의 제동력 확보

(1) 열차조성시 제동축비율이 100이 되도록 조성이 원칙

열차의 제동축 비율이 100 미만일 경우에 역장 및 기관사의 통보방법

① 정거장에서 제동시험 시: 역장이 관제사 및 기관사에게 통보

② 정거장 외에서 발생 시: 기관사가 관제사 또는 역장에게 통보

(2) 제동축비율에 따른 운전속도

① 여객열차

차량 최고속도(km/h)		180	150	120(통근열차) 110(RDC무궁화)	110 (전동열차)
제동비율 및 적용속도	100% 미만 ~ 80% 이상	180	150	100	110
	80% 미만 ~ 60% 이상	160	120	90	90
	60% 미만 ~ 40% 이상	100	70	70	70

② 화물열차

차량 최고속도(km/h)		120	110	105	100	90	85	80	70
제동비율 및 적용속도	100% 미만 ~ 80% 이상	105	100	95	90	80	75	70	60
	80% 미만 ~ 60% 이상	50							
	60% 미만 ~ 40% 이상	40							

㉮ 최고속도가 다른 차량으로 조성한 열차에 대한 이 표의 적용은 지정속도가 가장 낮은 차량의 최고속도로 적용

㉯ 제동축비율은 운전에 사용하는 기관차를 포함하지 않음

㉰ 제동축비율이 40%미만일 경우 최근정거장까지 25km이하로 운행후 조치

(3) 열차의 제동축 비율이 100 미만일 경우의 조치

① 정거장에서 제동시험시: 역장이 관제사 및 기관사에게 통보

② 정거장외에서 발생시: 기관사가 관제사 또는 역장에게 통보

(4) 제동축비율 저하시 운전취급

① 열차 운행중 제동축 비율이 100 미만인 경우 제동축 비율에 따른 운전속도 이하로 운전

② 조성역이나 도중역에서 공기제동기 사용불능차를 연결 또는 회송하는 경우의 조치방법

㉮ 공기제동기 사용가능차량 사이에 균등분배하고 3량 이상 연속연결 금지

㉯ 열차의 맨 뒤에는 연결하지 말 것

㉰ 여객열차나 화물열차 중 90km/h 이상 속도로 운전할 수 있는 열차에는 제동축비율을 80% 이상 확보(단, 부득이한 경우 제동축 비율에 따라 운행 가능)

㉱ 23/1000 이상의 내리막 선로 운행열차는 90% 이상의 제동축비율 확보

* 제동축 비율＝제동축수÷연결축수×100

4. 차량의 연결제한 및 격리

(1) 여객열차에 대한 차량의 연결

① 여객열차에는 화차를 연결할 수 없음.

　　단, 부득이한 경우로서 관제사의 지시가 있는 때는 연결가능

② 여객열차에 부득이 관제사 지시에 의해 화차 연결시는 객차(발전차 포함)의 앞쪽에 연결 —
　　객차와 객차 사이에는 연결할 수 없다.

③ 여객열차에 회송객차를 연결하는 경우에는 열차의 맨 앞 또는 맨 뒤에 연결

④ 발전차는 견인기관차 바로 다음 또는 편성차량의 맨 뒤에 연결.

　　단, 차량을 회송하는 경우에는 그러하지 아니하다.

(2) 차량의 적재 및 연결 제한

격리, 연결제한하는 화차 / 격리, 연결제한할 경우		화약류 적재화차	위험물 적재화차	불에 타기 쉬운 화물적재화차	특대화물 적재화차
격리	여객승용차량	3차 이상	1차 이상	1차 이상	1차 이상
	동력을 가진 기관차	3차 이상	3차 이상	3차 이상	
	화물호송인 승용차량	1차 이상	1차 이상	1차 이상	
	열차승무원, 직원 승용차량	1차 이상			
	불타기 쉬운 화물 적재화차	1차 이상	1차 이상		
	불나기 쉬운 화물 적재화차, 폭발염려 있는 화물 적재화차	3차 이상	3차 이상	1차 이상	
	위험물 적재화차	1차 이상		1차 이상	
	특대화물 적재화차	1차 이상			
	인접차량에 충격 염려 화물 적재화차	1차 이상			
연결제한	여객열차 이상의 열차	연결 불가 (화물열차 미운행 구간 또는 운송상 특별한 사유시 화약류 적재화차 1량 연결가능, 3차 이상 격리)			
	그 밖의 열차	5차 (단, 군사수송은 열차중간에 연속하여 10차)	연결	열차 뒤쪽에 연결	
	군용열차	연결			

① 화물을 적재시 최대적재량, 차량한계를 초과하지 않는 범위에서 중량의 부담이 균등히 되도록 적재

　단, 열차의 안전운행에 필요한 조치를 하고 특대화물을 운송시는 차량한계 초과가능

② 전후동력형 새마을동차의 동력차 전두부와 다른 객차(발전차, 부수차 포함)를 연결 불가

③ 차량의 연결제한 및 격리(차량길이: 차장률 1차 14m를 기본으로 하여 량 단위로 표시)

　㉮ 군용열차에 연결 시는 격리하지 않을 수 있음

　㉯ 불에 타기 쉬운 화물을 적재한 화차로서 문과 창을 잠근 유개화차는 격리하지 않을 수 있음

　㉰ 격리차: 1.빈화차, 2.불에 타지 않는 물질을 적재한 무개화차, 3.불이 날 염려 없는 화물을 적재한 유개화차(컨네이터화차 포함), 4.차장차

　㉱ 불타기 쉬운 화물: 면화, 종이, 모피, 직물류 등

　㉲ 불나기 쉬운 화물: 초산, 생석회, 표백분, 기름종이, 기름넝마, 셀룰로이드, 필름 등

　㉳ 인접차량에 충격 염려 화물: 레일, 전주, 교량 거더, PC빔, 장물의 철재, 원목 등

　㉴ 화공약품적재화차와 화약 또는 폭약적재화차는 동일한 열차에 연결불가

　㉵ 「화약류」 또는 「위험」의 화차차표를 표시한 화차는 화기 있는 장소에서 30m이상 격리

(3) 회송차량의 연결

① 화물열차에 회송동차, 회송부수차, 회송객화차 및 보수장비를 연결하는 경우에는 열차의 맨 뒤에 연결하고, 둘 이상의 회송차량 연결시 보수장비는 맨 끝에 연결하여야 한다.

② 회송차량으로서 다음의 경우에는 여객을 취급하는 열차에 연결할 수 없다.

　㉮ 차체의 강도가 부족한 것

　㉯ 제동관 통기 불능한 것

　㉰ 연결기 파손, 그 밖의 파손으로 운전상 주의를 요하는 것

③ 회송차량을 열차에 연결하는 경우에는 1차에 한정하며 견인운전을 하는 열차의 맨 뒤에 연결하여야 한다.

(4) 파손차량 연결시의 검사 및 조치

① 파손차량을 연결시 차량사업소장의 검사를 받은 후 열차에 연결가능

② 파손차량을 열차에 연결하는 경우에는 필요에 따라 밧줄 또는 철사를 사용하여 운전도중 분리되지 않도록 조치

③ 검사를 한 차량사업소장은 운행속도 제한 등 운전상 주의를 요하는 사항을 관제사에게 보고하고 필요시에는 적임자를 열차에 승차

④ 보고를 받은 관제사는 그 내용을 관계자에게 운전명령으로 통보

5. 공기제동기 시험 및 시행자

(1) 열차 또는 차량이 출발하기 전에 공기제동기 시험을 시행하는 경우
① 시발역에서 열차를 조성한 경우. 단, 고정편성열차는 기능점검 시 시행
② 도중 역에서 열차의 맨 뒤에 차량을 연결하는 경우
③ 제동장치를 차단 및 복귀하는 경우
④ 구원열차 연결 시
⑤ 기관사가 열차의 제동기능에 이상이 있다고 인정하는 경우

(2) 공기제동기 시험 및 제동관 통기상태 확인
① 차량특성별 추가 공기제동기 시험기준
㉮ 도중역에서 편성차수 8차 이상인 경우 일시에 3차 이상을 열차에 연결시
　단, 편성차수가 5차~7차인 경우 2차, 4차 이하인 경우 1차
㉯ 열차의 운전에 사용하는 기관차를 교체 또는 분리하거나 연결시
㉰ 기관차의 운전실 위치를 변경하는 경우
㉱ 특히 지정한 구간에 열차를 진입시키는 경우
㉲ 정거장 외 측선운전의 경우 등 입환 차량으로서 특히 지정하는 경우
② 화물열차의 공기제동기 시험 순서
역무원이 화물열차의 공기제동기 시험을 하는 경우에는 다음 순서에 따라 공기압력 시험계로 맨 뒤 차량에 소정의 제동관 공기압력이 관통되었음을 확인
㉮ 시험하기 전에 시험계의 바늘이"$0kg/cm^2$(0 bar)" 지시여부를 확인할 것
㉯ 시험계를 공기호스에 연결할 것
㉰ 시험계를 힘껏 잡고 앵글코크를 천천히 개방할 것
㉱ 시험계의 바늘이"$5kg/cm^2$(4.9 bar)" 지시여부를 확인할 것
㉲ 앵글코크를 잠그고 시험계를 공기호스에서 분리할 것
③ 공기제동기 시험 시행자는 제동관 통기상태를 확인하고 기관사에게 통보

(3) 공기제동기 제동감도 시험 및 생략
① 기관사는 다음 경우에 45km/h 이하 속도에서 제동감도 시험을 하여야 한다.
㉮ 열차가 처음 출발하는 역 또는 도중역에서 인수하여 출발하는 경우
㉯ 도중역에서 조성이 변경되어 공기제동기 시험을 한 경우
② 제동감도 시험은 선로·지형 여건에 따라 소속장이 그 시행 위치를 따로 정하거나, 속도를 낮추어 지정할 수 있으며, 정거장 구내 연속된 분기기 등 취약장소는 최대한 피해서 시행하여야 한다.

③ 공기제동기 제동감도 시험을 생략할 수 있는 경우

  ㉮ 동력차승무원이 도중에 교대하는 여객열차

  ㉯ 기관사 2인이 승무하여 기관사간 교대하는 경우

  ㉰ 회송열차를 운전실의 변경 없이 본열차에 충당하여 계속 운전하는 경우. 본 열차 반대의 경우에도 생략가능

6. 열차의 운전

(1) 운전시각 및 순서

① 열차의 운전원칙: 열차의 운전은 미리 정한 시각 및 순서에 따른다.

② 관제사의 **승인**에 의해 지정된 시각보다 **일찍 또는 늦게 출발** 시킬 수 있는 경우

  ㉮ 여객을 취급하지 않는 열차의 일찍 출발

    단, 5분이내 일찍 출발은 관제사의 승인 없이 역장이 시행할 수 있다.

  ㉯ 운전정리에 지장이 없는 전동열차로서 5분 이내의 일찍 출발

  ㉰ 여객접속 역에서 여객 계승을 위하여 지연열차의 도착을 기다리는 다음의 경우

    ⓐ 고속·준고속여객열차의 늦게 출발

    ⓑ 고속·준고속여객열차 이외 일반여객열차의 5분 이상 늦게 출발

③ 관제사의 승인을 관제사의 지시에 의할 수 있는 경우: 복선구간 및 CTC 구간

④ 기타열차의 운전

  ㉮ 구원열차 등 긴급한 운전이 필요한 임시열차는 현 시각으로 운전할 수 있다. (정차 필요가 없는 정거장은 통과)

  ㉯ 트롤리 사용 중에 있는 구간을 진입하는 열차는 일찍 출발 및 조상운전을 할 수 없다.

(2) 열차 착발시각의 보고 및 통보

① 역장이 열차가 도착, 출발 또는 통과할 때 그 시각의 보고내용 및 방법

  ㉮ 보고방법

    ⓐ 차세대 철도운영정보시스템("XROIS")에 입력하거나

    ⓑ 관제사에게 보고하여야 한다.

    ⓒ 열차를 처음 출발시키는 역은 그 시각을 관제사에게 보고하여야 한다.

  ㉯ 보고내용

    ⓐ 열차가 지연하였을 때에는 그 사유

    ⓑ 열차의 연발이 예상될 때는 그 사유와 출발 예정시각

    ⓒ 지연운전이 예상될 때는 그 사유와 지연 예상시간

② 역장이 열차가 출발 또는 통과한 때의 통보
    ㉮ 통보대상자: 출발 또는 통과 즉시 앞쪽의 인접 정거장 또는 신호소 역장
    ㉯ 통보내용: 열차번호 및 시각
    ㉰ 정해진 시각(스케줄)에 운행하는 전동열차의 경우에 인접 정거장 역장에 대한 통보는 생략할 수 있다.
③ 열차의 도착·출발 및 통과시각의 기준
    ㉮ 도착시각: 열차가 정해진 위치에 정차한 때
    ㉯ 출발시각: 열차가 출발하기 위하여 진행을 개시한 때
    ㉰ 통과시각: 열차의 앞부분이 정거장의 본 역사 중앙을 통과한 때. 고속선은 열차의 앞부분이 절대표지(출발)를 통과한 때
④ 기관사가 열차운전 중 차량상태 또는 기후상태 등으로 열차를 정상속도로 운전할 수 없다고 인정한 경우의 통보
    ㉮ 통보내용: 그 사유 및 전도 지연예상시간
    ㉯ 통보하여야 할 사람: 역장에게

(3) 열차의 동시진입 및 동시진출

① 원칙: 정거장에서 2이상의 열차착발에 있어서 상호 지장할 염려 있는 때에는 동시에 이를 진입 또는 진출시킬 수 없다.
② 단, 2이상의 열차를 동시에 진입 또는 진출시킬 수 있는 경우
    ㉮ 안전측선, 탈선선로전환기, 탈선기가 설치된 경우
    ㉯ 열차를 유도하여 진입시킬 경우
    ㉰ 단행열차를 진입시킬 경우
    ㉱ 열차의 진입선로에 대한 출발신호기 또는 정차위치로부터 200m이상의 여유거리가 있는 경우(단, 동차·전동열차의 경우는 150m)
    ㉲ 동일방향에서 동시에 진입하는 열차 쌍방이 정차위치를 지나서 진행할 경우 상호 접촉되는 배선에서는 그 정차위치에서 100m 이상의 여유거리가 있는 경우
    ㉳ 차내신호 "25"신호(구내폐색 포함)에 의해 진입시킬 경우

(4) 열차의 운전방향

① 원칙: 좌측의 선로로 운전
          상·하열차를 구별하여 운전하는 1쌍의 선로가 있는 경우에 열차 또는 차량은 좌측의 선로로 운전하여야 한다.
② 좌측의 선로로 운전하지 않을 수 있는 경우
    ㉮ 다른 철도운영기관과 따로 운전선로를 지정하는 경우
    ㉯ 선로 또는 열차의 고장 등으로 퇴행할 경우
    ㉰ 공사·구원·제설열차 또는 시험운전열차를 운전할 경우

㉕ 정거장과 정거장 외의 측선 간을 운전할 경우

㉗ 정거장 구내에서 운전할 경우

㉘ 양방향운전취급에 따라 우측선로로 운전할 경우

㉙ 그 밖에 특수한 사유가 있을 경우

(5) 열차의 운전위치

① 열차 또는 구내운전을 하는 차량은 운전방향 맨 앞 운전실에서 운전하여야 한다.

② 운전방향의 맨 앞 운전실에서 운전하지 않아도 되는 경우

㉮ 추진운전을 하는 경우

㉯ 퇴행운전을 하는 경우

㉰ 보수장비 작업용 조작대에서 작업 운전을 하는 경우

   * 구내운전의 경우에는 역장과 협의하여 차량입환에 따른다.

(6) 관통제동의 취급

① 열차 또는 구내운전 차량은 관통제동 취급을 원칙으로 한다.

② 제동관통기불능차를 회송하기 위하여 연결하였을 때는 그 차량 1차에 대하여 관통제동 취급을 하지 않을 수 있다.

(7) 열차의 퇴행운전

① 원칙: 열차는 퇴행운전을 할 수 없다.

② 퇴행운전을 할 수 있는 경우: 관제사 승인필요

㉮ 철도사고(철도준사고 및 운행장애 포함) 및 재난재해가 발생한 경우

㉯ 공사열차·구원열차·시험운전열차 또는 제설열차를 운전하는 경우

㉰ 동력차의 견인력 부족 또는 절연구간 정차 등 전도운전을 할 수 없는 운전상 부득이한 경우

㉱ 정지위치를 지나 정차한 경우

   ⓐ 열차의 맨 뒤가 출발신호기를 벗어난 일반열차와 고속열차는 퇴행불가

   ⓑ 정지위치를 지나 정차한 전동열차의 퇴행운전

      ㉠ 승강상 내 정차한 경우: 선철차장과 협의하여 정지위치 소정할 수 있으며, 소정 후 역장 또는 관제사에게 즉시 보고

      ㉡ 승강장을 완전히 벗어난 경우: 관제사가 후속열차와의 운행간격 및 마지막 열차 등 운행상황을 감안하여 승인한 경우 퇴행가능

③ 퇴행운전시 조치방법

㉮ 관제사는 열차의 퇴행운전으로 그 뒤쪽 신호기에 현시된 신호가 변화되면 뒤따르는 열차에 지장이 없도록 조치할 것

ⓔ 열차승무원 또는 부기관사는 퇴행운전 할 때는 추진운전 전호를 하여야 한다.

　　단, 고정편성열차로서 뒤 운전실에서 운전할 경우와 맨 뒤에 연결된 보조기관차에서 운전하는 경우는 예외로 한다.

ⓕ 진행방향 맨 앞의 차량에 승차하여 추진운전전호를 할 수 없는 차량으로 추락방지 난간이 설치되지 않은 경우 퇴행운전을 할 수 없다. 다만 사고위험 확대 등 부득이한 경우 대피선이 있는 최근 정거장까지 열차승무원이 도보로 이동하며 추진운전전호를 시행하여 퇴행운전을 할 수 있다.

7. 열차의 착발선 지정 및 운용

(1) 열차 착발선 지정자
① 고속선: 관제사
② 일반선: 역장

(2) 정거장 내로 진입하는 열차의 착발선 취급방법
① 1개 열차만 취급하는 경우에는 같은 방향의 가장 주요한 본선(여객취급에 유리한 경우에는 다른 본선)
② 같은 방향으로 2이상의 열차를 취급하는 경우에 상위열차는 같은 방향의 가장 주요한 본선 (그 밖의 열차는 같은 방향의 다른 본선)
③ 여객취급을 하지 않는 열차로서 시발·종착역 또는 조성 정거장에서 착발, 운전정리, 그 밖의 사유가 있는 경우에는 그 외의 선로

(3) 지정된 착발선을 변경시 조치
선로 및 열차의 운행상태 등을 확인하여 열차승무원과 기관사에게 그 내용을 통보하고 여객승하차 및 운전취급에 지장이 없도록 조치

8. 신호의 지시

(1) 신호현시별 적용기준
① 신호현시방식 구분: 차내신호와 지상신호
② 단일 신호구간을 운행하는 경우 해당 신호현시에 따름
③ 차내신호를 우선 적용하는 경우
　ⓐ 차내신호와 지상신호의 혼용구간을 운행하는 경우
　ⓑ 양방향신호 구간에서 우측선로 운전할 경우
　　(단, 차내신호장치 미설치 또는 차단한 경우 지상신호에 따름)

(2) 정지신호

　① 정지신호의 지시

　　㉮ 정지신호(차내신호 정지신호: 목표속도"0") 현시의 경우 ▷ 현시지점을 지나 진행할 수 없다.

　　㉯ 운행 중 앞쪽의 신호기에 갑자기 정지신호가 현시된 경우 ▷ 신속히 정차조치

　② 특수신호에 의한 정지신호

　　㉮ 열차운전 중 열차무선방호장치 경보 또는 정지 수신호를 확인한 때 ▷ 본 열차에 대한 정지신호로 보고 신속히 정차조치

　　㉯ 열차무선방호장치의 경보로 정차한 경우 관제사 또는 역장에게 보고하고 지시에 따라야 한다.

　　㉰ 단, 지시를 받을 수 없을 때는 무선통화를 시도하며 앞쪽 선로에 이상 있을 것을 예측하고 25km/h 이하의 속노로 다음 성거상까시 운행할 수 있나.

(3) 유도신호

　① ㉮ 앞쪽 선로에 지장 있을 것을 예측하고 ㉯ 일단정차 후 ㉰ 그 현시지점을 지나 25km/h 이하의 속도로 진행할 수 있다.

　② 역장은 유도신호로 열차를 도착시키는 경우에는 정차위치에 정지수신호를 현시하여야 한다. 이 경우에 수신호 현시위치에 열차정지표지 또는 출발신호기가 설치된 경우 정지수신호를 현시하지 않을 수 있다.

(4) 경계신호

　① 다음 상치신호기에 정지신호의 현시 있을 것을 예측하고, 그 현시지점부터 25km/h 이하의 속도로 운전하여야 한다.

　② 단, 신호 5현시 구간으로 경계신호가 현시된 경우 다음의 경우에는 65km/h 이하의 속도로 운전할 수 있다.

　　㉮ 각선 각역의 장내신호기. 다만, 구내폐색신호기가 설치된 선로 제외

　　㉯ 인접역의 장내신호기까지 도중폐색신호기가 없는 출발신호기

(5) 주의신호

　① 다음 상치신호기에 정지신호 또는 경계신호 현시될 것을 예측하고, 그 현시지점을 지나 45km/h 이하의 속도로 진행가능

　② 신호 5현시구간은 65km/h 이하의 속도로 진행

　③ 주의신호 속도 이상으로 운전할 수 있는 경우

　　㉮ 원방신호기에 주의신호가 현시될 때

　　㉯ 인접역의 장내신호기까지 도중 폐색신호기가 없는 출발신호기

　　㉰ 신호 3현시 구간의 각선 각역의 장내신호기

㉱ 신호 3현시 구간의 자동폐색신호기에 주의신호가 현시된 구간을 운전할 때 역장 또는 관제사로부터 다음 신호기에 진행 지시신호가 현시되었다는 통보를 받았을 경우

(6) 감속신호

① 다음 상치신호기에 주의신호 현시될 것을 예측하고, 그 현시지점을 지나 65km/h 이하의 속도로 진행할 수 있다.

② 신호 5현시 구간은 105km/h 이하의 속도로 운행한다.

(7) 임시신호

① 열차는 서행발리스가 있을 경우 지시된 속도, 서행신호기가 있을 경우 그 신호기부터 지정 속도 이하로 진행

② 서행예고신호기가 있을 때는 다음에 서행신호기가 있을 것을 예측하고 진행

③ 열차의 맨 뒤 차량이 서행해제신호의 현시지점을 지났을 때 서행을 해제

(8) 차내신호

① 차내신호의 지시: 차내신호가 지시하는 속도 이하로 운행

② 허용속도의 현시

㉮ 선행열차와 후속열차 사이의 거리유지, 진로연동 및 열차감시 정보에 의한 제한속도 현시

㉯ 궤도정보에 의한 열차의 허용속도 현시

③ 열차검지에 따른 속도현시: 모든 열차가 위치해 있는 궤도에서 열차위치를 검지하며 열차가 최종적으로 검지된 궤도위치에 열차의 허용속도를 '0'로 현시

제**2**장 **기출예상문제**

23년 1회~2회·21년 1회·19년 2회

관제사의 열차제어장치 차단운전 승인번호를 부여하여 열차를 운행시킬 수 있는 경우가 아닌 것은?

① 열차제어장치의 고장인 경우　　　② 전령법에 의한 운전을 하는 경우
③ 상용폐색방식에 의한 운전을 하는 경우　　④ 사고나 그 밖에 필요하다고 인정하는 경우

(해설) 운전규정 제10조(정거장 외 본선의 운전)
① 본선을 운전하는 차량은 이를 열차로 하여야 하며 열차제어장치의 기능에 이상이 없어야 한다. 다만, 입환차량 또는 차단장비로서 단독 운전하는 경우에는 그러하지 아니하다.
② 관제사는 다음 각 호 어느 하나에 해당하는 경우에는 열차제어장치 차단운전 승인번호를 부여하여 열차를 운행시킬 수 있다.
　　1. 열차제어장치의 고장인 경우
　　2. 퇴행운전이나 추진운전을 하는 경우
　　3. 대용폐색방식이나 전령법에 의한 운전을 하는 경우(다만, 승인번호는 운전명령번호로 적용)
　　4. 사고나 그 밖에 필요하다고 인정하는 경우
③ 열차제어장치는 다음 각 호의 어느 하나의 경우에는 자동적으로 제동이 작동하여 열차가 정지되어야 한다.
　　1. "Stop"신호의 현시 있는 경우
　　2. 지상장치가 고장인 경우
　　3. 차상장치가 고장인 경우
　　4. 지시속도를 넘겨 계속 운전하는 경우　　　　　정답 ③

24년 1회·23년 1회~2회·20년 2회·18년 1회~2회

열차의 조성에 대한 설명으로 틀린 것은?

① 가급적 차량의 최고속도가 같은 차량으로 조성할 것
② 열차의 조성완료는 출발시각 10분 이전까지 완료할 것
③ 전기연결기의 분리 또는 연결은 역무원이 시행 할 것
④ 차량관리원은 여객열차를 조성완료한 후 조성상태 및 차량의 정비 상태가 이상 없음을 확인하여야 한다.

(해설) 운전규정 제13조(열차의 조성)
① 역무원은 열차로 조성하는 차량을 연결하는 때에는 다음 각 호의 사항을 준수한다.

제2장 운전(열차 · 차량운용) **417**

1. 가급적 차량의 최고속도가 같은 차량으로 조성할 것
2. 각 차량의 연결기를 완전히 연결하고 쇄정상태와 로크상태를 확인한 후 각 공기관 연결 및 전 차량에 공기를 관통시킬 것
3. 전기연결기가 설치된 각 차량 중 서로 통전할 필요가 있는 차량은 전기가 통하도록 연결해야 하며. 이 경우 전기연결기의 분리 또는 연결은 차량관리원이 시행하고, 차량관리원이 없을 때는 역무원이 시행할 것

② 열차를 조성하는 때에는 운행구간의 도중 정거장에서 차량의 연결 및 분리를 감안하여 편리한 위치에 연결하여야 하며, 연결차량 및 적재화물에 따른 속도제한으로 열차가 지연되지 않도록 하여야 한다.

운전규정 제15조(조성 후 확인) ① 입환작업자는 열차를 조성한 후 각종 차량의 연결가부, 차수, 위치 및 격리 등이 열차조성에 위배됨이 없도록 하여야 하고, 화물열차의 출발검사 시 차량에 이상 없음을 확인하여야 한다.

② 차량관리원은 여객열차를 조성한 후 조성상태(연결기 쇄정 및 로크) 및 차량의 정비 상태가 이상 없음을 확인하여야 한다. 다만, 차량관리원이 없는 경우에는 역무원이 확인하여야 한다.　　　　　**정답** ③

03　　　　　　　　　　　　　　　　　　　　　　　　　23년 2회·22년 1회~2회·20년 1회

열차의 조성과 관련된 설명으로 틀린 것은?

① 가급적 차량의 최고속도가 같은 차량으로 조성할 것
② 각 차량의 연결기를 완전히 연결하고 쇄정상태와 로크상태를 확인한 후 각 공기관 연결 및 전 차량에 공기를 관통시킬 것
③ 열차를 조성하는 때에는 운행구간의 종착 정거장에서 차량의 연결 및 분리를 감안하여 편리한 위치에 연결하여야 하며, 연결차량 및 적재화물에 따른 속도제한으로 열차가 지연되지 않도록 할 것
④ 전기연결기가 설치된 각 차량 중 서로 통전할 필요가 있는 차량은 전기가 통하도록 연결해야 하며, 이 경우에 전기연결기의 분리 또는 연결은 차량관리원이 시행하고, 차량관리원이 없을 때는 역무원이 시행할 것

(해설) 운전규정 제13조(열차의 조성)　　　　　　　　　　　　**정답** ③

04　　　　　　　　　　　　　　　　　　　　　　24년 1회·23년 2회·22년 2회·18년 1회

열차의 조성에 관한 설명으로 틀린 것은?

① 가급적 차량의 최고속도가 같은 차량으로 조성한다.
② 각 차량의 연결기를 완전히 연결하고 쇄정상태와 로크상태를 확인한 후 각 공기관 연결 및 전 차량에 공기를 관통시킨다.
③ 전기연결기의 분리는 역무원이 시행하며, 역무원이 없을 때에는 차량관리원을 출동 요청하여 시행한다.
④ 전기연결기가 설치된 각 차량을 상호 통전할 필요가 있는 차량은 전기가 통하도록 연결한다.

(해설) 운전규정 제13조(열차의 조성)　　　　　　　　　　　　**정답** ③

05

열차의 조성완료라 함은 조성된 차량의 공기제동기 시험, 통전시험, 뒤표지 표시를 완료한 상태를 의미하는데 출발시각 최소 몇 분 이전까지 완료해야 하는가?

① 10분 　　　　② 15분 　　　　③ 20분 　　　　④ 30분

(해설) 운전규정 제15조의2(조성완료)
① 열차의 조성완료는 조성된 차량의 공기제동기 시험, 통전시험, 뒤표지 표시를 완료하고 차량에 이상이 없는 상태를 말하며, 출발시각 <u>10분 이전</u>까지 완료하여야 한다. 다만, 부득이한 사유가 있는 경우로서 관제사의 승인을 받은 때에는 그러하지 아니하다. 　　　정답 ①

06

완급차의 연결에 대한 설명으로 가장 거리가 먼 것은?

① 완급차를 생략하는 열차에 대하여는 뒤표지를 게시할 수 있는 장치를 한 차량을 연결할 것
② 열차승무원이 승차하지 않는 열차에는 열차의 맨 뒤에 완급차를 연결하지 않거나, 연결을 생략할 수 있음
③ 완급차를 생략하는 열차에 대하여는 열차의 전 차량에 관통제동을 사용하고 맨 뒤(추진의 경우 맨 앞)에 제동기능이 완비된 차량을 연결할 것
④ 완급차를 생략하는 열차에 대하여는 역장은 운행 중인 열차의 뒤표지가 없거나 불량함을 통보받은 경우에는 주의운전 통보 후 운행시킬 것

(해설) 일반운전 제7조(완급차의 연결 예외)
① 규정 제19조 단서에 따라 열차승무원이 승차하지 않는 열차에는 열차의 맨 뒤에 완급차를 연결하지 않거나, 연결을 생략할 수 있다.
② 완급차를 생략하는 열차에 대하여는 다음에 따른다.
　1. 열차의 전 차량에 관통제동을 사용하고 맨 뒤(추진의 경우에는 맨 앞)에 제동기능이 완비된 차량을 연결할 것
　2. 뒤표지를 게시할 수 있는 장치를 한 차량을 연결할 것
　3. 역장은 운행 중인 열차의 뒤표지가 없거나 불량함을 통보받은 경우에는 이를 정비할 것
③ 완급차로 사용하는 소화물차량에 열차승무원이 승무하지 않는 경우에는 일반화차에 준용한다. 　　　정답 ④

제동축비율 저하시 운전취급으로 맞는 것은?

① 열차의 맨 앞·뒤에는 공기제동기 사용불능차를 연결하지 말 것
② 공기제동기 사용가능 차량 사이에 균등 분배하고 2량 이상 연속 연결하지 말 것
③ 23/1000 이상의 하구배 선로를 운행하는 열차는 100%의 제동축 비율을 확보할 것
④ 화물열차 중 90km/h 이상 속도로 운전할 수 있는 열차에는 제동축비율을 80% 이상 확보할 것

(해설) 운전규정 별표2 제동축비율에 따른 운전속도(제20조 관련)
〈제동축비율 저하시 운전취급〉
① 열차 운행중 제동축 비율이 100 미만인 경우 제동축 비율에 따른 운전속도 이하로 운전
② 조성역이나 도중역에서 공기제동기 사용불능차를 연결 또는 회송하는 경우의 조치방법
  ㉮ 공기제동기 사용가능차량 사이에 균등분배하고 3량 이상 연속연결 금지
  ㉯ 열차의 맨 뒤에는 연결하지 말 것
  ㉰ 여객열차나 화물열차중 90km/h 이상 속도로 운전할 수 있는 열차에는 제동축비율을 80% 이상 확보
  ㉱ 23/1000 이상의 내리막 선로 운행열차는 90% 이상의 제동축비율 확보

〈제동축비율에 따른 운전속도〉

차량 최고속도(km/h)		화물열차							
		120	110	105	100	90	85	80	70
제동비율 및 적용속도	100% 미만~80% 이상	105	100	95	90	80	75	70	60
	80% 미만~60% 이상	50							
	60% 미만~40% 이상	40							

정답 ④

차량 최고속도가 110km/h인 화물열차로 제동비율이 100% 미만, 80% 이상일 경우의 운전 속도제한은?

① 80km/h 이하   ② 90km/h 이하   ③ 100km/h 이하   ④ 110km/h 이하

(해설) 운전규정 제20조(별표2: 제동축비율에 따른 운전속도)   정답 ③

제동축비율이 80% 미만, 60% 이상일 때, 전동열차의 경우 적용되는 차량의 최고속도는 얼마인가?

① 25km/h   ② 70km/h   ③ 80km/h   ④ 90km/h

(해설) 운전규정 별표2 제동축비율에 따른 운전속도(제20조 관련)

〈제동축비율에 따른 운전속도〉

차량 최고속도 (km/h)		여객열차			
		180	150	120(통근열차) 110(RDC무궁화)	110 (전동열차)
제동비율 및 적용속도	100% 미만~80% 이상	180	150	100	110
	80% 미만~60% 이상	160	120	90	90
	60% 미만~40% 이상	100	70	70	70

정답 ④

차량최고속도가 150km/h인 여객열차로 제동축비율이 80% 미만, 60% 이상일 경우의 운전속도 제한은?

① 80km/h   ② 90km/h   ③ 100km/h   ④ 120km/h

(해설) 운전규정 별표2 제동축비율에 따른 운전속도(제20조 관련)   정답 ④

제동축비율이 100% 미만, 80% 이상일 때, 통근열차의 경우 적용되는 차량의 최고속도는?

① 180km/h   ② 150km/h   ③ 100km/h   ④ 110km/h

(해설) 운전규정 별표2 제동축비율에 따른 운전속도(제20조 관련)   정답 ③

12

제동축비율 저하시 운전취급으로 맞는 것은?

① 열차의 맨 앞, 뒤에는 공기제동기 사용불능차를 연결하지 말 것
② 30/1000 이상의 하구배 선로를 운행하는 열차는 100%의 제동축 비율을 확보할 것
③ 화물열차 중 90km/h 이상 속도로 운전할 수 있는 열차에는 제동축 비율을 80% 이상 확보할 것
④ 여객열차 중 90km/h 이상 속도로 운전할 수 있는 열차에는 제동축 비율을 90% 이상 확보할 것

(해설) 운전규정 별표2 제동축비율에 따른 운전속도(제20조 관련)   정답 ③

13

차량의 최고속도 120km인 통근열차(CDC)일 경우 제동축 비율이 100% 미만, 80% 이상으로 되었을 때의 운전 적용속도는?

① 80km/h 이하   ② 100km/h 이하   ③ 110km/h 이하   ④ 150km/h 이하

(해설) 운전규정 제20조(별표2: 제동축비율에 따른 운전속도)   정답 ②

14

화약류 적재화차와 불타기 쉬운 화물 적재화차의 격리에 대한 설명으로 맞는 것은?

① 1차 이상   ② 3차 이상   ③ 5차 이상   ④ 연결 불가

(해설) 운전규정 별표3 차량의 연결제한 및 격리(제22조 관련) 참조   정답 ①

15

차량의 연결제한 및 격리에 따는 정의 중 "불타기 쉬운 화물"에 해당하지 않는 것은?

① 직물류   ② 면화   ③ 기름넝마   ④ 모피

(해설) 운전규정 별표3. 차량의 연결제한 및 격리(제22조 관련)
1. 불타기 쉬운 화물: 면화, 종이, 모피, 직물류 등
2. 불나기 쉬운 화물: 초산, 생석회, 표백분, 기름종이, 기름넝마, 셀룰로이드, 필름 등
3. 인접차량에 충격 염려 화물: 레일·전주·교량 거더·PC빔·장물의 철재·원목 등   정답 ③

연결제한 및 격리에 대한 설명으로 맞는 것은?

① 군용열차에 화약류 적재화차를 연결할 수 없다.

② 여객열차에는 특대화물 적재화차를 연결할 수 없다.

③ 특대화물 적재화차는 위험물 적재화차로부터 1차 이상 격리한다.

④ 동력을 가진 기관차는 화약류적재화차로부터 1차 이상 격리한다.

(해설) 운전규정 별표3. 차량의 연결제한 및 격리(제22조 관련) 참조

〈차량의 연결제한 및 격리〉-차장률 1차 14m 기준의 차수

격리, 연결제한할 경우	격리, 연결제한하는 화차	화약류 적재화차	위험물 적재화차	불에 타기 쉬운 화물적재화차	특대화물 적재화차
격리	동력을 가진 기관차	3차 이상	3차 이상	3차 이상	
	위험물 적재화차	1차 이상		1차 이상	
	특대화물 적재화차	1차 이상	(격리×)		
연결 제한	여객열차 이상의 열차	연결 불가 (화물열차 미운행 구간 또는 운송상 특별한 사유시 화약류 적재화차 1량 연결가능, 3차 이상 격리)			
	그 밖의 열차	5차 (단, 군사 수송은 열차 중간에 연속 하여 10차)	연결	열차 뒤쪽에 연결	
	군용열차	연결			

정답 ②

차량의 연결제한 및 격리에 대한 설명으로 틀린 것은?

① 불나기 쉬운 화물 적재화차와 화약류 적재화차는 3차 이상

② 불나기 쉬운 화물 적재화차와 위험물 적재화차는 3차 이상

③ 불나기 쉬운 화물 적재화차와 불에 타기 쉬운 화물 적재화차는 1차 이상

④ 폭발 염려 있는 화물 적재화차와 불에 타기 쉬운 화물 적재화차는 2차 이상

(해설) 운전규정 별표3 차량의 연결제한 및 격리(제22조 관련) 참조

정답 ④

화약류·위험물·불에 타기 쉬운 화물 적재화차 및 특대화물 적재화차를 열차에 연결할 때 격리 제한할 경우에 틀린 것은?

① 여객승용차량과 화약류 적재화차는 3차 이상 격리

② 동력을 가진 기관차와 화약류 적재화차는 3차 이상 격리

③ 화물호송인 승용차량과 위험물 적재화차는 1차 이상 격리

④ 불에 타기 쉬운 화물적재화차와 화약류 적재화차는 3차 이상 격리

(해설) 운전규정 별표3 차량의 연결제한 및 격리(제22조 관련)   정답 ④

차량의 연결제한 및 격리에 대한 운전취급규정에서 정하는 "불 나기 쉬운 화물"로 틀린 것은?

① 면화   ② 필름   ③ 초산   ④ 생석회

(해설) 운전규정 별표3 차량의 연결제한 및 격리(제22조 관련)

㉣ 불나기 쉬운 화물: 초산, 생석회, 표백분, 기름종이, 기름넝마, 셀룰로이드, 필름 등

㉤ 불타기 쉬운 화물: 면화, 종이, 모피, 직물류 등

㉥ 인접차량에 충격 염려 화물: 레일·전주·교량 거더·PC빔·장물의 철재·원목 등   정답 ①

20

화물열차에 회송차량을 연결하는 위치로 맞는 것은?

① 열차의 맨 앞   ② 열차의 중간

③ 열차의 맨 뒤   ④ 견인운전일 경우 회송차량의 연결을 생략

(해설) 운전규정 제23조(회송차량의 연결)

① 화물열차에 회송동차·회송부수차·회송객화차 및 보수장비(이하 "회송차량"이라 한다)를 연결하는 경우에는 열차의 맨 뒤에 연결하고, 둘 이상의 회송차량 연결시 보수장비는 맨 끝에 연결하여야 한다. 〈개정 2022.4.11.〉

② 회송차량으로서 다음 각 호의 어느 하나에 해당하는 경우에는 여객을 취급하는 열차에 연결할 수 없다.

　　1. 차체의 강도가 부족한 것 〈개정 2022.4.11.〉

　　2. 제동관 통기 불능한 것

　　3. 연결기 파손, 그 밖의 파손으로 운전상 주의를 요하는 것   정답 ③

21

공기제동기 시험을 시행하는 경우가 아닌 것은?

① 구원열차 연결 시

② 제동장치를 차단하는 경우

③ 도중 역에서 운행열차의 기관사가 교대한 경우

④ 도중 역에서 열차의 맨 뒤에 차량을 연결하는 경우

해설 운전규정 제24조(공기제동기 시험 및 시행자)

① 열차 또는 차량이 출발하기 전에 공기제동기 시험을 시행하는 경우는 다음과 같다. 다만, 차량특성별 추가 시험 기준은 관련 세칙에 따로 정한다.

　1. 시발역에서 열차를 조성한 경우. 다만, 각종 고정편성 열차는 기능점검 시 시행한디.

　2. 도중 역에서 열차의 맨 뒤에 차량을 연결하는 경우

　3. 제동장치를 차단 및 복귀하는 경우

　4. 구원열차 연결 시

　5. 기관사가 열차의 제동기능에 이상이 있다고 인정하는 경우　　　　　　정답 ③

22

파손차량 연결 시의 검사 및 조치사항으로 틀린 것은?

① 파손차량을 연결하는 경우에는 차량사업소장의 검사를 받은 후 열차에 연결할 수 있다.

② 파손차량 연결에 관하여 보고를 받은 관제사는 그 내용을 관계자에게 유선 또는 구두로 통보하여야 한다.

③ 파손차량을 열차에 연결하는 경우에는 필요에 따라 밧줄 또는 철사를 사용하여 운전도중 분리되지 않도록 조성하여야 한다.

④ 검사를 한 차량사업소장은 운행속도 제한 등 운전상 주의를 요하는 사항을 관제사에게 보고하고 필요시에는 적임자를 열차에 승차시켜야 한다.

해설 일반운전 제9조(파손차량 연결시의 검사 및 조치)

① 파손차량을 연결하는 경우에는 차량사업소장의 검사를 받은 후 열차에 연결할 수 있다.

② 파손차량을 열차에 연결하는 경우에는 필요에 따라 밧줄 또는 철사를 사용하여 운전도중 분리되지 않도록 조치한다.

③ 검사를 한 차량사업소장은 운행속도 제한 등 운전상 주의를 요하는 사항을 관제사에게 보고하고 필요시에는 적임자를 열차에 승차시켜야 한다.

④ 보고를 받은 관제사는 그 내용을 관계자에게 운전명령으로 통보한다.　　　　　　정답 ②

다음 보기는 공기제동기 시험시 제동관에 공기가 관통되었음을 확인하는 방법을 순서대로 설명한 것이다. 확인 방법이 옳은 것을 모두 고른 것은?

> ㉠ 시험하기 전에 시험계의 바늘이 "0kg/cm" 지시여부를 확인할 것
> ㉡ 시험계를 공기호스에 연결할 것
> ㉢ 시험계를 힘껏 잡고 앵글코크를 천천히 개방할 것
> ㉣ 시험계의 바늘이 "10kg/cm" 지시여부를 확인할 것
> ㉤ 앵글코크를 잠그고 시험계를 공기호스에서 분리할 것

① ㉠, ㉢, ㉣, ㉤   ② ㉠, ㉡, ㉣, ㉤   ③ ㉠, ㉡, ㉢, ㉣   ④ ㉠, ㉡, ㉢, ㉤

(해설) 일반운전 제10조(공기제동기 시험 및 제동관 통기상태 확인)   정답 ④

열차 또는 차량이 출발하기 전에 공기제동기 시험을 시행해야 하는 경우로 가장 해당하지 않는 것은?

① 제동장치를 차단하는 경우   ② 제동장치를 복귀하는 경우
③ 구원열차를 연결하는 경우   ④ 도중역에서 차량을 연결하는 경우

(해설) 운전규정 제24조(공기제동기 시험 및 시행자)   정답 ④

공기제동기 제동감도시험 및 공기제동기 제동감도 시험을 생략할 수 있는 경우에 대한 설명으로 틀린 것은?

① 취약장소는 피해서 시행하여야 한다.
② 동력차승무원이 도중에 교대하는 여객열차의 경우 생략할 수 있다.
③ 기관사 2인이 승무하여 기관사간 교대하는 경우 생략할 수 있다.
④ 회송열차를 운전실의 변경 없이 본 열차에 충당하여 계속 운전하는 경우 생략할 수 있다.(단, 본 열차 반대의 경우에는 그러하지 아니한다.)

（해설） 운전규정 제26조(공기제동기 제동감도 시험 및 생략)
① 기관사는 다음 각 호의 경우에 45km/h 이하 속도에서 제동감도 시험을 하여야 한다.
   1. 열차가 처음 출발하는 역 또는 도중역에서 인수하여 출발하는 경우
   2. 도중역에서 조성이 변경되어 공기제동기 시험을 한 경우
② 제1항에 따른 제동감도 시험은 선로·지형 여건에 따라 소속장이 그 시행 위치를 따로 정하거나, 속도를 낮추어 지정할 수 있으며 정거장 구내 연속된 분기기 등 취약장소는 최대한 피해서 시행하여야 한다.
③ 공기제동기 제동감도 시험을 생략할 수 있는 경우는 다음 각 호의 어느 하나와 같다.
   1. 동력차승무원이 도중에 교대하는 여객열차
   2. 기관사 2인이 승무하여 기관사간 교대하는 경우
   3. 회송열차를 운전실의 변경 없이 본 열차에 충당하여 계속 운전하는 경우. 본 열차 반대의 경우에도 그러하다.

정답 ④

26

공기제동기 제동감도 시험을 생략할 수 없는 경우는?

① 열차를 도중역에서 인수하여 출발하는 경우
② 기관사 2인이 승무하여 기관사간 교대하는 경우
③ 동력차 승무원이 도중에 교대하는 여객열차의 경우
④ 회송열차를 운전실의 변경 없이 본 열차에 충당하여 계속 운전하는 경우
⑤ 도중역에서 열차의 맨 뒤에 차량을 연결하는 경우

（해설） 운전규정 제26조(공기제동기 제동감도 시험 및 생략)

정답 ①, ⑤

27

역무원이 화물열차의 공기제동기 시험을 하는 경우에 정해진 순서에 따른 확인 사항 중 잘못된 내용은?

① 시험하기 전에 시험계의 바늘이 $0kg/cm^2$ 지시여부를 확인할 것
② 시험계를 공기호스에 연결할 것
③ 시험계를 힘껏 잡고 앵글코크를 천천히 개방할 것
④ 시험계의 바늘이 $5km/cm^2$ 이하의 지시여부를 확인할 것

（해설） 일반운전 제10조(공기제동기 시험 및 제동관 통기상태 확인)
① 규정 제24조제1항 단서에 따라 공기제동기 시험은 다음 각 호와 같다.
   1. 도중 역에서 편성차수 8차 이상인 경우 일시에 3차 이상을 열차에 연결하는 경우. 다만, 편성차수가 5차부터 7차인 경우에는 2차, 4차 이하인 경우에는 1차

2. 열차의 운전에 사용하는 기관차를 교체 또는 분리하거나 연결하는 경우
3. 기관차의 운전실 위치를 변경하는 경우
4. 특히 지정한 구간에 열차를 진입시키는 경우
5. 정거장 외 측선운전의 경우 등 입환 차량으로서 특히 지정하는 경우
② 역무원이 화물열차의 공기제동기 시험을 하는 경우에는 다음 순서에 따라 공기압력 시험계로 맨 뒤 차량에 소정의 제동관 공기압력이 관통되었음을 확인한다.
    1. 시험하기 전에 시험계의 바늘이 "0kg/cm^2" 지시여부를 확인할 것
    2. 시험계를 공기호스에 연결할 것
    3. 시험계를 힘껏 잡고 앵글코크를 천천히 개방할 것
    4. 시험계의 바늘이 "5kg/cm^2" 지시여부를 확인할 것
    5. 앵글코크를 잠그고 시험계를 공기호스에서 분리할 것
③ 공기제동기 시험의 시행자는 제동관 통기상태를 확인하고 기관사에게 통보한다.   정답 ④

28

24년 1회·23년 1회·22년 2회·21년 1회·19년 2회

열차의 도착시각의 기준으로 맞는 것은?

① 열차가 정거장에 진입한 때
② 열차가 정해진 위치에 정차한 때
③ 열차가 정거장에 진입 후 최초로 정차한 때
④ 열차의 앞부분이 정거장의 역사 중앙에 정차한 때

(해설) 운전규정 제30조(착발시각의 보고 및 통보)

④ 열차의 도착·출발 및 통과시각의 기준은 다음 각 호에 따른다.
    1. 도착시각: 열차가 정해진 위치에 정차한 때
    2. 출발시각: 열차가 출발을 하기 위하여 진행을 개시한 때
    3. 통과시각: 열차의 앞부분이 정거장의 본 역사 중앙을 통과한 때. 고속선은 열차의 앞부분이 절대표지(출발)를 통과한 때   정답 ②

29

23년 1회~2회·22년 2회·21년 1회·20년 1회~2회

기관사는 열차를 시발역 또는 도중역에서 인수하여 출발할 때 몇 km/h 이하의 속도에서 제동감도 시험을 하여야 하는가?

① 15km/h   ② 25km/h   ③ 30km/h   ④ 45km/h

(해설) 운전규정 제26조(공기제동기 제동감도 시험 및 생략)   정답 ④

정거장에서 2이상의 열차를 동시에 진입 또는 진출시킬 수 있는 경우가 아닌 것은?

① 열차의 진입선로에 대한 출발신호기 또는 정차위치로부터 전동열차일 경우 150m 이상의 여유 거리가 있는 경우

② 동일방향에서 동시에 진입하는 열차 쌍방이 정차위치를 지나서 진행할 경우 상호 접촉되는 배 선에서는 그 정차위치에서 50m 이상의 여유거리가 있는 경우

③ 안전측선, 탈선선로전환기, 탈선기가 설치된 경우

④ 차내신호 "0"신호(구내폐색 포함)에 의해 진입시킬 경우

⑤ 열차를 유도하여 진입시킬 경우 또는 단행열차를 진입시킬 경우

(해설) 운전규정 제32조(열차의 동시진입 및 동시진출)

정거장에서 2 이상의 열차착발에 있어서 상호 지장할 염려 있는 때에는 동시에 이를 진입 또는 진출시킬 수 없다. 다만, 다음 각 호의 어느 하나에 해당하는 경우에는 그러하지 아니하다.

1. 안전측선, 탈선선로전환기, 탈선기가 설치된 경우
2. 열차를 유도하여 진입시킬 경우
3. 단행열차를 진입시킬 경우
4. 열차의 진입선로에 대한 출발신호기 또는 정차위치로부터 200m(동차·전동열차의 경우는 150m) 이상의 여유 거리가 있는 경우
5. 동일방향에서 동시에 진입하는 열차 쌍방이 정차위치를 지나서 진행할 경우 상호 접촉되는 배선에서는 그 정차 위치에서 100m 이상의 여유거리가 있는 경우
6. 차내신호 "25"신호(구내폐색 포함)에 의해 진입시킬 경우 　　　　　　　　　　　　**정답** ②, ④

31

열차의 퇴행운전에 관한 설명으로 맞는 것은?

① 정지위치를 지나 정차한 경우의 퇴행운전은 관제사의 승인을 받아야 한다.

② 퇴행할 때 후방진로에 이상이 없을 경우 추진운전 전호는 생략할 수 있다.

③ 관제사의 승인이 있는 경우에는 위험물 수송열차의 추진운전 속도는 25km/h이하로 하여야 한다.

④ 철도사고가 발생하여 퇴행 운전하는 경우 후방 최근정거장 역장의 승인을 받은 후 퇴행하여야 한다.

(해설) 운전규정 제35조(열차의 퇴행운전)

① 열차는 퇴행운전을 할 수 없다. 다만, 다음의 경우에는 그러하지 아니하다.
　1. 철도사고(철도준사고 및 운행장애 포함) 및 재난재해가 발생한 경우
　2. 공사열차·구원열차·시험운전열차 또는 제설열차를 운전하는 경우
　3. 동력차의 견인력 부족 또는 절연구간 정차 등 전도운전을 할 수 없는 운전상 부득이한 경우

4. 정지위치를 지나 정차한 경우. 다만, 열차의 맨 뒤가 출발신호기를 벗어난 일반열차와 고속열차, 승강장 을 완전히 벗어난 전동열차는 제외한다.

② 퇴행운전은 관제사의 승인을 받아야 하며 다음에 따라 조치하여야 한다.

1. 관제사는 열차의 퇴행운전으로 그 뒤쪽 신호기에 현시된 신호가 변화되면 뒤따르는 열차에 지장이 없도 록 조치할 것

2. 열차승무원 또는 부기관사는 제1항에 따라 퇴행운전 할 때는 추진운전 전호를 하여야 한다. 다만, 고정편성열 차로써 뒤 운전실에서 운전할 경우와 맨 뒤에 연결된 보조기관차에서 운전하는 경우는 예외로 한다.

3. 진행방향 맨 앞의 차량에 승차하여 추진운전전호를 할 수 없는 차량으로 추락방지 난간이 설치되지 않은 경우 퇴행운전을 할 수 없다. 다만 사고위험 확대 등 부득이한 경우 대피선이 있는 최근 정거장까지 열차승무원이 도보로 이동하며 추진운전전호를 시행하여 퇴행운전을 할 수 있다.　　　**정답** ①

32

열차의 퇴행운전 사유에 해당되지 않는 것은?

① 공사열차를 운전하는 경우

② 단행열차를 운전하는 경우

③ 구원열차를 운전하는 경우

④ 제설열차를 운전하는 경우

(해설) 운전규정 제35조(열차의 퇴행운전)　　　**정답** ②

33

24년 2회

기관사가 열차운전 중 열차무선방호장치 경보로 정차한 경우 관제사 또는 역장의 지시를 받을 수 없을 때 무선통화를 시도하며 앞쪽 선로에 이상 있을 것을 예측하고 다음 정거장까지 운행할 수 있는 속도는?

① 시속 15km 이하

② 시속 25km 이하

③ 시속 45km 이하

④ 시속 65km 이하

(해설) 운전규정 제41조(특수신호에 의한 정지신호)

① 기관사는 열차운전 중 열차무선방호장치 경보 또는 정지 수신호를 확인한 때에는 본 열차에 대한 정지신호로 보고 신속히 정차조치를 하여야 한다.

② 기관사는 열차무선방호장치의 경보로 정차한 경우 관제사 또는 역장에게 보고하고 지시에 따라야 한다. 다만, 지시를 받을 수 없을 때는 무선통화를 시도하며 앞쪽 선로에 이상 있을 것을 예측하고 시속 25킬로미터 이하의 속도로 다음 정거장까지 운행할 수 있다.　　　**정답** ②

각종 신호 지시별 운전 속도로 틀린 것은?

① 유도신호 현시－25km/h 이하
② 경계신호 현시－45km/h 이하(신호 5현시 구간)
③ 주의신호 현시－45km/h 이하(신호 4현시 구간)
④ 감속신호 현시－65km/h 이하(신호 4현시 구간)

(해설) 운전규정 제43, 44, 45, 46, 47조
(1) 열차무선방호장치의 경보: 25km/h 이하
(2) 유도신호: 25km/h 이하
(3) 경계신호: 25km/h 이하, 신호 5현시구간 65km/h 이하
(4) 주의신호: 45km/h 이하, 신호 5현시구간 65km/h 이하
(5) 감속신호: 65km/h 이하, 신호 5현시구간 105km/h 이하
(6) 차내신호: 지시하는 속도 이하
(7) 서행신호: 지정속도 이하
　　　　　　　　　　　　　　　　　　　　　　　　　　　　　　　　　　　　　정답 ②

열차는 신호기에 현시된 신로에 따라 운전해야 하는데 이와 관련된 설명으로 틀린 것은?

① 5현시 구간으로서 구내폐색신호기가 설치된 선로를 제외한 각선 각역의 장내신호기에 경계신호가 현시된 경우 65km/h 이하로 운전할 수 있다.
② 역장은 유도신호에 따라 열차를 도착시키는 경우에는 정차위치에 차량정지표지 및 열차정지위치표지가 설치된 경우에는 정지수신호를 현시하지 않을 수 있다.
③ 열차는 신호기에 유도신호가 현시된 때에는 앞쪽 선로에 지장이 있을 것을 예측하고, 그 현시지점을 지나 25km/h 이하의 속도로 진행할 수 있다.
④ 열차는 신호기에 경계신호가 현시 있을 때는 다음 상치신호기에 정지신호의 현시 있을 것을 예측하고, 그 현시지점으로부터 25km/h 이하의 속도로 운전하여야 한다.

(해설) 운전규정 제43조(유도신호의 지시)
① 열차는 신호기에 유도신호가 현시 된 때에는 앞쪽 선로에 지장 있을 것을 예측하고, 일단정차 후 그 현시지점을 지나 25km/h 이하의 속도로 진행할 수 있다.
② 역장은 제1항에 따라 열차를 도착시키는 경우에는 정차위치에 정지수신호를 현시하여야 한다. 이 경우에 수신호 현시위치에 열차정지표지 또는 출발신호기가 설치된 경우에는 따로 정지수신호를 현시하지 않을 수 있다.
제44조(경계신호의 지시) 열차는 신호기에 경계신호 현시 있을 때는 다음 상치신호기에 정지신호의 현시 있을 것을 예측하고, 그 현시지점부터 25km/h 이하의 속도로 운전하여야 한다. 다만, 5현시 구간으로서 경계신호가 현시된 경우 65km/h 이하의 속도로 운전할 수 있는 신호기는 다음 각 호의 어느 하나와 같다.
　1. 각선 각역의 장내신호기. 다만, 구내폐색신호기가 설치된 선로 제외
　2. 인접역의 장내신호기까지 도중폐색신호기가 없는 출발신호기
　　　　　　　　　　　　　　　　　　　　　　　　　　　　　　　　　　　　　정답 ②

1. 운전정리

(1) 관제사의 운전정리 의무
① 운전정리의 사유: 열차운행에 혼란이 발생되거나 예상되는 경우
② 운전정리시 고려사항: 열차의 종류·등급·목적지 및 연계수송 등을 고려하여 열차가 정상적으로 운행할 수 있도록 운전정리를 시행하여야 한다.

(2) 관제사의 운전정리 사항
① 교행변경: 단선운전 구간에서 열차교행을 할 정거장을 변경
② 순서변경: 선발로 할 열차의 운전시각을 변경하지 않고 열차 운행순서 변경
③ 조상운전: 열차의 계획된 운전시각을 앞당겨 운전
④ 조하운전: 열차의 계획된 운전시각을 늦추어 운전
⑤ 일찍출발: 열차가 정거장에서 계획된 시각보다 미리 출발
⑥ 속도변경: 견인정수 변동에 따라 운전속도가 변경
⑦ **열차 합병운전**: 열차운전 중 2이상의 열차를 합병하여 1개 열차로 운전
⑧ 특발: 지연열차의 도착을 기다리지 않고 따로 열차를 조성하여 출발
⑨ 운전휴지(운휴): 열차의 운행을 일시 중지하는 것을 말하며 전구간 운휴 또는 구간운휴로 구분
⑩ 선로변경: 선로의 정해진 운전방향을 변경하지 않고 열차의 운전선로를 변경
⑪ 단선운전: 복선운전을 하는 구간에서 한쪽 방향의 선로에 열차사고·선로고장 또는 작업 등으로 그 선로로 열차를 운전할 수 없는 경우 다른 방향의 선로를 사용하여 상·하 열차를 운전
⑫ 기타: 운전정리에 따른 임시열차의 운전, 편성차량의 변경·증감 등 조치

(3) 역장의 운전정리 사항
① 역장이 할 수 있는 운전정리: ㉮ 교행변경 ㉯ 순서변경
② 사유: 열차지연 시에 통신 불능으로 관제사에게 통보할 수 없을 때 관계역장과 협의하여 운전정리를 할 수 있음

2. 열차의 등급

(1) 열차등급 결정방법
① 열차와 차량의 원활한 운전취급과 효율적인 열차 설정 등을 위하여
② 운행속도와 시간 및 열차품질 등을 고려하여 결정한다.

(2) 열차의 등급 종류

    ① 고속여객열차: KTX, KTX-산천　　② 준고속여객열차: KTX-이음

    ③ 특급여객열차: ITX-청춘

    ④ 급행여객열차: ITX-마음, ITX-새마을, 새마을호열차, 무궁화호열차, 누리로열차, 특급·급행 전동열차

    ⑤ 보통여객열차: 통근열차, 일반전동열차　　⑥ 급행화물열차

    ⑦ 화물열차: 일반화물열차　　　　　　　　⑧ 공사열차

    ⑨ 회송열차　　　　　　　　　　　　　　⑩ 단행열차

    ⑪ 시험운전열차

3. 운전정리 사항의 통고대상 소속 및 승무원에 통고할 담당 정거장

정리 종별	관계 정거장 ("역"이라 약칭)	관계열차 기관사·열차승무원에 통고할 담당 정거장 ("역"이라 약칭)	관계 소속
교행변경	원교행역 및 임시교행역을 포함하여 그 역 사이에 있는 역	지연열차에는 임시교행역의 전 역, 대향열차에는 원 교행역	
순서변경	변경구간내의 각 역 및 그 전 역	임시대피 또는 선행하게 되는 역의 전 역(단선구간) 또는 해당 역(복선구간)	
조상운전 조하운전	시각변경 구간내의 각 역	시각변경 구간의 최초 역	승무원 및 동력차의 충당 승무사업소 및 차량사업소
속도변경	변경구간내의 각 역	속도변경 구간의 최초 역 또는 관제사가 지정한 역	변경열차와 관계열차의 승무원 소속 승무사업소 및 차량사업소
운전휴지 합병운전	운휴 또는 합병구간내의 각 역	운휴 또는 합병할 역, 다만, 미리 통고할 수 있는 경우에 편의역장을 통하여 통고	승무원 및 기관차의 충당 승무사업소·차량사업소와 승무원 소속 승무사업소
특발	관제사가 지정한 역에서 특발 역까지의 각 역, 특발열차 운전구간 내의 역	지연열차에는 관제사가 지정한 역, 특발열차에는 특발 역	위와 같음
선로변경	변경구간 내의 각 역	관제사가 지정한 역	필요한 소속
단선운전	위와 같음	단선운전구간 내 진입열차에 는 그 구간 최초의 역	선로고장에 기인할 때에는 관할 시설처

4. 운전명령

(1) 운전명령의 의의
① 정의: 열차 및 차량의 운전취급에 관련되는 상례이외의 상황을 특별히 지시하는 것
② 운전명령의 발령방법
  ㉮ 정규 운전명령: 수송수요·수송시설 및 장비의 상황에 따라 상당시간 이전에 XROIS 또는 공문으로 발령한다.
  ㉯ 임시 운전명령: 열차 또는 차량의 운전정리 사항과 긴급히 발령하는 운전취급에 관한 지시를 말하며 XROIS 또는 전화(무선전화기 포함)로 발령한다.

(2) 임시 운전명령의 통고 의뢰 및 통고
① 승무개시 후 접수한 임시 운전명령의 통고
  ㉮ 통고의뢰: 사업소장이 관계 운전취급담당자에게
  ㉯ 임시운전명령의 종류

ⓐ 폐색방식 또는 폐색구간의 변경	ⓑ 열차 운전시각의 변경
ⓒ 열차 견인정수의 임시변경	ⓓ 열차의 운전선로의 변경
ⓔ 열차의 임시교행 또는 대피	ⓕ 열차의 임시서행 또는 정차
ⓖ 수신호 현시	ⓗ 신호기 고장의 통보
ⓘ 열차 또는 차량의 임시입환	ⓙ 열차번호 변경

② 임시운전명령의 통고 의뢰
  임시운전명령 통고를 의뢰받은 운전취급담당자는 해당 운전관계승무원에게 임시운전명령 번호 및 내용을 통고
③ 관제사 운전명령번호를 생략하는 경우
  위 "ⓔ 열차의 임시교행 또는 대피"의 경우에 복선운전구간과 CTC구간은 관제사 운전명령 번호를 생략한다.
④ 임시운전명령 통고시 응답 없을 때 조치
  ㉮ 운전취급담당자는 기관사에게 무선전화기 3회 호출에도 응답이 없을 때 상치신호기 정지신호 현시 및 열차승무원의 비상정차 지시 등의 조치
  ㉯ 이 경우 운전취급담당자는 열차승무원 또는 역무원으로 하여금 해당 열차의 이상여부 확인 및 운전명령 통고 후 운행토록 한다.
⑤ 임시운전명령의 상호 통보: 임시운전명령을 통고 받은 운전관계승무원은 해당열차 및 관계 열차의 운전관계승무원과 그 내용을 상호 통보

5. 운전관계승무원의 휴대용품

(1) 손전등: 동력차승무원

(2) 승무일지: 기관사 및 열차승무원

(3) 전호등·기(적, 녹색): 열차승무원. 열차승무원 승무생략열차는 기관사

(4) 휴대용 무선전화기: 기관사, 열차승무원

(5) 운전관계규정
승무시 지급한 열차운전안내장치(GKOVI)로 그 내용을 확인할 수 있는 경우에는 휴대하지 않을 수 있다.
① 운전취급규정: 기관사　　　　　② 고속철도운전취급세칙: KTX기장
③ 일반철도운전취급세칙: 일반철도 기관사　④ 광역철도운전취급세칙: 광역철도 기관사
⑤ 열차운전시행세칙: 기관사　　　⑥ 기타 소속장이 필요하다고 인정하는 사규

(6) 열차시각표: 기관사 및 열차승무원
① 승무사업소장이 열차시각표를 작성하여 휴대시켜야 한다.
② 긴급한 임시열차 운전시는 휴대를 생략할 수 있으며, 열차운전에 필요한 사항을 포함하여 승무사업소장이 승인한 자체 제작된 열차시각표로 대신할 수 있다.

6. 구내운전

(1) 구내운전의 방식
① 운전취급담당자는 다음의 신호를 현시한 후 기관사에게 도착선명, 도착지점 또는 유치차량 유무 등에 대한 사항을 포함한 무선전호를 시행할 것
　㉮ 입환신호기 진행신호 현시
　㉯ 입환표지 개통 현시
　㉰ 선로별표시등 백색등 점등
② 기관사가 무선전호를 통보 받은 경우 조치내용
　㉮ 운전취급담당자와 동일한 무선전호로 응답
　㉯ 도착선로 또는 도착지점에 정차
　㉰ 유치차량 약 3량 앞에 정차
　　단, 유치차량과의 거리가 약 3량 미만인 경우에는 적당한 지점에 정차

(2) **구내운전을 하는 시작지점 또는 끝지점**

① 입환신호기   ② 입환표지   ③ 선로별표시등

④ 열차정지표지   ⑤ 운전취급담당자가   ⑥ 통보한 도착지점

⑦ 수동식 선로전환기 중 키볼트로 쇄정한 선로전환기

(3) **구내운전을 할 수 있는 대상차량**

① 단행기관차(중련포함) ⇨ 디젤기관차 또는 전기기관차

② 고정편성 차량 ⇨ 앞·뒤 운전실이 있는 차량

③ 보수장비

④ 기관차에 다른 차량(무동력 기관차 포함)을 연결하고 견인운전하는 경우를 포함. 다만, 추진운전의 경우 제외

(4) **구내운전 속도**

① 차량 입환속도에 준함(25km/h 이하)

② 차량기지 및 역 구내 등 별도의 구내운전 속도제한 구간은 운전작업내규에 따로 지정할 수 있으며 속도제한표지 및 속도제한해제표지를 설치하여야 한다.

7. 차량의 입환

(1) **입환 제한**

① 기관차를 사용하여 동차 또는 부수차의 입환을 할 때는 동차 또는 부수차를 다른 차량의 중간에 끼워서 입환 할 수 없다.

② 동차를 사용하여 입환을 할 때는 동차·부수차 또는 객차 이외의 차량을 연결할 수 없다.

③ 여객이 승차한 객차의 입환은 할 수 없다. 단, 부득이 여객이 승차한 객차의 입환을 할 경우는 관련 세칙에 따로 정한다.

④ 이동 중인 차량을 분리 또는 연결할 수 없다.

(2) **여객열차의 입환**

여객이 승차한 상태에서 열차를 다른 선로로 이동시키거나 객차를 교체할 때는 다음의 안전조치를 하고 입환하여야 한다.

① 방송 또는 말로 승객 및 직원에게 입환 시행에 대한 내용을 주지시키고 주의사항을 통보할 것

② 입환 객차에 승차한 여객이 안전하도록 유도할 것

③ 객차의 분리 및 연결입환을 할 때는 15km/h 이하 속도로 운전할 것

④ 관통제동을 사용하도록 할 것

(3) **열차의 진입 또는 진출선로 지장입환**

① 열차가 정거장에 진입 또는 진출할 시각 5분 전에는 그 진입 또는 진출할 선로를 지장하거나 지장할 염려 있는 입환을 할 수 없다.

② 열차도착 진입선로의 지장입환을 2분전까지 단축 시행할 수 있는 정거장

    ㉮ CTC구간의 각 정거장에서 역자체 조작에 따라 장내신호기에 정지신호를 현시한 정거장. 단, CTC시단역의 경우에 CTC구간이 아닌 방향 제외

    ㉯ 일간 입환량(중계, 착발)이 100량 이상인 정거장

    ㉰ 동력차를 교체하게 되어 있는 정거장

(4) 인력입환의 시행 및 제한

① 인력입환은 정거장 본선에서는 이를 시행하지 말 것

② 정거장 안과 밖의 본선을 지장할 염려가 있는 경우에는 이를 시행하지 말 것

③ 인력입환을 하는 2이상의 차량은 상호 연결할 것

④ 3/1000을 넘는 경사 있는 선로에서는 인력입환을 하지 말 것

⑤ 맨 바깥쪽 본선 선로전환기에서 정거장 밖으로 100m 사이에 정거장 밖을 향하는 내리막 경사가 있을 때에는 그 선로전환기에 걸치는 인력입환을 하지 말 것

(5) 본선지장 입환

① 입환작업자는 정거장내·외의 본선을 지장하는 입환을 할 필요가 있을 때마다 역장의 승인을 받아야 한다.

② 단, 정거장내 주본선 이외의 본선지장 입환 시 해당 본선의 관계열차 착발시각과 입환 종료시각까지 10분 이상의 시간이 있을 때는 본선지장 입환 승인을 생략할 수 있다.

8. 선로전환기의 취급

(1) 선로전환기의 정위

① 본선과 본선: 주요한 본선. 단, 단선운전구간의 정거장: 열차가 진입할 본선

② 본선과 측선: 본선. 단, 입환 인상선으로 지역본부장이 지정하면 측선으로 개통한 것

③ 본선 또는 측선과 안전측선(피난선 포함): 안전측선

④ 측선과 측선: 주요한 측선

⑤ 탈선선로전환기 또는 탈선기: 탈선시킬 상태

(2) 선로전환기의 정위 복귀

① 기계식 선로전환기(탈선선로전환기, 탈선기포함)를 열차 또는 차량을 진입·진출시키기 위하여 반위로 취급한 후 그 사용이 끝나면 즉시 정위로 복귀하여야 한다.

② 단, 추붙은 선로전환기의 경우에는 정위로 하지 않을 수 있다.

(3) 정차 확인 전에 선로전환기를 반위로 할 수 없는 경우

열차 또는 차량의 정차를 육안 또는 무선전화기로 확인하기 전에 선로전환기를 반위로 할 수 없는 경우

① 안전측선 및 입환 인상선(그 선으로 개통된 것을 정위로 하는 것에 한함)으로 분기하는 선로 전환기로서 정차할 열차에 대한 것

단, 정차 후 진출할 열차로서 대향열차 없고 폐색취급을 완료한 경우에는 그러하지 아니할 수 있다.

② 피난선 분기선로전환기 및 탈선선로전환기로서 여객열차 이외의 정차할 열차에 대한 것

(4) 선로전환기 취급자

① 원칙: 역무원이 취급

② 역무원 이외의 자가 취급할 수 있는 경우

㉮ 반드시 관제사의 승인번호 따라 취급하는 경우

1명 근무역 또는 운전취급생략역에서 선로전환기 장애발생으로 열차승무원, 기관사 및 유지보수(시설·전기) 직원이 취급할 경우

㉯ 역장과 사전에 협의하여 취급하는 경우

ⓐ 1명 근무역 또는 운전취급생략역에서 보수장비 입환을 위하여 유지보수(시설·전기) 직원이 취급할 경우

ⓑ 1명 근무역 또는 정거장외 측선에서 열차의 입환을 위하여 열차승무원이 취급할 경우

ⓒ 정거장에서 보수장비 등을 이동 또는 전선하는 경우에 수동으로 전환하는 선로전환 기를 유지보수 직원이 취급할 경우

ⓓ 선로전환기 제어불능으로 역장이 직원을 적임자로 지정하여 수동 취급할 경우

9. 중앙집중제어(CTC)·원격제어(RC) 구간의 운전취급

(1) 관제사가 CTC·RC구간에서 역장에게 로컬취급을 하게 하는 경우

① 원격제어장치에 고장이 발생하였을 경우

② 대용폐색방식을 시행할 경우. 단, 관제사가 직접 지령식을 시행시 예외

③ 상례작업을 제외한 선로지장작업 시행시(양쪽역을 포함한 작업구간내 역)

④ 수신호취급을 할 경우

⑤ 도중에서 돌아올 열차가 있을 경우

⑥ 정거장 또는 신호소외에서 퇴행하는 열차가 있을 경우

⑦ 트롤리를 운행시킬 경우

⑧ 입환을 할 경우

⑨ 선로전환기 전환시험을 할 경우

⑩ 정전·그 밖의 부득이한 사유가 발생하였을 경우

(2) 로컬취급의 승인

① 제어역장은 관제사로부터 승인 받아야 함

② 피제어역장은 제어역장으로부터 승인을 받아야 함

10. 열차 및 차량의 운전속도

(1) 열차 또는 차량은 다음의 속도를 넘어서 운전할 수 없다.

① 차량최고속도   ② 선로최고속도

③ 하구배속도(* 상구배 속도는 아님)   ④ 곡선속도

⑤ 열차제어장치가 현시하는 허용속도   ⑥ 분기기속도

(2) 가종 속도제한

속도를 제한하는 사항	속도 (Km/h)	예외 사항 및 조치 사항
1. 열차퇴행 운전		
① 관제사 승인 있는 경우	25	위험물 수송열차는 15Km/h 이하
② 관제사 승인 없는 경우	15	전동열차의 정차위치 조정에 한함

2. 장내·출발 진행수신호 운전	25	1) 수신호등을 설치한 경우 45km/h 이하 운전
		2) 장내 진행수신호는 다음 신호 현시위치 또는 정차위치까지 운전
		3) 출발 진행수신호
		  가) 맨 바깥쪽 선로전환기까지
		  나) 자동폐색식 구간: 기관사는 맨 바깥쪽 선로전환기부터 다음 신호기 위치까지 열차없음이 확인될 때는 45km/h 이하 운전(그 밖에는 25km/h 이하)
		  다) 도중 자동폐색신호기 없는 자동폐색식 구간: 맨 바깥쪽 선로전환기까지만 25km/h 이하 운전

3. 선로전환기에 대향운전	25	연동장치 또는 잠금장치로 잠겨있는 경우 제외
4. 추진운전	25	뒤보조기관차가 견인형태가 될 경우 45km/h 이하
5. 차량입환	25	특히 지정한 경우는 예외
6. 뒤 운전실 운전	45	전기기관차, 고정편성열차의 앞 운전실 고장으로 뒤 운전실에서 운전하여 최근 정거장까지 운전할 때를 포함
7. 입환신호기에 의한 열차 출발	45	1) 도중 폐색신호기 없는 구간: 제외 2) 도중 폐색신호기 있는 구간: 다음 신호기까지

11. 차량의 유치

(1) 차량의 본선유치

① 차량은 본선에 유치할 수 없다.

단, 다음의 경우에는 본선에 유치할 수 있다.

㉮ 지역본부장이 열차 또는 차량의 유치선을 별도로 지정한 경우

㉯ 다른 열차의 취급에 지장이 없는 종착역의 경우

㉰ 열차가 중간정거장에서 입환작업을 하기 위하여 일시적으로 유치하는 경우

② 본선에 유치가능 하더라도 10/1,000 이상의 선로에는 열차 또는 차량을 유치할 수 없다.

단, 동력을 가진 동력차를 연결하고 있을 때는 그렇지 않다

③ 정거장 구내 본선에 차량을 유치하는 경우에 역무원은 운전취급담당자에게 그 요지를 통고
하여야 한다.

(2) 정거장내 차량의 유치 및 제한

① 지역본부장: 각 정거장에 대한 유치 가능차수를 결정하고 그 7할을 초과하는 차수를 유치
시키지 않도록 하여야 한다.

② 역장

㉮ 정거장 내의 유치차량이 최대 유치가능차수의 7할에 도달할 때 신속히 관제사에 이를
보고하여야 한다.(차량유치 시 차량접촉한계표지 안쪽에 유치)

㉯ 단, 입환작업 도중 일시적으로 유치하는 경우에는 그러하지 아니하다.

③ 관제운영실장: 정거장에서 최대 유치 가능차수의 7할을 초과하는 경우에 조절

④ 차량을 유치할 수 없는 선로(부득이한 경우 예외)

㉮ 안전측선(피난선을 포함)   ㉯ 동력차 출·입고선

㉰ 선로전환기 또는 철차 위   ㉱ 차량접촉한계표지 바깥쪽

㉲ 그 밖의 특수시설 있는 선로

⑤ 부득이하게 ④항의 선로에 차량을 유치하는 경우에 역무원은 운전취급담당자 또는 관계 직
원에게 그 요지를 통고

12. 구름막이의 설치 및 적재 등

(1) 수용바퀴구름막이의 구비기준

① 동력차에는 동륜수 이상을 적재

단, 고정편성열차는 제어차마다 2개(고속열차 4개)이상을 적재

② 화물열차에 충당하는 동력차는 화차용 수용바퀴구름막이를 10개 이상 적재

③ 정거장 비치 수용바퀴구름막이의 개수는 지역본부장이 지정

④ 수용바퀴구름막이의 설치방법

⑦ 재료는 단단한 목재로 한다.
④ 색깔은 전체를 적색으로 하며 야광도료를 사용하거나 또는 야광스티커를 부착할 수 있다.
⑤ 차륜 답면과 균일하게 접촉되도록 한다.
㉣ 구름막이 기능을 손상 시키지 않도록 손잡이를 부착하여 사용할 수 있다

(2) 개폐식구름막이의 설치 및 취급

① 개폐식 구름막이는 본선으로부터 분기하는 측선의 차량접촉한계표지의 안쪽 3m 이상의 지점에 설치
② 개폐식 구름막이는 그 선로에 차량을 유치하고 있을 때는 입환의 경우를 제외하고 반드시 닫아 둘 것
③ 개폐식 구름막이를 설치할 정거장·선로의 지정 및 설치는 지역본부장이 지정
④ 개폐식 구름막이 설치 방법
⑦ 재료는 견고한 재질로 한다.
④ 기존형 지주대는 침목을 중앙에 두고 선로 바깥쪽에 2개, 선로 안쪽에 2개 설치
⑤ 기존형(상판과 지주대) 및 개량형은 선로 바깥쪽은 고정핀, 선로 안쪽은 삽입핀으로 고정할 수 있도록 설치
㉣ 상판은 사용에 편리하도록 손잡이를 부착

13. 운전취급생략역 또는 1명 근무역의 운전취급

(1) 열차의 임시교행 또는 대피취급

① 관제사 및 제어역장은 열차의 임시교행 및 대피취급을 가급적 피하도록 조치
② 부득이한 사유로 열차의 교행 또는 대피취급을 할 때는 기관사에게 통보

(2) 운전취급생략역에서 열차가 정차하였다가 출발하는 경우

① 기관사는 출발신호기에 진행 지시신호가 현시되면 자기 열차에 대한 신호임을 확인하고 열차승무원 또는 역장의 출발전호 없이 출발가능
② 단, 여객의 승하차를 위해서 정차하는 열차는 출발전호에 의하여야 함

(3) 대용폐색방식 시행의 폐색구간 취급방법

① **지령식, 통신식 시행시:** 폐색구간의 경계는 정거장간을 1폐색구간으로 함
② **지도통신식 시행시:** 폐색구간의 일단이 되는 한쪽 또는 양쪽의 정거장이 운전취급생략역인 경우에는 운전취급생략역 기준으로 최근 양쪽 운전취급역간의 폐색구간을 합병하여 1폐색구간으로 함

(4) 운전취급 생략역(1명근무역 포함)**의 대용폐색방식 시행시 폐색협의**

① **통신식**: 관제승인에 따라 다음에 정한 역장이 시행

㉮ 제어역과 피제어역(운전취급역)간 시행: 제어역장과 피제어역장

㉯ 제어역과 피제어역(운전취급생략역)간 시행: 제어역장 단독

㉰ 이외의 정거장: 해당 정거장을 제어하는 운전취급역장

② **지도통신식**: 관제승인에 따라 다음에 정한 폐색구간 양쪽 역장이 시행

㉮ 제어역과 제어역: 제어역장

㉯ 제어역과 피제어역: 제어역장 단독

㉰ 운전취급역으로 피제어역간: 피제어역장

㉱ 이외의 정거장: 해당 정거장을 제어하는 운전취급역장

(5) 1명 근무역의 운전취급

① 피제어역으로 지정된 1명 근무역의 운전취급담당자가 이례사항 발생 시 수행가능한 업무

㉮ 보수장비 이외의 열차 또는 차량의 입환취급

㉯ 수신호 취급 또는 선로전환기의 수동취급

㉰ 대용폐색방식 시행 시 운전허가증 교부

㉱ 운전취급자가 조작반 취급이외의 현장에서 수행하여야 할 업무

② 제어역에서 원격제어취급 및 무선전호를 시행

③ 제어역 운전취급자, 1명 근무역 운전취급자, 기관사 상호간 운전협의 철저

④ 1명 근무역의 야간 근무시간(22:00~다음날 06:00) 중 운전취급담당자의 수면시간에는 제어역 운전취급자의 원격제어 및 무선전호에 따라 취급 가능

14. 유효장

(1) 유효장의 길이(범위)

① 열차를 정차시키는 선로 또는 차량을 유치하는 선로의 양끝에 있는 차량접촉한계표지 상호 간의 길이

② 차량접촉한계표지 안쪽에 출발신호기(ATS지상자)가 설치되어 있는 선로의 경우에는 진행 방향 앞쪽 출발신호기(ATS지상자)부터 뒤쪽 궤도회로장치까지의 길이

③ 궤도회로의 절연장치가 차량접촉한계표지 안쪽 또는 출발신호기의 바깥쪽에 설치되었을 경우에는 양쪽 궤도회로장치까지의 길이

④ ATP 메인발리스가 차량접촉한계표지 안쪽 또는 출발신호기의 바깥쪽에 설치되었을 경우에는 진행방향 앞쪽 ATP 메인발리스부터 뒤쪽 궤도회로장치까지의 길이

(2) 유효장을 정하는 방법

① 본선의 유효장은 인접측선의 열차 착발 또는 차량출입에 제한을 받지 않음

② 유효장은 인접선로에 대한 열차착발 또는 차량출입에 지장없이 수용할 수 있는 최대의 차장률(14m)로 표시. * 선로별 유효장을 계산시 소수점이하는 버림

③ 인접선로를 지장하는 유효장은 괄호(   )로서 표시

④ 동일선로로 상하행 열차용으로 공용하는 선로는 상하란에 각각 유효장 표시

⑤ 측선을 열차 착발선으로 사용할 때 본선에서 착발하는 열차가 이에 지장을 받게 되는 경우 그 본선의 유효장은 ①항에 불구하고 측선의 제한을 받음

15. 차장률·차중률

(1) 차장률

① 의미: 차량 길이의 단위로서 14m를 1량으로 하여 환산한다.
(연결기·배장기는 닫힌 상태의 길이로 한다).

② 단수처리: 차장률을 환산할 때 소수점 이하는 2위에서 반올림 한다.

(2) 차중률

① 의미: 열차운전상의 차량중량의 단위로 차중환산법에 의하여 환산표시

② **차중률 1.0량 환산방법**: 총중량(자중＋실적재중량, 동력차는 관성중량 부가)

㉮ 기관차: 30톤　　　　㉯ 동차 및 객차: 40톤　　　㉰ 화차: 43.5톤

③ **차중률을 계산할 때 소수점 이하 처리방법**

㉮ 영차: 소수점 2위에서 반올림

㉯ 공차: 소수점 2위에서 끊어 올림

④ **차중률 계산시 적용방법**

㉮ 객차의 영차는 좌석수에 대한 승객의 중량과 승무원 비품, 용수 등의 적재중량을 자중에 가산하여 환산

㉯ 비상차로서 비상용품을 적재하였을 때의 적재 실중량은 적재정량의 1/2에 해당하는 중량에 의하고 성량을 적재한 경우와 구별된 차중률은 괄호(   ) 내의 수에 의함

㉰ 공차의 차중률에 따르는 경우

ⓐ 화차용 시－트와 로－프만을 적재한 차량

ⓑ 직무를 위한 승무원만 승차하고 적재물(시트, 로프 제외)이 없는 차량

ⓒ 보조차(유차)

16. 선로의 명칭기준(정거장 이외의 본선을 제외)

(1) 2 이상의 선로가 있을 때

① 정거장 본 역사에 병행하는 것은 본 역사 측으로 부터 계산

② 정거장 본 역사가 선로사이에 있을 때는 본 역사로 출입하는 주요 도로 측으로부터 계산

③ 정거장 본 역사가 선로의 종단부에 있을 때는 본 역사에서 선로를 향하여 좌측으로부터 계산

(2) 정거장내의 본선

① 상하로 구별한 2개의 본선은 상본선 또는 하본선의 명칭 사용

② 본선에서 분기하는 다른 본선이 있는 경우 전자를 주본선, 후자는 부본선 명칭 사용

③ 본선을 상·하행에 공용할 때는 상·하주본선 또는 상·하부본선이라 하고, 상·하행 따로 있을 때는 상주본선, 하주본선, 상부본선 또는 하부본선 명칭 사용

④ 본선 또는 부본선이 동일방면에 2이상 있을 때 주본선의 경우는 가장 주요한 순으로 A, B, C를 붙여 상 A 주본선 또는 하 A 주본선의 순으로 칭하고 부본선의 경우는 주본선 측으로부터 A, B, C를 붙여 상 A 부본선 또는 하 A 부본선의 순으로 명칭 사용

관제사의 운전정리 시행 사항이 아닌 것은?

① 일반열차의 통과선 지정

② 열차의 운행을 일시 중지

③ 열차의 계획된 운선시각을 앞낭겨 운전

④ 열차운전 중 2이상의 열차를 합병하여 1개 열차로 운전

(해설) 운전규정

제36조(열차의 착발선 지정 및 운용) ① 관제사는 고속선, 역장은 일반선에 대하여 운행열차의 착발 또는 통과선을 지정하여 운용한다.

제53조(관제사의 운전정리 시행) ② 관제사의 운전정리 사항

1. 교행변경: 단선운전 구간에서 열차교행을 할 정거장을 변경
2. 순서변경: 선발로 할 열차의 운전시각을 변경하지 않고 열차의 운행순서를 변경
3. 조상운전: 열차의 계획된 운전시각을 앞당겨 운전
4. 조하운전: 열차의 계획된 운전시각을 늦추어 운전
5. 일찍출발: 열차가 정거장에서 계획된 시각보다 미리 출발
6. 속도변경: 견인정수 변동에 따라 운전속도가 변경
7. 열차 합병운전: 열차운전 중 2이상의 열차를 합병하여 1개 열차로 운전
8. 특발: 지연열차의 도착을 기다리지 않고 따로 열차를 조성하여 출발
9. 운전휴지(운휴): 열차의 운행을 일시 중지하는 것을 말하며 전구간 운휴 또는 구간운휴로 구분
10. 선로변경: 선로의 정해진 운전방향을 변경하지 않고 열차의 운전선로를 변경
11. 단선운전: 복선운전을 하는 구간에서 한쪽 방향의 선로에 열차사고·선로고장 또는 작업 등으로 그 선로로 열차를 운전할 수 없는 경우 다른 방향의 선로를 사용하여 상·하 열차를 운전
12. 운전정리에 따르는 임시열차의 운전, 편성차량의 변경·증감 등 그 밖의 조치

정답 ①

관제사의 운전정리 사항에 대한 설명으로 틀린 것은?

① 일찍출발: 열차의 계획된 운전시각을 앞당겨 운전
② 속도변경: 견인정수 변동에 따라 운전속도가 변경
③ 순서변경: 선발로 할 열차의 운전시각을 변경하지 않고 열차의 운행순서를 변경
④ 선로변경: 선로의 정해진 운전방향을 변경하지 않고 열차의 운전선로를 변경
⑤ 조상운전: 열차가 정거장에서 계획된 운전시각에 출발하는 것

(해설) 운전규정 제53조(관제사의 운전정리 시행)   정답 ①, ⑤

통신 불능으로 관제사에게 통보할 수 없는 경우 역장이 관계역장과 협의하여 운전정리를 할 수 있는 것은?

① 단선운전 또는 순서변경
② 교행변경 또는 순서변경
③ 단선운전 또는 조하운전
④ 교행변경 또는 임시속도변경

(해설) 운전규정 제54조(역장의 운전정리 시행)
① 역장은 열차지연으로 교행변경 또는 순서변경의 운전정리가 유리하다고 판단되나 통신 불능으로 관제사에게 통보할 수 없을 때에는 관계 역장과 협의하여 운전정리를 할 수 있다.
② 통신기능이 복구되었을 때 역장은 통신 불능 기간 동안의 운전정리에 관한 사항을 관제사에게 즉시 보고한다.
정답 ②

운전취급규정에서 정한 열차등급에 관한 설명으로 틀린 것은?

① KTX－산천은 고속여객열차이다.
② ITX－청춘은 급행여객열차이다.
③ 공사열차는 회송열차보다 우선순위이다.
④ 단행열차는 시험운전열차보다 우선순위이다.
⑤ 무궁화호열차는 급행여객열차가 아니다.
⑥ KTX－이음은 준고속여객열차이다.

(해설) 운전규정 제55조(열차의 등급)

열차등급은 열차와 차량의 원활한 운전취급과 효율적인 열차 설정 등을 위하여 운행속도와 시간 및 열차품질 등을 고려하여 결정하며 그 종류는 순위는 다음 각 호와 같다.

1. 고속여객열차: KTX, KTX－산천
2. 준고속여객열차: KTX－이음
3. 특급여객열차: ITX－청춘
4. 급행여객열차: 새마을호열차, 무궁화호열차, 누리로열차, 특급·급행전동열차
5. 보통여객열차: 통근열차, 일반전동열차
6. 급행화물열차
7. 화물열차: 일반화물열차
8. 공사열차
9. 회송열차
10. 단행열차
11. 시험운전열차

정답 ②, ⑤

05

열차 운전정리 사항을 통고하는 관계정거장(역)으로 틀린 것은?

① 순서변경: 변경구간 내의 각 역 및 그 전 역
② 선로변경: 변경구간 내의 각 역
③ 속도변경: 변경구간 내의 각 역
④ 단선운전: 변경구간 내의 각 역 및 그 전 역

(해설) 운전규정 제57조(운전명령의 의의 및 발령구분)

정답 ④

06

운전명령에 대한 설명으로 틀린 것은?

① 정규 운전명령은 수송수요·수송시설 및 장비의 상황에 따라 최소 3일 전에 발령한다.
② 운전명령이란 사장 또는 관제사가 열차 및 차량의 운전취급에 관련되는 상례 이외의 상황을 특별히 지시하는 것을 말한다.
③ 운전명령 요청 및 시행 부서는 XROIS 또는 공문에 의한 운전명령 내용을 확인하여 운전명령이 차질 없이 시행할 수 있도록 하여야 한다.
④ 임시 운전명령은 열차 또는 차량의 운전정리사항과 긴급히 발령하는 운전취급에 관한 지시를 말하며 XROIS 또는 전화(무선전화기를 포함한다)로서 발령한다.

(해설) 운전규정 제57조(운전명령의 의의 및 발령구분)
① 운전명령이란 사장(열차운영단장, 관제실장) 또는 관제사가 열차 및 차량의 운전취급에 관련되는 상례 이외의 상황을 특별히 지시하는 것을 말한다.
② 정규 운전명령은 수송수요·수송시설 및 장비의 상황에 따라 상당시간 이전에 XROIS 또는 공문으로서 발령한다.

③ 임시 운전명령은 열차 또는 차량의 운전정리 사항과 긴급히 발령하는 운전취급에 관한 지시를 말하며 XROIS 또는 전화(무선전화기를 포함한다)로서 발령한다.

④ 운전명령 요청 및 시행 부서는 XROIS 또는 공문에 의한 운전명령 내용을 확인하여 운전명령이 차질 없이 시행할 수 있도록 하여야 한다.　　　　　　　　　　　　　　　　　　　　　　　　　　　　**정답** ①

07　　　　　　　　　　　　　　　　　　　　　　　　　　　　　　　　　　　　　　　18년 1회

임시운전명령 사항으로 가장 거리가 먼 것은?

① 수신호 현시　　　　　　　　　　　　② 폐색구간의 변경
③ 신호기 고장의 통보　　　　　　　　　④ 열차 견인정수의 변경

(해설) 운전규정 제59조(운전명령 통고 의뢰 및 통고)

① 사업소장은 운전관계승무원의 승무개시 후 접수한 임시 운전명령을 해당 직원에게 통고하지 못하였을 때는 관계 운전취급담당자에게 통고를 의뢰하여야 하며 임시운전명령사항은 다음과 같다.
　1. 폐색방식 또는 폐색구간의 변경　2. 열차 운전시각의 변경　　3. 열차 견인정수의 임시변경
　4. 열차의 운전선로의 변경　　　　　5. 열차의 임시교행 또는 대피　6. 열차의 임시서행 또는 정차
　7. 신호기 고장의 통보　　　　　　　8. 수신호 현시　　　　　　　9. 열차번호 변경
　10. 열차 또는 차량의 임시입환　　　11. 그 밖에 필요한 사항　　　　　　　　　　　　**정답** ④

08　　　　　　　　　　　　24년 1회·23년 1회~2회·22년 1회·21년 1회·20년 1회·16년 3회

운전취급담당자가 운전관계승무원에게 임시운전명령 번호 및 내용을 통고할 경우 CTC구간에서 관제사 운전명령번호를 생략할 수 있는 경우는?

① 수신호 현시　　　　　　　　　　　　② 열차의 임시서행
③ 열차의 임시교행　　　　　　　　　　④ 열차 또는 차량의 임시입환

(해설) 운전규정 제59조(운전명령 통고 의뢰 및 통고)

② 임시운전명령 통고를 의뢰받은 운전취급담당자는 해당 운전관계승무원에게 임시운전명령 번호 및 내용을 통고한다. 단, "5. 열차의 임시교행 또는 대피"를 통고할 때는 복선운전구간과 CTC구간은 관제사 운전명령번호를 생략한다.　　　　　　　　　　　　　　　　　　　　　　　　　　　　　　　　　**정답** ③

09　　　　　　　　　　　　　　　　　　　　　　　　　24년 1회·18년 2회·16년 1회

운전관계승무원의 휴대용품으로 틀린 것은?

① 열차운전 시행세칙: 기관사　　　　　② 손전등: 동력차승무원, 열차승무원
③ 고속철도 운전취급세칙: KTX 기장　　④ 열차운전시각표: 기관사 및 열차승무원

해설) 운전규정 제60조(운전관계승무원의 휴대용품)

① 운전관계승무원은 승무 시 다음 각 호에 정한 용품을 휴대하여야 한다. 다만, 제5호 운전관계규정은 승무시 지급한 열차운전안내장치(GKOVI)로 그 내용을 확인할 수 있는 경우에는 휴대하지 않을 수 있다.

   1. 손전등: 동력차승무원

   2. 승무일지: 기관사 및 열차승무원

   3. 전호등·기(적·녹색): 열차승무원. 열차승무원 승무생략 열차의 경우 기관사

   4. 휴대용 무선전화기: 기관사, 열차승무원

   5. 운전관계규정

      가. 운전취급 규정: 기관사

      나. 고속철도 운전취급 세칙: KTX기장

      다. 일반철도 운전취급 세칙: 일반철도 기관사

      라. 광역철도 운전취급 세칙: 광역철도 기관사

      마. 열차운전 시행세칙: 기관사

   6. 열차운전시각표: 기관사 및 열차승무원

   7. 그 밖에 필요하다고 인정하는 것   정답 ②

---

10 extended

운전관계승무원의 휴대용품 중 기관사와 열차승무원이 같이 휴대하여야 하는 물품으로 옳지 않은 것은?

① 승무일지   ② 휴대용 무선전화기

③ 운전취급 규정   ④ 열차운전시각표

해설) 운전규정 제60조(운전관계승무원의 휴대용품)   정답 ③

11

구내운전에 관한 설명으로 틀린 것은?

① 구내운전을 하는 구간의 운전속도는 해당선구의 선로최고속도 이하로 운전해야 한다.

② 기관차에 타의 차량을 연결하고 견인운전하는 경우에도 구내운전을 할 수 있다.

③ 운전취급담당자는 입환신호기 진행신호 현시, 입환표지 개통 현시, 선로별표시등 백색등을 점등시킨 후 기관사에게 무선전호를 시행한다.

④ 구내운전을 하는 구간의 끝 지점은 입환신호기, 입환표지, 선로별표시등, 차량정지표지, 열차정지표지, 운전취급담당자가 통보한 도착지점, 수동식 선로전환기 중 키볼트로 쇄정한 선로전환기이다.

해설 운전규정 제76조(구내운전 방식)
① 운전취급담당자는 다음의 신호를 현시한 후 무선전호를 시행: ㉮ 입환신호기 진행신호 현시 ㉯ 입환표지 개통현시 ㉰ 선로별표시등 백색등 점등
② 구내운전을 하는 시작 지점 또는 끝 지점: ㉮ 입환신호기 ㉯ 입환표지 ㉰ 선로별표시등 ㉱ 차량정지표지 ㉲ 열차정지표지 ㉳ 운전취급담당자가 통보한 도착지점 ㉴ 수동식 선로전환기 중 키볼트로 쇄정한 선로전환기.
③ 구내운전을 할 수 있는 대상차량: ㉮ 단행기관차(중련 포함): 디젤전기기관차 또는 전기기관차 ㉯ 고정편성 차량: 앞·뒤 운전실이 있는 차량 ㉰ 보수장비 ㉱ 기관차에 다른 차량(무동력 기관차 포함)을 연결하고 견인운전하는 경우 포함
④ 구내운전 구간의 운전속도는 차량 입환속도에 준한다.   정답 ①

12

다음의 열차의 진입 또는 진출선로 지장입환에 관한 내용 중 (   )안에 해당하는 시간으로 맞는 것은?

> 열차가 정거장에 진입 또는 진출할 시각 (   )에는 그 진입 또는 진출할 선로를 지장하거나 지장할 염려 있는 입환을 할 수 없다.

① 2분 전   ② 5분 전   ③ 10분 전   ④ 15분 전

해설 운전규정 제72조(열차의 진입 또는 진출선로 지장입환)
① 열차가 정거장에 진입 또는 진출할 시각 5분 전에는 그 진입 또는 진출할 선로를 지장하거나 지장할 염려 있는 입환을 할 수 없다.   정답 ②

13
23년 2회·22년 2회·20년 2회

구내운전을 하는 시작 지점과 끝 지점으로 틀린 것은?

① 차량정지표지   ② 역장이 통보한 도착지점
③입환표지   ④ 입환신호기

해설 운전규정 제76조(구내운전의 방식)
② 구내운전을 하는 시작 지점 또는 끝 지점은 다음 각 호와 같다.
  1. 입환신호기   2. 입환표지   3. 선로별표시등
  4. 차량정지표지   5. 열차정지표지   6. 운전취급담당자가 통보한 도착지점
  7. 수동식 선로전환기 중 키볼트로 쇄정한 선로전환기   정답 ②

입환 제한에 대한 설명 중 틀린 것은?

① 여객이 승차한 객차의 입환은 할 수 없다.

② 부득이 여객이 승차한 객차의 입환을 하는 경우는 상위 규정에 따른다.

③ 기관차를 사용하여 동차 또는 부수차를 다른 차량의 중간에 끼워서 입환할 수 없다.

④ 동차를 사용하여 입환을 하는 경우에는 동차·부수차 또는 객차 이외의 차량을 연결할 수 없다.

(해설) 운전규정 제68조(입환 제한)

① 기관차를 사용하여 동차 또는 부수차의 입환을 할 때는 동차 또는 부수차를 다른 차량의 중간에 끼워서 입환 할 수 없다.

② 동차를 사용하여 입환을 할 때는 동차·부수차 또는 객차 이외의 차량을 연결할 수 없다.

③ 여객이 승차한 객차의 입환은 할 수 없다. 다만, 부득이 여객이 승차한 객차의 입환을 할 경우는 관련 세칙에 따로 정한다.

정답 ②

입환 작업에 대한 설명 중 틀린 것은?

① 입환속도는 시속 25km 이하로 한다.

② 차량은 차량접촉한계표지 안쪽에 유치할 수 없다.

③ 차량의 연결은 다른 한쪽이 정차하였을 때에 연결할 것

④ 동차를 사용하여 입환을 하는 경우에는 동차·부수차 또는 객차 이외의 차량을 연결할 수 없다.

(해설) 운전규정 제67조(입환 차량의 연결취급)

① 입환 차량을 연결하는 경우에는 다음 각 호에 따라야 한다.

　1. 입환 차량은 상호 연결할 것

　2. 다른 한쪽이 정차하였을 때에 연결할 것

　3. 차량을 분리·연결할 때는 굴러가지 않도록 상당한 조치를 할 것

제68조(입환 제한)

정답 ②

여객이 승차한 상태에서 열차를 다른 선로로 이동시키거나 또는 객차교체 등으로 입환할 경우 안전조치사항으로 적합하기 않은 것은?

① 반드시 여객이 적은 쪽의 차량을 연결할 것
② 입환 객차에 승차한 여객이 안전하도록 유도할 것
③ 객차의 분리 및 연결입환을 할 때에는 15km/h 이하의 속도로 할 것
④ 관통제동을 사용하도록 할 것

(해설) 일반운전 제14조(여객열차의 입환)
여객이 승차한 상태에서 열차를 다른 선로로 이동시키거나 객차를 교체할 때는 다음의 안전조치를 하고 입환을 하여야 한다.
1. 방송 또는 말로 승객 및 직원에게 입환 시행에 대한 내용을 주지시키고 주의사항을 통보할 것
2. 입환 객차에 승차한 여객이 안전하도록 유도할 것
3. 객차의 분리 및 연결입환을 할 때는 시속 15킬로미터 이하 속도로 운전할 것
4. 관통제동을 사용하도록 할 것   정답 ①

인력입환의 시행 및 제한하는 경우에 대한 설명으로 맞는 것은?

① 인력입환을 하는 3 이상의 차량은 상호 연결할 것
② 2/1000 이상의 경사가 있는 선로에서는 인력입환을 하지 말 것
③ 정거장 안과 밖의 본선을 지장할 염려가 있는 경우에는 이를 시행하지 말 것
④ 맨 바깥쪽 본선 선로전환기에서 정거장 안으로 100m 사이에 정거장 밖을 향하는 내리막 경사가 있을 때에는 그 선로전환기에 걸치는 인력입환을 하지 말 것

(해설) 일반운전 제17조(인력입환의 시행 및 제한)
인력입환의 시행 및 제한하는 경우는 다음에 따른다.
1. 인력입환은 정거장 본선에서는 이를 시행하지 말 것
2. 정거장 안과 밖의 본선을 지장할 염려가 있는 경우에는 이를 시행하지 말 것
3. 인력입환을 하는 2이상의 차량은 상호 연결할 것
4. 1000분의 3을 넘는 경사가 있는 선로에서는 인력입환을 하지 말 것
5. 맨 바깥쪽 본선 선로전환기에서 정거장 밖으로 100미터 사이에 정거장 밖을 향하는 내리막 경사가 있을 때에는 그 선로전환기에 걸치는 인력입환을 하지 말 것   정답 ③

선로전환기의 정위로 틀린 것은?

① 본선과 피난선의 경우에는 본선

② 탈선기는 탈선시킬 상태에 있는 것

③ 본선과 안전측선과의 경우에는 안전측선

④ 본선과 본선의 경우 단선운전구간의 정거장에서는 열차가 진입할 본선

(해설) 운전규정 제77조(선로전환기의 정위)

① 선로전환기의 정위는 다음 각 호의 선로 방향으로 개통한 것으로 한다. 다만, 본선과 측선에 있어서 입환 인상선으로 지역본부장이 지정하면 측선으로 개통한 것을 정위로 할 수가 있다.

　1. 본선과 본서의 경우 주요한 본선. 다만, 단선운전구간이 정거장에서는 열차가 진입할 본선

　2. 본선과 측선의 경우 본선

　3. 본선 또는 측선과 안전측선(피난선을 포함)의 경우 안전측선

　4. 측선과 측선의 경우 주요한 측선

② 탈선선로전환기 또는 탈선기는 탈선시킬 상태에 있는 것을 정위로 한다.　　　　　　　　　**정답** ①

선로전환기는 사용에 앞서 반위로 하고 사용이 끝났을 때 즉시 정위로 하여야 하는데 정위로 하지 않을 수 있는 선로전환기는?

① 탈선기　　　　　　　　　　② 추붙은 선로전환기

③ 탈선 선로전환기　　　　　　④ 표지부 선로전환기

(해설) 운전규정 제78조(선로전환기의 정위 유지)

① 기계식 선로전환기(탈선선로전환기 및 탈선기포함)를 열차 또는 차량을 진입·진출시키기 위하여 반위로 취급한 후 그 사용이 끝나면 즉시 정위로 복귀하여야 한다. 다만, 추붙은 선로전환기의 경우에는 그러하지 아니하다.

② 열차 또는 차량의 정차를 육안 또는 무선전화기로 확인하기 전에 선로전환기를 반위로 할 수 없는 경우는 다음 각 호와 같다.

　1. 안전측선 및 입환 인상선(그 선으로 개통된 것을 정위로 하는 것에 한함)으로 분기하는 선로전환기로서 정차할 열차에 대한 것. 다만, 정차 후 진출할 열차로서 대항열차 없고 폐색취급을 완료한 경우에는 그러하지 이니할 수 있다.

　2. 피난선 분기선로전환기 및 탈선선로전환기로서 여객열차 이외의 정차할 열차에 대한 것　　　　**정답** ②

열차 또는 차량의 정차를 육안 또는 무선전화기로 확인하기 전에 선로전환기를 반위로 할 수 없는 경우로 틀린 것은?

① 탈선선로전환기로서 여객열차 이외의 정차할 열차에 대한 것

② 안전측선으로 분기하는 선로전환기로서 정차 후 진출할 열차로서 대향열차 없고 폐색취급을 완료한 경우에는 반위로 할 수 있다

③ 피난선 분기선로전환기로서 여객열차 이외의 정차할 열차에 대한 것

④ 입환 인상선(그 선으로 개통된 것을 반위로 하는 것에 한함)으로 분기하는 선로전환기로서 정차할 열차에 대한 것

(해설) 운전규정 제78조(선로전환기의 정위 유지)　　　　　　　　　　　　　　정답 ④

선로전환기 취급에서 관제사의 승인번호에 따르지 않고 역장과 사전에 협의하여 선로전환기를 취급할 수 있는 경우로 옳은 것은?

① 운전취급생략역에서 선로전환기 장애발생으로 기관사가 취급할 경우

② 운전취급생략역에서 선로전환기 장애발생으로 열차승무원이 취급할 경우

③ 1명 근무역에서 선로전환기 장애발생으로 유지보수(시설·전기) 직원이 취급할 경우

④ 운전취급생략역에서 보수장비 입환을 위하여 유지보수(시설·전기) 직원이 취급할 경우

(해설) 운전규정 제81조(선로전환기 취급자)

① 선로전환기는 역무원이 취급하여야 한다. 다만, 다음 각 호의 경우는 그러하지 아니하다.

　1. 1명 근무역 또는 운전취급생략역에서 선로전환기 장애발생으로 열차승무원, 기관사 및 유지보수(시설·전기) 직원이 취급할 경우

　2. 1명 근무역 또는 운전취급생략역에서 보수장비 입환을 위하여 유지보수(시설·전기) 직원이 취급할 경우

　3. 1명 근무역 또는 정거장외 측선에서 열차의 입환을 위하여 열차승무원이 취급할 경우

　4. 정거장에서 보수장비 등을 이동 또는 전선하는 경우에 수동으로 전환하는 선로전환기를 유지보수 직원이 취급할 경우

　5. 선로전환기 제어불능으로 역장이 직원을 적임자로 지정하여 수동 취급할 경우

② 제1항에 따라 선로전환기를 취급하는 경우에는 다음 각 호에 따른다.

　1. 제1항 제1호 경우에는 관제사의 승인번호에 따르고, 제1항 제2호부터 제5호까지는 역장과 사전에 협의한다.

정답 ④

1명 근무역 또는 운전취급생략역에서 선로전환기 장애발생으로 선로전환기를 취급하는 적임자로 거리가 먼 것은?

① 기관사　　　　　　　　　　② 열차승무원
③ 유지보수(시설·전기)직원　　④ 인접역 역무원

(해설) 운전규정 제81조(선로전환기 취급자)　　　　　정답 ④

열차승무원이 선로전환기를 취급해야할 상황으로 맞는 것은?

① 1명 근무역 또는 운전취급생략역에서 보수장비 입환을 위한 경우
② 정거장에서 보수장비 등을 이동 또는 전선하는 경우
③ 선로전환기 제어불능으로 인한 경우
④ 1명 근무역 또는 정거장외 측선에서 열차의 입환을 위한 경우

(해설) 운전규정 제81조(선로전환기 취급자)　　　　　정답 ④

열차 또는 차량의 운전속도 제한 사항으로 틀린 것은?

① 상하구배속도　　　　　　② 선로최고속도
③ 차량최고속도　　　　　　④ 열차제어장치가 현시하는 허용속도

(해설) 운전규정 제83조(열차 및 차량의 운전속도)
열차 또는 차량은 다음의 속도를 넘어서 운전할 수 없다.
1. 차량최고속도　　　2. 선로최고속도　　　3. 하구배속도
4. 곡선속도　　　　　5. 분기기속도
6. 열차제어장치가 현시하는 허용속도　　　　정답 ①

최고속도가 120km/h인 차량으로 조성된 열차의 입환 신호기에 의한 열차 출발 시 제한속도로 맞는 것은? (도중폐색신호기 있는 구간)

① 25km/h 이하　　② 45km/h 이하　　③ 120km/h 이하　　④ 차량최고속도 이하

(해설) 운전규정 별표5 입환신호기에 의한 열차 출발 45km/h 이하 운전　　　　　정답 ②

25km/h로 속도제한을 하는 것이 아닌 것은?

① 추진운전할 때　　　　　　　　　② 차량입환할 때
③ 뒤 운전실에서 운전할 때　　　　　④ 선로전환기에 대향하여 운전할 때

(해설) 운전규정 제84조 별표5(각종 속도제한)　　　　　　　　　　　　　　　정답 ③

장내신호기 대용수신호에 의해 운전 시 수신호등을 설치한 경우의 열차 또는 차량의 속도제한은?

① 15km/h　　　　　② 25km/h　　　　　③ 35km/h　　　　　④ 45km/h

(해설) 운전규정 별표5 각종 속도제한(제84조 관련) 수신호등을 설치한 경우 45km/h 이하 운전　　정답 ④

28

열차 또는 차량에 대한 제한속도의 설명 중 틀린 것은?

① 선로전환기에 대향운전(연동장치 또는 잠금장치로 잠겨있는 경우 제외)의 경우 시속 45km 이하 운전
② 추진운전에 의할 경우 시속 25km 이하 운전
③ 차량입환의 경우(특히 지정한 경우는 예외) 시속 25km 이하 운전
④ 전기기관차 뒤 운전실에서 운전할 경우 시속 45km 이하

(해설) 운전규정 별표5. 뒤 운전실 운전의 경우 45km/h 이하 운전　　　　　　　정답 ①

차량의 유치에 관한 설명으로 틀린 것은?

① 차량은 본선에 유치할 수 없다.
② 다른 열차의 취급에 지장이 없는 종착역의 경우에는 본선에 유치할 수 있다.
③ 차량을 본선에 유치하는 경우 1,000분의 10을 넘는 선로에는 열차 또는 차량을 유치할 수 없다. 단, 동력을 가진 동력차를 연결하고 있을 경우에는 그렇지 않다.
④ 지역본부장은 각 정거장에 대한 유치 가능차수를 결정하고 그 7할을 초과하는 차수를 유치시키지 않도록 하여야 한다.

(해설) 운전규정

제85조(차량의 본선유치) ① 차량은 본선에 유치할 수 없다. 다만 다음 각 호의 경우에는 그러하지 아니하다.
  1. 지역본부장이 열차 또는 차량의 유치선을 별도로 지정한 경우
  2. 다른 열차의 취급에 지장이 없는 종착역의 경우
  3. 열차가 중간정거장에서 입환작업을 하기 위하여 일시적으로 유치하는 경우
  ② 제1항에 따르는 경우에도 1,000분의 10 이상의 선로에는 열차 또는 차량을 유치할 수 없다. 다만, 동력을 가진 동력차를 연결하고 있을 경우에는 그러하지 아니하다.
  ③ 정거장 구내 본선에 차량을 유치하는 경우에 역무원은 운전취급담당자에게 그 요지를 통고하여야 한다.
제86조(차량의 유치 및 제한) ① 지역본부장은 각 정거장에 대한 유치 가능차수를 결정하고 그 7할을 초과하는 차수를 유치시키지 않도록 하여야 한다.
  ② 역장은 정거장 내의 유치차량이 최대 유치가능차수의 7할에 도달할 때 신속히 관제사에 이를 보고하여야 하며 차량유치 시 차량접촉한계표지 안쪽에 유치하여야 한다. 다만, 입환작업 도중 일시적으로 유치하는 경우에는 그러하지 아니하다.
  ③ 정거장에서 최대 유치 가능차수의 7할을 초과하는 경우에 관제운영실장은 이를 조절하여야 한다.
  ④ 차량은 부득이한 경우 이외에는 다음 각 호의 선로에 유치할 수 없다.
  1. 안전측선(피난선을 포함)   2. 동력차 출·입고선   3. 선로전환기 또는 철차 위
  4. 차량접촉한계표지 바깥쪽   5. 그 밖의 특수시설 있는 선로   정답 ③

차량을 부득이한 경우 이외에는 유치할 수 없는 선로가 아닌 것은?

① 선로전환기 또는 철차 위   ② 안전측선(피난선을 포함)
③ 차량접촉한계표지 안쪽   ④ 동력차 출·입고선

(해설) 운전규정 제85조(차량의 본선유치)   정답 ③

개폐식구름막이의 설치 및 취급에 대한 설명으로 맞지 않는 것은?

① 재료는 견고한 재질로 할 것
② 설치할 정거장·선로 및 설치는 역장이 지정할 것
③ 선로에 차량을 유치하였을 때에는 입환의 경우를 제외하고 반드시 닫아둘 것
④ 본선으로부터 분기하는 측선의 차량접촉한계표지의 안쪽 3m 이상의 지점에 설치할 것

(해설) 운전규정 제89조(구름막이의 설치 및 적재 등)
① 수용바퀴구름막이의 구비기준은 다음과 같다.
  1. 동력차에는 동륜수 이상을 적재할 것. 다만, 고정편성열차의 경우에는 제어차마다 2개(고속열차 4개) 이상을 적재
  2. 화물열차에 충당하는 동력차는 제1호 외에 화차용 수용바퀴구름막이를 10개 이상 적재
  3. 정거장에 비치할 수용바퀴구름막이의 개수는 지역본부장이 지정
② 개폐식구름막이의 설치 및 취급은 다음에 따른다.
  1. 본선으로부터 분기하는 측선의 차량접촉한계표지의 안쪽 3m 이상의 지점에 설치
  2. 그 선로에 차량을 유치하고 있을 때는 입환의 경우를 제외하고 반드시 닫아 둘 것
  3. 설치할 정거장·선로의 지정 및 설치는 지역본부장이 지정
〈개폐식 구름막이 설치방법〉
㉮ 재료는 견고한 재질로 한다.
㉯ 기존형 지주대는 침목을 중앙에 두고 선로 바깥쪽에 2개, 선로 안쪽에 2개 설치
㉰ 기존형(상판과 지주대) 및 개량형은 선로 바깥쪽은 고정핀, 선로 안쪽은 삽입핀으로 고정할 수 있도록 설치
㉱ 상판은 사용에 편리하도록 손잡이를 부착

정답 ②

관제사가 CTC 구간 또는 RC 구간에서 역장에게 로컬취급을 하도록 해야 하는 경우가 아닌 것은?

① 정전이 발생한 경우
② 수신호취급을 하는 경우
③ 대용폐색방식을 시행할 경우
④ 상례작업을 포함한 선로지장작업 시행의 경우

(해설) 운전규정 제91조(CTC·RC 구간의 운전취급)
중앙집중제어(이하 CTC라 한다) 구간 또는 원격제어(이하 RC라 한다) 구간의 운전취급은 다음에 따른다.
1. CTC·RC 구간의 로컬취급
  가. 관제사는 CTC구간 또는 RC구간에서 다음 각 호의 어느 하나에 해당하는 경우에는 역장(제어역장은 피제어 역장)에게 로컬취급을 하도록 하여야 한다.
    1) 원격제어장치에 고장이 발생하였을 경우
    2) 대용폐색방식을 시행할 경우 다만, 관제사가 직접 지령식을 시행하는 경우는 그러하지 아니하다.

3) 상례작업을 제외한 선로지장작업 시행의 경우(양쪽역을 포함한 작업구간 내 역)
4) 수신호취급을 할 경우
5) 도중에서 돌아올 열차가 있을 경우
6) 정거장 또는 신호소 외에서 퇴행하는 열차가 있을 경우
7) 트로리를 운행시킬 경우
8) 입환을 할 경우
9) 선로전환기 전환시험을 할 경우
10) 정전·그 밖의 부득이한 사유가 발생하였을 경우 　　　**정답** ④

33

CTC구간 또는 RC구간에서 로컬취급을 하도록 할 경우가 아닌 것은?

① 선로전환기 전환시험을 할 경우
② 도중에서 돌아올 열차가 있을 경우
③ 관제사가 직접 지령식을 시행하는 경우
④ 상례작업을 제외한 선로지장작업 시행의 경우

(해설) 운전규정 제91조(CTC·RC 구간의 운전취급) 　　　**정답** ③

34

지도통신식의 폐색협의와 관련된 설명으로 틀린 것은?

① 제어역과 제어역은 제어역장이 시행한다.
② 운전취급역으로 피제어역간은 피제어역장이 시행한다.
③ 폐색협의는 관제승인 따라 폐색구간 양쪽역장이 시행한다.
④ 제어역과 피제어역은 제어역장과 피제어역장이 시행한다.

(해설) 운전규정 제93조(운전취급생략역 등에서의 운전취급)
1. 대용폐색방식 시행시 폐색협의는 다음 각 목에 따른다.
　나. 통신식의 폐색협의는 관제승인에 따라 다음에 정한 역장이 시행한다.
　　1) 제어역과 피제어역(운전취급역)간 시행: 제어역장과 피제어역장
　　2) 제어역과 피제어역(운전취급생략역)간 시행: 제어역장 단독
　　3) 이외의 정거장: 해당 정거장을 제어하는 운전취급역장
　다. 지도통신식의 폐색협의는 관제승인에 따라 다음에 정한 폐색구간 양쪽 역장이 시행한다.
　　1) 제어역과 제어역: 제어역장
　　2) 제어역과 피제어역: 제어역장 단독
　　3) 운전취급역으로 피제어역간: 피제어역장
　　4) 이외의 정거장: 해당 정거장을 제어하는 운전취급역장 　　　**정답** ④

운전취급생략역 등에서 운전취급생략역 또는 1명 근무역의 운전취급으로 가장 거리가 먼 것은?

① 관제사 및 제어역장은 열차의 임시교행 또는 대피취급은 가급적 피하도록 조치하여야 한다.

② 부득이한 사유로 열차의 교행 또는 대피취급을 할 경우에는 해당 열차의 기관사에게 그 사항을 알려야 한다.

③ 기관사는 운전취급생략역에서 열차가 정차하였다가 출발하는 경우에는 출발신호기에 진행 지시신호가 현시되면 열차승무원 또는 역장의 출발전호에 의하여야 한다.

④ 지령식, 통신식을 시행할 경우의 폐색구간의 경계는 정거장간을 1폐색구간으로 한다.

(해설) 운전규정 제93조(운전취급생략역 등에서의 운전취급)
운전취급생략역 또는 1명 근무역의 운전취급은 다음에 따른다.
1. 관제사 및 제어역장은 열차의 임시교행 또는 대피취급은 가급적 피하도록 조치하여야 하며, 부득이한 사유로 열차의 교행 또는 대피취급을 할 경우에는 해당 열차의 기관사에게 그 사항을 알려야 한다.
2. 기관사는 운전취급생략역에서 열차가 정차하였다가 출발하는 경우에는 출발신호기에 진행 지시신호가 현시되면 자기 열차에 대한 신호임을 확인하고 열차승무원 또는 역장의 출발전호 없이 출발할 수 있다. 다만, 여객의 승하차를 위해서 정차하는 열차는 출발전호에 의한다.
3. 대용폐색방식 시행의 폐색구간은 다음과 같다.
   가. 지령식, 통신식을 시행할 경우: 폐색구간의 경계는 정거장간을 1폐색구간으로 한다.
   나. 지도통신식을 시행할 경우: 폐색구간의 일단이 되는 한쪽 또는 양쪽의 정거장이 운전취급생략역인 경우에는 운전취급생략역 기준으로 최근 양쪽 운전취급역간의 폐색구간을 합병하여 1폐색구간으로 한다.

정답 ③

유효장에 대한 설명으로 틀린 것은?

① 본선의 유효장은 인접측선에 대한 열차 착발 또는 차량출입에 제한을 받지 않는다.

② 차량접촉한계표지 안쪽에 출발신호기(ATS지상자)가 설치되어 있는 선로의 경우에는 진행방향 앞쪽 출발신호기(ATS지상자)부터 뒤쪽 궤도회로장치까지의 길이

③ ATP 메인발리스가 차량접촉한계표지 안쪽 또는 출발신호기의 바깥쪽에 설치되었을 경우에는 진행방향 앞쪽 ATP 메인발리스부터 뒤쪽 궤도회로장치까지의 길이

④ 궤도회로의 절연장치가 차량접촉한계표지 안쪽 또는 출발신호기의 바깥쪽에 설치되었을 경우에는 양쪽 출발신호기까지의 길이

(해설) 열차운전시행세칙 제9조(유효장)
① 규정 제6조제1항제8호에 따른 유효장은 다음 각 호에 따라 정한다.
   1. 열차를 정차시키는 선로 또는 차량을 유치하는 선로의 양끝에 있는 차량접촉한계표지 상호간의 길이

2. 차량접촉한계표지 안쪽에 출발신호기(ATS지상자)가 설치되어 있는 선로의 경우에는 진행방향 앞쪽 출발신호기(ATS지상자)부터 뒤쪽 궤도회로장치까지의 길이
3. 궤도회로의 절연장치가 차량접촉한계표지 안쪽 또는 출발신호기의 바깥쪽에 설치되었을 경우에는 양쪽 궤도회로장치까지의 길이
4. ATP 메인발리스가 차량접촉한계표지 안쪽 또는 출발신호기의 바깥쪽에 설치되었을 경우에는 진행방향 앞쪽 ATP 메인발리스부터 뒤쪽 궤도회로장치까지의 길이
② 본선의 유효장은 인접측선에 대한 열차 착발 또는 차량출입에 제한을 받지 않는다.　　　**정답** ④

37
23년 1회~2회·22년 2회·21년 2회·19년 1회

선로에 열차 또는 차량을 수용함에 있어서 그 선로의 수용가능 최대 길이가 401m일 경우 해당 선로의 유효장은 얼마인가?

① 28　　　　　② 28.6　　　　　③ 28.64　　　　　④ 29

해설 시행세칙 제9조(유효장)

③ 유효장은 인접선로에 대한 열차착발 또는 차량출입에 지장 없이 수용할 수 있는 <u>최대의 차장률(14m)에 따라 표시하고, 선로별 유효장을 계산할 때에는 소수점 이하는 버린다.</u>

* 401m÷14m=28.6428... ≒28량　　　　　**정답** ①

38
23년 1회~2회·22년 2회·21년 1회~2회·17년 3회

차량의 길이가 26m인 경우, 차장률로 환산하면 얼마인가?

① 1.8량　　　　　② 1.85량　　　　　③ 1.86량　　　　　④ 1.9량

해설 시행세칙 제30조(차장률)

① 차장률이라 함은 차량 길이의 단위로서 14m를 1량으로 하여 환산한다. 이 경우에 연결기는 닫힌 상태로 한다.
② 차장률을 환산할 때 <u>소수점 이하는 2위에서 반올림한다.</u>

* 26m÷14m=1.8571.. ≒1.9량　　　　　**정답** ④

39
24년 1회·23년 1회·22년 1회~2회

차량의 길이가 24.5m인 경우, 차장률로 환산하면 얼마인가?

① 1.8량　　　　　② 1.75량　　　　　③ 1.7량　　　　　④ 1.9량

해설 시행세칙 제30조(차장률)　　　　　**정답** ①

차량의 길이가 다음과 같을 때 차장률로 환산한 것으로 맞는 것은?

- 연결기가 열렸을 때의 차량의 길이 23.1m
- 연결기가 닫혔을 때의 차량의 길이 23.0m

① 1.7량   ② 1.65량   ③ 1.6량   ④ 1.64량

(해설) 시행세칙 제30조(차장률) 연결기 또는 배장기가 닫혔을 때를 기준으로 한다.

* 23.0m÷14m=1.6428.. ≒1.6량

정답 ③

용산역에서 서대전역까지 운행하는 새마을호 열차를 조성할 경우 최대 열차장으로 맞는 것은?
(단, 정차역 가장 짧은 선로길이는 용산역: 425m, 수원역: 352m, 천안역: 355m, 조치원역: 329m, 서대전역: 356m일 경우이다.)

① 24   ② 23.5   ③ 23   ④ 22

(해설) 운전규정 제17조(조성차수)
① 열차를 조성하는 경우에는 견인정수 및 열차장 제한을 초과할 수 없다. 다만, 관제사가 각 관계처에 통보하여 운전정리에 지장이 없다고 인정하는 경우에는 열차장 제한을 초과할 수 있다.
② 제1항 단서 이외의 경우에 최대 열차장은 전도 운행구간 착발선로의 <u>가장 짧은 유효장에서 차장률 1.0량을 감한 것</u>으로 한다.
열차운전시행세칙 제9조(유효장) ③ 유효장은 인접선로에 대한 열차착발 또는 차량출입에 지장 없이 수용할 수 있는 최대의 차장률(14m)에 따라 표시하고, 선로별 유효장을 계산할 때에는 <u>소수점 이하는 버린다.</u>
⟨계산⟩
① 가장 짧은 유효장: 조치원역 329m÷14m=23.5≒23량(소수점 이하 버림)
② 최대 열차장: 23량-1량=22량

정답 ④

열차운전시행세칙에 정한 선로의 명칭기준과 관련하여 정거장 이외의 본선을 제외한 선로 명칭 중 둘 이상의 선로가 있을 경우 선로수에 따른 명칭 기준으로 틀린 것은?

① 정거장 본 역사에 병행하는 것은 본 역사 측으로부터 계산
② 본선에서 분기하는 다른 본선이 있는 경우 전자를 주본선, 후자는 부본선 명칭 사용
③ 정거장 본 역사가 선로사이에 있을 때는 본 역사로 출입하는 주요 도로 측으로부터 계산
④ 정거장 본 역사가 선로의 종단부에 있을 때는 본 역사에서 선로를 향하여 우측으로부터 계산

열차운전시행세칙 제4조(선로의 명칭기준)

① 규정 제6조 제1항 제3호에 따른 정거장 이외의 본선을 제외한 선로의 명칭은 다음 각 호에 따라 지역본부장이 지정하고, 이를 공사 사장(이하 '사장'이라 한다)에게 보고하여야 한다. 다만, 고속선 선로의 명칭은 제4항에 따른다.

1. 둘 이상의 선로가 있을 때는 다음 각 목의 기준에 따라 선로수에 따른 명칭을 사용한다.

　가. 정거장 본 역사에 병행하는 것은 본 역사 측으로부터 계산

　나. 정거장 본 역사가 선로사이에 있을 때는 본 역사로 출입하는 주요 도로 측으로부터 계산

　다. 정거장 본 역사가 선로의 종단부에 있을 때는 본 역사에서 선로를 향하여 좌측으로부터 계산

2. 정거장 내의 본선은 제1호에 따르는 외 다음 각 목의 기준에 따라 명칭을 병용한다.

　가. 상하로 구별한 두개의 본선은 상본선 또는 하본선의 명칭 사용

　나. 본선에서 분기하는 다른 본선이 있는 경우 전자를 주본선, 후자는 부본선 명칭 사용

　다. 본선을 상·하행에 공용할 때는 상·하주본선 또는 상·하부본선이라 하고, 상·하행 따로 있을 때는 상주본선, 하주본선, 상부본선 또는 하부본선 명칭 사용

　라. 주본선 또는 부본선이 동일방면에 둘 이상 있을 때 주본선의 경우는 가장 주요한 순으로 A, B, C를 붙여 상 A 주본선 또는 하 A 주본선의 순으로 부르고 부본선의 경우는 주본선 측으로부터 A, B, C를 붙여 상 A 부본선 또는 하 A 부본선의 순으로 명칭 사용　　　　　정답 ④

제**4**장 폐 색

1. 폐색구간 운용

(1) 원칙: 1폐색구간에는 1개 열차만 운전

(2) 1폐색구간에 2이상의 열차를 운전할 수 있는 경우

① 자동폐색신호기에 정지신호 현시 있는 경우 그 폐색구간을 운전하는 경우

② 통신 두절된 경우에 연락 등으로 단행열차를 운전하는 경우

③ 고장열차 있는 폐색구간에 구원열차를 운전하는 경우

④ 선로 불통된 폐색구간에 공사열차를 운전하는 경우

⑤ 폐색구간에서 열차를 분할하여 운전하는 경우

⑥ 열차가 있는 폐색구간에 다른 열차를 유도하여 운전하는 경우

⑦ 전동열차 ATC차내신호 15신호가 현시된 폐색구간에 열차를 운전하는 경우

2. 폐색방식의 시행 및 종류

(1) 1폐색구간에 1개 열차를 운전시키기 위하여 시행하는 방법

① 상용폐색방식   ② 대용폐색방식

(2) 상용폐색방식의 종류: 열차는 상용폐색방식에 의하여 운전하여야 한다.

① 복선구간: 자동폐색식, 차내신호폐색식, 연동폐색식

② 단선구간: 자동폐색식, 차내신호폐색식, 연동폐색식, 통표폐색식

(3) 대용폐색방식의 종류: 상용폐색방식으로 운전할 수 없을 때 운용

① 복선운전을 하는 경우: 지령식, 통신식

② 단선운전을 하는 경우: 지령식, 지도통신식, 지도식

(4) 폐색준용법의 시행 및 종류(폐색방식의 종류가 아님)

① 폐색방식준용법의 시행시기

㉮ 폐색방식을 시행할 수 없는 경우에

㉯ 이에 준하여 열차를 운전시킬 필요가 있는 경우

② 폐색준용법의 종류: 전령법

3. 폐색방식 변경 및 복귀

(1) 역장이 대용폐색방식 또는 폐색준용법을 시행할 경우 조치사항

① 먼저 그 요지를 관제사에게 보고하고 승인을 받은 다음
② 그 구간을 운전할 열차의 기관사에게 다음 사항을 알려야 함
  ㉮ 시행구간   ㉯ 시행방식   ㉰ 시행사유

(2) 대용폐색방식 또는 폐색준용법 시행원인이 없어진 경우에 역장 조치사항

① 상대역장과 협의하여 관제사의 승인을 받아 속히 상용폐색방식으로 복귀
② 역장은 양쪽 정거장 또는 신호소 간에 열차 또는 차량없음을 확인하고 기관사에게 복귀사유 통보

(3) CTC 취급중 폐색방식, 폐색구간을 변경할 때: 관제사가 역장에게 지시

* 변경전의 폐색방식으로 복귀시킬 때: 역장은 그 요지를 관제사에게 보고

(4) 대용폐색방식으로 출발하는 열차의 기관사의 조치사항

① 출발에 앞서 다음 운전취급역의 역장과 관제사 승인번호 및 운전허가증 번호를 통보하는 등 열차운행에 대한 무선통화 실시
② 단, 지형 등 그 외의 사유로 통화를 할 수 없을 때는 열차를 출발시키는 역장에게 통보를 요청

4. 폐색구간의 설정 및 경계

(1) 폐색구간의 설정

① 본선은 이를 폐색구간으로 나누어 열차를 운전한다.
② 차내신호폐색식(자동폐색식 포함) 이외의 폐색방식은 인접의 정거장 또는 신호소간을 1폐색구간으로 함
③ 차내신호폐색식(자동폐색식 포함) 구간
  ㉮ 원칙: 정거장 내의 본선을 폐색구간으로 함.
  ㉯ 인접의 정거장간과 정거장 내 본선을 다시 자동폐색신호기로 분할된 각 구간을 1폐색구간으로 할 수 있음

(2) 폐색구간의 경계

① 자동폐색식 구간: 폐색신호기, 엄호신호기, 장내신호기 또는 출발신호기 설치지점
② 차내신호폐색식 구간: 폐색경계표지, 장내경계표지 또는 출발경계표지 설치지점
③ 자동폐색식 및 차내신호폐색식 혼용구간: 폐색신호기, 엄호신호기, 장내신호기 또는 출발신호기 설치지점
④ 이외의 구간: 장내신호기 설치지점

5. 폐색요구에 응답 없는 경우의 취급

(1) **대상 폐색방식**: 연동폐색식·통표폐색식·통신식 또는 지도통신식을 시행하는 구간

(2) **조건**: 역장이 폐색취급을 하기 위하여 5분간 연속하여 호출하여도 상대역장의 응답이 없을 때의 처리방법

(3) **처리방법**
① 응답 없는 정거장 또는 신호소의 다음 운전취급역장과 통화할 수 있을 때는 그 역장으로 하여 재차 5분간 연속 호출
② 제①항의 호출에도 응답이 없을 때에는 응답 없는 정거장 또는 신호소를 건너뛴 양끝 정거장간을 1폐색구간으로 하고 ㉮복선 운전구간에서는 통신식을 ㉯단선 운전구간에서는 지도통신식 시행
③ 그 구간으로 진입하는 열차의 열차승무원 또는 기관사를 통하여 응답 없는 역장에게 그 요지를 통보하고 변경전의 방식으로 복귀할 수 있을 때는 속히 복귀하여야 한다.
④ 관제사와 통화할 수 있을 때는 그 지시를 받아야 함

6. 운전허가증

(1) **운전허가증의 확인**
① 기관사는 운전허가증이 있는 폐색방식의 폐색구간에 진입하는 경우에는 역장으로부터 받은 운전허가증의 정당함을 확인하고 휴대
② 열차가 폐색구간의 한끝이 되는 정거장 또는 신호소에 도착하였을 때 기관사는 운전허가증을 역장에게 주어야 하며, 이를 받은 역장은 그 정당함을 확인
③ 운전허가증의 종류
　㉮ 통표폐색식 시행구간: 통표　　　㉯ 지도통신식 시행구간: 지도표 또는 지도권
　㉰ 지도식 시행구간: 지도표　　　㉱ 전령법 시행구간: 전령자

(2) **운전허가증 및 휴대기의 비치·운용**
① 운전허가증: 역장은 운전허가증을 비치하여야 한다.
② 휴대기: 관리역장이 판단하여 3개 이상 비치하여야 한다.
③ 통표 또는 휴대기 조절: 관리역장은 소속 정거장 또는 신호소의 통표 또는 휴대기를 적정하게 비치하도록 수시로 조절하고, 과부족으로 인하여 열차운행에 지장이 없도록 하여야 한다.
④ 지도표와 지도권: 부족하지 않도록 비치하여야 한다.

7. 차내신호폐쇄식

(1) 정의

차내신호(KTCS-2, ATC, ATP) 현시에 따라 열차를 운행시키는 폐색방식으로 지시 속도보다 낮은 속도로 열차의 속도를 제한하면서 열차를 운행할 수 있도록 하는 폐색방식

(2) ATP 구간의 양방향 운전취급

① 양방향 신호에 의해 우측선로 운행의 운전취급

복선 ATP구간에서 양방향 신호에 의해 우측선로로 열차를 운행시킬 경우의 운전취급 방법

㉮ 관제사는 열차의 우측선로 운전에 따른 운전명령 승인시 관련 역장과 기관사에게 운전취급사항(시행사유, 시행구간, 작업장소 등)을 통보

㉯ 우측선로 운전은 차내신호폐색식에 의하며 그 운전취급 방법은 다음과 같다.

ⓐ 우측선로로 열차를 진입시키는 역장은 진입구간에 열차 없음을 확인하고 상대역장과 폐색협의 및 취급 후 해당 출발신호기(입환신호기 포함)를 취급

ⓑ 상대역장은 출발역장과 우측선로 운전에 대한 폐색협의 및 취급을 하고 우측선로의 장내신호기(우측선로 장내용 입환신호기 포함)를 취급

㉰ 관계자의 조치

ⓐ 우측선로 운전을 통보받은 기관사는 차내신호가 지시하는 속도에 따라 운전

ⓑ 유지보수 소속장은 안전사고 우려 있는 작업구간의 인접선로에는 선로작업표지 또는 임시신호기를 설치

② 양방향 이외의 운전취급

ⓐ ATP구간의 양방향 운전취급 이외의 경우에는 대용폐색방식에 따르며

ⓑ 우측선로를 운행 시 ATP 미장착 또는 차단 등으로 차내신호에 따를 수 없는 경우 기관사는 관제사의 승인을 받아 시속 70킬로미터 이하의 속도로 주의운전하고,

ⓒ 장내신호기(우측선로 장내용 입환신호기 포함) 바깥에 일단 정차한 다음 진행신호에 따라 열차도착지점까지 시속 25킬로미터 이하의 속도로 운전하여야 한다.

8. 자동폐색식

(1) 정의

폐색구간에 설치한 궤도회로를 이용하여 열차 또는 차량의 점유에 따라 자동적으로 폐색 및 신호를 제어하여 열차를 운행시키는 폐색방식을 말한다.

(2) 자동으로 정지신호를 현시하는 경우

① 폐색구간에 열차 또는 차량이 있는 경우

② 폐색장치에 고장이 있는 경우

③ 폐색구간에 있는 선로전환기가 정당한 방향으로 개통되지 아니 한 경우

④ 분기하는 선, 교차점에 있는 열차 또는 차량이 폐색구간을 지장한 경우

⑤ 단선구간에서 한쪽 방향의 정거장 또는 신호소에서 진행 지시신호를 현시한 후 그 반대방향의 경우

(3) 정거장 외 도중 정차열차의 취급

① 차내신호폐색식(자동폐색식 포함) 구간에서 구원열차 등 정거장 또는 신호소 밖에서 도중 정차하는 열차를 출발시킨 역장은 도중 정차열차가 현장을 출발한 것을 확인한 다음 다른 열차를 출발

② 다른 열차를 출발시킬 경우에는 조작반 또는 도중 정차열차와 무선통화로 현장 출발한 것을 확인

③ 역장은 CTC구간의 경우에 도중 정차열차를 출발시키는 때에는 관제사의 승인 필요

9. 연동폐색식

(1) 정의

폐색구간 양끝의 정거장 또는 신호소에 설치한 연동폐색장치와 출발신호기를 양쪽 역장이 협의 취급하여 열차를 운행시키는 폐색방식을 말한다.

(2) 출발신호기가 자동으로 정지신호를 현시하는 경우

① 폐색구간에 열차 있는 경우

② 폐색장치가 고장인 경우

③ 단선구간에서 한쪽 정거장 또는 신호소에서 진행지시신호를 현시한 후 그 반대방향

(3) 연동폐색장치의 사용정지 이유

① 폐색장치에 고장이 있는 경우

② 폐색취급을 하지 않은 폐색구간에 열차 또는 차량이 진입한 경우

③ 폐색취급을 한 폐색구간에 다른 열차가 진입한 경우

④ 열차운전 중의 폐색구간에 다른 열차가 진입한 경우

⑤ 열차운전 중의 폐색구간에 대하여 개통취급을 한 경우

⑥ 폐색구간에 일부 차량을 남겨놓고 진출한 경우

⑦ 폐색구간에 정거장 또는 신호소에서 굴러간 차량이 진입한 경우

⑧ 정거장 또는 신호소 외에서 구원열차를 요구한 경우

⑨ 폐색구간을 분할 또는 합병한 경우

⑩ 복선구간에서 일시 단선운전하는 경우

10. 통표폐색식

(1) 정의
폐색구간 양끝의 정거장 또는 신호소에 통표폐색 장치를 설치하여 양끝의 역장이 상호 협의하여 한쪽의 정거장 또는 신호소에서 통표를 꺼내어 기관사에게 휴대하도록 하여 열차를 운행하는 폐색방식을 말한다.

(2) 통표폐색장치의 구비조건
① 그 구간 전용의 통표만을 넣을 수 있을 것
② 폐색구간 양끝의 역장이 협동하지 않으면 통표를 꺼낼 수 없을 것
③ 폐색구간 양끝의 통표폐색기에 넣은 통표는 1개에 한하여 꺼낼 수 있으며 꺼낸 통표를 통표폐색기에 넣은 후가 아니면 다른 통표를 꺼내지 못할 것
④ 인접 폐색구간의 통표는 넣을 수 없을 것

(3) 통표의 종류 및 통표폐색기의 타종전호
① 통표의 종류(5종): ㉮ 원형, ㉯ 사각형, ㉰ 삼각형, ㉱ 십자형, ㉲ 마름모형
　　　　　　　* 인접 폐색구간의 통표는 그 모양을 달리한다.
② 통표폐색기를 사용하는 타종전호: 타종전호의 취소는 폐색용 전화기로 한다.
　㉮ 열차 진입(폐색전호): 2타(● ●)
　㉯ 열차 도착(개통전호): 4타(● ● ● ●)
　㉰ 통화를 하는 경우: 3타(● ● ●)

11. 지령식

(1) 정의
① 운용구간: CTC구간에서 관제사의 승인에 의해 운전하는 대용폐색방식
② 운용조건
　㉮ 관제사가 조작반으로 열차운행상태 확인이 가능하고
　㉯ 운전용 통신장치 기능이 정상인 경우에 우선 적용한다.

(2) 지령식의 시행
① 관제사 및 상시로컬역장은 신호장치 고장 및 궤도회로 단락 등의 사유로 지령식을 시행하는 경우에는 해당 구간에 열차 또는 차량 없음을 확인한 후 시행
② 관제사는 지령식 시행의 경우 관계 열차의 기관사에게 열차무선전화기로 관제사 승인번호, 시행구간, 시행방식, 시행사유 등 운전주의사항을 통보 후 출발지시
　단, 열차무선전화기로 직접 통보할 수 없는 경우에는 관계역장으로 하여금 그 내용을 통보가능

③ 지령식 운용구간의 폐색구간 경계 ⇨ 정거장과 정거장까지를 원칙으로 하며 관제사가 지정

④ 기관사는 지령식 시행구간 정거장 진입 전 장내신호 현시상태를 확인

(3) 지령식 시행시 운전취급

① 관제사: 지령식 사유발생시 관제사는 관계 역장에게 시행사유 및 구간을 통보한 후 지령식 운전명령번호를 부여하여 운전취급을 지시 가능

② 상시로컬역장: 지령식 사유발생시 관제사에게 이를 보고하고 관제사 승인에 의해 지령식을 시행

③ 상시로컬역 이외의 운전취급역: CTC제어로 전환

④ 지령식 시행을 통보받은 기관사의 준수사항

㉮ 운전명령사항을 승무일지에 기록

㉯ 관제사 또는 관계역장에게 재차 열차무선 통보하여 운전명령사항을 재확인

㉰ 지령식 운행종료역 도착 후 관제사 또는 역장에게 열차상태 이상 유무를 보고

12. 통신식

(1) 정의

복선 운전구간에서 대용폐색방식 시행의 경우로서 폐색구간 양끝 역장은 전용전화기를 사용하여 협의한 후 통신식을 시행하여야 한다.

(2) 통신식을 시행하는 경우

① CTC구간: CTC장애, 신호장치 고장 또는 열차무선전화기 고장 등으로 지령식을 시행할 수 없을 경우

② CTC 이외의 구간: 신호장치 고장 등으로 상용폐색방식을 시행할 수 없는 경우

(3) 통신식구간 열차의 출발 및 도착 취급

① 통신식 구간에서 열차를 폐색구간에 진입시키는 역장의 출발취급 방법

㉮ 상대 역장과 협의하여 양끝 폐색구간에 열차없음을 확인한 후 폐색취급

㉯ 폐색취급은 열차를 폐색구간에 진입시킬 시각 5분 이전에는 할 수 없다.

㉰ 폐색구간에 열차없음을 기관사에게 통보하고 관제사 운전명령번호와 출발 대용수신호에 따라 열차를 출발

② 통신식구간에서 열차의 도착취급은 연동구간 열차도착 취급규정에 준용

(4) 통신식 폐색취급 및 개통취급

① 통신식을 시행하는 경우의 폐색취급 방법

㉮ 역장은 상대역장에게 「○○열차 폐색」이라고 통고

㉯ 통고를 받은 역장은 「○○열차 폐색승인」이라고 응답

② 통신식을 시행하는 경우의 개통취급 방법

　㉮ 역장은 상대역장에게 「○○열차 개통」이라고 통고

　㉯ 통고를 받은 역장은 「○○열차 개통」이라고 응답

③ 폐색구간 양끝의 역장은 폐색구간에 열차없음을 확인

13. 지도통신식 및 지도식

(1) 지도통신식

① 정의

　㉮ 단선구간에서 시행하는 대용폐색방식

　㉯ 복선구간에서 일시 단선운전을 하는 구간에서 시행하는 대용폐색방식

② 시행방법: 폐색구간 양끝의 역장이 협의한 후 시행하는 대용폐색방식

③ 운전허가증: 지도표, 지도권

④ 시행대상

　㉮ CTC 구간: CTC장애, 신호장치 또는 열차무선전화기 고장 등으로 지령식을 시행할 수
　　　　　　　없을 경우

　㉯ CTC 이외의 구간: 신호장치 고장 등으로 상용폐색방식을 시행할 수 없는 경우

⑤ 지도통신식을 시행하지 않는 경우

　㉮ ATP 구간의 양방향 운전취급

　㉯ 복선구간의 단선운전 시 폐색방식의 병용

　㉰ CTC제어 복선구간에서 작업시간대 단선운전 시 폐색방식의 시행

⑥ 지도통신식 구간 열차의 출발취급 방법

　㉮ 열차를 폐색구간에 진입시키는 역장은 상대역장과 협의하여 양끝 폐색구간에 열차 없
　　음을 확인하고, 지도표 또는 지도권을 기관사에게 교부하여야 한다.

　㉯ 상대역장에게 대하여 「○○열차 폐색」이라고 통고할 것

　㉰ 「○○열차 폐색」의 통고를 받은 역장은 「○○열차 폐색승인」이라고 응답할 것

　㉱ ㉮의 취급은 열차를 폐색구간에 진입시키는 시각 10분 이전에 할 수 없다.

⑦ 지도통신식 구간 열차의 도착취급 방법

　㉮ 열차가 폐색구간을 진출하였을 때 역장은 지도표 또는 지도권을 기관사로부터 받은 후
　　상대역장과 다음에 따라 개통취급을 하여야 한다.

　　ⓐ 상대역장에게 「○○열차 개통」이라고 통고할 것

　　ⓑ 가목의 통고를 받은 역장은 「○○열차 개통」이라고 응답할 것

　㉯ 폐색구간의 도중에서 퇴행한 열차가 도착하는 때에도 ㉮와 같다

ⓓ 열차가 일부 차량을 폐색구간에 남겨놓고 도착한 경우에는 개통취급을 할 수 없다.

ⓡ 역장은 ⓖ에 따라 지도권을 받은 경우에는 개통취급을 하기 전에 지도권에 무효기호 (×)를 그어야 한다.

(2) 지도식

① 정의

ⓖ 단선운전 구간에서 열차사고 또는 선로고장 등으로 현장과 최근 정거장 또는 신호소간 을 1폐색구간으로 하고 열차를 운전하는 경우로서

ⓝ 후속열차 운전의 필요 없는 경우에 시행하는 대용폐색방식이다.

② 운전허가증: 지도표

③ 열차의 출발·도착 취급

ⓖ 열차를 폐색구간에 진입시키는 역장: 그 구간에 열차 없음을 확인한 후 기관사에게 통 보하고 지도표를 교부한다.

    * 지도표는 열차를 폐색구간에 진입시킬 시각 10분 이전에 이를 기관사에게 교부할 수 없음

ⓝ 열차가 폐색구간 한끝의 정거장에 도착하는 때 역장은 기관사로부터 지도표를 회수

(3) 지도표와 지도권

① 지도표 발행

ⓖ 지도통신식을 시행하는 경우에 폐색구간 양끝 역장이 협의한 후 열차를 진입시키는 역 장이 발행하여야 한다.

ⓝ 지도표는 1폐색구간 1매로 하고 지도통신식 시행 중 이를 순환 사용한다.

ⓓ 지도표를 발행하는 경우에 지도표 발행 역장이 지도표의 양면에 필요사항을 기입하고 서명하여야 한다.

ⓡ 지도표를 최초열차에 사용하여 상대 정거장 또는 신호소에 도착하는 때에 그 역장은 지도표의 기재사항을 점검하고 상대역장란에 역명을 기입하고 서명하여야 한다.

ⓜ 지도표의 발행번호는 1호부터 10호까지로 한다.

② 지도권의 발행

ⓖ 지도통식식을 시행하는 경우에 폐색구간 양끝의 역장이 협의한 후 지도표가 존재하는 역장이 발행

ⓝ 지도권은 1폐색구간에 1매로 하고, 1개 열차에만 사용

ⓓ 지도권의 발행번호는 51호부터 100호까지로 한다.

③ 지도표 사용 열차(아래 이외의 열차는 지도권 사용)

ⓖ 폐색구간의 양끝에서 교대로 열차를 구간에 진입시킬 때는 각 열차

ⓝ 연속하여 2이상의 열차를 동일방향의 폐색구간에 연속 진입시킬 때는 맨 뒤의 열차

ⓓ 정거장 외에서 퇴행할 열차

④ 지도표와 지도권의 회수
  ㉮ 부득이한 사유로 입환을 하는 경우에 일단 이를 회수
  ㉯ 통과열차를 정차시킬 경우에 이미 운전허가증 주는걸이에 걸은 지도표가 있는 경우에는 속히 이를 회수
⑤ 지도표의 재발행
  ㉮ 지도표 재발생 사유
    ⓐ 열차의 교행변경   ⓑ 지도표의 분실   ⓒ 지도표의 오용
  ㉯ 재발행시 사전에 관제사에 그 요지를 보고한 후 승인을 받아야 함
  ㉰ 지도표를 재발행시 뒷면 여백에 「재발행」이라고 굵고 검은 글씨로 표기
⑥ 지도표와 지도권 관리 및 처리
  ㉮ 발행하지 않은 지도표 및 지도권: 보관함에 넣어 폐색장치 부근의 적당한 장소에 보관
  ㉯ 지도권을 발행하기 위하여 사용 중인 지도표: 휴대기에 넣어 폐색장치 부근의 적당한 장소에 보관
  ㉰ 사용을 폐지한 지도표 및 지도권: 1개월간 보존하고 폐기. 단, 사고와 관련된 지도표 및 지도권은 1년간 보존
  ㉱ 분실한 지도표 또는 지도권을 발견한 경우: 상대역장에게 그 사실을 통보한 후 지도표 또는 지도권의 앞면에 무효기호(×)를 하여 이를 폐지하여야 하며 그 뒷면에 발견 일시, 장소 및 발견자의 성명을 기록
⑦ 지도표 및 지도권의 폐지
  ㉮ 폐지사유: 지도표의 사용원인이 없어진 경우
  ㉯ 폐지절차
    ⓐ 열차가 도착한 역장은 지도표를 받아 상대역장과 협의하여 이를 폐지
    ⓑ 지도표 및 지도권의 발행 협의를 한 양쪽 정거장 또는 상대정거장 역장의 승인을 받고 폐지할 수 있는 경우
      ㉠ 폐색요구에 응답 없는 경우의 취급에 따라 폐색요구에 응답이 없는 경우
      ㉡ 운전취급생략역에서 대용폐색방식을 시행하기 위하여 지도표 또는 지도권을 발행하였으나, 교부를 하지 못한 경우
      ㉢ 삼각선 구간으로 폐색협의를 한 상대정거장으로 도착하지 않은 경우
  ㉰ 폐지방법
    ⓐ 지도표의 뒷면에 마지막 열차명과 폐지 역명을 기입한 다음 그 앞면에 무효기호(×)로 폐지하고, 양쪽 역장은 대용폐색시행부에 마지막 열차명과 폐지 역명을 기입
    ⓑ 지도권을 사용하여 운행하는 열차가 도착하면 역장은 지도권을 받아 즉시 무효기호(×)를 하여 이를 폐지

14. 대용폐색방식 시행

(1) 단선구간에서 대용폐색방식을 시행하는 경우

단, CTC 이외의 구간에서는 지도통신식에 의한다.

① 차내신호폐색식(자동폐색식) 구간

㉮ 자동폐색신호기 2기 이상 고장인 경우 단, 구내폐색신호기는 제외

㉯ 출발신호기 고장으로 폐색표시등을 현시할 수 없는 경우

㉰ 제어장치의 고장으로 자동폐색식에 따를 수 없는 경우

㉱ 도중폐색신호기가 설치되지 않은 구간에서 원인을 알 수 없는 궤도회로 장애로 출발신호기에 진행 지시신호가 현시되지 않은 경우

㉲ 정거장 외로부터 퇴행할 열차를 운전시키는 경우

② 연동폐색식 구간

㉮ 폐색장치 고장으로 이를 사용할 수 없는 경우

㉯ 출발신호기 고장으로 폐색표시등을 현시할 수 없는 경우

③ 통표폐색식 구간

㉮ 폐색장치 고장으로 이를 사용할 수 없는 경우

㉯ 통표를 분실하거나 손상된 경우

㉰ 통표를 다른 구간으로 가지고 나간 경우

④ 차내신호폐색식 열차제어장치가 단독으로 설치된 구간

㉮ 지상장치가 고장인 경우

㉯ 차상장치가 고장인 경우

㉰ 기타 그 밖의 사유로 상용폐색방식을 사용할 수 없는 경우

⑤ 단선 차내신호폐색식(자동폐색식 포함)과 단선 연동폐색식 구간에서 대용폐색방식을 시행하는 경우에 그 원인이 없어질 때까지 상·하 각 열차는 대용폐색방식을 시행

(2) 복선구간의 복선운전 시 대용폐색방식 시행

단, CTC 이외의 구간에서는 통신식에 의한다.

① 차내신호폐색식(자동폐색식) 구간

㉮ 자동폐색신호기 2기 이상 고장인 경우. 다만, 구내폐색신호기는 제외

㉯ 출발신호기 고장시 조작반의 궤도회로 표시로 출발신호기가 방호하는 폐색구간에 열차 없음을 확인할 수 없는 경우

㉰ 다른 선로의 출발신호기 취급으로 출발신호기가 방호하는 폐색구간에 열차없음을 확인할 수 없는 경우

㉱ 도중폐색신호기가 설치되지 않은 구간에서 원인을 알 수 없는 궤도회로 장애로 출발신호기에 진행 지시신호가 현시되지 않은 경우

ⓜ 정거장 외로부터 퇴행할 열차를 운전시키는 경우

② **연동폐색식 구간**

㉮ 폐색장치 고장 있는 경우

㉯ 출발신호기 고장으로 폐색표시등을 현시할 수 없는 경우

③ **차내신호폐색식 열차제어장치가 단독으로 설치된 구간**

㉮ 지상장치가 고장인 경우

㉯ 차상장치가 고장인 경우

㉰ 기타 그 밖의 사유로 상용폐색방식을 사용할 수 없는 경우

(3) 복선구간의 단선운전시 폐색방식의 병용

① 폐색방식 혼용구간에서 한쪽 선로를 사용하지 못하여 양쪽 방향의 열차를 일시 단선운전 하는 경우에는 단선구간의 대용폐색방식 시행규정을 준용하고, 다음에 따라 폐색방식을 병 용하여 열차를 취급할 수 있다.

㉮ 지령식과 차내신호폐색식(자동폐색식)의 병용(CTC구간에 한함)

㉯ 지도통신식과 차내신호폐색식(자동폐색식)의 병용

ⓐ 차내신호폐색식(자동폐색식)에 따를 수 있는 정상방향의 선행하는 각 열차는 지도 권, 맨 뒤의 열차는 지도표를 휴대하고 차내신호폐색식(자동폐색식)에 따라 운전할 것. 다만, 발리스(자동폐색신호기) 고장 등으로 이를 시행함이 불리하다고 인정한 경우에는 제외

ⓑ 차내신호폐색식(자동폐색식)에 따를 수 없는 반대방향의 열차는 지도통신식으로 운 전할 것

ⓒ 역장은 기관사에게 병용 취급하는 열차임을 통고할 것

ⓓ 역장은 최초열차 운행시 폐색취급을 하고, 상대 역장은 지도표 휴대열차 도착시 개 통취급을 할 것

② 대용폐색방식으로 반대선(우측선로)을 운행하는 열차의 속도는 70km/h 이하로 한다.

(4) CTC제어 복선구간에서 작업시간대 단선운전 시 폐색방식의 시행

양방향신호가 설치되지 않은 복선구간에서 정규 운전명령으로 사전에 정상방향의 열차만을 운 행하도록 지정된 작업시간대에 일시 단신운전을 하는 경우에는 차내신호폐색식(자동폐색방식) 을 시행

15. 전령법

(1) 폐색구간 양끝의 역장이 협의하여 시행하는 경우
① 고장열차 있는 폐색구간에 폐색구간을 변경하지 않고 구원열차를 운전하는 경우
② 정거장 또는 신호소 바깥으로 차량이 굴러갔거나 차량을 남겨놓은 폐색구간에 폐색구간을 변경하지 않고 그 차량을 회수하기 위해 구원열차를 운전하는 경우
③ 선로고장의 경우에 전화불통으로 관제사의 지시를 받지 못할 경우
④ 현장에 있는 공사열차 이외에 재료수송, 그 밖에 다른 공사열차를 운전하는 경우
⑤ 중단운전구간에서 재차 사고발생으로 구원열차를 운전하는 경우
⑥ 전령법에 따라 구원열차 또는 공사열차 운전 중 사고, 그 밖의 다른 구원열차 또는 공사열차를 동일 폐색구간에 운전할 필요 있는 경우

(2) 폐색구간 한 끝의 역장이 시행하는 경우
① 중단운전 시 대용폐색방식 시행구간에 전령법을 시행하는 경우
② 전화불통으로 양끝 역장이 폐색협의를 할 수 없어 열차를 폐색구간에 정상 진입시키는 역장이 전령법을 시행하는 경우 – 이 경우에는 현장을 넘어서 열차를 운전할 수 없다.
   * 전령법을 시행하는 경우에 현장에 있는 고장열차, 남겨 놓은 차량, 굴러간 차량 외 그 폐색구간에 열차 없음을 확인하여야 하며, 열차를 그 폐색구간에 정상 진입시키는 역장은 현장 간에 열차 없음을 확인하여야 한다.

(3) 전령자 선정
① 폐색구간 양끝의 역장이 협의하여 전령자를 선정
   단, 위 (2)의 경우에는 열차를 폐색구간에 진입시키는 역장이 선정
② 전령자는 1폐색구간에 1명을 다음의 직원으로 선정
   ㉮ 운전취급역(1명근무역 제외)또는 역원배치간이역: 역무원
   ㉯ 1명 근무역 또는 역원무배치간이역
      ⓐ 열차승무원이 승무한 열차: 열차승무원
      ⓑ 열차승무원이 승무하지 않은 열차: 인접 운전취급역에서 파견된 역무원
      ⓒ 고속열차를 구원하는 경우는 구원열차가 시발하는 정거장의 역무원
③ 관제사는 전령자의 출동지연이 예상될 경우 전령자를 생략하고 운전명령번호로 구원열차를 운전 가능. 단, 구원요구 열차가 여객열차 이외의 열차로서 1인승무인 경우는 제외한다.
   * 역장은 전령자를 생략하고 운전하는 경우에 기관사에게 구원열차 도착지점을 정확히 통보하여야 한다.

(4) 전령법 시행시 조치
① 전령법으로 구원열차를 진입시키는 역장은 전령자에게 전령법 시행사유 및 도착지점(선로거리제표), 선로조건등 현장상황을 정확히 파악하여 통보하여야 한다.

② 전령자의 준수사항

⑦ 열차 맨 앞 운전실에 승차하여 기관사에게 전령자임을 알리고 전령법 시행사유 및 도착지점(선로거리제표), 선로조건등 현장상황을 통고할 것

④ 구원요구 열차의 기관사와 정차지점, 선로조건의 재확인을 위한 무선통화

단, 무선통화불능시 휴대전화 등 가용 통신수단을 활용할 것

④ 구원열차 운행 중 신호 및 선로를 주시하여야 하며 기관사는 제한속도를 준수

④ 기관사에게 구원요구 열차의 앞쪽 1km 및 50m 지점을 통보하여 일단정차를 유도

④ 구원요구 열차 앞쪽 50m지점부터는 구원열차의 유도, 연결 등의 조치를 할 것

③ 전령법에 따라 운전하는 기관사의 준수사항

⑦ 자동폐색식 또는 차내신호폐색식 구간에서 구원요구 열차까지 정상신호를 통보받은 경우

ⓐ 신호조건에 따라 운전할 것. 다만, 3현시구간 주의신호는 25km/h 이하의 속도로 운전

ⓑ 차내신호 지시속도 또는 폐색신호기가 정지신호인 경우 신호기 바깥 지점에 일단정차 후 구원요구 열차의 50m 앞까지 25km/h 이하 속도로 운전하여 일단 정차할 것

ⓒ 도중 폐색신호기가 없는 3현시 자동폐색구간의 출발신호기 정지신호인 경우에는 구원요구 열차의 정차지점 1km 앞까지 45km/h 이하의 속도로 운전하고, 그 이후부터 50m 앞까지 25km/h 이하의 속도로 운전하여 일단정차 할 것

④ 위 ⑦ 이외의 경우에는 구원요구 열차의 정차지점 1km 앞까지 45km/h 이하의 속도로 운전하고, 그 이후부터 50m 앞까지 25km/h 이하의 속도로 운전하여 일단정차 할 것

④ 구원요구 열차 약 50m 앞에서부터 전령자의 유도전호에 의해 연결하여야 하며 전령자 생략의 경우에는 전호자(부기관사 또는 열차승무원)의 유도전호에 의해 연결

(5) 전령법 구간 열차의 출발 및 도착 취급

① 전령법으로 열차를 출발시키는 역장은 그 구간에 열차 없음을 확인한 후 전령자를 승차

② 전령법 구간에서 열차의 도착취급 방법

⑦ 폐색구간의 한끝 정거장에 도착한 때에 기관사는 전령자를 운전실에서 내리게 할 것

④ 역장은 전령법에 따라 열차를 운전한 때에는 전령자 도착을 확인하고 그 구간에 열차를 진입시킬 것

(6) 구원 조치 후 정거장으로 돌아오는 경우에 취급방법

① 차내신호폐색식(자동폐색식 포함) 구간 중 도중 자동폐색신호기 설치된 구간에서 신호가 정상인 경우에는 신호현시 조건에 따를 것

② 제①항 이외의 구간에서는 주의운전 할 것. 다만, 복선구간에서 반대방향의 선로로 돌아오는 경우 양방향 건널목 설비가 설치되지 않은 건널목은 25km/h 이하의 속도로 운전하여야 한다.

01

22년 1회 · 17년 2회

1폐색구간 1열차 운전의 예외사항이 아닌 것은?

① 선로 불통된 폐색구간에 공사열차를 운전하는 경우

② 고장열차 있는 폐색구간에 구원열차를 운전하는 경우

③ 통신 두절된 경우에 연락 등으로 단행열차를 운전하는 경우

④ 신호고장의 폐색구간에 시운전열차를 운전하는 경우

(해설) 운전규정 제99조(1폐색구간 1열차 운전)

1폐색구간에는 1개 열차만 운전한다.

다만, 1폐색구간에 2이상의 열차를 운전할 수 있는 경우는 다음과 같다.

1. 자동폐색신호기에 정지신호의 현시 있는 경우 그 폐색구간을 운전하는 경우
2. 통신 두절된 경우에 연락 등으로 단행열차를 운전하는 경우
3. 고장열차 있는 폐색구간에 구원열차를 운전하는 경우
4. 선로 불통된 폐색구간에 공사열차를 운전하는 경우
5. 폐색구간에서 열차를 분할하여 운전하는 경우
6. 열차가 있는 폐색구간에 다른 열차를 유도하여 운전하는 경우
7. 전동열차 ATC 차내 신호 15신호가 현시된 폐색구간에 열차를 운전하는 경우

정답 ④

02

23년 1회~2회 · 22년 1회~2회 · 21년 1회 · 19년 2회

운전취급규정에 정한 1폐색구간에 2이상의 열차를 운전할 수 없는 경우는?

① 폐색구간에서 열차를 분할하여 운전하는 경우

② 선로 불통된 폐색구간에 구원열차를 운전하는 경우

③ 열차가 있는 폐색구간에 다른 열차를 유도하여 운전하는 경우

④ 자동폐색신호기에 정지신호의 현시 있는 경우 그 폐색구간을 운전하는 경우

(해설) 운전규정 제99조(1폐색구간 1열차 운전)

정답 ②

단선운전구간의 대용폐색방식으로 틀린 것은?

① 지령식　　　　② 통신식　　　　③ 지도식　　　　④ 지도통신식

(해설) 운전규정 제100조(폐색방식의 시행 및 종류)
① 1폐색구간에 1개 열차를 운전시키기 위하여 시행하는 방법으로 상용폐색방식과 대용폐색방식으로 크게 나눈다.
② 열차는 다음 각 호의 상용폐색방식에 의해 운전하여야 한다.
　　1. 복선구간: 자동폐색식, 차내신호폐색식, 연동폐색식
　　2. 단선구간: 자동폐색식, 차내신호폐색식, 연동폐색식, 통표폐색식
③ 열차를 제2항에 따라 운전할 수 없을 때는 다음 각 호의 대용폐색방식에 따른다.
　　1. 복선운전을 하는 경우: 지령식, 통신식
　　2. 단선운전을 하는 경우: 지령식, 지도통신식, 지도식　　　　　　　정답 ②

상용폐색방식의 종류가 아닌 것은?

① 통표폐색식　　　② 통신식　　　③ 자동폐색식　　　④ 차내신호폐색식

(해설) 운전규정 제100조(폐색방식의 시행 및 종류)　　　　　　　　　정답 ②

폐색방식의 종류 중 복선구간에서의 상용폐색방식이 아닌 것은?

① 통표폐색식　　　② 자동폐색식　　　③ 차내신호폐색식　　　④ 연동폐색식

(해설) 운전규정 제100조(폐색방식의 시행 및 종류)　　　　　　　　　정답 ①

폐색방식 중 단선구간에서 사용할 수 없는 상용폐색방식은?

① 자동폐색식　　　② 연동폐색식　　　③ 지령식　　　④ 통표폐색식

(해설) 운전규정 제100조(폐색방식의 시행 및 종류)　　　　　　　　　정답 ③

폐색방식의 변경 및 복귀에 대한 설명으로 틀린 것은?

① 상용폐색방식으로 복귀하는 경우에 역장은 양쪽 정거장간에 열차없음을 확인하고 기관사에게 복귀사유를 통보하여야 한다.

② 대용폐색방식 또는 폐색준용법 시행의 원인이 없어진 경우에 역장은 상대역장과 협의하여 관제사의 승인을 받아 속히 상용폐색방식으로 복귀하여야 한다.

③ 대용폐색방식으로 출발하는 열차의 기관사는 출발 전 전·후방 역장과 관제사 승인번호 및 운전허가증 번호를 통보하는 등 열차운행에 대한 통화를 하여야 한다.

④ 역장은 상용폐색방식 시행 중 대용폐색방식 또는 폐색준용법으로 변경하여 시행하는 경우에는 그 구간을 운전할 열차의 기관사에게 시행구간, 시행방식, 시행사유를 통고하여야 한다.

(해설) 운전규정 제102조(폐색방식 변경 및 복귀)
① 역장은 대용폐색방식 또는 폐색준용법을 시행 할 경우에는 먼저 그 요지를 관제사에게 보고하고 승인을 받은 다음 그 구간을 운전할 열차의 기관사에게 다음사항을 알려야 한다. 이 경우에 통신 불능으로 관제사에게 보고하지 못한 경우는 먼저 시행한 다음에 그 내용을 보고하여야 한다.
    1. 시행구간   2. 시행방식   3. 시행사유
② 대용폐색방식 또는 폐색준용법 시행의 원인이 없어진 경우에 역장은 상대역장과 협의하여 관제사의 승인을 받아 속히 상용폐색방식으로 복귀하여야 한다. 이 경우에 역장은 양쪽 정거장간 또는 신호소간에 열차 또는 차량없음(이하 "열차없음"이라 한다)을 확인하고 기관사에게 복귀사유를 통보한다.
③ CTC 취급 중 폐색방식 또는 폐색구간을 변경할 때에는 관제사가 이를 역장에게 지시하여야 한다. 변경전의 폐색방식으로 복귀시킬 때에는 역장은 그 요지를 관제사에게 보고한다.
④ 대용폐색방식으로 출발하는 열차의 기관사는 출발에 앞서 <u>다음 운전취급역의 역장</u>과 관제사 승인번호 및 운전허가증 번호를 통보하는 등 열차운행에 대한 무선통화를 하여야 한다. 다만, 지형 등 그 밖의 사유로 통화를 할 수 없을 때는 열차를 출발시키는 역장에게 통보를 요청한다.   **정답** ③

운전취급규정에 정한 폐색구간의 경계에 대한 설명으로 틀린 것은?

① 자동폐색식 구간: 폐색신호기, 엄호신호기, 장내신호기 또는 출발신호기 설치지점

② 차내신호폐색식 구간: 폐색경계표지, 장내경계표지 또는 출발경계표지 설치지점

③ 자동폐색식 및 차내신호폐색식 혼용구간: 폐색신호기, 엄호신호기, 장내신호기 또는 출발신호기 설치지점

④ 자동폐색식 구간, 차내신호폐색식 구간, 자동폐색식 및 차내신호폐색식 혼용구간의 이외의 구간: 입환신호기 설치지점

(해설) 운전규정 제106조(폐색구간의 설정 및 경계)
④ 폐색구간의 경계는 다음 각 호와 같다.

1. 자동폐색식 구간: 폐색신호기, 엄호신호기, 장내신호기 또는 출발신호기 설치지점
2. 차내신호폐색식 구간: 폐색경계표지, 장내경계표지 또는 출발경계표지 설치지점
3. 자동폐색식 및 차내신호폐색식 혼용구간: 폐색신호기, 엄호신호기, 장내신호기 또는 출발신호기 설치지점
4. 제1호 내지 제3호 이외의 구간에서는 장내신호기 설치지점

정답 ④

09

운전취급규정에 정한 자동폐색식 구간의 경계에 해당하는 신호기가 아닌 것은?

① 원방신호기　　　② 엄호신호기　　　③ 장내신호기　　　④ 출발신호기

(해설) 운전규정 제106조(폐색구간의 설정 및 경계)

정답 ①

10

연동폐색식을 시행하는 구간에서 역장이 폐색취급을 하기 위하여 5분간 연속하여 호출하여도 상대 역장의 응답이 없을 때의 설명으로 틀린 것은?

① 관제사와 통화할 수 있을 때는 그 지시를 받은 것

② 응답 없는 정거장의 다음 운전취급 역장과 통화 할 수 있을 때는 그 역장으로 하여 재차 5분간 연속 호출하도록 할 것

③ 응답 없는 역에 진입하는 열차의 열차승무원 또는 기관사를 통하여 응답 없는 정거장 역장에게 그 요지를 통보하고 변경전의 방식으로 복귀할 수 있어도 일단 변경된 방식으로 양끝 정거장간을 운행 후 복귀할 것

④ 다음 운전취급역장의 호출에도 응답이 없을 때에는 응답 없는 정거장을 건너뛴 양끝 정거장간을 1폐색구간으로 하고 복선 운전구간에서는 통신식을, 단선 운전구간에서는 지도통신식을 시행할 것

(해설) 운전규정 제115조(폐색요구에 응답 없는 경우의 취급)
① 연동폐색식·통표폐색식·통신식 또는 지도통신식을 시행하는 구간에서 역장이 폐색취급을 하기 위하여 5분간 연속하여 호출하여도 상대역장의 응답이 없을 때는 다음 각호에 따른다.
　1. 응답 없는 정거장 또는 신호소의 다음 운전취급역장과 통화할 수 있을 때는 그 역장으로 하여 재차 5분간 연속 호출하도록 할 것
　2. 제1호에 따른 호출에도 응답이 없을 때에는 응답 없는 정거장 또는 신호소를 건너뛴 양끝 정거장간을 1폐색구간으로 하고 복선 운전구간에서는 통신식을, 단선 운전구간에서는 지도통신식을 시행할 것
② 제1항의 경우에 그 구간으로 진입하는 열차의 열차승무원 또는 기관사를 통하여 응답 없는 역장에게 그 요지를 통보하고 변경 전의 방식으로 복귀할 수 있을 때는 속히 복귀한다.
③ 제1항의 경우에 관제사와 통화할 수 있을 때는 그 지시를 받아야 한다.

정답 ③

11

폐색준용법에서 사용되는 운전 허가증으로 맞는 것은?

① 통표   ② 지도표   ③ 지도권   ④ 전령자

(해설) 운전규정 제101조(폐색준용법), 제116조(운전허가증의 확인)

제101조(폐색준용법의 시행 및 종류) 폐색방식을 시행할 수 없는 경우에 이에 준하여 열차를 운전시킬 필요가 있는 경우에는 폐색준용법으로 전령법을 시행한다.

제116조(운전허가증의 확인) ② 제1항의 열차가 폐색구간의 한끝이 되는 정거장 또는 신호소에 도착하였을 때 기관사는 운전허가증을 역장에게 주어야 하며, 이를 받은 역장은 그 정당함을 확인하여야 한다.

③ 운전허가증이라 함은 다음 각 호에 해당하는 것을 말한다.
 1. 통표폐색식 시행구간에서는 통표
 2. 지도통신식 시행구간에서는 지도표 또는 지도권
 3. 지도식 시행구간에서는 지도표
 4. 전령법 시행구간에서는 전령자   정답 ④

12

각 정거장의 운전허가증 휴대기의 비치 수(기준)로 맞는 것은?

① 3개 이상   ② 5개 이상   ③ 7개 이상   ④ 10개 이상

(해설) 운전규정 제118조(운전허가증 및 휴대기의 비치·운용)

① 역장은 운전허가증을 비치하여야 한다.
② 휴대기는 관리역장이 판단하여 3개 이상 비치하여야 한다.   정답 ①

차내신호폐색식(자동폐색식 포함) 구간에서 도중 정차할 열차의 운전취급으로 틀린 것은?

① 도중 정차열차는 현장 출발 예정 시각 전에 출발할 수 없다.
② 역장은 CTC구간의 경우에 도중 정차열차를 출발시킬 때에는 관제사의 승인을 받아야 한다.
③ 다른 열차를 출발시킬 경우 조작반 또는 도중 정차열차와 무선통화에 따라 현장 출발한 것을 확인하여야 한다.
④ 구원열차 운전 등으로 정거장 외에서 도중 정차하는 열차를 운전한 경우에 후발 최근 정거장 역장은 도중 정차열차가 현장을 출발한 것을 확인한 후 다른 열차를 출발시켜야 한다.

(해설) 운전규정 제119조(정거장 외 도중 정차열차의 취급)

① 차내신호폐색식(자동폐색식 포함) 구간에서 구원열차 등 정거장 또는 신호소 밖에서 도중 정차하는 열차를 출발시킨 역장은 도중 정차열차가 현장을 출발한 것을 확인한 다음 다른 열차를 출발시켜야 한다. 이 경우에 조작반 또는 도중 정차열차와 무선통화로 현장 출발한 것을 확인하여야 한다.

② 역장은 CTC구간의 경우에 도중 정차열차를 출발시키는 때에는 관제사의 승인을 받아야 한다. **정답** ①

14

ATP 구간의 양방향 운전취급에 관한 설명으로 틀린 것은?

① 우측선로 운전을 통보받은 기관사는 차내신호가 지시하는 속도에 따라 운전하여야 한다.

② 상대역장은 출방역장과 우측선로 운전에 대한 폐색협의 및 치급을 하고 우측선로의 장내신호기를 취급하여야 한다.

③ 관제사는 열차의 우측선로 운전에 따른 운전명령 승인 시 관련 역장과 기관사에게 운전취급사항을 통보하여야 한다.

④ 우측선로 운전은 자동폐색방식에 의하며 우측선로로 열차를 진입시키는 역장은 진입구간에 열차 없음을 확인하고 상대역장과 폐색협의 및 취급후 해당 출발신호기를 취급하여야 한다.

(해설) 운전규정 제124조(ATP 구간의 양방향 운전취급)

① 복선 ATP 구간에서 양방향 신호에 의해 우측선로로 열차를 운행시킬 경우의 운전취급은 다음 각 호에 따라야 한다.

  1. 관제사는 열차의 우측선로 운전에 따른 운전명령 승인시 관련 역장과 기관사에게 운전취급사항(시행사유, 시행구간, 작업구간 등)을 통보하여야 한다.

  2. 우측선로 운전은 차내신호폐색식에 의하며 그 운전취급은 다음과 같다.

    가. 우측선로로 열차를 진입시키는 역장은 진입구간에 열차 없음을 확인하고 상대역장과 폐색협의 및 취급 후 해당 출발신호기(입환신호기 포함)를 취급하여야 한다.

    나. 상대역장은 출발역장과 우측선로 운전에 대한 폐색협의 및 취급을 하고 우측선로의 장내신호기(우측선로 장내용 입환신호기 포함)를 취급하여야 한다.

  3. 우측선로 운전을 통보받은 기관사는 차내신호가 지시하는 속도에 따라 운전하여야 한다.

  4. 유지보수 소속장은 안전사고 우려 있는 작업구간의 인접선로에는 선로작업표지 또는 임시신호기를 설치하여야 한다.

② 제1항 이외의 경우에는 대용폐색방식에 따르며, 우측선로를 운행 시 ATP 미장착 또는 치단 등으로 차내신호에 따를 수 없는 경우 기관사는 관제사의 승인을 받아 시속 70킬로미터 이하의 속도로 주의운전하고, 장내신호기(우측선로 장내용 입환신호기 포함) 바깥에 일단 정차 한 다음 진행신호에 따라 열차도착지점까지 시속 25킬로미터 이하의 속도로 운전하여야 한다. 다만, 사전에 진입선을 통보받고 진행신호를 확인한 경우에는 일단정차하지 않을 수 있다. 〈개정 2021.12.22.〉 **정답** ④

ATP 구간의 양방향 신호구간의 운전취급(우측선로운전)에 대한 설명으로 틀린 것은?

① 우측선로 운전을 통보받은 기관사는 차내신호가 지시하는 속도에 따라 운전한다.

② 유지보수 소속장은 안전사고 우려 있는 작업구간의 인접선로에는 선로작업표지 또는 임시신호기를 설치한다.

③ 관제사는 열차의 우측선로 운전에 따른 운전명령 승인 시 관련 역장과 기관사에게 운전취급사항을 통보한다.

④ 기관사는 우측선로를 운행 시 ATP 미장착 또는 차단 등으로 차내신호에 따를 수 없는 경우에는 관제사의 승인을 받아 45km/h 이하의 속도로 주의 운전한다.

(해설) 운전규정 제124조(ATP 구간의 양방향 운전취급)　　　　　정답 ④

연동폐색식을 시행하는 폐색구간의 시작지점에 설치한 출발신호기의 구비조건 및 취급에 대한 설명으로 맞지 않은 것은?

① 단선구간에서 한쪽 정거장에서 진행 지시신호를 현시한 후 그 반대방향의 신호기는 정시 신호를 현시할 것

② 역장은 열차를 폐색구간에 진입시키려 하는 경우에는 열차승무원과 협동하여 폐색취급을 할 것

③ 폐색구간에 열차가 있을 경우에는 정지신호를 현시할 것

④ 폐색장치가 고장인 경우에는 정지신호를 현시할 것

(해설) 운전규정 제125조(연동폐색식)

폐색구간 양끝의 정거장 또는 신호소에 설치한 연동폐색장치와 출발신호기를 양쪽 역장이 협의 취급하여 열차를 운행시키는 폐색방식을 말하며 다음 각호의 어느 하나에 해당하는 경우에는 자동으로 정지신호를 현시한다.

1. 폐색구간에 열차 있는 경우

2. 폐색장치가 고장인 경우

3. 단선구간에서 한쪽 정거장 또는 신호소에서 진행 지시신호를 현시한 후 그 반대방향　　정답 ②

연동폐색방식을 시행하는 구간에서 연동폐색장치 사용을 정지하여야 하는 경우가 아닌 것은?

① 복선구간에서 일시 단선운전하는 경우

② 정거장 외에서 구원열차를 요구한 경우

③ 열차운전 중의 폐색구간에 대하여 개통취급을 한 경우

④ 2개 이상 설치되어 있는 출발신호기 중 정거장으로부터 진행방향 맨 안쪽의 출발신호기에 고 장이 난 경우

(해설) 운전규정 제127조(연동폐색장치의 사용정지)

다음에 해당하는 경우에는 그 폐색구간 양끝의 정거장 역장이 상호 통보하고 폐색장치의 사용을 정지하여야 한다. 이 경우 전화불통 시에는 사후에 통보한다.

1. 폐색장치에 고장이 있는 경우
2. 폐색취급을 하지 않은 폐색구간에 열차 또는 차량이 진입한 경우
3. 폐색취급을 한 폐색구간에 다른 열차가 진입한 경우
4. 열차운전 중의 폐색구간에 다른 열차가 진입한 경우
5. 열차운전 중의 폐색구간에 대하여 개통취급을 한 경우
6. 폐색구간에 일부 차량을 남겨놓고 진출한 경우
7. 폐색구간에 정거장에서 굴러간 차량이 진입한 경우
8. 정거장 외에서 구원열차를 요구한 경우
9. 폐색구간을 분할 또는 합병한 경우
10. 복선구간에서 일시 단선운전하는 경우

정답 ④

18

통표의 종류가 아닌 것은?

① 원형　　　　② 사각형　　　　③ 십자형　　　　④ 타원형

(해설) 운전규정 130조(통표의 종류 및 통표폐색기의 타종전호)

① 통표의 종류는 원형, 사각형, 삼각형, 십자형, 마름모형이 있으며 인접 폐색구간의 통표는 그 모양을 달리한다.

정답 ④

관제사가 직접 기관사에게 지령식 시행을 통보하여야 하는 선구로 틀린 것은?

① 경강선(판교~여주역)　　　　② 일산선(지축~대화역)

③ 중앙선(청량리~용문역)　　　　④ 분당선(왕십리~수원역)

운전규정 제138조(지령식 시행시 운전취급)

① 지령식 사유발생시 관제사는 관계 역장에게 시행사유 및 구간을 통보한 후 지령식 운전명령번호를 부여하여 운전취급을 지시할 수 있다. 다만, 다음 각 호의 운행선로는 관제사가 직접 기관사에게 지령식 시행을 통보하여야 한다.

   1. 수인선(오이도~인천역)   2. 경인선(구로~인천역)   3. 안산선(금정~오이도역)

   4. 과천선(금정~선바위역)   5. 분당선(왕십리~수원역)   6. 일산선(지축~대화역)

   7. 경강선(판교~여주역)

                                                    정답 ③

20

통신식 구간에서 열차의 출발 및 도착 취급에 대한 설명으로 틀린 것은?

① 폐색취급은 열차를 폐색구간에 진입시킬 시각 10분 이전에는 이를 할 수 없다.

② 통신식 구간에서 열차의 도착취급은 연동구간 열차 도착 취급 규정에 준용한다.

③ 상대 역장과 협의하여 양끝 정거장의 폐색구간에 열차없음을 확인한 후 폐색취급을 하여야 한다.

④ 폐색구간에 열차없음을 기관사에게 통보하고 관제사 운전명령번호와 출발 대용수신호에 따라 열차를 출발시켜야 한다.

운전규정 제134조(통신식구간 열차의 출발 및 도착 취급)

① 통신식 구간에서 열차를 폐색구간에 진입시키는 역장의 출발취급은 다음과 같다.

   1. 상대 역장과 협의하여 양끝 정거장의 폐색구간에 열차없음을 확인한 후 폐색취급을 한다.

   2. 제1호의 폐색취급은 열차를 폐색구간에 진입시킬 시각 5분 이전에는 이를 할 수 없다.

   3. 폐색구간에 열차없음을 기관사에게 통보하고 관제사 운전명령번호와 출발 대용수신호에 따라 열차를 출발시켜야 한다.

② 통신식 구간에서 열차의 도착취급은 규정 제123조(연동구간 열차도착 취급)에 이를 준용한다.   **정답** ①

21

통신식을 시행하는 경우 폐색취급 및 개통취급에 대한 설명으로 틀린 것은?

① 역장은 상대역장에게 대하여 「○○열차 폐색」이라고 통고할 것

② 역장은 상대역장에게 대하여 「○○열차 개통」이라고 통고할 것

③ 통고를 받은 역장은 「○○열차 폐색」이라고 응답할 것

④ 통고를 받은 역장은 「○○열차 개통」이라고 응답할 것

운전규정 제141조(통신식 폐색취급 및 개통취급)

① 통신식을 시행하는 경우의 폐색취급은 다음 각 호에 따른다.

   1. 역장은 상대역장에게 대하여 「○○열차 폐색」이라고 통고할 것

   2. 제1호의 통고를 받은 역장은 「○○열차 폐색승인」이라고 응답할 것

② 통신식을 시행하는 경우의 개통취급은 다음 각 호에 따른다.
1. 역장은 상대역장에게 대하여 「○○열차 개통」이라고 통고할 것
2. 제1호의 통고를 받은 역장은 「○○열차 개통」이라고 응답할 것
③ 폐색구간 양끝의 정거장 역장은 폐색구간에 열차없음을 확인하여야 한다.　　　　　정답 ③

22　　　　　　　　　　　　　　　　　　　　　　　　　　　　　　23년 2회·17년 2회

폐색방식에 대한 설명으로 틀린 것은?

① 통표폐색식을 시행하는 단선구간에서 통표를 분실했을 경우 대용폐색방식을 시행한다.
② 연동폐색식을 시행하는 단선구간에서 폐색장치 또는 출발신호기에 고장이 있을 경우 대용폐색 방식을 시행한다.
③ 연동폐색식을 시행하는 복선구간에서 복선운전 시 지상장치가 고장인 경우 대용폐색방식을 시행한다.
④ 자동폐색식을 시행하는 단선구간에서는 출발신호기 고장으로 폐색표시등을 현시할 수 없는 경우 대용폐색방식을 시행한다.
⑤ 차내신호폐색식 열차제어장치가 단독으로 설치된 구간에서 지상장치 또는 차상장치가 고장인 경우

해설 운전규정 제149조(단선구간의 대용폐색방식 시행)
① 단선운전을 하는 구간에서 다음 각 호의 경우에는 대용폐색방식을 시행한다. 다만, CTC이외의 구간에서는 지도 통신식에 의한다.
1. 자동폐색식 구간에서는 다음 각 목의 어느 하나에 해당할 것
　가. 자동폐색신호기 2기 이상 고장인 경우. 다만, 구내폐색신호기는 제외
　나. 출발신호기 고장으로 폐색표시등을 현시할 수 없는 경우
　다. 제어장치의 고장으로 자동폐색식에 따를 수 없는 경우
　라. 도중폐색신호기가 설치되지 않은 구간에서 원인을 알 수 없는 궤도회로 장애로 출발신호기에 진행 지시신호가 현시되지 않은 경우
　마. 정거장 외로부터 퇴행할 열차를 운전시키는 경우
2. 연동폐색식 구간에서는 다음 각 목의 어느 하나에 해당할 것
　가. 폐색장치 고장으로 이를 사용할 수 없는 경우
　나. 출발신호기 고장으로 폐색표시등을 현시할 수 없는 경우
3. 통표폐색식 구간에서는 다음 각 목의 어느 하나에 해당할 것
　가. 폐색장치 고장으로 이를 사용할 수 없는 경우
　나. 통표를 분실하거나 손상된 경우
　다. 통표를 다른 구간으로 가지고 나간 경우
4. 차내신호폐색식 열차제어장치가 단독으로 설치된 구간에서는 다음 각 목의 어느 하나에 해당할 것
　가. 지상장치가 고장인 경우
　나. 차상장치가 고장인 경우
　다. 기타 그 밖의 사유로 상용폐색방식을 사용할 수 없는 경우　　　　　정답 ③

복선구간에서 복선운전을 하는 경우에 차내신호폐색식(자동폐색식 포함) 구간에서 대용폐색방식을 시행하는 경우로 틀린 것은?

① 자동폐색신호기 1기 이상 고장인 경우(구내폐색신호기 제외)
② 출발신호기 고장 시 조작반의 궤도회로 표시로 출발신호기가 방호하는 폐색구간에 열차 없음을 확인할 수 없는 경우
③ 도중폐색신호기가 설치되지 않은 구간에서 원인을 알 수 없는 궤도회로 장애로 출발신호기에 진행 지시신호가 현시되지 않은 경우
④ 정거장 외로부터 퇴행할 열차를 운전시키는 경우

(해설) 운전규정 제150조(복선구간의 복선운전 시 대용폐색방식 시행)
복선구간에서 복선운전을 하는 선로에서 다음 각 호의 경우에는 대용폐색방식을 시행한다. 다만, CTC이외의 구간에서는 통신식에 의한다.
1. 차내신호폐색식(자동폐색식 포함) 구간에서는 다음 각 목의 어느 하나에 해당 할 것
   가. 자동폐색신호기 2기 이상 고장인 경우. 다만, 구내폐색신호기는 제외
   나. 출발신호기 고장 시 조작반의 궤도회로 표시로 출발신호기가 방호하는 폐색구간에 열차 없음을 확인할 수 없는 경우
   다. 다른 선로의 출발신호기 취급으로 출발신호기가 방호하는 폐색구간에 열차 없음을 확인할 수 없는 경우
   라. 도중폐색신호기가 설치되지 않은 구간에서 원인을 알 수 없는 궤도회로 장애로 출발신호기에 진행 지시신호가 현시되지 않은 경우
   마. 정거장 외로부터 퇴행할 열차를 운전시키는 경우   정답 ①

단선구간(복선구간에서 일시 단선운전을 하는 구간 포함)에서 지도통신식을 시행하여야 하는 경우로 틀린 것은?

① CTC구간에서 신호장치고장 등으로 지령식을 시행할 수 없을 경우
② 복선 자동폐색구간의 작업시간대 단선운전 시 자동폐색식을 시행하는 경우
③ CTC구간에서 열차무선전화기 고장 등으로 지령식을 시행할 수 없을 경우
④ CTC 이외의 구간에서 신호장치 고장 등으로 상용폐색방식을 시행할 수 없는 경우

(해설) 운전규정 제144조(지도통신식)
단선구간(복선구간에서 일시 단선운전을 하는 구간 포함)에서 대용폐색방식을 시행하는 다음 각 호의 경우에는 폐색구간 양끝의 역장이 협의한 후 지도통신식을 시행하여야 한다. 다만, 규정 제124조(ATP 구간의 양방향 운전취급), 제151조(복선구간의 단선운전 시 폐색방식의 병용) 또는 제152조(CTC제어 복선구간에서 작업시간대 단선운전 시 폐색방식의 시행)에 따른 경우에는 그러하지 아니하다.
1. CTC구간에서 CTC장애, 신호장치 또는 열차무선전화기 고장 등으로 지령식을 시행할 수 없을 경우
2. CTC 이외의 구간에서 신호장치 고장 등으로 상용폐색방식을 시행할 수 없는 경우   정답 ②

지도통신식 구간에서 열차의 출발 및 도착취급에 관한 설명으로 틀린 것은?

① 열차를 폐색구간에 진입시키는 역장은 상대역장과 협의하여 양끝 폐색구간에 열차 없음을 확인하고, 지도표 또는 지도권을 기관사에게 교부하여야 한다.

② 열차가 일부 차량을 폐색구간에 남겨놓고 도착한 경우에는 개통취급을 할 수 없다.

③ 역장은 열차의 도착취급에서 지도권을 받은 경우에는 개통취급을 하기 전에 지도권에 무효기호(×)를 그어야 한다.

④ 열차의 출발취급은 열차를 폐색구간에 진입시키는 시각 5분 이전에 할 수 없다.

해설 운전규정 제145조(지도통신식 구간 열차의 출발 및 도착 취급)

① 지도통신식 구간에서 열차의 출발취급은 다음과 같다. 〈개정 2020.6.26.〉
   1. 열차를 폐색구간에 진입시키는 역장은 상대역장과 협의하여 양끝 폐색구간에 열차 없음을 확인하고, 지도표 또는 지도권을 기관사에게 교부하여야 한다.
   2. 상대역장에게 대하여 「○○열차 폐색」이라고 통고할 것
   3. 제2호의 통고를 받은 역장은 「○○열차 폐색승인」이라고 응답할 것
   4. 제1호의 취급은 열차를 폐색구간에 진입시키는 시각 10분 이전에 할 수 없다.
② 지도통신식 구간에서 열차의 도착취급은 다음과 같다.
   1. 열차가 폐색구간을 진출하였을 때 역장은 지도표 또는 지도권을 기관사로부터 받은 후 상대역장과 다음 각 목에 따라 개통취급을 하여야 한다.
      가. 상대역장에게 「○○열차 개통」이라고 통고할 것
      나. 가목의 통고를 받은 역장은 「○○열차 개통」이라고 응답할 것
   2. 폐색구간의 도중에서 퇴행한 열차가 도착하는 때에도 제1호와 같다.
   3. 열차가 일부 차량을 폐색구간에 남겨놓고 도착한 경우에는 개통취급을 할 수 없다.
   4. 역장은 제1호에 따라 지도권을 받은 경우에는 개통취급을 하기 전에 지도권에 무효기호(×)를 그어야 한다.

정답 ④

복선구간의 단선운전 시 폐색방식의 병용으로 맞는 것은?

① 지령식과 상용폐색식의 병용

② 지도통신식과 상용폐색식의 병용

③ 대용폐색식과 자동폐색식의 병용

④ 지령식과 자동폐색식의 병용(CTC구간에 한함)

해설 제151조(복선구간의 단선운전 시 폐색방식의 병용)

① 폐색방식 혼용구간에서 한쪽 선로를 사용하지 못하여 양쪽 방향의 열차를 일시 단선운전 하는 경우에는 규정 제149조(단선구간의 대용폐색방식 시행)의 규정을 준용하고, 다음 각 호에 따라 폐색방식을 병용하여 열차를 취급할 수 있다.

1. 지령식과 차내신호폐색식(자동폐색식 포함)의 병용(CTC구간에 한함)
2. 지도통신식과 차내신호폐색식(자동폐색식 포함)의 병용
  가. 차내신호폐색식(자동폐색식 포함)에 따를 수 있는 정상방향의 선행하는 각 열차는 지도권, 맨 뒤의 열차는 지도표를 휴대하고 차내신호(자동폐색신호)에 따라 운전할 것. 다만, 발리스(자동폐색신호기) 고장 등으로 이를 시행함이 불리하다고 인정한 경우에는 제외
  나. 차내신호폐색식(자동폐색식 포함)에 따를 수 없는 반대방향의 열차는 지도통신식에 따라 운전할 것
  다. 역장은 기관사에게 병용 취급하는 열차임을 통고할 것
  라. 역장은 최초열차 운행 시 폐색취급을 하고, 상대 역장은 지도표 휴대열차 도착 시 개통취급을 할 것
② 제1항에 따라 대용폐색방식으로 반대선(우측선로)을 운행하는 열차의 속도는 70km/h이하로 한다.

정답 ④

27
16년 1회 수정

지도통신식과 자동폐색식을 병용하는 경우의 취급에 관한 설명 중 틀린 것은?

① 자동폐색식에 따를 수 있는 정상방향의 선행하는 각 열차는 지도권, 맨 뒤의 열차는 지도표를 휴대하고 자동폐색신호에 따라 운전할 것
② 자동폐색식에 따를 수 없는 반대방향의 열차는 지도통신식에 따라 운전할 것
③ 역장은 최초열차 운행 시 폐색취급을 하고, 상대 역장은 지도권 휴대열차 도착 시 개통취급을 할 것
④ 대용폐색방식으로 반대선(우측선로)을 운행하는 열차의 속도는 70km/h이하로 한다.

(해설) 제151조(복선구간의 단선운전 시 폐색방식의 병용)

정답 ③

28
18년 1회

양방향신호가 설치되지 않은 복선 자동폐색구간의 작업시간대 정규 운전명령으로 사전에 정상방향의 열차만을 운행하도록 지정된 작업시간대에 일시 단선운전을 하는 경우의 폐색방식으로 맞는 것은?

① 지령식
② 자동폐색방식
③ 대용폐색방식
④ 지도통신식과 자동폐색식 병용

(해설) 운전규정 제152조(CTC케어 복선구간에서 작업시간대 단선운전 시 자동폐색식의 시행)
① 양방향신호가 설치되지 않은 복선구간에서 정규 운전명령으로 사전에 정상방향의 열차만을 운행하도록 지정된 작업시간대에 일시 단선운전을 하는 경우에는 <u>자동폐색방식</u>을 시행한다.

정답 ②

지도통신식 시행구간에서 지도표 재발행에 관한 설명으로 틀린 것은?

① 지도표 오용의 경우 재발행

② 지도권 분실의 경우 재발행

③ 열차 교행변경의 경우 재발행

④ 재발행하는 경우 사전에 관제사에게 요지를 보고 후 승인

⑤ 지도표를 재발행하는 경우에는 그 뒷면 여백에 「재발행」이라고 굵고 붉은 글씨로 써야 한다.

(해설) 운전규정 제159조(지도표의 재발행)

① 열차의 교행변경 또는 지도표의 분실·오용 등으로 지도표가 없는 정거장 또는 신호소에서 열차를 폐색구간에 진입시키는 경우에 역장은 관계 역장과 협의한 후 사용하던 지도표를 폐지하고, 다른 시노뇨를 새발행할 수 있다.

② 제1항에 따라 지도표를 재발행하는 경우에는 사전에 관제사에 그 요지를 보고한 후 승인을 받아야 한다. 다만, 전화불통으로 승인을 받을 수 없는 때는 사후에 보고한다.

③ 지도표를 재발행 하는 경우에는 그 뒷면 여백에 「재발행」이라고 굵고 검은 글씨로 써야 한다.　　**정답** ②, ⑤

지도권에 대한 설명 중 틀린 것은?

① 지도통식식을 시행하는 경우에 폐색구간 양끝의 역장이 협의한 후 열차를 진입시키는 역장이 발행한다.

② 지도권은 지도표가 존재하는 정거장 역장이 발행한다.

③ 지도권은 1폐색구간에 1매로 하고, 1개 열차에만 사용하여야 한다.

④ 지도권의 발행번호는 1호부터 50호까지로 한다.

(해설) 제155조(지도권의 발행)

① 지도통식식을 시행하는 경우에 폐색구간 양끝의 역장이 협의한 후 열차를 진입시키는 역장이 발행한다.

② 지도권은 1폐색구간에 1매로 하고, 1개 열차에만 사용한다.

③ 지도권의 발행번호는 51호부터 100호까지로 한다.　　**정답** ④

지도표의 발행에 대한 설명 중 틀린 것은?

① 지도통신식을 시행하는 경우에 폐색구간 양끝 역장이 협의한 후 열차를 진입시키는 역장이 발행하여야 한다.

② 지도표를 발행하는 경우에 지도표 발행 역장이 지도표의 앞면에만 필요사항을 기입하고 서명하여야 한다.

③ 지도표의 발행번호는 1호부터 10호까지로 한다.

④ 지도표는 1폐색구간 1매로 하고 지도통신식 시행 중 이를 순환 사용한다.

(해설) 제154조(지도표의 발행)

① 지도통신식을 시행하는 경우에 폐색구간 양끝 역장이 협의한 후 열차를 진입시키는 역장이 발행하여야 한다.

② 지도표는 1폐색구간 1매로 하고 지도통신식 시행 중 이를 순환 사용한다.

③ 지도표를 발행하는 경우에 지도표 발행 역장이 지도표의 양면에 필요사항을 기입하고 서명하여야 한다. 이 경우에 폐색구간 양끝 역장은 지도표의 최초 열차명 및 지도표 번호를 전화기로 상호 복창하고 기록하여야 한다.

④ 제3항의 지도표를 최초열차에 사용하여 상대 정거장 또는 신호소에 도착하는 때에 그 역장은 지도표의 기재사항을 점검하고 상대 역장란에 역명을 기입하고 서명하여야 한다.

⑤ 지도표의 발행번호는 1호부터 10호까지로 한다. **정답** ②

지도표를 사용하는 경우가 아닌 것은?

① 연속하여 2이상의 열차를 동일방향의 폐색구간에 연속 진입시킬 때는 첫 번째 열차

② 정거장 외에서 퇴행할 열차

③ 폐색구간의 양끝에서 교대로 열차를 구간에 진입시킬 때는 각 열차

④ 연속하여 2 이상의 열차를 동일방향의 폐색구간에 연속 진입시킬 때는 맨 뒤의 열차

⑤ 지도식에서 운행하는 각 열차

(해설) 운전규정 제156조(지도표와 지도권의 사용구별)

① 지도표는 다음에 해당하는 열차에 사용한다.

  1. 폐색구간의 양끝에서 교대로 열차를 구간에 진입시킬 때는 각 열차

  2. 연속하여 2 이상의 열차를 동일방향의 폐색구간에 연속 진입시킬 때는 맨 뒤의 열차

  3. 정거장 외에서 퇴행할 열차

② 지도권은 제1항 이외의 열차에 사용한다. **정답** ①

전령법을 시행하여야 하는 경우가 아닌 것은?

① 선로고장의 경우에 전화불통으로 관제사의 지시를 받지 못할 경우

② 복구 후 현장을 넘어서 구원열차 또는 공사열차를 운전할 필요가 있는 경우

③ 전령법에 따라 구원열차 또는 공사열차 운전 중 사고, 그 밖의 다른 구원열차 또는 공사열차를 동일 폐색구간에 운전할 필요가 있는 경우

④ 정거장 또는 신호소 바깥으로 차량이 굴러갔거나 차량을 남겨놓은 폐색구간에 폐색구간을 변경하지 않고 그 차량을 회수하기 위하여 구원열차를 운전하는 경우

(해설) 운전규정 제162조(전령법의 시행)

① 다음 각 호의 어느 하나에 해당하는 경우에는 폐색구간 양끝의 역장이 협의하여 전령법을 시행하여야 한다.
  1. 고장열차 있는 폐색구간에 폐색구간을 변경하지 않고 구원열차를 운전하는 경우
  2. 정거장 또는 신호소 바깥으로 차량이 굴러갔거나 차량을 남겨놓은 폐색구간에 폐색구간을 변경하지 않고 그 차량을 회수하기 위하여 구원열차를 운전하는 경우
  3. 선로고장의 경우에 전화불통으로 관제사의 지시를 받지 못할 경우
  4. 현장에 있는 공사열차 이외에 재료수송, 그 밖에 다른 공사열차를 운전하는 경우
  5. 중단운전구간에서 재차 사고발생으로 구원열차를 운전하는 경우
  6. 전령법에 따라 구원열차 또는 공사열차 운전 중 사고, 그 밖의 다른 구원열차 또는 공사열차를 동일 폐색구간에 운전할 필요 있는 경우

정답 ②

전령법을 시행하는 경우가 아닌 것은?

① 선로고장의 경우에 전화불통으로 관제사의 지시를 받지 못할 경우

② 고장열차 있는 폐색구간에 폐색구간을 분할하여 구원열차를 운전하는 경우

③ 전령법에 따라 구원열차 운전 중 사고로 다른 구원열차를 동일 폐색구간에 운전할 필요가 있는 경우

④ 전령법에 따라 공사열차 운전 중 사고로 다른 공사열차를 동일 폐색구간에 운전할 필요가 있는 경우

(해설) 운전규정 162조(전령법의 시행)

정답 ②

전령법 시행 중 전령자의 선임기준으로 틀린 것은?

① 운전취급역(1명 근무역 제외) 또는 역원배치간이역은 역무원으로 한다.

② 고속열차를 구원하는 경우에는 구원열차가 시발하는 정거장의 역무원으로 한다.

③ 열차승무원이 승무한 열차의 1명 근무역 또는 역원무배치간이역은 열차승무원으로 한다.

④ 열차승무원이 승무하지 않은 열차의 1명 근무역 또는 역원무배치간이역은 인접역의 역장으로 한다.

(해설) 제163조(전령자)

① 전령법을 시행하는 경우에는 폐색구간 양끝의 역장이 협의하여 전령자를 선정하여야 한다. 다만, 제159조(전령 법의 시행)제2항의 경우에는 열차를 폐색구간에 진입시키는 역장이 선정한다.

② 전령자는 1폐색구간에 1명을 다음 각 호에 정한 자를 선정하여야 한다.
　1. 운전취급역(1명 근무역 제외) 또는 역원배치간이역: 역무원
　2. 1명 근무역 또는 역원무배치간이역
　　가. 열차승무원이 승무한 열차: 열차승무원
　　나. 열차승무원이 승무하지 않은 열차: 인접 운전취급역에서 파견된 역무원
　3. 제1호 및 제2호에 불구하고 고속열차를 구원하는 경우에는 구원열차가 시발하는 정거장의 역무원

정답 ④

전령법 시행시 조치 사항 중 틀린 것은?

① 전령자는 구원요구 열차 뒤쪽 50m 지점부터는 구원대상열차의 유도 및 연결 등의 조치를 할 것

② 전령자는 구원요구 열차의 기관사와 정차지점, 선로조건의 재확인을 위한 무선통화를 할 것

③ 전령자는 구원열차 운행 중 선로 및 신호를 주시하여야 하며 기관사가 제한속도를 준수하도록 할 것

④ 전령법으로 구원열차를 진입시키는 역장은 전령자에게 전령법 시행사유 및 도착지점(선로거리 제표), 선로조건 등 현장상황을 정확히 파악하여 통보할 것

(해설) 운전규정 제164조(전령법 시행 시 조치)

② 전령자는 다음 각 호에 따른다.
　1. 열차 맨 앞 운전실에 승차하여 기관사에게 전령자임을 알리고 제1항의 사항을 통고할 것
　2. 구원요구 열차의 기관사와 정차지점, 선로조건의 재확인을 위한 무선통화를 할 것.
　　다만, 무선통화불능 시 휴대전화 등 가용 통신수단을 활용할 것
　3. 구원열차 운행중 신호 및 선로를 주시하여야 하며 기관사가 제한속도를 준수하도록 할 것
　4. 기관사에게 구원요구 열차의 앞쪽 1km 및 50m 지점을 통보하여 일단정차를 유도할 것
　5. 구원요구 열차 앞쪽 50m지점부터는 구원열차의 유도 및 연결 등의 조치를 할 것

정답 ①

전령법 시행 시 조치사항으로 맞는 것은?

① 전령자는 기관사에게 구원요구 열차의 앞쪽 1km 및 50m 지점을 통보하여 일단정차를 유도할 것

② 전령자는 구원요구 열차 앞쪽 50m 지점부터는 구원요구 열차의 유도 및 연결 등의 조치를 할 것

③ 전령자는 구원열차 운행 중 기관사를 지속적으로 주시하여야 하며 기관사가 제한속도를 준수하도록 할 것

④ 전령법으로 구원열차를 진입시키는 역장은 기관사에게 전령법 시행사유 및 도착지점(선로거리 제표), 선로조건 등 현장 상황을 정확히 파악하여 통보할 것

(해설) 운전규정 제164조(전령법 시행 시 조치)

① 전령법으로 구원열차를 진입시키는 역장은 전령자에게 전령법 시행사유 및 도착지점(선로거리제표), 선로조건 등 현장상황을 정확히 파악하여 통보하여야 한다.

③ 전령법에 따라 운전하는 기관사는 다음 각 호에 따른다. 다만, 관련 세칙에 따로 정한 경우에는 그러하지 아니하다.

　1. 자동폐색식 또는 차내신호폐색식 구간에서 구원요구 열차까지 정상신호를 통보받은 경우

　　가. 신호조건에 따라 운전할 것. 다만, 3현시구간 주의신호는 25km/h 이하의 속도로 운전

　　나. 차내신호 지시속도 또는 폐색신호기가 정지신호인 경우 신호기 바깥 지점에 일단정차 후 구원요구 열차의 50m 앞까지 25km/h 이하 속도로 운전하여 일단 정차할 것

　　다. 도중 폐색신호기가 없는 3현시 자동폐색구간의 출발신호기 정지신호인 경우에는 제2호에 따라 운전할 것

　2. 제1호 이외의 경우에는 구원요구 열차의 정차지점 1km 앞까지 45km/h 이하의 속도로 운전하고, 그 이후부터 50m 앞까지 25km/h 이하의 속도로 운전하여 일단정차 할 것

　3. 제1호와 제2호의 일단정차를 위한 제동은 선로조건을 고려하여 안전한 속도로 취급하고. 특히 규정 제86조 관련 별표 7에 명시된 취약구간 및 급경사 지점에서 구원운전을 시행하는 경우에는 경사변환지점에서 정차제동으로 일단 정차하여 제동력을 확인한 후 운전할 것

　4. 구원요구 열차 약 50m 앞에서부터 전령자의 유도전호에 의해 연결하여야 하며 전령자 생략의 경우에는 전호자(부기관사 또는 열차승무원)의 유도전호에 의해 연결할 것

④ 제1항에 따른 구원 조치 후 정거장으로 돌아오는 경우에는 다음 각 호에 따른다.

　1. 자동폐색식 구간 중 도중 자동폐색신호기 설치된 구간에서 신호가 정상인 경우에는 신호현시 조건에 따를 것

　2. 제1호 이외의 구간에서는 주의운전 할 것. 다만, 복선구간에서 반대방향의 선로로 돌아오는 경우 양방향 건널목 설비가 설치되지 않은 건널목은 25km/h 이하의 속도로 운전한다.　　　　　　　　　　　정답 ①

전령법에 따라 운전하는 기관사가 자동폐색식 또는 차내신호폐색식 구간에서 구원요구 열차까지 정상신호를 통보받는 경우 운전방법의 설명 중 (   )에 맞는 것은?

㉮ 차내신호 지시속도 또는 폐색신호기가 정지신호인 경우 신호기 바깥 지점에 일단정차 후 구원요구 열차의 (ⓐ)m 앞까지 (ⓑ)km/h 이하 속도로 운전하여 일단 정차할 것

㉯ 도중 폐색신호기가 없는 3현시 자동폐색구간의 출발신호기 정지신호인 경우에는 신호기 바깥 지점에 일단정차 후 구원요구 열차의 (ⓐ)m 앞까지 (ⓑ)km/h 이하 속도로 운전하여 일단 정차할 것

① 50, 25   ② 50, 45   ③ 1, 25   ④ 1, 45

해설 운전규정 제164조(전령법 시행 시 조치)   정답 ①

전령법에 의하여 운전할 때의 내용으로 틀린 것은?

① 돌아올 때는 주의 운전
② 자동폐색구간에서 신호가 정상일 때는 신호현시 조건에 따라 운전
③ 자동폐색신호기 정지신호 현시된 구간은 일단정차후 구원요구 열차의 50m 앞까지 25km/h 이하로 운전
④ 복선구간에서 반대방향의 선로로 돌아오는 경우 양방향 건널목 설비가 설치되지 않은 건널목은 45km/h이하로 운전

해설 운전규정 제164조(전령법 시행 시 조치)   정답 ④

전령법에 따라 운전하는 기관사는 자동폐색식 또는 차내신호폐색식 구간에서 구원요구 열차까지 정상신호를 통보받는 경우에 운전방법으로 틀린 것은?

① 3현시구간 주의신호는 25km/h 이하로 운전할 것
② 차내신호 지시속도 또는 폐색신호기가 정지신호인 경우 신호기 바깥 지점에 일단정차 후 구원요구 열차의 50m 앞까지 45km/h 이하 속도로 운전하여 일단 정차할 것
③ 도중 폐색신호기가 없는 3현시 자동 폐색구간의 출발 신호기 정지신호인 경우에는 구원요구 열차의 정차지점 1km 앞 이후부터 50m 앞까지 25km/h 이하로 운전하여 일단정차할 것
④ 도중 폐색신호기가 없는 3현시 자동 폐색구간의 출발 신호기 정지신호인 경우에는 구원요구 열차의 정차지점 1km 앞까지 45km/h 이하로 운전할 것

(해설) 운전규정 제164조(전령법 시행 시 조치)　　　　　　　　정답 ②

전령법 시행시 다른 열차를 그 구간에 진입시킬 수 있 경우로 맞는 것은?

① 상대역장과 협의 전
② 전령자가 정거장에 도착하였을 때
③ 전령자 도착을 확인하고
④ 한쪽의 정거장 역장이 일방의 의견으로 진입

(해설) 운전규정 제165조(전령법 구간 열차의 출발 및 도착 취급)
① 전령법으로 열차를 출발시키는 역장은 그 구간에 열차 없음을 확인한 후 전령자를 승차시켜야 한다.
② 전령법 구간에서 열차의 도착취급은 다음과 같다.
　1. 폐색구간의 한끝 정거장에 도착한 때에 기관사는 전령자를 운전실에서 내리게 할 것
　2. 역장은 전령법에 따라 열차를 운전한 때에는 전령자 도착을 확인하고 열차를 그 구간에 진입시킬 것
　　　　　　　　　　　　　　　　　　　　　　　　　　정답 ③

제 5 장 신 호

1. 주간 · 야간의 신호 현시방식

(1) 주간과 야간을 달리하는 신호, 전호 및 표지의 현시방식
① 주간의 방식: 일출부터 일몰까지
② 야간의 방식: 일몰부터 일출까지

(2) 주간이라도 야간의 방식에 따르는 경우
① 기후상태로 200m 거리에서 인식할 수 없는 경우에 진행 중의 열차에 대한 신호의 현시
② 지하구간 및 터널 내에서의 신호·전호 및 표지
③ 선상역사로 전호 및 표지를 확인할 수 없는 때

2. 상치신호기의 종류 및 용도

(1) 상치신호기 의의
일정한 지점에 설치하여 열차 또는 차량의 운전조건을 지시하는 신호를 현시하는 것

(2) 종류 및 용도
① 주신호기
  ㉮ 장내신호기: 정거장에 진입하려는 열차에 대하는 것으로서 그 신호기의 안쪽으로 진입의 가부를 지시
  ㉯ 출발신호기: 정거장에서 진출하려는 열차에 대하는 것으로서 그 신호기의 안쪽으로 진입의 가부를 지시
  ㉰ 폐색신호기: 폐색구간에 진입하려는 열차에 대하는 것으로서 그 신호기의 안쪽으로 진입의 가부를 지시. 다만, 정거장내에 설치된 폐색신호기는 구내폐색신호기라 한다.
  ㉱ 엄호신호기: 정거장 외에 있어서 방호를 요하는 지점을 통과하려는 열차에 대하는 것으로서 그 신호기의 안쪽으로 진입의 가부를 지시
  ㉲ 유도신호기: 장내신호기에 진행을 지시하는 신호를 현시할 수 없는 경우 유도를 받을 열차에 대하는 것으로서 그 신호기의 안쪽으로 진입할 수 있는 것을 지시
  ㉳ 입환신호기: 입환차량에 대하는 것으로서 그 신호기의 안쪽으로 진입의 가부를 지시. 다만, 「열차운전 시행세칙」에 따로 정한 경우에는 출발신호기에 준용

② 종속신호기
  ㉮ 원방신호기: 장내신호기, 출발신호기, 폐색신호기, 엄호신호기에 종속하여 열차에 대하여 주신호기가 현시하는 신호를 <u>예고</u>하는 신호를 현시
  ㉯ 통과신호기: 출발신호기에 종속하여 정거장에 진입하는 열차에 대하여 신호기가 현시하는 신호를 예고하며, 정거장을 통과할 수 있는지의 여부에 대한 신호를 현시
  ㉰ 중계신호기: 장내신호기, 출발신호기, 폐색신호기, 엄호신호기에 종속하여 열차에 대하여 주신호기가 현시하는 신호를 중계하는 신호를 현시
  ㉱ 보조신호기: 장내신호기, 출발신호기, 폐색신호기 현시상태를 확인하기 곤란한 경우 그 신호기에 종속하여 해당선로 좌측 신호기 안쪽에 설치하여 동일한 신호를 현시
③ 신호부속기
  ㉮ 진로표시기: 장내신호기, 출발신호기, 진로개통표시기 및 입환신호기에 부속하여 열차 또는 차량에 대하여 그 진로를 표시
  ㉯ 진로예고표시기: 장내신호기, 출발신호기에 종속하여 그 신호기의 현시하는 진로를 예고
  ㉰ 진로개통표시기: 차내신호기를 사용하는 본 선로의 분기부에 설치하여 진로의 개통상태를 표시
  ㉱ 입환신호중계기: 입환표지 또는 입환신호기의 신호현시 상태를 확인할 수 없는 곡선선로 등에 설치하여, 입환표지 또는 입환신호기의 현시상태를 중계
④ 그 밖의 표시등 또는 경고등
  ㉮ 신호기 반응표시등   ㉯ 입환표지 및 선로별표시등
  ㉰ 수신호등   ㉱ 기외정차 경고등
  ㉲ 건널목지장 경고등   ㉳ 승강장비상정지 경고등

(3) 원방신호기의 사용조건

원방신호기는 주신호기가 동일지점에 2이상 설치되었거나 2이상의 진로를 현시할 수 있는 경우 1개의 신호기 또는 1개 진로에 대하여만 사용
단, 진로표시기를 장치한 경우에는 그러하지 아니하다.

3. 신호현시 방식의 기준

(1) 색등식 신호기의 신호현시 방식
① 장내신호기·폐색신호기·엄호신호기: 2현시 이상
② 출발신호기: 2현시. 단, 자동폐색식 구간은 3현시 이상
③ 입환신호기: 2현시

(2) 완목 식신호기의 신호현시 방식: 2현시(선로좌측에 설치)

① 정지신호 – 주간: 신호기암 수평, 야간: 적색등(원방: 등황색등)

② 진행신호 – 주간: 암좌하향 45도, 야간: 녹색등

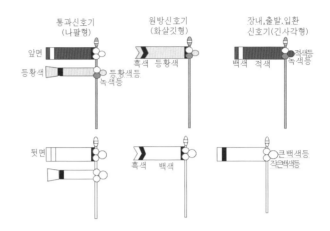

(3) 상치신호기 종류별 신호 현시 방식

① 장내신호기, 출발신호기, 폐색신호기, 엄호신호기

구 분			5번신호기	4번신호기	3번신호기	2번신호기	1번신호기
배 선			⊢⊗	⊢⊗	⊢⊗	⊢⊗	⊢⊗
지상 신호 구간	2현시		G	G	G	G	R
	3현시		G	G	G	Y	R
	4현시	지상 구간	G	YG	Y	R1	R0
		지하 구간	G	Y	YY	R1	R0
	5현시		G	YG	Y	YY	R
차내 신호 구간	전동열차		60신호	40신호	25신호	R1	R0
	KTX		300	270	230	170	정지예고	RRR

* 주간과 야간 방식 동일

* 2복선은 구별필요시 진행신호는 녹색등과 청색 등으로 구분사용

② 유도신호기(유도신호): 주간·야간 백색등열 좌하향 45도
③ 입환신호기

구분	현시방식				비고
	단등식		다등식		
정지 신호	주·야간 적색등 무유도등 소등		지상	주·야간 적색등 무유도등 소등	㉮ 지상구간의 다진로에는 자 호식 진로표지 덧붙임 ㉯ 지하구간에는 화살표시 방 식 진로표지 덧붙임 ㉰ 지상구간의 경우 무유도 표지 소등시에는 입환표지 로 사용할 수 있다.
			지하	적색등	
진행 신호	주·야간 청색등 무유도등 백색등 점등		지상	주·야간 청색등 무유도등 백색등 점등	
			지하	등황색등 점등	

④ 원방신호기

구분	색등식	
	신호현시	현시방식
㉮ 주체의 신호기가 정지신호를 현시하는 경우	주의신호	주야간: 등황색등
㉯ 주체의 신호기가 주의 신호 또는 진행신호를 현 시하는 경우	진행신호	주야간: 녹색등

⑤ 중계신호기
  ㉮ 정지중계: 백색등열(3등) 수평
  ㉯ 제한중계: 백색등열(3등) 좌하향 45도
  ㉰ 진행중계: 백색등열(3등) 수직

진행중계

정지중계

제한중계

(4) 임시신호기 신호현시 방식(서행발리스 제외)

임시신호기	주간 야간	앞면 현시	뒷면 현시
서행 신호기	주간	백색테두리를 한 등황색 원판	백색
	야간	등황색등	등 또는 백색(반사제)
서행예고 신호기	주간	흑색3각형 3개를 그린 백색3각형판	흑색
	야간	흑색3각형 3개를 그린 백색등	없음
서행해제 신호기	주간	백색테두리를 한 녹색원판	백색
	야간	녹색등	등 또는 백색(반사제)

* 2복선 이상의 구간에서 궤도중심 간격이 협소한 경우에는 지하구간용을 설치할 수 있다. 이 경우 서행예고신호기는 서행신호기로부터 500m 이상의 지점에 설치한다.
* 야간의 방식은 반사재 또는 조명(발광다이오드)을 사용할 경우 주간의 신호현시 방식에 따를 수 있다.

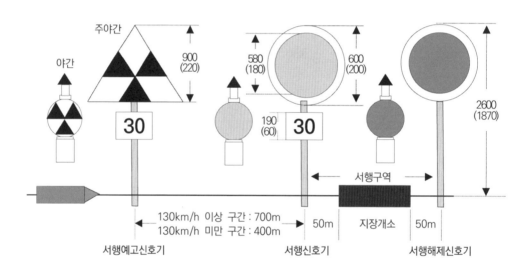

4. 임시신호기

(1) 임시신호기의 종류

　① 서행신호기

　② 서행예고신호기

　③ 서행해제신호기

　④ 서행발리스

(2) 임시신호기의 설치장소(서행발리스 제외)

① 좌측선로 운행구간: 선로의 좌측

② 우측선로 운행구간: 선로의 우측

　　단, 선로상태로 인식을 할 수 없거나 설치장소 협소 등 부득이한 경우에는 반대 측에 각각에 설치할 수 있으며, 그 내용을 사전에 기관사에게 통보하여야 한다.

(3) 임시신호기 설치 위치

① 서행신호기(서행속도 표시)

　　서행구역(지장지점으로부터 앞·뒤 양방향 50m를 각각 연장한 구간)의 시작지점

② 서행해제신호기: 서행구역이 끝나는 지점

　　단, 단선 운전구간에 설치하는 경우에는 그 뒷면 표시로서 서행해제신호기를 겸용할 수 있다.

③ 서행예고신호기(서행속도 표시)

　　㉮ 선로최고속도 130km/h 이상 구간: 서행신호기 바깥쪽으로부터 700m 이상

　　㉯ 선로최고속도 130km/h 미만구간: 서행신호기 바깥쪽으로부터 400m 이상

　　㉰ 지하구간: 서행신호기 바깥쪽으로부터 200m 이상

　　㉱ 서행예고신호기의 인식을 할 수 없는 경우에는 그 거리를 연장하여 설치 가능

④ 서행발리스: 선로최고속도가 100km/h 를 넘는 선로의 임시신호기 설치 서행구간에는 운행선로의 열차운행 방향에 따라 운행속도 감속용 서행발리스를 설치하여야 한다.

(4) 복선구간에서 선로작업 등으로 일시 단선운전을 할 경우

① 작업구간 부근 운행선로 양쪽방향에 <u>60km/h</u> 이하 속도의 서행신호기를 설치

② 작업관련 소속장이 작업유형, 선로지형 등을 고려하여 서행속도를 더 제한하거나, 열차서행을 하지 않도록 정규운전명령을 요청 가능

(5) 임시신호기 설치책임자: 작업시행 소속장이 설치 및 철거하여야 한다.

(6) 서행 시 감시원의 배치

① 긴급한 선로작업 등으로 <u>10km/h</u> 이하의 서행을 요하는 서행구간에는 감시원을 배치하여야 한다.

② 감시원은 열차의 속도가 빠르다고 인정될 때는 열차를 일단 정차시킨 후 따로 서행수신호를 현시하여야 한다.

5. 상치신호기의 정위 및 중계신호기

(1) 상치신호기의 정위

① 장내·출발 신호기: 정지신호

　　단, CTC열차운행스케줄 설정에 따라 진행지시신호를 현시하는 경우는 예외

② 엄호신호기: 정지신호

③ 유도신호기: 신호를 현시하지 않음

④ 입환신호기: 정지신호

⑤ 원방신호기: 주의신호

⑥ 폐색신호기

　㉮ 복선구간－진행지시신호　　　　　㉯ 단선구간－정지신호

(2) 중계신호기의 종류 및 운전방법

① 정지중계: 주신호기에 정지신호가 현시되었거나 주체의 신호기 바깥쪽에 열차가 있을 것을 예측하고 그 현시지점을 지나서 주신호기의 신호를 확인될 때까지 즉시 정차할 수 있는 속도로 주의운전

② 제한중계: 주신호기에 경계신호, 주의신호 또는 감속신호의 현시가 있을 것을 예측하고 그 현시지점을 지나서 주의운전

③ 진행중계: 주신호기에 진행신호가 현시된 것을 예측하고 그 현시지점을 지나서 운전

6. 신호의 취급

(1) 진행 지시신호의 현시 시기

① 장내신호기, 출발신호기 또는 엄호신호기

열차가 그 안쪽에 진입할 시각 10분 이전에 진행지시신호를 현시할 수 없다.

단, CTC열차운행스케줄 설정에 따라 진행지시신호를 현시하는 경우는 예외

② 전동열차에 대한 시발역 출발신호기의 진행지시신호

열차가 그 안쪽에 진입할 시각 3분 이전에 이를 현시할 수 없다.

(2) 수신호의 현시 시기

① 진행수신호: 열차가 진입할 시각 10분 이전에는 현시하지 말 것

② 정지수신호: 열차가 진입할 시각 10분 이전에 현시할 것

단, 전동열차는 열차 진입할 시각 상당시분 이전에 현시할 수 있다.

③ 정지수신호 취급자: 열차가 정차하였음을 확인하고 진행수신호 현시

(3) 폐색취급과 출발신호기 취급

① 출발신호기 또는 이에 대용하는 수신호의 진행 지시신호 현시 조건

단, 차내신호폐색식(자동폐색식 포함)을 시행하는 경우에는 그러하지 아니하다.

　㉮ 폐색취급이 필요한 경우에는 취급을 한 후

　㉯ 통표·지도표·지도권 또는 전령자가 필요한 경우에는 이를 교부 또는 승차시킨 후

② 운전허가증 교부전에 출발신호기 진행 지시신호 현시 가능한 경우(통표폐색식 또는 지도통신식 시행구간에 한함)

    ㉮ 통과열차를 취급하는 경우

    ㉯ 반복선 또는 출발도움선에서 열차를 출발시키는 경우

(4) 진행수신호를 생략하고 관제사의 운전명령번호로 열차를 진입, 진출시키는 경우

① 입환신호기에 진행신호를 현시할 수 있는 선로

② 입환표지에 개통을 현시할 수 있는 선로

③ 역 조작반(CTC 포함) 취급으로 신호연동장치에 의하여 진로를 잠글 수 있는 선로

④ 완목식 신호기에 녹색등은 소등되었으나, 완목이 완전하게 하강된 선로

⑤ 고장신호기와 연동된 선로전환기가 상시 잠겨있는 경우

    * 기관사는 당해 신호기 바깥쪽에 열차를 일단 정차시킨 후 무선전화기로 역장에게 그 사유를 확인

(5) 짙은 안개, 눈보라 등 악천후로 신호 확인을 할 수 없을 때의 조치

① 역장

    ㉮ 폐색승인을 한 후에는 열차의 진로를 지장하지 말 것

    ㉯ 짙은 안개 또는 눈보라 등 기후상태를 관제사에게 보고할 것

    ㉰ 장내신호기 또는 엄호신호기에 정지신호를 현시하였으나 200m의 거리에서 이를 확인할 수 없는 경우에는 이 상태를 인접역장에게 통보할 것

    ㉱ 통보를 받은 인접역장은 그 역을 향하여 운행할 열차의 기관사에게 이를 통보하여야 하며, 통보를 못한 경우에는 통과할 열차라도 정차시켜 통보할 것

    ㉲ 열차를 출발시킬 때에는 그 열차에 대한 출발신호기에 진행 지시신호가 현시된 것을 조작반으로 확인한 후 신호현시 상태를 기관사에게 통보

② 기관사

    ㉮ 신호를 주시하여 신호기 앞에서 정차할 수 있는 속도로 주의운전하여야 한다.

      ⓐ 신호현시 상태를 확인할 수 없는 경우에는 일단 정차할 것

      ⓑ 역장과 운전정보를 교환하여 그 열차의 전방에 있는 폐색구간에 열차가 없음을 확인한 경우에는 정차하지 않을 수 있다.

    ㉯ 출발신호기의 신호현시 상태를 확인할 수 없는 경우에 역장으로부터 진행 지시신호가 현시되었음을 통보 받았을 때에는 신호기의 현시상태를 확인할 때까지 주의운전할 것

    ㉰ 열차운전 중 악천후의 경우에는 최근 역장에게 통보할 것

(6) 통과열차 신호취급 방법

① 장내신호기·출발신호기·엄호신호기에 진행 지시신호를 현시하여야 한다.

② 원방신호기·통과신호기가 설치되어 있을 때 신호기 취급순서

    * 1.출발신호기 → 2.장내신호기 → 3.통과신호기 → 4.원방신호기 순으로 취급

③ 통과열차를 임시로 정차시킬 때

  ㉮ 그 진입선로의 출발신호기에 정지신호를 현시한 후 이를 기관사에게 예고

  ㉯ 통신 불능 등으로 이를 예고하지 못하고 3현시 이상의 장내신호기가 설치된 선로에 도착시킬 때는 신호기에 경계신호 또는 주의신호를 현시하여야 한다.

7. 전 호

(1) 전호 현시방식의 종류

  ① 무선전화기 전호   ② 전호기(등) 전호

  ③ 버저 전호   ④ 기적 전호

(2) 각종 전호

전호 종류	전호 구분	전호 현시방식
비상전호	주간	양팔을 높이들거나 녹색기 이외의 물건을 휘두른다.
	야간	녹색등 이외의 등을 급격히 휘두르거나 양팔을 높이 든다.
	무선	○○열차 또는 ○○차 비상정차
추진운전전호		
㉮ 전도지장 없음	주간	녹색기를 현시한다.
	야간	녹색등을 현시한다.
	무선	전도양호
㉯ 정차하라	주간	적색기를 현시한다.
	야간	적색등을 현시한다.
	무선	정차 또는 ○○m 전방정차
㉰ 주의기적을 울려라	주간	녹색기 폭을 걷어잡고 상하로 수차 크게 움직인다.
	야간	백색등을 상하로 크게 움직인다.
	무선	○○열차 기적
㉱ 서행신호의 현시있음	주간	녹색기를 어깨와 수평의 위치에 현시하면서 하방 45도의 위치까지 수차 움직인다.
	야간	깜박이는 녹색등
	무선	전방 ○○m 서행 ○○키로
정지위치 지시전호	주간	녹색기를 좌우로 움직이면서 열차가 상당위치에 도달하였을 때 적색기를 높이 든다.
	야간	녹색등을 좌우로 움직이면서 열차가 상당위치에 도달하였을 때 적색등을 높이 든다.
	무선	전호자 위치 정차

		자동승강문 열고 닫음 전호	
㉮ 문을 닫아라	주간	한 팔을 천천히 상하로 움직인다.
	야간	백색등을 천천히 상하로 움직인다.
	무선	출입문 폐쇄
㉯ 문을 열어라	주간	한 팔을 높이 들어 급격히 좌우로 움직인다.
	야간	백색등을 높이 들어 급격히 좌우로 움직인다.
	무선	출입문 개방
		수신호 현시 통보전호 (수신호 현시 위치표시: 백색등)
㉮ 진행 수신호를 현시하라	주간	녹색기를 천천히 상하로 움직인다.
	야간	녹색등을 천천히 상하로 움직인다.
	무선	○번선 ○○신호 녹색기(등) 현시
㉯ 정지 수신호를 현시하라	주간	적색기를 천천히 상하로 움직인다.
	야간	적색등을 천천히 상하로 움직인다.
	무선	○번선 ○○신호 적색기(등) 현시
		제동시험 전호
㉮ 제동을 체결하라	주간	한팔을 상하로 움직인다.
	야간	백색등을 천천히 상하로 움직인다.
	무선	○○열차 제동
㉯ 제동을 완해하라	주간	한팔을 높이 들어 좌우로 움직인다.
	야간	백색등을 높이 들어 좌우로 움직인다.
	무선	○○열차 제동 완해
㉰ 제동시험 완료	주간	한팔을 높이 들어 원형을 그린다.
	야간	백색등을 높이 들어 원형을 그린다.
	무선	○○열차 제동 완료
㉱ 이동금지전호	주간	적색기를 게출한다.
	야간	적색등을 게출한다.

① **추진운전 전호**

　㉮ 전호 위치: 열차승무원은 열차의 맨 앞에 승차하여 기관사에게 추진운전 전호를 시행

　㉯ 도보로 이동하며 추진운전 전호를 시행하는 경우 준수사항

　　ⓐ 열차승무원은 열차의 맨 앞에서부터 50m 이상의 거리를 확보하고 열차와 접촉 위험이 없는 선로 바깥쪽으로 도보 이동하며 전호를 한다.

　　ⓑ 관제사는 인접선 운행열차 기관사에게 추진운전 구간을 통보하여야 하며, 통보받은 기관사는 해당 구간을 25키로 이하로 주의운전 하여야 한다.

② 정지위치 지시전호
　㉮ 열차의 정지위치를 지시할 필요가 있을 때는 그 위치에서 기관사에게 정지위치 지시전
　　호를 시행하여야 한다.
　㉯ 정지위치 지시전호는 열차가 정거장 안에서는 200m, 정거장 밖에서는 400m의 거리
　　에 접근하였을 때 이를 현시하여야 한다.
　㉰ 정지위치 지시전호의 현시가 있으면 기관사는 그 현시지점을 기관사석 중앙에 맞추어
　　정차하여야 한다.
③ 이동금지전호
　㉮ 차량관리원 또는 역무원은 차량의 검사나 수선 등을 할 때는 이동금지전호기(등)를 걸
　　어야 한다.
　㉯ 차량관리원 또는 역무원은 열차에 연결한 차량 또는 유치 차량의 차체 밑으로 들어갈
　　경우 기관사나 다른 역무원에게 그 사유를 알려주고 이동금지전호기(등)를 잘 보이는
　　위치에 걸어야 한다.
　㉰ 이동금지전호기(등)의 철거는 해당 전호기를 걸었던 차량관리원 또는 역무원이 시행한다.

8. 수전호의 입환전호

(1) 현시 방법
① 입환전호 중에 계속하여 현시하여야 하는 전호
　㉮ 오너라(접근)
　㉰ 속도를 절제하라(속도절제)
　㉯ 가거라(퇴거)
　㉱ 조금 진퇴하라(조금 접근 또는 조금 퇴거)
②「조금 진퇴하라」의 전호를 확인한 기관사는 기적을 짧게 1회 울려야 한다
③ 전호자는「오너라」전호에 따라 전호자 위치에 도달한 차량을 계속 진행시킬 경우에는 기관
　사가 전호자의 위치에 도달하였을 때「가거라」의 전호로 변경
④ 11번선부터 19번선에 대한 전호는 10번선 전호를 먼저 현시한 후 1번선부터 9번선에 해당
　하는 전호를 현시

(2) 수전호의 입환전호 현시 방법

종류	구분	전호 현시방식
오너라 (접근)	주간	녹색기를 좌우로. 단, 한팔을 좌우로 움직여 이에 대용가능
	야간	녹색 등을 좌우로 움직인다.
가거라 (퇴거)	주간	녹색기를 상하로. 단, 한팔을 상하로 움직여 이에 대용가능
	야간	녹색 등을 상하로 움직인다.
속도를 절제하라 (속도절제)	주간	녹색기로「가거라」, 「오너라」 전호를 하다가 크게 상하로 1회 움직인다. 단, 한팔을 상하 또는 좌우로 움직이다가 크게 상하로 1회 움직여 이에 대용할 수 있다.
	야간	녹색등으로 「가거라」 또는 「오너라」 전호를 하다가 크게 상하로 1회 움직인다.
조금진퇴 하라(조금 접근 또는 조금 퇴거)	주간	적색기폭을 걷어잡고 머리 위에서 움직이며 「오너라」 또는 「가거라」 전호를 한다. 단, 한팔을 머리 위에서 움직이며 다른 한팔로 「오너라」 또는 「가거라」 의 전호를 하여 이에 대용할 수 있다.
	야간	적색등을 상하로 움직인 후 「오너라」 또는 「가거라」의 전호를 한다.
	무선	조금 접근 또는 조금 퇴거
정지하라 (정지)	주간	적색기를 현시한다. 다만, 양팔을 높이 들어 이에 대용할 수 있다.
	야간	적색등을 현시한다.
연결	주간	머리위 높이 수평으로 깃대끝을 접한다.
	야간	적색등과 녹색등을 번갈아 가면서 여러 번 현시한다.
1번선	주간	양팔을 좌우 수평으로 뻗는다.
	야간	백색등을 좌우로 움직인다.
2번선	주간	왼팔을 내리고 오른팔을 수직으로 올린다.
	야간	백색등을 좌우로 움직인 후 높게 든다.
3번선	주간	양팔을 수직으로 올린다.
	야간	백색등을 상하로 움직인다.
4번선	주간	오른팔을 우측 수평위 45도, 왼팔을 좌측 수평하 45도로 뻗는다.
	야간	백색등을 높게 들고 작게 흔든다.
5번선	주간	양팔을 머리위에서 교차시킨다.
	야간	백색등으로 원형을 그린다.
6번선	주간	양팔을 좌우 아래 45도로 뻗는다.
	야간	백색등으로 원형을 그린 후 좌우로 움직인다.
7번선	주간	오른팔을 수직으로 올리고 왼팔을 왼쪽 수평으로 뻗는다.
	야간	백색등으로 원형을 그린 후 좌우로 움직이고 높게 든다.
8번선	주간	왼팔을 내리고 오른쪽 수평으로 뻗는다.
	야간	백색등으로 원형을 그린 후 상하로 움직인다.
9번선	주간	오른팔을 오른쪽 수평으로 왼팔을 오른팔 아래 약 35도로 뻗는다.
	야간	백색등으로 원형을 그린 후 높게 들고 작게 흔든다.
10번선	주간	양팔을 좌우 위 45도의 각도로 올린다.
	야간	백색 등을 좌우로 움직인 후 상하로 움직인다.

* 연결, 1~10번선의 무선전호는 전호의 종류와 동일하게 시행한다.

9. 기적전호

(1) 무선전호 또는 수전호 우선
기관사는 기적전호를 하기 전에 무선전호 또는 수전호에 의함

(2) 관제기적 우선 사용
위급상황이나 부득이한 경우를 제외하고는 소음억제를 위하여 관제기적이 설치되어 있으면 이를 사용하여야 한다.

(3) 기적전호 현시방식

순번	전호 종류	전호 현시방식
1	운전을 개시	—　(보통 1회)
2	정거장 또는 운전상 주의를 요하는 지점에 접근 통고	——— (길게 1회)
3	전호담당자 호출	— —　(보통 2회)
4	역무원 호출	— — —　(보통 3회)
5	차량관리원 호출	— — — —　(보통 4회)
6	시설관리원 또는 전기원 호출	——— (길게 여러 번)
7	제동시험 완료의 전호에 응답	•　(짧게 1회)
8	비상사고발생 또는 위험을 경고	• • • • •　(짧게 5회, 여러 번)
9	방호를 독촉하거나 사고 기타로 정지 통고 (정거장 내에서 차량고장으로 즉시 출발할 수 없는 경우)	• — •　(짧게 1회+ 길게 1회+짧게 1회)
10	사고복구한 것 또는 방호 해제할 것을 통고할 때	——— •　(길게 1회+짧게 1회)
11	구름방지 조치	• • •　(짧게 3회)
12	구름방지 조치 해제	— —　(보통 2회)
13	통과열차로서 운전명령서 받음	— — 보통 2회)
14	기관차 2이상 연결하고 역행운전을 개시	•　(짧게 1회)
15	기관차 2이상 연결하고 타행운전을 개시	— •　(보통 1회+짧게 1회)
16	기관차 2이상 연결하고 퇴행운전을 개시	• • —　(짧게 2회+보통 1회)
17	열차발차 독촉	• —　(짧게 1회+보통 1회)

주) • : 짧게(0.5초간),　— : 보통으로(2초간),　——— : 길게(5초간)

10. 버저전호

(1) 버저전호 사용시기
① 양쪽 운전실이 있는 고정편성열차에서 기관사와 열차승무원 간에 방송에 의한 무선전호가 어려운 경우에 각종 전호 또는 수전호의 입환전호 등을 버저를 사용하여 전호를 시행할 수 있다.

② 앞 운전실 고장으로 뒤 운전실에서 운전하는 경우의 열차승무원의 무선전호를 확인한 기관사는 짧게 1회의 버저전호로 응답하여야 한다.

(2) 버저전호 현시방식

순번	전호 종류	전호 현시방식	
1	차내전화 요구	• • •	(짧게 3회)
2	차내전화 응답	•	(짧게 1회)
3	출발전호 또는 시동전호	—	(보통 1회)
4	전도지장 없음	• •, • •, • •	(짧게 2회, 3번)
5	정지신호 현시 있음 또는 비상정차	• • • • •	(짧게 5회 여러 번: 정차 시까지)
6	주의기적 울려라	— —	(보통 2회)
7	서행신호 현시 있음	• • — • •	(짧게 2회+보통 1회+짧게 2회) (서행 시까지)
8	속도를 낮추어라	—— ——	(길게2회: 서행 시까지)
9	진행 지시신호 현시 있음	• •, • •	(짧게 2회, 2번)
10	건널목 있음	• —, • —, • —	(짧게 1회+보통 1회, 3번) (건널목 통과 시까지)

주) •: 짧게(0.5초간),   —: 보통으로(2초간),   ——: 길게(5초간)

11. 열차표지

(1) 열차표지 표시 시기
① 열차의 앞쪽에는 앞표지, 뒤쪽에는 뒤표지를 열차 출발시각 10분전까지 표시
② 뒤표지의 표시가 어려운 차량은 그 직전 차량에 표시하거나 표시를 생략 가능

(2) 표시방식
① **앞표지**: 주간 또는 야간에 열차(입환차량 포함)의 맨 앞쪽 차량의 전면에 백색등 1개 이상 표시
② **뒤표지**
  ㉮ 주간: 열차의 맨 뒤쪽 차량의 상부에 전면 백색 또는 적색(등), 후면 적색(등) 1개 이상 표시
  ㉯ 야간: 열차의 맨 뒤쪽 차량의 상부에 전면 백색 또는 적색등, 후면 적색등(깜박이는 경우 포함) 1개 이상 표시
  ㉰ 고정편성 열차 또는 고정편성 차량을 입환하는 경우에는 맨 뒤쪽 차량의 후면에 적색등 1개 이상 표시

(3) 열차표지를 표시하지 않을 수 있는 경우와 표시가 어려운 경우

   ① 앞표지는 정차 중에는 이를 표시하지 않을 수 있으며, 추진운전을 하는 열차는 맨 앞 차량의 진행방향 좌측 상부에 이를 표시할 수 있다.

   ② 뒤표지를 현시할 수 없는 단행열차 및 주간에 운행하는 여객열차(회송 포함)에는 이를 표시하지 않을 수 있다.

   ③ 뒤표지의 표시가 어려운 차량은 그 직전 차량에 표시하거나 표시를 생략할 수 있다.

       * 열차 뒤표지의 표시 생략 또는 표시위치를 변경할 경우에는 관제사의 지시를 받아야 한다.

(4) 차내신호폐색식(자동폐색식) **구간:** 야간에 뒤표지의 표시는 생략할 수 없다.

(5) 앞표지의 밝기 조절

   열차교행·대피 또는 차량 입환을 하는 경우에 동력차의 앞표지로 다른 열차 또는 차량의 기관사가 진로주시에 지장 받을 염려가 있을 경우에는 그 밝기를 줄이거나 일시적으로 표시를 하지 않을 수 있다.

(6) 퇴행열차의 열차표지

   ① 퇴행하는 열차의 앞표지 및 뒤표지는 이를 변경할 수 없다.

   ② 정거장 밖의 측선으로부터 정거장으로 돌아오는 열차의 앞표지 및 뒤표지는 이를 변경하지 않을 수 있다.

(7) 남겨 놓은 차량의 열차표지

   열차사고, 그 밖에 사유로 정거장 바깥의 본선에 남겨 놓은 차량에는 뒤표지를 표시

12. 기타 표지

(1) 열차정지표지

   ① **설치이유:** 정거장에서 열차 또는 구내운전 차량을 상시 정차할 지점을 표시할 필요 있는 경우

   ② **정차위치:** 열차 또는 차량은 표지 설치지점 앞쪽에 정차하여야 한다.

   ③ **열차정지표지를 설치하여야 할 경우**

      ㉮ 출발신호기를 정해진 위치에 설치할 수 없는 선로

      ㉯ 출발신호기를 설치하지 않은 선로

      ㉰ 구내운전 차량의 끝 지점

(2) 차량정지표지(설치이유)

   ① 정거장에서 구내운전 또는 입환차량을 정지시킬 경우

② 운전구간의 끝지점을 표시할 필요 있는 지점

③ 정거장외 측선에도 필요에 따라 설치 가능

(3) 상치신호기 식별표지

① 설치목적: 같은 상치신호기가 한 장소에 2 이상 설치되어 신호오인이 우려되는 경우 상치 신호기 식별표지를 설치할 수 있다.

② 설치방법

㉮ 자호식등 또는 자호식 야광도료판으로 상치신호기등 하단 1m 지점을 기준으로 설치하여 열차에서 쉽게 확인되어야 한다.

㉯ 표시방법

ⓐ 출발·폐색신호기: 선로번호 또는 고속선과 일반선(고속, 경부, 호남)

ⓑ 장내신호기: 철도노선명

㉰ 자호식 식별표지에 설치된 LED등의 표시방법

ⓐ 정지신호 현시의 경우: 소등

ⓑ 진행지시신호 현시의 경우: 점멸되도록 한다.

(4) 선로전환기표지를 갖추어야 하는 선로전환기

① 기계식 선로전환기   ② 탈선 선로전환기(전기선로전환기 제외)

③ 추 붙은 선로전환기   ④ 차상전기 선로전환기

(5) 자동폐색신호기에 설치하는 표지

① 자동식별표지

㉮ 번호부여 방법: 열차도착 정거장의 장내신호기로부터 가장 가까운 자동폐색신호기를 1번으로 하여 출발 정거장방향으로 순차 번호를 부여한다.

㉯ 반사재를 사용한 백색원판 1개로 하고, 표지의 중앙에는 흑색으로 폐색신호기의 번호를 표시

② 서행허용표지

㉮ 설치 지점

ⓐ 급경사의 오르막 지점

ⓑ 그 밖에 특히 필요하다고 인정되는 지점

㉯ 자동식별표지를 대신하여 서행허용표지를 설치

㉰ 백색테두리를 한 짙은 남색의 반사재 원판 1개로 하고, 표지의 중앙에는 백색으로 폐색신호기의 번호를 표시

(6) 열차정지위치표지

① 정거장 등에서 여객 · 화물 · 운전취급의 편의를 위하여 열차의 정지위치를 표시할 필요가 있을 때에는 열차정지위치표지를 설치하여야 한다.

② 열차정지위치표지의 설치 위치는 여객 승하차 승강장 방향으로 한다. 단, 선로의 상태에 따라 인식할 수 없는 경우 또는 부득이한 경우에는 승강장 반대방향 또는 선로 중앙하부에 설치할 수 있다.

③ 전동열차운행구간의 고상홈 선로 내에 설치한 열차정지위치표지는 전동열차에만 사용한다.

④ 열차정지위치표지가 설치되어 있는 경우 열차의 맨 앞 동력차 기관사 좌석이 열차정지위치표지와 일치하도록 정차하여야 한다.

(7) 정지위치확인표지

① 전동열차의 승강장에는 열차승무원의 승차위치와 일치하는 곳에 전동차 출입문 취급의 편의를 위한 정지위치확인표지를 설치. 단, 안전문이 설치된 승강장은 제외한다.

② 정지위치확인표지는 전동차 운전실출입문과 직각으로 폭 20cm, 길이 200cm의 황색 야광 도료로 표시

③ 전동열차가 승강장에 정지하였을 때 전철차장은 정지위치확인표지를 확인하여 위치가 맞지 않으면 기관사에게 정차위치 조정을 요구

④ 정지위치확인표지는 필요한 경우 열차정지위치표지 설치위치에도 이를 표시할 수 있으며 열차운행량수를 고려하여 설치하고, 지역본부장은 년 2회 이상 정비

(8) 속도제한표지

① 선로의 속도를 제한할 필요가 있는 구역에는 속도제한표지를 설치

② 속도제한표지는 속도제한구간 시작지점의 선로 좌측(우측선로를 운행하는 구간은 우측)에 설치하고, 진행 중인 열차로부터 400m 바깥쪽에서 확인할 수 없을 때에는 적당한 위치에 설치 가능

(9) 속도제한해제표지

① 속도제한이 끝나는 지점에는 속도제한 해제표지를 설치

② 단선구간에서는 속도제한표지의 뒷면으로서 속도제한 해제표지를 겸용 가능

③ 속도제한해제표지는 선로 좌측에 설치. 단, 우측 선로를 운행하는 구간이나 단선구간에서 속도제한 표지의 뒷면으로서 속도제한해제표지로 겸용하는 경우에는 우측에 설치 가능

(10) 선로작업표지

① 시설관리원이 본선에서 선로작업을 하는 경우에는 열차에 대하여 그 작업구역을 표시하는 선로작업표지를 설치하여야 한다.

② 차단작업으로 해당선로에 열차가 운행하지 않음이 확실하고, 양쪽 역장에게 통보한 경우는 설치하지 않을 수 있다.

③ 선로작업표지는 작업지점으로부터 다음에 정한 거리 이상의 바깥쪽에 설치하여야 한다. 단, 곡선 등으로 400m 이상의 거리에 있는 열차로부터 이를 인식할 수 없는 때에는 그 거리를 연장하여 설치하고, 이동하면서 시행하는 작업은 그 거리를 연장하여 설치할 수 있다.

    ⑦ 130km/h 이상 선구: 400m

    ⑭ 100~130km/h 미만 선구: 300m

    ⑭ 100km/h 미만 선구: 200m

  ④ 동력차승무원은 선로작업표지를 확인하였을 때는 주의기적을 울려서 열차가 접근함을 알려야 한다.

(11) 기적표지 설치위치

  ① 400미터 이상 거리의 열차에서 확인 할 수 있을 것

  ② 기적을 울릴 필요가 있는 장소 앞쪽에 설치할 것

  ③ 부득이한 경우 이외는 열차 진행방향 선로 좌측에 설치할 것

(12) 전차선로작업표지

  ① **설치시기**: 전기원이 본선에서 전차선로 작업을 하는 경우에는 열차에 대하여 그 작업구역을 표시하는 전차선로작업표지를 설치

  ② **설치하지 않을 수 있는 경우**: 차단작업으로 해당선로에 열차가 운행하지 않음이 확실하고, 양쪽역장에게 통보한 경우

  ③ **설치위치**: 전차선로작업표지는 작업지점으로부터 200m 이상의 바깥쪽에 설치한다. 단, 곡선 등으로 400m 이상의 거리에 있는 열차가 이를 확인할 수 없는 때에는 그 거리를 연장하여 설치하여야 한다.

  ④ 동력차승무원은 전차선로작업표지를 확인한 때에는 주의기적을 울려서 열차가 접근함을 알려야 한다.

01

신호, 전호, 표지의 주·야간 현시 방법 중 틀린 것은?

① 지하구간에서는 주간이라도 야간방식에 따른다.

② 터널 내에서는 주간이라도 야간방식에 따른다.

③ 400m 거리에서 인식할 수 없는 경우에는 주간이라도 야간방식에 따른다.

④ 선상역사로 인하여 전호 및 표지를 확인할 수 없는 때에는 주간이라도 야간의 방식에 따른다.

해설 운전규정 제167조(주간·야간의 신호 현시방식)

① 주간과 야간의 현시방식을 달리하는 신호, 전호 및 표지는 일출부터 일몰까지는 주간의 방식에 따르고, 일몰부터 일출까지는 야간의 방식에 따른다. 다만, 기후상태로 200m 거리에서 인식할 수 없는 경우에 진행 중의 열차에 대한 신호의 현시는 주간이라도 야간의 방식에 따른다.

② 지하구간 및 터널 내에 있어서의 신호·전호 및 표지는 주간이라도 야간의 방식에 따른다.

③ 선상역사로 인하여 전호 및 표지를 확인할 수 없는 때에는 주간이라도 야간의 방식에 따른다.　　정답 ③

02

주간과 야간의 신호방식을 달리하는 경우에 야간의 방식에 따르는 경우가 아닌 것은?

① 일몰부터 일출까지 신호현시

② 기후상태로 400m거리에서 인식할 수 없을 경우에 진행 중의 열차에 대한 신호현시

③ 지하구간 내에 있어서의 신호 현시

④ 선상역사의 경우에 신호 현시

⑤ 터널 내에 있어서의 신호 현시

해설 운전규정 제167조(주·야간의 신호현시 방식)　　정답 ②, ④

신호, 전호, 표지의 현시 방식 중 주간의 방식을 현시하여야 하는 경우로 맞는 것은?

① 일몰부터 일출까지일 때

② 지하구간 및 터널 내일 때

③ 선상역사로 인하여 전호 및 표지를 확인할 수 없는 때

④ 주간에 기후상태로 300m 거리에서 인식 가능할 때

(해설) 운전규정 제167조(주간·야간의 신호 현시방식)

정답 ④

원방신호기의 주신호기에 해당되는 것은?

① 엄호신호기　　　② 유도신호기　　　③ 중계신호기　　　④ 통과신호기

(해설) 운전규정 제171조

2. 종속신호기 −원방신호: 장내신호기,출발신호기,폐색신호기,엄호신호기에 종속하여 열차에 대하여 주신호기가
　　현시하는 신호를 예고하는 신호를 현시

정답 ①

열차 또는 차량의 운전조건을 지시하는 신호기로써 장내신호기·출발신호기 및 폐색신호기에 종속하여 열차에 대하여 주신호기가 현시하는 신호의 예고신호를 현시하는 신호기로 맞는 것은?

① 통과신호기　　　② 원방신호기　　　③ 중계신호기　　　④ 예고신호기

(해설) 제171조(상치신호기의 종류 및 용도)

① 상치신호기는 일정한 지점에 설치하여, 열차 또는 차량의 운전조건을 지시하는 신호를 현시하는 것으로서 그 종
　류 및 용도는 다음과 같다.

　1. 주신호기

　　가. 장내신호기: 정거장에 진입하려는 열차에 대하는 것으로서 그 신호기의 안쪽으로 진입의 가부를 지시

　　나. 출발신호기: 정거장에서 진출하려는 열차에 대하는 것으로서 그 신호기의 안쪽으로 진입의 가부를 지시

　　다. 폐색신호기: 폐색구간에 진입하려는 열차에 대하는 것으로서 그 신호기의 안쪽으로 진입의 가부를
　　　　지시. 다만, 정거장내에 설치된 폐색신호기는 구내폐색신호기라 한다.

　　라. 엄호신호기: 정거장 외에 있어서 방호를 요하는 지점을 통과하려는 열차에 대하는 것으로서 그 신호기의
　　　　안쪽으로 진입의 가부를 지시

　　마. 유도신호기: 장내신호기에 진행을 지시하는 신호를 현시할 수 없는 경우 유도를 받을 열차에 대하는 것으
　　　　로서 그 신호기의 안쪽으로 진입할 수 있는 것을 지시

바. 입환신호기: 입환차량에 대하는 것으로서 그 신호기의 안쪽으로 진입의 가부를 지시. 다만, 「열차운전 시행세칙」에 따라 정한 경우에는 출발신호기에 준용

2. 종속신호기

가. 원방신호기: 제1호 가목부터 라목까지의 신호기에 종속하여 열차에 대하여 주신호기가 현시하는 신호를 예고하는 신호를 현시

나. 통과신호기: 출발신호기에 종속하여 정거장에 진입하는 열차에 대하여 신호기가 현시하는 신호를 예고하며, 정거장을 통과할 수 있는지의 여부에 대한 신호를 현시

다. 중계신호기: 제1호가목부터 라목까지의 신호기에 종속하여 열차에 대하여 주신호기가 현시하는 신호를 중계하는 신호를 현시

라. 보조신호기: 제1호 가목부터 다목까지의 신호 현시상태를 확인하기 곤란한 경우 그 신호기에 종속하여 해당선로 좌측 신호기 안쪽에 설치하여 동일한 신호를 현시

3. 신호부속기

가. 진로표시기: 장내신호기, 출발신호기, 진로개통표시기 및 입환신호기에 부속하여 열차 또는 차량에 대하여 그 진로를 표시

나. 진로예고표시기: 장내신호기, 출발신호기에 종속하여 그 신호기의 현시하는 진로를 예고

다. 진로개통표시기: 차내신호기를 사용하는 본 선로의 분기부에 설치하여 진로의 개통상태를 표시

라. 입환신호중계기: 입환표지 또는 입환신호기의 신호현시 상태를 확인할 수 없는 곡선선로 등에 설치하여, 입환표지 또는 입환신호기의 현시상태를 중계

정답 ②

06

상치신호기중 신호부속기의 종류가 아닌 것은?

① 진로예고표시기 ② 보조신호기 ③ 진로표시기 ④ 입환신호중계기

(해설) 운전규정 제171조(상치신호기의 종류 및 용도)

정답 ②

07

상치신호기 용도에 대한 설명으로 틀린 것은?

① 입환신호기: 입환 차량에 대하는 것으로서 그 신호기의 안쪽으로 진입의 가부를 지시한다.

② 폐색신호기: 폐색구간에 진입하려는 열차에 대하는 것으로서 그 신호기의 안쪽으로 진입의 가부를 지시한다.

③ 원방신호기: 장내, 출발, 중계, 유도신호기에 종속하여 열차에 대하여 주 신호기가 현시하는 신호를 중계하는 신호를 지시한다.

④ 엄호신호기: 정거장 외에 있어서 방호를 요하는 지점을 통과하려는 열차에 대하는 것으로서 그 신호기의 안쪽으로 진입의 가부를 지시한다.

(해설) 운전규정 제171조(상치신호기의 종류 및 용도)

정답 ③

신호기에 대한 설명으로 틀린 것은?

① 진로표시기: 장내신호기, 출발신호기에 종속하여 그 신호기의 현시하는 진로를 예고

② 폐색신호기: 폐색구간에 진입하려는 열차에 대하는 것으로서 그 신호기의 안쪽으로 진입의 가부를 지시

③ 엄호신호기: 정거장 외에 있어서 방호를 요하는 지점을 통과하려는 열차에 대한 것으로서 그 신호기의 안쪽으로 진입의 가부를 지시

④ 입환신호중계기: 입환표지 또는 입환신호기의 신호현시 상태를 확인할 수 없는 곡선선로 등에 설치하여 입환표지 또는 입환신호기의 현시상태를 중계

(해설) 운전규정 제171조(상치신호기의 종류 및 용도) 정답 ①

색등식 신호기의 신호현시 방식의 기준에 대한 설명으로 맞는 것은?

① 출발신호기: 2현시
② 장내신호기: 2현시
③ 폐색신호기: 2현시
④ 자동폐색식 구간의 출발신호기: 2현시 이상

(해설) 운전규정 제172조(신호현시 방식의 기준)

① 색등식 신호기의 신호현시 방식은 다음 각 호와 같다.
  1. 장내신호기·폐색신호기 및 엄호신호기: 2현시 이상
  2. 출발신호기: 2현시. 다만, 자동폐색식 구간은 3현시 이상
  3. 입환신호기: 2현시
② 완목식 신호기의 신호현시 방식은 2현시로 하고, 선로좌측에 설치하며 모양은 별표 12와 같다. 정답 ①

색등식 신호기의 신호현시 방식의 기준에 대한 설명으로 틀린 것은?

① 자동폐색식 구간의 출발신호기: 3현시 이상
② 엄호신호기: 2현시 이상
③ 장내신호기: 2현시 이상
④ 출발신호기: 2현시 이상

(해설) 운전규정 제172조(신호현시 방식의 기준) 정답 ④

11

색등식 신호기 중 3현시 이상 신호현시가 필요한 신호기로 맞는 것은?

① 자동폐색식 구간의 출발신호기　　　② 연동폐색식 구간의 출발신호기
③ 자동폐색식 구간의 장내신호기　　　④ 연동폐색식 구간의 장내신호기

(해설) 운전규정 제172조(신호현시 방식의 기준)　　　　　　　　정답 ①

12

상치신호기 중 색등식 입환신호기에 관한 설명으로 틀린 것은?

① 지하구간의 진행신호는 백색등이 점등된 상태이다.
② 지하구간의 정지신호는 적색등이 점등된 상태이다.
③ 지상구간의 정지신호는 적색등이 점등되고 무유도등이 소등된 상태이다.
④ 지상구간의 진행신호는 청색등이 점등되고 무유도등은 백색등이 점등된 상태이다.

(해설) 운전규정 별표13 신호기의 신호현시 방식(제173조제1항 관련)
입환신호기 지하구간의 진행신호는 등황색등이 점등된 상태이다.　　　정답 ①

13

신호기의 신호현시방식에 대한 설명으로 틀린 것은?

① 중계신호기 진행중계: 백색등열(3등) 좌하향 45도
② 주간 완목식신호기 정지신호: 신호기 암 수평
③ 유도신호기(유도신호): 주간·야간 백색등열 좌하향 45도
④ 단등식 입환신호기 정지신호: 주·야간 적색등, 무유도등 소등

(해설) 운전규정 별표13 참조　　　　　　　　　　　　　　　정답 ①

임시신호기의 설치 위치 중 서행해제신호기의 설치 지점으로 맞는 것은?

① 서행구역 중간 지점   ② 서행구역의 시작 지점

③ 서행구역이 끝나는 지점   ④ 서행구역이 끝나는 지점에서 50m 연장한 거리

(해설) 운전규정 제189조(임시신호기)

선로의 상태가 일시 정상운전을 할 수 없는 경우에는 그 구역의 바깥쪽에 임시신호기를 설치하여야 하며 종류와 용도는 다음 각 호와 같다.

1. 서행신호기: 서행운전할 필요가 있는 구간에 진입하려는 열차 또는 차량에 대하여 그 구간을 서행할 것을 지시하는 신호기

2. 서행예고신호기: 서행신호기를 향하는 열차 또는 차량에 대하여 그 앞쪽에 서행신호의 현시 있음을 예고하는 신호기

3. 서행해제신호기: 서행구역을 진출하려는 열차 또는 차량에 대한 것으로서 서행해제 되었음을 지시하는 신호기

제190조(임시신호기의 설치) ① 임시신호기는 서행구간이 있는 운행선로의 열차운행 방향에 따라 설치하여야 한다.

③ 서행신호기는 서행구역(지장지점으로부터 앞·뒤 양방향 50미터를 각각 연장한 구간)의 시작지점, 서행해제신호기는 서행구역이 끝나는 지점에 각각 설치한다. 다만, 단선 운전구간에 설치하는 경우에는 그 뒷면 표시로서 서행해제신호기를 겸용할 수 있다.

④ 서행예고신호기는 서행신호기 바깥쪽으로부터 선로최고속도 시속 130킬로미터 이상 구간의 경우 700미터, 시속 130킬로미터 미만 구간의 경우 400미터, 지하구간에서는 200미터 이상의 위치에 설치하여야 한다. 이 경우 서행예고신호기의 인식을 할 수 없는 경우에는 그 거리를 연장하여 설치할 수 있다. 다만, ATP 구간에서 서행발리스를 설치하는 경우 서행예고신호기 설치에 관해서는 「운전취급 내규」 제111조에 따른다.

⑤ 복선구간에서 선로작업 등으로 일시 단선운전을 할 경우에는 작업구간 부근 운행선로 양쪽방향에 시속 60킬로미터 이하 속도의 서행신호기를 설치하여야 한다. 다만, 작업관련 소속장이 작업유형, 선로지형 등을 고려하여 서행속도를 더 제한하거나, 열차서행을 하지 않도록 정규운전명령을 요청할 수 있다.

⑥ 임시신호기는 작업시행 소속장이 설치 및 철거하여야 한다.   정답 ③

운전취급규정에서 임시신호기의 종류가 아닌 것은?

① 서행발리스   ② 서행예고신호기

③ 서행해제예고신호기   ④ 서행해제신호기

(해설) 운전규정 제189조(임시신호기)   정답 ③

16

서행신호기와 서행해제신호기의 설치위치로 맞는 것은?

① 지장지점으로부터 앞·뒤 양방향 50m를 각각 연장한 구간의 시작지점과 끝나는 지점
② 서행지점의 시작지점과 끝나는 지점
③ 지장구역의 시작지점과 끝나는 지점
④ 서행지역의 시작지점과 끝나는 지점

(해설) 제190조(임시신호기의 설치)　　　　　　　　　　　　　　　　　정답 ①

17

지장지점으로부터 앞·뒤 양방향 50m를 각각 연장한 구간을 무엇이라고 하는지?

① 서행구간　　　　② 지장구역　　　　③ 서행구역　　　　④ 지장개소

(해설) 제190조(임시신호기의 설치)　　　　　　　　　　　　　　　　　정답 ③

18

임시신호기에 관한 설명으로 틀린 것은?

① 서행신호기를 단선 운전구간에 설치하는 경우에는 그 뒷면 표시로서 서행해제신호기를 겸용할 수 있다.
② 복선구간에서 선로작업 등으로 일시 단선운전을 할 경우에는 작업구간 부근 운행선로 양쪽방향에 45km/h 이하 속도의 서행신호기를 설치하여야 한다.
③ 서행신호기는 지장지점으로부터 앞·뒤 양방향 50m를 각각 연장한 구간의 시작지점에 설치한다.
④ 임시신호기는 작업시행 소속장이 설치 및 철거하여야 한다.

(해설) 제190조(임시신호기의 설치)　　　　　　　　　　　　　　　　　정답 ②

19

임시신호기를 설치할 경우 해당 신호기의 앞면 현시방식으로 맞는 것은?

① 서행신호기(야간): 등황색등

② 서행신호기(주간): 녹색테두리를 한 등황색원판

③ 서행해제신호기(주간): 녹색테두리를 한 백색원판

④ 서행예고신호기(야간): 녹색삼각형 3개를 그린 백색등

(해설) 운전규정 별표14 임시신호기 신호현시 방식(제173조제2항 관련)　　　　　정답 ①

임시신호기의 설치와 관련된 내용이다. (　)에 적합한 것은?

> 복선구간에서 선로작업 등으로 일시 단선운전을 할 경우에는 작업구간 부근 운행선로 양쪽방향에 시속 (　)킬로미터 이하 속도의 서행신호기를 설치하여야 한다.

① 25　　　　　② 45　　　　　③ 60　　　　　④105

(해설) 운전규정 제190조(임시신호기의 설치)　　　　　정답 ③

임시신호기 중에서 서행속도를 표시하여야 하는 신호기를 모두 나타낸 것은?

① 서행신호기　　　　　　　　② 서행예고신호기

③ 서행해제신호기　　　　　　④ 서행신호기 및 서행예고신호기

(해설) 운전규정 별표14 임시신호기 신호현시 방식(제173조제2항 관련)　　　　　정답 ④

긴급한 선로작업 등으로 시속 몇 킬로미터 이하의 서행을 요하는 서행구간에는 감시원을 배치하여야 하는가?

① 10km/h　　　　② 15km/h　　　　③ 25km/h　　　　④ 45km/h

(해설) 운전규정 제192조(서행 시 감시원의 배치)

① 긴급한 선로작업 등으로 시속 10킬로미터 이하의 서행을 요하는 서행구간에는 감시원을 배치하여야 한다.

② 제1항의 감시원은 열차의 속도가 빠르다고 인정될 때는 열차를 일단 정차시킨 후 따로 서행수신호를 현시하여야 한다.　　　　　　　　정답 ①

23　　　　　　　　23년 1회~2회·22년 1회~2회·21년 1회·17년 1회·16년 3회

상치신호기의 정위로 틀린 것은?

① 원방신호기: 정지신호 현시　　　　　② 엄호신호기: 정지신호 현시

③ 입환신호기: 정지신호 현시　　　　　④ 유도신호기: 신호를 현시하지 않음

(해설) 운전규정 제174조(상치신호기의 정위)

상치신호기는 별도의 신호취급을 하지 않은 상태에서 현시하는 신호의 정위는 다음 각 호와 같다.

1. 장내·출발 신호기 : 정지신호. 다만 CTC열차운행스케줄 설정에 따라 진행지시신호를 현시하는 경우에는 그러하지 아니하다.
2. 엄호신호기: 정지신호　　　　　3. 유도신호기: 신호를 현시하지 않음
4. 입환신호기: 정지신호　　　　　5. 원방신호기: 주의신호
6. 폐색신호기
　　가. 복선구간: 진행 지시신호
　　나. 단선구간: 정지신호　　　　　　　　　　　　　　　　　정답 ①

24　　　　　　　　17년 1회

중계신호기의 중계신호 종류로 맞는 것은?

① 제한중계　　　　② 주의중계　　　　③ 통과중계　　　　④ 출발중계

(해설) 운전규정 제176조(중계신호기)

① 중계신호기의 현시가 있는 경우에는 다음에 따른다.

　1. 정지중계: 주신호기에 정지신호가 현시되었거나 주체의 신호기 바깥쪽에 열차가 있을 것을 예측하고 그 현시지점을 지나서 주신호기의 신호를 확인될 때까지 즉시 정차할 수 있는 속도로 주의운전 할 것

　2. 제한중계: 주신호기에 경계신호, 주의신호 또는 감속신호의 현시가 있을 것을 예측하고 그 현시지점을 지나서 주의운전 할 것

　3. 진행중계: 주신호기에 진행신호가 현시된 것을 예측하고 그 현시지점을 지나서 운전　　정답 ①

진행지시신호의 현시 시기에 관한 설명으로 틀린 것은?

① 엄호신호기는 열차가 그 안쪽에 진입할 시각 10분 이전에 진행지시신호를 현시할 수 없다.

② 장내신호기는 열차가 그 안쪽에 진입할 시각 10분 이전에 진행지시신호를 현시할 수 없다.

③ 전동열차에 대한 시발역 출발신호기의 진행지시신호는 열차가 그 안쪽에 진입할 시각 3분 이전에 이를 현시할 수 없다.

④ 폐색신호기는 열차가 그 안쪽에 진입할 시각 10분 이전에 진행지시신호를 현시할 수 없다.

(해설) 운전규정 제198조(진행 지시신호의 현시 시기)

① 장내신호기, 출발신호기 또는 엄호신호기는 열차가 그 안쪽에 진입할 시각 10분 이전에 진행지시신호를 현시할 수 없다. 다만, CTC열차운행스케줄 설정에 따라 진행지시신호를 현시하는 경우에는 그러하지 아니하다.

② 전동열차에 대한 시발역 출발신호기의 진행지시신호는 제1항에 불구하고 열차가 그 안쪽에 진입할 시각 3분 이전에 이를 현시할 수 없다.

정답 ④

운전취급규정상 수신호 현시 취급시기와 관련된 빈칸에 들어갈 내용은?

1. 진행수신호는 열차가 진입할 시각 (　　)분 이전에는 현시하지 말 것
2. 정지수신호는 열차가 진입할 시각 (　　)분 이전에 현시할 것

① 5분 　　　　② 1분 　　　　③ 10분 　　　　④ 20분

(해설) 운전규정 제199조(수신호의 현시 취급시기)

① 상치신호기를 대용하는 수신호의 현시 시기는 다음 각 호에 따라야 한다.

　1. 진행수신호는 열차가 진입할 시각 10분 이전에는 현시하지 말 것

　2. 정지수신호는 열차가 진입할 시각 10분 이전에 현시할 것. 다만, 전동열차의 경우에는 열차 진입할 시각 상당 시분 이전에 이를 현시할 수 있다.

정답 ③

진행수신호를 생략하고 관제사의 운전명령번호로 열차를 진입시키거나 진출시킬 수 있는 경우가 아닌 것은?

① 입환표지에 개통을 현시할 수 있는 선로
② 입환신호기에 진행신호를 현시할 수 있는 선로
③ 완목식 신호기에 녹색등은 점등되었으나, 완목이 완전하게 하강된 선로
④ 역 조작반(CTC 포함) 취급으로 신호연동장치에 의하여 진로를 잠글 수 있는 선로

(해설) 운전규정 제196조(수신호 현시생략)
① 진행수신호를 생략하고 관제사의 운전명령번호로 열차를 진입, 진출시키는 경우는 다음과 같다.
  1. 입환신호기에 진행신호를 현시할 수 있는 선로
  2. 입환표지에 개통을 현시할 수 있는 선로
  3. 제1호 및 제2호 이외에 역 조작반(CTC 포함) 취급으로 신호연동장치에 의하여 진로를 잠글 수 있는 선로
  4. 완목식 신호기에 녹색등은 소등되었으나, 완목이 완전하게 하강된 선로
  5. 고장신호기와 연동된 선로전환기가 상시 잠겨있는 경우   정답 ③

진행수신호를 생략하고 관제사의 운전명령번호로 열차를 진입, 진출시키는 경우로 틀린 것은?

① 입환표지에 개통을 현시할 수 있는 선로
② 수동장치에 의하여 진로를 잠글 수 있는 선로
③ 고장신호기와 연동된 선로전환기가 상시 잠겨있는 경우
④ 완목식 신호기에 녹색등은 소등되었으나, 완목이 완전하게 하강된 선로

(해설) 운전규정 제196조(수신호 현시생략)   정답 ②

짙은 안개 또는 눈보라 등 악천후로 신호현시 상태를 확인할 수 없는 경우 기관사의 조치사항으로 틀린 것은?

① 신호현시 상태를 확인할 수 없을 때에는 일단 정차하여야 한다.
② 열차운전 중 악천후의 경우에는 최근 역장에게 통보하여야 한다.
③ 열차의 전방에 있는 폐색구간에 열차가 없음을 역장으로부터 통보받았을 경우에는 정차하지 않고 최고속도로 운전할 수 있다.
④ 역장으로부터 진행 지시신호가 현시되었음을 통보 받았을 때에는 신호기의 현시상태를 확인할 때까지 주의운전을 하여야 한다.

해설 제202조(신호 확인을 할 수 없을 때 조치)

짙은 안개 또는 눈보라 등 악천후로 신호현시 상태를 확인할 수 없는 때에 역장 및 기관사는 다음 각 호에 따라 조치하여야 한다. 〈개정 2021.12.22.〉

1. 역장
   가. 폐색승인을 한 후에는 열차의 진로를 지장하지 말 것
   나. 짙은 안개 또는 눈보라 등 기후상태를 관제사에게 보고할 것
   다. 장내신호기 또는 엄호신호기에 정지신호를 현시하였으나 200m의 거리에서 이를 확인할 수 없는 경우에는 이 상태를 인접역장에게 통보할 것
   라. 다목의 통보를 받은 인접역장은 그 역을 향하여 운행할 열차의 기관사에게 이를 통보하여야 하며, 통보를 못한 경우에는 통과할 열차라도 정차시켜 통보할 것
   마. 열차를 출발시킬 때에는 그 열차에 대한 출발신호기에 진행 지시신호가 현시된 것을 조작반으로 확인한 후 신호현시 상태를 기관사에게 통보할 것

2. 기관사
   가. 신호를 주시하여 신호기 앞에서 정차할 수 있는 속도로 주의운전 하여야 하며, 신호현시 상태를 확인할 수 없는 경우에는 일단 정차할 것. 다만, 역장과 운전정보를 교환하여 그 열차의 전방에 있는 폐색구간에 열차가 없음을 확인한 경우에는 정차하지 않을 수 있다.
   나. 출발신호기의 신호현시 상태를 확인할 수 없는 경우에 역장으로부터 진행 지시신호가 현시되었음을 통보 받았을 때에는 신호기의 현시상태를 확인할 때까지 주의운전 할 것
   다. 열차운전 중 악천후의 경우에는 최근 역장에게 통보할 것   정답 ③

30

23년 2회·22년 1회~2회·21년 1회

짙은 안개 또는 눈보라 등 악천후로 신호현시 상태를 확인할 수 없는 경우 역장의 조치사항으로 틀린 것은?

① 장내신호기 또는 엄호신호기에 정지신호를 현시하였으나 400m의 거리에서 이를 확인할 수 없는 경우에는 이 상태를 인접역장에게 통보할 것
② 폐색승인을 한 후에는 열차의 진로를 지장하지 말 것
③ 열차를 출발시킬 때에는 그 열차에 대한 출발신호기에 진행 지시신호가 현시된 것을 조작반으로 확인한 후 신호현시 상태를 기관사에게 통보할 것
④ 짙은 안개 또는 눈보라 등 기후상태를 관제사에게 보고할 것

해설 제202조(신호 확인을 할 수 없을 때 조치)   정답 ①

제5장 신호 **527**

통과열차의 신호취급 방법으로 원방신호기 및 통과신호기가 되어 있을 때의 신호기 취급순서로 맞는 것은?

① 장내신호기 → 출발신호기 → 통과신호기 → 원방신호기
② 출발신호기 → 장내신호기 → 원방신호기 → 통과신호기
③ 출발신호기 → 장내신호기 → 통과신호기 → 원방신호기
④ 출발신호기 → 통과신호기 → 장내신호기 → 원방신호기

(해설) 운전규정 제206조(통과열차 신호취급)

① 역장은 열차를 통과시킬 때는 장내신호기·출발신호기 또는 엄호신호기에 진행 지시신호를 현시하여야 한다. 이 경우 원방신호기 및 통과신호기가 설치되어 있을 때는 출발신호기, 장내신호기, 통과신호기, 원방신호기 순으로 취급한다.

② 통과열차를 임시로 정차시킬 때는 그 진입선로의 출발신호기에 정지신호를 현시한 후 이를 기관사에게 예고하여야 한다. 다만, 통신 불능 등으로 이를 예고하지 못하고 3현시 이상의 장내신호기가 설치된 선로에 도착시킬 때는 신호기에 경계신호 또는 주의신호를 현시하여야 한다. **정답** ③

전호의 현시방식이 아닌 것은?

① 무선전화기 전호 ② 구두전호 ③ 버저전호 ④ 전호기(등) 전호

(해설) 운전규정 제207조(전호의 현시 방식)

① 열차 또는 차량에 대한 전호의 현시방식에 의한 구분은 다음 각 호와 같다.
  1. 무선전화기 전호
  2. 전호기(등) 전호
  3. 버저 전호
  4. 기적 전호

② 동일사항에 대하여 서로 다른 전호가 있으면 반드시 확인하고 열차 또는 차량을 운전하여야 한다. **정답** ②

정지위치 지시전호 현시지점으로 맞는 것은?

① 정거장 안에서는 열차가 100m의 거리에 접근하였을 때
② 정거장 밖에서는 열차가 200m의 거리에 접근하였을 때
③ 정거장 안에서는 열차가 300m의 거리에 접근하였을 때
④ 정거장 밖에서는 열차가 400m의 거리에 접근하였을 때

① 열차의 정지위치를 지시할 필요가 있을 때는 그 위치에서 기관사에게 정지위치 지시전호를 시행한다.

② 제1항의 전호는 열차가 정거장 안에서는 200m, 정거장 밖에서는 400m의 거리에 접근하였을 때 이를 현시한다.

③ 정지위치 지시전호의 현시가 있으면 기관사는 그 현시지점을 기관사석 중앙에 맞추어 정차한다. 정답 ④

---

34   23년 2회·16년 3회

열차 또는 차량을 운전하는 직원상호간의 의사표시를 하는 경우의 각종전호 현시방식으로 맞는 것은?

① 이동금지 전호(야간방식): 적색등을 좌우로 움직인다.

② 제동시험 전호 중 제동을 완해하라(야간방식): 백색등을 높이 들어 좌우로 움직인다.

③ 자동승강문 개폐전호 중 문을 열어라(주간방식): 양팔을 높이 들어 좌우로 움직인다.

④ 정지위치 지시전호(주간방식): 녹색기를 상하로 움직이면서 열차가 상당위치에 도달하였을 때 적색기를 높이 든다.

해설 운전규정 별표19 각종전호 현시방식(제211조 관련) 참조 정답 ②

---

35   24년 1회

각종 전호방식 중 야간에 백색등을 상하로 크게 움직이는 전호방식은?

① 추진운전 전호의 "전호지장 없음"   ② 자동승강문 열고닫음 전호의 "문을 닫아라"

③ 제동시험 전호의 "제동을 체결하라"   ④ 주의기적을 취명하라

해설 운전규정 별표19 각종전호 현시방식(제211조 관련) 정답 ④

---

36   24년 1회·18년 2회

각종 전호방식 중 야간에 백색등을 천천히 상하로 움직이는 전호방식은?

① 추진운전 전호의 "전호지장 없음"   ② 제동시험 전호의 "제동시험 완료"

③ 제동시험 전호의 "제동을 완해하라"   ④ 자동승강문 열고닫음 전호의 "문을 닫아라"

해설 운전규정 별표19 각종전호 현시방식(제211조 관련) 정답 ④

전호의 방법으로 맞는 것은?

① 추진운전 중 서행신호 현시 있음(야간)의 전호는 녹색등을 현시한다.

② 추진운전 중 주의기적을 울려라(야간)의 전호는 백색등을 상하로 크게 움직인다.

③ 정지위치 지시전호는 열차가 정거장내에서는 400m 거리에 접근하였을 때 이를 현시하여야 한다.

④ 정지위치 지시전호(야간)의 전호는 녹색등을 좌우로 움직이면서 열차가 상당위치에 도달하였을 때 녹색등을 높이 든다.

(해설) 운전규정 별표19 각종전호 현시방식(제211조 관련) 참조   정답 ②

위험이 절박하여 열차 또는 차량을 급속히 정차시킬 필요가 있을 때의 비상전호 방법이 아닌 것은?

① 주간에 양팔을 높이 든다.

② 야간에 양팔을 휘두른다.

③ 주간에 녹색기 이외의 물건을 휘두른다.

④ 야간에는 녹색등 이외의 등을 급격히 휘두른다.

(해설) 운전규정 제212조(비상전호)

위험이 절박하여 열차 또는 차량을 신속히 정차시킬 필요가 있을 때는 기관사 또는 열차승무원에게 비상전호를 시행하여야 한다.

순번	전호종류	전호구분	전호 현시방식
1	비상 전호	주간	양팔을 높이 들거나 녹색기 이외의 물건을 휘두른다.
		야간	녹색등 이외의 등을 급격히 휘두르거나 양팔을 높이 든다.
		무선	○○열차 또는 ○○차 비상정차

정답 ②

차량의 입환작업을 하는 경우에 수전호의 입환전호에 해당되지 않는 것은?

① 오너라   ② 진행하라   ③ 정지하라   ④ 속도를 절제하라

해설 제219조(수전호의 입환전호)

① 차량의 입환작업을 하는 경우에는 다음 각 호의 수전호의 입환전호를 하여야 한다. 수전호의 입환전호 현시방식은 별표 20과 같다.

1. 오너라(접근)
2. 가거라(퇴거)
3. 속도를 절제하라(속도절제)
4. 조금 진퇴하라(조금 접근 또는 조금 퇴거)
5. 정지하라(정지)
6. 연결
7. 1번선부터 10번선(이상)

정답 ②

40

기적전호의 종류 및 현시방식이 바르게 짝지어진 것이 아닌 것은?

① 방호를 독촉 통고: • ━━━ •(짧게1회, 길게1회, 짧게1회)
② 역무원 호출: • • •(짧게 3회)
③ 차량관리원 호출: ━ ━ ━ ━(보통으로 4회)
④ 운전을 개시: ━(보통으로 1회)

해설 운전규정 제220조(기적전호) 별표2

정답 ②

기적전호 중 "열차발차 독촉"의 전호 현식방식은?

① 짧게 1회
② 짧게 1회＋길게 1회＋짧게 1회
③ 보통 1회＋짧게 1회
④ 짧게 1회＋보통 1회

해설 운전규정 제220조(기적전호) 별표2

정답 ④

"운전을 개시"하는 기적전호는?

① 짧게 1회, 길게 1회
② 보통으로 2회
③ 보통으로 1회
④ 짧게 2회씩 2번

해설 운전규정 별표21 기적전호 현시방식(제220조 관련)

• : 짧게(0.5초간)   ━ : 보통으로(2초간)   ━━━ : 길게(5초간)

정답 ③

버저전호의 현시방법으로 틀린 것은?

① 출발전호: ━(보통1회)

② 전도지장 없음: • •, • •(짧게 2회씩 2번)

③ 정지신호 현시 있음 또는 비상정차

④ 서행신호 현시 있음: • • ━ • •(서행 시까지)

(해설) 운전규정 별표21 버저전호 현시방식(제222조 관련)　　　　　　　　　　(정답) ②

열차표지에 대한 설명 중 틀린 것은?

① 열차 출발시각 10분전까지 표시하여야 한다.

② 앞표지는 주간 또는 야간에 맨 뒤쪽 차량 전면에 백색등 1개 이상 표시한다.

③ 뒤표지는 맨 뒤쪽 차량의 상부에 전면 백색·적색(등), 후면 적색(등)을 1개 이상 표시한다.

④ 추진운전을 하는 열차는 맨 앞 차량의 진행방향 좌측 상부에 이를 표시할 수 있다.

(해설) 운전규정 제224조(열차표지)
① 열차의 앞쪽에는 앞표지, 뒤쪽에는 뒤표지를 열차 출발시각 10분전까지 다음 각 호의 방식에 따라 표시하여야
　한다. 다만, 뒤표지의 표시가 어려운 차량은 그 직전 차량에 표시하거나 표시를 생략할 수 있다.
　1. 앞표지: 주간 또는 야간에 열차(입환차량 포함)의 맨 앞쪽 차량의 전면에 백색등 1개 이상 표시할 것
　2. 뒤표지
　　가. 주간: 열차의 맨 뒤쪽 차량의 상부에 전면 백색 또는 적색(등), 후면 적색(등) 1개 이상 표시할 것
　　나. 야간: 열차의 맨 뒤쪽 차량의 상부에 전면 백색 또는 적색등, 후면 적색등(깜박이는 경우 포함) 1개 이상
　　　표시할 것
　　다. 고정편성 열차 또는 고정편성 차량을 입환 하는 경우에는 맨 뒤쪽 차량의 후면에 적색등 1개이상
　　　표시할 것
② 제1항에도 불구하고 열차표지를 표시하지 않을 수 있는 경우와 표시가 어려운 경우는 다음 각 호와 같다.
　1. 앞표지는 정차 중에는 이를 표시하지 않을 수 있으며, 추진운전을 하는 열차는 맨 앞 차량의 진행방향 좌측
　　상부에 이를 표시 할 수 있다.
　2. 뒤표지를 현시할 수 없는 단행열차 및 주간에 운행하는 여객열차(회송 포함)에는 뒤표지를 표시하지 않
　　을 수 있다.
　3. 제2호 이외의 열차 중 뒤표지의 표시가 어려운 차량은 그 직전 차량에 표시하거나 표시를 생략할 수 있다.
③ 제2항제3호에 따라 열차 뒤표지의 표시 생략 또는 표시위치를 변경할 경우에는 관제사의 지시를 받아야 한다.
　다만, 차내신호폐색식(자동폐색식 포함) 구간에서는 야간에 뒤표지의 표시는 생략할 수 없다.
④ 관제사는 제3항에 따라 열차 뒤표지의 표시 생략 또는 표시 위치의 변경을 지시할 경우에는 그 요지를 관계처에
　통보하여야 한다.　　　　　　　　　　　　　　　　　　　　　　　　　　　　　　　　(정답) ②

열차의 뒤표지는 열차출발시각 몇 분 전까지 표시하여야 하는가?

① 10분   ② 15분   ③ 20분   ④ 항시 표시

(해설) 운전규정 제224조(열차표지)   정답 ①

열차표지에 대한 설명 중 틀린 것은?

① 퇴행하는 열차의 앞표지 및 뒤표지는 이를 변경할 수 있다.
② 열차사고, 그 밖에 사유로 정거장 바깥의 본선에 남겨놓은 차량에는 뒤표지를 표시하여야 한다.
③ 정거장 밖의 측선으로부터 정거장으로 돌아오는 열차의 앞표지 및 뒤표지는 이를 변경하지 않을 수 있다.
④ 열차교행·대피 또는 차량입환을 하는 경우에 동력차 앞표지로 다른 열차 또는 차량의 기관사가 진로주시에 지장 받을 염려가 있을 경우에는 그 밝기를 줄이거나 일시적으로 표시를 하지 않을 수 있다.

(해설) 제226조(퇴행열차의 열차표지)
① 퇴행하는 열차의 앞표지 및 뒤표지는 이를 변경할 수 없다. ②정거장 밖의 측선으로부터 정거장으로 돌아오는 열차의 앞표지 및 뒤표지는 이를 변경하지 않을 수 있다.   정답 ①

안전표지에 해당하지 않는 것은?

① 서행허용표지   ② 곡선해제표지
③ 속도제한해제표지   ④ 서행구역통과측정표지

(해설) 운전규정 별표 23 각종 안전표지의 형상(제227조 관련)   정답 ②

48

열차정지위치 표지에 대한 설명으로 틀린 것은?

① 여객동선 및 차호 등을 고려하여 동일 승강장에 3개까지 설치할 수 있다.

② 열차정지위치표지의 설치 위치는 여객 승하차 승강장 반대방향으로 하여야 한다.

③ 전동열차운행구간의 고상홈 선로 내에 설치한 열차정지위치표지는 전동열차에만 사용한다.

④ 열차의 맨 앞 동력차 기관사 좌석이 열차정지위치표지와 일치하도록 정차하여야 한다.

해설 운전규정 제241조(열차정지위치표지)

① 정거장 등에서 여객·화물·운전취급의 편의를 위하여 열차의 정지위치를 표시할 필요가 있을 때에는 열차정지위치표지를 설치한다.

② 열차정지위치표지의 설치 위치는 <u>여객 승하차 승강장 방향</u>으로 하여야 한다. 다만, 선로의 상태에 따라 인식할 수 없는 경우 또는 부득이한 경우에는 승강장 반대방향 또는 선로 중앙하부에 설치할 수 있다.

③ 전동열차운행구간의 고상홈 선로 내에 설치한 열차정지위치표지는 전동열차에만 사용한다.

④ 열차정지위치표지가 설치되어 있는 경우 열차의 맨 앞 동력차 기관사 좌석이 열차정지위치표지와 일치하도록 정차하여야 한다. 다만, 편성차수에 따라 정차위치를 변경할 수 있다.

⑤ 열차정지위치표지의 설치위치 지정 및 설치·관리는 지역본부장이 하여야 하며, 반기 1회 이상 정비하여야 한다. 다만, 임시열차 및 그 밖에 필요한 경우의 일시적 설치는 소속 역장이 지정할 수 있으며, 이동할 수 있는 장치로 할 수 있다.

⑥ 열차정지위치표지는 여객동선 및 차호 등을 고려하여 동일 승강장에 3개 까지 설치할 수 있으며 열차 맨 뒤 끝으로부터 열차정지위치표지 설치 위치까지의 편성차수를 기재하여야 한다.　　정답 ②

49

상치신호기 식별표지에 대한 설명으로 틀린 것은?

① 자호식등 또는 자호식 야광도료판으로 상치신호기등 하단 1.5미터 지점을 기준으로 설치하여 열차에서 쉽게 확인되어야 한다.

② 같은 상치신호기가 한 장소에 2이상 설치되어 신호오인이 우려되는 경우 상치신호기 식별표지를 설치할 수 있다.

③ 자호식 식별표지에 설치된 LED등은 정지신호 현시의 경우 소등한다.

④ 자호식 식별표지에 설치된 LED등은 진행지시신호 현시의 경우 점멸되도록 한다.

해설 운전규정 제234조(상치신호기 식별표지)

① 같은 상치신호기가 한 장소에 2 이상 설치되어 신호오인이 우려되는 경우 상치신호기 식별표지를 설치할 수 있다.

② 상치신호기 식별표지는 자호식등 또는 자호식 야광도료판으로 상치신호기등 하단 1미터 지점을 기준으로 설치하여 열차에서 쉽게 확인되어야 하며, 다음 각 호와 같이 표시할 수 있다. 다만, 자호식 식별표지에 설치된 LED등은 정지신호 현시의 경우 소등, 진행지시신호 현시의 경우 점멸되도록 하여야 한다.

1. 출발·폐색신호기: 선로번호 또는 고속선과 일반선(고속, 경부, 호남)

2. 장내신호기: 철도노선명　　정답 ①

선로전환기표지를 갖추지 않아도 되는 선로전환기는?

① 전기선로전환기　　　　　　　② 기계식 선로전환기
③ 추 붙은 선로전환기　　　　　　④ 차상전기 선로전환기

(해설) 운전규정 제235조(선로전환기표지)
다음 각 호의 선로전환기에는 선로전환기 표지를 갖추어야 한다.
1. 기계식 선로전환기　　　　　　　　　　2. 탈선 선로전환기(전기선로전환기 제외)
3. 추 붙은 선로전환기　　　　　　　　　　4. 차상전기 선로전환기　　　　　정답 ①

백색테두리를 한 짙은 남색의 반사재 원판 1개로 하고, 표지의 중앙에는 백색으로 폐색신호기의 번호를 표시한 표지는 무엇인가?

① 자동식별표지　　② 속도제한표지　　③ 서행허용표지　　④ 차량정지표지

(해설) 운전규정 제246조(서행허용표지)
① 급경사의 오르막과 그 밖에 특히 필요하다고 인정되는 지점의 자동폐색신호기에는 자동식별표지를 대신하여 서행허용표지를 설치하여야 한다.
② 서행허용표지는 백색테두리를 한 짙은 남색의 반사재 원판 1개로 하고, 표지의 중앙에는 백색으로 폐색신호기의 번호를 표시하여야 한다.　　　　　정답 ③

속도제한표지와 속도제한해제표지에 대한 설명으로 틀린 것은?

① 속도제한이 끝나는 지점에는 속도제한 해제표지를 설치하여야 한다.
② 선로의 속도를 제한할 필요가 있는 구역에는 속도제한표지를 설치하여야 한다.
③ 속도제한표지는 속도제한구역 시작지점의 선로 좌측(우측선로를 운행하는 구간은 우측)에 설치하여야 한다.
④ 속도제한표지는 진행 중인 열차로부터 400미터 안쪽에서 확인할 수 없을 때에는 적당한 위치에 설치할 수 있다.

(해설) 운전규정
제247조(속도제한표지) ① 선로의 속도를 제한할 필요가 있는 구역에는 속도제한표지를 설치한다.
　② 속도제한표지는 속도제한구간 시작지점의 선로 좌측(우측선로를 운행하는 구간은 우측)에 설치하여야 하고, 진행 중인 열차로부터 400m 바깥쪽에서 확인할 수 없을 때에는 적당한 위치에 설치 할 수 있다.

제248조(속도제한해제표지) ① 속도제한이 끝나는 지점에는 속도제한 해제표지를 설치하여야 한다.

② 단선구간에서는 속도제한표지의 뒷면으로서 속도제한 해제표지를 겸용할 수 있다.

③ 속도제한해제표지는 선로 좌측에 설치하여야 한다. 다만, 우측 선로를 운행하는 구간이나 단선구간에서 속도제한 표지의 뒷면으로서 속도제한해제표지로 겸용하는 경우에는 우측에 설치할 수 있다.　　　정답 ④

53

선로작업표지의 설치지점으로 틀린 것은?

① 100km/h 미만 선구: 200m

② 100~130km/h 미만 선구: 300m

③ 130km/h 이상 선구: 370m

④ 곡선 등으로 400미터 이상의 거리에 있는 열차로부터 이를 인식할 수 없는 때는 그 거리를 연장하여 설치한다.

(해설) 운전규정 제251조(선로작업표지)

① 시설관리원이 본선에서 선로작업을 하는 경우에는 열차에 대하여 그 작업구역을 표시하는 선로작업표지를 설치하여야 한다. 다만, 차단작업으로 해당 선로에 열차가 운행하지 않음이 확실하고, 양쪽 역장에게 통보한 경우는 예외로 할 수 있다. 〈개정 2021.12.22.〉

② 선로작업표지는 작업지점으로부터 다음 각 호에 정한 거리 이상의 바깥쪽에 설치하여야 한다. 다만, 곡선 등으로 400미터 이상의 거리에 있는 열차로부터 이를 인식할 수 없는 때는 그 거리를 연장하여 설치하고, 이동하면서 시행하는 작업은 그 거리를 연장하여 설치할 수 있다.

　　1. 시속 130킬로미터 이상 선구: 400미터

　　2. 시속 100~130킬로미터 미만 선구: 300미터

　　3. 시속 100킬로미터 미만 선구: 200미터

③ 동력차승무원은 선로작업표지를 확인하였을 때는 주의기적을 울려서 열차가 접근함을 알려야 한다. 〈개정 2021.12.22.〉　　　정답 ③

54

운전취급규정에서 전기원이 본선에서 전기설비 작업을 하는 경우에 전차선로작업표지를 설치할 지점으로 옳은 것은? (단, 곡선 등 예외 상황은 제외한다.)

① 작업지점으로부터 200m 이상의 바깥쪽에 설치

② 작업지점으로부터 400m 이상의 바깥쪽에 설치

③ 작업지점으로부터 500m 이상의 바깥쪽에 설치

④ 작업지점으로부터 800m 이상의 바깥쪽에 설치

해설 운전규정 제265조(전차선로작업표지)

① 전기원이 본선에서 전차선로 작업을 하는 경우에는 열차에 대하여 그 작업구역을 표시하는 전차선로작업표지를 설치하여야 한다. 다만, 차단작업으로 해당선로에 열차가 운행하지 않음이 확실하고, 양쪽역장에게 통보한 경우 예외로 할 수 있다.
② 전차선로작업표지는 작업지점으로부터 200m 이상의 바깥쪽에 설치하여야 한다. 다만, 곡선 등으로 400m 이상의 거리에 있는 열차가 이를 확인할 수 없는 때에는 그 거리를 연장하여 설치하여야 한다.
③ 동력차승무원은 전차선로작업표지를 확인한 때에는 주의기적을 울려서 열차가 접근함을 알려야 한다.

정답 ①

55

열차제어장치 예고표지의 설치위치로 맞는 것은?

① 경계표지 앞쪽 200m 이상 지점의 선로 우측
② 연결선구간은 경계표지 앞쪽 400미터 이상 지점의 선로 좌측
③ 경계표지 앞쪽 400미터 이상 지점의 선로 좌측
④ 연결선구간은 경계표지 앞쪽 400미터 이상 지점의 선로 우측

해설 운전규정 제267조(열차제어장치 예고표지)
열차제어장치의 경계표지 앞쪽에는 경계표지 방향으로 운행하는 열차에 대하여 KTCS-2·ATP·ATS·ATC 예고표지를 경계표지 앞쪽 200미터(연결선구간 400미터) 이상 지점의 선로 좌측에 설치하여야 한다.

정답 ②

1. 사고발생시 조치

(1) 철도사고 및 철도준사고가 발생할 우려가 있거나 사고가 발생한 경우
　　① 지체없이 관계 열차 또는 차량을 정차시켜야 한다.
　　② 계속 운전하는 것이 안전하다고 판단될 경우에는 정차하지 않을 수 있다.

(2) 사고가 발생한 경우
　　① 상황을 정확히 판단하여 가장 안전하다고 인정되는 방법으로 신속한 조치
　　② 사고발생시 조치내용
　　　　㉮ 차량의 안전조치　　　㉯ 구름방지　　　　㉰ 열차방호
　　　　㉱ 승객의 유도　　　　㉲ 인명의 보호　　　　㉳ 철도재산피해 최소화
　　　　㉴ 구원여부　　　　　　㉵ 병발사고의 방지

(3) 사고 관계자가 신속한 사고복구가 되도록 조치할 내용
　　① 즉시 그 상황을 관제사 또는 인접 역장에게 급보
　　② 보고 받은 관제사 또는 역장은 사고 발생내용을 관계부서에 통보

2. 열차의 방호

(1) 즉시 열차방호를 시행한 후 인접선 지장여부를 확인하여야 하는 경우
　　① 철도교통사고(충돌, 탈선, 열차화재)가 발생한 경우
　　② 건널목사고가 발생한 경우

(2) 그 외 열차방호를 하여야 하는 경우
　　철도사고, 철도준사고, 운행장애 등으로 관계열차를 급히 정차시킬 필요가 있을 경우

3. 열차방호의 종류 및 시행방법

(1) 열차방호의 종류와 방법(6종)
　　① 열차무선방호장치 방호
　　　　㉮ 방호시행자: 지장열차의 기관사 또는 역장

㉯ 방호방법: 열차방호상황발생 시 상황발생스위치를 동작시키고, 후속열차 및 인접 운행
열차가 정차하였음이 확실한 경우 또는 그 방호 사유가 없어진 경우에는 즉
시 열차무선방호장치의 동작을 해제

② 무선전화기 방호

㉮ 방호시행자: 지장열차의 기관사 또는 선로 순회 직원

㉯ 방호방법

ⓐ 지장 즉시 무선전화기의 채널을 비상통화위치(채널 2번) 또는 상용채널(채널1번:
감청수신기 미설치 차량에 한함)에 놓고

ⓑ "비상, 비상, 비상, ○○~△△역간 상(하)선 무선방호!(단선 운전구간의 경우에는
상·하선 구분생략)"라고 3~5회 반복 통보하고

ⓒ 관계 열차 또는 관계 정거장을 호출하여 지장 내용을 통보. 이 경우에 기관사는 열
차승무원에게도 통보

③ 열차표지 방호

㉮ 방호시행자: 지장 고정편성열차의 기관사 또는 열차승무원

㉯ 뒤 운전실의 전조등을 점등(ITX-새마을 제외). 이 경우에 KTX 열차는 기장이 비상
경보버튼을 눌러 열차의 진행방향 적색등을 점멸

* ITX-새마을: 운전실로 선택한 곳(열차전부)에서만 전조등 점등 가능
* KTX 열차: 앞쪽 운전실에서 비상경보버튼을 동작시키면 앞 뒤 모두 적색등이 점멸

④ 정지수신호 방호

㉮ 방호시행자: 지장열차의 열차승무원 또는 기관사

㉯ 지장지점으로부터 정지수신호를 현시하면서 이동하여 400m 이상의 지점에 정지수신
호를 현시할 것. 수도권 전동열차 구간의 경우에는 200m 이상의 지점에 정지수신호를
현시할 것

⑤ 방호스위치 방호

㉮ 방호시행자: 고속선에서 KTX기장, 열차승무원, 유지보수직원

㉯ 방호방법: 선로변에 설치된 폐색방호스위치(CPT) 또는 역구내방호스위치(TZEP)를
방호위치로 전환시킬 것

⑥ 역구내 신호기 일괄제어 방호

㉮ 방호시행자: 역장

㉯ 역구내 열차방호를 의뢰받은 경우 또는 열차방호 상황발생시 '신호기 일괄정지' 취급
후 관제 및 관계직원에 사유를 통보

(2) 열차의 방호 방법

① 지장선로의 앞·뒤 양쪽에 시행함을 원칙

② 정지수신호 방호 또는 열차표지 방호를 생략 가능한 경우

㉮ 열차가 진행하여 오지 않음이 확실한 방향

㉯ 무선전화기 방호에 따라 관계열차에 지장사실을 확실히 통보한 경우

4. 사상사고 발생 등으로 인접선 방호조치

(1) 인접선 방호방법

① 해당 기관사는 관제사 또는 역장에게 사고개요 급보시 사고수습관련하여 인접선 지장여부를 확인하고 지장선로를 통보할 것

② 지장선로를 통보받은 관제사는 관계 선로 운행열차 기관사에게 25km/h 이하 속도로 운행을 지시하는 등 운행정리를 할 것

③ 인접 지장선로를 운행하는 기관사는 제한속도를 준수하여 주의 운전할 것

(2) 속도제한 해제

기관사는 속도제한 사유가 없어진 때에는 열차가 정상운행 될 수 있도록 관계처에 통보

5. 단락용 동선의 장치 및 휴대

(1) **선로순회 시설·전기직원**: 1개 이상

(2) **각 열차의 동력차**: 2개 이상

(3) **소속별 단락용동선 비치**(연동 및 통표폐색식 시행구간 제외)

① 각 정거장 및 신호소: 2개 이상

② 차량사업소: 동력차에 적재할 상당수의 1할 이상

③ 시설관리반: 2개 이상

④ 건널목 관리원 처소: 2개 이상

⑤ 전기원 주재소: 2개 이상

6. 열차 분리한 경우의 조치

(1) **열차운전 중 그 일부의 차량이 분리한 경우 조치방법**

① 열차무선방호장치 방호를 시행한 후 분리차량 수제동기를 사용하는 등 속히 정차시키고 연결할 것

② 분리차량이 이동 중에는 이동구간의 양끝 역장 또는 기관사에게 이를 급보하여야 하며 충돌을 피하기 위하여 상호 적당한 거리를 확보할 것

③ 분리차량의 정차가 불가능한 경우 열차승무원 또는 기관사는 그 요지를 해당 역장에게 급보할 것

(2) 기관사는 연결기 고장으로 분리차량을 연결할 수 없는 경우 조치방법

① 분리차량의 구름방지

② 분리차량의 차량상태를 확인하고 보고

③ 구원열차 및 적임자 출동을 요청

> * 조치를 한 기관사는 분리차량이 열차승무원 또는 적임자에 의해 감시되거나 구원열차에 연결된 경우 관제사의 승인을 받아 분리차량을 현장에 남겨놓고 운전 가능

(3) 구원열차 기관사: 분리차량을 연결한 구원열차의 기관사는 관제사의 지시에 따름

7. 구원열차 요구 후 이동 금지

(1) 원 칙

철도사고 등의 발생으로 열차가 정차하여 구원열차를 요구하였거나 구원열차 운전의 통보가 있는 경우에는 해당 열차를 이동하여서는 안 된다.

(2) 구원열차 요구 후 열차 또는 차량을 이동할 수 있는 경우

① 철도사고 등이 확대될 염려가 있는 경우

② 응급작업을 수행하기 위하여 다른 장소로 이동이 필요한 경우

> * 이 경우 지체없이 구원열차의 기관사와 관제사 또는 역장에게 그 사유와 정확한 정차지점 통보와 열차방호 및 구름방지 등 안전조치

(3) 구원열차 도착전 사고복구시 운전

열차승무원 또는 기관사는 구원열차가 도착하기 전에 사고 복구하여 열차의 운전을 계속할 수 있는 경우에는 관제사 또는 최근 역장의 지시를 받아야 한다.

8. 열차에 화재 발생 시 조치

(1) 화재발생시 필요한 조치사항

① 열차에 화재가 발생하였을 때에는 즉시 소화의 조치를 하고 여객의 대피 유도 또는 화재차량을 다른 차량에서 격리하는 등 필요한 조치

② 화재발생 장소가 교량 또는 터널 내 일 때에는 일단 그 밖까지 운전하는 것을 원칙으로 하고 지하구간일 경우에는 최근 역 또는 지하구간의 밖으로 운전

(2) 유류열차의 화재발생시 조치사항

유류열차 운전중 폐색구간 도중에서 화재 또는 화재 발생 우려가 있을 때 조치 방법

① 일반인의 접근을 금지하는 등 화기단속을 철저히 할 것

② 소화에 노력하고 관계처에 급보할 것

③ 신속히 열차에서 분리하여 30m 이상 격리하고 남겨놓은 차량이 구르지 아니하도록 조치할 것

④ 인접선을 지장할 우려가 있을 경우 기관사는 즉시 열차무선방호장치 방호와 함께 무선전화기 방호를 시행할 것

9. 차량고장 시 조치

(1) 차량고장 발생으로 응급조치가 필요한 경우

① 동력차는 기관사, 객화차는 열차승무원이 조치

② 응급조치를 하여도 운전을 계속할 수 없다고 판단되면 구원열차를 요구. 단, 열차승무원이 없을 때는 기관사가 조치

(2) 차량고장 시 조치내용

① 교량이나 경사가 없는 지점에 정차하여 응급조치를 하여야 하며 기관정지 등으로 열차가 구를 염려 있을 때는 즉시 수제동기 및 수용바퀴구름막이 등을 사용하여 구름방지

② 동력차의 구름방지는 기관사가 하며 객화차의 구름방지는 열차승무원이 한다. 단, 열차승무원이 없을 때는 기관사가 한다.

③ 차축발열 등 차량고장으로 열차운전상 위험하다고 인정한 경우에는 열차에서 분리하고 열차분리 경우의 조치에 따른다.

(3) 기적고장 시 조치

① 열차운행 중 기적의 고장이 발생하면 구원을 요구하여야 한다. 단, 관제기적이 정상일 경우에는 계속 운행할 수 있다.

② 구원요구 후 기관사는 동력차를 교체할 수 있는 최근 정거장까지 30km/h 이하의 속도로 주의운전

(4) 앞 운전실 고장 시 조치

① 열차의 동력차 운전실이 앞·뒤에 있는 경우에 맨 앞 운전실이 고장일 때는 뒤 운전실에서 조종하여 열차를 운전가능

㉮ 이 경우 운전은 최근 정거장까지로 함

단, 여객을 취급하지 않거나 마지막 열차 등 부득이하여 관제사가 지시를 한 때에는 그러하지 아니하다.

㉯ 이 경우에 다른 승무원(열차승무원, 보조기관사, 부기관사 등)이 맨 앞 운전실에 승차
　　　　하여 앞쪽의 신호 또는 진로 이상여부를 뒤 운전실의 기관사에게 통보
　　　㉰ 기관사 1인 승무열차인 경우에 관제사는 적임자를 지정하여 다른 승무원의 역할을 수
　　　　행하도록 조치
　② 전철차장의 승무를 생략한 전동열차의 맨 앞 운전실이 고장인 경우에 기관사는 관제사에
　　　보고하고 합병운전 등의 조치

(5) 제동관 고장 시 조치

　기관사는 정거장 밖에서 제동관 통기불능 차량이 발생하면 상황을 판단하여 구원을 요구하거나,
　계속 운전하여도 안전하다고 인정될 때는 가장 가까운 정거장까지 주의운전 가능

　① 구원을 요구한 때에는 가장 가까운 정거장에서 제동관 통기불능 차량을 열차에서 분리
　　　단, 여객취급 열차로서 분리하기 어려운 때에는 남은 구간 운전에 대하여 관제사의 지시를
　　　받아야 함

　　　* 관제사는 계속운전의 지시를 할 때는 1차만을 열차의 맨 뒤에 연결하고 여객을 분산시키는 등의 안전조치
　　　　할 것을 지시. 또한, 조속히 객차 교체의 지시. 단, 고정편성 여객열차인 경우에는 종착역까지 운전시킬
　　　　수 있음

　② 기관사 및 관제사는 고장차량이 열차에서 분리될 것을 대비하여 열차승무원 또는 감시자를
　　　불량차에 승차
　③ 고장차량에 승차한 열차승무원 또는 감시자는 열차분리 되었을 때는 수제동기 체결 등의
　　　안전조치

(6) 순회자가 선로 고장 발견 시 조치

　① 시설·전기직원(순회자) 등이 선로 고장, 운전보안장치 고장 또는 지장 있는 것을 발견하고
　　　열차 운전에 위험하다고 인정되면
　　　㉮ 즉시 무선전화기 방호를 하는 동시에
　　　㉯ 관제사 또는 가장 가까운 역장에게 급보하여야 한다.
　② 선로, 그 밖의 고장 또는 지장으로 열차가 서행으로 현장을 통과해야 할 경우에 순회자는
　　　㉮ 무선전화기 방호로 열차를 정차시켜
　　　㉯ 기관사에게 통보하고 서행수신호를 현시하여야 한다.
　③ 정거장 밖으로 굴러간 차량을 발견한 순회자의 조치사항
　　　㉮ 속히 이를 정차시키고
　　　㉯ 구름방지를 한 다음
　　　㉰ 무선전화기 방호를 하는 동시에
　　　㉱ 관제사 또는 가장 가까운 역장에게 급보. 단, 차량을 정차시킬 수 없을 때는 최근 역장
　　　　에게 그 요지를 급보

(7) 차량이 정거장 밖으로 굴러갔을 경우의 조치

① 역장의 조치: 즉시 그 구간의 상대역장에게 그 요지를 급보하고 이를 정차시킬 조치

② 급보를 받은 상대역장의 조치: 차량의 정차에 노력하고 필요하다고 인정하였을 때에는 인접역장에게 통보

③ 급보 받은 상대역장 및 통보 받은 인접역장의 조치: 인접선로를 운행하는 열차를 정차시키고 열차승무원과 기관사에게 통보

10. 선로장애 우려지점 운전 및 지장물검지장치 작동시 조치

(1) 선로장애 우려되는 지점을 운전할 때의 취급방법

① 역장은 선로장애가 우려되는 구간에 열차를 진입시킬 때는 시설처장(사무소장 포함)과 연락하여 선로상태에 이상 없음을 확인할 것

② 기관사 및 열차승무원은 선로장애가 우려되는 구간을 운전할 때는 특히 선로 및 열차의 상태에 주의운전할 것

③ 시설처장은 계절적으로 선로장애가 우려되는 지점에는 장애의 종류를 기재한 표를 설치하고 감시원을 배치하여 역장과 상시 연락을 할 수 있어야 한다.

(2) 지장물검지장치 작동시 조치

지장물검지장치와 상하선 상호 연동되지 않은 구간에 지장물검지장치 동작시 인접선 운행열차는 그 구간을 45km/h 이하 속도로 주의운전하여야 한다.

(3) 승무원이 선로 고장 발견 시 조치

① 운전관계승무원은 열차 운전 중 선로(전차선로 포함) 또는 운전보안장치의 고장을 발견하였거나 감지한 때에는 즉시 비상정차 또는 열차무선방호장치 방호 등의 조치를 하여야 한다.

② 무선통보를 수신 후 해당구간을 운행하는 열차의 기관사는 별도의 지시가 없는 경우 해당구간 진입 전 일단 정차 후 25km/h 이하의 속도로 주의 운전하여야 한다.

11. 선로전환기 장애발생시 조치

(1) 관제사 또는 역장의 조치

관제사 또는 역장은 선로전환기에 장애가 발생한 경우에 유지보수 소속장에게 신속한 보수 지시와 관계열차 기관사에게 장애 발생 사항 통보 등의 조치

(2) 유지보수 소속장의 조치

유지보수 소속장은 관계 직원이 현장에 신속히 출동하도록 조치하고, 복구여부를 관계처에 통보

(3) 장애통보를 받은 기관사의 조치

장애를 통보 받은 기관사는 신호기 바깥쪽에 정차할 자세로 주의운전하고, 통보를 받지 못하고 신호기에 정지신호가 현시된 경우에는 신호기 바깥쪽에 정차하고 역장에게 그 사유를 확인

(4) 관제사 또는 역장의 조치

관제사 또는 역장은 조작반으로 진입·진출시키는 모든 선로전환기 잠금상태를 확인하여 이상 없음이 확실한 경우에는 진행 수신호 생략승인번호를 통보

(5) 선로전환기의 잠금 상태가 확인되지 않을 경우

다음의 적임자를 지정하여 선로전환기를 수동 전환하도록 승인하여야 한다.

① 운전취급역 및 역원배치간이역: 역무원

② 역원무배치간이역: 인접역 역무원 또는 유지보수 직원

  * 열차가 진입, 진출 중에 장애가 발생하였거나, 적임자 출동 등으로 열차지연이 예상될 때는 열차승무원. 단, 열차승무원이 승무하지 않는 열차는 동력차 승무원

(6) 역원무배치간이역의 운전취급 방법

① 기관사는 신호기 바깥쪽에 정차 후 관제사의 선로전환기 수동전환 승인에 따라 해당 선로전환기 앞쪽까지 25km/h 이하의 속도로 운전

② 열차승무원은 관계 선로전환기를 수동전환요령에 따라 전환하여 쇄정핀 삽입 후 수동핸들을 동력차에 적재하고, 열차의 맨 뒤가 관계 선로전환기를 완전히 통과할 때까지 유도하여 정차시키고, 출발전호에 의해 열차를 출발할 것

(7) 선로전환기 잠금 상태를 확인하였을 경우의 운전

선로전환기 잠금 상태를 확인하였거나, 잠금 조치를 하였을 경우에는

① 관계 선로전환기를 25km/h 이하의 속도로 진입 또는 진출하여야 한다.

② 단, 열차를 계속하여 운행시킬 필요가 있을 경우에는 관제사 승인에 의하여 해당 신호기 설치지점부터 관계 선로전환기까지 일단 정차하지 않고 45km/h 이하의 속도로 운전할 수 있다.

12. 복선구간 반대선로 열차운전 시 취급

복선 운전구간에서 차단작업, 선로고장, 차량고장 등의 사유로 인하여 관제사의 운전명령으로 우측선로로 운전하는 경우의 운전취급

(1) 관제사의 조치

관제사는 우측선로 운전구간의 양방향설비가 되지 않은 건널목에는 관계역장에게 감시자 배치를 지시하여야 하며 관계역장은 건널목보안장치 장애시 조치규정에 따른 조치

(2) 우측 선로를 운전하는 기관사의 조치

① 열차출발 전에 역장으로부터 운행구간의 서행구간 및 서행속도 등 운전에 필요한 사항을 통고 받지 못한 경우에는 확인하고 운전할 것

② 인접선의 선로고장 또는 차량고장으로 운행구간을 지장하거나 지장 할 우려가 있다고 통보 받은 구간은 <u>25km/h 이하</u>의 속도로 운전할 것. 단, 서행속도에 관한 지시를 사전에 통보 받은 경우에는 그 지시속도에 따를 것

③ 관제사 또는 해당 역장에게 건널목관리원 배치여부를 확인하고, 건널목차단기가 자동차단 되지 않거나 건널목관리원이 배치되지 않았을 경우에는 건널목보안장치 장애시 조치규정에 따름

④ 열차를 우측선로로 진입시키는 역장은 상대역장에게 열차출발을 통보하여야 하며 양방향신 호구간에서의 우측선로 운전

13. 전차선 단전 시 취급

(1) 전기를 동력으로 하는 열차가 단전으로 역행운전을 할 수 없을 때 취급방법

① 정거장 또는 신호소 구내를 운전 중일 때에는 그 위치에 정차

② 정거장 밖을 운전 중일 때에는 가능한 타력으로 가까운 정거장 또는 신호소까지 운전하여야 하고, 정차하면 제동을 체결하고 구름방지 조치

③ 10분 이상의 단전 예상 시 구름방지 및 축전지 방전 방지 등의 안전조치

(2) 기관사의 조치

기관사는 조치를 한 후 관제사 또는 역장에게 조치사항을 보고하고 지시를 받아야 함

(3) 열차승무원의 조치

열차승무원은 객실을 다니면서 육성 안내방송과 여객안전을 확인하여야 하며 발전차가 연결되 어 있으면 기동하여 객차에 전원 공급

14. 절연구간 정차 시 취급

(1) 기관사의 조치

전기차 열차가 운전 중 절연구간에 정차하였을 때에 기관사는 단로기를 취급하여 자력으로 통 과하거나 구원요구에 대하여 상황을 판단하고 관제사 또는 역장에게 통보

(2) 단로기 취급방법

① 전기차의 정차위치에 따라 절연구간을 통과하기에 적합한 팬터그래프를 올릴 것

② 열차운전방향의 단로기를 투입하되 단로기가 절연구간 양쪽에 각각 2개씩 장치되어 있는 것은 맨 바깥쪽 단로기를 취급할 것. 이 경우 안쪽 단로기는 보수용이므로 기관사는 절대취급하지 말 것

③ 기관차를 기동시키고 절연구간을 통과하여 정차한 다음 단로기를 개방하고 열쇠를 제거하여야 하며, 정상 팬터그래프를 취급하고 계속운전을 하면서 이를 관제사에게 통보할 것

④ 절연구간에 설치된 기관사용 단로기는 전기차가 절연구간에 정차한 경우에만 취급

15. 단로기 취급

(1) 단로기의 운영방법

열차 또는 차량의 운전에 상용하지 않는 전차선에 설치된 단로기는 평상시 개방(OFF)한다. 단, 필요할 경우 일시 투입(ON)할 수 있는 경우

① 화물을 싣거나 내리기 위하여 화물측선에 전기기관차를 진입시키는 경우에는 역장의 승인을 받을 것

② 전기차를 검수차고로 진입시키거나 유치선에서 진출시킬 때는 검수담당 소속장은 안전관계 사항을 확인하고 단로기를 투입 할 것

(2) 전기처장의 조치

① 전기처장은 본선 또는 측선에서 전차선로 작업을 하는 경우 역장과 협의한 후 급전담당자의 승인을 받아 단로기를 개방. 투입하는 경우 같음

② 전기처장은 전원전환용 단로기를 개방하거나 투입할 때는 전기차 검수담당 소속장과 협의한 후 관제사의 승인을 받아 취급

(3) 단로기 열쇄의 관리

① 단로기를 취급하기 위하여 사용한 열쇠는 그 때마다 자물쇠를 잠그고 이를 제거

② 단로기가 설치되어 있는 소속 또는 전기기관차에는 단로기 열쇠를 항상 비치

16. 운전허가증을 휴대하지 않은 경우 및 분실 시 조치 등

(1) 운전허가증 휴대하지 않은 경우의 조치

① 열차 운전 중 정당한 운전허가증을 휴대하지 않았거나 전령자가 승차하지 않은 것을 발견한 기관사는 속히 열차를 정차시키고 열차승무원 또는 뒤쪽 역장에게 그 사유를 보고하여야 한다.

㉮ 정차한 기관사 조치: 즉시 열차무선방호장치 방호를 하고 관제사 또는 가장 가까운 역장의 지시를 받아야 한다.

㉯ 보고 받은 관제사 또는 역장의 조치: 열차의 운행상태를 확인하고 기관사에게 현장 대기, 계속운전, 열차퇴행 등의 지시를 하여야 한다.

② 기관사는 무선전화기 통신 불능일 경우 다른 통신수단을 사용하여 관제사 또는 역장의 지시를 받아야 하며, 관제사 또는 역장의 지시를 받기 위해 무선전화기 상태를 수시로 확인하여야 한다.

(2) 운전허가증 분실 시 조치

기관사는 정거장 바깥에서 정당한 운전허가증을 분실하였을 때는 그대로 운전하고 앞쪽의 가장 가까운 역장에게 그 사유와 분실지점을 통보하여야 한다.

(3) 다른 구간 운전허가증의 처리

열차가 정당한 취급에 따라 폐색구간에 진입한 다음에 그 뒤쪽 구간의 운전허가증을 역장에게 주지 않고 가지고 나온 것을 발견하였을 때에는 해당 역장에게 그 내용을 통보하고 그대로 열차를 운전하여 앞쪽 가장 가까운 역장에게 주어야 한다.

01

사고발생 시 승무원의 현장조치 사항이 아닌 것은?

① 사고 원인조사　　② 승객의 유도　　③ 구름방지 조치　　④ 열차방호 조치

(해설) 운전규정 제268조(사고발생 시 조치)
① 철도사고 및 철도준사고가 발생할 우려가 있거나 사고가 발생한 경우에는 지체 없이 관계 열차 또는 차량을 정차시켜야 한다. 다만, 계속 운전하는 것이 안전하다고 판단될 경우에는 정차하지 않을 수 있다.
② 사고가 발생한 경우에는 그 상황을 정확히 판단하여 <u>차량의 안전조치, 구름방지, 열차방호, 승객의 유도, 인명의 보호, 철도재산피해 최소화, 구원여부, 병발사고의 방지 등</u> 가장 안전하다고 인정되는 방법으로 신속하게 조치한다.
③ 사고 관계자는 즉시 그 상황을 관제사 또는 인접 역장에게 급보하여야 하며, 보고 받은 관제사 또는 역장은 사고 발생내용을 관계부서에 통보하는 등 신속한 사고 복구가 이루어 질 수 있도록 조치한다.　　**정답** ①

02

열차 또는 선로에 고장 또는 사고가 발생하여 관계열차를 급히 정차시킬 필요가 있는 경우에 시행하는 열차방호에 대한 설명으로 틀린 것은?

① 열차표지 방호를 할 때는 KTX 열차는 기장이 비상경보버튼을 눌러 열차의 진행방향 적색등을 점멸시켜야 한다.
② 열차가 진행하여 오지 않음이 확실한 방향과 무선전화기 방호에 따라 관계 열차에 지장사실을 확실히 통보한 경우에는 정지수신호 방호 또는 열차표지 방호를 생략할 수 있다.
③ 정지수신호 방호를 할 때는 고속선에서 KTX기장 , 열차승무원, 유지보수 직원은 선로변에 설치된 폐색방호스위치(CPT)또는 역구내방호스위치(ZETP)를 방호위치로 전환시켜야 한다.
④ 열차무선방호장치 방호를 할 때는 지정열차의 기관사 또는 역장은 열차방호상황발생시 상황발생스위치를 동작시키고, 후속열차 및 인접 운행열차가 정차하였음이 확실한 경우 또는 그 방호 사유가 없어진 경우에는 즉시 열차무선방호장치의 동작을 해제시켜야 한다.

(해설) 운전규정 제270조(열차방호의 종류 및 시행방법)
① 열차방호의 종류와 방법은 다음 각 호와 같으며 현장상황에 따라 신속히 시행한다.
　1. 열차무선방호장치 방호: 지장열차의 기관사 또는 역장은 열차방호상황발생 시 상황발생스위치를 동작시키고, 후속열차 및 인접 운행열차가 정차하였음이 확실한 경우 또는 그 방호 사유가 없어진 경우에는 <u>즉시</u> 열차무선방호장치의 동작을 해제시킬 것

2. 무선전화기 방호: 지장열차의 기관사 또는 선로 순회 직원은 지장 즉시 무선전화기의 채널을 <u>비상통화위치(채널 2번)</u> 또는 상용채널(채널1번: 감청수신기 미설치 차량에 한함)에 놓고 "비상, 비상, 비상, ○○~△△역간 상(하)선 무선방회(단선 운전구간의 경우에는 상·하선 구분생략)"라고 3~5회 반복 통보하고, 관계 열차 또는 관계 정거장을 호출하여 지장 내용을 통보할 것. 이 경우에 기관사는 열차승무원에게도 통보할 것
3. 열차표지 방호: 지장 고정편성열차의 기관사 또는 열차승무원은 뒤 운전실의 전조등을 점등시킬 것. 이 경우에 KTX 열차는 기장이 비상경보버튼을 눌러 열차의 진행방향 적색등을 점멸시킬 것
4. 정지수신호 방호: <u>지장열차의 열차승무원 또는 기관사는 지장지점으로부터 정지수신호를 현시하면서 이동하여 400m 이상의 지점에 정지수신호를 현시할 것. 수도권 전동열차 구간의 경우에는 200m 이상의 지점에 정지수신호를 현시할 것</u>
5. 방호스위치 방호: 고속선에서 KTX기장, 열차승무원, 유지보수 직원은 선로변에 설치된 폐색방호스위치(CPT) 또는 역구내방호스위치(TZEP)를 방호위치로 전환시킬 것
6. 역구내 신호기 일괄제어 방호: 역장은 역구내 열차방호를 의뢰받은 경우 또는 열차방호 상황발생시 '신호기 일괄정지' 취급 후 관제 및 관계직원에 사유를 통보하여야 하며 방호사유가 없어진 경우에는 운전보안장치취급매뉴얼에 따라 방호를 해제시킬 것
② 열차의 방호는 지장선로의 앞·뒤 양쪽에 시행함을 원칙으로 한다. 다만, 열차가 진행하여 오지 않음이 확실한 방향과 무선전화기 방호에 따라 관계 열차에 지장사실을 확실히 통보한 경우에는 정지수신호 방호 또는 열차표지 방호를 생략할 수 있다.

정답 ③

03

운전취급규정에서 정하고 있는 사항으로 철도사고 또는 그 밖의 사유로 관계 열차를 급히 정차시킬 필요가 있는 경우 시행하는 열차방호 시행방법에 대한 설명으로 틀린 것은?

① 정지수신호 방호: 지장열차의 열차승무원 또는 기관사는 지장지점으로부터 정지수신호를 현시하면서 이동하여 400m 이상의 지점에 정지수신호를 현시할 것

② 무선전화기 방호: 지장열차의 기관사 또는 선로 순회 직원은 지장 즉시 무선전화기로 관계 열차 또는 관계 정거장을 호출하여 지장 내용을 통보할 것, 이 경우 기관사는 열차승무원에게 통보할 것

③ 열차표지 방호: 지장 고정편성열차의 기관사 또는 열차승무원은 뒤 운전실의 전조등을 점등시킬 것. 이 겨우 KTX 열차는 기장이 비상경보버튼을 눌러 열차의 진행방향 적색등을 점멸시킬 것

④ 열차무선방호장치 방호: 지장열차의 기관사가 열차방호상황 발생시 상황발생스위치를 동작시키고, 후속열차 및 인접 운행열차가 정차하였음이 확실한 경우에는 관제사에게 보고 후 열차무선 방호장치의 동작을 해제시킬 것

해설 운전규정 제270조(열차방호의 종류 및 시행방법)

정답 ④

무선전화기에 의한 방호요령 중 감청수신기가 설치된 차량의 경우 지장 즉시 무선전화기 채널을 어느 채널로 놓고 무선전화기방호를 하여야 하는가?

① 채널 1번   ② 채널 2번   ③ 채널 3번   ④ 채널 4번

(해설) 운전규정 제270조(열차방호의 종류 및 시행방법)   정답 ②

열차의 방호 중 역장만 시행하는 방호는?

① 방호스위치 방호   ② 정지수신호 방호
③ 무선전화기 방호   ④ 역구내 신호기 일괄제어 방호

(해설) 운전규정 제270조(열차방호의 종류 및 시행방법)   정답 ④

운전취급규정에 따른 열차방호의 종류로 가장 거리가 먼 것은?

① 열차무선방호장치 방호   ② 수전호에 의한 방호
③ 열차표지 방호   ④ 방호스위치 방호

(해설) 운전규정 제270조(열차방호의 종류 및 시행방법)   정답 ②

정거장 밖에서 열차탈선·전복 등으로 인접선로를 지장한 경우에 기관사가 시행해야하는 방호를 모두 나열한 것은?

① 방호스위치 방호   ② 열차무선방호장치 방호
③ 방호스위치 방호 및 무선전화기 방호   ④ 열차무선방호장치 방호 및 무선전화기 방호

(해설) 운전규정 제270조(열차방호의 종류 및 시행방법)   정답 ④

사상사고 등 이례사항 발생시 인접선 방호가 필요한 경우의 조치사항으로 틀린 것은?

① 인접 지장선로를 운행하는 기관사는 주의 운전할 것
② 기관사는 속도제한 사유가 없어진 경우에는 열차가 정상운행 될 수 있도록 관계처에 통보할 것
③ 지장선로를 통보받은 관제사는 관계 선로 운행열차 기관사에게 60km/h 이하 운행지시 등 운행정리 조치를 할 것
④ 해당 기관사는 관제사 또는 역장에게 사고개요 급보 시 사고수습 관련하여 인접선 지장여부를 확인하고 지장선로를 통보할 것

(해설) 운전규정 제272조(사상사고 발생 등으로 인접선 방호조치)
① 사상사고 등 이례사항 발생시 「비상대응계획 시행세칙」에 따라 사고조치를 하여야 하며 인접선 방호가 필요한 경우에는 다음 각 호에 따라야 한다.
  1. 해당 기관사는 관제사 또는 역장에게 사고개요 급보 시 사고수습 관련하여 인접선 지장여부를 확인하고 지장선로를 통보할 것
  2. 지장선로를 통보받은 관제사는 관계 선로 운행열차 기관사에게 <u>25km/h 이하</u> 속도로 운행을 지시하는 등 운행정리를 할 것
  3. 인접 지장선로를 운행하는 기관사는 제한속도를 준수하여 주의 운전할 것
② 제1항 1호의 기관사는 속도제한 사유가 없어진 때에는 열차가 정상운행 될 수 있도록 관계처에 통보하여야 한다.

정답 ③

정거장 및 신호소에서는 단락용 동선을 몇 개 이상 비치하여야 하는가?

① 1개 이상   ② 2개 이상   ③ 10개 이상   ④ 직원수의 1할 이상

(해설) 제273조(단락용 동선의 장치 및 휴대)
③ 단락용 동선의 휴대·적재 및 비치는 다음과 같다
  1. 선로순회 시설·전기직원: 1개 이상
  2. 각 열차의 동력차: 2개 이상
  3. 소속별 단락용동선 비치(연동 및 통표폐색식 시행구간 제외)
    가. 각 정거장 및 신호소: 2개 이상
    나. 차량사업소: 동력차에 적재할 상당수의 1할 이상
    다. <u>시설관리반: 2개 이상</u>
    라. 건널목 관리원 처소: 2개 이상
    마. 전기원 주재소: 2개 이상

정답 ②

열차운전 중 그 일부의 차량이 분리된 경우에 취하는 조치로 틀린 것은?

① 분리차량을 연결한 구원열차의 기관사는 관제사의 지시를 따를 것
② 열차무선방호장치 방호를 시행한 후 분리차량 수제동기를 사용하는 등 속히 정차시키고 이를 연결할 것
③ 분리차량이 이동 중에는 관제사에게 이를 급보하여야 하며 충돌을 피하기 위하여 상호 적당한 거리를 확보할 것
④ 분리차량의 정차가 불가능한 경우 열차승무원 또는 기관사는 그 요지를 해당 역장에게 급보할 것

(해설) 운전규정 제277조(열차 분리한 경우의 조치)
① 열차운전 중 그 일부의 차량이 분리한 경우에는 다음에 따라 조치한다.
   1. 열차무선방호장치 방호를 시행한 후 분리차량 수제동기를 사용하는 등 속히 정차시키고 이를 연결할 것
   2. 분리차량이 이동 중에는 이동구간의 양끝 역장 또는 기관사에게 이를 급보하여야 하며 충돌을 피하기 위하여 상호 적당한 거리를 확보할 것
   3. 분리차량의 정차가 불가능한 경우 열차승무원 또는 기관사는 그 요지를 해당 역장에게 급보할 것
② 기관사는 연결기 고장으로 분리차량을 연결할 수 없는 경우에는 다음 각 호에 따라 조치한다.
   1. 분리차량의 구름방지를 할 것
   2. 분리차량의 차량상태를 확인하고 보고할 것
   3. 구원열차 및 적임자 출동을 요청할 것
③ 제2항의 조치를 한 기관사는 분리차량이 열차승무원 또는 적임자에 의해 감시되거나 구원열차에 연결된 경우 관제사의 승인을 받아 분리차량을 현장에 남겨놓고 운전할 수 있다.
④ 분리차량을 연결한 구원열차의 기관사는 관제사의 지시에 따라야 한다.   정답 ③

열차가 분리된 경우의 조치에 대한 설명으로 틀린 것은?

① 연결기 고장으로 분리차량을 연결할 수 없는 경우에는 기관사의 판단으로 분리차량을 현장에 남겨놓고 운전할 수 있다.
② 분리차량의 정차가 불가능한 경우 열차승무원 또는 기관사는 그 요지를 해당 역장에게 급보할 것
③ 분리차량이 이동 중에는 이동구간의 양끝 역장 또는 기관사에게 이를 급보하여야 하며 충돌을 피하기 위하여 상호 적당한 거리를 확보할 것
④ 열차무선방호장치 방호를 시행한 후 분리차량 수제동기를 사용하는 등 속히 정차시키고 이를 연결할 것

(해설) 운전규정 제277조(열차 분리한 경우의 조치)   정답 ①

12

정거장 외에서 철도사고 등의 발생으로 열차가 정차하여 구원열차 요구 후의 조치사항으로 적절하지 않은 것은?

① 구원열차가 도착하기 전에 복구되었을 때는 계속 운전한다.

② 열차가 사고, 그 밖의 사유로 정차하여 구원열차를 요구한 때에는 무선전화기방호를 하여야 한다.

③ 철도사고 등의 발생으로 열차가 정차하여 구원열차를 요구하였으나 구원열차 운전의 통보가 있는 경우에는 해당 열차를 이동하여서는 아니 된다.

④ 철도사고 등의 확대될 염려가 있는 경우에는 구원열차 요구 후 열차 또는 차량을 이동할 수 있으며, 지체 없이 구원열차의 기관사와 관제사 또는 역장에게 그 사유와 정확한 정차지점 통보와 열차방호 및 구름방지 등 안전조치를 하여야 한다.

(해설) 운전규정 제279조(구원열차 요구 후 이동 금지)

① 철도사고 등의 발생으로 열차가 정차하여 구원열차를 요구하였거나 구원열차 운전의 통보가 있는 경우에는 해당 열차를 이동하여서는 아니 된다.
다만, 구원열차 요구 후 열차 또는 차량을 이동할 수 있는 경우는 다음과 같으며 이 경우 지체 없이 구원열차의 기관사와 관제사 또는 역장에게 그 사유와 정확한 정차지점 통보와 열차방호 및 구름방지 등 안전조치를 한다.
  1. 철도사고 등이 확대될 염려가 있는 경우
  2. 응급작업을 수행하기 위하여 다른 장소로 이동이 필요한 경우
② 열차승무원 또는 기관사는 구원열차가 도착하기 전에 사고 복구하여 열차의 운전을 계속할 수 있는 경우에는 관제사 또는 최근 역장의 지시를 받아야 한다.

정답 ①

13

이례상황 발생 시 운전취급 요령에 대한 설명으로 적절하지 않은 것은?

① 철도사고 등이 확대될 염려가 있는 경우에는 구원열차 요구 후에도 열차를 이동할 수 있다.

② 기관사는 연결기 고장으로 분리차량을 연결할 수 없을 경우에는 분리차량의 구름방지를 시행하여야 한다.

③ 응급작업을 수행하기 위하여 다른 장소로 이동이 필요하더라도 구원요구 후에는 해당 열차를 이동할 수 없다.

④ 기관사는 인접선로를 지장한 경우 즉시 열차무선방호장치 방호를 하는 동시에 무선전화기 방호를 시행하여야 한다.

(해설) 운전규정 제277조(열차 분리한 경우의 조치)

제279조(구원열차 요구 후 이동 금지)

제288조(인접선로를 지장한 경우의 방호) 정거장 밖에서 열차탈선·전복 등으로 인접선로를 지장한 경우에 기관사는 즉시 열차무선방호장치 방호와 함께 무선전화기 방호를 시행하여야 한다.

정답 ③

열차승무원 또는 기관사가 구원열차가 도착하기 전에 사고 복구하여 열차의 운전을 계속할 수 있는 경우에는 누구의 지시를 받아야 하는가?

① 구원열차 기관사　② 구원요청 역장　③ 지역본부장　④ 최근 역장

(해설) 운전규정 제279조(구원열차 요구 후 이동 금지)　　　　　정답 ④

15

열차에 화재 발생 시 조치사항으로 틀린 것은?

① 화재차량을 다른 차량에서 격리한다.
② 즉시 소화의 조치를 하고 여객을 대피 유도한다.
③ 지하구간일 경우에는 즉시 정차하여 신속히 소화조치 한다.
④ 교량 또는 터널 내의 경우에는 일단 그 밖까지 운전한다.

(해설) 운전규정 제282조(열차에 화재 발생 시 조치)
① 열차에 화재가 발생하였을 때에는 즉시 소화의 조치를 하고 여객의 대피 유도 또는 화재차량을 다른 차량에서 격리하는 등 필요한 조치를 하여야 한다.
② 화재 발생 장소가 교량 또는 터널 내 일 때에는 일단 그 밖까지 운전하는 것을 원칙으로 하고 지하구간일 경우에는 최근 역 또는 지하구간의 밖으로 운전하는 것으로 한다.
③ 유류열차 운전 중 폐색구간 도중에서 화재 또는 화재 발생 우려가 있을 때는 다음 각 호에 따른다.
　　1. 일반인의 접근을 금지하는 등 화기단속을 철저히 할 것
　　2. 소화에 노력하고 관계처에 급보할 것
　　3. 신속히 열차에서 분리하여 30m 이상 격리하고 남겨놓은 차량이 구르지 아니하도록 조치할 것
　　4. 인접선을 지장할 우려가 있을 경우 규정 제288조에 의한 방호(기관사는 즉시 열차무선방호장치 방호와 함께 무선전화기 방호를 시행하여야 한다)를 할 것　　정답 ③

유류열차 운전 중 폐색구간 도중에서 화재 또는 화재 발생 우려가 있을 때의 조치방법이 아닌 것은?

① 신속히 열차에서 분리하여 30m 이상 격리하고 남겨놓은 차량이 구르지 아니하도록 조치할 것
② 일반인의 접근을 금지하는 등 화기단속을 철저히 할 것
③ 소화에 노력하고 관계처에 급보할 것
④ 인접선을 지장할 우려가 있을 경우에 기관사는 즉시 열차무선방호장치 방호만 시행하여야 한다.

(해설) 운전규정 제282조(열차에 화재 발생 시 조치)　　　　　정답 ④

차량고장 발생 시 조치에 대한 설명으로 틀린 것은?

① 동력차의 구름방지는 기관사가 하며 객화차의 구름방지는 열차승무원이 하여야 한다.

② 차량고장 발생으로 응급조치가 필요한 경우 동력차는 기관사, 객화차는 열차승무원이 조치하여야 한다.

③ 차축발열 등 차량고장으로 열차운전상 위험하다고 인정한 경우에는 최근정거장까지 주의운전하여 관제사의 지시에 따른다.

④ 기관사는 정거장 밖에서 제동관 통기불능 차량이 발생하면 상황을 판단하여 구원을 요구하거나, 계속 운전하여도 안전하다고 인정될 때는 가장 가까운 정거장까지 주의운전 할 수 있다.

(해설) 운전규정 제290조(차량고장 시 조치)

① 차량고장 발생으로 응급조치가 필요한 경우 동력차는 기관사, 객화차는 열차승무원이 조치하여야 하며 응급조치를 하여도 운전을 계속할 수 없다고 판단되면 구원열차를 요구한다. 다만 열차승무원이 없을 때는 기관사가 조치한다.

② 교량이나 경사가 없는 지점에 정차하여 응급조치를 하여야 하며 기관정지 등으로 열차가 구를 염려 있을 때는 즉시 수제동기 및 수용바퀴구름막이 등을 사용하여 구름방지를 한다.

③ 동력차의 구름방지는 기관사가 하며 객화차의 구름방지는 열차승무원이 하여야 한다. 다만 열차승무원이 없을 때는 기관사가 한다.

④ 차축발열 등 차량고장으로 열차운전상 위험하다고 인정한 경우에는 열차에서 분리하고 <u>열차분리 경우의 조치에 따른다.</u>

정답 ③

차량 및 선로의 사고에 대한 설명으로 틀린 것은?

① 기적고장 시 기관사의 구원요구 후 동력차를 교체할 수 있는 최근 정거장까지 30km/h 이하의 속도로 주의운전하여야 한다.

② 차축발열 등 차량고장으로 열차운전상 위험하다고 인정한 경우에는 열차에서 분리하고 정거장 외일 경우에는 최근역까지만 운전할 수 있다.

③ 열차의 동력차 운전실이 앞·뒤에 있는 경우에 맨 앞 운전실의 고장 발생 시 뒤 운전실에서 조종하여 열차를 운전하는 경우의 운전은 최근 정거장까지로 한다.

④ 선로 고장으로 열차가 서행에 의하여 현장을 통과해야 할 경우에 순회자는 무선전화기 방호로 열차를 정차시켜 기관사에게 통보하고 서행수신호를 현시하여야 한다.

(해설) 운전규정

제291조(기적고장 시 조치) ① 열차운행 중 기적의 고장이 발생하면 구원을 요구하여야 한다. 다만, 관제기적이 정상일 경우에는 계속 운행할 수 있다.

② 제1항에 따라 구원요구 후 기관사는 동력차를 교체할 수 있는 최근 정거장까지 30km/h 이하의 속도로 주의운전 하여야 한다.

제290조(차량고장 시 조치)

제295조(앞 운전실 고장 시 조치) ① 열차의 동력차 운전실이 앞·뒤에 있는 경우에 맨 앞 운전실이 고장일 때는 뒤 운전실에서 조종하여 열차를 운전할 수 있다. 이 경우에 다른 승무원(열차승무원, 보조기관사, 부기관사 등)이 맨 앞 운전실에 승차하여 앞쪽의 신호 또는 진로 이상여부를 뒤 운전실의 기관사에게 통보하여야 한다.

② 제1항에 따른 운전은 최근 정거장까지로 한다. 다만, 여객을 취급하지 않거나 마지막 열차 등 부득이하여 관제사가 지시를 한 때에는 그러하지 아니하다.

제297조(순회자가 선로 고장 발견 시 조치) ① 시설·전기직원(이하 "순회자"라 한다) 등이 선로 고장, 운전보안장치 고장 또는 지장 있는 것을 발견하고 열차 운전에 위험하다고 인정되면 즉시 무선전화기 방호를 하는 동시에 관제사 또는 가장 가까운 역장에게 급부하여야 한다.

② 선로, 그 밖의 고장 또는 지장으로 열차가 서행으로 현장을 통과해야 할 경우에 순회자는 무선전화기 방호로 열차를 정차시켜 기관사에게 통보하고 서행수신호를 현시하여야 한다. 정답 ②

19

23년 2회·16년 3회

제동관 고장 시의 조치 중 틀린 것은?

① 고정편성 여객열차인 경우에는 종착역까지 운전시킬 수 있다.
② 기관사는 정거장 외에서 제동관 통기불능 차량이 발생한 경우에 상황을 판단하여 구원을 요구한다.
③ 관제사는 여객취급열차로서 분리하기 어려워 전도운전 지시를 하는 때는 1차만을 열차의 맨 뒤에 연결한다.
④ 기관사는 정거장 외에서 제동관 통기불능 차량이 발생한 경우에 전도 운전하여도 안전하다고 인정된 경우에는 교체가능한 정거장까지 주의운전 할 수 있다.

(해설) 운전규정 제294조(제동관 고장 시 조치)

① 기관사는 정거장 밖에서 제동관 통기불능 차량이 발생하면 상황을 판단하여 구원을 요구하거나, 계속 운전하여도 안전하다고 인정될 때는 가장 가까운 정거장까지 주의운전 할 수 있다.
② 제1항에 따라 구원을 요구한 때에는 가장 가까운 정거장에서 제동관 통기불능 차량을 열차에서 분리하여야 한다. 다만, 여객취급 열차로서 분리하기 어려운 때에는 남은 구간 운전에 대하여 관제사의 지시를 받아야 한다.
③ 관제사는 제2항 단서에 따라 계속운전의 지시를 할 때는 1차만을 열차의 맨 뒤에 연결하고 여객을 분산시키는 등의 안전조치 할 것을 지시 하여야 한다. 또한, 조속히 객차 교체의 지시를 하여야 한다. 다만, 고정편성 여객열차인 경우에는 종착역까지 운전시킬 수 있다.
④ 기관사 및 관제사는 제1항 또는 제3항에 따라 운전하는 경우 고장차량이 열차에서 분리될 것을 대비하여 열차승무원 또는 감시자를 불량차에 승차시켜야 한다.
⑤ 고장차량에 승차한 열차승무원 또는 감시자는 열차분리 되었을 때는 수제동기 체결 등의 안전조치를 하여야 한다. 정답 ④

동력차의 앞 운전실 고장이 발생하였을 경우의 조치사항으로 적절하지 않은 것은?

① 마지막 열차는 관제사가 지시하는 정거장까지 운전할 수 있다.

② 정거장에 진입할 때는 주의 운전하여야 하며 속도는 15km/h를 초과할 수 없다.

③ 열차승무원의 승무를 생략한 전동열차의 경우에 기관사는 관제사에 보고하고 합병운전 등의 조치를 하여야 한다.

④ 열차승무원이 맨 앞 운전실에 승차하여 기관사 대신 전방의 신호 또는 진로 이상여부를 기관사에게 통보하는 경우에 뒤 운전실에서 조종하여 열차를 운전할 수 있다.

(해설) 운전규정 제295조(앞 운전실 고장 시 조치)
① 열차의 동력차 운전실이 앞·뒤에 있는 경우에 맨 앞 운전실이 고장일 때는 뒤 운전실에서 조종하여 열차를 운전할 수 있다. 이 경우에 다른 승무원(열차승무원, 보조기관사, 부기관사 등)이 맨 앞 운전실에 승차하여 앞쪽의 신호 또는 진로 이상여부를 뒤 운전실의 기관사에게 통보한다.
② 제1항에 따른 운전은 최근 정거장까지로 한다. 다만, 여객을 취급하지 않거나 마지막 열차 등 부득이하여 관제사가 지시를 한 때에는 그러하지 아니하다.
③ 전철차장의 승무를 생략한 전동열차의 맨 앞 운전실이 고장인 경우에 기관사는 관제사에 보고하고 합병운전 등의 조치를 하여야 한다.
④ 제1항의 열차가 기관사 1인 승무열차인 경우에 관제사는 적임자를 지정하여 다른 승무원의 역할을 수행하도록 조치하여야 한다.　　정답 ②

선로장애 우려지점의 운전에 있어서 잘못 설명되어진 것은?

① 역장은 동 구간에 열차를 진입시킬 때는 시설처장(사업소장을 포함한다.)과 연락하여 선로상태에 이상 없음을 확인할 것

② 역장은 계절적으로 선로장애 우려가 있는 지점에 대하여 장애의 종류를 기재한 표를 설치 할 것

③ 기관사 및 열차승무원은 동 구간을 운전할 때는 열차의 상태에 주의운전 할 것

④ 기관사 및 열차승무원은 동 구간을 운전할 때는 특히 선로 상태에 주의운전 할 것

(해설) 운전규정 제299조(선로장애 우려지점 운전 및 지장물검지장치 작동 시 조치)
① 선로장애 우려되는 지점을 운전할 때의 취급은 다음 각 호에 따른다.
　1. 역장은 선로장애가 우려되는 구간에 열차를 진입시킬 때는 시설처장(사무소장을 포함한다. 이하 같다)과 연락하여 선로상태에 이상 없음을 확인할 것
　2. 기관사 및 열차승무원은 선로장애가 우려되는 구간을 운전할 때는 특히 선로 및 열차의 상태에 주의운전 할 것
② 시설처장은 계절적으로 선로장애가 우려되는 지점에는 장애의 종류를 기재한 표를 설치하고 감시원을 배치하여 역장과 상시 연락을 할 수 있어야 한다.　　정답 ②

선로전환기에 장애가 발생한 경우의 조치사항 중 틀린 것은?

① 유지보수 소속장은 관계 직원이 현장에 신속히 출동하도록 조치하고, 복구여부를 관계처에 통보하여야 한다.

② 관제사는 선로전환기에 장애가 발생한 경우에 유지보수 소속장에게 신속한 보수 지시와 관계 열차 기관사에게 장애 발생 사항 통보 등의 조치를 하여야 한다.

③ 관제사 또는 역장은 조작반으로 진입·진출시키는 모든 선로전환기 잠금상태가 확인되지 않을 경우 수동전환 하였음을 확인 후에 진행 수신호 생략승인번호를 통보하여야 한다.

④ 장애를 통보 받은 기관사는 신호기 바깥쪽에 정차할 자세로 주의운전하고, 통보를 받지 못하고 신호기에 정지신호가 현시된 경우에는 신호기 바깥쪽에 정차하고 역장에게 그 사유를 확인하여야 한다.

(해설) 운전규정 제300조(선로전환기 장애 발생 시 조치)

① 관제사는 선로전환기에 장애가 발생한 경우에 유지보수 소속장에게 신속한 보수 지시와 관계열차 기관사에게 장애 발생 사항 통보 등의 조치를 하여야 한다.

② 유지보수 소속장은 관계 직원이 현장에 신속히 출동하도록 조치하고, 복구여부를 관계처에 통보한다.

③ 장애를 통보 받은 기관사는 신호기 바깥쪽에 정차할 자세로 주의운전하고, 통보를 받지 못하고 신호기에 정지신호가 현시된 경우에는 신호기 바깥쪽에 정차하고 역장에게 그 사유를 확인한다.

④ 관제사 또는 역장은 조작반으로 진입·진출시키는 모든 선로전환기 <u>잠금상태를 확인</u>하여 이상 없음이 확실한 경우에는 진행 수신호 생략승인번호를 통보하여야 한다.

정답 ③

선로전환기 장애발생 시 선로전환기 잠금상태가 확인되지 않을 경우에 선로전환기를 수동 전환 하는 경우에 지정하는 적임자로 틀린 것은?

① 운전취급역 및 역원배치간이역: 역무원

② 역원무배치간이역: 인접역 역무원 또는 유지보수 직원

③ 역원무배치간이역: 열차가 진입, 진출 중에 장애가 발생하였거나, 적임자 출동 등으로 열차지연이 예상될 때는 유지보수 직원

④ 역원무배치간이역: 열차가 진입, 진출 중에 장애가 발생하였거나, 적임자 출동 등으로 열차지연이 예상될 때에는 열차승무원, 열차승무원이 승무하지 않는 열차는 동력차승무원

운전규정 제300조(선로전환기 장애 발생 시 조치)

④ 관제사 또는 역장은 조작반으로 진입·진출시키는 모든 선로전환기 잠금상태를 확인하여 이상 없음이 확실한 경우에는 진행 수신호 생략승인번호를 통보하여야 한다. 다만, 선로전환기의 잠금 상태가 확인되지 않을 경우에는 다음 각 호의 적임자를 지정하여 선로전환기를 수동 전환하도록 승인하여야 한다.

  1. 운전취급역 및 역원배치간이역: 역무원
  2. 역원무배치간이역: 인접역 역무원 또는 유지보수 직원
  3. 제2호의 경우는 열차가 진입, 진출 중에 장애가 발생하였거나, 적임자 출동 등으로 열차지연이 예상될 때는 열차승무원. 다만, 열차승무원이 승무하지 않는 열차는 동력차승무원   **정답** ③

24

21년 2회·16년 2회

선로전환기 장애발생 시 조치에 관한 사항으로 맞는 것은?

① 열차승무원은 관계 선로전환기를 수동전환 취급할 경우에는 수동핸들로 잠금조치를 한 후 출발하여야 한다.

② 역원배치간이역에서 선로전환기의 장애가 발생하여 잠금 상태가 확인되지 않을 경우에는 유지보수 직원이 도착할 때까지 열차승무원이 선로전환기 취급을 하여야 한다.

③ 역원무배치간이역에서 기관사는 신호기 바깥쪽에 정차 후 관제사로부터 선로전환기 수동전환 승인에 따라 해당 선로전환기 앞쪽까지 25km/h 이하의 속도로 운전하여야 한다.

④ 사전에 선로전환기 잠금 상태를 확인하였을 경우에는 모든 열차는 해당 신호기 설치지점부터 관계 선로전환기까지 정차하지 않고 45km/h 이하로 운전하여야 한다.

운전규정 제300조(선로전환기 장애 발생 시 조치)

⑤ 제4항 제3호에 따른 경우의 운전취급은 다음 각 호에 따른다.

  1. 기관사는 신호기 바깥쪽에 정차 후 관제사의 선로전환기 수동전환 승인에 따라 해당 선로전환기 앞쪽까지 25km/h 이하의 속도로 운전할 것
  2. 열차승무원은 관계 선로전환기를 수동전환요령에 따라 전환하여 쇄정핀 삽입 후 수동핸들을 동력차에 적재하고, 열차의 맨 뒤가 관계 선로전환기를 완전히 통과할 때까지 유도하여 정차시키고, 출발전호에 의해 열차를 출발시킬 것. 다만, 열차승무원이 승무하지 않은 열차의 기관사는 관계 선로전환기를 수동전환하여 쇄정핀을 삽입하고 수동핸들을 동력차에 적재한 다음 출발할 것   **정답** ③

25

23회 1회~2회·22년 1회~2회·21회 2회·20년 2회·18회 2회

복선 운전구간에서 차단작업, 선로고장, 차량고장 등의 사유로 인하여 관제사의 운전명령으로 우측선로로 운전하는 경우에 대한 설명으로 틀린 것은?

① 기관사는 관제사 또는 해당 역장에게 건널목관리원 배치여부를 확인하여야 한다.
② 관제사는 우측선로 운전구간의 양방향설비가 되지 않은 건널목에는 관계역장에게 감시자 배치를 지시하여야 한다.
③ 기관사는 인접선의 선로고장 또는 차량고장으로 운행구간을 지장하거나 지장할 우려가 있다고 통보받은 구간은 60km/h 이하의 속도로 서행 운전하여야 한다.
④ 기관사는 열차출발 전에 역장으로부터 운행구간의 서행구간 및 서행속도 등 운전에 필요한 사항을 통고 받지 못한 경우에는 확인하고 운전하여야 한다.

(해설) 운전규정 제301조(복선구간 반대선로 열차운전 시 취급)
복선 운전구간에서 차단작업, 선로고장, 차량고장 등의 사유로 인하여 관제사의 운전명령으로 우측선로로 운전하는 경우에는 다음 각 호의 운전취급에 따른다.
1. 관제사는 우측선로 운전구간의 양방향설비가 되지 않은 건널목에는 관계역장에게 감시자 배치를 지시하여야 하며 관계역장은 규정 제297조에 따른 조치를 하여야 한다.
2. 우측 선로를 운전하는 기관사는 다음 각 목의 조치에 따를 것
   가. 열차출발 전에 역장으로부터 운행구간의 서행구간 및 서행속도 등 운전에 필요한 사항을 통고 받지 못한 경우에는 확인하고 운전할 것
   나. 인접선의 선로고장 또는 차량고장으로 운행구간을 지장하거나 지장 할 우려가 있다고 통보받은 구간은 25km/h 이하의 속도로 운전할 것. 다만, 서행속도에 관한 지시를 사전에 통보받은 경우에는 그 지시속도에 따를 것
   다. 관제사 또는 해당 역장에게 건널목관리원 배치여부를 확인하고, 건널목차단기가 자동차단 되지 않거나 건널목관리원이 배치되지 않았을 경우는 규정 제302조에 따를 것

정답 ③

26

복선 운전구간에서 차단작업, 선로고장, 차량고장 등의 사유로 인하여 관제사의 운전명령에 따라 우측선로로 운전하는 경우에 대한 설명으로 틀린 것은?

① 열차를 우측선로로 진입시키는 역장은 상대역장에게 열차출발을 통보할 것
② 관제사는 우측선로 운전구간에 건널목보안장치 양방향설비가 설치되지 않은 경우에는 관계역장에게 감시자 배치를 지시할 것
③ 기관사는 운행구간의 서행구간 및 서행속도 등 역장으로부터 운전에 필요한 사항을 통보받지 못한 경우에는 45km/h 이하의 속도로 운전할 것
④ 기관사는 인접선의 선로고장 또는 차량고장으로 운행구간을 지장하거나 지장 할 우려가 있다고 통보받은 경우에는 그 지장 구간을 25km/h 이하의 속도로 운전할 것

(해설) 운전규정 제301조(복선구간 반대선로 열차운전 시 취급)

정답 ③

제6장 사고의 조치 **561**

전기를 동력으로 하는 열차가 단전으로 인하여 역행운전을 할 수 없을 때의 조치 중 틀린 것은?

① 정거장 또는 신호소 구내를 운전 중일 때에는 그 위치에 정차할 것

② 정차한 경우에는 제동을 체결하고 구름방지를 조치할 것

③ 30분 이상의 단전 예상 시 구름방지 및 축전지 방전 등 안전조치를 할 것

④ 정거장 밖을 운전 중일 때에는 타력으로 가까운 정거장 또는 신호소까지 운전하여야 한다.

(해설) 운전규정 제303조(전차선 단전 시 취급)

① 전기를 동력으로 하는 열차가 단전으로 역행운전을 할 수 없을 때에는 다음 각 호에 의하여 취급하여야 한다.
  1. 정거장 또는 신호소 구내를 운전 중일 때에는 그 위치에 정차할 것
  2. 정거장 밖을 운전 중일 때에는 가능한 타력으로 가까운 정거장 또는 신호소까지 운전하여야 하고, 정차하면
     제동을 체결하고 구름방지를 할 것
  3. 10분 이상의 단전예상 시 구름방지 및 축전지방전 방지 등의 안전조치를 할 것   정답 ③

전기차 열차가 절연구간 정차 시 단로기 취급에 대한 설명 중 틀린 것은?

① 전기차의 정차위치에 따라 절연구간을 통과하기에 적합한 팬터그래프를 올릴 것

② 절연구간에 설치된 기관사용 단로기는 전기차가 절연구간에 정차한 경우에만 취급할 것

③ 열차운전방향의 단로기를 투입하되 단로기가 절연구간 양쪽에 각각 2개씩 장치되어 있는 것은
   맨 바깥쪽 단로기를 취급할 것

④ 기관차를 기동시켜 절연구간을 통과하여 정차한 다음 단로기를 개방하고 열쇠를 제거하여야
   하며, 비상 팬터그래프를 취급하고 계속운전을 하면서 이를 관제사에게 통보할 것

(해설) 운전규정 제305조(절연구간 정차 시 취급)

기관차를 기동시키고 절연구간을 통과하여 정차한 다음 단로기를 개방하고 열쇠를 제거하여야 하며, 정상 팬터그래
프를 취급하고 계속운전을 하면서 이를 관제사에게 통보 할 것   정답 ④

단로기 취급에 대한 설명으로 맞는 것은?

① 열차 또는 차량의 운전에 상용하지 않는 전차선에 설치된 단로기는 평상시 개방할 것
② 전기처장은 측선에서 전차선로 작업을 하는 경우 역장과 협의한 후 관제사의 승인을 받을 것
③ 화물을 내리기 위하여 화물측선에 전기기관차를 진입시키는 경우에는 급전담당자의 승인을 받을 것
④ 전기차를 검수차고로 진입 또는 유치선을 진출시키는 경우에 관계역장은 안전관계 사항을 확인하고 단로기를 취급할 것

(해설) 운전규정 제306조(단로기 취급)
① 열차 또는 차량의 운전에 상용하지 않는 전차선에 설치된 단로기는 평상시 개방(OFF) 한다. 다만, 필요할 경우 다음 각 호에 따라 이를 일시 투입(ON)할 수 있다.
　1. 화물을 싣거나 내리기 위하여 화물측선에 전기기관차를 진입시키는 경우에는 역장의 승인을 받을 것
　2. 전기차를 검수차고로 진입시키거나 유치선에서 진출시킬 때는 검수담당 소속장은 안전관계 사항을 확인하고 단로기를 투입할 것
　　　　　　　　　　　　　　　　　　　　　　　　　　　　　　　정답 ①

폐색의 사고 중 운전허가증을 휴대하지 않은 경우의 조치사항에 대한 설명으로 틀린 것은?

① 운전허가증을 무휴대하여 열차가 정차하였을 때 기관사는 즉시 열차무선방호장치 방호를 한 후 다음 정거장 역장의 지시를 받아야 한다.
② 운전허가증을 무휴대하였다는 통보를 받은 관제사 또는 역장은 열차의 운행상태를 확인하여 열차를 현장 대기, 전도운전, 열차퇴행 등의 지시를 하여야 한다.
③ 열차운전 중 정당한 운전허가증의 무휴대 또는 무승차한 것을 발견한 기관사는 속히 열차를 정차시키고 열차승무원 또는 뒤쪽 역장에게 그 사유를 통고하여야 한다.
④ 운전허가증을 무휴대하여 무선전화기 통신불능으로 관제사 또는 역장의 지시를 받을 수 없을 경우 기관사는 가용 통신수단을 활용하여 조치하여야 하며, 관제사 또는 역장의 지시를 위해 무선전화기 상태를 수시로 확인하여야 한다.

(해설) 운전규정 제308조(운전허가증 휴대하지 않은 경우의 조치)
① 열차 운전 중 정당한 운전허가증을 휴대하지 않았거나 전령자가 승차하지 않은 것을 발견한 기관사는 속히 열차를 정차시키고 열차승무원 또는 뒤쪽 역장에게 그 사유를 보고하여야 한다.
② 제1항에 따라 정차한 기관사는 즉시 열차무선방호장치 방호를 하고 관제사 또는 가장 가까운 역장의 지시를 받아야 한다.
③ 제2항의 보고를 받은 관제사 또는 역장은 열차의 운행상태를 확인하고 제1항의 열차 기관사에게 현장 대기, 계속 운전, 열차퇴행 등의 지시를 한다.
④ 기관사는 무선전화기 통신 불능일 경우 다른 통신수단을 사용하여 관제사 또는 역장의 지시를 받아야 하며, 관제사 또는 역장의 지시를 받기 위해 무선전화기 상태를 수시로 확인한다.
　　　　　　　　　　　　　　　　　　　　　　　　　　　　　　　정답 ①

운전허가증을 휴대하지 않은 경우의 조치사항으로 틀린 것은?

① 기관사는 무선전화기 통신 불능일 경우 계속 운전하여 가장 가까운 역까지 운행한 후 관제사 또는 역장의 지시를 받아야 한다.
② 보고를 받은 관제사 또는 역장은 열차의 운행상태를 확인하고 기관사에게 현장 대기, 계속운전, 열차퇴행 등의 지시를 하여야 한다.
③ 열차 운전 중 정당한 운전허가증을 휴대하지 않았거나 전령자가 승차하지 않은 것을 발견한 기관사는 속히 열차를 정차시키고 열차승무원 또는 뒤쪽 역장에게 그 사유를 보고하여야 한다.
④ 정차한 기관사는 즉시 열차무선방호장치 방호를 하고 관제사 또는 가장 가까운 역장의 지시를 받아야 한다.

(해설) 운전규정 제308조(운전허가증 휴대하지 않은 경우의 조치)　　　　　정답 ①

운전허가증 휴대하지 않은 경우 및 분실 시 조치사항과 거리가 먼 것은?

① 정차한 기관사는 즉시 열차무선방호장치 방호를 한 후 관제사 또는 최근 정거장 역장의 지시를 받아야 한다.
② 기관사는 정당한 운전허가증을 정거장 바깥에서 분실한 경우에는 즉시 정차하여 관제사에게 그 사유와 분실지점을 통보하여야 한다.
③ 보고받은 관제사 또는 역장은 열차의 운행상태를 확인하여 열차를 현장대기, 전도운전, 열차퇴행 등의 지시를 하여야 한다.
④ 열차 운전 중 정당한 운전허가증을 휴대하지 않았거나 전령자가 승차하지 않은 것을 발견한 기관사는 속히 열차를 정차시키고 열차승무원 또는 뒤쪽 역장에게 그 사유를 보고하여야 한다.

(해설) 운전규정 제309조(운전허가증 분실 시 조치)
기관사는 정거장 바깥에서 정당한 운전허가증을 분실하였을 때는 그대로 운전하고 앞쪽의 가장 가까운 역장에게 그 사유와 분실지점을 통보하여야 한다.　　　　　정답 ②

운전허가증을 휴대하지 않은 경우에 대한 조치 사항으로 틀린 것은?

① 기관사는 관제사 또는 역장의 지시를 받기 위해 무선전화기 상태를 수시로 확인하여야 한다.

② 기관사는 무선전화기 통신 불능일 경우 다른 통신수단을 사용하여 관제사 또는 역장의 지시를 받아야 한다.

③ 정당한 운전허가증을 휴대하지 않은 것을 발견한 기관사는 각별히 주의운전하면서 관제사에게 그 사유를 보고하여야 한다.

④ 정당한 운전허가증을 휴대하지 않았다는 보고를 받은 관제사 또는 역장은 열차의 운행상태를 확인하고 열차 기관사에게 현장 대기, 계속운전, 열차퇴행 등의 지시를 하여야 한다.

해설 운전규정 제308조(운전허가증 휴대하지 않은 경우의 조치) 정답 ③

제 7 장 철도차량운전규칙

1. 용어의 정의

(1) 정거장
- ① 여객의 승강(여객 이용시설 및 편의시설 포함)
- ② 화물의 적하
- ③ 열차의 조성(철도차량을 연결하거나 분리하는 작업)
- ④ 열차의 교행 또는 대피를 목적으로 사용되는 장소

(2) 본선: 열차의 운전에 상용하는 선로

(3) 완급차: 관통제동기용 제동통·압력계·차장변 및 수제동기를 장치한 차량으로서 열차승무원이 집무할 수 있는 차실이 설비된 객차 또는 화차

(4) 진행지시신호: 진행신호·감속신호·주의신호·경계신호·유도신호 및 차내신호(정지신호 제외) 등 차량의 진행을 지시하는 신호

(5) 폐색: 일정 구간에 동시에 2 이상의 열차를 운전시키지 아니하기 위하여 그 구간을 하나의 열차의 운전에만 점용시키는 것

(6) 구내운전: 정거장내 또는 차량기지 내에서 입환신호에 의하여 열차 또는 차량을 운전하는 것

(7) 입환: 사람의 힘에 의하거나 동력차를 사용하여 차량을 이동·연결 또는 분리하는 작업

(8) 조차장: 차량의 입환 또는 열차의 조성을 위하여 사용되는 장소

(9) 신호소: 상치신호기 등 열차제어시스템을 조작·취급하기 위하여 설치한 장소

(10) 동력차: 기관차, 전동차, 동차 등 동력발생장치에 의하여 선로를 이동하는 것을 목적으로 제조한 철도차량

(11) 무인운전: 사람이 열차 안에서 직접 운전하지 아니하고 관제실에서의 원격조종에 따라 열차가 자동으로 운행되는 방식

2. 교육 및 훈련

(1) 철도운영자등의 교육시행 의무

① 철도운영자등은 해당 철도종사자 등이 업무 수행에 필요한 지식과 기능을 보유한 것을 확인한 후 업무를 수행하도록 해야 한다.

② 철도운영자등이 「철도안전법」 등 관계 법령에 따라 필요한 교육 실시 해당자

㉮ 철도차량의 운전업무에 종사하는 사람(운전업무종사자)

㉯ 철도차량운전업무를 보조하는 사람(운전업무보조자)

㉰ 철도차량의 운행을 집중 제어·통제·감시하는 업무에 종사하는 사람
(관제업무종사자)

㉱ 여객에게 승무 서비스를 제공하는 사람(여객승무원)

㉲ 운전취급담당자

㉳ 철도차량을 연결·분리하는 업무를 수행하는 사람

㉴ 원격제어가 가능한 장치로 입환 작업을 수행하는 사람

(2) 철도운영자등의 안전관리체계 확보

① 철도운영자등은 운전업무종사자, 운전업무보조자 및 여객승무원이

② 철도차량에 탑승하기 전 또는 철도차량의 운행중에 필요한 사항에 대한

③ 보고·지시 또는 감독 등을 적절히 수행할 수 있도록 안전관리체계를 갖추어야 한다.

3. 열차에 탑승하여야 하는 철도종사자

(1) 열차에 탑승시켜야 하는 자

① 운전업무종사자, 여객승무원

② 열차에 승무하여 여객에 대한 안내, 열차의 방호, 제동장치의 조작 또는 각종 전호를 취급하는 업무를 수행하는 자

(2) 운전업무종사자 외의 다른 철도종사자의 탑승 생략

운전업무종사자 외의 다른 철도종사자를 탑승시키지 않거나 탑승인원을 조정 가능한 경우

① 해당 선로의 상태, 열차에 연결되는 차량의 종류, 철도차량의 구조 및 장치의 수준 등을 고려하여

② 열차운행의 안전에 지장이 없다고 인정되는 경우

(3) 운전업무종사자를 탑승시키지 않을 수 있는 경우: 무인운전의 경우

4. 열차의 조성

(1) 동력차의 연결위치

① 원칙: 열차의 맨 앞에 연결

② 동력차를 맨 앞에 연결하지 않을 수 있는 경우

㉮ 기관차를 2 이상 연결한 경우로서 열차의 맨 앞에 위치한 기관차에서 열차를 제어하는 경우

㉯ 보조기관차를 사용하는 경우

㉰ 선로 또는 열차에 고장이 있는 경우

㉱ 구원열차·제설열차·공사열차 또는 시험운전열차를 운전하는 경우

㉲ 정거장과 그 정거장 외의 본선 도중에서 분기하는 측선과의 사이를 운전하는 경우

㉳ 그 밖에 특별한 사유가 있는 경우

(2) 여객열차의 연결제한

① 여객열차에는 화차를 연결할 수 없다.

② 회송의 경우와 그 밖에 특별한 사유가 있는 경우에는 그러하지 아니하다.

㉮ 화차를 연결하는 경우에는 화차를 객차의 중간에 연결불가

㉯ 파손차량, 동력을 사용하지 아니하는 기관차 또는 2차량 이상에 무게를 부담시킨 화물을 적재한 화차는 이를 여객열차에 연결불가

(3) 열차의 운전위치

① 열차의 운전위치: 운전방향 맨 앞 차량의 운전실

② 운전방향 맨 앞 차량의 운전실 외에서 열차를 운전할 경우

㉮ 철도종사자가 차량의 맨 앞에서 전호를 할 경우 그 전호에 의하여 열차를 운전하는 경우

㉯ 선로·전차선로 또는 차량에 고장이 있는 경우

㉰ 공사열차·구원열차 또는 제설열차를 운전하는 경우

㉱ 정거장과 그 정거장 외의 본선 도중에서 분기하는 측선과의 사이를 운전하는 경우

㉲ 철도시설 또는 철도차량을 시험하기 위해 운전하는 경우

㉳ 사전에 정한 특정한 구간을 운전하는 경우

㉴ 무인운전을 하는 경우

㉵ 그 밖에 부득이한 경우 운전방향 맨 앞 차량의 운전실에서 운전하지 않아도 열차의 안전한 운전에 지장 없는 경우

(4) 열차의 제동장치

① 2량 이상의 차량으로 조성하는 열차에는 모든 차량에 연동하여 작용하고 차량이 분리되었을 때 자동으로 차량을 정차시킬 수 있는 제동장치를 구비

② 제동장치를 구비하지 않을 수 있는 경우
   ㉮ 정거장에서 차량을 연결·분리하는 작업을 하는 경우
   ㉯ 차량을 정지시킬 수 있는 인력을 배치한 구원열차 및 공사열차의 경우
   ㉰ 그 밖에 차량이 분리된 경우에도 다른 차량에 충격을 주지 아니하도록 안전조치를 취한 경우

(5) 완급차의 연결 등
① 연결위치 ⇨ 관통제동기를 사용하는 열차의 맨 뒤(추진운전의 경우에는 맨 앞)에는 완급차를 연결
② 화물열차에는 완급차를 연결하지 아니할 수 있다. 단, 군전용열차 또는 위험물을 운송하는 열차 등 열차승무원이 반드시 탑승하여야 할 필요가 있는 열차에는 완급차를 연결
③ 제동장치의 시험 ⇨ 열차를 조성하거나 열차의 조성을 변경한 경우에는 당해 열차를 운행하기 전에 제동장치를 시험하여 정상작동여부를 확인

5. 열차의 운전

(1) 열차의 운전방향
① 철도운영자등은 상행선, 하행선 등으로 노선이 구분되는 선로의 경우에는 열차의 운행방향을 미리 지정한다.
② 지정된 선로의 반대선로로 열차를 운행할 수 있는 경우
   ㉮ 철도운영자등과 상호 협의된 방법에 따라 열차운행할 경우
   ㉯ 정거장내의 선로를 운전하는 경우
   ㉰ 공사열차·구원열차 또는 제설열차를 운전하는 경우
   ㉱ 정거장과 그 정거장 외의 본선 도중에서 분기하는 측선과의 사이를 운전하는 경우
   ㉲ 입환운전을 하는 경우
   ㉳ 선로 또는 열차의 시험을 위하여 운전하는 경우
   ㉴ 퇴행운전을 하는 경우
   ㉵ 양방향 신호설비가 설치된 구간에서 열차 운전할 경우
   ㉶ 철도사고 또는 운행장애의 수습 또는 선로보수공사 등으로 부득이하게 지정된 선로방향을 운행할 수 없는 경우

(2) 열차의 정거장 외 정차금지
① 열차는 정거장외에서는 정차하여서는 안 된다.
② 열차가 정거장외에서 정차할 수 있는 경우
   ㉮ 경사도 30/1000 이상인 급경사 구간에 진입하기 전의 경우
   ㉯ 정지신호의 현시가 있는 경우

㉻ 철도사고 등이 발생하거나 발생 우려가 있는 경우

　　　㉹ 그 밖에 철도안전을 위하여 부득이 정차하여야 하는 경우

(3) 열차의 동시 진입·진출 금지

　① 동시 진입·진출 금지 조건

　　　㉮ 2 이상의 열차가 정거장에 진입하거나 정거장으로부터 진출하는 경우로서

　　　㉯ 열차 상호간 그 진로에 지장을 줄 염려가 있는 경우

　② 동시 진입·진출이 가능한 경우

　　　㉮ 안전측선·탈선선로전환기·탈선기가 설치되어 있는 경우

　　　㉯ 열차를 유도하여 서행으로 진입시키는 경우

　　　㉰ 단행기관차로 운행하는 열차를 진입시키는 경우

　　　㉱ 다른 방향에서 진입하는 열차들이 출발신호기 또는 정차위치로부터 200미터(동차·전
　　　　동차의 경우에는 150미터) 이상의 여유거리가 있는 경우

　　　㉲ 동일방향에서 진입하는 열차들이 각 정차위치에서 100미터 이상의 여유거리가 있는
　　　　경우

6. 열차의 안전확보

(1) 열차간의 안전 확보

　① 열차간의 안전을 확보할 수 있는 방법

　　　㉮ 폐색에 의한 방법

　　　㉯ 열차 간의 간격을 확보하는 장치(열차제어장치)에 의한 방법

　　　㉰ 시계운전에 의한 방법

　　　　단, 정거장 내에서 철도신호의 현시·표시 또는 그 정거장의 운전을 관리하는 사람의
　　　　지시에 따라 운전하는 경우에는 그렇지 않다.

　② 단선(單線)구간에서 폐색을 한 경우 상대역의 열차가 동시에 당해 구간에 진입하도록 하여
　　서는 아니 된다.

　③ 열차 간 안전확보 방법에 의하지 않을 수 있는 경우

　　　㉮ 구원열차를 운전하는 경우

　　　㉯ 공사열차가 있는 구간에서 다른 공사열차를 운전하는 경우

　　　㉰ 특수한 경우로서 열차운행의 안전을 확보할 수 있는 조치를 취한 경우

(2) 지도표와 지도권의 사용구별

　① 대상 폐색방식: 지도통신식을 시행하는 구간(지도식을 시행하는 구간에는 지도표를 발행)

② 지도표를 교부하는 경우

㉮ 동일방향의 폐색구간으로 진입시키고자 하는 열차가 하나뿐인 경우

㉯ 연속하여 2 이상의 열차를 동일방향의 폐색구간으로 진입시키고자 하는 경우에 최후의 열차

＊나머지 열차에 대하여는 지도권을 교부

③ 지도권은 지도표를 가지고 있는 정거장 또는 신호소에서 서로 협의를 한 후 발행

④ 지도표는 1폐색구간에 1매, 지도권은 1열차에 1매

⑤ 열차는 당해구간의 지도표를 휴대하지 않으면 그 구간을 운전할 수 없음

(3) 열차를 지도통신식 폐색구간에 진입시킬 경우의 취급

① 열차는 당해구간의 지도표 또는 지도권을 휴대하지 아니하면 그 구간을 운전할 수 없다.

② 단, 고장열차가 있는 폐색구간에 구원열차를 운전하는 경우 등 특별한 사유가 있는 경우에는 그러하지 아니하다.

(4) 지도표·지도권의 기입사항

① 지도표 기입사항

㉮ 그 구간 양끝의 정거장명 ㉯ 발행일자

㉰ 사용열차번호

② 지도권 기입사항

㉮ 사용구간 ㉯ 사용열차

㉰ 발행일자 ㉱ 지도표 번호

(5) 시계운전에 의한 열차의 운전

① 복선운전을 하는 경우: ㉮ 격시법 ㉯ 전령법

② 단선운전을 하는 경우: ㉮ 지도격시법 ㉯ 전령법

＊단, 협의용 단행기관차의 운행 등 철도운영자등이 특별히 따로 정한 경우에는 그렇지 않다.

7. 상치신호기

(1) 상치신호기의 종류

① 주신호기

㉮ 장내신호기 ㉯ 출발신호기

㉰ 폐색신호기 ㉱ 엄호신호기

㉲ 유도신호기 ㉳ 입환신호기

② 종속신호기: ㉮ 원방신호기 ㉯ 통과신호기 ㉰ 중계신호기

③ 신호부속기: ㉮ 진로표시기 ㉯ 진로예고기 ㉰ 진로개통표시기

④ 차내신호: 동력차 내에 설치하여 신호를 현시하는 것

(2) 신호현시의 기본원칙

① 장내신호기: 정지신호

② 출발신호기: 정지신호

③ 폐색신호기(자동폐색신호기 제외): 정지신호

④ 엄호신호기: 정지신호

⑤ 유도신호기: 신호를 현시하지 아니한다.

⑥ 입환신호기: 정지신호

⑦ 원방신호기: 주의신호

⑧ 자동폐색신호기·반자동폐색신호기: 진행을 지시하는 신호

   * 단, 단선구간의 경우: 정지신호 현시를 기본으로 한다.

⑨ 차내신호: 진행신호

(3) 신호 일반

① 신호기의 배면광 설비: 상치신호기의 현시를 후면에서 식별할 필요가 있는 경우에는 배면광을 설비하여야 한다.

② 신호의 배열: 기둥 하나에 같은 종류의 신호 2이상을 현시할 때에는 맨 위에 있는 것을 맨 왼쪽의 선로에 대한 것으로 하고, 순차적으로 오른쪽의 선로에 대한 것으로 한다.

③ 신호현시의 순위: 원방신호기는 그 주된 신호기가 진행신호를 현시하거나, 3위식 신호기는 그 신호기의 배면쪽 제1의 신호기에 주의 또는 진행신호를 현시하기 전에 이에 앞서 진행신호를 현시할 수 없다.

④ 신호의 복위: 열차가 상치신호기의 설치지점을 통과한 때에는 그 지점을 통과한 때마다 신호를 복위한다.

  ㉮ 유도신호기: 신호를 현시하지 않음

  ㉯ 원방신호기: 주의신호

  ㉰ 그 외 신호기: 정지신호

8. 임시신호기

(1) 임시신호기의 종류와 용도

① 서행신호기: 서행운전할 필요가 있는 구간에 진입하려는 열차 또는 차량에 대하여 당해구간을 서행할 것을 지시하는 것

② 서행예고신호기: 서행신호기를 향하여 진행하려는 열차에 대하여 그 전방에 서행신호의 현시 있음을 예고하는 것

③ 서행해제신호기: 서행구역을 진출하려는 열차에 대하여 서행을 해제할 것을 지시하는 것

④ 서행발리스(Balise): 서행운전할 필요가 있는 구간의 전방에 설치하는 송·수신용 안테나로 지상 정보를 열차로 보내 자동으로 열차의 감속을 유도하는 것

(2) **서행속도 표시 대상 임시신호기**: 서행신호기 및 서행예고신호기에는 서행속도를 표시하여야 한다.

9. 수신호의 현시방법

신호기를 설치하지 아니하거나 이를 사용하지 못하는 경우에 사용하는 수신호의 현시방법

(1) 정지신호

① 주간: 적색기. 다만, 적색기가 없을 때에는 양팔을 높이 들거나 또는 녹색기외의 것을 급히 흔든다.

② 야간: 적색등. 단, 적색등이 없을 때에는 녹색등 외의 것을 급히 흔든다.

(2) 서행신호

① 주간: 적색기와 녹색기를 모아쥐고 머리 위에 높이 교차

② 야간: 깜박이는 녹색등

(3) 진행신호

① 주간: 녹색기. 다만, 녹색기가 없을 때는 한팔을 높이 든다.

② 야간: 녹색등

10. 입환전호 방법

(1) 오너라 전호

① 주간: 녹색기를 좌우로 흔든다. 다만, 부득이한 경우에는 한 팔을 좌우로 움직여 이를 대신할 수 있다.

② 야간: 녹색등을 좌우로 흔든다.

(2) 가거라 전호

① 주간: 녹색기를 위·아래로 흔든다. 다만, 부득이 한 경우에는 한 팔을 위·아래로 움직여 이를 대신할 수 있다.

② 야간: 녹색등을 위·아래로 흔든다.

(3) 정지전호

① 주간: 적색기. 다만, 부득이한 경우에는 두 팔을 높이 들어 이를 대신할 수 있다.

② 야간: 적색등

(4) 무선전화를 사용하여 입환전호를 할 수 있는 경우

① 무인역 또는 1인이 근무하는 역에서 입환하는 경우

② 1인이 승무하는 동력차로 입환하는 경우

③ 신호를 원격으로 제어하여 단순히 선로를 변경하기 위하여 입환하는 경우

④ 지형 및 선로여건 등을 고려할 때 입환전호하는 작업자를 배치하기가 어려운 경우

⑤ 원격제어가 가능한 장치를 사용하여 입환하는 경우

11. 기타 전호·표지

(1) 작업전호

전호의 방식을 정하여 그 전호에 따라 작업을 하여야 하는 경우

① 여객 또는 화물의 취급을 위하여 정지위치를 지시할 때

② 퇴행 또는 추진운전시 열차의 맨 앞 차량에 승무한 직원이 철도차량운전자에 대하여 운전상 필요한 연락을 할 때

③ 검사·수선연결 또는 해방을 하는 경우에 당해 차량의 이동을 금지시킬 때

④ 신호기 취급직원 또는 입환전호를 하는 직원과 선로전환기취급 직원간에 선로전환기의 취급에 관한 연락을 할 때

⑤ 열차의 관통제동기의 시험을 할 때

(2) 표지

① **열차의 표지**: 열차 또는 입환 중인 동력차는 표지를 게시하여야 한다.

② **안전표지**: 열차 또는 차량의 안전운전을 위하여 안전표지를 설치하여야 한다.

01

19년 2회

철도차량운전규칙에서 사용하는 용어의 정의로 틀린 것은?

① "정거장"이라 함은 여객의 승강, 화물의 적하, 열차의 조성, 열차의 교행 또는 대피를 목적으로 사용되는 장소를 말한다.

② "진행지시신호"라 함은 진행신호·감속신호·주의신호·경계신호·유도신호 및 차내신호(정지신호를 포함한다)등 차량의 진행을 지시하는 신호를 말한다.

③ "완급차"라 함은 관통제동기용 제동통·압력계·차장변 및 수제동기를 장치한 차량으로서 열차 승무원이 집무할 수 있는 차실이 설비된 객차 또는 화차를 말한다.

④ "동력차"라 함은 기관차, 전동차, 동차 등 동력발생장치에 의하여 선로를 이동하는 것을 목적으로 제조한 철도차량을 말한다.

해설 차량규칙 제2조(정의)

1. "정거장"이라 함은 여객의 승강(여객 이용시설 및 편의시설을 포함한다), 화물의 적하, 열차의 조성(철도차량을 연결하거나 분리하는 작업을 말한다), 열차의 교행 또는 대피를 목적으로 사용되는 장소를 말한다.

8. "완급차"라 함은 관통제동기용 제동통·압력계·차장변 및 수제동기를 장치한 차량으로서 열차승무원이 집무할 수 있는 차실이 설비된 객차 또는 화차를 말한다.

10. "진행지시신호"라 함은 진행신호·감속신호·주의신호·경계신호·유도신호 및 차내신호(정지신호를 제외한다)등 차량의 진행을 지시하는 신호를 말한다.

16. "동력차"라 함은 기관차, 전동차, 동차 등 동력발생장치에 의하여 선로를 이동하는 것을 목적으로 제조한 철도차량을 말한다.
정답 ②

02

24년 1회·17년 3회

철도차량운전규칙에서 정의한 용어의 설명이 틀린 것은?

① "운진취급담당자"라 함은 철도 신호기·선로전환기 또는 조작판을 취급하는 사람을 말한다.

② "구내운전"이라 함은 역구내에서 입환표지에 의하여 열차 또는 차량을 운전하는 것을 말한다.

③ "측선"이라 함은 본선이 아닌 선로를 말한다.

④ "폐색"이라 함은 일정구간에 동시에 2이상의 열차를 운전시키지 아니하기 위하여 그 구간을 하나의 열차의 운전에만 점용시키는 것을 말한다.

해설 차량규칙 제2조(정의)

12. "구내운전"이라 함은 정거장 내 또는 차량기지 내에서 입환신호에 의하여 열차 또는 차량을 운전하는 것을 말한다.

19. "운전취급담당자"란 철도 신호기·선로전환기 또는 조작판을 취급하는 사람을 말한다.
정답 ②

철도차량운전규칙에 정한 완급차에 장치되어야 할 설비가 아닌 것은?

① 압력계   ② 수제동기

③ 후부방호장치   ④ 관통제동기용 제동통

(해설) 차량규칙 제2조(용어)   정답 ③

철도차량운전규칙상 "정거장"에 해당되지 않는 것은?

① 화물의 적하를 목적으로 사용되는 장소를 말한다.

② 열차의 조성, 열차의 교행 또는 대피를 목적으로 사용되는 장소를 말한다.

③ 상치신호기 등 열차제어시스템을 조작·취급하기 위하여 설치한 장소를 말한다.

④ 여객의 승강(여객 이용시설 및 편의시설을 포함한다)을 목적으로 사용되는 장소를 말한다.

(해설) 차량규칙 제2조(용어)   정답 ③

철도차량운전규칙에서 정하고 있는 용어의 설명으로 가장 적절하지 않는 것은?

① "조차장"이라 함은 차량의 입환 또는 열차의 조성을 위하여 사용되는 장소를 말한다.

② "신호소"라 함은 상치신호기 등 열차제어시스템을 조작, 취급하기 위하여 설치한 장소를 말한다.

③ "동력차"라 함은 기관차, 전동차, 동차 등 동력발생장치에 의하여 선로를 이동하는 것을 목적으로 제조한 철도차량을 말한다.

④ "무인운전"이란 사람이 열차 안에서 직접 운전하지 아니하고 운전실에서의 원격조종에 따라 열차가 자동으로 운행되는 방식을 말한다.

(해설) 차량규칙 제3조(정의)

① 조차장: 차량의 입환 또는 열차의 조성을 위하여 사용되는 장소

② 신호소: 상치신호기 등 열차제어시스템을 조작·취급하기 위하여 설치한 장소

③ 동력차: 기관차, 전동차, 동차 등 동력발생장치에 의하여 선로를 이동하는 것을 목적으로 제조한 철도차량

④ 무인운전: 사람이 열차 안에서 직접 운전하지 아니하고 관제실에서의 원격조종에 따라 열차가 자동으로 운행되는 방식

정답 ④

철도차량운전규칙에서 철도운영자등이 「철도안전법」 등 관계 법령에 따라 필요한 교육을 실시하여 업무 수행에 필요한 지식과 기능을 보유한 것을 확인한 후 업무를 수행하도록 해야 하는 철도종사자가 아닌 것은?

① 철도차량운전업무를 보조하는 사람(운전업무보조자)
② 원격제어가 가능한 장치로 입환 작업을 수행하는 사람
③ 철도차량을 연결·분리하는 업무를 수행하는 사람
④ 여객에게 역무서비스를 제공하는 사람(여객역무원)

해설) 차량규칙 제6조(교육 및 훈련 등)
① 철도운영자등은 다음 가 호의 어느 하나에 해당하는 사람에게 「철도안전법」 등 관계 법령에 따리 필요한 교육을 실시해야 하고, 해당 철도종사자 등이 업무 수행에 필요한 지식과 기능을 보유한 것을 확인한 후 업무를 수행하도록 해야 한다.
   1. 「철도안전법」 제2조 제10호 가목에 따른 철도차량의 운전업무에 종사하는 사람(운전업무종사자)
   2. 철도차량운전업무를 보조하는 사람(운전업무보조자)
   3. 「철도안전법」 제2조 제10호 나목에 따라 철도차량의 운행을 집중 제어·통제·감시하는 업무에 종사하는 사람 (관제업무종사자)
   4. 「철도안전법」 제2조 제10호 다목에 따른 여객에게 승무 서비스를 제공하는 사람(여객승무원)
   5. 운전취급담당자   6. 철도차량을 연결·분리하는 업무를 수행하는 사람
   7. 원격제어가 가능한 장치로 입환 작업을 수행하는 사람   정답) ④

철도차량운전규칙에서 정한 열차에 탑승하여야 하는 철도종사자에 대한 설명으로 틀린 것은?

① 무인운전의 경우에는 운전업무종사자를 탑승시키지 않을 수 있다.
② 열차에는 운전업무종사자와 여객승무원을 탑승시켜야 한다.
③ 해당 선로의 상태, 열차에 연결되는 차량의 종류, 철도차량의 구조 및 장치의 수준 등을 고려하여 열차운행의 안전에 지장이 없다고 인정되는 경우에는 운전업무종사자 등의 철도종사자를 탑승시키지 않거나 인원을 조정할 수 있다.
④ 철도운영자등은 운전업무종사자, 운전업무보조자 및 여객승무원이 철도차량에 탑승하기 전 또는 철도차량의 운행중에 필요한 사항에 대한 보고·지시 또는 감독 등을 적절히 수행할 수 있도록 안전관리체계를 갖추어야 한다.

해설) 차량규칙
제7조(열차에 탑승하여야 하는 철도종사자) ① 열차에는 운전업무종사자와 여객승무원을 탑승시켜야 한다. 다만, 해당 선로의 상태, 열차에 연결되는 차량의 종류, 철도차량의 구조 및 장치의 수준 등을 고려하여 열차운행의 안전에 지장이 없다고 인정되는 경우에는 운전업무종사자 외의 다른 철도종사자를 탑승시키지 않거나 인원을 조정할 수 있다.

② 제1항에도 불구하고 무인운전의 경우에는 운전업무종사자를 탑승시키지 않을 수 있다.

제6조(교육 및 훈련 등) ② 철도운영자등은 운전업무종사자, 운전업무보조자 및 여객승무원이 철도차량에 탑승하기 전 또는 철도차량의 운행중에 필요한 사항에 대한 보고·지시 또는 감독 등을 적절히 수행할 수 있도록 안전관리체계를 갖추어야 한다.

정답 ③

08

철도차량운전규칙에서 정한 사항으로 열차의 운전에 사용하는 동력차는 열차의 맨 앞에 연결하지 않을 수 있다. 이에 해당하지 않은 것은?

① 입환운전을 하는 경우

② 보조기관차를 사용하는 경우

③ 구원열차·제설열차·공사열차 또는 시험운전열차를 운전하는 경우

④ 정거장과 그 정거장 외의 본선 도중에서 분기하는 측선과의 사이를 운전하는 경우

해설 제11조(동력차의 연결위치)

열차의 운전에 사용하는 동력차는 열차의 맨 앞에 연결하여야 한다. 다만, 다음 각 호의 어느 하나에 해당하는 경우에는 그러하지 아니하다.

1. 기관차를 2 이상 연결한 경우로서 열차의 맨 앞에 위치한 기관차에서 열차를 제어하는 경우
2. 보조기관차를 사용하는 경우
3. 선로 또는 열차에 고장이 있는 경우
4. 구원열차·제설열차·공사열차 또는 시험운전열차를 운전하는 경우
5. 정거장과 그 정거장 외의 본선 도중에서 분기하는 측선과의 사이를 운전하는 경우
6. 그 밖에 특별한 사유가 있는 경우

정답 ①

09

철도차량운전규칙에서 맨 앞 차량 이외의 운전실에서 운전할 수 있는 경우로 틀린 것은?

① 무인운전을 하는 경우   ② 보조기관차를 사용하는 경우

③ 철도차량을 시험하기 위해 운전하는 경우   ④ 사전에 정한 특정한 구간을 운전하는 경우

해설 차량규칙 제13조(열차의 운전위치)

① 열차는 운전방향 맨 앞 차량의 운전실에서 운전하여야 한다.
② 다음의 경우에는 운전방향 맨 앞 차량의 운전실 외에서도 열차를 운전할 수 있다.

    1. 철도종사자가 차량의 맨 앞에서 전호를 하는 경우로서 그 전호에 의하여 열차를 운전하는 경우
    2. 선로·전차선로 또는 차량에 고장이 있는 경우
    3. 공사열차·구원열차 또는 제설열차를 운전하는 경우
    4. 정거장과 그 정거장 외의 본선 도중에서 분기하는 측선과의 사이를 운전하는 경우
    5. 철도시설 또는 철도차량을 시험하기 위하여 운전하는 경우

6. 사전에 정한 특정한 구간을 운전하는 경우
7. 무인운전을 하는 경우
8. 그 밖에 부득이한 경우로서 운전방향 맨 앞 차량의 운전실에서 운전하지 아니하여도 열차의 안전한 운전에 지장이 없는 경우

정답 ②

10

철도차량운전규칙상 2량 이상의 차량으로 조성하는 열차에는 모든 차량에 연동하여 작용하고 차량이 분리되었을 때 자동으로 차량을 정차시킬 수 있는 제동장치를 구비하여야 하는 경우로 맞는 것은?

① 후부에 차장차를 연결한 화물열차
② 정거장에서 차량을 연결·분리하는 작업을 하는 경우
③ 차량을 정지시킬 수 있는 인력을 배치한 구원열차 및 공사열차의 경우
④ 차량이 분리된 경우에는 다른 차량에 충격을 주지 아니하도록 안전조치를 취한 경우

해설 차량규칙 제14조(열차의 제동장치)
2량 이상의 차량으로 조성하는 열차에는 모든 차량에 연동하여 작용하고 차량이 분리되었을 때 자동으로 차량을 정차시킬 수 있는 제동장치를 구비하여야 한다. 다만, 다음 각 호의 어느 하나에 해당하는 경우에는 그러하지 아니하다.
1. 정거장에서 차량을 연결·분리하는 작업을 하는 경우
2. 차량을 정지시킬 수 있는 인력을 배치한 구원열차 및 공사열차의 경우
3. 그 밖에 차량이 분리된 경우에도 다른 차량에 충격을 주지 아니하도록 안전조치를 취한 경우

정답 ①

11

24년 1회

철도차량운전규칙에서 완급차의 연결에 관한 설명으로 틀린 것은?

① 화물열차에는 완급차를 연결하지 아니할 수 있다.
② 군전용열차 등 열차승무원이 반드시 탑승하여야 할 필요가 있는 열차에는 완급차를 연결하여야 한다.
③ 위험물을 운송하는 열차 등 열차승무원이 반드시 탑승하여야 할 필요가 있는 열차에는 완급차를 연결하여야 한다.
④ 관통제동기를 사용하는 열차의 맨 앞(추진운전의 경우에는 맨 뒤)에는 완급차를 연결하여야 한다.

해설 차량규칙 제16조(완급차의 연결)
① 관통제동기를 사용하는 열차의 맨 뒤(추진운전의 경우에는 맨 앞)에는 완급차를 연결하여야 한다. 다만, 화물열차에는 완급차를 연결하지 아니할 수 있다.
② 제1항 단서의 규정에 불구하고 군전용열차 또는 위험물을 운송하는 열차 등 열차승무원이 반드시 탑승하여야 할 필요가 있는 열차에는 완급차를 연결하여야 한다.

정답 ④

철도차량운전규칙상 철도운영자 등은 상행선·하행선 등으로 노선이 구분되는 선로의 경우에는 열차의 운행방향을 미리 지정하여야 하는데 지정된 반대선로로 운행할 수 있는 경우에 해당하지 않는 것은?

① 추진운전을 하는 경우

② 정거장내의 선로를 운전하는 경우

③ 공사열차·구원열차 또는 제설열차를 운전하는 경우

④ 정거장과 그 정거장 외의 본선 도중에서 분기하는 측선과의 사이를 운전하는 경우

해설 차량규칙 제20조(열차의 운전방향 지정 등)

① 철도운영자등은 상행선, 하행선 등으로 노선이 구분되는 선로의 경우에는 열차의 운행방향을 미리 지정한다.

② 다음에 해당되는 경우에는 제1항의 규정에 의하여 지정된 선로의 반대선로로 열차를 운행할 수 있다.

   1. 제4조 제2항의 규정에 의하여 철도운영자등과 상호 협의된 방법에 따라 열차를 운행하는 경우

   2. 정거장내의 선로를 운전하는 경우

   3. 공사열차·구원열차 또는 제설열차를 운전하는 경우

   4. 정거장과 그 정거장 외의 본선 도중에서 분기하는 측선과의 사이를 운전하는 경우

   5. 입환운전을 하는 경우

   6. 선로 또는 열차의 시험을 위하여 운전하는 경우

   7. 퇴행(退行)운전을 하는 경우

   8. 양방향 신호설비가 설치된 구간에서 열차를 운전하는 경우

   9. 철도사고 또는 운행장애(이하 "철도사고등"이라 한다)의 수습 또는 선로보수공사 등으로 인하여 부득이하게 지정된 선로방향을 운행할 수 없는 경우

정답 ①

열차의 운행방향은 철도운영자가 미리 지정한 선로에 의하도록 되어 있으나 지정한 반대선로로 열차를 운행할 수 있는 경우로 맞는 것은?

① 양방향 신호설비가 설치된 구간에서 열차를 운전하는 경우

② 철도사고 또는 운행장애로 수신호에 의해 출발하는 경우

③ 상용폐색방식을 시행할 수 없어 통신식에 따라 운전하는 경우

④ 폐색장치 고장으로 단선구간에서 대용폐색방식을 시행하는 경우

해설 차량규칙 제20조(열차의 운전방향 지정 등)

정답 ①

철도차량운전규칙에서 열차가 정거장 외에서 정차하여도 되는 경우가 아닌 것은?

① 정지신호가 현시가 있는 경우

② 철도안전을 위하여 부득이 정차하여야 하는 경우

③ 경사도가 1000분의 23 이상인 급경사 구간에 진입하기 전의 경우

④ 철도사고 등이 발생하거나 철도사고 등의 발생 우려가 있는 경우

(해설) **차량규칙 제22조(열차의 정거장 외 정차금지)**

열차는 정거장외에서는 정차하여서는 안 된다. 다만, 다음 각 호의 어느 하나에 해당하는 경우에는 그러하지 아니하다.

1. 경사도가 1000분의 30 이상인 급경사 구간에 진입하기 전의 경우

2. 정지신호의 현시(現示)가 있는 경우

3. 철도사고등이 발생하거나 철도사고등의 발생 우려가 있는 경우

4. 그 밖에 철도안전을 위하여 부득이 정차하여야 하는 경우   정답 ③

철도차량운전규칙상 지도표와 지도권에 관한 설명으로 틀린 것은?

① 지도식을 시행하는 구간에는 지도표를 발행하여야 한다.

② 지도권에는 사용구간, 사용열차, 발행일자, 지도표 번호를 기입하여야 한다.

③ 지도표에는 그 구간 양끝의 정거장명, 발행일자, 사용열차번호를 기입하여야 한다.

④ 연속하여 2 이상의 열차를 동일방향의 폐색구간으로 진입시키고자 하는 경우에는 최후의 열차
에 대하여는 지도권을, 나머지 열차에 대하여는 지도표를 교부한다.

(해설) **차량규칙**

제60조(지도표와 지도권의 사용구별) ① 지도통신식을 시행하는 구간에서 동일방향의 폐색구간으로 진입시키고자
하는 열차가 하나뿐인 경우에는 지도표를 교부하고, 연속하여 2 이상의 열차를 동일방향의 폐색구간으로 진입시
키고자 하는 경우에는 최후의 열차에 대하여는 지도표를, 나머지 열차에 대하여는 지도권을 교부한다.

② 지도권은 지도표를 가지고 있는 정거장 또는 신호소에서 서로 협의를 한 후 발행하여야 한다.

제61조(열차를 지도통신식 폐색구간에 진입시킬 경우의 취급) 열차는 딩해구간의 지도표 또는 시노권을 휴대하지
아니하면 그 구간을 운전할 수 없다. 다만, 고장열차가 있는 폐색구간에 구원열차를 운전하는 경우 등 특별한 사
유가 있는 경우에는 그러하지 아니하다.

제62조(지도표·지도권의 기입사항) ① 지도표에는 그 구간 양끝의 정거장명·발행일자 및 사용열차번호를 기입
하여야 한다.

② 지도권에는 사용구간·사용열차·발행일자 및 지도표 번호를 기입하여야 한다.   정답 ④

16

철도차량운전규칙상 시계운전에 의한 열차의 운전방법이 아닌 것은?

① 통신식   ② 격시법   ③ 전령법   ④ 지도격시법

해설 운전규칙 제72조(시계운전에 의한 열차의 운전)

시계운전에 의한 열차운전은 다음 각 호의 어느 하나의 방법으로 시행하여야 한다. 다만, 협의용 단행기관차의 운행 등 철도운영자등이 특별히 따로 정한 경우에는 그러하지 아니하다.

1. 복선운전을 하는 경우
   가. 격시법   나. 전령법
2. 단선운전을 하는 경우
   가. 지도격시법   나. 전령법   **정답** ①

17

철도차량운전규칙에 정한 상치신호기 중 신호부속기가 아닌 것은?

① 진로중계기   ② 진로예고기   ③ 진로표시기   ④ 진로개통표시기

해설 차량규칙 제82조(상치신호기의 종류)

3. 신호부속기
   가. 진로표시기: 장내신호기·출발신호기·진로개통표시기 및 입환신호기에 부속하여 열차 또는 차량에 대하여 그 진로를 표시하는 것
   나. 진로예고기: 장내신호기·출발신호기에 종속하여 다음 장내신호기 또는 출발신호기에 현시하는 진로를 열차에 대하여 예고하는 것
   다. 진로개통표시기: 차내신호를 사용하는 열차가 운행하는 본선의 분기부에 설치하여 진로의 개통상태를 표시하는 것   **정답** ①

18

철도차량운전규칙에서 정하고 있는 상치신호기의 기본원칙으로 틀린 것은?

① 차내신호기: 진행신호   ② 원방신호기: 주의신호
③ 단선 자동폐색신호기: 진행신호   ④ 복선 반자동폐색신호기: 진행신호

해설 차량규칙 제85조(신호현시의 기본원칙)

① 별도의 작동이 없는 상태에서의 상치신호기의 기본원칙은 다음 각 호와 같다.
1. 장내신호기: 정지신호   2. 출발신호기: 정지신호
3. 폐색신호기(자동폐색신호기 제외): 정지신호   4. 엄호신호기: 정지신호
5. 유도신호기: 신호를 현시하지 아니한다.   6. 입환신호기: 정지신호
7. 원방신호기: 주의신호

② 자동폐색신호기 및 반자동폐색신호기는 진행을 지시하는 신호를 현시함을 기본으로 한다. 다만, 단선구간의 경우에는 정지신호를 현시함을 기본으로 한다.

③ 차내신호는 진행신호를 현시함을 기본으로 한다.　　　　　　　　　　　　　　　　　　정답　③

19　　　　　　　　　　　　　　　　　　　　　　　　　　　　　　　　　　　　19년 1회

철도차량운전규칙에서 정하고 있는 철도신호기 취급에 대한 설명으로 맞는 것은?

① 상치신호기의 현시를 후면에서 식별할 필요가 있는 경우에는 배면광(背面光)을 설비하여야 한다.

② 기둥 하나에 같은 종류의 신호 2 이상을 현시할 때에는 맨 위에 있는 것을 맨 오른쪽의 선로에 대한 것으로 하고, 순차적으로 왼쪽 선로에 대한 것으로 한다.

③ 원방신호기는 그 수된 신호기가 정지신호를 현시하거나, 3위식 신호기는 그 신호기의 배면쪽 제1의 신호기에 주의 또는 진행신호를 현시하기 전에 이에 앞서 정지신호를 현시할 수 없다.

④ 열차가 상치신호기의 설치지점을 통과한 때에는 그 지점을 통과한 때마다 유도신호기는 신호를 현시하지 아니하며 원방신호기는 정지신호를, 그 밖의 신호기는 주의신호를 현시하여야 한다.

해설 차량규칙

제86조(배면광 설비) 상치신호기의 현시를 후면에서 식별할 필요가 있는 경우에는 배면광을 설비하여야 한다.

제87조(신호의 배열) 기둥 하나에 같은 종류의 신호 2 이상을 현시할 때에는 맨 위에 있는 것을 맨 왼쪽의 선로에 대한 것으로 하고, 순차적으로 오른쪽의 선로에 대한 것으로 한다.

제88조(신호현시의 순위) 원방신호기는 그 주된 신호기가 진행신호를 현시하거나, 3위식 신호기는 그 신호기의 배면쪽 제1의 신호기에 주의 또는 진행신호를 현시하기 전에 이에 앞서 진행신호를 현시할 수 없다.

제89조(신호의 복위) 열차가 상치신호기의 설치지점을 통과한 때에는 그 지점을 통과한 때마다 유도신호기는 신호를 현시하지 아니하며 원방신호기는 주의신호를, 그 밖의 신호기는 정지신호를 현시하여야 한다.　　정답　①

20　　　　　　　　　　　　　　　　　　　　　　　　　　　　　　　　　　　　18년 1회

철도차량운전규칙에서 정한 철도신호에 대한 설명으로 틀린 것은?

① 차내신호는 진행신호를 현시함을 기본으로 한다.

② 자동폐색신호기 및 반자동폐색신호기는 진행을 지시하는 신호를 현시함을 기본으로 한다.

③ 주간과 야간의 현시방식을 달리하는 신호·전호 및 표지의 경우 일출 후부터 일몰 전까지는 주간 방식으로 한다.

④ 열차가 상치신호기의 설치지점을 통과한 때에는 그 지점을 통과한 때마다 원방신호기는 정지신호를 현시하여야 한다.

해설 **차량규칙 제85조(신호현시의 기본원칙)**

① 별도의 작동이 없는 상태에서의 상치신호기의 기본원칙은 다음 각 호와 같다.

  1. 장내신호기: 정지신호   2. 출발신호기: 정지신호
  3. 폐색신호기(자동폐색신호기 제외): 정지신호   4. 엄호신호기: 정지신호
  5. 유도신호기: 신호를 현시하지 아니한다.   6. 입환신호기: 정지신호
  7. 원방신호기: 주의신호

② 자동폐색신호기 및 반자동폐색신호기는 진행을 지시하는 신호를 현시함을 기본으로 한다. 다만, 단선구간의 경우에는 정지신호를 현시함을 기본으로 한다.

③ 차내신호는 진행신호를 현시함을 기본으로 한다.

차량규칙 제89조(신호의 복위) 열차가 상치신호기의 설치지점을 통과한 때에는 그 지점을 통과한 때마다 유도신호기는 신호를 현시하지 아니하며 원방신호기는 주의신호를, 그 밖의 신호기는 정지신호를 현시하여야 한다.

정답 ④

21 23년 2회·22년 1회

철도차량운전규칙에서 임시신호기의 종류가 아닌 것은?

① 서행발리스   ② 서행신호기   ③ 서행해제예고신호기   ④ 서행해제신호기

해설 **차량규칙 제91조(임시신호기의 종류)**

임시신호기의 종류와 용도는 다음 각 호와 같다. 〈개정 2021.10.26.〉

1. 서행신호기: 서행운전할 필요가 있는 구간에 진입하려는 열차 또는 차량에 대하여 당해구간을 서행할 것을 지시하는 것
2. 서행예고신호기: 서행신호기를 향하여 진행하려는 열차에 대하여 그 전방에 서행신호의 현시 있음을 예고하는 것
3. 서행해제신호기: 서행구역을 진출하려는 열차에 대하여 서행을 해제할 것을 지시하는 것
4. 서행발리스(Balise): 서행운전할 필요가 있는 구간의 전방에 설치하는 송·수신용 안테나로 지상 정보를 열차로 보내 자동으로 열차의 감속을 유도하는 것

정답 ③

22 17년 3회

철도차량운전규칙에서 규정하는 수신호 현시방법 중 적색기와 녹색기를 모아쥐고 머리 위에 높이 교차하는 수신호는?

① 진행신호   ② 서행신호   ③ 주의신호   ④ 정지신호

해설 **차량규칙 제93조(수신호의 현시방법)**

신호기를 설치하지 아니하거나 이를 사용하지 못하는 경우에 사용하는 수신호는 다음 각 호와 같이 현시한다.

1. 정지신호
  가. 주간: 적색기.
    다만, 적색기가 없을 때에는 양팔을 높이 들거나 또는 녹색기외의 것을 급히 흔든다.
  나. 야간: 적색등.
    다만, 적색등이 없을 때에는 녹색등 외의 것을 급히 흔든다.

2. 서행신호
    가. 주간: 적색기와 녹색기를 모아쥐고 머리 위에 높이 교차한다.
    나. 야간: 깜박이는 녹색등
3. 진행신호
    가. 주간: 녹색기. 다만, 녹색기가 없을 때는 한 팔을 높이 든다.
    나. 야간: 녹색등

정답 ②

23

철도차량운전규칙상 야간에 실시하는 수전호의 입환전호 방식이 아닌 것은?

① 정지전호: 적색등

② 가거라 전호: 녹색등을 상-하로 흔든다.

③ 오너라 전호: 녹생등을 좌-우로 흔든다.

④ 주의기적전호: 백색등을 상-하로 흔든다.

(해설) 차량규칙 제101조(입환전호 방법)
① 입환작업자(기관사를 포함한다)는 서로 육안으로 확인할 수 있도록 다음 각 호의 방법으로 입환전호 한다.
    1. 오너라 전호
        가. 주간: 녹색기를 좌우로 흔든다.
            다만, 부득이한 경우에는 한 팔을 좌우로 움직임으로써 이를 대신할 수 있다.
        나. 야간: 녹색등을 좌우로 흔든다.
    2. 가거라 전호
        가. 주간: 녹색기를 위·아래로 흔든다.
            다만, 부득이 한 경우에는 한 팔을 위·아래로 움직임으로써 이를 대신할 수 있다.
        나. 야간: 녹색등을 위·아래로 흔든다.
    3. 정지전호
        가. 주간: 적색기. 다만, 부득이한 경우에는 두 팔을 높이 들어 이를 대신할 수 있다.
        나. 야간: 적색등

정답 ④

24

철도차량운전규칙에서 입환전호 방법으로 맞는 것은?

① 오너라전호-가거라전호-정지전호   ② 오너라전호-가거라전호-출발전호

③ 오너라전호-가거라전호-접근전호   ④ 가거라전호-오거라전호-진행전호

(해설) 차량규칙 제101조(입환전호 방법)

정답 ①

25

철도차량운전규칙에서 전호와 표지에 관한 설명으로 틀린 것은?

① 열차를 출발시키고자 할 때에는 출발전호를 하여야 한다.
② 위험을 경고하는 경우 또는 비상사태가 발생한 경우에는 기관사는 기적전호를 하여야 한다.
③ 입환 중인 동력차는 표지를 생략할 수 있다.
④ 열차 또는 차량의 안전운전을 위하여 안전표지를 설치하여야 한다.

(해설) **차량규칙**

제99조(출발전호) 열차를 출발시키고자 할 때에는 출발전호를 하여야 한다.
제100조(기적전호) 다음 각 호의 어느 하나에 해당하는 경우에는 기관사는 기적전호를 하여야 한다.
  1. 위험을 경고하는 경우
  2. 비상사태가 발생한 경우
제103조(열차의 표지) 열차 또는 입환 중인 동력차는 표지를 게시하여야 한다.
제104조(안전표지) 열차 또는 차량의 안전운전을 위하여 안전표지를 설치하여야 한다. **정답** ③

26

철도차량운전규칙에서 작업전호 방식을 정하여 그 전호에 따라 작업을 하여야 하는 경우로 틀린 것은?

① 열차의 관통제동기의 시험을 할 때
② 입환전호를 하는 직원과 선로전환기취급 직원간에 선로전환기의 취급에 관한 연락을 할 때
③ 여객 또는 화물의 취급을 위하여 정지위치를 지시할 때
④ 퇴행운전시 열차의 맨 앞 차량에 승무한 직원이 운전취급자에게 필요한 연락을 할 때

(해설) **차량규칙 제102조(작업전호)**

다음에 해당하는 때에는 전호의 방식을 정하여 그 전호에 따라 작업을 하여야 한다.
1. 여객 또는 화물의 취급을 위하여 정지위치를 지시할 때
2. 퇴행 또는 추진운전시 열차의 맨 앞 차량에 승무한 직원이 철도차량운전자에 대하여 운전상 필요한 연락을 할 때
3. 검사·수선연결 또는 해방을 하는 경우에 당해 차량의 이동을 금지시킬 때
4. 신호기 취급직원 또는 입환전호를 하는 직원과 선로전환기취급 직원간에 선로전환기의 취급에 관한 연락을 할 때
5. 열차의 관통제동기의 시험을 할 때 **정답** ④

「철도안전법」

1. 철도안전법상 용어의 정의

(1) 안전법의 목적

철도안전을 확보하기 위하여 필요한 사항을 규정하고 철도안전 관리체계를 확립함으로써 공공복리의 증진에 이바지함을 목적으로 함

(2) 열차: 선로를 운행할 목적으로 철도운영자가 편성하여 열차번호를 부여한 철도차량

(3) 선로: 철도차량을 운행하기 위한 궤도와 이를 받치는 노반 또는 인공구조물로 구성된 시설

(4) 철도운영

① 철도 여객 및 화물 운송
② 철도차량의 정비 및 열차의 운행관리
③ 철도시설 · 철도차량 및 철도부지 등을 활용한 부대사업개발 및 서비스

(5) 철도운영자: 철도운영에 관한 업무를 수행하는 자

(6) 철도시설관리자: 철도시설의 건설 또는 관리에 관한 업무를 수행하는 자

2. 철도안전에 관한 종합계획

(1) 철도안전 종합계획

① 수립권자: 국토교통부장관
② 수립주기: 5년마다
③ 철도안전 종합계획에 포함되어야 할 내용
㉮ 철도안전 종합계획의 추진 목표 및 방향
㉯ 철도안전에 관한 시설의 확충, 개량 및 점검 등에 관한사항
㉰ 철도차량의 정비 및 점검 등에 관한 사항
㉱ 철도안전 관계 법령의 정비 등 제도개선에 관한 사항
㉲ 철도안전 관련 전문인력의 양성, 수급관리에 관한 사항

ⓑ 철도종사자의 안전 및 근무환경 향상에 관한 사항 〈2021.6.23.추가〉

　　ⓢ 철도안전 관련 교육훈련에 관한 사항

　　ⓐ 철도안전 관련 연구 및 기술개발에 관한 사항

　　ⓩ 그 밖에 철도안전에 관한 사항으로서 국토교통부장관이 필요하다고 인정하는 사항

　④ 수립·변경 절차

　　㉮ 협의: 관계 중앙행정기관의 장 및 철도운영자등과 협의한 후

　　㉯ 심의: 철도산업위원회의 심의를 거쳐야 한다.

　　　* 대통령령으로 정하는 경미한 사항의 변경은 제외

　⑤ 국토교통부장관은 철도안전 종합계획을 수립하거나 변경하기 위하여 필요하다고 인정하면 관계 중앙행정기관의 장 또는 시·도지사에게 관련 자료의 제출을 요구할 수 있다.

　⑥ 국토교통부장관은 철도안전 종합계획을 수립하거나 변경하였을 때는 관보에 고시

(2) 철도안전 종합계획의 연차별 시행계획

　① 수립권자: 국토교통부장관, 시·도지사 및 철도운영자 등

　② 시행계획의 수립 및 시행절차: 대통령령으로 정함

(3) 안전관리체계의 수립 및 승인

　① 수립자: 철도운영자등(철도운영자, 철도시설관리자) - 전용철도 운영자 제외

　　㉮ 승인신청 시기: 철도운영 또는 철도시설 관리 개시 예정일 90일전 까지

　　㉯ 변경 승인신청 시기: 철도운영 또는 철도시설 관리 개시 예정일 30일전 까지

　② 승인권자: 국토교통부장관

　　㉮ 승인절차: '안전관리기준'에 적합한지 검사후 승인여부 결정

　　㉯ 안전관리기준 내용(국토교통부장관 고시)

　　　철도안전경영, 위험관리, 사고조사 및 보고, 내부점검, 비상대응계획, 비상대응훈련, 교육훈련, 안전정보관리, 운행안전관리, 차량·시설의 유지관리 등

　③ 안전관리체계에 포함되어야 할 내용: 철도운영을 하거나 철도시설을 관리하는 인력, 시설, 차량, 장비, 운영절차, 교육훈련 및 비상대응계획 등

3. 철도차량 운전면허

(1) 운전면허의 종류

　① 고속철도차량 운전면허　　　　② 제1종 전기차량 운전면허

　③ 제2종 전기차량 운전면허　　　④ 디젤차량 운전면허

　⑤ 철도장비 운전면허　　　　　　⑥ 노면전차 운전면허

(2) 운전면허를 받을 수 없는 사람(결격사유: 관제자격증명도 같다)

① 19세 미만인 사람

② 철도차량 운전상의 위험과 장해를 일으킬 수 있는 정신질환자 또는 뇌전증환자로서 대통령령으로 정하는 사람

   * 대통령령: 해당분야 전문의가 정상적인 운전을 할 수 없다고 인정하는 사람

③ 철도차량 운전상의 위험과 장해를 일으킬 수 있는 약물 또는 알코올 중독자로서 대통령령으로 정하는 사람

   * 대통령령: 해당분야 전문의가 정상적인 운전을 할 수 없다고 인정하는 사람

④ 두 귀의 청력을 완전히 상실한 사람, 두 눈의 시력을 완전히 상실한 사람

⑤ 운전면허가 취소된 날부터 2년이 지나지 아니하였거나 운전면허의 효력이 정지기간 중인 사람

(3) 운전면허의 취소 · 정지

① 처분권자: 국토교통부장관

② 처분내용

  ㉮ 운전면허를 취소하여야 하는 경우(절대적 취소)

    ⓐ 거짓이나 그 밖의 부정한 방법으로 운전면허를 받았을 때

    ⓑ 위(2)의 결격사유 중 ②~④에 해당하게 되었을 때

    ⓒ 운전면허의 효력정지기간 중 철도차량을 운전하였을 때

    ⓓ 운전면허증을 다른 사람에게 빌려 주었을 때

  ㉯ 1년 이내의 기간을 정하여 운전면허의 효력을 정지시킬 수 있는 경우

    ⓐ 철도차량을 운전 중 고의 또는 중과실로 철도사고를 일으켰을 때

    ⓑ 철도종사자의 준수사항을 위반하였을 때

    ⓒ 술을 마시거나 약물을 사용한 상태에서 철도차량을 운전하였을 때

    ⓓ 술을 마시거나 약물을 사용한 상태에서 업무를 하였다고 인정할 이유가 있음에도 불구하고 국토교통부장관 또는 시 · 도지사의 확인 또는 검사를 거부하였을 때

    ⓔ 이 법에 따라 철도의 안전 및 보호와 질서유지를 위하여 한 명령 · 처분을 위반하였을 때

③ 운전면허증 반납 및 처분내용 통지

  ㉮ 운전면허의 취소 또는 효력정지 통지를 받은 운전면허 취득자는 그 통지를 받은 날부터 15일 이내에 운전면허증을 국토교통부장관에게 반납

  ㉯ 국토교통부장관이 운전면허의 취소 및 효력정지 처분을 하였을 때에는 국토교통부령으로 정하는 바에 따라 그 내용을 해당 운전면허 취득자와 운전면허 취득자를 고용하고 있는 철도운영자등에게 통지

(4) 운전면허 없이 운전할 수 있는 경우

① 철도차량 운전에 관한 전문 교육훈련기관에서 실시하는 운전교육훈련을 받기 위하여 철도차량을 운전하는 경우
② 운전면허시험을 치르기 위하여 철도차량을 운전하는 경우
③ 철도차량을 제작·조립·정비하기 위한 공장 안의 선로에서 철도차량을 운전하여 이동하는 경우
④ 철도사고등을 복구하기 위하여 열차운행이 중지된 선로에서 사고복구용 특수차량을 운전하여 이동하는 경우

4. 관제자격증명

(1) 관제자격증명의 종류

① 도시철도 관제자격증명: 「도시철도법」에 따른 도시철도 차량의 관제업무
② 철도 관제자격증명: 철도차량에 관한 관제업무(도시철도 차량의 관제업무 포함)

(2) 신체검사와 관제적성검사

① 신체검사: 관제자격증명을 받으려는 사람은 관제업무에 적합한 신체상태를 갖추고 있는지 판정받기 위하여 국토교통부장관이 실시하는 신체검사에 합격하여야 한다
② 관제적성검사: 관제자격증명을 받으려는 사람은 관제업무에 적합한 적성을 갖추고 있는지 판정받기 위하여 국토교통부장관이 실시하는 적성검사에 합격하여야 한다.

(3) 관제교육훈련 시간

① 철도관제자격증명: 360시간　　② 도시철도관제자격증명: 280시간

(4) 관제자격증명의 유효기간 등

① 관제자격증명의 유효기간: 10년
② 관제업무의 실무수습
　㉮ 실무수습 실시자 : 철도운영자등　　㉯ 실무수습 시간 : 100시간 이상

5. 철도안전법상 국토교통부령으로 정하도록 위임한 내용

(1) 범위: 철도차량의 안전운행에 필요한 사항

(2) 국토교통부령으로 정한 내용

① 열차의 편성
② 철도차량 운전
③ 신호방식 등 철도차량의 안전운행에 필요한 사항은 국토교통부령으로 정한다.

6. 영상기록장치의 장착

(1) 설치의무

① 설치목적: 철도운영자등은 ⓐ 철도차량의 운행상황 기록 ⓑ 교통사고 상황 파악 ⓒ 안전사고 방지 등을 위하여 설치한다.

② 영상기록장치를 설치·운영하여야 하는 철도차량 또는 철도시설

㉮ 철도차량중 대통령령으로 정하는 동력차 및 객차

ⓐ 동력차: 열차의 맨 앞에 위치한 동력차로서 운전실 또는 운전설비가 있는 동력차

ⓑ 객차: 승객 설비를 갖추고 여객을 수송하는 객차

㉯ 승강장 등 대통령령으로 정하는 안전사고 우려 있는 역 구내

＊역 구내란 승강장, 대합실, 승강설비를 말한다.

㉰ 대통령령으로 정하는 차량정비기지

ⓐ 「철도사업법」에 따른 고속철도차량을 정비하는 차량정비기지

ⓑ 철도차량을 중정비(철도차량을 완전히 분해하여 검수·교환하거나 탈선·화재 등으로 중대하게 훼손된 철도차량을 정비하는 것)하는 차량정비기지

ⓒ 대지면적이 3천m^2 이상인 차량정비기지

㉱ 변전소 등 대통령령으로 정하는 안전확보가 필요한 철도시설

ⓐ 변전소(구분소를 포함), 무인기능실(전철전력설비, 정보통신설비, 신호 또는 열차제어설비 운영과 관련된 경우만 해당)

ⓑ 노선이 분기되는 구간에 설치된 분기기(선로전환기를 포함), 역과 역 사이에 설치된 건넘선

ⓒ 「통합방위법」에 따라 국가중요시설로 지정된 교량 및 터널

ⓓ 「철도의 건설 및 철도시설 유지관리에 관한 법률」에 따른 고속철도에 설치된 길이 1km 이상의 터널

㉲ 건널목으로서 대통령령으로 정하는 안전확보가 필요한 건널목

ⓐ 「건널목 개량촉진법」에 따라 개량건널목으로 지정된 건널목을 말한다.

ⓑ 입체교차화 또는 구조 개량된 건널목은 제외한다.

(2) 설치시 필요한 조치

철도운영자는 영상기록장치를 설치하는 경우 운전업무종사자 등이 쉽게 인식할 수 있도록 안내판 설치 등 필요한 조치를 하여야 한다.

(3) 영상기록장치의 임의 조정 금지

철도운영자는 설치 목적과 다른 목적으로 영상기록장치를 임의로 조작하거나 다른 곳을 비추어서는 안 되며, 운행기간 외에는 영상기록(음성기록을 포함)을 하여서는 안 된다.

(4) 영상기록 이용 제한

철도운영자는 다음의 경우 외에는 영상기록을 이용하거나 다른 자에게 제공하여서는 아니 된다.

① 교통사고 상황 파악을 위하여 필요한 경우

② 범죄의 수사와 공소의 제기 및 유지에 필요한 경우

③ 법원의 재판업무수행을 위하여 필요한 경우

「도시철도운전규칙」

1. 도시철도운전규칙상 용어의 정의

(1) 정거장: 여객의 승차·하차, 열차의 편성, 차량의 입환 등을 위한 장소

(2) 선로: 궤도 및 이를 지지하는 인공구조물을 말하며, 열차의 운전에 상용되는 본선과 그 외의 측선으로 구분된다.

(3) 차량: 선로에서 운전하는 열차 외의 전동차·궤도시험차·전기시험차 등

(4) 운전보안장치: 열차 및 차량의 안전운전을 확보하기 위한 장치로서 폐색장치, 신호장치, 연동장치, 선로전환장치, 경보장치, 열차자동정지장치, 열차자동제어장치, 열차자동운전장치, 열차종합제어장치 등

(5) 운전사고: 열차 등의 운전으로 인하여 사상자가 발생하거나 도시철도시설이 파손된 것

(6) 운전장애: 열차 등의 운전으로 인하여 그 열차 등의 운전에 지장을 주는 것 중 운전사고에 해당하지 아니하는 것

(7) 노면전차: 도로면의 궤도를 이용하여 운행되는 열차

(8) 무인운전: 사람이 열차 안에서 직접 운전하지 아니하고 관제실에서의 원격조종에 따라 열차가 자동으로 운행되는 방식

(9) 시계운전: 사람의 맨눈에 의존하여 운전하는 것

2. 신설구간 등에서의 시험운전

(1) 시험운전 대상

도시철도운영자는 선로·전차선로 또는 운전보안장치를 신설·이설 또는 개조한 경우 그 설치상태 또는 운전체계의 점검과 종사자의 업무 숙달을 위한 경우

(2) 시험운전 기간

정상운전을 하기 전에 60일 이상 시험운전을 하여야 한다.

단, 이미 운영하고 있는 구간을 확장·이설 또는 개조한 경우에는 관계 전문가의 안전진단을 거쳐 시험운전 기간을 줄일 수 있다.

3. 도시철도운전규칙의 주요내용

(1) 선로 및 설비의 점검 주기

① 선로의 점검정비: 매일 한 번 이상 순회 점검

② 전차선로의 점검: 매일 한 번 이상 순회점검

③ 통신설비의 검사: 일정한 주기에 따라 검사

④ 운전보안장치의 검사: 일정한 주기에 따라 검사

⑤ 차량의 검사: 일정한 기간 또는 주행거리를 기준 검사

(2) 건축한계내의 물품유치금지

① 차량 운전에 지장이 없도록 궤도상에 설정한 건축한계 안에는 열차등 외의 다른 물건을 둘 수 없다.

② 기록 보존: 선로·전력·설비·통신설비 또는 운전보안장치의 검사를 하였을 때에는 검사자의 성명·검사상태 및 검사일시 등을 기록하여 일정기간 보존하여야 한다.

(3) 열차의 편성

① 열차의 편성: 열차는 차량의 특성 및 선로 구간의 시설 상태 등을 고려하여 안전운전에 지장이 없도록 편성하여야 한다.

② 열차의 비상제동거리: 열차의 비상제동거리는 600m 이하로 하여야 한다.

③ 열차의 제동장치: 열차에 편성되는 각 차량에는 제동력이 균일하게 작용하고 분리 시에 자동으로 정차할 수 있는 제동장치를 구비하여야 한다.

④ 열차의 제동장치 시험: 열차를 편성하거나 편성을 변경할 때에는 운전하기 전에 제동장치의 기능을 시험하여야 한다.

(4) 무인운전의 경우 준수사항(안전확보)

① 관제실에서 열차의 운행상태를 실시간으로 감시 및 조치할 수 있을 것

② 열차 내의 간이운전대에는 승객이 임의로 다룰 수 없도록 잠금장치가 설치되어 있을 것

③ 간이운전대의 개방이나 운전 모드(mode)의 변경은 관제실의 사전 승인을 받을 것

④ 운전 모드를 변경하여 수동운전을 하려는 경우에는 관제실과의 통신에 이상이 없음을 먼저 확인할 것

⑤ 승차·하차 시 승객의 안전 감시나 시스템 고장 등 긴급상황에 대한 신속한 대처를 위하여 필요한 경우에는 열차와 정거장 등에 안전요원을 배치하거나 안전요원이 순회하도록 할 것

⑥ 무인운전이 적용되는 구간과 무인운전이 적용되지 아니하는 구간의 경계 구역에서의 운전 모드 전환을 안전하게 하기 위한 규정을 마련해 놓을 것

⑦ 열차 운행 중 다음의 긴급상황이 발생하는 경우 승객의 안전을 확보하기 위한 조치 규정을 마련해 놓을 것

  ㉮ 열차에 고장이나 화재가 발생하는 경우

  ㉯ 선로 안에서 사람이나 장애물이 발견된 경우

  ㉰ 그 밖에 승객의 안전에 위험한 상황이 발생하는 경우

(5) 폐색구간

① 본선은 폐색구간으로 분할하여야 한다. 단, 정거장 안의 본선은 그렇지 않다.

② 폐색구간에서는 둘 이상의 열차를 동시에 운전할 수 없다.

③ 폐색구간에서는 둘 이상의 열차를 동시에 운전할 수 있는 경우

  ㉮ 고장 난 열차가 있는 폐색구간에서 구원열차를 운전하는 경우

  ㉯ 선로 불통으로 폐색구간에서 공사열차를 운전하는 경우

  ㉰ 다른 열차의 차선 바꾸기 지시에 따라 차선을 바꾸기 위하여 운전하는 경우

  ㉱ 하나의 열차를 분할하여 운전하는 경우

(6) 속도제한을 할 수 있는 경우

① 서행신호를 하는 경우

② 추진운전이나 퇴행운전을 하는 경우

③ 차량을 결합·해체하거나 차선을 바꾸는 경우

④ 쇄정(鎖錠)되지 아니한 선로전환기를 향하여 진행하는 경우

⑤ 대용폐색방식으로 운전하는 경우

⑥ 자동폐색신호의 정지신호 지점을 지나서 진행하는 경우

⑦ 차내신호의 "0" 신호가 있은 후 진행하는 경우

⑧ 감속·주의·경계 등의 신호 지점을 지나서 진행하는 경우

(7) 추진운전과 퇴행운전

① 원칙: 열차는 추진운전이나 퇴행운전을 하여서는 아니 된다.

② 예외: 추진운전이나 퇴행운전할 수 있는 경우

  ㉮ 선로나 열차에 고장이 발생한 경우

  ㉯ 공사열차나 구원열차를 운전하는 경우

  ㉰ 차량을 결합·해체하거나 차선을 바꾸는 경우

  ㉱ 구내운전을 하는 경우

⑩ 시설 또는 차량의 시험을 위하여 시험운전을 하는 경우

⑭ 그 밖에 특별한 사유가 있는 경우

(8) 폐색방식의 구분

① 폐색방식의 종류

㉮ 상용폐색방식: 정상적인 열차를 운전하는 경우의 폐색방식

㉯ 대용폐색방식: 폐색장치의 고장이나 그 밖의 사유로 상용폐색방식에 따를 수 없을 때 사용하는 폐색방식

② 폐색방식에 따를 수 없을 때: 전령법 또는 무폐색운전

(9) 상용폐색방식

① **종류**: 자동폐색식, 차내신호폐색식

② 자동폐색식구간의 장내신호기, 출발신호기 및 폐색신호기에 갖추어야 할 장치

㉮ 폐색구간에 열차등이 있을 때: 정지신호

㉯ 폐색구간에 있는 선로전환기가 올바른 방향으로 되어 있지 아니할 때 또는 분기선 및 교차점에 있는 다른 열차등이 폐색구간에 지장을 줄 때: 정지신호

㉰ 폐색장치에 고장이 있을 때: 정지신호

③ **차내신호폐색식에 갖추어야 할 장치**: 폐색구간에 있는 열차등의 운전상태를 그 폐색구간에 진입하려는 열차의 운전실에서 알 수 있는 장치

(10) 대용폐색방식의 종류

① 복선운전을 하는 경우: 지령식 또는 통신식

② 단선운전을 하는 경우: 지도통신식

(11) 지도통신식

① 지도통신식을 운용할 때는 지도표 또는 지도권을 발급받은 열차만 해당 폐색구간을 운전할 수 있다.

② 지도표와 지도권은 폐색구간에 열차를 진입시키려는 역장 또는 소장이 상대역장 또는 소장 및 관제사와 협의하여 발행한다.

③ 역장이나 소장은 같은 방향의 폐색구간으로 진입시키려는 열차가 하나뿐인 경우에는 지도표를 발급하고, 연속하여 둘 이상의 열차를 같은 방향의 폐색구간으로 진입시키려는 경우에는 맨 마지막 열차에 대해서는 지도표를, 나머지 열차에 대해서는 지도권을 발급한다.

④ 지도표와 지도권에는 폐색구간 양쪽의 역 이름 또는 소(所)이름, 관제사, 명령번호, 열차번호, 발행일과 시각을 적어야 한다.

⑤ 열차의 기관사는 발급받은 지도표 또는 지도권을 폐색구간을 통과한 후 도착지의 역장 또는 소장에게 반납하여야 한다.

(12) 전령법의 시행

① 열차 등이 있는 폐색구간에 다른 열차를 운전시킬 때에는 그 열차에 대하여 전령법을 시행한다.

② 전령법을 시행할 경우에는 이미 폐색구간에 있는 열차 등은 그 위치를 이동할 수 없다.

③ 전령자의 선정

㉮ 전령법을 시행하는 구간에는 한 명의 전령자를 선정하여야 한다.

㉯ 전령자는 백색 완장을 착용하여야 한다.

㉰ 전령법을 시행하는 구간에서는 그 구간의 전령자가 탑승하여야 열차 운전 가능. 단, 관제사가 취급하는 경우에는 전령자를 탑승시키지 않을 수 있다.

(13) 신호·전호·표지

① 선로 지장 시의 방호신호: 선로의 지장으로 인하여 열차등을 정지시키거나 서행시킬 경우에, 임시신호기에 따를 수 없을 때에는 지장지점으로부터 200미터 이상의 앞 지점에서 정지수신호를 하여야 한다.

② 출발전호

㉮ 열차를 출발시키려 할 때에는 출발전호를 하여야 한다.

㉯ 승객안전설비를 갖추고 차장을 승무시키지 아니한 경우에는 출발전호 없음

③ 기적전호 시행 시기

㉮ 비상사고가 발생한 경우

㉯ 위험을 경고할 경우

④ 표지의 설치: 도시철도운영자는 열차 등의 안전운전에 지장이 없도록 운전관계표지를 설치하여야 한다.

⑤ 노면전차 신호기의 설계요건

㉮ 도로교통 신호기와 혼동되지 않을 것

㉯ 크기와 형태가 눈으로 볼 수 있도록 뚜렷하고 분명하게 인식될 것

4. 항공철도사고조사에관한법률의 위원회

(1) 항공·철도사고조사위원회의 설치

① 항공·철도사고 등의 원인규명과 예방을 위한 사고조사를 독립적으로 수행하기 위하여 국토교통부에 항공·철도사고조사위원회를 둔다.

② 국토교통부장관은 일반적인 행정사항에 대하여는 위원회를 지휘·감독하되, 사고조사에 대하여는 관여하지 못한다.

(2) 위원회의 업무

① 사고조사

② 사고조사보고서의 작성·의결 및 공표

③ 안전권고 등

④ 사고조사에 필요한 조사·연구

⑤ 사고조사 관련 연구·교육기관의 지정

⑥ 그 밖에 항공사고조사에 관하여 규정하고 있는「국제민간항공조약」및 동 조약부속서에서 정한 사항

(3) 위원회의 구성

① 위원회는 위원장 1인을 포함한 12인 이내의 위원으로 구성하되, 위원 중 대통령령이 정하는 수의 위원은 상임으로 한다.

② 위원장 및 상임위원은 대통령이 임명하며, 비상임위원은 국토교통부장관이 위촉한다.

(4) 위원의 자격요건

① 변호사의 자격을 취득한 후 10년 이상 된 자

② 대학에서 항공·철도 또는 안전관리분야 과목을 가르치는 부교수 이상의 직에 5년 이상 있거나 있었던 자

③ 행정기관의 4급 이상 공무원으로 2년 이상 있었던 자

④ 항공·철도 또는 의료 분야 전문기관에서 10년 이상 근무한 박사학위 소지자

⑤ 항공종사자 자격증명을 취득하여 항공운송사업체에서 10년 이상 근무한 경력이 있는 자로서 임명·위촉일 3년 이전에 항공운송사업체에서 퇴직한 자

⑥ 철도시설 또는 철도운영관련 업무분야에서 10년 이상 근무한 경력이 있는 자로서 임명·위촉일 3년 이전에 퇴직한 자

⑦ 국가기관 등 항공기 또는 군·경찰·세관용 항공기와 관련된 항공업무에 10년 이상 종사한 경력이 있는 자

01   20년 1회

다음은 철도안전법의 목적이다. ㉠, ㉡에 해당하는 용어로 알맞은 것은?

> 철도안전을 확보하기 위하여 필요한 사항을 규정하고 (㉠)을(를) 확립함으로써 (㉡)에 이바지함을 목적으로 한다.

① ㉠: 시행계획   ㉡: 철도사업

② ㉠: 철도안전 관리체계   ㉡: 철도사업

③ ㉠: 철도안전 시책   ㉡: 공공복리의 증진

④ ㉠: 철도안전 관리체계   ㉡: 공공복리의 증진

(해설) 안전법 제1조(목적)

이 법은 철도안전을 확보하기 위하여 필요한 사항을 규정하고 철도안전 관리체계를 확립함으로써 공공복리의 증진에 이바지함을 목적으로 한다.   (정답) ④

02   17년 3회

철도안전법상 철도안전종합계획에 대한 설명으로 틀린 것은?

① 국토교통부장관은 5년마다 철도안전에 관한 철도안전 종합계획을 수립하여야 한다.

② 국토교통부장관은 철도안전 종합계획을 수립하거나 변경하였을 때에는 이를 관보에 고시하여야 한다.

③ 국토교통부장관은 철도안전 종합계획을 수립하는 때에는 미리 관계 중앙행정기관의장 및 철도운영자 등과 협의한 후 항공철도사고조사위원회 심의를 거쳐야 한다.

④ 국토교통부장관은 철도안전 종합계획을 수립하거나 변경하기 위하여 필요하다고 인정하면 관계 중앙행정기관의 장 또는 시·도지사에게 관련 자료의 제출을 요구할 수 있다.

(해설) 안전법 제5조(철도안전 종합계획)

③ 국토교통부장관은 철도안전 종합계획을 수립할 때에는 미리 관계 중앙행정기관의 장 및 철도운영자등과 협의한 후 기본법 제6조제1항에 따른 <u>철도산업위원회의 심의</u>를 거쳐야 한다. 수립된 철도안전 종합계획을 변경(대통령령으로 정하는 경미한 사항의 변경은 제외한다)할 때에도 또한 같다.   (정답) ③

03

국토교통부장관은 철도안전 종합계획을 몇 년마다 수립하여야 하는가?

① 1년   ② 3년   ③ 5년   ④ 10년

(해설) 안전법 제5조제5조(철도안전 종합계획)
① 국토교통부장관은 5년마다 철도안전에 관한 종합계획을 수립하여야 한다.   정답 ③

04

다음 보기 중에서 철도안전법에 의거 5년마다 수립하는 철도안전 종합계획에 반드시 포함되어야 할 사항이 아닌 것을 모두 고른 것은?

A. 철도안전 종합계획의 추진 목표 및 방향
B. 철도안전에 관한 시설의 확충, 개량 및 점검
C. 철도안전 관련 대국민 홍보 방안
D. 철도안전 관계 법령의 정비 등 제도개선
E. 철도안전 관련 전문 인력의 양성 및 수급관리
F. 철도안전 관련 교육훈련
G. 철도안전 관련 연구 및 기술개발
H. 철도차량의 정비 및 점검
I. 철도종사자의 안전 및 근무환경 향상에 관한 사항

① C   ② H   ③ C, H   ④ 없음

(해설) 안전법 제5조(철도안전 종합계획)
① 국토교통부장관은 5년마다 철도안전에 관한 종합계획(이하 "철도안전 종합계획"이라 한다)을 수립하여야 한다.
② 철도안전 종합계획에는 다음 각 호의 사항이 포함되어야 한다.
  1. 철도안전 종합계획의 추진 목표 및 방향
  2. 철도안전에 관한 시설의 확충, 개량 및 점검 등에 관한 사항
  3. 철도차량의 정비 및 점검 등에 관한 사항
  4. 철도안전 관계 법령의 정비 등 제도개선에 관한 사항
  5. 철도안전 관련 전문 인력의 양성 및 수급관리에 관한 사항
  6. 철도안전 관련 교육훈련에 관한 사항
  7. 철도안전 관련 연구 및 기술개발에 관한 사항
  8. 그 밖에 철도안전에 관한 사항으로서 국토교통부장관이 필요하다고 인정하는 사항
  9. 철도종사자의 안전 및 근무환경 향상에 관한 사항   정답 ①

철도안전법상 철도안전관리체계에 대한 설명으로 틀린 것은?

① 철도운영자등은 안전관리에 관한 유기적 체계를 갖추어 국토교통부장관의 승인을 받아야 한다.

② 철도안전 종합계획의 단계적 시행에 필요한 연차별 시행계획의 수립 및 시행절차 등에 관하여 필요한 사항은 국토교통부령으로 정한다.

③ 국토교통부장관, 시 도지사 및 철도운영자 등은 철도안전 종합계획에 따라 소관별로 철도안전 종합계획의 단계적 시행에 필요한 연차별 시행계획을 수립 추진하여야 한다.

④ 국토교통부장관은 철도안전 종합계획을 수립하여 대통령령이 정하는 경미한 사항의 변경을 하고자 하는 때에는 철도산업발전 기본법에 의한 철도산업위원회의 심의를 거치지 않을 수 있다.

(해설) **안전법**

제6조(시행계획) ① 철도운영자등(전용철도의 운영자 제외)은 철도운영을 하거나 철도시설을 관리하려는 경우에는 인력, 시설, 차량, 장비, 운영절차, 교육훈련 및 비상대응계획 등 철도 및 철도시설의 안전관리에 관한 유기적 체계(안전관리체계)를 갖추어 국토교통부장관의 승인을 받아야 한다.
  ② 국토교통부장관, 시·도지사 및 철도운영자등은 철도안전 종합계획에 따라 소관별로 철도안전 종합계획의 단계적 시행에 필요한 연차별 시행계획을 수립·추진한다.
  ③ 시행계획의 수립 및 시행절차 등에 관하여 필요한 사항은 <u>대통령령으로</u> 정한다.
제5조(철도안전 종합계획) ③ 국토교통부장관은 철도안전 종합계획을 수립할 때에는 미리 관계 중앙행정기관의 장 및 철도운영자등과 협의한 후 기본법 제6조제1항에 따른 철도산업위원회의 심의를 거쳐야 한다. 수립된 철도안전 종합계획을 변경(대통령령으로 정하는 <u>경미한 사항의 변경</u>은 제외한다)할 때에도 또한 같다. **정답** ②

철도안전법에 정한 안전관리체계 승인 신청절차로 ㉠, ㉡에 들어갈 용어로 맞는 것은?

> 철도운영자가 철도운용 개시 예정일 (㉠)일 전까지 철도안전관리체계 승인신청서를 첨부하여 (㉡)에게 제출하여야 한다.

① ㉠: 60,   ㉡: 국토교통부장관
② ㉠: 60,   ㉡: 행정안전부장관
③ ㉠: 90,   ㉡: 행정안전부장관
④ ㉠: 90,   ㉡: 국토교통부장관

(해설) **안전법 시행규칙 제2조(안전관리체계 승인 신청 절차 등)**

① 철도운영자 및 철도시설관리자(이하 "철도운영자등"이라 한다)가 법 제7조제1항에 따른 안전관리체계(이하 "안전관리체계"라 한다)를 승인받으려는 경우에는 철도운용 또는 철도시설 관리 개시 예정일 90일 전까지 별지 제1호 서식의 철도안전관리체계 승인신청서에 다음 각 호의 서류를 첨부하여 국토교통부장관에게 제출하여야 한다. **정답** ④

철도안전법령상 철도차량의 종류별 운전면허가 아닌 것은?

① 노면전차 운전면허

② 고속철도차량 운전면허

③ 제1종 디젤차량 운전면허

④ 제1종 전기차량 운전면허

(해설) 안전법 시행령 제11조(운전면허 종류)

① 법 제10조 제3항에 따른 철도차량의 종류별 운전면허는 다음 각 호와 같다.

   1. 고속철도차량 운전면허   2. 제1종 전기차량 운전면허   3. 제2종 전기차량 운전면허
   4. 디젤차량 운전면허   5. 철도장비 운전면허   6. 노면전차(路面電車) 운전면허

정답 ③

철도안전법령상 운전면허를 받을 수 있는 사람은?

① 19세 미만인 사람

② 철도차량 운전상의 위험과 장해를 일으킬 수 있는 정신질환자 또는 뇌전증환자로서 대통령령으로 정하는 사람

③ 철도차량 운전상의 위험과 장해를 일으킬 수 있는 약물 또는 알코올 중독자로서 대통령령으로 정하는 사람

④ 두 귀의 청력 또는 두 눈의 시력을 완전히 상실한 사람

⑤ 운전면허가 취소된 날부터 2년이 지났거나 운전면허의 효력정지기간이 종료된 사람

(해설) 안전법 제11조(운전면허의 결격사유)

5. 운전면허가 취소된 날부터 2년이 지나지 아니하였거나 운전면허의 효력정지기간 중인 사람

②, ③의 대통령령으로 정하는 사람: 해당분야 전문의가 정상적인 운전을 할 수 없다고 인정하는 사람   정답 ⑤

철도안전법상 국토교통부장관이 운전면허 취득자에 대하여 운전면허를 취소하거나 정지하는 경우에 대한 설명으로 맞지 않는 것은?

① 운전면허를 정지하는 경우 1년 이내의 기간을 정하여 효력을 정지시킬 수 있다.
② 운전면허증을 타인에게 빌려 주었을 때에는 운전면허를 취소하여야 한다.
③ 운전면허의 취소 또는 효력정지 통지를 받은 운전면허 취득자는 그 통지를 받은 날부터 30일 이내에 운전면허증을 국토교통부장관에게 반납하여야 한다.
④ 국토교통부장관이 운전면허의 취소 및 효력정지 처분을 하였을 때에는 그 내용을 해당 운전면허 취득자와 운전면허 취득자를 고용하고 있는 철도운영자등에게 통지하여야 한다.

(해설) 안전법 제20조(운전면허의 취소·정지 등)
① 국토교통부장관은 운전면허 취득자가 다음 각 호의 어느 하나에 해당할 때에는 운전면허를 취소하거나 1년 이내의 기간을 정하여 운전면허의 효력을 정지시킬 수 있다. 다만, 제1호부터 제4호까지의 규정에 해당할 때에는 운전면허를 취소하여야 한다.
  1. 거짓이나 그 밖의 부정한 방법으로 운전면허를 받았을 때
  2. 제11조 제2호부터 제4호까지의 규정에 해당하게 되었을 때
  3. 운전면허의 효력정지기간 중 철도차량을 운전하였을 때
  4. 운전면허증을 다른 사람에게 빌려 주었을 때
  5. 철도차량을 운전 중 고의 또는 중과실로 철도사고를 일으켰을 때
  6. 제40조의2 제1항 또는 제5항을 위반하였을 때
  7. 술을 마시거나 약물을 사용한 상태에서 철도차량을 운전하였을 때
  8. 술을 마시거나 약물을 사용한 상태에서 업무를 하였다고 인정할 만한 상당한 이유가 있음에도 불구하고 국토교통부장관 또는 시·도지사의 확인 또는 검사를 거부하였을 때
  9. 이 법에 따라 철도의 안전 및 보호와 질서유지를 위하여 한 명령·처분을 위반하였을 때
③ 제2항에 따른 운전면허의 취소 또는 효력정지 통지를 받은 운전면허 취득자는 그 통지를 받은 날부터 15일 이내에 운전면허증을 국토교통부장관에게 반납하여야 한다.　　　　　　　**정답** ③

철도안전법상 철도차량운전면허를 취소시켜야 하는 경우에 해당하지 않는 것은?

① 운전면허증을 다른 사람에게 빌려 주었을 때
② 거짓 그 밖의 부정한 방법으로 운전면허를 받은 때
③ 운전면허의 효력정지기간 중 철도차량을 운전한 때
④ 철도차량을 운전 중 고의 또는 경과실로 철도사고를 일으켰을 때

(해설) 안전법 제20조(운전면허의 취소·정지)　　　　　　　　　　　　**정답** ④

철도안전법상 운전면허 없이 운전할 수 있는 경우가 아닌 것은?

① 운전면허시험을 치르기 위하여 철도차량을 운전하는 경우

② 철도사고 등을 복구하기 위하여 정상 운행 선로에서 사고복구용 특수차량을 운전하여 이동하는 경우

③ 열차점검을 위해 시운전하는 경우

④ 철도차량 운전에 관한 전문교육훈련기관에서 실시하는 운전교육훈련을 받기 위하여 철도차량을 운전하는 경우

(해설) 안전법 시행령 제10조(운전면허 없이 운전할 수 있는 경우)

① 법 제10조 제1항 단서에서 "대통령령으로 정하는 경우"란 다음 각 호의 어느 하나에 해당하는 경우를 말한다.
  1. 법 제16조 제3항에 따른 철도차량 운전에 관한 전문 교육훈련기관에서 실시하는 운전교육훈련을 받기 위하여 철도차량을 운전하는 경우
  2. 법 제17조 제1항에 따른 운전면허시험을 치르기 위하여 철도차량을 운전하는 경우
  3. 철도차량을 제작·조립·정비하기 위한 공장 안의 선로에서 철도차량을 운전하여 이동하는 경우
  4. 철도사고등을 복구하기 위하여 열차운행이 중지된 선로에서 사고복구용 특수차량을 운전하여 이동하는 경우
② 제1항 제1호 또는 제2호에 해당하는 경우에는 해당 철도차량에 운전교육훈련을 담당하는 사람이나 운전면허시험에 대한 평가를 담당하는 사람을 승차시켜야 하며, 국토교통부령으로 정하는 표지를 해당 철도차량의 앞면 유리에 붙여야 한다. **정답** ②, ③

12

철도안전법상 관제업무 수행에 대해 정한 내용으로 틀린 것은?

① 관제업무 종사에 적합한 적성을 갖추고 있는지를 확인하는 적성검사에 합격해야 한다.

② 관제업무 종사에 적합한 신체상태를 갖추고 있는지를 확인하는 신체검사에 합격해야 한다.

③ 관제자격증명의 종류는 일반철도 관제자격증명, 도시철도 관제자격증명으로 구분한다.

④ 관제업무 수행에 필요한 기기 취급, 비상시 조치, 열차운행의 통제·조정 등에 관한 실무수습·교육을 100시간 이상 받아야 한다.

(해설) 안전법 제21조의5~6, 시행령 제20조의2, 시행규칙 제39조

제20조의2(관제자격증명의 종류) 법 제21조의3 제1항에 따른 철도교통관제사 자격증명(이하 "관제자격증명"이라 한다)은 같은 조 제2항에 따라 다음 각 호의 구분에 따른 관제업무의 종류별로 받아야 한다.
  1. 「도시철도법」 제2조 제2호에 따른 도시철도 차량에 관한 관제업무: 도시철도 관제자격증명
  2. 철도차량에 관한 관제업무(제1호에 따른 도시철도 차량에 관한 관제업무를 포함한다): 철도 관제자격증명
제21조의5(관제자격증명의 신체검사) ① 관제자격증명을 받으려는 사람은 관제업무에 적합한 신체상태를 갖추고 있는지 판정받기 위하여 국토교통부장관이 실시하는 신체검사에 합격하여야 한다.

제21조의6(관제적성검사) ① 관제자격증명을 받으려는 사람은 관제업무에 적합한 적성을 갖추고 있는지 판정받기 위하여 국토교통부장관이 실시하는 적성검사(이하 "관제적성검사"라 한다)에 합격하여야 한다.

제39조(관제업무 실무수습) ① 법 제22조에 따라 관제업무에 종사하려는 사람은 다음 각 호의 관제업무 실무수습을 모두 이수하여야 한다.

1. 관제업무를 수행할 구간의 철도차량 운행의 통제·조정 등에 관한 관제업무 실무수습
2. 관제업무 수행에 필요한 기기 취급방법 및 비상 시 조치방법 등에 대한 관제업무 실무수습

② 철도운영자등은 제1항에 따른 관제업무 실무수습의 항목 및 교육시간 등에 관한 실무수습 계획을 수립하여 시행하여야 한다. 이 경우 총 실무수습 시간은 100시간 이상으로 하여야 한다. 　　　　정답 ③

13

철도안전법상 국토교통부령에 정하도록 위임된 사항이 아닌 것은?

① 열차의 편성에 관한 사항　　　② 열차 일시중지에 관한 사항
③ 철도 차량운전에 관한 사항　　　④ 철도 신호방식에 관한 사항

(해설) 안전법

제39조(철도차량의 운행) 열차의 편성, 철도차량 운전 및 신호방식 등 철도차량의 안전운행에 필요한 사항은 국토교통부령으로 정한다.

제40조(열차운행의 일시 중지) 철도운영자는 다음 각 호의 어느 하나에 해당하는 경우로서 열차의 안전운행에 지장이 있다고 인정하는 경우에는 열차운행을 일시 중지할 수 있다.

1. 지진, 태풍, 폭우, 폭설 등 천재지변 또는 악천후로 인하여 재해가 발생하였거나 재해가 발생할 것으로 예상되는 경우
2. 그 밖에 열차운행에 중대한 장애가 발생하였거나 발생할 것으로 예상되는 경우 　　　　정답 ②

14

동력차에 설치된 영상기록을 이용하거나 다른 자에게 제공할 수 없는 경우는?

① 철도 차량 제작사의 요청이 있는 경우
② 교통사고 상황 파악을 위하여 필요한 경우
③ 법원의 재판업무수행을 위하여 필요한 경우
④ 범죄의 수사와 공소의 제기 및 유지에 필요한 경우

(해설) 안전법 제39조의3(영상기록장치의 설치·운영 등)

① 철도운영자등은 철도차량의 운행상황 기록, 교통사고 상황 파악, 안전사고 방지, 범죄예방 등을 위하여 다음 각 호의 철도차량 또는 철도시설에 영상기록장치를 설치·운영하여야 한다. 이 경우 영상기록장치의 설치 기준, 방법 등은 국토교통부령으로 정한다.

1. 철도차량 중 대통령령으로 정하는 동력차 및 객차
　－열차의 맨 앞에 위치한 동력차로서 운전실 또는 운전설비가 있는 동력차

.

　　－승객설비를 갖추고 여객을 수송하는 객차
　2. 승강장 등 대통령령으로 정하는 안전사고의 우려가 있는 역 구내
　　－승강장, 대합실 및 승강설비
　3. 대통령령으로 정하는 차량정비기지
　　－고속철도차량을 정비하는 차량정비기지
　　－철도차량을 중정비하는 차량정비기지
　　－대지면적이 3천제곱미터 이상인 차량정비기지
　4. 변전소 등 대통령령으로 정하는 안전 확보가 필요한 철도시설
　　－변전소, 무인기능실
　　－노선이 분기되는 구간에 설치된 분기기, 역과 역 사이에 설치된 건넘선
　　－국가중요시설로 지정된 교량 및 터널
　　－고속철도에 설치된 길이 1킬로미터 이상의 터널
　5. 건널목으로서 대통령령으로 정하는 안전확보가 필요한 건널목
② 철도운영자등은 제1항에 따라 영상기록장치를 설치하는 경우 운전업무종사자 등이 쉽게 인식할 수 있도록 대통령령으로 정하는 바에 따라 안내판 설치 등 필요한 조치를 하여야 한다.
③ 철도운영자등은 설치 목적과 다른 목적으로 영상기록장치를 임의로 조작하거나 다른 곳을 비추어서는 아니 되며, 운행기간 외에는 영상기록(음성기록을 포함한다. 이하 같다)을 하여서는 아니 된다.
④ 철도운영자등은 다음 각 호의 어느 하나에 해당하는 경우 외에는 영상기록을 이용하거나 다른 자에게 제공하여서는 아니 된다.
　1. 교통사고 상황 파악을 위하여 필요한 경우
　2. 범죄의 수사와 공소의 제기 및 유지에 필요한 경우
　3. 법원의 재판업무수행을 위하여 필요한 경우 　　　　　　　　　　　　　　 정답　①

15

철도안전법령상 영상기록장치를 설치·운영하여야 하는 철도차량 또는 철도시설에 포함되지 않는 것은?

① 철도차량 중 열차의 맨 앞에 위치한 동력차로서 운전실 또는 운전설비가 있는 동력차
② 승강장, 대합실 및 승강설비 등 안전사고의 우려가 있는 역 구내
③ 철도차량을 중정비하는 철도차량기지 및 대지면적이 3천제곱미터 이상인 차량정비기지
④ 변전소 등 대통령령으로 정하는 안전 확보가 필요한 철도시설(고속철도에 설치된 길이 0.5킬로미터 이싱의 터널을 포함한다)

해설　안전법 제39조의3(영상기록장치의 설치·운영 등) 　　　　　　　　　　　 정답　④

16

23년 1회·22년 1회·18년 1회

도시철도운전규칙에서 정하고 있는 용어의 정의로 틀린 것은?

① 시계운전이란 사람의 맨눈에 의존하여 운전하는 복선구간의 대용폐색방식을 말한다.

② 운전사고란 열차 등의 운전으로 인하여 사상자(死傷者)가 발생하거나 도시철도시설이 파손된 것을 말한다.

③ 운전장애란 열차 등의 운전으로 인하여 그 열차 등의 운전에 지장을 주는 것 중 운전사고에 해당하지 아니하는 것을 말한다.

④ 무인운전이란 사람이 열차 안에서 직접 운전하지 아니하고 관제실에서의 원격조종에 따라 열차가 자동으로 운행되는 방식을 말한다.

(해설) 도시규칙 제3조(정의) 시계운전: 사람의 맨눈에 의존하여 운전하는 것을 말한다.　　　　정답 ①

17

도시철도운영자는 선로·전차선로 또는 운전보안장치를 신설·이설(移設) 또는 개조한 경우 그 설치상태 또는 운전체계의 점검과 종사자의 업무 숙달을 위하여 정상운전을 하기 전에 얼마간의 시험운전을 하여야 하는가?

① 60일 이상　　　② 90일 이상　　　③ 6개월 이상　　　④ 1년 이상

(해설) 도시규칙 제9조(신설구간 등에서의 시험운전)

도시철도운영자는 선로·전차선로 또는 운전보안장치를 신설·이설(移設) 또는 개조한 경우 그 설치상태 또는 운전체계의 점검과 종사자의 업무 숙달을 위하여 정상운전을 하기 전에 60일 이상 시험운전을 하여야 한다. 다만, 이미 운영하고 있는 구간을 확장·이설 또는 개조한 경우에는 관계 전문가의 안전진단을 거쳐 시험운전 기간을 줄일 수 있다.　　　　정답 ①

18

21년 2회·18년 2회·15년 1회

도시철도운전규칙에서 정하고 있는 전차선로의 순회점검 주기로 맞는 것은?

① 매일 1회 이상　　　② 매일 2회 이상　　　③ 매주 1회 이상　　　④ 매주 2회 이상

(해설) 도시규칙 제14조(전차선로의 점검)

전차선로는 매일 한 번 이상 순회점검을 한다.　　　　정답 ①

도시철도운전규칙상 열차의 편성과 관련된 설명으로 틀린 것은?

① 열차의 비상제동거리는 500m이하로 하여야 한다.

② 열차를 편성하거나 편성을 변경할 때에는 운전하기 전에 제동장치의 기능을 시험하여야 한다.

③ 열차는 차량의 특성 및 선로 구간의 시설상태 등을 고려하여 안전운전에 지장이 없도록 편성하여야 한다.

④ 열차에 편성되는 각 차량에는 제동력이 균일하게 작용하고 분리 시에 자동으로 정차할 수 있는 제동장치를 구비하여야 한다.

(해설) 도시규칙

제28조(열차의 편성) 열차는 차량의 특성 및 선로 구간의 시설 상태 등을 고려하여 안전운전에 지장이 없도록 편성하여야 한다.

제29조(열차의 비상제동거리) 열차의 비상제동거리는 600미터이하로 하여야 한다.

제30조(열차의 제동장치) 열차에 편성되는 각 차량에는 제동력이 균일하게 작용하고 분리 시에 자동으로 정차할 수 있는 제동장치를 구비하여야 한다.

제31조(열차의 제동장치시험) 열차를 편성하거나 편성을 변경할 때에는 운전하기 전에 제동장치의 기능을 시험하여야 한다.

정답 ①

도시철도운전규칙상 무인운전 시의 안전 확보 사항으로 틀린 것은?

① 열차 내의 간이운전대에는 비상시를 대비하여 개방하여 둘 것

② 관제실에서 열차의 운행상태를 실시간으로 감시 및 조치할 수 있을 것

③ 간이운전대의 운전 모드(mode)의 변경은 관제실의 사전 승인을 받을 것

④ 운전 모드를 변경하여 수동운전을 하려는 경우에는 관제실과의 통신에 이상이 없음을 먼저 확인할 것

(해설) 도시규칙 제32조의2(무인운전 시의 안전 확보 등)

도시철도운영자가 열차를 무인운전으로 운행하려는 경우에는 다음 각 호의 사항을 준수 한다.

1. 관제실에서 열차의 운행상태를 실시간으로 감시 및 조치할 수 있을 것
2. 열차 내의 간이운전대에는 승객이 임의로 다룰 수 없도록 잠금장치가 설치되어 있을 것
3. 간이운전대의 개방이나 운전 모드(mode)의 변경은 관제실의 사전 승인을 받을 것
4. 운전 모드를 변경하여 수동운전을 하려는 경우에는 관제실과의 통신에 이상이 없음을 먼저 확인할 것
5. 승차·하차 시 승객의 안전 감시나 시스템 고장 등 긴급상황에 대한 신속한 대처를 위하여 필요한 경우에는 열차와 정거장 등에 안전요원을 배치하거나 안전요원이 순회하도록 할 것

정답 ①

도시철도운전규칙상 1폐색 구간에 2개 이상의 열차를 동시에 운전시킬 수 있는 경우가 아닌 것은?

① 두 개의 열차를 시험운전 하기 위하여 운전하는 경우

② 선로 불통으로 폐색구간에서 공사열차를 운전하는 경우

③ 고장난 열차가 있는 폐색구간에서 구원열차를 운전하는 경우

④ 다른 열차의 차선 바꾸기 지시에 따라 차선을 바꾸기 위하여 운전하는 경우

(해설) 도시규칙 제37조(폐색구간)

① 본선은 폐색구간으로 분할한다. 다만, 정거장 안의 본선은 그러하지 아니하다.

② 폐색구간에서는 둘 이상의 열차를 동시에 운전할 수 없다. 다만, 다음 각 호의 어느 하나에 해당하는 경우에는 그러하지 아니하다.

  1. 고장난 열차가 있는 폐색구간에서 구원열차를 운전하는 경우

  2. 선로 불통으로 폐색구간에서 공사열차를 운전하는 경우

  3. 다른 열차의 차선 바꾸기 지시에 따라 차선을 바꾸기 위하여 운전하는 경우

  4. 하나의 열차를 분할하여 운전하는 경우

정답 ①

도시철도운전규칙에서 정하고 있는 운전속도를 제한하여야 하는 경우로 거리가 먼 것은?

① 추진운전이나 퇴행운전을 하는 경우

② 차내신호의 "0"신호가 있은 후 진행하는 경우

③ 자동폐색신호의 4현시 진행신호가 있는 지점을 지나서 진행하는 경우

④ 감속·주의·경계 등의 신호가 있는 지점을 지나서 진행하는 경우

(해설) 도시규칙 제49조(속도제한)

도시철도운영자는 다음 각 호의 어느 하나에 해당하는 경우에는 운전속도를 제한하여야 한다.

1. 서행신호를 하는 경우

2. 추진운전이나 퇴행운전을 하는 경우

3. 차량을 결합·해체하거나 차선을 바꾸는 경우

4. 쇄정(鎖錠)되지 아니한 선로전환기를 향하여 진행하는 경우

5. 대용폐색방식으로 운전하는 경우

6. 자동폐색신호의 정지신호가 있는 지점을 지나서 진행하는 경우

7. 차내신호의 "0" 신호가 있은 후 진행하는 경우

8. 감속·주의·경계 등의 신호가 있는 지점을 지나서 진행하는 경우

9. 그 밖에 안전운전을 위하여 운전속도제한이 필요한 경우

정답 ③

도시철도운전규칙상 추진운전이나 퇴행운전을 할 수 없는 경우는?

① 무인운전을 하는 경우   ② 구내운전을 하는 경우
③ 시험운전을 하는 경우   ④ 구원열차를 운전하는 경우

(해설) 도시규칙 제38조(추진운전과 퇴행운전)
① 열차는 추진운전이나 퇴행운전을 하여서는 아니 된다. 다만, 다음 각 호의 어느 하나에 해당하는 경우에는 그러하지 아니하다.
　　1. 선로나 열차에 고장이 발생한 경우
　　2. 공사열차나 구원열차를 운전하는 경우
　　3. 차량을 결합·해체하거나 차선을 바꾸는 경우
　　4. 구내운전을 하는 경우
　　5. 시설 또는 차량의 시험을 위하여 시험운전을 하는 경우
　　6. 그 밖에 특별한 사유가 있는 경우
② 노면전차를 퇴행운전하는 경우에는 주변 차량 및 보행자들의 안전을 확보하기 위한 대책을 마련하여야 한다. .
정답 ①

도시철도운전규칙상 단선운전구간에 사용하는 대용폐색방식으로 맞는 것은?

① 지령식   ② 지도통신식   ③ 전령법   ④ 지도식

(해설) 도시규칙 제55조(대용폐색방식) 대용폐색방식은 다음과 같다.
1. 복선운전을 하는 경우: 지령식 또는 통신식
2. 단선운전을 하는 경우: 지도통신식
정답 ②

도시철도운전규칙에서 정하고 있는 지도통신식에 대한 설명으로 틀린 것은?

① 지도통신식에 따르는 경우에는 지도표 또는 지도권을 발급받은 열차만 해당 폐색구간을 운전할 수 있다.
② 지도표와 지도권에는 폐색구간 양쪽의 역 이름 또는 소(所) 이름, 관제사, 명령번호, 열차번호 및 발행일과 시각을 적어야 한다.
③ 열차의 기관사는 발급받은 지도표 또는 지도권을 폐색구간을 통과하기 전에 도착지의 역장 또는 소장에게 반납하여야 한다.
④ 지도표와 지도권은 폐색구간에 열차를 진입시키려는 역장 또는 소장이 상대 역장 또는 소장 및 관제사와 협의하여 발행한다.

도시규칙 제57조(지도통신식)

① 지도통신식을 운용할 때는 지도표 또는 지도권을 발급받은 열차만 해당 폐색구간을 운전할 수 있다.

② 지도표와 지도권은 폐색구간에 열차를 진입시키려는 역장 또는 소장이 상대역장 또는 소장 및 관제사와 협의하여 발행한다.

③ 역장이나 소장은 같은 방향의 폐색구간으로 진입시키려는 열차가 하나뿐인 경우에는 지도표를 발급하고, 연속하여 둘 이상의 열차를 같은 방향의 폐색구간으로 진입시키려는 경우에는 맨 마지막 열차에 대해서는 지도표를, 나머지 열차에 대해서는 지도권을 발급한다.

④ 지도표와 지도권에는 폐색구간 양쪽의 역이름 또는 소(所)이름, 관제사, 명령번호, 열차번호 및 발행일과 시각을 적어야 한다.

⑤ 열차의 기관사는 제3항에 따라 발급받은 지도표 또는 지도권을 폐색구간을 통과한 후 도착지의 역장 또는 소장에게 반납한다. **정답** ③

26

도시철도운전규칙상 열차의 운전에 있어 상용폐색방식과 대용폐색방식에 의할 수 없을 때의 운전방법은?

① 지령식 운전　　　② 통신식 운전　　　③ 무폐색 운전　　　④ 지도통신식 운전

도시규칙 제51조(폐색방식의 구분)

① 열차를 운전하는 경우의 폐색방식은 일상적으로 사용하는 폐색방식(상용폐색방식)과 폐색장치의 고장이나 그 밖의 사유로 상용폐색방식에 따를 수 없을 때 사용하는 폐색방식(대용폐색방식)에 따른다.

② 제1항에 따른 폐색방식에 따를 수 없을 때에는 전령법에 따르거나 무폐색운전을 한다. **정답** ③

27

도시철도운전규칙에서 정하고 있는 전령법의 시행에 관한 설명으로 틀린 것은?

① 전령법을 시행하는 구간에는 한 명의 전령자를 선정하여야 한다.

② 열차 등이 있는 폐색구간에 다른 열차를 운전시킬 때에는 그 열차에 대하여 전령법을 시행한다.

③ 전령법을 시행할 경우에는 이미 폐색구간에 있는 열차 등은 최근역까지 운행종료 후 시행한다.

④ 전령법을 시행하는 구간에서 관제사가 취급하는 경우에는 전령자를 탑승시키지 아니할 수 있다.

도시규칙

제58조(전령법의 시행) ① 열차 등이 있는 폐색구간에 다른 열차를 운전시킬 때에는 그 열차에 대하여 전령법을 시행한다.

② 제1항에 따른 전령법을 시행할 경우에는 이미 폐색구간에 있는 열차 등은 그 위치를 이동할 수 없다.

제59조(전령자의 선정 등) ① 전령법을 시행하는 구간에는 한 명의 전령자를 선정한다.

② 전령자는 백색 완장을 착용한다.

③ 전령법을 시행하는 구간에서는 그 구간의 전령자가 탑승하여야 열차를 운전할 수 있다. 다만, 관제사가 취급하는 경우에는 전령자를 탑승시키지 아니할 수 있다. **정답** ③

28

항공철도사고조사에 관한 법률상 항공철도사고조사위원회의 위원의 자격기준으로 맞는 것은?

① 변호사의 자격을 취득한 후 15년 이상 된 자

② 항공·철도 또는 의료 분야 전문기관에서 10년 이상 근무한 박사학위 소지자

③ 대학에서 항공·철도 또는 안전관리분야 과목을 가르치는 부교수 이상의 직에 3년 이상 있거나 있었던 자

④ 철도시설 또는 철도운영 관련 업무분야에서 15년 이상 근무한 경력이 있는 자로서 임명·위촉일 3년 이전에 퇴직한 자

해설 항공철도사고조사법 제7조(위원의 자격요건)

위원이 될 수 있는 자는 항공·철도관련 전문지식이나 경험을 가진 자로서 다음에 해당하는 자로 한다.

1. 변호사의 자격을 취득한 후 10년 이상 된 자
2. 대학에서 항공·철도 또는 안전관리분야 과목을 가르치는 부교수 이상의 직에 5년 이상 있거나 있었던 자
3. 행정기관의 4급 이상 공무원으로 2년 이상 있었던 자
4. 항공·철도 또는 의료 분야 전문기관에서 10년 이상 근무한 박사학위 소지자
5. 항공종사자 자격증명을 취득하여 항공운송사업체에서 10년 이상 근무한 경력이 있는 자로서 임명·위촉일 3년 이전에 항공운송사업체에서 퇴직한 자
6. 철도시설 또는 철도운영관련 업무분야에서 10년 이상 근무한 경력이 있는 자로서 임명·위촉일 3년 이전에 퇴직한 자

정답 ②

철도운송산업기사
실기시험 편

차례

* QR코드를 인식하면 〈작업형 실기시험〉의
  동영상을 시청할 수 있습니다.

제1장 출제기준

직무분야	운전운송	자격종목	철도운송산업기사
중직무분야	운전·운송	적용기간	2025.1.1. ~ 2029.12.31.
직무내용	철도운송에 관한 전문적인 기술지식과 숙련기능을 바탕으로 여객과 화물을 안전하고 원활하게 수송을 하기 위하여 여객운송, 화물운송, 운전취급 등을 수행하는 직무이다.		
수행준거	1. 열차 조성에 필요한 철도차량을 작업순서에 따라 분리 및 연결하는 입환 작업을 할 수 있다. 2. 열차 조성과 운행을 위한 전호를 숙지하고 이를 시행할 수 있다. 3. 구름방지 장비를 사용하여 안전한 방법으로 구름방지조치를 할 수 있으며, 차량유치를 할 수 있다. 4. 지적확인 환호응답과 신호보안장치 점검요령에 따라 선로전환기를 취급, 점검할 수 있다. 5. 원활한 열차운행을 위한 운전취급을 할 수 있으며 사고 및 장애 등 이례사항 발생 시 적절히 조치할 수 있다.		
실기검정방법	복합형	시험시간	2시간 정도 ／ 필답형: 1시간 작업형: 1시간 정도

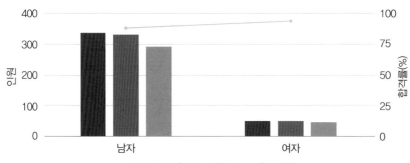

● 접수자 ● 응시자 ● 합격자 ◦ 합격률(%)

분류	접수자	응시자	응시율(%)	합격자	합격률(%)
남자	341	334	97.9	296	88.6
여자	52	51	98.1	48	94.1

1. 시험방식(복합형): 필답형 50점＋작업형 50점＝100점

2. 필답형: 1시간 정도(50점)

　① 출제문항: 14문항 출제(문항당 배점: 4점 8문항 ＋ 3점 6문항)
　② 출제방식: 모두 단답형 쓰기(주관식)
　③ 출제범위: 한국철도공사(코레일)의 사규에서 출제
　　㉮ 〈운전취급규정〉에서 11～12문항 정도－필기시험: 제3편 열차운전
　　㉯ 〈철도사고조사 및 피해구상 세칙〉에서 2～3문항 정도

3. 작업형: 1시간 정도 작업수행 과정평가(50점)

　① 전호(20점)
　　㉮ 각종 전호(7개) → 입환전호(16개) → 기적전호(17개) → 버저전호(10개)
　　㉯ 각 전호별로 3～4개(총 20개)를 실제로 전호시행 지시
　　　ⓐ 각종전호: 6개(주간 및 야간 3개, 무선전호 3개)
　　　ⓑ 입환전호: 6개(주간 및 야간 3개, 무선전호 3개)
　　　ⓒ 기적전호: 4개
　　　ⓓ 버저전호: 4개
　② 선로전환기 취급(15점)
　　㉮ 외관상 점검 시행: 각 부위 명칭 질문 및 점검방법 문의(점검망치 소지)
　　㉯ 선로전환작업 시행
　　㉰ 잠금조치: 키볼트 체결작업(몽키스패너 사용), 대못 쇄정
　③ 차량해결(15점)
　　㉮ 차량의 연결·해방작업 시행
　　㉯ 구름방지 조치작업 시행: 수제동기, 수용바퀴구름막이 사용법

4. 합격결정: 필답형과 작업형 평가를 합하여 100점 만점으로 60점 이상

5. 시험에 임하는 자세

　① 지적확인환호는 우렁차고, 절도있게 한다.
　② 표정은 여유 있고 자신감 있게 대답한다.
　③ 질문 확인 시 "다시 한 번 말씀해 주시겠습니까"라고 정중하게 묻는다.

제1장 출제경향 분석

출제범위	18년		19년		20년		21년		22년		23년		24년		계	구성비 (%)
	1회	2회	1회	2회	1회	2회	1회	2회	1회	2회	1회	2회	1회	2회		
총칙	1	1	1	1			1	1	1		1	1	1	1	11	5.6
운전	5	6	6	6	6	8	5	5	4	6	4	6	5	5	77	39.6
폐색	2	4	3	2	3	2	3	4	2	2	3	3	4	3	40	20.5
신호	1			2	2	1	1	1	1	1				1	11	5.6
사고조치	2	2				2	3	2	3	3	5	2	1	1	26	13.3
사고세칙	1	1	4	4	3	1	1	1	3	2	1	2	3	3	30	15.4
계	12	14	14	15	14	14	14	14	14	14	14	14	14	14	195	100

■ **출제경향**

필답형은 제한된 범위에서 매년 반복적으로 출제되고 있다. 기출문제 범주에서 약 60~70%가 동일한 문제로 출제되고 있다. 〈사고의 조치〉단원은 매년 새로운 문제가 추가되고 있다. 따라서 기출문제를 완벽하여 분석하여 정리한 2장의 〈핵심내용 정리〉를 반드시 꼼꼼히 숙지하여야 한다.
고득점을 바란다면 필기시험의 〈열차운전〉편을 추가로 학습하면 된다.

■ **2024년 분석**

예년의 출제범위를 벗어나지 않았다. 〈핵심내용 정리〉와 〈기출문제〉 범주에서 출제되었다. 단원별 출제 문항 분포도 비슷하여 "운전, 폐색"단원에서 출제비율이 높았다. 최근에는 〈사고 세칙〉단원에서 3문제 출제로 많아지고 있는 추세이다.

• 운전관계 •

1. 열차운행의 일시중지(제5조)

(1) 사유: 천재지변과 악천후로 열차의 안전운행에 지장이 있다고 인정될 때

(2) 풍속의 측정기준
① 정거장과 인접한 기상관측소의 기상청 자료 또는 철도기상정보 시스템에 따를 것
② ①항에 따를 수 없는 경우에는 〈아래 표〉에 정한 목측에 의한 풍속측정기준에 따를 것

종별	풍 속(m/s)	파도(m)	현상
센바람	14이상~17미만	4	나무전체가 흔들림. 바람을 안고서 걷기가 어려움
큰바람	17이상~20미만	5.5	작은 나무가 꺾임. 바람을 안고서는 걸을 수가 없음
큰센바람	20이상~25미만	7	가옥에 다소 손해가 있거나 굴뚝이 넘어지고 기와가 벗겨짐
노대바람	25이상~30미만	9	수목이 뿌리째 뽑히고 가옥에 큰 손해가 일어남
왕바람	30이상~33미만	12	광범위한 파괴가 생김
싹쓸바람	33이상	120이상	광범위한 파괴가 생김

(3) 풍속에 따른 운전취급 방법
① 역장은 풍속이 <u>20m/s 이상</u>으로 판단될 때는 관제사에게 보고하여야 한다.
② 역장은 풍속이 <u>25m/s 이상</u>으로 판단될 때에는 다음과 같이 조치한다.
  ㉮ 열차운전에 위험 우려시 열차의 출발 또는 통과를 일시 중지할 것
  ㉯ 유치 차량에 대하여 구름방지의 조치를 할 것
③ 관제사는 기상자료 또는 역장의 보고에 따라 풍속이 <u>30m/s 이상</u>으로 판단될 때는 해당구간의 열차운행을 일시 중지하는 지시를 하여야 한다.

(4) 강우에 따른 운전취급
① 레일면까지 침수된 경우 기관사의 조치
  ㉮ 그 앞지점에 일단정차 후
  ㉯ 선로상태를 확인하고 통과가 가능하다고 인정될 때는 15km/h 이하의 속도로 주의운전을 할 것
② 레일 면을 초과하여 침수한 경우의 조치: 기관사는 운전을 중지하고 관제사의 지시에 따를 것

③ 강우량에 따른 운전취급 종류

    ㉮ 운행정지: 연속강우량 320mm이상

    ㉯ 서행운전(45km/h): 연속강우량 250mm이상

    ㉰ 주의운전: 연속강우량 210mm이상

(5) 폭염에 따른 레일온도 상승시 운전취급

시설사령은 레일온도가 섭씨 55도 이상일 경우 해당 관제사에게 신속하게 통보하고 섭씨 60도 이상일 경우 서행운전을 요청할 것

레일온도	운전규제	레일온도	운전규제
64℃ 이상	운행중지	55℃이상 ~ 60℃미만	주의운전
60℃이상 ~ 64℃미만	60km/h이하 운전	55℃ 미만	정상운전

2. 열차의 운전위치(제11조)

(1) 원칙: 운전방향 맨 앞 운전실에서 운전

(2) 운전방향의 맨 앞 운전실에서 운전하지 않아도 되는 경우

    ① 추진운전을 하는 경우

    ② 퇴행운전을 하는 경우

    ③ 보수장비 작업용 조작대에서 작업 운전을 하는 경우

3. 열차의 조성

(1) 조성차수(제17조)

    ① 열차를 조성하는 경우에는 <u>견인정수 및 열차장</u> 제한을 초과할 수 없다.

    ② 관제사가 각 관계처에 통보하여 운전정리에 지장이 없다고 인정하는 경우에는 열차장 제한을 초과할 수 있다.

    ③ 최대 열차장은 전도 운행구간 착발선로의 가장 짧은 유효장에서 <u>차장률 1.0량</u>을 감한 것으로 한다.

(2) 차량의 적재 및 연결제한(제22조)

격리, 연결 제한할 경우		1. 화약류 적재화차	2. 위험물 적재화차	3. 불에 타기 쉬운 화물 적재화차	4. 특대화물 적재화차
1. 격리	가. 여객승용차량	3차 이상	1차 이상	1차 이상	1차 이상
	나. 동력을 가진 기관차	3차 이상	3차 이상	3차 이상	
	다. 화물호송인 승용차량	1차 이상	1차 이상	1차 이상	
	라. 열차승무원 또는 그 밖의 직원 승용차량	1차 이상			
	마. 불타기 쉬운 화물 적재화차	1차 이상	1차 이상		
	바. 불나기 쉬운 화물 적재화차 또는 폭발염려 있는 화물 적재화차	3차 이상	3차 이상	1차이상	
	사. 위험물 적재화차	1차 이상		1차 이상	
	아. 특대화물 적재화차	1차 이상			
	자. 인접차량에 충격 염려 화물 적재화차	1차 이상			
2. 연결 제한	가. 여객열차 이상의 열차	연결 불가 (화물열차 미운행 구간 또는 운송상 특별한 사유 시 화약류 적재 화차 1량 연결 가능 단, 3차 이상 격리)			
	나. 그 밖의 열차	5차 (다만, 군사수송은 열차 중간에 연속하여 10차)	연결	열차 뒤쪽에 연결	
	다. 군용열차	연결			

4. 열차의 운행

(1) 운전시각 및 순서(제28조)

① 열차의 운전 원칙: 미리 정한 시각 및 순서에 따른다.

② 관제사의 승인에 의해 지정된 시각보다 일찍 또는 늦게 출발 시킬 수 있는 경우

  ㉮ 여객을 취급하지 않는 열차의 일찍 출발

      * 여객을 취급하지 않는 열차의 5분 이내 일찍 출발은 관제사의 승인 없이 역장이 시행할 수 있다.

ⓑ 운전정리에 지장이 없는 전동열차로서 5분 이내의 일찍 출발

ⓓ 여객접속 역에서 여객 계승을 위하여 지연열차의 도착을 기다리는 다음의 경우

　　ⓐ 고속 · 준고속여객열차의 늦게 출발

　　ⓑ 고속 · 준고속여객열차 이외 여객열차의 5분 이상 늦게 출발

③ 트롤리 사용 중에 있는 구간을 진입하는 열차는 일찍 출발 및 조상운전을 할 수 없다.

④ 기관사는 열차운전 중 차량상태 또는 기후상태 등으로 열차를 정상속도로 운전할 수 없다고 인정한 경우에는 그 사유 및 전도 지연예상시간을 <u>역장에게</u> 통보하여야 한다.

(2) 착발시각의 보고 및 통보(제30조)

① 역장이 열차의 출발 · 통과 시 통보내용

ⓐ 역장은 열차가 출발 또는 통과한 때에는 즉시 앞쪽의 인접 정거장 또는 신호소 역장에게 <u>열차번호 및 시각</u>을 통보하여야 한다.

ⓓ 단, 정해진 시각(스케줄)에 운행하는 전동열차의 경우에 인접 정거장 역장에 대한 통보는 생략할 수 있다.

② 열차의 도착 · 출발 및 통과시각의 기준

ⓐ <u>도착시각</u>: 열차가 정해진 위치에 정차한 때

ⓓ 출발시각: 열차가 출발하기 위하여 진행을 개시한 때

ⓒ 통과시각: 열차의 앞부분이 정거장의 본 역사 중앙을 통과한 때.
　　　고속선은 열차의 앞부분이 절대표지(출발)를 통과한 때

(3) 열차의 동시진입 및 동시진출(제32조)

① 정거장에서 2이상의 열차착발에 있어서 상호 지장할 염려 있는 때에는 동시에 이를 진입 또는 진출시킬 수 없다.

② (예외) 열차의 동시진입 또는 동시진출할 수 있는 경우

ⓐ 안전측선, 탈선선로전환기, 탈선기가 설치된 경우

ⓓ 열차를 유도하여 진입시킬 경우

ⓒ 단행열차를 진입시킬 경우

ⓔ 열차의 진입선로에 대한 출발신호기 또는 정차위치로부터 200m(동차 · 전동열차의 경우는 <u>150m</u>) 이상의 여유거리가 있는 경우

ⓕ 동일방향에서 동시에 진입하는 열차 쌍방이 정차위치를 지나서 진행할 경우 상호 접촉되는 배선에서는 그 정차위치에서 <u>100m</u> 이상의 여유거리가 있는 경우

ⓖ 차내신호 "25"신호(구내폐색 포함)에 의해 진입시킬 경우

(4) 선행열차 발견 시 조치(제34조)

① 조치대상: <u>차내신호폐색식(자동폐색식 포함)</u> 구간의 같은 폐색구간에서 뒤 열차가 앞 열차에 접근하는 때

② 뒤 열차의 기관사 조치사항

㉮ 앞 열차의 기관사에게 열차의 접근을 알림과 동시에 열차를 즉시 정차시켜야 한다.

㉯ 앞 열차의 운행상황 등을 고려하여, 1분 이상 지난 후에 다시 진행할 수 있다.

(5) 열차의 착발선 지정 및 운용(제36조)

① 운행열차의 착발 또는 통과선 지정자

㉮ 관제사: 고속선   ㉯ 역장: 일반선

② 사고 등 부득이한 사유로 지정된 착발선을 변경할 때의 조치

역장 및 관제사는 열차승무원과 기관사에게 그 내용을 통보하고 여객승하차 및 운전취급에 지장이 없도록 조치하여야 한다.

(6) 열차의 감시(제37조)

① 동력차승무원의 열차 감시

㉮ 견인력 저하 등 차량이상을 감지하거나 연락받은 경우 열차의 상태를 확인할 것

㉯ 열차운행 시 무선전화기 수신에 주의할 것

㉰ 지역본부장이 지정한 구간에서 열차의 뒤를 확인할 것

㉱ 정거장을 출발하거나 통과할 경우 열차의 뒤를 확인하여 열차의 상태와 역장 또는 열차승무원의 동작에 주의할 것. 다만, 정거장 통과 시 뒤를 확인하기 어려운 운전실 구조는 생략할 수 있음

㉲ 동력차 1인 승무인 경우 열차의 뒤 확인은 생략할 것

② 열차승무원의 열차감시

㉮ 열차가 도착 또는 출발할 때 열차감시 방법

ⓐ 열차가 도착 또는 출발할 때는 정지위치의 적정여부, 뒤표지, 여객의 타고 내림, 출발신호기의 현시상태 등을 확인할 것.

ⓑ 단, 열차출발 후 열차감시를 할 수 없는 차량구조인 열차의 감시는 생략할 것

㉯ 전철차장의 열차감시 방법

ⓐ 전철차장의 경우 열차가 정거장에 도착한 다음부터 열차 맨 뒤가 고상홈 끝 지점을 진출할 때까지 감시할 것.

ⓑ 단, 승강장 안전문이 설치된 정거장에서는 열차가 정거장에 정차하고 있을 때에는 열차의 정차위치, 열차의 상태, 승객의 승·하차 등을 확인하고, 열차가 출발할 때에는 열차의 맨 뒤가 고상홈 끝을 벗어날 때까지 뒤쪽을 감시할 것

③ 역장의 열차감시

㉮ 감시구간: 장내신호기 진입부터 맨 바깥쪽 선로전환기를 진출할 때까지

㉯ 감시내용: 신호·선로의 상태, 여객의 타고 내림, 뒤표지, 완해불량 등 열차의 상태를 확인할 것

㉰ 역장이 열차감시를 하여야 하는 경우
　　　　　ⓐ 기관사가 열차에 이상이 있음을 감지하여 열차감시를 요구하는 경우
　　　　　ⓑ 여객을 취급하는 고정편성열차의 승강문이 연동 개폐되지 않을 경우
　　　　　　(다만, 감시자를 배치하거나 승강문 잠금의 경우는 생략)
　　　　　ⓒ 관제사가 열차감시를 지시한 경우
　　④ 철도종사자가 열치의 이상 발견시 조치사항
　　　철도종사자는 열차의 이상소음, 불꽃 및 매연발생 등 이상을 발견하면 해당 열차의 <u>기관사</u>
　　　및 <u>관계역장</u>에게 즉시 연락하여야 한다.
　　⑤ 열차감시 중 열차의 이상 발견시 조치사항
　　　열차감시 중 열차상태 이상을 발견하거나 연락받은 경우 정차조치를 하고 관계자(기관사,
　　　역장 또는 관제사)에게 연락 및 보고하여야 하며 고장처리지침에 따라 조치하여야 한다.

5. 신호에 따른 운전속도

(1) 유도신호의 지시(제43조)
　　① 예측: 앞쪽 선로에 지장 있을 것을 예측하고 운전
　　② 운행속도: 일단정차 후 그 현시지점을 지나 <u>25km/h 이하</u>의 속도로 진행
　　③ 유도신호로 도착열차의 정차위치
　　　㉮ 유도신호로 열차를 도착시키는 경우에는 정차위치에 정지수신호를 현시하여야 한다.
　　　㉯ 수신호 현시위치에 열차정지표지 또는 출발신호기가 설치된 경우에는 따로 정지수신호
　　　　를 현시하지 않을 수 있다.

(2) 경계신호의 지시(제44조)
　　① 예측: 다음 상치신호기에 정지신호의 현시 있을 것을 예측하고 운전
　　② 운행속도: <u>25km/h 이하</u>의 속도로 운전
　　③ 단, 5현시 구간에서는 <u>65km/h 이하</u>의 속도로 운전할 수 있는 신호기
　　　㉮ 각선 각역의 장내신호기. 다만, 구내폐색신호기가 설치된 선로 제외
　　　㉯ 인접역의 장내신호기까지 도중폐색신호기가 없는 출발신호기

(3) 주의신호의 지시(제45조)
　　① 예측: 다음 상치신호기에 정지신호 또는 경계신호 현시될 것을 예측
　　② 운전속도: <u>45km/h 이하</u>의 속도로 진행
　　③ 신호 5현시구간: <u>65km/h 이하</u>의 속도로 진행

(4) 감속신호의 지시(제47조)
　　① 예측: 다음 상치신호기에 주의신호 현시될 것을 예측하고 운전
　　② 운전속도: <u>65km/h 이하</u>의 속도로 진행할 수 있다
　　③ 신호 5현시 구간: <u>105km/h 이하</u>의 속도로 운행한다

6. 운전정리

(1) 관제사의 운전정리 시행(제53조)

① 관제사의 책무: 관제사는 열차운행에 혼란이 있거나 혼란이 예상되는 때에는 관계자에게 알려 운전정리를 하여야 한다.

② 관제사의 운전정리 사항

㉠ 교행변경: 단선운전 구간에서 열차교행을 할 정거장을 변경

㉡ 순서변경: 선발로 할 열차의 운전시각을 변경하지 않고 열차의 운행순서를 변경

㉢ 조상운전: 열차의 계획된 운전시각을 앞당겨 운전

㉣ 조하운전: 열차의 계획된 운전시각을 늦추어 운전

㉤ 일찍출발: 열차가 정거장에서 계획된 시각보다 미리 출발

㉥ 속도변경: 견인정수 변동에 따라 운전속도가 변경

㉦ 열차 합병운전: 열차운전 중 2이상의 열차를 합병하여 1개 열차로 운전

㉧ 특발: 지연열차의 도착을 기다리지 않고 따로 열차를 조성하여 출발

㉨ 운전휴지(운휴): 열차의 운행을 일시 중지하는 것을 말하며 전구간 운휴 또는 구간운휴로 구분

㉩ 선로변경: 선로의 정해진 운전방향을 변경하지 않고 열차의 운전선로를 변경

㉪ 단선운전: 복선운전을 하는 구간에서 한쪽 방향의 선로에 열차사고·선로고장 또는 작업 등으로 그 선로로 열차를 운전할 수 없는 경우 다른 방향의 선로를 사용하여 상·하 열차를 운전

㉫ 그 밖에 사항: 운전정리에 따르는 임시열차의 운전, 편성차량의 변경·증감 등 그 밖의 조치

(2) 역장의 운전정리 시행(제54조)

① 역장이 할 수 있는 운전정리: 교행변경, 순서변경

② 역장 운전정리를 할 수 있는 경우(㉠, ㉡ 모두 충족되어야 함)

㉠ 열차지연으로 교행변경 또는 순서변경의 운전정리가 유리하다고 판단될 때

㉡ 통신 불능으로 관제사에게 통보할 수 없을 때

③ 역장의 운전정리 절차: 관계 역장과 협의하여 운전정리를 할 수 있다.

④ 통신기능이 복구되었을 때 역장의 조치: 역장은 통신 불능 기간 동안의 운전정리에 관한 사항을 관제사에게 즉시 보고

(3) 열차등급의 순위(제55조)

① 고속여객열차: KTX, KTX-산천   ② 준고속여객열차: KTX-이음

③ 특급여객열차: ITX-청춘

④ 급행여객열차: ITX-새마을, 새마을호열차, 무궁화호열차, 누리로열차, 특급·급행 전동열차

⑤ 보통여객열차: 통근열차, 일반전동열차

⑥ 급행화물열차   ⑦ 화물열차: 일반화물열차

⑧ 공사열차　　　　　　　　　　　⑨ 회송열차

⑩ 단행열차　　　　　　　　　　　⑪ 시험운전열차

(4) 운전정리 사항 통고 대상 소속(제56조)

정리 / 종별	관계 정거장 ("역"이라 약칭)	관계열차 기관사·열차승무원에 통고할 담당 정거장 ("역"이라 약칭)	관계 소속
교행변경	원교행역 및 임시교행역을 포함하여 그 역 사이에 있는 역	지연열차에는 임시교행역의 전 역, 대향열차에는 원 교행역	
순서변경	변경구간내의 각 역 및 그 전 역	임시대피 또는 선행하게 되는 역의 전 역(단선구간) 또는 해당 역(복선구간)	
조상운전 조하운전	시각변경 구간내의 각 역	시각변경 구간의 최초 역	승무원 및 동력차의 충당 승무사업소 및 차량사업소
속도변경	변경구간내의 각 역	속도변경 구간의 최초 역 또는 관제사가 지정한 역	변경열차와 관계열차의 승무원 소속 승무사업소 및 차량사업소
운전휴지 합병운전	운휴 또는 합병구간내의 각 역	운휴 또는 합병할 역, 다만, 미리 통고할 수 있는 경우에 편의역장을 통하여 통고	승무원 및 기관차의 충당 승무사업소·차량사업소와 승무원 소속 승무사업소
특발	관제사가 지정한 역에서 특발 역까지의 각 역, 특발열차 운전구간 내의 역	지연열차에는 관제사가 지정한 역, 특발열차에는 특발 역	위와 같음
선로변경	변경구간 내의 각 역	관제사가 지정한 역	필요한 소속
단선운전	위와 같음	단선운전구간 내 진입열차에 는 그 구간 최초의 역	선로고장에 기인할 때에는 관할 시설처

7. 운전명령

(1) 운전명령의 의의 및 발령구분(제57조)

① 운전명령이란 사장(열차운영단장, 관제실장) 또는 관제사가 열차 및 차량의 운전취급에 관련되는 상례 이외의 상황을 특별히 지시하는 것을 말한다.

② 정규 운전명령은 수송수요·수송시설 및 장비의 상황에 따라 상당시간 이전에 XROIS 또는 공문으로서 발령한다.

③ 임시 운전명령은 열차 또는 차량의 운전정리 사항과 긴급히 발령하는 운전취급에 관한 지시를 말하며 XROIS 또는 전화(무선전화기를 포함한다)로서 발령한다.

(2) 운전명령의 주지(제58조)

승무적합성검사를 시행하는 사업소장 및 역장은 운전명령에 대하여 다음에 따라 관계 직원에게 주지시켜야 한다.

① 정거장 또는 신호소 및 관계 사업소에서는 운전명령의 내용을 관계 직원이 출근하기 전에 게시판에 게시할 것

② 운전명령 사항에 변동이 있을 때마다 이를 정리하고, 소속직원이 출근 후에 접수한 운전명령은 즉시 그 내용을 해당 직원에게 알리는 동시에 게시판과 운전시행전달부에 <u>붉은 글씨</u>로 기입할 것

(3) 임시운전명령 통고 의뢰 및 통고(제59조)

① 통고 의뢰: 사업소장은 운전관계승무원의 승무개시 후 접수한 임시 운전명령을 해당 직원에게 통고하지 못하였을 때는 관계 운전취급담당자에게 통고를 의뢰하여야 한다.

② 임시운전명령사항의 종류

　㉮ 폐색방식 또는 폐색구간의 변경　　　　㉯ 열차 운전시각의 변경
　㉰ 열차 견인정수의 임시변경　　　　　　㉱ 열차의 운전선로의 변경
　㉲ 열차의 임시교행 또는 대피　　　　　　㉳ 열차의 임시서행 또는 정차
　㉴ 신호기 고장의 통보　　　　　　　　　㉵ 수신호 현시
　㉶ 열차번호 변경　　　　　　　　　　　㉷ 열차 또는 차량의 임시입환
　㉸ 그 밖에 필요한 사항

③ 임시운전명령 번호 및 내용 통고

　㉮ 임시운전명령 통고를 의뢰받은 운전취급담당자는 해당 운전관계승무원에게 임시운전명령 번호 및 내용을 통고하여야 한다.

　㉯ "열차의 임시교행 또는 대피"의 경우에 복선운전구간과 CTC구간은 <u>관제사 운전명령번호</u>를 생략한다.

④ 임시운전명령 통고시 기관사의 응답 없을 때 조치

운전취급담당자는 기관사에게 임시운전명령을 통고하는 경우 무선전화기 3회 호출에도 응답이 없을 때에는 상치신호기 정지신호 현시 및 열차승무원의 비상정차 지시 등의 조치를 하여야 한다.

8. 차량의 입환

(1) 본선지장 입환(제75조)

① 역장의 승인

　㉮ 정거장내·외의 본선을 지장하는 입환을 할 필요가 있을 때에 입환작업자는 그때마다 역장의 승인을 받아야 한다.

　㉯ 단, 정거장내 주본선 이외의 본선지장 입환 시 해당 본선의 관계열차 착발시각과 입환 종료시각까지 10분 이상의 시간이 있을 때는 본선지장 입환 승인을 생략할 수 있다.

② 정거장 밖에서 입환시 인접역장과 협의

　㉮ 승인을 요청받은 역장은 열차의 운행상황을 확인하고, 정거장 밖에서 입환 할 때는 인접역장과 협의하여 열차에 지장 없는 범위에서 입환을 승인

　㉯ 역장이 승인시 조치사항

　　ⓐ 본선지장승인 기록부에 승인내용을 기록하고, 관계직원에게 통보할 것

　　ⓑ 해당 조작반(표시제어부, 폐색기 포함)에 "본선지장입환 중"임을 표시할 것. 정거장 바깥쪽에 걸친 입환인 경우에는 협의를 받은 인접 역장도 같다.

　　ⓒ 지장시간·지장열차·지장본선·내용 등을 입환작업계획서에 간략하게 붉은 글씨로 기재하여 통고할 것

③ 본선지장 입환이 승인시간 내에 완료되지 않을 경우에는 다음에 따른다.

　㉮ 기관사 또는 입환작업자는 역장에게 그 사유를 승인시간 종료 전에 통보할 것

　㉯ 통보를 받은 역장은 열차 운행상황을 파악하여, 재승인하거나 입환중지 등의 지시를 할 것

　㉰ 기관사는 입환차량이 본선진입 전일 때는 차량을 속히 정차시키고 역장의 지시에 따를 것

④ CTC 구간에서 열차진입 할 방향의 정거장 밖에서 입환을 해야 할 때는 관제사의 승인을 받아야 한다. 이 경우 관제사는 관계열차의 내용을 통보하는 등 안전조치의 지시를 하여야 한다.

9. 열차의 운전속도

(1) 열차 및 차량의 운전속도(제83조)

열차 또는 차량은 다음 각 호의 속도를 넘어서 운전할 수 없다.

① 차량최고속도　　　　　　② 선로최고속도

③ 하구배속도　　　　　　　④ 곡선속도

⑤ 분기기속도　　　　　　　⑥ 열차제어장치가 현시하는 허용속도

(2) 각종 속도의 제한(제84조)

열차 또는 차량에 대하여 각종속도를 제한하는 경우에는 그 제한속도 이하로 운전하여야 한다.

〈각종 속도제한〉(제84조)

속도를 제한하는 사항	속도 (Km/h)	예외 사항 및 조치 사항
1. 열차퇴행 운전		
가. 관제사 승인 있는 경우	25	위험물 수송열차는 15Km/h 이하
나. 관제사 승인 없는 경우	15	전동열차의 정차위치 조정에 한함
2. 장내·출발 진행수신호 운전	25	1) 수신호등을 설치한 경우 45km/h 이하 운전 2) 장내 진행수신호는 다음 신호 현시위치 또는 정차위치까지 운전 3) 출발 진행수신호 　가) 맨 바깥쪽 선로전환기까지 　나) 자동폐색식 구간: 기관사는 맨 바깥쪽 선로전환기부터 다음 신호기 위치까지 열차없음이 확인될 때는 45km/h 이하 운전(그 밖에는 25km/h 이하) 　다) 도중 자동폐색신호기 없는 자동폐색식 구간: 맨 바깥쪽 선로전환기까지만 25km/h 이하 운전
3. 선로전환기에 대항운전	25	연동장치 또는 잠금장치로 잠겨있는 경우 제외
4. 추진운전	25	뒤보조기관차가 견인형태가 될 경우 45km/h 이하
5. 차량입환	25	특히 지정한 경우는 예외
6. 뒤 운전실 운전	45	전기기관차, 고정편성열차의 앞 운전실 고장으로 뒤 운전실에서 운전하여 최근 정거장까지 운전할 때를 포함
7. 입환신호기에 의한 열차출발	45	1) 도중 폐색신호기 없는 구간: 제외 2) 도중 폐색신호기 있는 구간: 다음 신호기까지

· 폐 색 ·

1. 폐색방식의 시행 및 종류

(1) 폐색방식의 종류(제100조)
　① 1폐색구간에 1개 열차를 운전시키기 위하여 시행하는 방법으로 상용폐색방식과 대용폐색방식으로 크게 나눈다.
　② 열차는 다음의 상용폐색방식에 의해 운전하여야 한다.
　　㉮ 복선구간: 자동폐색식, 차내신호폐색식, 연동폐색식
　　㉯ 단선구간: 자동폐색식, 차내신호폐색식, 연동폐색식, 통표폐색식
　③ 열차를 상용폐색방식에 따라 운전할 수 없을 때는 대용폐색방식에 따른다.
　　㉮ 복선운전을 하는 경우: 지령식, 통신식
　　㉯ 단선운전을 하는 경우: 지령식, 지도통신식, 지도식

(2) 폐색준용법의 시행 및 종류(제101조)

폐색방식을 시행할 수 없는 경우에 이에 준하여 열차를 운전시킬 필요가 있는 경우에는 폐색준용법으로 전령법을 시행한다.

(3) 폐색방식 변경 및 복귀(제102조)

① 폐색방식 변경시 관제사의 승인

㉮ 역장은 대용폐색방식 또는 폐색준용법을 시행할 경우에는 먼저 그 요지를 관제사에게 보고하고 승인을 받은 다음 그 구간을 운전할 열차의 기관사에게 다음의 사항을 알려야 한다.

ⓐ 시행구간 　　　　　　ⓑ 시행방식 　　　　　　ⓒ 시행사유

㉯ 이 경우에 통신 불능으로 관제사에게 보고하지 못한 경우는 먼저 시행한 다음에 그 내용을 보고하여야 한다.

② 폐색방식 변경의 원인이 없어진 경우의 조치

㉮ 대용폐색방식 또는 폐색준용법 시행의 원인이 없어진 경우에 역장은 상대역장과 협의하여 관제사의 승인을 받아 속히 상용폐색방식으로 복귀하여야 한다.

㉯ 이 경우에 역장은 양쪽 정거장 또는 신호소간에 열차 또는 차량없음을 확인하고 기관사에게 복귀사유를 통보하여야 한다.

③ CTC 취급 중 폐색방식 또는 폐색구간을 변경할 때에는 관제사가 이를 역장에게 지시하여야한다. 변경전의 폐색방식으로 복귀시킬 때에는 역장은 그 요지를 관제사에게 보고하여야 한다.

④ 대용폐색방식으로 출발하는 열차의 기관사는 출발에 앞서 다음 운전취급역의 역장과 관제사 승인번호 및 운전허가증 번호를 통보하는 등 열차운행에 대한 무선통화를 하여야 한다. 다만, 지형 등 그 밖의 사유로 통화를 할 수 없을 때는 열차를 출발시키는 역장에게 통보를 요청하여야 한다.

(4) 운전취급담당자의 자격(제108조)

① 운전취급담당자는 「철도안전법」에 의한 적성검사와 신체검사에 합격하여야 한다.

② 로컬관제원은 교육이수일 기준으로 5년마다 교육훈련기관에서 시행하는 운전취급 및 신호취급에 관한 교육을 2주 이상(소집교육, 사이버교육) 받아야 한다.

③ 로컬관제원 경력이 없는 자가 최초 로컬관제원으로 인사발령 시 소속장은 현장실무교육 40시간 이상을 시행하여야 한다.

(5) 운전허가증의 종류(제116조)

① 통표폐색식 시행구간: 통표

② 지도통신식 시행구간: 지도표 또는 지도권

③ 지도식 시행구간: 지도표

④ 전령법 시행구간: 전령자

2. 폐색방식의 정의

(1) 자동폐색식(제121조)

폐색구간에 설치한 궤도회로를 이용하여 열차 또는 차량의 점유에 따라 자동적으로 폐색 및 신호를 제어하여 열차를 운행시키는 폐색방식

(2) 차내신호폐색식(제123조)

차내신호(KTCS−2, ATC, ATP) 현시에 따라 열차를 운행시키는 폐색방식으로 지시 속도보다 낮은 속도로 열차의 속도를 제한하면서 열차를 운행할 수 있도록 하는 폐색방식

(3) 연동폐색식(제125조)

폐색구간 양끝의 정거장 또는 신호소에 설치한 연동폐색장치와 출발신호기를 양쪽 역장이 협의 취급하여 열차를 운행시키는 폐색방식

(4) 통표폐색식(제128조)

폐색구간 양끝의 정거장 또는 신호소에 통표폐색 장치를 설치하여 양끝의 정거장 역장이 상호 협의하여 한쪽의 정거장 또는 신호소에서 통표를 꺼내어 기관사에게 휴대하도록 하여 열차를 운행하는 폐색방식

(5) 지령식(제136조)

① 지령식 ⇨ CTC구간에서 관제사가 조작반으로 열차운행상태 확인이 가능하고, 운전용 통신장치 기능이 정상인 경우에 우선 적용하며 관제사의 승인에 의해 운전하는 대용폐색방식

② 지령식 운용구간의 폐색구간의 경계는 정거장과 정거장까지를 원칙으로 하며 관제사가 지정한다.

③ 기관사가 지령식 시행구간 정거장 진입 전 장내신호 현시상태를 확인하여야 한다.

(6) 통신식(제139조)

복선 운전구간에서 대용폐색방식 시행의 경우로서 다음의 경우에 폐색구간 양끝 역장은 전용전화기를 사용하여 협의한 후 시행하는 폐색방식

① CTC구간에서 CTC장애, 신호장치 고장 또는 열차무선전화기 고장 등으로 지령식을 시행할 수 없을 경우

② CTC 이외의 구간에서 신호장치 고장 등으로 상용폐색방식을 시행할 수 없는 경우

(7) 지도통신식(세144조)

단선구간(복선구간에서 일시 단선운전을 하는 구간 포함)에서 대용폐색방식을 시행하는 다음의 경우에는 폐색구간 양끝의 역장이 협의한 후 지도통신식을 시행하여야 한다.

단, ATP 구간의 양방향 운전취급, 복선구간의 단선운전 시 폐색방식의 병용, CTC제어 복선구간에서 작업시간대 단선운전 시 폐색방식의 시행에 따른 경우에는 그러하지 아니하다.

① CTC구간에서 CTC장애, 신호장치 또는 열차무선전화기 고장 등으로 지령식을 시행할 수 없을 경우

② CTC 이외의 구간에서 신호장치 고장 등으로 상용폐색방식을 시행할 수 없는 경우

(8) 지도식(제147조)

단선운전 구간에서 열차사고 또는 선로고장 등으로 현장과 최근 정거장 또는 신호소간을 1폐색
구간으로 하고 열차를 운전하는 경우로서 후속열차 운전의 필요 없는 경우에는 지도식을 시행

3. 지도표와 지도권

(1) 지도표의 발행(제154조)

① 지도통신식을 시행하는 경우에 폐색구간 양끝 역장이 협의한 후 열차를 진입시키는 역장이
발행하여야 한다.

② 지도표는 1폐색구간 1매로 하고 지도통신식 시행 중 이를 순환 사용한다.

③ 지도표를 발행하는 경우에 지도표 발행 역장이 지도표의 양면에 필요사항을 기입하고 서명
하여야 한다. 이 경우에 폐색구간 양끝 역장은 지도표의 최초 열차명 및 지도표 번호를 전화
기로 상호 복창하고 기록하여야 한다.

④ 지도표를 최초열차에 사용하여 상대 정거장 또는 신호소에 도착하는 때에 그 역장은 지도표
의 기재사항을 점검하고 상대 역장란에 역명을 기입하고 서명하여야 한다.

⑤ 지도표의 발행번호는 1호부터 10호까지로 한다.

(2) 지도권의 발행(제155조)

① 지도통신식을 시행하는 경우에 폐색구간 양끝의 역장이 협의한 후 지도표가 존재하는 역장
이 발행하여야 한다.

② 지도권은 1폐색구간에 1매로 하고, 1개 열차에만 사용하여야 한다.

③ 지도권의 발행번호는 51호부터 100호까지로 한다.

(3) 지도표와 지도권의 사용구별(제156조)

① 지도표는 다음에 해당하는 열차에 사용한다.

㉮ 폐색구간의 양끝에서 교대로 열차를 구간에 진입시킬 때는 각 열차

㉯ 연속하여 2이상의 열차를 동일방향의 폐색구간에 연속 진입시킬 때는 맨 뒤의 열차

㉰ 정거장 외에서 퇴행할 열차

② 지도권은 지도표 사용열차 이외의 열차에 사용한다.

(4) 지도표와 지도권 관리 및 처리(제161조)

① 발행하지 않은 지도표 및 지도권은 이를 보관함에 넣어 폐색장치 부근의 적당한 장소에 보
관하여야 한다.

② 지도권을 발행하기 위하여 사용 중인 지도표는 휴대기에 넣어 폐색장치 부근의 적당한 장소
에 보관하여야 한다.

③ 역장은 사용을 폐지한 지도표 및 지도권은 <u>1개월간</u> 보존하고 폐기하여야 한다. 단, 사고와
관련된 지도표 및 지도권은 <u>1년간</u> 보존하여야 한다.

④ 역장은 분실한 지도표 또는 지도권을 발견한 경우에는 상대역장에게 그 사실을 통보한 후 지도표 또는 지도권의 앞면에 무효기호(×)를 하여 이를 폐지하여야 하며 그 뒷면에 발견일시, 장소 및 발견자의 성명을 기록하여야 한다.

4. 전령법의 시행

(1) 폐색구간 양끝의 역장이 협의하여 전령법을 시행하여야 하는 경우(제162조)
① 고장열차 있는 폐색구간에 폐색구간을 변경하지 않고 구원열차를 운전하는 경우
② 정거장 또는 신호소 바깥으로 차량이 굴러갔거나 차량을 남겨놓은 폐색구간에 폐색구간을 변경하지 않고 그 차량을 회수하기 위하여 구원열차를 운전하는 경우
③ 선로고장의 경우에 전화불통으로 관제사의 지시를 받지 못할 경우
④ 현장에 있는 공사열차 이외에 재료수송, 그 밖에 다른 공사열차를 운전하는 경우
⑤ 중단운전구간에서 재차 사고발생으로 구원열차를 운전하는 경우
⑥ 전령법에 따라 구원열차 또는 공사열차 운전 중 사고, 그 밖의 다른 구원열차 또는 공사열차를 동일 폐색구간에 운전할 필요 있는 경우

(2) 폐색구간 한 끝의 역장이 전령법을 시행하는 경우
① 중단운전 시 대용폐색방식 시행구간에 전령법을 시행하는 경우
② 전화불통으로 양끝 역장이 폐색협의를 할 수 없어 열차를 폐색구간에 정상 진입시키는 역장이 전령법을 시행하는 경우
  * 이 경우에는 현장을 넘어서 열차를 운전할 수 없다.

(3) 전령법 시행시 확인하여야 할 것
① 전령법을 시행하는 경우에 현장에 있는 고장열차, 남겨 놓은 차량, 굴러간 차량 외 그 폐색구간에 열차 없음을 확인하여야 하며
② 열차를 그 폐색구간에 정상 진입시키는 역장은 현장 간에 열차 없음을 확인하여야 한다.

· 신 호 ·

1. 주간·야간의 신호·전호 및 표지 현시방식(제167조)

(1) 주간의 방식: 일출부터 일몰까지

(2) 야간의 방식: 일몰부터 일출까지

(3) 주간이라도 야간의 방식에 따르는 경우

① 지하구간 및 터널 내에서의 신호·전호 및 표지

② 선상역사로 인하여 전호 및 표지를 확인할 수 없는 때

③ 기후상태로 200m 거리에서 인식할 수 없는 경우에 진행 중의 열차에 대한 신호의 현시

2. 상치신호기

(1) 상치신호기의 종류 및 용도(제171조)

① 상치신호기의 정의: 일정한 지점에 설치하여, 열차 또는 차량의 운전조건을 지시하는 신호를 현시하는 것

② 상치신호기의 종류 및 용도

㉮ 주신호기

ⓐ 장내신호기: 정거장에 진입하려는 열차에 대하는 것으로서 그 신호기의 안쪽으로 진입의 가부를 지시

ⓑ 출발신호기: 정거장에서 진출하려는 열차에 대하는 것으로서 그 신호기의 안쪽으로 진입의 가부를 지시

ⓒ 폐색신호기: 폐색구간에 진입하려는 열차에 대하는 것으로서 그 신호기의 안쪽으로 진입의 가부를 지시. 단, 정거장내에 설치된 폐색신호기는 구내폐색신호기라 한다.

ⓓ 엄호신호기: 정거장 외에 있어서 방호를 요하는 지점을 통과하려는 열차에 대하는 것으로서 그 신호기의 안쪽으로 진입의 가부를 지시

ⓔ 유도신호기: 장내신호기에 진행을 지시하는 신호를 현시할 수 없는 경우 유도를 받을 열차에 대하는 것으로서 그 신호기의 안쪽으로 진입할 수 있는 것을 지시

* 유도신호 현시방식: 주간·야간 백색등열 좌하향 45도

ⓕ 입환신호기: 입환차량에 대하는 것으로서 그 신호기의 안쪽으로 진입의 가부를 지시 단, 「열차운전 시행세칙」에 따로 정한 경우에는 출발신호기에 준용

㉯ 종속신호기

ⓐ 원방신호기: 장내·출발·폐색·엄호신호기에 종속하여 열차에 대하여 주신호기가 현시하는 신호를 예고하는 신호를 현시

ⓑ 통과신호기: 출발신호기에 종속하여 정거장에 진입하는 열차에 대하여 신호기가 현시하는 신호를 예고하며, 정거장을 통과할 수 있는지의 여부에 대한 신호를 현시

ⓒ 중계신호기: 장내·출발·폐색·엄호신호기에 종속하여 열차에 대하여 주신호기가 현시하는 신호를 중계하는 신호를 현시

ⓓ 보조신호기: 장내·출발·폐색신호기 현시상태를 확인하기 곤란한 경우 그 신호기에 종속하여 해당선로 좌측 신호기 안쪽에 설치하여 동일한 신호를 현시

ⓓ 신호부속기
ⓐ 진로표시기: 장내신호기, 출발신호기, 진로개통표시기 및 입환신호기에 부속하여 열차 또는 차량에 대하여 그 진로를 표시
ⓑ 진로예고표시기: 장내신호기, 출발신호기에 종속하여 그 신호기의 현시하는 진로를 예고
ⓒ 진로개통표시기: 차내신호기를 사용하는 본 선로의 분기부에 설치하여 진로의 개통 상태를 표시
ⓓ 입환신호중계기: 입환표지 또는 입환신호기의 신호현시 상태를 확인할 수 없는 곡 선선로 등에 설치하여, 입환표지 또는 입환신호기의 현시상태를 중계
ⓔ 그 밖의 표시등 또는 경고등
ⓐ 신호기 반응표시등 ⓑ 입환표지 및 선로별표시등
ⓒ 수신호등 ⓓ 기외정차 경고등
ⓔ 건널목지장 경고등 ⓕ 승강장비상정지 경고등

(2) 원방신호기의 사용(제171조 제2항)
① 원방신호기는 주신호기가 동일지점에 2이상 설치되었거나 2이상의 진로를 현시할 수 있는 경우 1개의 신호기 또는 1개 진로에 대하여만 사용하여야 한다.
② 단, 진로표시기를 장치한 경우에는 그러하지 아니하다.

(3) 상치신호기의 정위(제174조): 상치신호기는 별도의 신호취급을 하지 않은 상태에서 현시하는 신호의 정위
① 장내·출발 신호기: 정지신호. 다만 CTC열차운행스케줄 설정에 따라 진행지시신호를 현시 하는 경우에는 그러하지 아니하다.
② 엄호신호기: 정지신호
③ 유도신호기: 신호를 현시하지 않음
④ 입환신호기: 정지신호
⑤ 원방신호기: 주의신호
⑥ 폐색신호기
㉮ 복선구간: 진행 지시신호
㉯ 단선구간: 정지신호

(4) 신호 확인을 할 수 없을 때 조치(제202조)
짙은 안개 또는 눈보라 등 악천후로 신호현시 상태를 확인할 수 없는 때에 역장 및 기관사는 다음에 따라 조치하여야 한다.
① 역장
㉮ 폐색승인을 한 후에는 열차의 진로를 지장하지 말 것
㉯ 짙은 안개 또는 눈보라 등 기후상태를 관제사에게 보고할 것

ⓒ 장내신호기 또는 엄호신호기에 정지신호를 현시하였으나 200m의 거리에서 이를 확인할 수 없는 경우에는 이 상태를 인접역장에게 통보할 것

② 기관사

㉮ 신호를 주시하여 신호기 앞에서 정차할 수 있는 속도로 주의운전 하여야 한다.

㉯ 신호현시 상태를 확인할 수 없는 경우에는 일단 정차할 것

㉰ 단, 역장과 운전정보를 교환하여 그 열차의 전방에 있는 폐색구간에 열차가 없음을 확인한 경우에는 정차하지 않을 수 있다.

㉱ 열차운전 중 악천후의 경우에는 최근 역장에게 통보할 것

3. 임시신호기의 종류 및 현시방식

(1) 임시신호기의 종류(제172~173조)

순번	임시신호기	주·야간	앞면 현시	뒷면 현시
1	서행신호기 (서행신호)	주간	백색테두리를 한 등황색 원판	백색
		야간	등황색등	등 or 백색(반사재)
2	서행예고신호기 (서행예고신호)	주간	흑색삼각형 3개를 그린 백색 삼각형판	흑색
		야간	흑색삼각형 3개를 그린 백색등	없음
3	서행해제신호기 (서행해제신호)	주간	백색테두리를 한 녹색원판	백색
		야간	녹색등	등 or 백색(반사재)
4	서행발리스	–	–	–

(2) 임시신호기의 모양 및 설치방법

① 임시신호기의 모양 및 현시방식도(규격중 괄호안은 지하구간용임, 단위 mm)

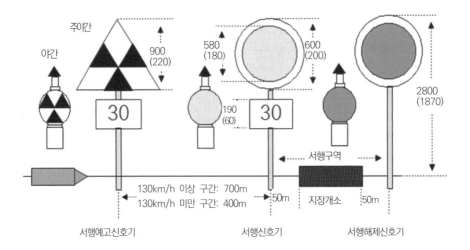

② 2복선 이상의 구간에서 궤도 중심 간격이 협소한 경우에는 지하구간용을 설치할 수 있다. 이 경우 서행예고신호기는 서행신호기로부터 500m 이상의 지점에 설치하여야 한다.

③ 긴급한 선로작업 등으로 <u>10km/h 이하</u>의 서행을 요하는 서행구간에는 감시원을 배치하여야 한다.

4. 전호: 〈제3편 작업형실기시험 제1장 전호〉를 반드시 학습하여야 한다.

· 사고의 조치 ·

1. 열차방호

(1) 열차의 방호(제269조)

① 철도교통사고(충돌, 탈선, 열차화재) 및 건널목사고 발생 또는 발견한 경우 즉시 열차방호를 시행한 후 인접선 지장여부를 확인하여야 한다.

* 단, 열감지 및 화재감지장치 설치차량의 경우 고장처리지침에 따른다.

② 철도사고, 철도준사고, 운행장애 등으로 관계열차를 급히 정차시킬 필요가 있을 경우에는 열차방호를 하여야 한다.

③ 열차방호를 확인한 관계 열차 기관사는 즉시 열차를 정차시켜야 한다.

(2) 열차방호의 종류(제270조)

① 열차무선방호장치 방호

㉠ 방호시행자: 지장열차의 기관사 또는 역장

㉡ 방호방법: 열차방호상황발생 시 상황발생스위치를 동작시키고, 후속열차 및 인접 운행 열차가 정차하였음이 확실한 경우 또는 그 방호 사유가 없어진 경우에는 즉시 열차무선방호장치의 동작을 해제

② 무선전화기 방호

㉠ 방호시행자: 지장열차의 기관사 또는 선로 순회 직원

㉡ 방호방법: 지장 즉시 무선전화기의 채널을 비상통화위치(채널 2번) 또는 상용채널(채널1번: 감청수신기 미설치 차량에 한함)에 놓고 "비상, 비상, 비상, ○○～ △△역간 상(하)선 무선방호!(단선 운전구간의 경우에는 상·하선 구분생략)" 라고 3～5회 반복 통보하고, 관계 열차 또는 관계 정거장을 호출하여 지장 내용을 통보. 이 경우에 기관사는 열차승무원에게도 통보

③ 열차표지 방호
　　㉮ 방호시행자: 지장 고정편성열차의 기관사 또는 열차승무원
　　㉯ 뒤 운전실의 전조등을 점등(ITX – 새마을 제외). 이 경우에 KTX 열차는 기장이 비상
　　　경보버튼을 눌러 열차의 진행방향 적색등을 점멸
④ 정지수신호 방호
　　㉮ 방호시행자: 지장열차의 열차승무원 또는 기관사
　　㉯ 지장지점으로부터 정지수신호를 현시하면서 이동하여 400m 이상의 지점에 정지수신
　　　호를 현시. 수도권 전동열차 구간의 경우에는 200m 이상의 지점에 정지수신호를 현시
⑤ 방호스위치 방호
　　㉮ 방호시행자: 고속선에서 KTX기장, 열차승무원, 유지보수직원
　　㉯ 방호방법: 선로변에 설치된 폐색방호스위치(CPT) 또는 역구내방호스위치(TZEP)를
　　　방호위치로 전환
⑥ 역구내 신호기 일괄제어 방호
　　㉮ 방호시행자: 역장
　　㉯ 역구내 열차방호를 의뢰받은 경우 또는 열차방호 상황발생시 '신호기 일괄정지' 취급
　　　후 관제 및 관계직원에 사유를 통보

(3) 열차방호의 시행방법(제270조)
① 지장선로의 앞·뒤 양쪽에 시행함을 원칙
② 정지수신호 방호 또는 열차표지 방호를 생략 가능한 경우
　　㉮ 열차가 진행하여 오지 않음이 확실한 방향
　　㉯ 무선전화기 방호에 따라 관계열차에 지장사실을 확실히 통보한 경우

2. 상황별 사고의 조치

(1) 사고발생 시 조치(제268조)
① 철도사고 및 철도준사고가 발생할 우려가 있거나 사고가 발생한 경우에는 지체 없이 관계
　열차 또는 차량을 정차시켜야 한다. 다만, 계속 운전하는 것이 안전하다고 판단될 경우에는
　정차하지 않을 수 있다.
② 사고가 발생한 경우에는 그 상황을 정확히 판단하여 차량의 안전조치, 구름방지, 열차방호,
　승객의 유도, 인명의 보호, 철도재산피해 최소화, 구원여부, 병발사고의 방지 등 가장 안전
　하다고 인정되는 방법으로 신속하게 조치하여야 한다.
③ 사고 관계자는 즉시 그 상황을 관제사 또는 인접 역장에게 급보하여야 하며, 보고 받은 관제
　사 또는 역장은 사고 발생내용을 관계부서에 통보하는 등 신속한 사고 복구가 이루어질 수
　있도록 조치하여야 한다.

(2) 사상사고 발생 등으로 인접선 방호조치(제272조)

① 사상사고 등 이례사항 발생시 「비상대응계획 시행세칙」에 따라 사고조치를 하여야 하며 인접선 방호가 필요한 경우에는 다음에 따라야 한다.

㉮ 해당 기관사는 관제사 또는 역장에게 사고개요 급보 시 사고수습 관련하여 인접선 지장여부를 확인하고 지장선로를 통보할 것

㉯ 지장선로를 통보받은 관제사는 관계 선로 운행열차 기관사에게 <u>시속 25km 이하</u> 속도로 운행을 지시하는 등 운행정리를 할 것

㉰ 인접 지장선로를 운행하는 기관사는 제한속도를 준수하여 주의 운전할 것

② 기관사는 속도제한 사유가 없어진 때에는 열차가 정상운행 될 수 있도록 관계처에 통보하여야 한다.

(3) 열차 분리한 경우의 조치(제277조)

① 열차운전 중 그 일부의 차량이 분리한 경우에는 다음에 따라 조치하여야 한다.

㉮ 열차무선방호장치 방호를 시행한 후 분리차량 수제동기를 사용하는 등 속히 정차시키고 이를 연결할 것

㉯ 분리차량이 이동 중에는 이동구간의 양끝 역장 또는 기관사에게 이를 급보하여야 하며 충돌을 피하기 위하여 상호 적당한 거리를 확보할 것

㉰ 분리차량의 정차가 불가능한 경우 열차승무원 또는 기관사는 그 요지를 해당 역장에게 급보할 것

② 기관사는 연결기 고장으로 분리차량을 연결할 수 없는 경우에는 다음 각 호에 따라 조치하여야 한다.

㉮ 분리차량의 구름방지를 할 것

㉯ 분리차량의 차량상태를 확인하고 보고할 것

㉰ 구원열차 및 적임자 출동을 요청할 것

(4) 구원열차 요구 후 이동 금지(제279조)

① 철도사고 등의 발생으로 열차가 정차하여 구원열차를 요구하였거나 구원열차 운전의 통보가 있는 경우에는 해당 열차를 이동하여서는 아니 된다.

② 다만, 구원열차 요구 후 열차 또는 차량을 이동할 수 있는 경우

㉮ 철도사고 등이 확대될 염려가 있는 경우

㉯ 응급작업을 수행하기 위하여 다른 장소로 이동이 필요한 경우

＊이 경우 지체 없이 구원열차의 기관사와 관제사 또는 역장에게 그 사유와 정확한 정차지점 통보와 열차방호 및 구름방지 등 안전조치를 하여야 한다.

(5) 자동폐색식 또는 차내신호폐색식 구간에서 열차합병(제281조)

① 합병열차를 운전하기 위하여 뒤쪽 열차에서 제어할 경우에는 <u>시속 25km 이하</u> 속도로 운전하여야 한다.

② 다만, 앞·뒤 열차의 동력차가 같은 차종인 경우로서 열차제어장치의 기능이 양호하고, 앞 열차의 맨 앞 운전실에서 전 차량에 제동취급을 할 수 있는 때에는 <u>시속 45km 이하</u> 속도로 운전할 수 있다.

(6) 열차에 화재 발생 시 조치(제282조)

① 열차에 화재가 발생하였을 때에는 즉시 소화의 조치를 하고 여객의 대피 유도 또는 화재차량을 다른 차량에서 격리하는 등 필요한 조치를 하여야 한다.

② 화재 발생 장소가 <u>교량 또는 터널 내</u> 일 때에는 일단 그 밖까지 운전하는 것을 원칙으로 하고 <u>지하구간</u>일 경우에는 최근 역 또는 지하구간의 밖으로 운전하는 것으로 한다.

③ <u>유류열차</u> 운전 중 폐색구간 도중에서 화재 또는 화재 발생 우려가 있을 때는 다음에 따른다.
   ㉮ 일반인의 접근을 금지하는 등 화기단속을 철저히 할 것
   ㉯ 소화에 노력하고 관계처에 급보할 것
   ㉰ 신속히 열차에서 분리하여 <u>30m 이상</u> 격리하고 남겨놓은 차량이 구르지 아니하도록 조치할 것
   ㉱ 인접선을 지장할 우려가 있을 경우에 기관사는 즉시 열차무선방호장치 방호와 함께 무선전화기 방호를 시행하여야 한다.

(7) 정거장 구내 열차방호(제283조)

① 운전관계승무원은 열차방호를 하여야 할 지점이 상치신호기를 취급하는 정거장(신호소 포함) 구내 또는 피제어역인 경우에는 해당 역장 또는 제어역장에게 열차방호를 의뢰하고 의뢰방향에 대한 열차방호는 생략할 수 있다.

② 열차방호를 의뢰받은 역장은 <u>해당 선로의 상치신호기 정지신호 현시</u> 및 <u>무선전화기 방호</u>를 시행하여야 한다.

③ 위 ②항의 열차방호를 시행하는 경우 역구내 신호기 일괄제어장치 또는 열차무선방호장치가 설치된 역의 역장은 이를 우선 사용할 수 있다.

(8) 열차승무원 및 기관사의 방호 협조(제284조)

① 철도사고 등으로 열차가 정차한 경우 또는 차량을 남겨놓았을 때의 방호는 열차승무원이 하여야 한다. 다만, 열차승무원이 방호할 수 없거나 기관사가 조치함이 신속하고 유리하다고 판단할 경우에는 기관사와 협의하여 시행할 수 있다.

② 열차 전복 등으로 인접선로를 지장한 경우, 그 인접선로를 운전하는 열차에 대한 방호가 필요할 때는 열차승무원 및 기관사가 조치하여야 한다.

(9) 기적고장 시 조치(제291조)

① 열차운행 중 기적의 고장이 발생하면 구원을 요구하여야 한다. 다만, 관제기적이 정상일 경우에는 계속 운행할 수 있다.

② 구원요구 후 기관사는 동력차를 교체할 수 있는 최근 정거장까지 <u>시속 30km 이하</u>의 속도로 주의운전 하여야 한다.

(10) 차량이 굴러간 경우의 조치(제296조)

① 차량이 정거장 밖으로 굴러갔을 경우 역장은 즉시 그 구간의 상대역장에게 그 요지를 급보하고 이를 정차시킬 조치를 하여야 한다.

② 급보를 받은 상대역장은 차량의 정차에 노력하고 필요하다고 인정하였을 때는 인접 역장에게 통보하여야 한다.

③ 역장은 인접선로를 운행하는 열차를 정차시키고 열차승무원과 기관사에게 통보하여야 한다.

(11) 지장물검지장치 작동시 기관사 조치사항(제299조)

① 관제사로부터 신호정지에 따른 정지통과 승인을 받고 특수운진을 선택하어 장애구산 앞쪽까지 이동할 것

② 지장물검지장치와 상하선 신호기가 상호 연동되지 않은 구간에서 지장물검지장치 동작시 인접선 운행열차는 그 구간을 <u>시속 45km 이하</u> 속도로 주의운전 하여야 한다.

(12) 복선구간 반대선로 열차운전 시 취급(제301조)

① 복선 운전구간에서 차단작업, 선로고장, 차량고장 등의 사유로 인하여 관제사의 운전명령으로 우측선로로 운전하는 기관사는 인접선의 선로고장 또는 차량고장으로 운행구간을 지장하거나 지장 할 우려가 있다고 통보받은 구간은 <u>시속 25km 이하</u>의 속도로 운전할 것.

② 다만, 서행속도에 관한 지시를 사전에 통보받은 경우에는 그 지시속도에 따를 것

(13) 건널목보안장치 장애 시 조치(제302조)

① 역장은 건널목보안장치가 고압배전선로 단전 또는 장치고장으로 정상작동이 불가한 것을 인지한 경우 장애 건널목을 운행하는 기관사는 건널목 앞쪽부터 <u>시속 25km터 이하</u>의 속도로 주의운전 한다.

② 다만, 건널목 감시자를 배치한 경우에는 그러하지 아니하다.

(14) 운전허가증 휴대하지 않은 경우의 조치(제308조)

열차 운전 중 정당한 운전허가증을 휴대하지 않았거나 전령자가 승차하지 않은 것을 발견한 기관사는 속히 열차를 정차시키고 열차승무원 또는 뒤쪽 역장에게 그 사유를 보고하여야 한다.

(15) 운전허가증 분실 시 조치(제309조)

기관사는 정거장 바깥에서 정당한 운전허가증을 분실하였을 때는 그대로 운전하고 앞쪽의 가장 가까운 역장에게 그 사유와 분실지점을 통보하여야 한다.

· 철도사고조사 및 피해구상 세칙 ·

1. 철도사고 등의 분류기준

철도사고	철도교통사고	충돌사고		
		탈선사고		
		열차화재사고		
		기타철도 교통사고	위험물사고	
			건널목사고	
			철도교통사상사고	여객
				공중(公衆)
				직원
	철도안전사고	철도화재사고		
		철도시설파손사고		
		기타철도 안전사고	철도안전사상사고	여객
				공중(公衆)
				직원
			기타안전사고	
철도준사고	철도준사고			
운행장애	무정차통과, 운행지연			
관리장애				
철도재난				

1) 하나의 철도사고로 인하여 다른 철도사고가 유발된 경우에는 최초에 발생한 사고로 분류함 (단, 충돌·탈선·열차화재사고 이외의 철도사고로 인하여 충돌·탈선·열차화재사고가 유발 된 경우에는 충돌·탈선·열차화재사고로 분류함)

2) 철도사고 등이 재난으로 인하여 발생한 경우에는 재난과 철도사고, 철도준사고 또는 운행장 애 각각으로 분류함

3) 철도준사고 또는 운행장애가 철도사고로 인하여 발생한 경우에는 철도사고로 분류함

4) 하나의 운행장애로 인하여 다른 운행장애가 유발된 경우에는 최초에 발생한 장애로 분류함

5) 운행장애는 인명사상이나 재산피해가 발생하지 않고 열차운행에 지장을 초래한 것을 말하 며, 운행지연은 장애로 인해 발생한 지연시간을 기준으로 한다.

2. 철도사고 관계 용어의 의미

(1) 용어의 정의

① **철도사고**: 철도운영 또는 철도시설관리와 관련하여 사람이 죽거나 다치거나 물건이 파손되는 사고를 말하며(다만, 전용철도에서 발생한 사고는 제외한다), 철도교통사고와 철도안전사고로 구분하고 〈철도사고 등의 분류기준〉표와 같다.

② **철도교통사고**: 철도차량의 운행과 관련된 사고로서 충돌사고, 탈선사고, 열차화재사고, 기타철도교통사고를 말한다.

③ **철도안전사고**: 철도차량의 운행과 직접적인 관련 없이 철도 운영 또는 철도시설관리와 관련하여 사람이 죽거나 다치거나 물건이 파손되는 사고를 말하며 철도화재사고, 철도시설파손사고, 기타철도안전사고로 구분한다.

④ **철도준사고**: 철도안전에 중대한 위해를 끼쳐 철도사고로 이어질 수 있었던 사건을 말한다.

⑤ **운행장애**: 철도사고 및 철도준사고 외에 철도차량의 운행에 지장을 주는 것으로서 무정차통과와 운행지연으로 구분한다.

⑥ **무정차통과**: 관제사의 사전승인 없이 기관사(KTX기장 포함)가 정차하여야 할 역을 통과한 것을 말한다.

⑦ **운행지연**: 고속열차 및 전동열차는 20분, 일반여객열차는 30분, 화물열차 및 기타열차는 60분 이상 지연하여 운행한 경우를 말한다. 다만, 관제업무종사자가 철도사고 및 운행장애가 발생한 열차의 운전정리로 지장 받은 열차의 지연시간과 안전확보를 위해 선제적으로 시행한 운전정리로 지장 받은 열차의 지연시간은 제외한다.

⑧ **관리장애**: 운행장애의 범주에 해당하지 않은 것으로서 안전 확보를 위해 관리가 필요한 장애를 말하며, 공사(公社) 이외의 자가 관리하는 사업구간에서 발생한 장애를 포함한다.

⑨ **재난**: 태풍, 폭우, 호우, 대설, 홍수, 지진, 낙뢰 등 자연현상으로, 「재난 및 안전관리 기본법」에 따른 자연재난으로서 철도시설 또는 철도차량에 피해 피해를 준 것을 말한다. 또한, 「감염병 예방 및 관리에 관한 법률」에 따른 감염병 등으로 인해 열차운행에 지장을 받은 경우도 포함한다.

⑩ **사상자**: 철도사고에 따른 다음에 해당하는 사람을 말하며 개인의 지병에 따른 사상자는 제외한다.

  ㉮ **사망자**: 사고로 즉시 사망하거나 30일 이내에 사망한 사람을 말한다.

  ㉯ **부상자**: 24시간 이상 입원치료를 한 사람을 말한다. 다만, 24시간 이상 입원치료를 받았더라도 의사의 진단결과 "정상" 판정을 받은 사람은 부상자에 포함하지 않는다.

⑪ **안전경영시스템**: KOVIS 내 안전·조사·산업안전보건업무를 지원하는 전산시스템을 말한다.

⑫ **이해관계자**: 가해자의 가족, 소속회사 또는 보험사 등 가해자와 직·간접적으로 이해관계가 있는 사람 또는 기관을 말한다.

(2) **철도교통사고의 종류**

① <u>충돌사고</u>: 철도차량이 다른 철도차량 또는 장애물(동물 및 조류는 제외한다)과 충돌하거나 접촉한 사고

② <u>탈선사고</u>: 철도차량이 궤도를 이탈한 사고

③ **열차화재사고**: 철도차량에서 화재가 발생하는 사고

④ **기타철도교통사고**: 제①항부터 제③항까지의 사고에 해당하지 않는 사고로서 철도차량의 운행과 관련된 사고

(3) **철도안전사고의 종류**

① **철도화재사고**: 철도역사, 기계실 등 철도시설 또는 철도차량에서 화재가 발생한 사고

② **철도시설파손사고**: 교량, 터널, 선로, 신호, 전기, 통신 설비 등이 손괴된 사고

③ **기타철도안전사고**: 제①항 및 제②항에 해당하지 않는 사고로서 철도시설 관리와 관련된 다음에 해당하는 사고

㉮ 철도안전사상사고: 대합실, 승강장, 선로 등 철도시설에서 추락, 감전, 충격 등으로 여객, 공중, 직원이 사망하거나 부상을 당한 사고

㉯ 기타안전사고: ㉮의 사고에 해당되지 않는 기타철도안전사고

(4) **철도준사고의 종류**

제①항부터 제⑦항까지의 경우로 운행이 지연된 경우에는 "운행장애"로 분류한다.

① 무허가 운행구간 열차운행
② 진행신호 잘못 현시
③ 정지신호 위반운전
④ 정거장 밖으로 차량구름
⑤ 작업/공사구간 열차운행
⑥ 안전운행에 지장을 주는 시설고장
⑦ 안전운행에 지장을 주는 차량고장
⑧ 위험물 누출사건
⑨ 그 밖에 사고위험이 있는 사건

(5) **운행장애의 종류**

운행장애는 ① 무정차통과 ② 운행지연으로 구분한다.

〈운행지연의 종류〉

㉮ 열차분리: 열차 운행 중 열차의 조성작업과 관계없이 열차를 구성하는 철도차량 간의 연결이 분리된 경우

㉯ 차량구름: 열차 또는 철도차량이 주·정차하는 정거장(신호장·신호소·간이역·기지를 포함)에서 열차 또는 철도차량이 정거장 바깥으로 구른 경우

㉰ 규정위반: 신호·폐색취급위반, 이선진입, 정지위치 어김 등 규정을 위반하여 열차운행에 지장을 가져온 경우

㉱ 선로장애: 선로시설의 고장, 파손 및 변형 등의 결함이나 선로상의 장애물 때문에 열차운행에 지장을 가져온 경우

㉲ 급전장애   ㉳ 신호장애   ㉴ 차량고장   ㉵ 열차방해

(6) 관리장애의 종류

제②항의 품질결함은 운행장애의 기준에 해당하더라도 관리장애로 분류하여 별도 관리한다.

① 운행지연의 종류 8종 중 운행지연에 해당하지 않는 장애로 고속·전동열차 10분 이상 20분 미만, 일반여객열차 20분 이상 30분 미만, 화물열차 및 기타열차 40분 이상 60분 미만의 지연이 발생한 경우

② 품질결함

③ 철도안전 확보를 위해 필요하다고 판단하는 경우

3. 철도사고 등 발생시 조치 및 보고

(1) 철도사고 등에 대한 조치

철도사고 등 발생 시 「비상대응계획」 및 「비상대응 시행세칙」에 의거 필요한 조치를 하여야 한다.

(2) 철도사고 발생시 보고사항

① 사고발생 일시 및 장소　　　② 사상자 등 피해사항

③ 사고발생 경위　　　④ 사고수습 및 복구계획 등

(3) 사고발생시 급보책임자

① 정거장 안에서 발생한 경우: 역장(단, 위탁역은 관리역장)

② 정거장 밖에서 발생한 경우: 기관사(KTX 기장을 포함)

③ 위 이외의 장소에서 발생한 경우: 발생장소의 장 또는 발견자

(4) 사고발생시 급보계통

① 급보책임자 → 즉시 인접 역장 및 소속장

② 역장 및 소속장 → 철도교통관제센터장

③ 철도교통관제센터장 → 본사: 운영상황실장

　　단, 고속선의 경우 KTX 기장이 직접 철도교통관제센터장에게 급보

(5) 급보책임자의 급보내용

① 사고·장애 종별　　　② 발생시분 및 기상

③ 발생장소　　　④ 열차번호 및 편성

⑤ 관계자 소속, 직명, 성명, 나이　　　⑥ 원인

⑦ 피해 정도　　　⑧ 사상자 수

⑨ 사고·장애현장의 상황　　　⑩ 본선 운행중단에 대한 수송조치

⑪ 사고·장애의 조치 및 복구예정시간과 복구장비 출동

⑫ 구원이 필요할 때는 그 요지　　　⑬ 그 밖에 응급조치가 필요하다고 인정하는 사항

(6) 철도사고의 대외보고 기준(국토교통부)

① 즉시보고(30분 이내) 사항

㉮ 보고시기: 발생 즉시(사고발생 후 30분 이내) 보고

㉯ 보고할 곳: 국토교통부(관련 과), 항공·철도사고조사위원회

㉰ 즉시보고 대상 철도사고

ⓐ 열차의 충돌·탈선사고

ⓑ 철도차량 또는 열차에서 화재가 발생하여 운행을 중지시킨 사고

ⓒ 철도차량 또는 열차의 운행과 관련하여 3명 이상의 사상자가 발생한 사고

ⓓ 철도차량 또는 열차의 운행과 관련하여 5천만원 이상의 재산피해가 발생한 사고

② 1시간 이내에 보고사항

㉮ 보고할 곳: 국토교통부(관련 과)

㉯ 보고대상 사고

ⓐ 철도준사고

ⓑ 운행지연으로 열차운행이 고속열차 및 전동열차는 40분, 일반여객열차는 1시간 지연이 예상되는 사건

ⓒ 그 밖에 언론보도가 예상되는 등 사회적 파장이 큰 사건

③ 조사후 보고사항

㉮ 보고 대상: ①, ②에 포함되지 않는 철도사고

㉯ 보고 시기: 철도사고 등이 발생한 후 또는 사고발생 신고를 접수한 후 72시간 이내

(7) 사고조사 이의신청

① 신청기간: 결과통보 받은 날부터 15일 이내 이의신청

철도사고 등의 조사처리 결과에 이의가 있는 경우, 관계 직원은 조사처리 결과를 통보받은 날부터 15일 이내에 이의신청서 및 입증자료 등을 첨부하여 사고조사 부서의 장에게 제출할 수 있다.

② 처리기간: 접수한 날부터 1개월 이내 처리

특별한 사유가 없는 한 이의신청을 접수한 날부터 1개월 이내에 필요한 조치(조사의 재시행 등)를 하여야 한다. 다만, 이의신청에 필요한 요건을 갖추지 못한 경우에는 반려할 수 있다.

(8) 안전조사관 임명

① 안전조사관 임명기준

철도사고 등의 조사업무를 수행함에 있어 전문성과 신뢰성을 확보할 수 있도록 합리적이고 객관적인 기준에 따라 적격자를 선발하고, 자격 기준 등을 고려하여 조사관으로 임명한다.

② 안전조사관 자격기준

㉮ 자격: 분야별 전문자격 및 기술사 등

운전 관제	철도차량 운전면허, 철도교통관제사
차 량	철도차량기술사 및 철도차량기사 자격+3년 경력
신 호	철도신호, 전기철도 기술사 및 철도신호기사(전기철도기사)자격+3년 경력
토 목	철도기술사 및 철도토목기사 자격+3년 경력
안 전	기계안전, 전기안전, 건설안전, 인간공학 기술사 및 산업안전기사(건설안전, 인간공학)자격+3년 경력

㉯ 경력: 관련분야 근무경력 7년 이상

㉰ 직급: 4급 이상

(9) 철도사고보고의 종류

① 초동보고: 철도사고 등이 발생하면 유·무선전화 및 E−mail 등 가능한 통신수단을 사용하여 즉시 보고하고 조사한 내용을 서면으로 보고하여야 한다.

② 중간보고: 조사처리가 상당기간 지연되는 철도사고 등은 그 사유와 앞으로 조치할 사항 등을 포함한 중간보고서를 작성하여 보고하여야 한다.

③ 종결보고: 조사처리 완료 후 7일 이내에 시스템에 입력하고 종결처리 하여야 한다.

(10) 철도사고복구 장비종류: 기중기(크레인), 유니목, 재크키트

01

24년 10월·24년 4월·23년 10월·23년 4월·21년 11월·21년 7월·19년 11월

풍속에 따른 운전취급에 관하여 (   )에 들어갈 내용을 쓰시오.

A. 풍속 (①) 이상으로 판단된 경우에는 그 사실을 관제사에게 보고하여야 한다.

B. 풍속 (②) 이상으로 판단된 경우에는 역장은 열차운전에 위험이 우려되는 경우에는 열차의 출발 또는 통과를 일시 중지하고, 유치차량에 대한 구름방지의 조치를 할 것.

C. 풍속 (③) 이상으로 판단될 때에는 관제사는 해당구간의 열차운행을 일시중지하는 지시를 하여야 한다.

해설 운전규정 제5조(열차운행의 일시중지)

① 천재지변과 악천후로 열차의 안전운행에 지장이 있다고 인정될 때에는 사장(관제사를 포함한다)은 열차운행을 일시중지할 수 있다.

② 천재지변과 악천후로 인한 기상정보의 통보절차 및 열차의 운전취급은 다음 각 호에 따른다.

　　2. 풍속에 따른 운전취급은 다음과 같다.

　　　　가. 역장은 풍속이 초속 20미터 이상으로 판단된 경우에는 그 사실을 관제사에게 보고하여야 한다.

　　　　나. 역장은 풍속이 초속 25미터 이상으로 판단된 경우에는 다음 각 호에 따른다.

　　　　　　1) 열차운전에 위험이 우려되는 경우에는 열차의 출발 또는 통과를 일시 중지할 것

　　　　　　2) 유치 차량에 대하여 구름방지의 조치를 할 것

　　　　다. 관제사는 기상자료 또는 역장으로부터의 보고에 따라 풍속이 초속 30미터 이상으로 판단될 때에는 해당구간의 열차운행을 일시중지하는 지시를 하여야 한다.

답 ① 초속 20미터　　　　② 초속 25미터　　　　③ 초속 30미터

02

22년 5월

다음의 바람의 세기 중 풍속이 약한 바람에서 큰바람 순서로 나열하시오.

(가) 노대바람	(나) 큰센바람	(다) 싹슬바람
(라) 큰바람	(마) 왕바람	(바) 센바람

종별	풍속(m/s)	파도(m)	현상
센바람	14이상~17미만	4	나무전체가 흔들림. 바람을 안고서 걷기가 어려움
큰바람	17이상~20미만	5.5	작은 나무가 꺾임. 바람을 안고서는 걸을 수가 없음
큰센바람	20이상~25미만	7	가옥에 다소 손해가 있거나 굴뚝이 넘어지고 기와가 벗겨짐
노대바람	25이상~30미만	9	수목이 뿌리째 뽑히고 가옥에 큰 손해가 일어남
왕바람	30이상~33미만	12	광범위한 파괴가 생김
싹쓸바람	33 이상	12이상	광범위한 파괴가 생김

답 (바) ⇨ (라) ⇨ (나) ⇨ (가) ⇨ (마) ⇨ (다)

03
20년 7월

관제사가 강우시 강우기준에 따른 운전취급 종류 3가지를 쓰시오.

해설 운전규정 제5조 〈이상기후 발생 시 측정기준 및 취급절차〉 2. 강우량에 따른 운전취급

답 ① 운행정지   ② 서행운전(45km/h)   ③ 주의운전

04
19년 6월·18년 6월

레일면까지 침수된 경우 일단 정차 후 주의운전 속도는?

해설 운전규정 제5조(열차운행의 일시중지)

① 천재지변과 악천후로 열차의 안전운행에 지장이 있다고 인정될 때에는 사장(관제사를 포함한다)은 열차운행을 일시중지할 수 있다.

다. 기관사는 침수된 선로를 운전하는 경우에는 다음 각 호에 따른다.

1) 레일면까지 침수된 경우에는 그 앞쪽 지점에 일단정차 후 선로상태를 확인하고 통과가 가능하다고 인정될 때는 시속 15킬로미터 이하의 속도로 주의운전 할 것

2) 레일 면을 초과하여 침수되었을 때에는 운전을 중지하고 관제사의 지시에 따를 것

답 시속 15킬로미터 이하

05
18년 11월

서행을 해야 하는 레일온도 기준은?

해설 운전규정 제5조(열차운행의 일시중지)

5. 폭염에 따른 레일온도 상승 시 운전취급은 다음과 같다.

가. 시설사령은 별표 1에 따라 레일온도가 섭씨 55도 이상일 경우 해당 관제사에게 신속하게 통보하고 섭씨 60도 이상일 경우 서행운전을 요청할 것

답 섭씨 60도 이상일 경우

운전방향의 맨 앞 운전실에서 운전하지 않아도 되는 경우 3가지를 쓰시오.

(해설) 운전규정 제11조(열차의 운전위치)

열차 또는 구내운전을 하는 차량은 운전방향 맨 앞 운전실에서 운전하여야 한다. 다만, 운전방향의 맨 앞 운전실에서 운전하지 않아도 되는 경우는 다음 각 호와 같으며 구내운전의 경우에는 역장과 협의하여 차량입환에 따른다.
1. 추진운전을 하는 경우
2. 퇴행운전을 하는 경우
3. 보수장비 작업용 조작대에서 작업 운전을 하는 경우

답 ① 추진운전을 하는 경우
② 퇴행운전을 하는 경우
③ 보수장비 작업용 조작대에서 작업 운전을 하는 경우

열차를 조성하는 경우 초과할 수 없는 것은?

(해설) 운전규정 제17조(열차의 조성차수)

① 열차를 조성하는 경우에는 견인정수 및 열차장 제한을 초과할 수 없다. 다만, 관제사가 각 관계처에 통보하여 운전정리에 지장이 없다고 인정하는 경우에는 열차장 제한을 초과할 수 있다.
② 제1항 단서 이외의 경우에 최대 열차장은 전도 운행구간 착발선로의 가장 짧은 유효장에서 차장률 1.0량을 감한 것으로 한다.

답 견인정수, 열차장

최대열차장은 전도 운행구간 착발선로의 가장 짧은 유효장에서 차장률 몇 량을 감한 것으로 하는가?

(해설) 운전규정 제17조(열차의 조성차수)

답 1.0량

위험물 적재화차는 동력을 가진 기관차로부터 몇 차를 격리하여야 하는가?

(해설) 운전규정 제22조(차량의 적재 및 연결 제한)

운전규정 제22조(차량의 적재 및 연결 제한)

격리, 연결 제한할 경우	격리, 연결 제한하는 화차	1. 화약류 적재화차	2. 위험물 적재화차	3. 불에 타기 쉬운 화물적재화차	4. 특대화물 적재화차
1.격리	가. 여객승용차량	3차 이상	1차 이상	1차 이상	1차 이상
	나. 동력을 가진 기관차	3차 이상	3차 이상	3차 이상	
	다. 화물호송인 승용차량	1차 이상	1차 이상	1차 이상	
	라. 열차승무원, 직원 승용차량	1차 이상			
	마. 불타기 쉬운 화물 적재화차	1차 이상	1차 이상		
	바. 불나기 쉬운 화물 적재화차, 폭발염려 있는 화물 적재화차	3차 이상	3차 이상	1차 이상	
	사. 위험물 적재화차	1차 이상		1차 이상	
	아. 특대화물 적재화차	1차 이상			
	자. 인접차량에 충격 염려 화물 적재화차	1차 이상			

답 3차 이상

다음 (   ) 에 들어갈 내용을 쓰시오.

> 운전정리에 지장이 없는 전동열차는 미리 정한 시각보다 (   )분 이내 일찍 출발할 수 있다.

(해설) 운전규정 제28조 (운전시각 및 순서)

열차의 운전은 미리 정한 시각 및 순서에 따른다. 다만, 다음의 경우에는 관제사의 승인에 의해 지정된 시각보다 일찍 또는 늦게 출발 시킬 수 있다.

1) 여객을 취급하지 않는 열차의 일찍 출발
2) 운전정리에 지장이 없는 전동열차로서 5분 이내의 일찍 출발
3) 여객접속역에서 여객계승을 위하여 지연열차의 도착을 기다리는 다음의 경우
    ㉮ 고속여객열차의 늦게 출발
    ㉯ 고속여객열차 이외 일반여객열차의 5분 이상 늦게 출발

답 5분

열차의 착발시각 통보와 관련하여 (   )을 채우시오.

> 역장은 열차가 출발 또는 통과한 때에는 즉시 앞쪽의 인접 정거장 또는 신호소 역장에게 (   ) 및 (   )을 통보하여야 한다. 다만, 정해진 시각(스케줄)에 운행하는 전동열차의 경우에 인접 정거장 역장에 대한 통보는 생략할 수 있다.

(해설) 운전규정 제30조(착발시각의 보고 및 통보)
③ 역장은 열차가 출발 또는 통과한 때에는 즉시 앞쪽의 인접 정거장 또는 신호소 역장에게 열차번호 및 시각을 통보하여야 한다. 다만, 정해진 시각(스케줄)에 운행하는 전동열차의 경우에 인접 정거장 역장에 대한 통보는 생략할 수 있다.

답 열차번호, 시각

12

착발시각의 보고 및 통보에서 도착, 출발, 통과의 기준은?

(해설) 운전규정 제30조(착발시각의 보고 및 통보)
④ 열차의 도착·출발 및 통과시각의 기준은 다음 각 호에 따른다.
  1. 도착시각: 열차가 정해진 위치에 정차한 때
  2. 출발시각: 열차가 출발하기 위하여 진행을 개시한 때
  3. 통과시각: 열차의 앞부분이 정거장의 본 역사 중앙을 통과한 때
          고속선은 열차의 앞부분이 절대표지(출발)를 통과한 때

답 ① 도착시각: 열차가 정해진 위치에 정차한 때
  ② 출발시각: 열차가 출발하기 위하여 진행을 개시한 때
  ③ 통과시각: 열차의 앞부분이 정거장의 본 역사 중앙을 통과한 때

기관사가 열차운전 중 차량상태 또는 기후상태 등으로 열차를 정상속도로 운전할 수 없다고 인정한 경우에는 그 사유 및 전도 지연예상시간을 누구에게 통보하여야 하는가?

(해설) 운전규정 제30조(착발시각의 보고 및 통보)
⑤ 기관사는 열차운전 중 차량상태 또는 기후상태 등으로 열차를 정상속도로 운전할 수 없다고 인정한 경우에는 그 사유 및 전도 지연예상시간을 역장에게 통보하여야 한다.

답 역장

23년 4월·22년 5월

다음 (   )에 들어갈 내용을 쓰시오.

열차의 진입선로에 대하여 동일방향에서 동시에 진입하는 열차 쌍방이 정차위치를 지나서 진행하는 경우 상호 접촉되는 배선에서는 그 정차위치에서 (   )미터 이상의 여유거리가 있는 경우에는 정거장에서 2 이상의 열차착발에 있어서 동시에 진입 또는 진출시킬 수 있다.

(해설) 운전규정 제32조(열차의 동시진입 및 동시진출)

정거장에서 2 이상의 열차착발에 있어서 상호 지장할 염려 있는 때에는 동시에 이를 진입 또는 진출시킬 수 없다. 다만 다음 각 호의 어느 하나에 해당하는 경우에는 그러하지 아니하다.
1. 안전측선, 탈선선로전환기, 탈선기가 설치된 경우
2. 열차를 유도하여 진입시킬 경우
3. 단행열차를 진입시킬 경우
4. 열차의 진입선로에 대한 출발신호기 또는 정차위치로부터 200미터(동차·전동열차의 경우는 150미터) 이상의 여유거리가 있는 경우
5. 동일방향에서 동시에 진입하는 열차 쌍방이 정차위치를 지나서 진행할 경우 상호 접촉되는 배선에서는 그 정차위치에서 100미터 이상의 여유거리가 있는 경우
6. 차내신호 "25"신호(구내폐색 포함)에 의해 진입시킬 경우

답 100미터

15

22년 10월

다음의 (   )에 들어갈 적합한 것을 쓰시오.

열차의 진입선로에 대한 출발신호기 또는 정차위치로부터 동차·전동열차의 경우는 (   )미터 이상의 여유거리가 있는 경우에는 동시진입 및 동시 진출시킬 수 있다.

(해설) 운전규정 제32조(열차의 동시진입 및 동시진출)

답 150

21년 11월

차내신호폐색식(자동폐색식) 구간에서 같은 폐색구간에 앞 열차에 접근하는 때 뒤 열차의 기관사의 조치사항은?

(해설) 운전규정 제34조(선행열차 발견 시 조치)
① 차내신호폐색식(자동폐색식 포함) 구간의 같은 폐색구간에서 뒤 열차가 앞 열차에 접근하는 때 뒤 열차의 기관사는 앞 열차의 기관사에게 열차의 접근을 알림과 동시에 열차를 즉시 정차시켜야 한다.
② 제1항의 경우에 뒤의 열차는 앞 열차의 운행상황 등을 고려하여, 1분 이상 지난 후에 다시 진행할 수 있다.

답 ① 앞 열차의 기관사에게 열차의 접근을 알림과 동시에 열차를 즉시 정차시켜야 한다.
② 앞 열차의 운행상황 등을 고려하여, 1분 이상 지난 후에 다시 진행할 수 있다.

17 21년 11월·19년 11월·18년 11월

운행열차의 착발 또는 통과선 지정·운용자는?

(해설) 운전규정 제36조(열차의 착발선 지정 및 운용)
① 관제사는 고속선, 역장은 일반선에 대하여 운행열차의 착발 또는 통과선을 지정하여 운용하여야 한다.

답 ① 고속선: 관제사 ② 일반선: 역장

18 21년 11월

열차의 감시를 할 때 동력차승무원이 열차의 뒤 확인을 생략하는 경우는?

(해설) 운전규정 제37조(열차의 감시)
① 열차가 정거장에 도착·출발 또는 통과할 때와 운행 중인 열차의 감시는 다음 각 호에 따른다.
  1. 동력차승무원
    가. 견인력 저하 등 차량이상을 감지하거나 연락받은 경우 열차의 상태를 확인할 것
    나. 열차운행 시 무선전화기 수신에 주의할 것
    다. 지역본부장이 지정한 구간에서 열차의 뒤를 확인할 것
    라. 정거장을 출발하거나 통과할 경우 열차의 뒤를 확인하여 열차의 상태와 역장 또는 열차승무원의 동작에 주의할 것. 다만, 정거장 통과 시 뒤를 확인하기 어려운 운전실 구조는 생략할 수 있음
    마. 동력차 1인 승무인 경우 열차의 뒤 확인은 생략할 것
  2. 열차승무원
    가. 열차가 도착 또는 출발할 때는 정지위치의 적정여부, 뒤표지, 여객의 타고 내림, 출발신호기의 현시상태 등을 확인할 것. 다만, 열차출발 후 열차감시를 할 수 없는 차량구조인 열차의 감시는 생략할 것
    나. 전철차장의 경우 열차가 정거장에 도착한 다음부터 열차 맨 뒤가 고상홈 끝 지점을 진출할 때까지 감시할 것. 다만, 승강장 안전문이 설치된 정거장에서는 열차가 정거장에 정차하고 있을 때에는 열차의 정차위치, 열차의 상태, 승객의 승·하차 등을 확인하고, 열차가 출발할 때에는 열차의 맨 뒤가 고상홈 끝을 벗어날 때까지 뒤쪽을 감시할 것
  3. 역장
    가. 나목부터 라목까지에 해당하는 경우 승강장의 적당한 위치에서 장내신호기 진입부터 맨 바깥쪽 선로전환기를 진출할 때까지 신호·선로의 상태 및 여객의 타고 내림, 뒤표지, 완해불량 등 열차의 상태를 확인할 것
    나. 기관사가 열차에 이상이 있음을 감지하여 열차감시를 요구하는 경우
    다. 여객을 취급하는 고정편성열차의 승강문이 연동 개폐되지 않을 경우(다만, 감시자를 배치하거나 승강문 잠금의 경우는 생략)
    라. 관제사가 열차감시를 지시한 경우
  4. 철도종사자는 열차의 이상소음, 불꽃 및 매연발생 등 이상을 발견하면 해당 열차의 기관사 및 관계역장에게 즉시 연락하여야 한다.
② 제1항의 열차감시 중 열차상태 이상을 발견하거나 연락받은 경우 정차조치를 하고 관계자(기관사, 역장 또는 관제사)에게 연락 및 보고하여야 하며 고장처리지침에 따라 조치하여야 한다.

답 동력차 1인 승무열차인 경우

19

다음은 열차의 감시에 관한 설명이이다. (   )에 적합한 것은?

> 철도종사자는 열차의 이상소음, 불꽃 및 매연발생 등 이상을 발견하면 해당 열차의 기관사 및 관계
> (   )에게 즉시 연락하여야 한다.

(해설) 운전규정 제37조(열차의 감시)

[답] 역장

20

역장이 열차의 감시를 하여야 하는 경우 3가지는?

(해설) 운전규정 제37조(열차의 감시)

[답] ① 기관사가 열차에 이상이 있음을 감지하여 열차감시를 요구하는 경우
② 여객을 취급하는 고정편성열차의 승강문이 연동 개폐되지 않을 경우(다만, 감시자를 배치하거나 승강문 잠금의 경우는 생략)
③ 관제사가 열차감시를 지시한 경우

21

(   ) 안에 들어갈 내용을 쓰시오.

> 열차는 신호기에 유도신호가 현시 된 때에는 앞쪽 선로에 지장 있을 것을 예측하고, 일단 정차 후
> 그 현시지점을 지나 시속 (   )킬로미터 이하의 속도로 진행할 수 있다.

(해설) 운전규정 제43조(유도신호의 지시)

① 열차는 신호기에 유도신호가 현시 된 때에는 앞쪽 선로에 지장 있을 것을 예측하고, 일단정차 후 그 현시지점을
지나 25km/h 이하의 속도로 진행할 수 있다.

[답] 25(시속 25킬로미터 이하)

22

( ) 안에 들어갈 내용을 쓰시오.

> 열차는 신호기에 경계신호 현시 있을 때는 다음 상치신호기에 정지신호의 현시 있을 것을 예측하고, 그 현시지점부터 ( ) 이하의 속도로 운전하여야 한다. 다만, 5현시 구간으로서 경계신호가 현시된 경우 시속 65킬로미터 이하의 속도로 운전할 수 있다.

(해설) 제44조(경계신호의 지시)

열차는 신호기에 경계신호 현시 있을 때는 다음 상치신호기에 정지신호의 현시 있을 것을 예측하고, 그 현시지점부터 시속 25킬로미터 이하의 속도로 운전하여야 한다. 다만, 5현시 구간으로서 경계신호가 현시된 경우 시속 65킬로미터 이하의 속도로 운전할 수 있는 신호기는 다음 각 호의 어느 하나와 같다.
1. 각선 각역의 장내신호기. 다만, 구내폐색신호기가 설치된 선로 제외
2. 인접역의 장내신호기까지 도중폐색신호기가 없는 출발신호기

답 25km/h(시속 25킬로미터)

23

철도신호 5현시 구간에서 감속신호는 시속 몇 킬로미터 이하의 속도로 운행하는지?

(해설) 제53조제47조(감속신호의 지시)

열차는 신호기에 감속신호가 현시되면 다음 상치신호기에 주의신호 현시될 것을 예측하고, 그 현시지점을 지나 시속 65킬로미터 이하의 속도로 진행할 수 있다. 이 경우에 신호 5현시 구간은 시속 105킬로미터 이하의 속도로 운행한다.

답 105(시속 105 킬로미터 이하)

24

관제사는 열차운행에 혼란이 발생되거나 예상되는 경우 열차의 종류·등급·목적지 및 연계수송 등을 고려하여 열차가 정상적으로 운행할 수 있도록 운전정리를 시행하여야 한다. 이 때 시행하는 운전정리 사항 중 다음에 관해 쓰시오.

① 교행변경	② 순서변경	③ 일찍 출발

(해설) 제53조(관제사의 운전정리 시행)

① 관제사는 열차운행에 혼란이 발생되거나 예상되는 경우 열차의 종류·등급·목적지 및 연계수송 등을 고려하여 열차가 정상적으로 운행할 수 있도록 운전정리를 시행하여야 한다.
② 관제사의 운전정리 사항은 다음과 같다.
  1. 교행변경: 단선운전 구간에서 열차교행을 할 정거장을 변경

2. 순서변경: 선발로 할 열차의 운전시각을 변경하지 않고 열차의 운행순서를 변경
3. 조상운전: 열차의 계획된 운전시각을 앞당겨 운전
4. 조하운전: 열차의 계획된 운전시각을 늦추어 운전
5. 일찍출발: 열차가 정거장에서 계획된 시각보다 미리 출발
6. 속도변경: 견인정수 변동에 따라 운전속도가 변경
7. 열차 합병운전: 열차운전 중 2이상의 열차를 합병하여 1개 열차로 운전
8. 특발: 지연열차의 도착을 기다리지 않고 따로 열차를 조성하여 출발
9. 운전휴지(운휴): 열차의 운행을 일시 중지하는 것을 말하며 전구간 운휴 또는 구간운휴로 구분
10. 선로변경: 선로의 정해진 운전방향을 변경하지 않고 열차의 운전선로를 변경
11. 단선운전: 복선운전을 하는 구간에서 한쪽 방향의 선로에 열차사고·선로고장 또는 작업 등으로 그 선로로 열차를 운전할 수 없는 경우 다른 방향의 선로를 사용하여 상·하 열차를 운전

답 ① 교행변경: 단선운전 구간에서 열차교행을 할 정거장을 변경
② 순서변경: 선발로 할 열차의 운전시각을 변경하지 않고 열차의 운행순서를 변경
③ 일찍출발: 열차가 정거장에서 계획된 시각보다 미리 출발

---

25 18년 11월

관제사가 시행하는 운전정리 중 4가지를 쓰시오.

(해설) 제53조(관제사의 운전정리 시행)

답 ① 교행변경 ② 순서변경 ③ 조상운전 ④ 조하운전, …

---

26 20년 4월

다음 (   )에 들어갈 내용을 쓰시오.

열차운행에 혼란이 있거나 혼란이 예상되는 때에는 (   )는/은 관계자에게 알려 운전정리를 하여야 한다.

(해설) 제53조(관제사의 운전정리 시행)

답 관제사

---

27 22년 10월

관제사의 운전정리 중 "운전휴지(운휴)"의 정의를 쓰시오.

(해설) 제53조(관제사의 운전정리 시행)

답 운전휴지(운휴): 열차의 운행을 일시 중지하는 것을 말하며 전구간 운휴 또는 구간운휴로 구분한다.

관제사의 운전정리 중 다음 사항의 정의를 쓰시오.

① 조상운전   ② 조하운전   ③ 특발   ④ 선로변경   ⑤ 단선운전

(해설) 운전규정 제53조(관제사의 운전정리 시행)

답 ① 조상운전: 열차의 계획된 운전시각을 앞당겨 운전
② 조하운전: 열차의 계획된 운전시각을 늦추어 운전
③ 특발: 지연열차의 도착을 기다리지 않고 따로 열차를 조성하여 출발
④ 선로변경: 선로의 정해진 운전방향을 변경하지 않고 열차의 운전선로를 변경
⑤ 단선운전: 복선운전을 하는 구간에서 한쪽 방향의 선로에 열차사고·선로고장 또는 작업 등으로 그 선로로 열차를 운전할 수 없는 경우 다른 방향의 선로를 사용하여 상·하 열차를 운전

역장이 시행할 수 있는 운전정리는?

역장은 열차지연으로 (①) 또는 (②)의 운전정리가 유리하다고 판단되나 통신 불능으로 관제사에게 통보할 수 없을 때에는 관계 역장과 협의하여 운전정리를 할 수 있다.

(해설) 운전규정 제54조(역장의 운전정리 시행)
① 역장은 열차지연으로 교행변경 또는 순서변경의 운전정리가 유리하다고 판단되나 통신 불능으로 관제사에게 통보할 수 없을 때에는 관계 역장과 협의하여 운전정리를 할 수 있다.
② 통신기능이 복구되었을 때 역장은 통신 불능 기간 동안의 운전정리에 관한 사항을 관제사에게 즉시 보고하여야 한다.

답 ① 교행변경   ② 순서변경

역장의 운전정리 시행에서 통신기능이 복구되었을 때 역장은 통신 불능 기간 동안의 운전정리에 관한 사항을 (   )에게 즉시 보고하여야 한다.

(해설) 운전규정 제54조(역장의 운전정리 시행)

답 관제사

아래열차의 열차의 등급을 높은 순서에서 낮은 순서대로 나열하시오.

가. 급행화물열차	나. 특급여객열차	다. 회송열차
라. 고속여객열차	마. 급행여객열차	바. 보통여객열차

(해설) 운전규정 제55조(열차의 등급)

열차등급의 순위는 다음과 같다.
1) 고속여객열차: KTX, KTX-산천 2) 준고속여객열차: KTX-이음 3) 특급여객열차: ITX-청춘
4) 급행여객열차: ITX-마음, ITX-새마을, 새마을호열차, 무궁화호열차, 누리로열차, 특급·급행 전동열차
5) 보통여객열차: 통근열차, 일반전동열차   6) 급행화물열차   7) 화물열차: 일반화물열차
8) 공사열차   9) 회송열차   10) 단행열차   11) 시험운전열차

답 라-나-마-바-가-다

운전정리 중 선로변경을 할 경우 운전정리 사항 통고대상 ① 관계정거장, ② 관계열차 기관사·열차승무원에 통고할 담당 정거장을 쓰시오.

(해설) 운전규정 제56조(운전정리 사항통고)

〈열차 운전정리 통고대상 소속〉

정리 종별	관계 정거장	관계열차 기관사·열차승무원에 통고할 담당 정거장	관계 소속
교행변경	원교행역 및 임시교행역을 포함하여 그 역 사이에 있는 역	지연열차에는 임시교행역의 전 역, 대항열차에는 원 교행역	
순서변경	변경구간내의 각 역 및 그 전 역	임시대피 또는 선행하게 되는 역의 전 역(단선구간) 또는 해당 역(복선구간)	
선로변경	변경구간 내의 각 역	관제사가 지정한 역	필요한 소속
조상운전 조하운전	시각변경 구간내의 각 역	시각변경 구간의 최초 역	승무원 및 동력차의 충당 승무사업소 및 차량사업소
단선운전	위와 같음	단선운전구간 내 진입열차에는 그 구간 최초의 역	선로고장에 기인할 때에는 관할 시설처

답 ① 관계정거장: 변경구간 내의 각 역
② 관계열차 기관사·열차승무원에게 통고할 담당 정거장: 관제사가 지정한 역

33

관제사의 운전정리 중에 조상운전과 조하운전의 관계 정거장과 관계열차 기관사·열차승무원에 통고할 담당 정거장은?

(해설) 운전규정 제56조(운전정리 사항통고)

답 ① 관계 정거장: 시각변경 구간내의 각 역
② 관계열차 기관사·열차승무원에 통고할 담당 정거장: 시각변경 구간의 최초 역

34

다음의 정의는 무엇을 설명한 것인지 쓰시오.

> 사장 (열차운영단장, 관제실장) 또는 관제사가 열차 및 차량의 운전취급에 관련되는 상례 이외의 상황을 특별히 지시하는 것을 말한다.

(해설) 운전규정 제57조(운전명령의 의의 및 발령구분)
① 운전명령이란 사장(열차운영단장, 관제실장) 또는 관제사가 열차 및 차량의 운전취급에 관련되는 상황을 특별히 지시하는 것을 말한다.
② 정규 운전명령은 수송수요·수송시설 및 장비의 상황에 따라 상당시간 이전에 XROIS 또는 공문으로서 발령한다.
③ 임시 운전명령은 열차 또는 차량의 운전정리 사항과 긴급히 발령하는 운전취급에 관한 지시를 말하며 XROIS 또는 전화(무선전화기를 포함한다)로서 발령한다.

답 운전명령

35

운전명령의 정의와 정규운전명의 발령방법 2가지를 서술하시오.

(해설) 운전규정 제57조(운전명령의 의의 및 발령구분)

답 ① 운전명령: 사장(열차운영단장, 관제실장) 또는 관제사가 열차 및 차량의 운전취급에 관련되는 상례 이외의 상황을 특별히 지시하는 것을 말한다.
② 정규운전명령 발령방법 2가지: ⓐ XROIS ⓑ 공문

36

임시 운전명령을 발령하는 방법 2가지를 쓰시오.

(해설) 운전규정 제57조(운전명령의 의의 및 발령구분)

답 ① XROIS   ② 전화(무선전화기 포함)

37

운전명령에 관한 설명이다. (   ) 들어갈 적합한 내용은?

① (   )은 수송수요·수송시설 및 장비의 상황에 따라 상당시간 이전에 XROIS 또는 공문으로서 발령한다.

② (   ) 열차 또는 차량의 운전정리 사항과 긴급히 발령하는 운전취급에 관한 지시를 말하며 XROIS 또는 전화(무선전화기를 포함)로서 발령한다.

(해설) 운전규정 제57조(운전명령의 의의 및 발령구분)

답 ① 정규운전명령   ② 임시운전명령

다음 내용의 (   )에 적합한 것은?

운전명령 사항에 변동이 있을 때마다 이를 정리하고, 소속직원이 출근 후에 접수한 운전명령은 즉시 그 내용을 해당 직원에게 알리는 동시에 게시판과 운전시행전달부에 (   ) 글씨로 기입할 것

(해설) 운전규정 제58조(운전명령의 주지)

① 승무적합성검사를 시행하는 사업소장 및 역장은 운전명령에 대하여 다음 각 호에 따라 관계 직원에게 주지시켜야 한다.

1. 정거장 또는 신호소 및 관계 사업소에서는 운전명령의 내용을 관계 직원이 출근하기 전에 게시판에 게시할 것
2. 운전관계승무원이 승무일지에 기입이 쉽도록 제1호에 따르는 외 「운전장표취급 내규」 별지 제2호서식 운전시행전달부에 구간별로 구분하여 열람시킬 것
3. 운전명령 사항에 변동이 있을 때마다 이를 정리하고, 소속직원이 출근 후에 접수한 운전명령은 즉시 그 내용을 해당 직원에게 알리는 동시에 게시판과 운전시행전달부에 붉은 글씨로 기입할 것

답 붉은 (붉은 글씨)

39

임시운전명령 사항 중 4가지만 쓰시오.

(해설) 운전규정 제59조(운전명령 통고 의뢰 및 통고)

① 사업소장은 운전관계승무원의 승무개시 후 접수한 임시 운전명령을 해당 직원에게 통고하지 못하였을 때는 관계 운전취급담당자에게 통고를 의뢰하여야 하며 임시운전명령사항은 다음과 같다.

1. 폐색방식 또는 폐색구간의 변경   2. 열차 운전시각의 변경   3. 열차 견인정수의 임시변경
4. 열차의 운전선로의 변경   5. 열차의 임시교행 또는 대피   6. 열차의 임시서행 또는 정차
7. 신호기 고장의 통보   8. 수신호 현시   9. 열차번호 변경
10. 열차 또는 차량의 임시입환   11. 그 밖에 필요한 사항

③ 운전취급담당자는 기관사에게 임시운전명령을 통고하는 경우 무선전화기 3회 호출에도 응답이 없을 때에는 상치신호기 정지신호 현시 및 열차승무원의 비상정차 지시 등의 조치를 하여야 한다.

답 ① 폐색방식 또는 폐색구간의 변경   ② 열차 운전시각의 변경
③ 열차 견인정수의 임시변경   ④ 열차의 운전선로의 변경

40

24년 4월 · 20년 4월

( ) 안에 들어갈 내용을 쓰시오.

> 운전취급담당자는 기관사에게 임시운전명령을 통고하는 경우 무선전화기 (㉠)회 호출에도 응답이 없을 때에는 (㉡) 정지신호 현시 및 (㉢)의 비상정차 지시 등의 조치를 하여야 한다.

(해설) 제59조(운전명령 통고 의뢰 및 통고)

답 ㉠ 3   ㉡ 상치신호기   ㉢ 열차승무원

41

18년 6월

CTC구간에서 열차진입 할 방향의 정거장 외 입환을 하는 경우에는 누구의 승인을 받아야 하는가?

(해설) 운전규정 제75조(본선지장 입환)
④ CTC 구간에서 열차진입 할 방향의 정거장 밖에서 입환을 해야 할 때는 제1항 및 제3항에 따르며 관제사의 승인을 받아야 한다. 이 경우 관제사는 관계열차의 내용을 통보하는 등 안전조치의 지시를 하여야 한다.

답 관제사

42

24년 10월

다음의 운전 제한속도를 쓰시오.

> ① 선로전환기에 대향 운전시 제한속도? (연동장치 또는 잠금장치로 잠겨있는 경우 제외)
> ② 뒤 운전실 운전할 경우의 제한속도?

속도를 제한하는 사항	속도 (Km/h)	예외 사항 및 조치 사항
3. 선로전환기에 대향 운전	25	연동장치 또는 잠금장치로 잠겨있는 경우는 제외
7. 뒤 운전실 운전	45	전기기관차, 고정편성열차의 앞 운전실 고장으로 뒤 운전실에서 운전하여 최근 정거장까지 운전할 때를 포함

답 ① 25km/h   ② 45 km/h

43

24년 10월·23년 4월·22년 10월·21년 11월·20년 4월·18년 11월

1폐색구간에 1개 열차를 운전시키기 위하여 시행하는 방법으로 상용폐색방식과 대용폐색방식으로 나눌 수 있는데 복선구간에서의 상용폐색방식 3가지를 쓰시오.

해설 운전규정 제100조(폐색방식의 시행 및 종류)
① 1폐색구간에 1개 열차를 운전시키기 위하여 시행하는 방법으로 상용폐색방식과 대용폐색방식으로 크게 나눈다.
② 열차는 다음 각 호의 상용폐색방식에 의해 운전하여야 한다.
  1. 복선구간: 자동폐색식, 차내신호폐색식, 연동폐색식
  2. 단선구간: 자동폐색식, 차내신호폐색식, 연동폐색식, 통표폐색식
③ 열차를 제2항에 따라 운전할 수 없을 때는 다음의 대용폐색방식에 따른다.
  1. 복선운전을 하는 경우: 지령식, 통신식
  2. 단선운전을 하는 경우: 지령식, 지도통신식, 지도식

답 ① 자동폐색식   ② 차내신호폐색식   ③ 연동폐색식

44

24년 10월

단선구간의 상용폐색방식의 종류 4가지를 쓰시오.

해설 운전규정 제100조(폐색방식의 시행 및 종류)

답 ① 자동폐색식   ② 차내신호폐색식   ③ 연동폐색식   ④ 통표폐색식

45

21년 11월·21년 7월·18년 6월

상용폐색방식을 사용할 수 없을 때 대용폐색방식을 사용하여야 하는데 복선운전을 하는 경우에 사용하는 대용폐색방식의 종류는?

해설 운전규정 제100조(폐색방식의 시행 및 종류)

답 ① 지령식   ② 통신식

단선운전구간에서의 대용폐색방식 3가지는?

(해설) 운전규정 제100조(폐색방식의 시행 및 종류)

답 ① 지령식   ② 지도통신식   ③ 지도식

다음 (   )에 들어갈 내용을 쓰시오.

> 폐색방식을 시행할 수 없는 경우에 이에 준하여 열차를 운전시킬 필요가 있는 경우에는 폐색준용법
> 으로 (   )을 시행한다.

(해설) 운전규정 제101조(폐색준용법의 시행 및 종류)

폐색방식을 시행할 수 없는 경우에 이에 준하여 열차를 운전시킬 필요가 있는 경우에는 폐색준용법으로 전령법을
시행한다.

답 전령법

48

(   ) 안에 들어갈 내용을 쓰시오.

> 역장은 대용폐색방식 또는 폐색준용법을 시행할 경우에는 먼저 그 요지를 (㉠)에게 보고하고 승인을
> 받은 다음 그 구간을 운전할 열차의 기관사에게 시행(㉡), 시행(㉢), 시행(㉣)을 알려야 한다.

(해설) 운전규정 제102조(폐색방식 변경 및 복귀)

① 역장은 대용폐색방식 또는 폐색준용법을 시행 할 경우에는 먼저 그 요지를 관제사에게 보고하고 승인을 받은 다
음 그 구간을 운전할 열차의 기관사에게 다음 각 호의 사항을 알려야 한다. 이 경우에 통신 불능으로 관제사에게
보고 하지 못한 경우는 먼저 시행한 다음에 그 내용을 보고하여야 한다.
  1. 시행구간   2. 시행방식   3. 시행사유

답 ㉠ 관제사   ㉡ 구간   ㉢ 방식   ㉣ 사유

49

폐색방식 변경 및 복귀에서 누가 누구에게 통보하여 승인을 받고 시행구간, 시행방식, 시행사유를 보고하는가?

(해설) 운전규정 제102조(폐색방식 변경 및 복귀)

답 역장이 관제사에게

50

다음 (   )에 들어갈 내용을 쓰시오.

> 운전취급담당자는 철도안전법 제23조 및 같은 법 시행령 제21조에 의한 (A)와 (B)에 합격하여야 한다.

(해설) 운전규정 제108조(운전취급담당자의 자격)
① 운전취급담당자는 「철도안전법」 제23조 및 같은 법 시행령 제21조에 의한 적성검사와 신체검사에 합격하여야 한다.

답 A: 신체검사   B: 적성검사

51

다음의 폐색방식에 대한 운전허가증을 쓰시오.

> ① 통표폐색식   ② 지도통신식   ③ 지도식   ④ 전령법

(해설) 운전규정 제116조(운전허가증의 확인)
③ 운전허가증이라 함은 다음 각 호에 해당하는 것을 말한다.
  1. 통표폐색식 시행구간에서는 통표
  2. 지도통신식 시행구간에서는 지도표 또는 지도권
  3. 지도식 시행구간에서는 지도표
  4. 전령법 시행구간에서는 전령자

답 ① 통표폐색식: 통표　　　　　　② 지도통신식: 지도표 또는 지도권
  ③ 지도식: 지도표　　　　　　　④ 전령법: 전령자

52

23년 10월

다음은 차내신호폐색식의 정의이다. (   )에 적합한 것은?

> 차내신호폐색식은 차내신호(〈 ① 〉, 〈 ② 〉, ATP) 현시에 따라 열차를 운행시키는 폐색방식으로 지시 속도보다 낮은 속도로 열차의 속도를 제한하면서 열차를 운행할 수 있도록 하는 폐색방식을 말한다.

(해설) 운전규정 제123조(차내신호폐색식)

① 차내신호(KTCS-2, ATC, ATP) 현시에 따라 열차를 운행시키는 폐색방식으로 지시 속도보다 낮은 속도로 열차의 속도를 제한하면서 열차를 운행할 수 있도록 하는 폐색방식을 말한다.

답 ① KTCS-2 ② ATC

24년 4월·21년 11월·21년 7월·19년 6월

다음 (   ) 에 들어갈 내용을 쓰시오.

> CTC구간에서 관제사가 조작반으로 열차운행상태 확인이 가능하고, 운전용 통신장치 기능이 정상인 경우에 우선 적용하며 관제사의 승인에 의해 운전하는 대용폐색방식은 (①   )이며, 기관사는 이 폐색방식의 시행구간 정거장 진입 전 (②   )를 확인하여야 한다.

(해설) 운전규정

제136조(지령식) 지령식은 CTC구간에서 관제사가 조작반으로 열차운행상태 확인이 가능하고, 운전용 통신장치 기능이 정상인 경우에 우선 적용하며 관제사의 승인에 의해 운진하는 대용폐색방식을 말한다.

제137조(지령식의 시행) ④ 기관사는 지령식 시행구간 정거장 진입 전 장내신호 현시상태를 확인하여야 한다.

답 ① 지령식 ② 장내신호 현시상태

54

24년 4월·20년 7월

복선 운전구간에서 대용폐색방식 시행의 경우로서 폐색구간 양끝 역장이 전용전화기를 사용하여 협의한 후에 시행하는 대용폐색방식은?

(해설) 운전규정 제139조(통신식)

복선 운전구간에서 대용폐색방식 시행의 경우로서 다음 각 호의 경우에는 폐색구간 양끝 역장은 전용전화기를 사용하여 협의한 후 통신식을 시행하여야 한다. 〈개정 2020.06.26.〉

1. CTC구간에서 CTC장애, 신호장치 고장 또는 열차무선전화기 고장 등으로 지령식을 시행할 수 없을 경우
2. CTC이외의 구간에서 신호장치 고장 등으로 상용폐색방식을 시행할 수 없는 경우

답 통신식

55

대용폐색방식의 하나로서 단선운전 구간에서 열차사고 또는 선로고장 등으로 현장과 최근 정거장 또는 신호소간을 1폐색구간으로 하고 열차를 운전하는 경우로서 후속열차 운전의 필요 없는 경우에 사용하는 대용폐색방식은?

(해설) 운전규정 제147조(지도식 시행의 취급)

단선운전 구간에서 열차사고 또는 선로고장 등으로 현장과 최근 정거장 또는 신호소간을 1폐색구간으로 하고 열차를 운전하는 경우로서 후속열차 운전의 필요 없는 경우에는 지도식을 시행하여야 한다.

(답) 지도식

56

다음 ( )에 들어갈 내용을 쓰시오.

> 지도표는 1폐색구간 (①)매로 하며, 지도표의 발행번호는 1호부터 (②)호까지로 한다.

(해설) 운전규정 제154조(지도표의 발행)

① 지도통신식을 시행하는 경우에 폐색구간 양끝 역장이 협의한 후 열차를 진입시키는 역장이 발행하여야 한다.
② 지도표는 1폐색구간 1매로 하고 지도통신식 시행 중 이를 순환 사용한다.
③ 지도표를 발행하는 경우에 지도표 발행 역장이 지도표의 양면에 필요사항을 기입하고 서명하여야 한다. 이 경우에 폐색구간 양끝 역장은 지도표의 최초 열차명 및 지도표 번호를 전화기로 상호 복창하고 기록하여야 한다.
④ 제3항의 지도표를 최초열차에 사용하여 상대 정거장 또는 신호소에 도착하는 때에 그 역장은 지도표의 기재사항을 점검하고 상대 역장란에 역명을 기입하고 서명하여야 한다.
⑤ 지도표의 발행번호는 1호부터 10호까지로 한다.

(답) ① 1   ② 10

57

다음 ( )에 들어갈 내용을 쓰시오.

> 지도통신식을 시행하는 경우에 폐색구간 양끝 역장이 협의한 후 폐색구간의 양끝에서 교대로 열차를 구간에 진입시킬 때는 각 열차에 발행하는 운전허가증은 (①)이며, 연속하여 2이상의 열차를 동일방향의 폐색구간에 연속 진입시킬 때는 맨 뒤의 열차 이외의 열차에는 (②)을 발행한다.

(해설) 운전규정 제156조(지도표와 지도권의 사용구별)

① 지도표는 다음 각 호의 어느 하나에 해당하는 열차에 사용한다.
  1. 폐색구간의 양끝에서 교대로 열차를 구간에 진입시킬 때는 각 열차

2. 연속하여 2이상의 열차를 동일방향의 폐색구간에 연속 진입시킬 때는 맨 뒤의 열차
3. 정거장 외에서 퇴행할 열차
② 지도권은 제1항 이외의 열차에 사용한다.

답 ① 지도표   ② 지도권

58

다음 (   )에 들어갈 내용을 쓰시오.

> 역장은 사용을 폐지한 지도표 및 지도권은 (①   )간 보존하고 폐기하여야하고, 사고와 관련된
> 지도표 및 지도권은 (②   )간 보존하여야 한다.

(해설) 운전규정 제161조(지도표와 지도권 관리 및 처리)
① 발행하지 않은 지도표 및 지도권은 이를 보관함에 넣어 폐색장치 부근의 적당한 장소에 보관하여야 한다.
② 지도권을 발행하기 위하여 사용 중인 지도표는 휴대기에 넣어 폐색장치 부근의 적당한 장소에 보관하여야 한다.
③ 역장은 사용을 폐지한 지도표 및 지도권은 1개월간 보존하고 폐기하여야 한다. 다만, 사고와 관련된 지도표 및
　지도권은 1년간 보존하여야 한다.

답 ① 1개월   ② 1년

59

고장열차 있는 폐색구간에 폐색구간을 변경하지 않고 구원열차를 운전하는 경우 또는 정거장 또는 신호소 바깥으로 차량이 굴러갔거나 차량을 남겨놓은 폐색구간에 폐색구간을 변경하지 않고 그 차량을 회수하기 위하여 구원열차를 운전하는 경우의 폐색준용법은 무엇인가?

(해설) 운전규정 제162조(전령법의 시행)
① 다음 어느 하나에 해당하는 경우에는 폐색구간 양끝의 역장이 협의하여 전령법을 시행하여야 한다.
　1. 고장열차 있는 폐색구간에 폐색구간을 변경하지 않고 구원열차를 운전하는 경우
　2. 정거장 또는 신호소 바깥으로 차량이 굴러갔거나 차량을 남겨놓은 폐색구간에 폐색구간을 변경하지 않고 그
　　차량을 회수하기 위하여 구원열차를 운전하는 경우
　3. 선로고장의 경우에 전화불통으로 관제사의 지시를 받지 못할 경우
　4. 현장에 있는 공사열차 이외에 재료수송, 그 밖에 다른 공사열차를 운전하는 경우
　5. 중단운전구간에서 재차 사고발생으로 구원열차를 운전하는 경우
　6. 전령법에 따라 구원열차 또는 공사열차 운전 중 사고, 그 밖의 다른 구원열차 또는 공사열차를 동일 폐색구간
　　에 운전할 필요 있는 경우

답 전령법

60
24년 10월·18년 11월

전령법을 시행하여야 하는 경우 두 가지를 쓰시오.

(해설) 운전규정 제162조(전령법의 시행)

답 ① 고장열차 있는 폐색구간에 폐색구간을 변경하지 않고 구원열차를 운전하는 경우
② 선로고장의 경우에 전화불통으로 관제사의 지시를 받지 못할 경우

61
21년 11월

주간이라도 야간의 신호 현시방식을 따르는 경우 2가지를 쓰시오.

(해설) 운전규정 제167조(주간·야간의 신호 현시방식)
① 주간과 야간의 현시방식을 달리하는 신호, 전호 및 표지는 일출부터 일몰까지는 주간의 방식에 따르고, 일몰부터 일출까지는 야간의 방식에 따른다. 다만, 기후상태로 200m 거리에서 인식할 수 없는 경우에 진행 중의 열차에 대한 신호의 현시는 주간이라도 야간의 방식에 따른다.
② 지하구간 및 터널 내에 있어서의 신호·전호 및 표지는 주간이라도 야간의 방식에 따른다.
③ 선상역사로 인하여 전호 및 표지를 확인할 수 없는 때에는 주간이라도 야간의 방식에 따른다.

답 ① 지하구간 및 터널 내에 있어서의 신호·전호 및 표지
② 기후상태로 200m 거리에서 인식할 수 없는 경우에 진행 중의 열차에 대한 신호의 현시

62
20년 7월·18년 6월

상치신호기중 주신호기의 종류 4가지만 쓰시오.

(해설) 운전규정 제171조(상치신호기의 종류 및 용도)
① 상치신호기는 일정한 지점에 설치하여, 열차 또는 차량의 운전조건을 지시하는 신호를 현시하는 것으로서 그 종류 및 용도는 다음 각 호와 같다.
〈상치신호기의 종류〉
1) 주신호기: 장내신호기, 출발신호기, 폐색신호기, 엄호신호기, 유도신호기, 입환신호기
2) 종속신호기: 원방신호기, 통과신호기, 중계신호기, 보조신호기
3) 신호부속기: 진로표시기, 진로예고표시기, 진로개통표시기, 입환신호중계기

답 ① 장내신호기 ② 출발신호기 ③ 폐색신호기 ④ 엄호신호기

63
22년 10월

유도신호기(유도신호)의 주간·야간 현시방식을 쓰시오.

(해설) 운전규정 제173조(신호현시 방식)

① 신호기의 신호현시 방식은 별표 13과 같다.
   2. 유도신호기(유도신호): 주간·야간 백색등열 좌하향 45도

답 백색등열 좌하향 45도

64

다음 상치신호기의 정위를 쓰시오.

① 입환신호기	② 유도신호기	③ 원방신호기	④ 엄호신호기

(해설) 운전규정 제174조(상치신호기의 정위)

상치신호기는 별도의 신호취급을 하지 않은 상태에서 현시하는 신호의 정위는 다음 각 호와 같다.
1. 장내·출발 신호기: 정지신호. 다만 CTC열차운행스케줄 설정에 따라 진행지시신호를 현시하는 경우에는 그러하지 아니하다.
2. 엄호신호기: 정지신호
3. 유도신호기: 신호를 현시하지 않음
4. 입환신호기: 정지신호
5. 원방신호기: 주의신호
6. 폐색신호기
   가) 복선구간: 진행 지시신호,   나) 단선구간: 정지신호

답 ① 입환신호기: 정지신호   ② 유도신호기: 신호를 현시하지 않음
　　③ 원방신호기: 주의신호   ④ 엄호신호기: 정지신호

65

다음의 (   )에 들어갈 내용을 적으시오.

> 역구내 승강장에서 승객의 선로추락, 화재, 테러, 독가스 유포 등의 사유가 발생하였을 경우에 승강장을 향하는 열차 또는 차량의 기관사에게 경고할 필요가 있는 지점에 (   )을 설치하여야 한다.

(해설) 운전규정 제184조(승강장 비상정지 경고등)

① 역구내 승강장에서 승객의 선로추락, 화재, 테러, 독가스 유포 등의 사유가 발생하였을 경우에 승강장을 향하는 열차 또는 차량의 기관사에게 경고할 필요가 있는 지점에 승강장 비상정지 경고등을 설치하여야 한다.
② 승강장 비상정지 경고등은 평상시 소등되어 있다가 승강장의 비상정지버튼을 작동시키면 적색등이 점등되어 약 1초 간격으로 점멸하여야 한다.

답 승강장 비상정지 경고등

66

출발신호기에는 열차가 그 안쪽에 진입할 시각 몇 분 이전에 진행지시신호를 현시할 수 없는가?

(해설) 운전규정 제198조(진행 지시신호의 현시 시기)
① 장내신호기, 출발신호기 또는 엄호신호기는 열차가 그 안쪽에 진입할 시각 10분 이전에 진행지시신호를 현시할 수 없다. 다만, CTC열차운행스케줄 설정에 따라 진행지시신호를 현시하는 경우에는 그러하지 아니하다.
② 전동열차에 대한 시발역 출발신호기의 진행지시신호는 제1항에 불구하고 열차가 그 안쪽에 진입할 시각 3분 이전에 이를 현시할 수 없다.

답 10분 이전

67

다음 (   )에 적합한 내용을 쓰시오.

> 전동열차에 대한 시발역 출발신호기의 진행지시신호는 열차가 그 안쪽에 진입할 시각 (   )분 이전에 이를 현시할 수 없다.

(해설) 운전규정 제198조(진행 지시신호의 현시 시기)

답 3분

68

임시신호기의 종류 4가지를 쓰시오.

(해설) 운전규정 제189조(임시신호기)
선로의 상태가 일시 정상운전을 할 수 없는 경우에는 그 구역의 바깥쪽에 임시신호기를 설치하여야 하며 종류와 용도는 다음 각 호와 같다.
1. 서행신호기: 서행운전할 필요가 있는 구간에 진입하려는 열차 또는 차량에 대하여 그 구간을 서행할 것을 지시하는 신호기
2. 서행예고신호기: 서행신호기를 향하는 열차 또는 차량에 대하여 그 앞쪽에 서행신호의 현시 있음을 예고하는 신호기
3. 서행해제신호기: 서행구역을 진출하려는 열차 또는 차량에 대한 것으로서 서행해제 되었음을 지시하는 신호기
4. 서행발리스: 서행 운전할 필요가 있는 구간의 전방에 설치하는 송·수신용 안테나로 지상 정보를 열차로 보내 자동으로 열차의 감속을 유도하는 것

답 ① 서행신호기   ② 서행예고신호기   ③ 서행해제신호기   ④ 서행발리스

69

다음 (　)에 적합한 내용을 쓰시오.

> 짙은 안개, 눈보라 등 악천후로 신호현시 상태를 확인을 할 수 없을 때에는 (　　　)은/는 신호를 주시하여 신호기 앞에서 정차할 수 있는 속도로 주의운전을 하여야 한다.

(해설) 운전규정 제202조(신호 확인을 할 수 없을 때 조치)

2. 기관사

　가. 신호를 주시하여 신호기 앞에서 정차할 수 있는 속도로 주의운전 하여야 하며, 신호현시 상태를 확인할 수 없는 경우에는 일단 정차할 것. 다만, 역장과 운전정보를 교환하여 그 열차의 전방에 있는 폐색구간에 열차가 없음을 확인한 경우에는 정차하지 않을 수 있다.

　나. 출발신호기의 신호현시 상태를 확인할 수 없는 경우에 역장으로부터 진행 지시신호가 현시되었음을 통보 받았을 때에는 신호기의 현시상태를 확인할 때까지 주의운전 할 것

　다. 열차운전 중 악천후의 경우에는 최근 역장에게 통보할 것

답 기관사

70

"정지위치 지시전호"에 관하여 (　) 안에 들어갈 내용을 쓰시오.

> 열차의 정지위치를 지시할 필요가 있을 때는 그 위치에서 기관사에게 정지위치 지시전호를 시행하여야 한다. 이 경우에 정지위치 지시전호는 열차가 정거장 안에서는 (　①　)미터, 정거장 밖에서는 (　②　)미터의 거리에 접근하였을 때 이를 현시하여야 한다.

(해설) 운전규정 제214조(정지위치 지시전호)

① 열차의 정지위치를 지시할 필요가 있을 때는 그 위치에서 기관사에게 정지위치 지시전호를 시행하여야 한다.

② 제1항의 전호는 열차가 정거장 안에서는 200미터, 정거장 밖에서는 400미터의 거리에 접근하였을 때 이를 현시하여야 한다.

답 ① 200　　② 400

다음 (　)에 적합한 내용을 쓰시오.

> 철도사고가 발행할 우려가 있거나 사고가 발생한 경우에는 지체 없이 관계 (　) 또는 차량을 정차시켜야 한다.

해설 운전규정 제268조(사고발생 시 조치)

① 철도사고 및 철도준사고가 발생 할 우려가 있거나 사고가 발생한 경우에는 지체 없이 관계 열차 또는 차량을 정 차시켜야 한다. 다만, 계속 운전하는 것이 안전하다고 판단될 경우에는 정차하지 않을 수 있다.

답 열차

72

철도교통사고 및 건널목사고 발생 또는 발견한 경우 즉시 하여야 하는 것은?

해설 운전규정 제269조(열차의 방호)

① 철도교통사고(충돌, 탈선, 열차화재) 및 건널목사고 발생 또는 발견한 경우 즉시 열차방호를 시행한 후 인접선 지 장여부를 확인하여야 한다. 다만 열검지 및 화재감지장치 설치차량의 경우 고장처리지침에 따른다.

② 제1항 이외의 경우라도 철도사고, 철도준사고, 운행장애 등으로 관계열차를 급히 정차시킬 필요가 있을 경우에는 열차방호를 하여야 한다.

③ 열차방호를 확인한 관계 열차 기관사는 즉시 열차를 정차시켜야 한다.

답 열차방호를 시행한 후 인접선 지장여부를 확인

73

철도교통사고(충돌, 탈선, 열차화재) 및 건널목사고 발생 또는 발견한 경우 시행하는 열차방호의 종류를 4가지만 쓰시오.

해설 제270조(열차방호의 종류 및 시행방법)

① 열차방호의 종류와 방법은 다음과 같으며 현장상황에 따라 신속히 시행하여야 한다.

1. 열차무선방호장치 방호: 지장열차의 기관사 또는 역장은 열차방호상황발생 시 상황발생스위치를 동작시키고, 후속열차 및 인접 운행열차가 정차하였음이 확실한 경우 또는 그 방호 사유가 없어진 경우에는 즉시 열차무선 방호장치의 동작을 해제시킬 것

2. 무선전화기 방호: 지장열차의 기관사 또는 선로 순회 직원은 지장 즉시 무선전화기의 채널을 비상통화위치(채널 2번) 또는 상용채널(채널1번: 감청수신기 미설치 차량에 한함)에 놓고 "비상, 비상, 비상, ○○~△△역간 상(하)선 무선방호(단선 운전구간의 경우에는 상·하선 구분생략)"라고 3~5회 반복 통보하고, 관계 열차 또 는 관계 정거장을 호출하여 지장 내용을 통보할 것. 이 경우에 기관사는 연차승무원에게도 통보할 것

3. 열차표지 방호: 지장 고정편성열차의 기관사 또는 열차승무원은 뒤 운전실의 전조등을 점등시킬 것(ITX-새 마을 제외). 이 경우에 KTX 열차는 기장이 비상경보버튼을 눌러 열차의 진행방향 적색등을 점멸시킬 것

4. 정지수신호 방호: 지장열차의 열차승무원 또는 기관사는 지장지점으로부터 정지수신호를 현시하면서 이동하 여 400미터 이상의 지점에 정지수신호를 현시할 것. 수도권 전동열차 구간의 경우에는 200미터 이상의 지점 에 정지수신호를 현시할 것

5. 방호스위치 방호: 고속선에서 KTX기장, 열차승무원, 유지보수 직원은 선로변에 설치된 폐색방호스위치 (CPT) 또는 역구내방호스위치(TZEP)를 방호위치로 전환시킬 것

6. 역구내 신호기 일괄제어 방호: 역장은 역구내 열차방호를 의뢰받은 경우 또는 열차방호 상황발생시 '신호기 일괄정지' 취급 후 관제 및 관계직원에 사유를 통보하여야 하며 방호사유가 없어진 경우에는 운전보안장치취 급매뉴얼에 따라 방호를 해제시킬 것

답 ① 무선전화기 방호　　　　　　　　　② 열차표지 방호
③ 열차무선방호장치 방호　　　　　　④ 정지수신호 방호
⑤ 방호스위치 방호　　　　　　　　　⑥ 역구내 신호기 일괄제어 방호

74

열차방호의 종류 중 4가지를 쓰시오.

(해설) 운전규정 제270조(열차방호의 종류 및 시행방법)

답 ① 열차무선방호장치 방호　　　　　② 무선전화기 방호
③ 열차표지 방호　　　　　　　　　④ 정지수신호 방호
⑤ 방호스위치 방호　　　　　　　　⑥ 역구내 신호기 일괄제어 방호

75

다음 (　　)에 적합한 내용을 쓰시오.

철도교통사고등으로 정지수신호 방호를 할 경우에 지장열차의 열차승무원 또는 기관사는 지장지점으로부터 정지수신호를 현시하면서 이동하여 (　①　)미터 이상의 지점에 정지수신호를 현시하여야 한다. 수도권 전동열차 구간의 경우에는 (　②　)미터 이상의 지점에 정지수신호를 현시하여야 한다.

(해설) 운전규정 제270조(열차방호의 종류 및 시행방법)

답 ①400 미터　　② 200 미터

76

다음 (　　)에 들어갈 내용을 쓰시오.

사상사고 등 이례사항 발생 시 사고조치를 위하여 인접선을 방호할 필요가 있는 경우에 해당 기관사는 관제사 또는 역장에게 사고개요를 급보하고, 관제사는 관계선로로 운행하는 열차에 대하여 (　　　)
이하의 속도로 운행하도록 지시하는 등 운행정리를 할 것.

(해설) 운전규정 제272조(사상사고 발생 등으로 인접선 방호조치)
① 사상사고 등 이례사항 발생시 「비상대응계획 시행세칙」에 따라 사고조치를 하여야 하며 인접선 방호가 필요한 경우에는 다음 각 호에 따라야 한다.
　1. 해당 기관사는 관제사 또는 역장에게 사고개요 급보 시 사고수습 관련하여 인접선 지장여부를 확인하고 지장선로를 통보할 것

2. 지장선로를 통보받은 관제사는 관계 선로 운행열차 기관사에게 시속 25킬로미터 이하 속도로 운행을 지시하는 등 운행정리를 할 것〈2022.4.11.〉
3. 인접 지장선로를 운행하는 기관사는 제한속도를 준수하여 주의 운전할 것

답 시속 25킬로미터

77

열차운전 중 그 일부의 차량이 분리한 경우에 분리한 차량의 정차가 불가능한 경우 열차승무원 또는 기관사가 조치할 사항은?

(해설) 운전규정 제277조(열차 분리한 경우의 조치)
① 열차운전 중 그 일부의 차량이 분리한 경우에는 다음 각 호에 따라 조치하여야 한다.
  1. 열차무선방호장치 방호를 시행한 후 분리차량 수제동기를 사용하는 등 속히 정차시키고 이를 연결할 것
  2. 분리차량이 이동 중에는 이동구간의 양끝 역장 또는 기관사에게 이를 급보하여야 하며 충돌을 피하기 위하여 상호 적당한 거리를 확보할 것
  3. 분리차량의 정차가 불가능한 경우 열차승무원 또는 기관사는 그 요지를 해당 역장에게 급보할 것
② 기관사는 연결기 고장으로 분리차량을 연결할 수 없는 경우에는 다음 각 호에 따라 조치하여야 한다.
  1. 분리차량의 구름방지를 할 것
  2. 분리차량의 차량상태를 확인하고 보고할 것
  3. 구원열차 및 적임자 출동을 요청할 것

답 그 요지를 해당 역장에게 급보할 것

78

열차 분리한 경우 연결기 고장으로 분리차량을 연결할 수 없는 경우에 기관사가 조치하여야 할 사항 3가지를 쓰시오.

(해설) 운전규정 제277조(열차 분리한 경우의 조치)

답 ① 분리차량의 구름방지를 할 것
    ② 분리차량의 차량상태를 확인하고 보고할 것
    ③ 구원열차 및 적임자 출동을 요청할 것

79

철도사고 등의 발생으로 열차가 정차하여 구원열차 요구 후 열차 또는 차량을 이동할 수 있는 경우 2가지 서술하시오.

(해설) 운전규정 제279조(구원열차 요구 후 이동 금지)

제2편 필답형 실기시험 **673**

① 철도사고 등의 발생으로 열차가 정차하여 구원열차를 요구하였거나 구원열차 운전의 통보가 있는 경우에는 해당 열차를 이동하여서는 아니 된다. 다만, 구원열차 요구 후 열차 또는 차량을 이동할 수 있는 경우는 다음과 같으며 이 경우 지체 없이 구원열차의 기관사와 관제사 또는 역장에게 그 사유와 정확한 정차지점 통보와 열차방호 및 구름방지 등 안전조치를 하여야 한다.
  1. 철도사고 등이 확대될 염려가 있는 경우
  2. 응급작업을 수행하기 위하여 다른 장소로 이동이 필요한 경우
② 열차승무원 또는 기관사는 구원열차가 도착하기 전에 사고 복구하여 열차의 운전을 계속할 수 있는 경우에는 관제사 또는 최근 역장의 지시를 받아야 한다.

답 ① 철도사고 등이 확대될 염려가 있는 경우
     ② 응급작업을 수행하기 위하여 다른 장소로 이동이 필요한 경우

80

23년 10월·21년 11월·20년 4월

열차에 화재 발생시 장소가 다음과 같을 때 각각의 운전원칙을 쓰시오.

> ① 화재 발생 장소가 교량 또는 터널 내일 때
> ② 화재 발생 장소가 지하구간일 경우

(해설) 운전규정 제282조(열차에 화재 발생 시 조치)
① 열차에 화재가 발생하였을 때에는 즉시 소화의 조치를 하고 여객의 대피 유도 또는 화재차량을 다른 차량에서 격리하는 등 필요한 조치를 하여야 한다.
② 화재 발생 장소가 교량 또는 터널 내 일 때에는 일단 그 밖까지 운전하는 것을 원칙으로 하고 지하구간일 경우에는 최근 역 또는 지하구간의 밖으로 운전하는 것으로 한다.
③ 유류열차 운전 중 폐색구간 도중에서 화재 또는 화재 발생 우려가 있을 때는 다음 각 호에 따른다.
  1. 일반인의 접근을 금지하는 등 화기단속을 철저히 할 것
  2. 소화에 노력하고 관계처에 급보할 것
  3. 신속히 열차에서 분리하여 30m 이상 격리하고 남겨놓은 차량이 구르지 아니하도록 조치할 것
  4. 인접선을 지장할 우려가 있을 경우 규정 제288조에 의한 방호를 할 것

답 ① 일단 그 밖까지 운전하는 것을 원칙으로 한다.
     ② 최근 역 또는 지하구간의 밖으로 운전하는 것으로 한다.

81

21년 7월

유류열차 운전 중 폐색구간 도중에서 화재 또는 화재 발생 우려가 있을 때 몇m 이상 격리해야 하는가?

(해설) 운전규정 제282조(열차에 화재 발생 시 조치)

답 30미터

열차방호를 하여야 할 지점이 상치신호기를 취급하는 정거장구내인 경우에 운전관계승무원이 역장에게 열차방호를 의뢰한 경우 열차방호를 의뢰받은 역장이 시행하여야 할 2가지를 서술하 시오. (역구내 신호기 일괄제어장치 또는 열차무선방호장치가 설치되지 않은 역)

(해설) 운전규정 제283조(정거장 구내 열차방호)

① 운전관계승무원은 열차방호를 하여야 할 지점이 상치신호기를 취급하는 정거장(신호소 포함) 구내 또는 피제어 역인 경우에는 해당 역장 또는 제어역장에게 열차방호를 의뢰하고 의뢰방향에 대한 열차방호는 생략할 수 있다.
② 열차방호를 의뢰받은 역장은 해당 선로의 상치신호기 정지신호 현시 및 무선전화기 방호를 시행하여야 한다.
③ 제2항의 열차방호를 시행하는 경우 역구내 신호기 일괄제어장치 또는 열차무선방호장치가 설치된 역의 역장은 이를 우선 사용할 수 있다.

답 ① 해당 선로의 상치신호기 정지신호 현시   ② 무선전화기 방호

철도사고 등으로 열차가 정차한 경우 또는 차량을 남겨놓았을 때 가장 먼저 방호하여야 할 사람은?

(해설) 운전규정 제284조(열차승무원 및 기관사의 방호 협조)

① 철도사고 등으로 열차가 정차한 경우 또는 차량을 남겨놓았을 때의 방호는 열차승무원이 하여야 한다. 다만, 열 차승무원이 방호할 수 없거나 기관사가 조치함이 신속하고 유리하다고 판단할 경우에는 기관사와 협의하여 시행 할 수 있다.
② 열차 전복 등으로 인접선로를 지장한 경우, 그 인접선로를 운전하는 열차에 대한 방호가 필요할 때는 열차승무원 및 기관사가 조치하여야 한다.

답 열차승무원

열차운행 중 기적 고장 발생으로 구원 요구한 기관사는 동력차를 교체할 수 있는 최근 정거장까 지 일정 속도 이하로 운행하여야 한다. 이 경우 제한속도는?

(해설) 운전규정 제291조(기적고장 시 조치)

① 열차운행 중 기적의 고장이 발생하면 구원을 요구하여야 한다. 다만, 관제기적이 정상일 경우에는 계속 운행할 수 있다.
② 제1항에 따라 구원요구 후 기관사는 동력차를 교체할 수 있는 최근 정거장까지 시속 30킬로미터 이하의 속도로 주의운전 하여야 한다.

답 시속 30킬로미터 이하

( ) 안에 들어갈 내용을 쓰시오.

> 차량이 정거장 밖으로 굴러갔을 경우 역장은 즉시 그 구간의 ( )에게 그 요지를 급보하고 이를 정차시킬 조치를 하여야 한다.

(해설) 운전규정 제296조(차량이 굴러간 경우의 조치)
① 차량이 정거장 밖으로 굴러갔을 경우 역장은 즉시 그 구간의 상대역장에게 그 요지를 급보하고 이를 정차시킬 조치를 하여야 한다.
② 제1항의 급보를 받은 상대역장은 차량의 정차에 노력하고 필요하다고 인정하였을 때는 인접 역장에게 통보하여야 한다.
③ 제1항 및 제2항의 역장은 인접선로를 운행하는 열차를 정차시키고 열차승무원과 기관사에게 통보하여야 한다.

답 상대역장

( ) 안에 들어갈 내용을 쓰시오.

> 복선 운전구간에서 차단작업, 선로고장, 차량고장 등의 사유로 인하여 관제사의 운전명령으로 우측 선로로 운전하는 경우에 우측 선로를 운전하는 기관사는 인접선의 선로고장 또는 차량고장으로 운행구간을 지장하거나 지장할 우려가 있다고 통보받은 구간은 시속 ( )킬로미터 이하의 속도로 운전할 것

(해설) 운전규정 제301조(복선구간 반대선로 열차운전 시 취급)
복선 운전구간에서 차단작업, 선로고장, 차량고장 등의 사유로 인하여 관제사의 운전명령으로 우측선로로 운전하는 경우에는 다음 각 호의 운전취급에 따른다.
2. 우측 선로를 운전하는 기관사는 다음 각 목의 조치에 따를 것.
 가. 열차출발 전에 역장으로부터 운행구간의 서행구간 및 서행속도 등 운전에 필요한 사항을 통고 받지 못한 경우에는 확인하고 운전할 것
 나. 인접선의 선로고장 또는 차량고장으로 운행구간을 지장하거나 지장 할 우려가 있다고 통보받은 구간은 시속 25킬로미터 이하의 속도로 운전할 것. 다만, 서행속도에 관한 지시를 사전에 통보받은 경우에는 그 지시속도에 따를 것

답 25

건널목보안장치가 고압배전선로 단전 또는 장치고장으로 정상작동이 불가한 것을 인지한 경우 건널목관리원이 배치되지 않은 장애 건널목을 운행하는 기관사는 건널목 앞쪽부터 시속 (   )킬로미터 이하의 속도로 주의운전하여야 한다. 이 경우 (   )에 들어갈 제한속도를 적으시오.

(해설) 운전규정 제302조(건널목보안장치 장애 시 조치)
① 역장은 건널목보안장치가 고압배전선로 단전 또는 장치고장으로 정상작동이 불가한 것을 인지한 경우 관계처(건널목관리원, 유지보수소속, 관제사, 기관사)에 해당 건널목을 통보하고 건널목관리원이 없는 경우 신속히 지정 감시자를 배치하여야 한다. 〈개정 2021.12.22.〉
② 장애 건널목을 운행하는 기관사는 건널목 앞쪽부터 시속 25킬로미터 이하의 속도로 주의운전 한다. 다만, 건널목 감시자를 배치한 경우에는 그러하지 아니하다.

답 시속 25킬로미터 이하

열차 운전 중 정당한 운전허가증을 휴대하지 않았거나 전령자가 승차하지 않은 것을 발견한 기관사가 조치해야할 것은?

(해설) 운전규정 제308조(운전허가증 휴대하지 않은 경우의 조치)
① 열차 운전 중 정당한 운전허가증을 휴대하지 않았거나 전령자가 승차하지 않은 것을 발견한 기관사는 속히 열차를 정차시키고 열차승무원 또는 뒤쪽 역장에게 그 사유를 보고하여야 한다.
② 제1항에 따라 정차한 기관사는 즉시 열차무선방호장치 방호를 하고 관제사 또는 가장 가까운 역장의 지시를 받아야 한다.

답 속히 열차를 정차시키고 열차승무원 또는 뒤쪽 역장에게 그 사유를 보고하여야 한다.
   * 정차한 기관사는 즉시 열차무선방호장치 방호를 하고 관제사 또는 가장 가까운 역장의 지시를 받아야 한다.

철도교통사고 중에서 기타철도교통사고를 제외한 사고 유형 3가지는?

(해설) 사고세칙 제3조(정의)
이 세칙에서 사용하는 용어의 뜻은 다음과 같다.

답 ① 충돌사고   ② 탈선사고   ③ 열차화재사고

"철도교통사고"와 "철도안전사고"의 정의와 차이점을 서술하시오.

(해설) 사고세칙 제3조(정의)

1. "철도사고"란 철도운영 또는 철도시설관리와 관련하여 사람이 죽거나 다치거나 물건이 파손되는 사고를 말하며 (다만, 전용철도에서 발생한 사고는 제외한다), 철도교통사고와 철도안전사고로 구분하고 철도사고 등의 분류기준은 별표 1과 같다.
2. "철도교통사고"란 철도차량의 운행과 관련된 사고로서 충돌사고, 탈선사고, 열차화재사고, 기타철도교통사고를 말한다.
3. "철도안전사고"란 철도차량의 운행과 직접적인 관련 없이 철도 운영 또는 철도시설관리와 관련하여 사람이 죽거나 다치거나 물건이 파손되는 사고를 말하며 철도화재사고, 철도시설파손사고, 기타철도안전사고로 구분한다.

답 ① "철도교통사고"란 철도차량의 운행과 관련된 사고로서 충돌사고, 탈선사고, 열차화재사고, 기타철도교통사고를 말한다.
② "철도안전사고"란 철도차량의 운행과 직접적인 관련 없이 철도 운영 또는 철도시설관리와 관련하여 사람이 죽거나 다치거나 물건이 파손되는 사고를 말하며 철도화재사고, 철도시설파손사고, 기타철도안전사고로 구분한다.

91

( ) 안에 들어갈 내용을 쓰시오.

> "철도교통사고"란 철도차량의 운행과 관련된 사고로서 (①), (②), (③), (④)를 말한다.

(해설) 사고세칙 제3조(정의)
"철도교통사고"란 철도차량의 운행과 관련된 사고로서 충돌사고, 탈선사고, 열차화재사고, 기타철도교통사고를 말한다.

답 ① 충돌사고 ② 탈선사고 ③ 열차화재사고 ④ 기타철도교통사고

92

21년 11월

운행지연에 해당하는 열차별 지연지간 기준은?

> A. 고속열차, 전동열차: (①) 이상 지연
> B. 일반여객열차: (②) 이상 지연
> C. 화물열차, 기타열차: (③) 이상 지연

(해설) 사고세칙 제3조(정의)
6. 운행지연: 고속열차 및 전동열차는 20분, 일반여객열차는 30분, 화물열차 및 기타열차는 60분 이상 지연하여 운행한 경우를 말한다.

답 ① 20분 ② 30분 ③ 60분

93

23년 10월·22년 5월

다음 ( )에 들어갈 내용을 쓰시오.

철도사고로 사망자는 사고로 즉시 사망하거나 (①)일 이내에 사망한 사람을 말하며, 부상자는
(②)시간 이상 입원치료를 한 사람을 말한다. 다만, (②)시간 이상 입원치료를 받았더라도 의사
의 진단결과 "정상" 판정을 받은 사람은 부상자에 포함하지 않는다.

(해설) 사고세칙 제3조(정의)

9. "사상자"란 철도사고에 따른 다음 각목의 어느 하나에 해당하는 사람을 말하며 개인의 지병에 따른 사상자는 제외한다.
    가. 사망자: 사고로 즉시 사망하거나 30일 이내에 사망한 사람을 말한다.
    나. 부상자: 24시간 이상 입원치료를 한 사람을 말한다. 다만, 24시간 이상 입원치료를 받았더라도 의사의 진단
        결과 "정상" 판정을 받은 사람은 부상자에 포함하지 않는다.

답 ① 30일   ② 24시간

94

20년 7월

철도차량이 궤도를 이탈한 사고를 무엇이라고 하는가?

(해설) 사고세칙 제4조(철도교통사고의 종류)

1. 충돌사고: 철도차량이 다른 철도차량 또는 장애물(동물 및 조류는 제외한다)과 충돌하거나 접촉한 사고
2. 탈선사고: 철도차량이 궤도를 이탈한 사고
3. 열차화재사고: 철도차량에서 화재가 발생하는 사고

답 탈선사고

19년 11월

운행장애 중 운행지연의 종류 중에 "차량구름"과 "규정위반"의 정의를 쓰시오.

(해설) 사고세칙 제7조(운행장애의 종류)

운행장애는 무정차통과와 운행지연으로 구분하며, 운행지연의 종류는 다음 각 호와 같다.

1. 연차분리: 열차 운행 중 열차의 조성작업과 관계없이 열차를 구성히는 철도차량 간의 연결이 분리된 경우
2. 차량구름: 열차 또는 철도차량이 주·정차하는 정거장(신호장·신호소·간이역·기지를 포함한다)에서 열차 또는
   철도차량이 정거장 바깥으로 구른 경우
3. 규정위반: 신호·폐색취급위반, 이선진입, 정지위치 어김 등 규정을 위반하여 열차운행에 지장을 가져온 경우
4. 선로장애: 선로시설의 고장, 파손 및 변형 등의 결함이나 선로상의 장애물 때문에 열차운행에 지장을 가져온 경우

답 ① 차량구름: 열차 또는 철도차량이 주·정차하는 정거장(신호장·신호소·간이역·기지를 포함한다)에서 열차
        또는 철도차량이 정거장 밖으로 구른 경우
    ② 규정위반: 신호·폐색취급위반, 이선진입, 정지위치 어김 등 규정을 위반하여 열차운행에 지장을 가져온 경우

철도사고 등에 대한 조치사항입니다. (   )에 적합한 것을 채우시오.

철도사고 등 발생시 (   ) 및 「비상대응 시행세칙」에 의거 필요한 조치를 하여야 한다.

(해설) 사고세칙 제9조(철도사고 등에 대한 조치)
각 본부·실·단장 및 소속기관의 장은 철도사고 등 발생시 「비상대응계획」 및 「비상대응 시행세칙」에 의거 필요한 조치를 하여야 한다.

답 비상대응계획

97

철도사고 등이 발생하였을 때 보고하여야 할 사항을 3개 쓰시오.

(해설) 사고세칙 제11조(철도사고 등의 보고)
각 본부·실·단장 및 소속기관의 장은 철도사고 등이 발생하였을 때에는 다음 각 호의 사항을 안전본부장에게 보고하여야 한다.
1. 사고발생 일시 및 장소   2. 사상자 등 피해사항   3. 사고발생 경위   4. 사고수습 및 복구계획 등

답 ① 사고발생 일시 및 장소   ② 사상자 등 피해사항
   ③ 사고발생 경위   ④ 사고수습 및 복구계획 등

철도사고 등의 발생 시 발생장소별 급보책임자는 급보계통에 따라 신속히 보고하여야 한다. 이 경우 정거장 안에서 발생한 경우의 급보책임자는?

(해설) 철도사고조사세칙 제12조(급보책임자)
철도사고 등의 발생 시 다음과 같이 발생장소별 급보책임자("급보책임자")는 급보계통에 따라 신속히 보고하여야 한다.
1. 정거장 안에서 발생한 경우: 역장.
   다만, 위탁역의 급보책임자는 관리역장으로 한다.
2. 정거장 밖에서 발생한 경우: 기관사 (KTX 기장을 포함한다.)
   다만, 여객전무, 열차팀장 또는 전철차장은 기관사가 급보를 했는지의 여부를 확인하고 필요시 직접 급보를 하는 등 적극 협조 및 조치하여야 한다.
3. 위 이외의 장소에서 발생한 경우: 발생장소의 장 또는 발견자

답 역장

다음 (   )에 들어갈 내용을 쓰시오.

> 철도사고 등이 발생하면 급보책임자는 즉시 인접 역장 및 소속장에게, 역장 및 소속장은 (   )
> 에게 급보하여야 한다.

(해설) 철도사고조사세칙 제14조(급보계통)

① 철도사고 등이 발생하면 급보책임자는 즉시 인접 역장 및 소속장에게, 역장 및 소속장은 철도교통관제센터장(이
  하 "관제센터장"이라 한다)에게 급보하여야 하며(다만, 고속선의 경우 KTX 기장이 직접 관제센터장에게 급보),
  관제센터장은 다음 각 호와 같이 본사 및 소속·부속기관에 급보하여야 한다.
  1. 본사: 운영상황실장
  2. 소속·부속기관: 담당 지역본부장, 철도차량정비단장, 고속시설사업단장, 고속전기사업단장 등

답 철도교통관제센터장

철도교통사고 및 운행장애가 발생하면 관제센터장은 본사의 '누구'에게 급보해야 하는가?

(해설) 철도사고조사세칙 제14조(급보계통)

답 운영상황실장

사고 발생 후 급보 시 보고할 사항 3가지를 쓰시오.

(해설) 철도사고조사세칙 사고세칙 제14조(급보내용)

1) 사고·장애 종별	2) 발생시분	3) 발생장소
4) 열차번호 및 편성	5) 관계자 소속, 직명, 성명, 나이	6) 원인
7) 피해 정도	8) 사상자 수	9) 사고·장애현장의 상황

10) 본선 운행중단에 대한 수송조치 11) 사고·장애의 조치 및 복구예정시간과 복구장비 출동
12) 구원이 필요할 때는 그 요지

답 ① 사고·장애 종별   ② 발생시분·발생장소   ③ 열차번호 및 편성 등

102

철도사고보고의 종류 3가지를 쓰시오.

(해설) 사고세칙 제23조(본사보고 및 처리)

초동보고 후 원인이 명확한 경우 중간보고를 생략하고 종결보고 할 수 있다.
1. 초동보고: 철도사고 등이 발생하면 유·무선전화 및 E-mail 등 가능한 통신수단을 사용하여 즉시 보고하고 조사한 내용을 서면으로 보고하여야 한다.
2. 중간보고: 조사처리가 상당기간 지연되는 철도사고 등은 그 사유와 앞으로 조치할 사항 등을 포함한 중간보고서를 작성하여 보고하여야 한다.
3. 종결보고: 조사처리 완료 후 7일 이내에 시스템에 입력하고 종결처리 하여야 한다.

답 ① 초동보고(초기보고)   ② 중간보고   ③ 종결보고

103

철도사고 중 국토교통부장관 및 항공·철도사고조사위원회에 즉시(사고발생 후 30분 이내) **보고하여야 하는 3가지를 서술하시오.**

(해설) 사고세칙 제16조(대외보고 기준 및 담당)
① 「철도안전법 시행령」 제57조에 해당하는 철도사고 등이 발생한 경우에는 다음 각 호의 대외기관에 즉시(사고발생 후 30분 이내) 보고하여야 한다.
  1. 국토교통부(관련 과) 및 항공·철도사고조사위원회 다만, 근무시간 이외에는 국토교통부 당직실로 보고
  2. 그 밖에 필요한 관계기관
② 제1항에 해당하는 철도사고 등은 다음 각 호와 같다.
  1. 열차의 충돌·탈선사고
  2. 철도차량 또는 열차에서 화재가 발생하여 운행을 중지시킨 사고
  3. 철도차량 또는 열차의 운행과 관련하여 3명 이상의 사상자가 발생한 사고
  4. 철도차량 또는 열차의 운행과 관련하여 5천만 원 이상의 재산피해가 발생한 사고

답 ① 열차의 충돌이나 탈선사고
   ② 철도차량이나 열차에서 화재가 발생하여 운행을 중지시킨 사고
   ③ 철도차량이나 열차의 운행과 관련하여 3명 이상 사상자가 발생한 사고
   ④ 철도차량이나 열차의 운행과 관련하여 5천만 원 이상의 재산피해가 발생한 사고

104

국토교통부 및 항공·철도사고조사위원회에 사고 발생 후 몇 분 이내로 보고해야 하는가?

(해설) 사고세칙 제16조(대외보고 기준 및 담당)

답 30분 이내

105

다음 (   )에 들어갈 내용을 쓰시오.

> 철도사고 조사관 임명은 철도사고 등의 조사업무를 수행함에 있어 (①)과 (②)을 확보할 수 있도록 합리적이고 객관적인 기준에 따라 적격자를 선발하고, 자격 기준 등을 고려하여 조사관으로 임명한다.

사고세칙 제24조(조사관 임명)

① 각 소속의 조사 전담부서(사고조사부서의 장)에서는 철도사고 등의 조사업무를 수행함에 있어 전문성과 신뢰성을 확보할 수 있도록 합리적이고 객관적인 기준에 따라 적격자를 선발하고, 안전본부장(안전분석처장)은 별표 16에 해당하는 자격 기준 등을 고려하여 조사관으로 임명 한다.

답 ① 전문성 ② 신뢰성

106

철도사고조사에 대한 이의신청은 며칠 이내에 해야 하는가?

(해설) 사고세칙 제31조(이의신청)

① 철도사고 등의 조사처리 결과에 이의가 있는 경우, 관계 직원은 조사처리 결과를 통보받은 날부터 15일 이내에 별지 제10호 서식의 이의신청서 및 입증자료 등을 첨부하여 사고조사부서의 장에게 제출할 수 있다. 단, 본사 조사대상은 관할 사고조사부서의 장을 경유하여 안전본부장(안전분석처장)에게 제출한다.

답 15일

107

다음 (   )에 들어갈 내용을 쓰시오.

> 사고 이의신청의 처리는 특별한 사유가 없는 한 이의신청을 접수한 날부터 (   ) 이내에 필요한 조치(조사의 재시행 등)를 하여야 한다. 다만, 이의신청에 필요한 요건을 갖추지 못한 경우에는 반려할 수 있다.

(해설) 사고세칙 제32조(이의신청의 처리)

① 안전본부장(사고조사부서의 장)은 특별한 사유가 없는 한 이의신청을 접수한 날부터 1개월 이내에 필요한 조치(조사의 재시행 등)를 하여야 한다. 다만, 이의신청에 필요한 요건을 갖추지 못한 경우에는 반려할 수 있다.
② 특별한 사유 등으로 처리기한의 연장이 필요한 경우, 조사관은 그 사유와 필요한 기간을 명확하게 적어 이의신청서 조치완료 예정일로부터 1주일 전에 안전본부장(사고조사부서의 장)의 승인을 받아 처리기한을 연장할 수 있다.

답 1개월

108

열차충돌시 사고복구 장비 3가지를 쓰시오.

답 ① 유니목 ② 재크키트 ③ 기중기

01

( ) 안에 들어갈 내용을 쓰시오.

> 관제사는 기상자료 또는 역장으로부터의 보고에 따라 풍속이 (   ) 이상으로 판단될 때에는 해당
> 구간의 열차운행을 일시중지하는 지시를 하여야 한다.

해설 제5조(열차운행의 일시중지)

2. 풍속에 따른 운전취급은 다음과 같다.
    가. 역장은 풍속이 초속 20미터 이상으로 판단된 경우에는 그 사실을 관제사에게 보고하여야 한다.
    나. 역장은 풍속이 초속 25미터 이상으로 판단된 경우에는 다음 각 호에 따른다.
        1) 열차운전에 위험이 우려되는 경우에는 열차의 출발 또는 통과를 일시 중지할 것
        2) 유치 차량에 대하여 구름방지의 조치를 할 것
    다. 관제사는 기상자료 또는 역장으로부터의 보고에 따라 풍속이 초속 30미터 이상으로 판단될 때에는 해당구간
    의 열차운행을 일시중지하는 지시를 하여야 한다.

답 30m/s(초속 30미터)

02

( ) 안에 들어갈 내용을 쓰시오.

> 역장은 열차가 출발 또는 통과한 때에는 즉시 앞쪽의 인접 정거장 또는 신호소 역장에게 (㉠) 및
> (㉡)을 통보하여야 한다.

해설 제30조(착발시각의 보고 및 통보)

③ 역장은 열차가 출발 또는 통과한 때에는 즉시 앞쪽의 인접 정거장 또는 신호소 역장에게 열차번호 및 시각을 통
보하여야 한다. 다만, 정해진 시각(스케줄)에 운행하는 전동열차의 경우에 인접 정거장 역장에 대한 통보는 생략
할 수 있다.

답 ㉠ 열차번호　　㉡ 시각

( ) 안에 들어갈 내용을 쓰시오.

열차는 신호기에 경계신호 현시 있을 때는 다음 상치신호기에 정지신호의 현시 있을 것을 예측하고, 그 현시지점부터 ( ) 이하의 속도로 운전하여야 한다. 다만, 5현시 구간으로서 경계신호가 현시된 경우 시속 65킬로미터 이하의 속도로 운전할 수 있다.

(해설) 제44조(경계신호의 지시)

열차는 신호기에 경계신호 현시 있을 때는 다음 상치신호기에 정지신호의 현시 있을 것을 예측하고, 그 현시지점부터 시속 25킬로미터 이하의 속도로 운전하여야 한다. 다만, 5현시 구간으로서 경계신호가 현시된 경우 시속 65킬로미터 이하의 속도로 운전할 수 있는 신호기는 다음 각 호의 어느 하나와 같다.
1. 긱신 각역의 장내신호기. 다만, 구내폐색신호기가 설치된 선로 제외
2. 인접역의 장내신호기까지 도중폐색신호기가 없는 출발신호기

(답) 25km/h(시속 25킬로미터)

( ) 안에 들어갈 내용을 쓰시오.

역장은 열차지연으로 (㉠) 또는 (㉡)의 운전정리가 유리하다고 판단되나 통신 불능으로 관제사에게 통보할 수 없을 때에는 관계 역장과 협의하여 운전정리를 할 수 있다.

(해설) 제54조(역장의 운전정리 시행)

① 역장은 열차지연으로 교행변경 또는 순서변경의 운전정리가 유리하다고 판단되나 통신 불능으로 관제사에게 통보할 수 없을 때에는 관계 역장과 협의하여 운전정리를 할 수 있다.

(답) ㉠ 교행변경   ㉡ 순서변경

( ) 안에 들어갈 내용을 쓰시오.

① (㉠)은 열차 또는 차량의 운전정리 사항과 긴급히 발령하는 운전취급에 관한 지시를 말하며 XROIS 또는 전화(무선전화기를 포함한다)로서 발령한다.
② (㉡)은 수송수요·수송시설 및 장비의 상황에 따라 상당시간 이전에 XROIS 또는 공문으로서 발령한다.

해설 제57조(운전명령의 의의 및 발령구분)

② 정규 운전명령은 수송수요·수송시설 및 장비의 상황에 따라 상당시간 이전에 XROIS 또는 공문으로서 발령한다.

③ 임시 운전명령은 열차 또는 차량의 운전정리 사항과 긴급히 발령하는 운전취급에 관한 지시를 말하며 XROIS 또는 전화(무선전화기를 포함한다)로서 발령한다.

답 ㉠ 임시운전명령 ㉡ 정규운전명령

06

( ) 안에 들어갈 내용을 쓰시오.

운전취급담당자는 기관사에게 임시운전명령을 통고하는 경우 무선전화기 (㉠)회 호출에도 응답이 없을 때에는 (㉡) 정지신호 현시 및 열차승무원의 비상정차 지시 등의 조치를 하여야 한다.

해설 제59조(운전명령 통고 의뢰 및 통고)

③ 운전취급담당자는 기관사에게 임시운전명령을 통고하는 경우 무선전화기 3회 호출에도 응답이 없을 때에는 상치신호기 정지신호 현시 및 열차승무원의 비상정차 지시 등의 조치를 하여야 한다.

답 ㉠ 3 ㉡ 상치신호기

07

단선구간의 상용폐색방식의 종류 4가지를 쓰시오.

해설 제100조(폐색방식의 시행 및 종류)

② 열차는 다음 각 호의 상용폐색방식에 의해 운전하여야 한다.
1. 복선구간: 자동폐색식, 차내신호폐색식, 연동폐색식
2. 단선구간: 자동폐색식, 차내신호폐색식, 연동폐색식, 통표폐색식

답 ① 자동폐색식 ② 차내신호폐색식 ③ 연동폐색식 ④ 통표폐색식

08

( ) 안에 들어갈 내용을 쓰시오.

역장은 대용폐색방식 또는 폐색준용법을 시행 할 경우에는 먼저 그 요지를 (㉠)에게 보고하고 승인을 받은 다음 그 구간을 운전할 열차의 기관사에게 시행(㉡), 시행(㉢), 시행(㉣)를 알려야 한다.

해설 제102조(폐색방식 변경 및 복귀)

① 역장은 대용폐색방식 또는 폐색준용법을 시행 할 경우에는 먼저 그 요지를 관제사에게 보고하고 승인을 받은 다음 그 구간을 운전할 열차의 기관사에게 다음 각 호의 사항을 알려야 한다. 이 경우에 통신 불능으로 관제사에게 보고하지 못한 경우는 먼저 시행한 다음에 그 내용을 보고하여야 한다.
    1. 시행구간   2. 시행방식   3. 시행사유

답 ㉠ 관제사   ㉡ 구간   ㉢ 방식   ㉣ 사유

09

( ) 안에 들어갈 내용을 쓰시오.

> (   )은 CTC구간에서 관제사가 조작반으로 열차운행상태 확인이 가능하고, 운전용 통신장치 기능이 정상인 경우에 우선 적용하며 관제사의 승인에 의해 운전하는 대용폐색방식을 말한다.

해설 제136조(지령식)

지령식은 CTC구간에서 관제사가 조작반으로 열차운행상태 확인이 가능하고, 운전용 통신장치 기능이 정상인 경우에 우선 적용하며 관제사의 승인에 의해 운전하는 대용폐색방식을 말한다.

답 지령식

10

( ) 안에 들어갈 내용을 쓰시오.

> (   )는 복선운전구간에서 대용폐색방식 시행의 경우로서 폐색구간 양끝 역장은 전용전화기를 사용하여 협의한 후 시행하는 폐색방식이다.

해설 제139조(통신식)

복선 운전구간에서 대용폐색방식 시행의 경우로서 다음 각 호의 경우에는 폐색구간 양끝 역장은 전용전화기를 사용하여 협의한 후 통신식을 시행하여야 한다.

답 통신식

11

( ) 안에 들어갈 내용을 쓰시오.

> 차량이 정거장 밖으로 굴러갔을 경우 역장은 즉시 그 구간의 (　　)에게 그 요지를 급보하고 이를 정차시킬 조치를 하여야 한다.

(해설) 제296조(차량이 굴러간 경우의 조치)

① 차량이 정거장 밖으로 굴러갔을 경우 역장은 즉시 그 구간의 상대역장에게 그 요지를 급보하고 이를 정차시킬 조치를 하여야 한다.

(답) 상대역장

12

철도교통사고 중에서 기타철도교통사고를 제외한 사고 유형 3가지는?

(해설) 사고세칙 제3조(정의)

이 세칙에서 사용하는 용어의 뜻은 다음과 같다.

2. "철도교통사고"란 철도차량의 운행과 관련된 사고로서 충돌사고, 탈선사고, 열차화재사고, 기타철도교통사고를 말한다.

(답) ① 충돌사고　② 탈선사고　③ 열차화재사고

13

철도사고 등의 조사업무를 수행하는 안전조사관의 자격기준 중 관련분야 근무경력은 몇 년 이상일 경우에 안전조사관으로 임명할 수 있는가?

(해설) 사고세칙 제24조(조사관 임명)

① 각 소속의 조사 전담부서(사고조사부서의 장)에서는 철도사고 등의 조사업무를 수행함에 있어 전문성과 신뢰성을 확보할 수 있도록 합리적이고 객관적인 기준에 따라 적격자를 선발하고, 안전본부장(안전분석처장)은 별표 16에 해당하는 자격 기준 등을 고려하여 조사관으로 임명한다.

② 안전조사관 자격기준

　㉮ 자격: 분야별 전문자격 및 기술사 등

운전·관제	철도차량 운전면허, 철도교통관제사
차 량	철도차량기술사 및 철도차량기사 자격+3년 경력
신 호	철도신호, 전기철도 기술사 및 철도신호기사(전기철도기사)자격+3년 경력
토 목	철도기술사 및 철도토목기사 자격+3년 경력
안 전	기계안전, 전기안전, 건설안전, 인간공학 기술사 및 산업안전기사(건설안전, 인간공학)자격+3년 경력

ⓒ 경력: 관련분야 근무경력 7년 이상
ⓓ 직급: 4급 이상

답 7년

14

( ) 안에 들어갈 내용을 쓰시오.

> 사고 이의신청은 특별한 사유가 없는 한 접수일로부터 ( ) 이내에 처리하여야 하며, 필요한 경우 조사를 다시 할 수 있다.

(해설) 사고세칙 제32조(이의신청의 처리)
① 이의신청은 특별한 사유가 없는 한 접수일로부터 1개월 이내에 처리하여야 하며, 필요한 경우 조사를 다시 할 수 있다.

답 1개월

2024. 10. 20. 시행 필답형 기출문제

01

( ) 안에 들어갈 내용을 쓰시오.

> 관제사는 기상자료 또는 역장으로부터의 보고에 따라 풍속이 ( ) 이상으로 판단될 때에는 해당구간의 열차운행을 일시중지하는 지시를 하여야 한다.

(해설) 제5조(열차운행의 일시중지)
2. 풍속에 따른 운전취급은 다음과 같다.
   가. 역장은 풍속이 초속 20미터 이상으로 판단된 경우에는 그 사실을 관제사에게 보고하여야 한다.
   나. 역장은 풍속이 초속 25미터 이상으로 판단된 경우에는 다음 각 호에 따른다.
      1) 열차운전에 위험이 우려되는 경우에는 열차의 출발 또는 통과를 일시 중지할 것
      2) 유치 차량에 대하여 구름방지의 조치를 할 것
   다. 관제사는 기상자료 또는 역장으로부터의 보고에 따라 풍속이 초속 30미터 이상으로 판단될 때에는 해당구간의 열차운행을 일시중지하는 지시를 하여야 한다.

답 30m/s(초속 30미터)

02

역장은 열차가 도착, 출발 또는 통과할 때는 그 시각을 차세대 철도운영정보시스템(XROIS)에 입력하거나 관제사에게 보고하여야 한다. 다음 시각의 기준을 쓰시오.

① 도착시각의 기준?	② 출발시각의 기준?

(해설) 제30조(착발시각의 보고 및 통보)
④ 열차의 도착·출발 및 통과시각의 기준은 다음 각 호에 따른다.
  1. 도착시각: 열차가 정해진 위치에 정차한 때
  2. 출발시각: 열차가 출발하기 위하여 진행을 개시한 때
  3. 통과시각: 열차의 앞부분이 정거장의 본 역사 중앙을 통과한 때. 고속선은 열차의 앞부분이 절대표지(출발)를 통과한 때

(답) ① 도착시각: 열차가 정해진 위치에 정차한 때
  ② 출발시각: 열차가 출발하기 위하여 진행을 개시한 때

03

(　　) 안에 들어갈 내용을 쓰시오.

> 열차는 신호기에 유도신호가 현시 된 때에는 앞쪽 선로에 지장 있을 것을 예측하고, 일단 정차 후 그 현시지점을 지나 시속 (　　)킬로미터 이하의 속도로 진행할 수 있다.

(해설) 제43조(유도신호의 지시)
① 열차는 신호기에 유도신호가 현시 된 때에는 앞쪽 선로에 지장 있을 것을 예측하고, 일단 정차 후 그 현시지점을 지나 시속 25킬로미터 이하의 속도로 진행할 수 있다.

(답) 25(시속 25킬로미터)

04

역장이 열차지연으로 운전정리가 유리하다고 판단되나 통신 불능으로 관제사에게 통보할 수 없을 때 관계 역장과 협의하여 할 수 있는 운전정리는?

(해설) 제54조(역장의 운전정리 시행)
① 역장은 열차지연으로 교행변경 또는 순서변경의 운전정리가 유리하다고 판단되나 통신 불능으로 관제사에게 통보할 수 없을 때에는 관계 역장과 협의하여 운전정리를 할 수 있다.

(답) ① 교행변경　② 순서변경

05

운전정리 중 선로변경을 할 경우 관계열차 기관사·열차승무원에게 통고할 담당 정거장은?

(해설) 제56조(열차 운전정리 통고 소속) 별표

정리 종별	관계 정거장 ("역"이라 약칭)	관계열차 기관사·열차승무원에 통고할 담당 정거장 ("역"이라 약칭)	관계 소속
선로변경	변경구간 내의 각 역	관제사가 지정한 역	필요한 소속

답 관제사가 지정한 역

06

다음의 운전 제한속도를 쓰시오.

① 선로전환기에 대향 운전시 제한속도? (연동장치 또는 잠금장치로 잠겨있는 경우 제외)
② 뒤 운전실 운전할 경우의 제한속도?

(해설) 제84조(각종 속도제한) 별표

속도를 제한하는 사항	속도 (Km/h)	예외 사항 및 조치 사항
3. 선로전환기에 대향 운전	25	연동장치 또는 잠금장치로 잠겨있는 경우는 제외
7. 뒤 운전실 운전	45	전기기관차, 고정편성열차의 앞 운전실 고장으로 뒤 운전실에서 운전하여 최근 정거장까지 운전할 때를 포함

답 ① 25km/h   ② 45km/h

07

복선구간의 상용폐색방식의 종류 3가지를 쓰시오.

(해설) 제100조(폐색방식의 시행 및 종류)
② 열차는 다음 각 호의 상용폐색방식에 의해 운전하여야 한다.
　1. 복선구간: 자동폐색식, 차내신호폐색식, 연동폐색식
　2. 단선구간: 자동폐색식, 차내신호폐색식, 연동폐색식, 통표폐색식

답 ① 자동폐색식   ② 차내신호폐색식   ③ 연동폐색식

08

( ) 안에 들어갈 운전허가증은?

> 지도통신식 시행구간의 운전허가증은 (①) 또는 (②)이다.

(해설) 제116조(운전허가증의 확인)
③ 운전허가증이라 함은 다음 각 호에 해당하는 것을 말한다.
    1. 통표폐색식 시행구간에서는 통표
    2. 지도통신식 시행구간에서는 지도표 또는 지도권
    3. 지도식 시행구간에서는 지도표
    4. 전령법 시행구간에서는 전령자

답 ① 지도표　② 지도권

09

폐색구간 양끝의 역장이 협의하여 전령법을 시행하여야 하는 경우 두 가지를 쓰시오.

(해설) 제162조(전령법의 시행)
① 다음 각 호의 어느 하나에 해당하는 경우에는 폐색구간 양끝의 역장이 협의하여 전령법을 시행하여야 한다.
    1. 고장열차 있는 폐색구간에 폐색구간을 변경하지 않고 구원열차를 운전하는 경우
    2. 정거장 또는 신호소 바깥으로 차량이 굴러갔거나 차량을 남겨놓은 폐색구간에 폐색구간을 변경하지 않고 그 차량을 회수하기 위하여 구원열차를 운전하는 경우
    3. 선로고장의 경우에 전화불통으로 관제사의 지시를 받지 못할 경우
    4. 현장에 있는 공사열차 이외에 재료수송, 그 밖에 다른 공사열차를 운전하는 경우
    5. 중단운전구간에서 재차 사고발생으로 구원열차를 운전하는 경우
    6. 전령법에 따라 구원열차 또는 공사열차 운전 중 사고, 그 밖의 다른 구원열차 또는 공사열차를 동일 폐색구간에 운전할 필요 있는 경우

답 1. 고장열차 있는 폐색구간에 폐색구간을 변경하지 않고 구원열차를 운전하는 경우
    2. 선로고장의 경우에 전화불통으로 관제사의 지시를 받지 못할 경우
    3. 중단운전구간에서 재차 사고발생으로 구원열차를 운전하는 경우

10

"정지위치 지시전호"에 관하여 ( ) 안에 들어갈 내용을 쓰시오.

> 열차의 정지위치를 지시할 필요가 있을 때는 그 위치에서 기관사에게 정지위치 지시전호를 시행하
> 여야 한다. 이 경우에 정지위치 지시전호는 열차가 정거장 안에서는 (①)미터, 정거장 밖에서는
> (②)미터의 거리에 접근하였을 때 이를 현시하여야 한다.

(해설) 제214조(정지위치 지시전호)
① 열차의 정지위치를 지시할 필요가 있을 때는 그 위치에서 기관사에게 정지위치 지시전호를 시행하여야 한다.
② 제1항의 전호는 열차가 정거장 안에서는 200미터, 정거장 밖에서는 400미터의 거리에 접근하였을 때 이를 현시
하여야 한다.

(답) ① 200   ② 400

11

( ) 안에 들어갈 내용을 쓰시오.

> 복선 운전구간에서 차단작업, 선로고장, 차량고장 등의 사유로 인하여 관제사의 운전명령으로 우측
> 선로로 운전하는 경우에 우측 선로를 운전하는 기관사는 인접선의 선로고장 또는 차량고장으로 운
> 행구간을 지장하거나 지장 할 우려가 있다고 통보받은 구간은 시속 (   )킬로미터 이하의 속도로
> 운전할 것.

(해설) 제301조(복선구간 반대선로 열차운전 시 취급)
복선 운전구간에서 차단작업, 선로고장, 차량고장 등의 사유로 인하여 관제사의 운전명령으로 우측선로로 운전하는
경우에는 다음 각 호의 운전취급에 따른다.
2. 우측 선로를 운전하는 기관사는 다음 각 목의 조치에 따를 것.
　가. 열차출발 전에 역장으로부터 운행구간의 서행구간 및 서행속도 등 운전에 필요한 사항을 통고 받지 못한 경
　　우에는 확인하고 운전할 것
　나. 인접선의 선로고장 또는 차량고장으로 운행구간을 지장하거나 시장 할 우려가 있다고 통보받은 구간은 시속
　　25킬로미터 이하의 속도로 운전할 것. 다만, 서행속도에 관한 지시를 사전에 통보받은 경우에는 그 지시속도
　　에 따를 것

(답) 25

12

( ) 안에 들어갈 내용을 쓰시오.

> "철도교통사고"란 철도차량의 운행과 관련된 사고로서 (①), (②), 열차화재사고, 기타철도교통
> 사고를 말한다.

(해설) 제3조(정의)

이 세칙에서 사용하는 용어의 뜻은 다음과 같다.

2. "철도교통사고"란 철도차량의 운행과 관련된 사고로서 충돌사고, 탈선사고, 열차화재사고, 기타철도교통사고를
말한다.

(답) ① 충돌사고　　② 탈선사고

13

철도사고 등이 정거장 안에서 발생한 경우 급보책임자는?

(해설) 제12조(급보책임자)

철도사고 등의 발생 시 다음 각 호와 같이 발생장소별 급보책임자(이하 "급보책임자"라 한다)는 급보계통에 따라 신속히 보고하여야 한다.

1. 정거장 안에서 발생한 경우[전용선 안에서 공사(公社) 소속의 동력차 또는 직원에 의해 발생한 경우 포함]: 역장
(신호소, 신호장에 근무하는 선임전기장, 전기장, 전기원, 간이역에 근무하는 역무원 포함). 다만, 위탁역의 급보
책임자는 관리역장으로 한다.

(답) 역장

14

( ) 안에 들어갈 내용을 쓰시오.

> 철도사고 등이 발생하면 급보책임자는 즉시 인접 역장 및 소속장에게, 역장 및 소속장은 ( )에
> 게 급보하여야 한다.

(해설) 제13조(급보계통)

① 철도사고 등이 발생하면 급보책임자는 즉시 인접 역장 및 소속장에게, 역장 및 소속장은 철도교통관제센터장에
게 급보하여야 하며(다만, 고속선의 경우 KTX 기장이 직접 관제센터장에게 급보), 관제센터장은 다음 각 호와
같이 본사 및 소속·부속기관에 급보하여야 한다.
　1. 본사: 운영상황실장
　2. 소속·부속기관: 담당 지역본부장, 철도차량정비단장, 고속시설사업단장, 고속전기사업단장 등

(답) 철도교통관제센터장

제3편 작업형 실기시험

제1장 전호

1. 각종 전호

① 출발전호

㉮ 열차출발 전

ⓐ 기관사는 출발신호기(차내신호 포함)가 진행지시신호를 현시하는 경우 열차승무원에게 "철도 ○○열차 출발○○(신호현시상태). 기관사 이상"이라 통보

ⓑ 열차승무원은 "제○○열차 열차승무원 수신양호 이상"이라고 응답

㉯ 열차를 출발시키는 경우 – 무선전화기 사용

ⓐ 출발신호기 신호현시 확인이 가능한 경우
"철도○○열차, ○○열차, ○○역 ○번선 출발○○(신호현시상태) 발차. 열차승무원(역장) 이상"

ⓑ 출발신호기 신호현시를 확인할 수 없고 반응표시등 점등을 확인한 경우
"철도○○열차, ○○열차, ○○역 반응표시등 점등 발차. 열차승무원(역장) 이상"

ⓒ 출발신호기 신호현시 및 반응표시등 점등을 확인할 수 없는 경우
"철도○○열차, ○○열차, ○○역 출발확인하고 발차. 열차승무원(역장) 이상"

㉰ 열차를 출발시키는 경우 – 전호기(등) 전호

ⓐ 주간에 녹색기 또는 야간에 녹색등으로 원형을 그린다.

ⓑ 열차의 반대편 위에서 시작하여 열차 있는 편으로 향하도록 원형을 그린다.

㉱ 열차를 출발시키는 경우 – 버저 전호

ⓐ 버저를 보통으로 1회 울린다.

ⓑ 이에 따를 수 없는 때는 차내방송장치 또는 직통전화로 출발을 통보가능

② 비상전호: 위험이 절박하여 열차 또는 차량을 신속히 정차시킬 필요가 있을 때는 기관사 또는 열차승무원에게 비상전호를 시행

③ 추진운전 전호

㉮ 열차를 추진으로 운전하는 경우에 열차승무원은 열차의 맨 앞에 승차하여 기관사에게 추진운전 전호를 시행한다.

㉯ 도보로 이동하며 추진운전 전호를 시행하는 경우 준수사항

ⓐ 열차승무원은 열차의 맨 앞에서부터 <u>50m 이상</u>의 거리를 확보하고 열차와 접촉 위험이 없는 선로 바깥쪽으로 도보 이동하며 시행한다.

ⓑ 관제사는 인접선 운행열차 기관사에게 추진운전 구간을 통보하여야 하며, 통보받은 기관사는 해당 구간을 <u>25km/h 이하</u>로 주의운전 한다.

㉰ 추진운전 중의 열차를 운전구간의 도중에서 정차하라는 전호에 따라 정차시킨 후 열차를 전진 또는 퇴행의 지시를 할 필요가 있을 때는 수전호의 입환전호에 따른다.

> • "추진운전"이란 열차 또는 차량을 맨 앞쪽 이외의 운전실에서 운전하는 경우를 말하며, "밀기운전"이라고도 한다.
> • "퇴행운전"이란 열차가 운행도중 최초의 진행방향과 반대의 방향으로 운전하는 경우를 말하며, "되돌이운전"이라고도 한다.

④ 정지위치 지시전호

㉮ 열차의 정지위치를 지시할 필요가 있을 때는 그 위치에서 기관사에게 정지위치 지시전호를 시행

㉯ 전호는 열차가 정거장 안에서는 200m, 정거장 밖에서는 400m의 거리에 접근하였을 때 이를 현시

㉰ 정지위치 지시전호의 현시가 있으면 기관사는 그 현시지점을 기관사석 중앙에 맞추어 정차

⑤ 이동금지전호

㉮ 차량관리원 또는 역무원은 차량의 검사나 수선 등을 할 때는 이동금지전호기(등)를 걸어야 함

㉯ 차량관리원 또는 역무원은 열차에 연결한 차량 또는 유치 차량의 차체 밑으로 들어갈 경우 기관사나 다른 역무원에게 그 사유를 알려주고 이동금지전호기(등)를 잘 보이는 위치에 걸어야 함

㉰ 이동금지전호기(등)의 철거는 해당 전호기를 걸었던 차량관리원 또는 역무원이 시행

2. 수전호의 입환전호

① 각종 전호 현시방식

순번	전호 종류		구분	전호 현시방식
1	비상전호		주간	양팔을 높이 들거나 녹색기 이외의 물건을 휘두른다.
			야간	녹색등 이외의 등을 급격히 휘두르거나 양팔을 높이 든다.
			무선	○○열차 또는 ○○차 비상정차
2 추진운전 선호	가. 전도지장 없음		주간	녹색기를 현시한다.
			야간	녹색등을 현시한다.
			무선	전도양호
	나. 정차하라		주간	적색기를 현시한다.
			야간	적색등를 현시한다.
			무선	정차 또는 ○○m 전방정차
	다. 주의기적을 울려라		주간	녹색기 폭을 걷어잡고 상하로 수차 크게 움직인다.
			야간	백색등을 상하로 크게 움직인다.
			무선	○○열차 기적
	라. 서행 신호의 현시 있음		주간	녹색기를 어깨와 수평의 위치에 현시하면서 하방 45도의 위치까지 수차 움직인다.
			야간	깜박이는 녹색등
			무선	전방 ○○m 서행 ○○키로
3	정지위치 지시전호		주간	녹색기를 좌우로 움직이면서 열차가 상당위치에 도달하였을 때 적색기를 높이 든다.
			야간	녹색등을 좌우로 움직이면서 열차가 상당위치에 도달하였을 때 적색등을 높이 든다.
			무선	전호자 위치 정차
4 자동 승강문 열고 닫음 전호	가. 문을 닫아라		주간	한 팔을 천천히 상하로 움직인다.
			야간	백색등을 천천히 상하로 움직인다.
			무선	출입문 폐쇄
	나. 문을 열어라		주간	한 팔을 높이 들어 급격히 좌우로 움직인다.
			야간	백색등을 높이 들어 급격히 좌우로 움직인다.
			무선	출입문 개방
5 수신호 현시 통보 전호	가. 진행 수신호를 현시하라		주간	녹색기를 천천히 상하로 움직인다.
			야간	녹색등을 천천히 상하로 움직인다.
			무선	○번선 ○○신호 녹색기(등) 현시
	나. 정지 수신호를 현시하라		주간	적색기를 천천히 상하로 움직인다.
			야간	적색등을 천천히 상하로 움직인다.
			무선	○번선 ○○신호 적색기(등) 현시
6 제동 시험 전호	기. 제동을 체결하라		주간	한팔을 상하로 움직인다.
			야간	백색등을 천천히 상하로 움직인다.
			무선	○○열차 제동
	나. 제동을 완해하라		주간	한팔을 높이 들어 좌우로 움직인다.
			야간	백색등을 높이 들어 좌우로 움직인다.
			무선	○○열차 제동 완해
	다. 제동시험 완료		주간	한팔을 높이 들어 원형을 그린다.
			야간	백색등을 높이 들어 원형을 그린다.
			무선	○○열차 제동 완료
7	이동금지 전호		주간	적색기를 게출한다.
			야간	적색등을 게출한다.

② 입환전호 현시방식

순번	전호 종류	구분	전호 현시방식
1	오너라 (접근)	주간	녹색기를 좌우로 움직인다. 다만, 한 팔을 좌우로 움직여 이에 대용할 수 있다.
		야간	녹색 등을 좌우로 움직인다.
		무선	접근
2	가거라 (퇴거)	주간	녹색기를 상하로 움직인다. 다만, 한 팔을 상하로 움직여 이에 대용할 수 있다.
		야간	녹색 등을 상하로 움직인다.
		무선	퇴거
3	속도를 절제하라 (속도절제)	주간	녹색기로 「가거라」 또는 「오너라」 전호를 하다가 크게 상하로 1회 움직인다. 다만, 한 팔을 상하 또는 좌우로 움직이다가 크게 상하로 1회 움직여 이에 대용할 수 있다.
		야간	녹색등으로 「가거라」 또는 「오너라」 전호를 하다가 크게 상하로 1회 움직인다.
		무선	속도절제
4	조금 진퇴하라 (조금 접근 또는 조금 퇴거)	주간	적색기폭을 걷어잡고 머리 위에서 움직이며 「오너라」 또는 「가거라」 전호를 한다. 다만, 한 팔을 머리위에서 움직이며 다른 한팔로 「오너라」 또는 「가거라」의 전호를 하여 이에 대용할 수 있다.
		야간	적색등을 상하로 움직인 후 「오너라」 또는 「가거라」의 전호를 한다.
		무선	조금 접근 또는 조금 퇴거
5	정지하라 (정지)	주간	적색기를 현시한다. 다만, 양팔을 높이 들어 이에 대용할 수 있다.
		야간	적색등을 현시한다.
		무선	정지
6	연결	주간	머리위 높이 수평으로 깃대끝을 접한다.
		야간	적색등과 녹색등을 번갈아 가면서 여러 번 현시한다.
7	1번선	주간	양팔을 좌우 수평으로 뻗는다.
		야간	백색등으로 좌우로 움직인다.
8	2번선	주간	왼팔을 내리고 오른팔을 수직으로 올린다.
		야간	백색등을 좌우로 움직인 후 높게 든다.
9	3번선	주간	양팔을 수직으로 올린다.
		야간	백색등을 상하로 움직인다.
10	4번선	주간	오른팔을 우측 수평위 45도, 왼팔을 좌측 수평하 45도로 뻗는다.
		야간	백색등을 높게 들고 작게 흔든다.
11	5번선	주간	양팔을 머리위에서 교차시킨다.
		야간	백색등으로 원형을 그린다.
12	6번선	주간	양팔을 좌우 아래 45도로 뻗는다.
		야간	백색등으로 원형을 그린 후 좌우로 움직인다.
13	7번선	주간	오른팔을 수직으로 올리고 왼팔을 왼쪽 수평으로 뻗는다.
		야간	백색등으로 원형을 그린 후 좌우로 움직이고 높게 든다.
14	8번선	주간	왼팔을 내리고 오른쪽 수평으로 뻗는다.
		야간	백색등으로 원형을 그린 후 상하로 움직인다.
15	9번선	주간	오른팔을 오른쪽 수평으로 왼팔을 오른팔 아래 약 35도로 뻗는다.
		야간	백색등으로 원형을 그린 후 높게 들고 작게 흔든다.
16	10번선	주간	양팔을 좌우 위 45도의 각도로 올린다.
		야간	백색 등을 좌우로 움직인 후 상하로 움직인다.

* 11번선~19번선에 대한 전호는 10번선 전호를 먼저 한 후 1번선~9번선의 전호를 현시한다.

③ 기적전호 현시방식

㉮ 동력차에 장치되어 있는 기적의 음을 이용하여 기관사가 타의 직원 또는 일반인에게 전호를 시행한다.

㉯ 기관사는 기적전호를 하기 전 무선전호 또는 수전호에 의하고, 위급상황이나 부득이한 경우를 제외하고는 소음억제를 위하여 관제기적이 설치되어 있으면 이를 사용한다.

순번	전호 종류	전호 현시방식	
1	운전을 개시	─	(보통 1회)
2	정거장 또는 운전상 주의를 요하는 지점에 접근 통고	─────	(길게 1회)
3	전호담당자 호출	─ ─	(보통 2회)
4	억무원 호출	─ ─ ─	(보통 3회)
5	차량관리원 호출	─ ─ ─ ─	(보통 4회)
6	시설관리원 또는 전기원 호출	─────	(길게 여러 번)
7	제동시험 완료의 전호에 응답	•	(짧게 1회)
8	비상사고발생 또는 위험을 경고	• • • • •	(짧게 5회, 여러 번)
9	방호를 독촉하거나 사고 기타로 정지 통고 (정거장 내에서 차량고장으로 즉시 출발할 수 없는 경우)	• ───── •	(짧게 1회+길게 1회+짧게 1회)
10	사고복구한 것 또는 방호 해제할 것을 통고할 때	───── •	(길게 1회+짧게 1회)
11	구름방지 조치	• • •	(짧게 3회)
12	구름방지 조치 해제	─ ─	(보통 2회)
13	통과열차로서 운전명령서 받음	─ ─	(보통 2회)
14	기관차 2이상 연결하고 역행운전을 개시	•	(짧게 1회)
15	기관차 2이상 연결하고 타행운전을 개시	─ •	(보통 1회+짧게 1회)
16	기관차 2이상 연결하고 퇴행운전을 개시	• • ─	(짧게 2회+보통 1회)
17	열차발차 독촉	• ─	(짧게 1회+보통 1회)

주) •: 짧게 (0.5초간), ─: 보통으로 (2초간), ─────: 길게 (5초간)

> • "타행운전"이란 열차 또는 차량이 동력에 의하지 않고 스스로 가지고 있는 운동에너지로 주행하는 것을 말하며, 타력운전·무동력운전을 뜻한다.
> • "역행운전"이란 동력을 이용하여 열차 또는 차량을 운전하는 것을 말한다.

④ 버저전호 현시방식

㉮ 양쪽 운전실이 있는 고정편성열차에서 기관사와 열차승무원 간에 방송에 의한 무선전호가 어려운 경우에 각종 전호 또는 수전호의 입환전호 등을 버저를 사용하여 전호를 시행할 수 있다.

㉯ 앞 운전실 고장으로 뒤 운전실에서 운전하는 경우에 열차승무원의 무선전호를 확인한 기관사는 짧게 1회의 버저전호로 응답한다.

순번	전호 종류	전호 현시방식	
1	차내전화 요구	• • •	(짧게 3회)
2	차내전화 응답	•	(짧게 1회)
3	출발전호 또는 시동전호	—	(보통 1회)
4	전도지장 없음	• • , • • , • •	(짧게 2회, 3번)
5	정지신호 현시 있음 또는 비상정차	• • • • •	(짧게 5회 여러 번: 정차 시까지)
6	주의기적 울려라	— —	(보통 2회)
7	서행신호 현시 있음	• • — • •	(짧게 2회＋보통 1회＋짧게 2회) (서행 시까지)
8	속도를 낮추어라	—— ——	(길게 2회: 서행 시까지)
9	진행 지시신호 현시 있음	• • , • •	(짧게 2회, 2번)
10	건널목 있음	• —, • —, • —	(짧게 1회＋보통 1회, 3번) (건널목 통과 시까지)

주) • : 짧게 (0.5초간),   — : 보통으로 (2초간),   —— : 길게 (5초간)

제2장

선로전환기 취급

1. 외관상 점검

① 휴대품: 점검해머, 필기도구 및 줄자(권장사항)

② 점검순서 및 범위

㉮ 점검범위: 게이지타이롯트부디 → 크로싱 후단부 이음내 까지

게이지타이롯트

㉯ 점검순서: 게이지타이롯트부 → 첨단간부 → 연결간부 → 텅레일부 → 휠부 → 크로싱부

㉰ 점검방법: 각 부위 명칭을 지적하며 "게이지타이롯트 양호", "할핀각도 양호" 등을 환호하며 점검

ⓐ 점검범위내이 명칭 호칭하고 양호, 불량, 탈락 등으로 점검

ⓑ 할핀 탈락, 할핀 불량 등등

　　* 시험관이 볼트, 너트를 풀어놓거나 할핀 각도를 불량하게 조정하거나 불량상태를 만들어 놓고 제대로 점검하는지 확인
　　* 선로전환기의 각 부위의 명칭을 직접 질문하기 함

③ 점검의 종류

㉮ 일상점검: 각부의 균열, 절손, 탈락, 이완 등의 유무와 청소 및 급유의 적부 점검

㉯ 기능점검: 동작부분의 기능 및 조절상태 점검

④ **청소 및 급유주기**: 적어도 2일에 1회 이상 청소 및 급유

<선로전환기 점검시 시험관 질문사항>

명칭	점검 및 참고사항	비고
① 선로 전환기함	1. ○○호 전철함 2. 수동창 3. 점검창 4. 전철함, 수동창 및 점검창은 항시 잠겨 있어야 함	
② 게이지 타이롯트	1. 좌·우 게이지타이롯트 넛트, 버팀쇠, 2. 절연 볼트, 넛트, 할핀	할핀의 각도는 60도 정도 벌어진 것이 적당함
③ 첨단간	1. 좌·우 기억쇠 및 취부볼트 넛트, 할핀 2. 첨단간 좌·우 조핀, 할핀 3. 절연취부 볼트, 넛트, 할핀 4. 첨단간 조정넛트 5. 첨단간 조정쇠 조핀, 할핀 6. 좌·우 첨단의 밀착, 절손, 마모, 부상, 복진, 역 　복진, 직각 틀림 　＊첨단의 복진, 역복진 　　－한도: 25mm 이하 　　－직각틀림: 50mm 이하 　　－부상한도: 2mm 이하	첨단부 점검은 타이버(연결판) 지 점에 5mm 철판 삽입 시 쇄정이 되어서는 안 됨 복진: 첨단끝이 상판 중심부를 기 　　 준으로 앞으로 나온 것 역복진: 뒤로 들어간 것
④ 연결간	1. 우연결판 취부 볼트 넛트 할핀 부라켓트 절연볼 　트 넛트 할핀 2. 좌연결판 취부볼트 넛트 할핀 부라켓트 절연 볼트 　넛트 할핀 3. 밀착조정간 6각통나사 및 조정넛트	육각통나사와 부라켓트 사이 간격은 3mm 이상 조정범위
⑤ 휠 부	1. 좌 휠상판 2. 휠 눌림쇠, 눌림쇠 볼트, 넛트 3. 휠 볼트, 넛트 4. 휠 간격제 5. 텅레일과 리드레일 간의 단차 및 편차 6. 우 휠상판 7. 위 2－6번과 동일	4. 휠간격제에 차륜후렌지가 닿아 　 서는 안 됨 5. 단차, 편차는 3mm 이내
⑥ 크로싱	1. 우측가드레일 간격제, 볼트, 넛트, 후렌지웨이 2. 크로싱 우익궤조 이음매 볼트, 넛트, 간격제 볼트 　넛트 3. 노스레일 4. 좌측 가드레일 간격제, 볼트, 넛트, 후렌지웨이	크로싱 간격제에 렌지가 닿으면 안되고 노스레일 마모한도는 직마모 12mm 이하, 편마모 13mm 이하 (37kg레일의 경우 직마모, 편마모 7mm 이하)

① 선로전환기함

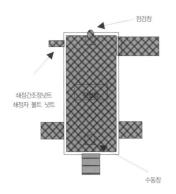

점검창
쇄정간조정넛트
쇄정자 볼트 넛트
수동창

② 게이지타이롯트

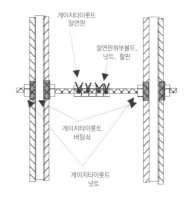

게이지타이롯트
절연판
절연판취부볼트,
넛트, 할핀
게이지타이롯트
버팀쇠
게이지타이롯트
넛트

③ 첨단간

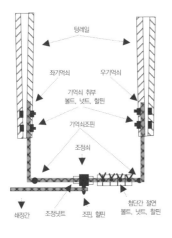

텅레일
좌기억쇠   우기억쇠
기억쇠 취부
볼트, 넛트 할핀
기억쇠조핀
조정쇠
쇄정간   조정넛트   조핀 할핀   첨단간 절연
볼트, 넛트, 할핀

④ 연결간

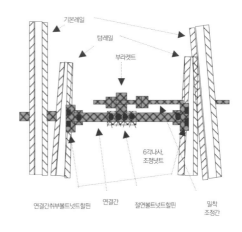

기본레일
텅레일
부라켓트
6각나사,
조정넛트
연결간취부볼트넛트할핀   연결간   절연볼트넛트할핀   밀착
조정간

⑤ 휠부

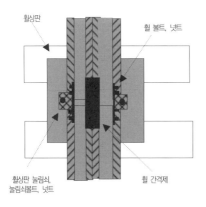

활상판
휠 볼트, 넛트
활상판 눌림쇠,
눌림쇠볼트, 넛트
휠 간격제

⑥ 크로싱

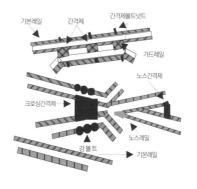

기본레일   간격제   간격제볼트넛트
가드레일
노스간격제
크로싱간격제
강볼트   노스레일
기본레일

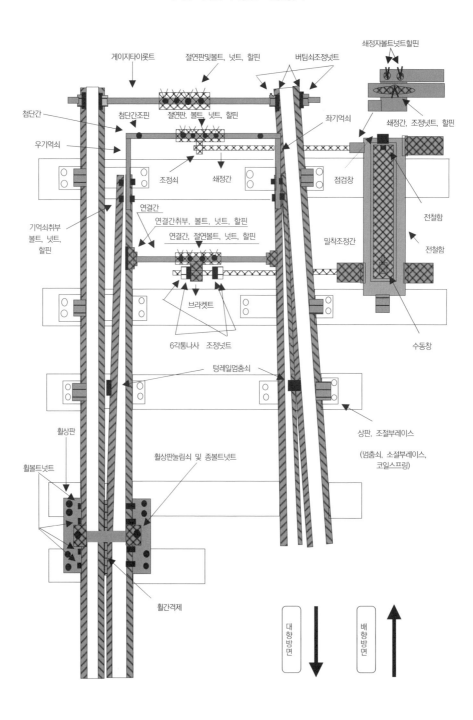

〈 선로전환기 평면도(명칭) 〉

2. 선로전환기 전환작업

① 시작인사
  ㉮ (거수경례) "수험번호○○번 ○○○입니다"
  ㉯ 시험관이 작업 시행전에 오른쪽이 1번선, 왼쪽이 2번선 등 진로 지정
② 선로전환기로 가서 번호를 지적하고 환호 ❶"64호"
③ 수동핸들을 삽입한다.(수동핸들 삽입 환호는 없음)
④ 선로전환기 확인·점검(선로밖에서)
  ㉮ 점검범위: 게이지타이롯트 ~ 휠부
  ㉯ 점검내용
    ⓐ 첨단간·쇄정간·연결간 등 선로전환기 시설물의 이상유무
    ⓑ 텅레일과 기본레일 사이, 휠부의 이물질 유무 확인
  ㉰ 지적확인 환호: "이물질 없음" 또는 "이상없음"
  ㉱ 선로횡단시: 좌우 열차운행 여부를 지적확인하고 "열차없음" 환호
⑤ ○○호에 와서 선로전환기 수동으로 전환 후 첨단부의 밀착상태를 확인 후
  ❷"밀착 양호"지적확인환호
⑥ 쇄정창을 열고 쇄정상태를 확인 후 ❸"쇄정 양호" 지적확인환호
⑦ 수동핸들이 정확히 꽂혀 있음을 지적 확인, 수동핸들을 지적하며 ❹"핸들 삽입"
⑧ 마지막 개통된 선로 전방을 지적하고 확인 ❺"○○선 양호"
  ＊개통진로(몇 번선 또는 오른쪽, 왼쪽 등)를 알고 있는지 확인할 수 있음

3. 선로전환기 잠금 조치

① 키볼트에 의한 잠금(시험장에 있는 몽키스패너를 이용하여 조임)
  ㉮ 방법: 분기기의 텅레일을 기본레일에 밀착시켜 쇄정
       하는 기구
  ㉯ 키볼트 사용 이유: 다음의 선로전환기 잠금방법으로
       잠글 수 없는 경우

    ⓐ 전기 선로전환기의 수동핸들·쇄정핀 삽입
    ⓑ 표지부 선로전환기의 손잡이 잠그기
    ⓒ 추붙은 선로전환기의 잠금구멍에 핀 끼우기
    ⓓ 통표잠금기로 잠그기
  ㉰ 키볼트 잠금위치: 밀착된 텅레일 끝부분과 코로싱부 가동레일
② 개못(Dog Spike)에 의한 잠금(설치위치: 텅레일 끝부분에 설치): 장시간
  잠가두어야 할 필요가 있는 선로전환기는 개못으로 잠글 것

1. 연결작업

① "시험관이 10량(30미터, 5량, 3량) 전방에 있는 차량을 연결하는 작업을 실제 전호와 함께 연결작업을 진행하시오"라고 요구(3량 위치부터 시작하면 속도절제 전호부터 시행) − 환호 "수험번호○○번 ○○○ 연결작업 실시"

② 입환작업 전 확인사항

㉮ 수용바퀴 구름막이 제거 또는 개폐식 구름막이가 열려 있을 것
   (수제동기 체결 유무도 확인 − 순서는 관계없음)
㉯ 이동금지전호기(전호등)가 게출되어 있을 경우 차량정비원 확인후 제거할 것
㉰ 본선을 지장하거나 지장할 염려가 있을 때에는 그 본선의 신호기에 정지신호가 현시되어 있을 것
㉱ 진로의 상태가 입환에 지장이 없어야 할 것

③ 수험자는 주간은 전호기(야간 전호등)로 기관사를 향하여 전호를 시작한다.

㉮ 입환전호의 "연결" 전호를 한다.
㉯ 연결작업이므로 "오너라" 전호를 시작
㉰ 차량 상호 간격이 약 3량(화차1량 14m 기준)에 접근하였을 때는 "오너라"의 전호를 일단 중지하고, "속도를 절제하라"의 전호를 시행
㉱ 전호기의 흔드는 폭을 점차 작게 전호
㉲ 연결할 차량의 상호간격 약 3미터 지점에 정차할 수 있도록 "정지하라"의 전호
㉳ 차량연결을 위해 "연결"전호를 한 후에 "조금 접근"전호를 시행
㉴ 차량이 연결되면 "정지"전호(연결 후 "조금 퇴거"+"정지"전호로 연결 확인)

④ 연결기 높이 및 로크리프트(넉클핀) 상태 확인 후: ❶ 연결기 높이 양호, 쇄정양호
⑤ 호스를 호스걸이에서 풀고, 지정된 위치에 걸은 후: ❷ 호스걸이 양호
⑥ 반대편으로 넘어가서 호스걸이에서 풀고, 지정된 위치에 걸은 후: ❸ 호스걸이 양호
⑦ 한쪽 발만 들어가서 호스연결 후: ❹ 제동관 연결 양호
⑧ 제동관 코크를 잡고 "하나 둘 셋"하며 코크를 개방한 후: ❺ 코크 개방
⑨ 반대편으로 넘어가서 같은 동작을 반복한 후: ❻ 코크 개방
⑩ 연결작업 완료 전호: "오른팔을 위로 들고 차량쪽으로 원형을 그린다"
⑪ 시험관을 향해: "연결작업 완료" 환호

2. 분리(해방)작업

① 시험관의 분리(해방)작업을 시행하라는 지시 후: 환호 "수험번호○○번 ○○○분리작업 실시"
② 코크를 차단한 후: ❶ 코크차단
③ 반대편으로 넘어가서 코크를 차단하고: ❷ 코크차단
④ 한쪽 발만 들어가서 제동관을 분리하고: ❸ 제동관 분리 양호
⑤ 제동관 호스를 호스걸이에 연결하고: ❹ 호스걸이 양호
⑥ 반대편으로 넘어와서 제동관 호스를 호스걸이에 연결하고: ❺ 호스걸이 양호, "가거라 전호"
> ＊차량 해방 후 잔류차량에 수용바퀴구름막이 설치 후 수제동기 체결
> ＊이동금지전호(전호기 or 전호등) 게출
⑦ 시험관을 향해: "분리(해방)작업 완료" 환호

3. 구름방지 조치

① 수제동기를 활용한 구름방지
　㉮ 사용목적
　　ⓐ 공기제동을 사용할 수 없을 경우 차량의 이동을 방지하기 위하여 사용
　　ⓑ 수제동기는 차량 분리 후 수용바퀴구름막이를 하고도 굴러갈 염려가 있을 때 사용
　㉯ 사용방법
　　ⓐ 수제동기 핸들을 돌리면 체인이 감기면서 제륜자가 차륜에 밀착하도록 하는 장치
　　ⓑ 수제동기는 오른쪽으로 돌리면 체결(브레이크 잠김)되고, 왼쪽으로 돌리면 완해되는 상태

② 수용바퀴구름막이를 이용한 구름방지
　㉮ 설치목적: 유치된 차량의 구름을 막기 위해 레일과 유치 차량의 차륜사이에 설치하는 나무토막기구

ⓝ 설치방법

　　ⓐ 경사가 있는 선로: 내리막 방향 맨 앞 차량의 왼쪽 또는 오른쪽을 선정하여 첫 번째 차축 차륜부터 연속하여 2개 이상의 수용바퀴구름막이를 내리막 방향에 설치할 것

　　ⓑ 경사가 없는 선로: 양방향 중 맨 끝 차량의 왼쪽 또는 오른쪽을 선정하여 마지막 차축 차륜을 중심으로 양쪽에 각각 1개의 수용바퀴구름막이를 설치할 것

　　ⓒ 정거장 안의 측선 및 정거장 밖의 측선에 유치하는 차량이 본선으로 굴러나갈 염려 있는 장소에는 개폐식 구름막이를 설치할 것

③ 구름방지 조치를 하지 않는 경우: 역 구내에서 동력차가 연결되었을 때

경사가 있는 선로

경사가 없는 선로

4. 작업형 실기시험시 질문내용

(1) 코레일 무선전화 채널은 몇 종류가 있는가?

　　4가지(1번 일반통화, 2번 비상통화, 3번 관제통화, 4번 작업통화)

(2) 전호란: 모양, 색 또는 소리 등으로 관계직원 상호간에 의사를 표시하는 것

(3) 전호의 현시방식에 의한 구분(종류)은 무엇이 있는가?

　　무선전화기 전호, 전호기(등) 전호, 버저전호, 기적전호

(4) 버저전호 및 기적전호의 사용시기는?

　　① 버저전호: 양쪽 운전실이 있는 고정편성열차에서 기관사와 열차승무원 간에 방송에 의한 무선전호가 어려운 경우에 사용

　　② 기적전호: 동력차에 장치되어 있는 기적의 음을 이용하여 기관사가 다른 직원 또는 일반인에게 하는 전호

(5) 기적전호에서 역행운전, 타행운전, 퇴행운전의 뜻은? – 기적전호 참조

(6) 복진과 역복진을 설명하시오.

    ① 복진: 철판끝이 상판의 중심부를 기준으로 앞으로 나온 것

    ② 역복진: 철판끝이 상판의 중심부를 기준으로 뒤로 들어간 것

(7) 할핀(분할핀) **각도는 얼마인가?**: 60°

(8) 태풍이 왔을 때 화차를 어떻게 고정시키는가?

    수용바퀴구름막이를 설치(체결) 후 수제동기를 체결한다.

(9) 선로전환기 수동핸들 회전수: 27～28회

(10) '목편' 및 '키볼트' 사용목적

    ① 목편: 수동핸들이 부족할 경우 수동핸들을 대신하여 선로전환기에 꽂아두는 것

    ② 키볼트: 선로전환기 잠금방법으로 잠글 수 없는 경우에 텅레일을 기본레일에 밀착시켜 쇄정하는 기구

(11) 차량의 공기제동기 압력은 얼마인가? 화차: $5kg/cm^2$, 객차: $6kg/cm^2$

(12) 선로전환기 연결간의 6각통나사와 부라켓트 사이 간격 조정범위는? 3mm 이상

(13) 선로전환기의 첨단부 점검은 타이버(연결판) 지점에 <u>5mm 철판</u>을 삽입하여 쇄정되어서는 안된다.

(14) 노스레일의 마모한도는? (노스레일이 어느 곳인가?)

    직마모 12mm 이하, 편마모 13mm 이하

제6판 개정보완

철도운송산업기사

초판발행	2019년 8월 27일
개정증보판발행	2021년 2월 1일
중판발행	2021년 8월 1일
대폭보완판발행	2022년 1월 10일
중판발행	2022년 9월 10일
최신개정판발행	2023년 1월 16일
제5판 개정보완발행	2024년 1월 15일
중판발행	2024년 8월 20일
제6판 개정보완발행	2025년 2월 1일

지은이	황승순 · 심치호
펴낸이	안종만 · 안상준
편 집	박정은
기획/마케팅	정연환
표지디자인	BEN STORY
제 작	고철민 · 김원표
펴낸곳	㈜ **박영사**
	서울특별시 금천구 가산디지털2로 53, 210호(가산동, 한라시그마밸리)
	등록 1959. 3. 11. 제300-1959-1호(倫)
전 화	02)733-6771
f a x	02)736-4818
e-mail	pys@pybook.co.kr
homepage	www.pybook.co.kr
ISBN	979-11-303-2192-9 13530

책의 내용에 관한 교정 · 제안 · 의견 · 문의
<카페> cafe.daum.net/RAIL
<메일> hss-21@hanmail.net (황승순)
        simchiho@hanamil.net (심치호)

정 가   32,000원